火力发电工人实用技术问答丛书

电气设备运行技术问答

第二版

本书编委会　编著

中国电力出版社
CHINA ELECTRIC POWER PRESS

内 容 提 要

本书为《火力发电工人实用技术问答丛书》之一，全书以问答形式，从运行维护角度，简明扼要地介绍了电力生产的专业基础知识及运行维护技能。考虑到现场工人的实际应用需要，全书按初级、中级、高级分为三个部分，可适应不同水平读者的阅读需求。主要内容有：专业基础知识；电气设备基础知识；电力系统基础知识；保护与控制系统、保护及自动装置的工作原理；电力系统一、二次设备的运行维护、故障分析判断及事故处理等。

本书从电气设备运行的实际出发，理论突出重点、实践注重技能。全书以实际运用为主，可供火力发电厂从事电气运行工作的技术人员、运行人员学习参考以及作为考试、现场考问的题库，也可供相关专业的大、中专学校的师生参考阅读。

图书在版编目（CIP）数据

电气设备运行技术问答/《电气设备运行技术问答》编委会编著．—2版．—北京：中国电力出版社，2016.1（2021.1重印）

（火力发电工人实用技术问答丛书）

ISBN 978-7-5123-8505-4

Ⅰ．①电… Ⅱ．①电… Ⅲ．①火电厂-电气设备-运行-问题解答 Ⅳ．①TM621.7-44

中国版本图书馆CIP数据核字（2015）第259343号

中国电力出版社出版、发行

（北京市东城区北京站西街19号 100005 http://www.cepp.sgcc.com.cn）

北京雁林吉兆印刷有限公司印刷

各地新华书店经售

*

2004年1月第一版

2016年1月第二版 2021年1月北京第十七次印刷

787毫米×1092毫米 16开本 30.5印张 695千字

印数38501—40000册 定价**118.00**元

编 委 会

前 言

为了提高电力生产运行、检修人员和技术管理人员的技术素质和管理水平，适应现场岗位培训的需要，特别是为了能够使企业在电力系统实行“厂网分开，竞价上网”的市场竞争中立于不败之地，编写了《火力发电工人实用技术问答丛书》。

丛书结合近年来电力工业发展的新技术及地方电厂现状，根据《中华人民共和国职业技能鉴定规范（电力行业）》及《职业技能鉴定指导书》，本着紧密联系生产实际的原则编写而成。丛书采用问答形式，内容以操作技能为基础，基本训练为重点，着重强调了基本操作技能的通用性和规范化。

本书为《电气设备运行技术问答》分册，为了尽量反映新技术、新设备、新工艺、新材料、新经验和新方法，本书在第一版的基础上进行了修订。本书在修订过程中，以全面提高电气运行人员技术素质为目的，采用问答题的形式，将电气运行技术人员在现场工作中涉及的基础理论，经常遇到的实际问题，按初、中、高级分类进行了较全面的阐述。本书选择问题的原则是紧密联系实际，在解答问题时尽量做到由浅入深，通俗易懂，以满足现场工作人员随时查阅的需要。全书内容丰富、覆盖面广，是一本针对性较强的，具有先进性和普遍适用性的工人技术培训参考书。

本书全部内容分为三篇，共十七章。全书由山西兴能发电有限责任公司副总工程师王国清统稿，山西兴能发电有限责任公司王宏梁主编，梁瑞挺、尹岩、张艳青、刘全参加了编写。在此书出版之际，谨向在本书编写过程中提供过宝贵意见及帮助的专家致以衷心的感谢。

由于时间仓促和编著者的水平与经历有限，书中难免有疏漏和不妥之处，恳请读者批评指正。

编 者

2015 年 12 月

目录

前言

第一篇 初级工

第一章 专业基础知识 …… 3

第一节 电工基础 …… 3

1. 什么叫电场？ …… 3
2. 什么叫电场强度？ …… 3
3. 什么叫静电感应？ …… 3
4. 电力线有什么性质？ …… 3
5. 库仑定律的定义是什么？ …… 3
6. 电流的方向是如何规定的？ …… 4
7. 如何计算电流大小？ …… 4
8. 什么是电位？ …… 4
9. 什么是电压？其大小、方向如何确定？ …… 4
10. 电压与电动势有何区别？ …… 4
11. 什么是电路？它的基本组成部件有哪些？ …… 4
12. 电路的三种状态是什么？ …… 5
13. 什么叫支路、节点、回路？ …… 5
14. 什么是基尔霍夫定律？ …… 5
15. 什么是欧姆定律？ …… 5
16. 应用欧姆定律时应注意什么？ …… 5
17. 什么是全电路欧姆定律？ …… 5
18. 导体电阻与哪些因素有关？ …… 6
19. 导体电阻与温度有什么关系？ …… 6
20. 直流串联电路有什么特点？ …… 6
21. 直流并联电路有什么特点？ …… 6
22. 恒压源和恒流源各有哪些特性？ …… 6
23. 在电压源与电流源进行等效变换时，应注意哪些事项？ …… 7
24. 什么是叠加原理？ …… 7

25. 运用叠加原理时，应注意哪些问题？ …… 7
26. 戴维南定理的内容是什么？ …… 7
27. 诺顿定理的内容是什么？ …… 8
28. 运用等效电源定理的目的是什么？ …… 8
29. 星形电阻网络与三角形电阻网络的等效变换是怎样推导的？ …… 8
30. 如何计算直流回路电能？电能的基本单位和常用单位是什么？ …… 9
31. 电功率是如何定义的？在计算时应注意什么？ …… 9
32. 负载获得最大功率的条件是什么？ …… 9
33. 电容的串联和并联是怎样实现的？ …… 9
34. 电感元件的串联和并联是怎样实现的？ …… 10
35. 电阻、电感串联电路的电压与电流间的相位差由什么决定？ …… 10
36. 什么叫非线性元件？与线性元件有何区别？ …… 10
37. 什么叫过渡过程？产生过渡过程的原因是什么？ …… 11
38. 什么是磁场？ …… 11
39. 磁力线有哪些性质？ …… 11
40. 什么叫电流的磁效应？ …… 11
41. 什么是电磁感应现象？ …… 11
42. 什么是楞次定律？ …… 11
43. 感应电动势是怎样产生的？ …… 12
44. 感应电动势的大小决定于哪些因素？ …… 12
45. 如何确定载流导体产生的磁力线的方向？ …… 12
46. 如何判断通电螺线管的磁场方向？ …… 12
47. 什么是左手定则？ …… 12
48. 什么是右手定则？ …… 12
49. 什么是自感现象和互感现象？ …… 13
50. 什么是涡流？ …… 13
51. 什么是剩磁？ …… 13
52. 为什么要采用交流电？它有什么好处？ …… 13
53. 什么是感抗？如何计算感抗？ …… 13
54. 什么叫容抗？如何计算容抗？ …… 14
55. 什么是相电流、相电压和线电流、线电压？ …… 14
56. 什么是正弦交流电？ …… 14
57. 正弦交流电的周期和频率是如何规定的？ …… 14
58. 什么是正弦交流电的相位、初相位和相位差？ …… 14
59. 用相量表示正弦量有哪几种形式？ …… 14
60. 正弦量的三要素指的是哪些？各有什么含义？ …… 15
61. 电流的有效值是如何定义的？ …… 15
62. 用相量法表示正弦量时，应注意哪些问题？ …… 15
63. 什么叫集肤效应？ …… 15

64. 什么是中性点位移现象？ …… 15
65. 在什么情况下会产生非正弦交流电？ …… 16
66. 什么叫交流电的谐振？ …… 16
67. 什么叫串联谐振？ …… 16
68. 什么叫并联谐振？ …… 16
69. 串联谐振与并联谐振各有什么特点？ …… 16
70. 什么是正序分量、负序分量和零序分量？ …… 17
71. 什么叫三相交流电的不对称度？ …… 17
72. 如何用公式表示三相不对称负载的有功功率？ …… 17
73. 如何用瞬时值表达式表示三相交流电动势？ …… 17
74. 在三相三线制中，任何瞬时三相电流关系是什么？在三相四线制中又是什么？ …… 18
75. 当三相负载接成三角形时，线电流和相电流的相位及数值关系是什么？ …… 18
76. 单相交流电路的有功功率、无功功率和视在功率的计算公式是什么？ …… 18
77. 什么叫功率因数？为什么要提高功率因数？ …… 18
78. 什么是介质损耗？ …… 18
79. 什么是泄漏电流？ …… 19
第二节　电力电子变流技术基础 …… 19
1. 什么是晶闸管？ …… 19
2. 如何用晶闸管实现可控整流？ …… 19
3. 滤波电路有什么作用？ …… 19
4. 利用电感滤波的原理是什么？ …… 19
5. 什么是运算放大器？ …… 19
6. 为什么负反馈能使放大器工作稳定？ …… 19
7. 晶闸管导通的条件是什么？怎样使晶闸管由导通变为关断？ …… 20
8. 晶闸管的额定电流是怎样定义的？有效值和平均值之间有何关系？ …… 20
9. 晶闸管导通后，门极改加适当大小的反向电压，会发生什么情况？ …… 20
10. 为什么功率晶体管在开关瞬变过程中容易被击穿？可采取什么措施防止被击穿？ …… 20
11. 功率集成电路 PIC 的基本结构组成如何？ …… 20
12. 什么是整流？它是利用半导体二极管和晶闸管的哪些特性来实现的？ …… 21
13. 在三相桥式整流电路中，为什么三相电压的六个交点就是对应桥臂的自然换流点？ …… 21
14. 三相全控桥式整流器的单脉冲触发方式的脉冲宽度为什么要大于 60°？ …… 21
15. 逆变电路必须具备什么条件才能进行逆变工作？ …… 21
16. 单相全控桥式逆变电路与单相桥式（二极管）整流电路有何差别？是否所有的整流电路都可以用来作为逆变电路？ …… 21
17. 什么叫逆变颠覆？ …… 22
18. 试说明同步发电机励磁系统在“励磁”和“灭磁”两种工况下，变流器的工作状态和能量流向如何？ …… 22
19. 过电压保护的两种基本方法是什么？ …… 22
20. 用作过电流保护的三种常用电器是什么？其速度的快慢有何差别？ …… 22

21. 为什么说快速熔断器用作晶闸管的最终过流保护手断比较合适？ …… 22
22. 晶体管主电路对触发电路的要求是什么？ …… 23
23. 移相控制有哪两种实现方式？ …… 23
24. 单结晶体管触发电路的工作原理是什么？ …… 23
25. 触发电路怎样实现对初始相位的控制？ …… 23
26. 防止晶闸管误触发有哪些措施？ …… 24
27. 无源逆变电路和有源逆变电路的区别有哪些？ …… 24
28. 什么是电压型逆变器和电流型逆变器？各有什么特点？ …… 24
29. DC/DC 变换电路的主要形式和工作特点是什么？ …… 24
30. 斩波电路的主要功能有哪些？ …… 25
31. 斩波电路常用的三种控制方式是什么？ …… 25
32. 在直流斩波电路中晶闸管器件的关断方法及工作过程是怎样的？ …… 25
33. 功率晶体管对驱动电路的要求是什么？ …… 25
34. 驱动电路的隔离有什么作用？常用的驱动电路隔离方法有哪两种？ …… 26
35. 什么是恒流驱动电路？它的工作原理是什么？ …… 26
36. 比例驱动电路的工作原理及特点是什么？ …… 26
第三节　微型机保护基础 …… 26
1. 微型机保护有何特点？ …… 26
2. 微型机保护装置的电源有何要求？ …… 26
3. 什么是离散控制系统？ …… 27
4. 模数转换（A/D）的作用是什么？ …… 27
5. 什么是采样信号？ …… 27
6. 什么是采样定理？ …… 27
7. 什么是频率混叠？ …… 27
8. 什么条件下，$X_s(f)$的形状与$X(f)$的形状完全相同？ …… 27
9. 保持电路的原理是什么？ …… 27
10. 在数据采集系统中为什么普遍采用零阶保持器？ …… 28
11. 离散控制系统的模型有哪几种？ …… 28
12. 什么是差分方程？ …… 28
13. 什么是脉冲传递函数？ …… 28
14. 什么是开环控制系统？ …… 28
15. 什么是闭环控制系统？ …… 28
16. 微型机继电保护硬件构成包括哪几部分？ …… 28
17. 数据采集系统主要有哪几种形式？ …… 29
18. 什么是采样周期？ …… 29
19. 为什么采样频率不能过高？ …… 29
20. 模拟输入信号的电平变换由什么完成？其作用是什么？ …… 29
21. 采样频率的方式选择分为哪两种？ …… 29
22. 对多个模拟输入信号的采样方式有哪几种？ …… 30

23. 数模转换器的作用是什么？ …… 30
24. 逐次比较式模数转换器（A/D）的原理是什么？ …… 30
25. 逐次比较式模数转换器的主要技术指标有哪些？ …… 30
26. 什么是浪涌吸收器？ …… 30
27. 什么是电压/频率变换式转换器（VFC）？其作用是什么？ …… 31
28. 电压/频率变换式数据采集系统的工作原理是什么？ …… 31
29. 向微型机输入的开关量信号通常可分为哪几类？ …… 31
30. 什么是线性系统？试写出其传递函数。 …… 31
31. 什么是数字滤波器？如何分类？ …… 31
32. 数字滤波器的工作原理是什么？ …… 32
33. 数字滤波器的主要性能指标有哪些？ …… 32
34. 什么是三点采样值乘积算法？ …… 32
35. 什么是导数算法？ …… 32
36. 什么是半周积分算法？ …… 32
37. 对于一个周期函数，可以将其分解为哪几部分？ …… 33
38. 什么是解微分方程算法？ …… 33
39. 什么是最小二乘法？ …… 33
40. 什么是数字滤波加纯正弦模型算法？ …… 33
41. 微机距离保护装置的输入量有哪些？采用什么数据采集系统？ …… 33
42. 微机距离保护运行软件由哪几部分组成？各部分有哪些主要功能？ …… 33
43. 在线路出口附近短路时，微机距离保护如何判断？ …… 34
44. 算法中影响保护性能的因素是什么？ …… 34
45. 阻抗元件的作用是什么？微型机距离保护的阻抗元件实现方法有哪几种？ …… 34
46. 微型机距离保护振荡闭锁原理有哪些？ …… 34
47. 常规的纵差保护与微机保护在解决正常运行时电流的幅值和相位的不平衡问题时有何不同？ …… 34
48. 如单纯利用电气元件两侧的电流相量之和实现纵差保护会存在什么问题？ …… 35
49. 微机发电机纵差保护方案有哪几种？ …… 35
50. 变压器差动保护为什么要采用三段折线式比率制动？ …… 35
51. 在微型机变压器纵差保护中，防止励磁涌流造成保护误动的方法有哪些？ …… 35
52. 差动保护中为什么要采用差动速断和低电压加速保护动作？ …… 35
53. 什么是干扰？干扰如何分类？ …… 36
54. 电磁干扰的三要素是什么？ …… 36
55. 什么是差模干扰？其主要来源是什么？ …… 36
56. 什么是共模干扰？ …… 36
57. 微型机保护装置的干扰主要来自何处？ …… 36
58. 干扰对微型机保护的影响有哪些？ …… 36
59. 微型机保护装置软件方面抗干扰的措施有哪些？ …… 36
60. 微型机保护装置硬件方面抗干扰的措施有哪些？ …… 37

61. 微型机保护的自动检测方式有哪些？ …… 37
62. 微型机保护的自动检测项目有哪些？ …… 37
第四节　短路计算 …… 37
1. 什么叫短路？短路如何分类？ …… 37
2. 发生短路的原因主要有哪些？ …… 38
3. 短路对设备及系统的危害有哪些？ …… 38
4. 电力系统进行短路计算的目的是什么？ …… 39
5. 短路计算有什么假设条件？为什么要这样假设？ …… 39
6. 什么是标幺值？短路计算时，使用标幺值有什么方便之处？标幺值与百分值有什么不同？基准值应如何选取？ …… 39
7. 短路电流的计算程序是怎样的？ …… 40
8. 什么是平均额定电压？ …… 40
9. 什么是无限大容量电力系统？ …… 40
10. 如何从物理概念上理解短路电流的解析式？ …… 41
11. 什么是周期分量？ …… 41
12. 什么是短路电流的非周期分量？ …… 41
13. 什么是冲击短路电流？ …… 42
14. 什么是稳态短路电流？ …… 42
15. 短路电流曲线有什么特点？ …… 42
16. 不对称短路的计算与对称三相短路的计算有什么不同和相同之处？ …… 42
17. 各种短路时短路电流绝对值与哪些因素有关？ …… 43
18. 为什么要进行短路电流的电动力及发热计算？ …… 43
19. 短路电流的电动力如何计算？ …… 43
20. 如何进行热稳定校验？ …… 44
21. 短路电流的限制有哪些常用的措施？这些措施为什么能限制短路电流？ …… 45
第五节　计算机软件基础 …… 45
1. 怎样的计算机被称为裸机？什么是虚拟计算机？ …… 45
2. 计算机软件资源的作用是什么？计算机上有哪些软件资源？ …… 46
3. 汇编语言和高级语言有什么不同？ …… 46
4. 计算机只能执行机器指令，但为什么它能运行汇编语言和高级语言编写的程序？ …… 46
5. 高级语言的特点和适用的范围是什么？ …… 46
6. 计算机软件的定义是什么？ …… 46
7. 计算机应用软件有哪些？ …… 46
8. 什么是操作系统？它的主要功能是什么？ …… 47
9. 对用户而言，分时系统与批处理系统相比，有哪些优点？ …… 47
10. 存储管理有哪些功能？ …… 47
11. 内存控制块的作用是什么？它提供了什么信息？ …… 47
12. 什么是文件？文件怎样划分？ …… 48
13. 文件系统为用户提供了哪些功能？ …… 48

14. 文件的存取方法主要有哪些？各有什么特点？ …… 48
15. 文件目录有何作用？为什么要建立多级目录？ …… 48
16. 什么是簇号？DOS系统是如何了解某个文件所占有的存储位置的？ …… 48
17. 设备管理的任务是什么？ …… 49
18. 什么是通道技术？什么是缓冲技术？ …… 49
19. 什么是独占设备、共享设备以及虚拟设备？ …… 49
20. 什么是作业和作业步？ …… 49
21. Windows 的用户界面采用了哪些技术？ …… 49
22. 软件设计的目的是什么？设计阶段产生的主要工作结果是什么？ …… 49
23. 软件测试有哪几个步骤？简述每一步的目标和特点。 …… 50
24. 软件维护的含义是什么？有哪几种类型的维护？ …… 50
25. 什么是易维护性？为什么易维护性是软件的一个重要的质量标准？ …… 50

第二章　电气设备基础知识 …… 51

第一节　发电机基础知识 …… 51
1. 同步发电机的“同步”是什么意思？ …… 51
2. 同步发电机如何分类？ …… 51
3. 同步发电机的转速、频率、磁极对数之间的关系是怎样的？ …… 51
4. 发电机铭牌上标示的型号、容量、电压、电流、温升、功率因数是什么意思？ …… 51
5. 同步发电机是如何发出三相正弦交流电的？ …… 52
6. 发电机为什么一般都接成星形接线？ …… 52
7. 大型发电机定子绕组为什么都采用三相短距分布绕组？ …… 53
8. 为什么大型发电机的定子绕组常接成双星形？ …… 53
9. 发电机转子上装设阻尼绕组的目的是什么？ …… 53
10. 什么叫有功？什么叫无功？ …… 53
11. 有功功率、无功功率、视在功率之间的关系是什么？ …… 53
12. 什么叫同步发电机的迟相运行？什么叫同步发电机的进相运行？ …… 54
13. 汽轮发电机定、转子分别由哪几部分构成？ …… 54
14. 发电机机座的作用及结构是怎样的？ …… 54
15. 发电机端盖的作用及结构是怎样的？ …… 54
16. 发电机定子铁芯的作用及结构是怎样的？ …… 55
17. 发电机转子的结构是怎样的？ …… 55
18. 转子护环和中心环的作用是什么？ …… 55
19. 发电机电刷及刷架的作用是什么？ …… 55

第二节　变压器基础知识 …… 55
1. 变压器如何分类？ …… 55
2. 干式变压器有哪几种形式？ …… 56
3. 变压器的基本原理是什么？ …… 56
4. 变压器在电力系统中起什么作用？ …… 56

5. 什么是变压器的空载运行？ …… 56
6. 什么是变压器的正常过负荷？ …… 57
7. 油位计上“－30℃”“＋20℃”和“＋40℃”三个标志表示什么意思？ …… 57
8. 什么是压力式温度计？ …… 57
9. 表示变压器油电气性能好坏的主要参数是什么？ …… 57
10. 为什么要规定变压器的允许温度？ …… 57
11. 为什么要规定变压器的允许温升？ …… 57
12. 什么叫变压器的并联运行？ …… 58
13. 什么叫变压器的联结组别？ …… 58
14. 什么叫变压器的极性？ …… 58
15. 什么是变压器的铜损和铁损？ …… 58
16. 运行电压超过或低于额定电压值时，对变压器有什么影响？ …… 58
17. 有载分接开关的基本原理是什么？ …… 58
18. 气体保护的动作原理是怎样的？ …… 59
第三节　电动机基础知识 …… 59
1. 电动机的铭牌上有哪些主要数据？ …… 59
2. 异步电动机由哪几部分组成？ …… 59
3. 异步电动机按结构的不同主要分为哪两大类？它们有何不同？ …… 59
4. 感应电动机是怎么转起来的？ …… 59
5. 感应电动机运行时有哪几种损耗？ …… 59
6. 什么是控制电动机？它有什么用途？ …… 60
7. 为什么处于备用中的电动机应定期测量绝缘电阻？ …… 60
8. 异步电动机发生振动和噪声是由什么原因引起的？ …… 60
9. 电动机在什么情况下应测绝缘？ …… 60
10. 启动电动机时应注意什么？ …… 61
11. 运行中的电动机遇到哪些情况时应立即停运？ …… 61
12. 电动机允许联系处理的异常有哪些？ …… 61
13. 规程规定电动机的运行电压可以偏离额定值－5％或＋10％而不变其额定出力，为什么电压偏高的允许范围较大？ …… 62
14. 电动机的低电压保护起什么作用？ …… 62
15. 什么叫电动机的自启动？ …… 62
16. 电动机启动前应做哪些准备工作？ …… 62
17. 单相异步电动机是怎样转起来的？ …… 63
18. 感应电动机在什么情况下会出现过电压？ …… 63
19. 电磁调速异步电动机是由哪几部分组成的？ …… 63
第四节　配电装置基础知识 …… 63
1. 什么是配电装置？ …… 63
2. 配电装置如何分类？ …… 63
3. 屋内配电装置的特点是什么？ …… 64

4. 屋外配电装置的特点是什么？ …… 64
5. 成套配电装置的特点是什么？ …… 64
6. 配电装置应满足哪些要求？ …… 64
7. 配电装置的最小安全净距是如何确定的？ …… 64
8. 发电厂和变电站 6～10kV 屋内配电装置布置型式有哪几种？各有何优缺点？ …… 65
9. 屋内配电装置中的母线是如何布置的？ …… 65
10. 屋内配电装置中的隔离开关是如何布置的？ …… 66
11. 屋内配电装置中的断路器及其操动机构是如何布置的？ …… 66
12. 屋内配电装置中的互感器和避雷器是如何布置的？ …… 66
13. 屋内配电装置中的电抗器是如何布置的？ …… 66
14. 配电室的通道、出口及采光通风是如何布置的？ …… 67
15. 电缆隧道及电缆沟是如何布置的？ …… 67
16. 屋外配电装置分为哪几种类型？ …… 67
17. 屋外配电装置的母线及构架是如何布置的？ …… 68
18. 屋外配电装置的电力变压器是如何布置的？ …… 68
19. 屋外配电装置的电气设备是如何布置的？ …… 68
20. 屋外配电装置中的电缆沟和通路如何布置？ …… 69
21. 成套配电装置是如何分类的？ …… 69
22. 低压配电屏（柜）的结构和特点是怎样的？ …… 69
23. 高压开关柜的结构分为哪两种形式？由哪几部分组成？有何特点？ …… 70
24. SF_6 全封闭式组合电器由哪些元件组成？有何优缺点？ …… 70
25. 发电机与配电装置（或变压器）的连接方式有哪几种？各有何特点？ …… 71

第三章　电力系统基础知识 …… 73

第一节　基础知识 …… 73

1. 什么叫电力网？什么叫电力系统？ …… 73
2. 对电力系统运行有哪些基本要求？ …… 73
3. 为什么电力系统要规定标准电压等级？ …… 73
4. 电力系统常见的电网结构有哪几种？ …… 73
5. 目前我国规定的标准电压等级有哪些？ …… 73
6. 电力系统的电能质量标准是什么？ …… 74
7. 电力系统中性点有哪几种接地方式？ …… 74
8. 什么叫中性点直接接地电网？有何优缺点？ …… 74
9. 什么叫中性点非直接接地电网？有何优缺点？ …… 74
10. 为什么发电厂发出来的电能要经过主变压器升压后，才送到距离较远的地方？ …… 74
11. 电力系统调压有什么必要性？ …… 75
12. 什么叫电力系统的自然调压？ …… 75
13. 什么叫电力系统的外加调压措施？ …… 75
14. 电力系统如何才能做到经济运行？ …… 75

15. 为什么电气运行值班人员要清楚了解本厂的电气一次主接线？ …… 75
16. 电力系统调度的任务和基本要求是什么？ …… 75
17. 什么叫电压不对称度？ …… 75
18. 什么是电力系统的稳定？ …… 76
19. 什么是电力系统的静态稳定？ …… 76
20. 什么是电力系统的暂态稳定？ …… 76
21. 提高电力系统暂态稳定性有哪些措施？ …… 76
第二节　发电厂及变电站接线形式 …… 76
1. 什么是电气主接线？电气主接线中包括哪些设备？ …… 76
2. 电气主接线应满足哪些基本要求？ …… 77
3. 大型电厂的电气主接线有什么特点？ …… 77
4. 发电机-变压器单元接线是怎样的？ …… 77
5. 发电机-变压器扩大单元接线是怎样的？ …… 78
6. 发电机-变压器-线路单元接线是怎样的？ …… 78
7. 一厂两站的接线形式是怎样的？ …… 79
8. 6～220kV 高压配电装置的接线分为哪几种？ …… 79
9. 单母线接线形式是怎样的？有何优缺点？适用范围是什么？ …… 79
10. 单母线分段接线的形式是怎样的？有何优缺点？ …… 80
11. 双母线接线的形式是怎样的？有何优缺点？适用范围是什么？ …… 80
12. 什么情况双母线需分段？分段原则是什么？ …… 81
13. 为什么要采用增设旁路母线或旁路隔离开关的接线？旁路母线的接线方式有哪几种？ …… 81
14. 旁路母线或旁路隔离开关的设置原则是什么？ …… 82
15. 变压器-线路单元接线形式是怎样的？有什么优缺点？适用范围是什么？ …… 83
16. 桥形接线分哪两种形式？各有什么优缺点？适用范围是什么？ …… 84
17. 三～五角形的接线形式是怎样的？有何优缺点？ …… 84
18. 双母线三分段（或四分段）带旁路母线（或带旁路隔离开关）接线是怎样的？其故障停电范围和分段原则是什么？ …… 85
19. 3/2 断路器接线形式是怎样的？有什么优点？ …… 87
20. 变压器-母线接线有什么特点？适用范围是什么？ …… 87
21. 为什么一般不宜在 220kV 配电装置中采用 3/2 断路器接线？ …… 88
22. 330～500kV 超高压配电装置的基本接线有哪些？ …… 88
23. 中小型电厂电气主接线是怎样的？ …… 88

第四章　保护与控制系统 …… 89

第一节　基础知识 …… 89
1. 发电厂及电力系统为什么要装设继电保护装置？ …… 89
2. 继电保护装置的基本任务是什么？ …… 89
3. 继电保护装置的基本原理是什么？ …… 89
4. 对继电保护装置的四项基本要求是什么？ …… 89

5. 继电器一般怎么分类？试分别进行说明。…… 90
6. 电磁型继电器的工作原理是什么？按其结构可分为哪三种？…… 90
7. 感应式电流继电器的构造是怎样的？…… 90
8. 感应型继电器的工作原理是什么？…… 90
9. 整流型继电器由哪些回路构成？简述其工作原理。…… 90
10. DX 型信号继电器的构造是怎样的？…… 91
11. DX 型信号继电器的作用原理是什么？…… 91
12. 什么叫电流速断保护？它有何特点？…… 91
13. 什么是限时电流速断保护？它有何特点？…… 91
14. 什么叫定时限过电流保护？什么叫反时限过电流保护？…… 91
15. 什么是复合电压启动的过电流保护？…… 91
16. 小接地电流系统中，为什么单相接地保护在多数情况下只用来发信号而不动作于跳闸？…… 92
17. 保护出口中间继电器线圈为什么要并联电阻？…… 92
18. 为什么有些电压互感器二次回路的某一相熔断器两端要并联电容器？…… 92
19. 电压互感器的二次回路为什么必须接地？…… 92
20. 测量二次回路的绝缘应使用多大的绝缘电阻表？绝缘标准是多少？…… 92
21. 怎样测量一路二次线的整体绝缘？应注意什么？…… 92
22. 为什么交直流回路不能共用一条电缆？…… 93
23. 什么是电气二次设备和二次回路？…… 93
24. 电气二次设备包括哪些设备？…… 93
25. 保护出口中间继电器触点为什么要串接电流线圈？…… 93
26. 什么叫主保护？…… 94
27. 什么叫后备保护？…… 94
28. 什么叫辅助保护？…… 94
29. 什么叫断路器失灵保护？…… 94
30. 零序电流互感器是如何工作的？…… 94
31. 电力系统在什么情况下运行将出现零序电流？…… 94
32. 差动继电器的原理是怎样的？…… 95
33. 在什么情况下采用三相差动保护？在什么情况下采用两相差动保护？…… 95
34. 为什么方向性继电器会有死区？如何消除死区？…… 95
35. 距离保护突然失压时为什么会误动？…… 96
36. 电压互感器二次侧为什么要加电磁小开关代替总熔断器？电磁开关跳开后应怎样处理？…… 96
37. 电压互感器电压消失后应注意什么？…… 96
38. 系统振荡与短路故障两种情况，电气量的变化有哪些主要差别？…… 96
39. 什么叫阻抗继电器的最小精确工作电流？它有什么意义？…… 96
40. 中性点直接接地系统中发生接地短路时，零序电流的分布与什么有关？…… 97
41. 什么是系统的最大、最小运行方式？…… 97

42. 什么叫常见运行方式？ …… 97
43. 继电保护对系统运行方式的配合有何要求？ …… 97
44. 继电保护及自动装置运行通则有哪些？ …… 97
45. 什么是微波保护？用微波通道作为继电保护的通道时具有哪些优点？存在哪些问题？ …… 98
46. 什么是电平？电压绝对电平和功率绝对电平之间有什么关系？怎样计算？ …… 99
47. 什么是调制和解调？ …… 99
48. 故障录波器的作用是什么？ …… 100
49. 故障录波器分析报告的主要内容有哪些？ …… 100
第二节　电气设备的控制与信号 …… 100
1. 什么叫操作电源？操作电源有哪几种？ …… 100
2. 什么是中央信号？它的作用是什么？ …… 100
3. 发电厂及变电站的中央信号按用途分为哪几类？ …… 101
4. "掉牌未复归"信号的作用是什么？通过什么信号反映？ …… 101
5. 预告信号可分为哪两种？ …… 101
6. 闪光装置的作用是什么？ …… 101
7. 二次回路标号的基本方法是什么？ …… 101
8. 直流回路的标号细则是什么？ …… 102
9. 交流回路的标号细则是什么？ …… 102
10. 跳闸连接片安装使用有哪些要求？ …… 103
11. 控制回路中防跳闭锁继电器的接线及动作原理是什么？ …… 103
12. 为什么保护传动试验时，有时会出现烧毁出口继电器触点的现象？ …… 104
第五章　倒闸操作及运行防止误操作 …… 105
第一节　倒闸操作原则 …… 105
1. 单电源线路停送电的操作顺序如何？ …… 105
2. 双电源线路停送电操作顺序如何？ …… 105
3. 变压器的停送电操作顺序如何？ …… 105
4. 单相隔离开关和跌落式熔断器的操作顺序如何？ …… 105
5. 回路中未装设断路器时，允许用隔离开关进行哪些操作？ …… 105
6. 投入或断开中性点直接接地系统电压为110kV及以上的空载变压器时，应注意什么？ …… 106
7. 在只有隔离开关和熔断器的低压回路，停送电顺序如何？ …… 106
8. 消弧线圈分接头的调整原则是什么？ …… 106
9. 110kV或220kV变压器中性点直接接地隔离开关的倒换操作顺序如何？ …… 106
10. 当由变压器向接有电压互感器的空载母线合闸充电时的操作技术原则？ …… 106
11. 母联断路器兼旁路断路器旁带线路时正确操作方法是什么？ …… 106
12. 两线一地制供电系统装设接地线有何规定？ …… 107
第二节　工作票与操作票 …… 107
1. 填用发电厂（变电站）第一种工作票的工作有哪些？ …… 107
2. 填用发电厂（变电站）第二种工作票的工作有哪些？ …… 107

3. 工作票中所列人员的安全责任各是什么？ …… 107
4. 在未办理工作票终结手续以前，在工作间断期间，若有紧急情况，需要将施工设备合闸送电，值班员该如何操作？ …… 108
5. 检修工作结束以前，若需将设备试加工作电压，该如何布置措施？ …… 108
6. 如何变更工作负责人？ …… 109
第三节　倒闸操作程序 …… 109
1. 电气倒闸操作的执行程序如何？ …… 109
2. 如何发布和接受操作任务？ …… 109
3. 如何填写操作票？ …… 110
4. 什么情况下，允许不填写操作票进行倒闸操作？ …… 110
5. 如何审查与核对操作票？ …… 111
6. 操作执行命令是如何发布和接受的？ …… 111
7. 进行倒闸操作有何规定？ …… 111
8. 操作中发生疑问怎么办？ …… 112
第四节　防止电气误操作 …… 112
1. 常见电气误操作有哪些类型？ …… 112
2. 引起电气误操作的常见原因有哪些？有何防范措施？ …… 112
3. 如何防止误入带电间隔或误登室外带电设备？ …… 116

第二篇　中　级　工

第六章　发电机 …… 119
第一节　氢水油系统 …… 119
1. 发电机组为什么需要设置冷却系统？常用的冷却介质有哪些？ …… 119
2. 同步发电机按其冷却方式和冷却介质如何分类？ …… 119
3. 目前大型汽轮发电机组多采用什么冷却方式？ …… 119
4. 永磁副励磁机的冷却方式怎样？ …… 119
5. 交流主励磁机的冷却方式怎样？ …… 119
6. 用空气作发电机的冷却介质有何优缺点？ …… 120
7. 用氢气作发电机的冷却介质有什么优、缺点？ …… 120
8. 用水作发电机的冷却介质有何优、缺点？ …… 120
9. 为什么不能用二氧化碳气体作为发电机长期的冷却介质？ …… 120
10. 氢冷同步发电机结构的特点主要是由哪些因素决定的？ …… 120
11. 氢气控制系统一般由哪些设备组成？ …… 121
12. 密封油系统的工作要求是什么？有哪两种供油型式？ …… 121
13. 何为定子冷却水系统？其工作要求及组成是什么？ …… 121

14.《电力安全工作规程》中对氢冷发电机有何规定？ …… 121
15. 对发电机氢气质量有何要求？ …… 122
16. 引起氢气爆炸的条件是什么？ …… 122
17. 氢冷发电机在什么情况下易引起爆炸？ …… 123
18. 发电机采用氢气冷却应注意什么问题？ …… 123
19. 为什么提高氢冷发电机的氢气压力可以提高效率？ …… 123
20. 氢气纯度过高或过低对发电机运行有什么影响？ …… 123
21. 氢气湿度过高或过低对发电机有何危害？ …… 123
22. 氢冷发电机漏氢有哪几种表现形式？哪种最危险？ …… 124
23. 发电机在运行中氢压降低是什么原因引起的？ …… 124
24. 氢气的置换通常采用哪些方法？如何进行？ …… 124
25. 在气体置换中，采用二氧化碳气体作为中间介质有什么好处？ …… 124
26. 采用抽真空法置换气体应具备哪些条件？ …… 125
27. 为什么发电机在充氢后不允许中断密封油？ …… 125
28. 为什么密封油温不能过高？ …… 125
29. 为什么要防止密封油进入发电机内部？ …… 125
30. 发电机进油的原因有哪些？如何防止？ …… 125
31. 为什么大容量的汽轮发电机都采用密闭循环的通风系统？ …… 126
32. 进风温度过低对发电机有哪些影响？ …… 126
33. 入口风温变化时对发电机有哪些影响？ …… 126
34. 发电机的出、入口风温差变化说明什么问题？ …… 126
35. 发电机气体冷却器结露的原因是什么？ …… 127
36. 气体冷却器结露对发电机运行有什么危害？如何消除？ …… 127
37. 发电机定、转子冷却水的水质应符合哪些要求？ …… 127
38. 为什么规定发电机内水压低于氢压？ …… 127
39. 发电机内通定子水循环后，应做哪些检查及操作？ …… 127
40. 为什么在定子水箱上部充有一定压力的氢气？ …… 128
41. 什么是双水内冷发电机？ …… 128
42. 水-水-空冷却方式汽轮发电机的特点有哪些？ …… 128
43. 水-水-空冷却的汽轮发电机的工作过程是什么？ …… 128
44. 水-水-空冷却系统在盘车状态下为什么要保持供水？ …… 129
45. 发电机通水循环后，应做哪些检查工作？ …… 129
46. 水-水-空发电机在启动过程中应注意哪几点？ …… 129
47. 水内冷汽轮发电机并列后，对增加负荷的速度应考虑哪些因素？ …… 129
48. 水冷发电机在运行中应注意什么？ …… 129
49. 运行中发电机定子汇水管为何要接地？ …… 130
50. 发电机断水时应如何处理？ …… 130
51. 双水内冷机组的水冷系统漏水如何处理？ …… 130
52. 如何防止发电机绝缘过冷却？ …… 130

53. 运行中，定子铁芯各部分温度普遍升高应如何检查和处理？ …… 131
54. 运行中，定子铁芯个别点温度突然升高时应如何处理？ …… 131
55. 运行中，定子铁芯个别点温度异常下降时应如何处理？ …… 131
56. 运行中，个别定子绕组温度异常升高时应如何处理？ …… 131
第二节　运行与维护 …… 131
1. 发电机的运行极限受哪些条件限制？ …… 131
2. 发电机运行时为什么会发热？ …… 132
3. 同步发电机对称运行时有哪些基本特性？ …… 132
4. 什么是空载特性？如何做空载特性试验？它有什么特点和用途？ …… 133
5. 什么是短路特性？如何做短路特性试验？它有什么特点和用途？ …… 133
6. 什么是负载特性？它有什么用途？ …… 134
7. 什么是外特性？它有什么特点和用途？ …… 134
8. 什么是调整特性？它有什么特点和用途？ …… 134
9. 水内冷发电机定子线棒的测温元件埋在哪里？对定子线棒温度的监视有哪些规定？ …… 135
10. 水内冷发电机定子铁芯的测温元件埋在哪里？定子铁芯的允许温度是多少？ …… 135
11. 发电机运行时定子的哪个部位温度最高？埋入式检温计测的是不是最高温度？ …… 135
12. 汽轮发电机的定子铁芯为什么会有局部高热的情况？ …… 136
13. 汽轮发电机的转子哪些地方会发热？是由什么原因造成的？ …… 136
14. 为什么调有功应调进汽量（或进水量），而调无功应调励磁？ …… 137
15. 调节励磁电流时无功是怎么送出去的？调节无功负荷时要注意什么？ …… 138
16. 为什么调无功时有功不会变，而调有功时无功会自动变化？ …… 139
17. 发电机并列前必须满足哪些条件？不符合这些条件并列会产生什么后果？ …… 139
18. 汽轮发电机组并网后，增长负荷时受什么因素的限制？如并网后立即带满负荷对定、转子有何影响？ …… 140
19. 带非正弦负载对发电机有什么影响？ …… 141
20. 端电压增高或降低对发电机本身有什么影响？ …… 141
21. 频率增高或降低对发电机本身有什么影响？ …… 142
22. 什么叫“调相运行”？发电机调相运行状态和发电状态有什么不同？ …… 143
23. 发电机允许变为电动机运行吗？ …… 143
24. 发电机甩负荷有什么后果？应采取哪些措施？ …… 144
25. 事故情况下发电机为什么可以过负荷？过负荷时运行人员应当注意什么问题？ …… 144
26. 三相电流不对称对发电机有什么影响？ …… 145
27. 发电机失磁后运行状态怎样？有何不良影响？怎样从表计的指示来判断失磁？失磁后运行人员应当怎么办？ …… 146
28. 发电机的振荡和失步是怎么回事？怎样从表计的指示情况来辨别哪台发电机失步？振荡和失步时运行人员怎么办？ …… 148
29. 定子绕组单相接地对发电机有危险吗？怎样监视单相接地？ …… 150
30. 发电机转子接地有何危害？可以继续运行吗？ …… 151
31. 什么叫突然短路？短路电流为什么很大？发电机发生哪种类型短路时短路电流最大？ …… 152

32. 短路对发电机和系统有什么危害？如何防止发生短路事故？ …… 153
33. 汽轮发电机的振动有什么危害？引起振动的原因有哪些？ …… 154
34. 什么叫轴电压与轴电流？发电机的励侧轴承为什么要对地绝缘？接地碳刷有什么作用？ …… 154
35. 什么是电晕？发电机里哪些部位易产生电晕？电晕对发电机有什么危害？ …… 155
36. 汽轮发电机组被磁化是怎么回事？有什么危害？ …… 155
37. 为什么有的发电机中性点不接地，而有的发电机中性点经消弧电抗器接地？ …… 156
38. 雷击对发电机有危险吗？发电机有哪些防雷措施？ …… 156
39. 发电机大修时，为什么测量定子绕组绝缘的吸收比 $R_{60''}/R_{15''}>1.3$ 时就可认为绝缘是干燥的？为什么需要测量绝缘电阻？ …… 158
40. 发电机大修时对定子绕组做交流耐压和直流耐压试验起什么作用？ …… 160
41. 发电机大修时，为什么要测量发电机定子和转子绕组的直流电阻？为什么测量转子绕组的交流阻抗？ …… 161
42. 为什么水冷发电机定子线棒的振动比较厉害？ …… 162
43. 什么叫“电腐蚀”？ …… 163
44. 什么原因可能引起发电机着火？发电机着火时应当怎么处理？ …… 164

第七章　变压器运行基础 …… 165

第一节　冷却系统 …… 165

1. 变压器按冷却介质的循环方式可分哪几种？ …… 165
2. 变压器冷却装置的运行方式是怎样的？ …… 165
3. 油浸式变压器的正常检查与维护项目有哪些？ …… 165
4. 干式变压器的正常维护和检查内容有哪些？ …… 166
5. 油浸变压器有哪几种冷却方式？各有什么特点？ …… 166
6. 变压器冷却器运行中的检查与维护有哪些项目？ …… 167
7. 变压器的冷却装置的操作有哪些？ …… 167
8. 为什么要规定变压器的允许温升？ …… 167
9. 为什么规定油浸式变压器上层油温不许超过 95℃？ …… 167
10. 变压器里的油起什么作用？判断油质好坏，有哪几项主要指标？这些指标在运行中变动说明什么问题？ …… 167
11. 油浸风冷式的变压器停了风扇为什么要降低容量运行？强迫油循环的变压器停了油泵为什么不准继续运行？ …… 169

第二节　运行与监督 …… 169

1. 运行中的变压器检查项目有哪些？ …… 169
2. 什么是变压器分级绝缘？ …… 169
3. 分级绝缘的变压器在运行中要注意什么？ …… 170
4. 变压器的绝缘是怎样划分的？ …… 170
5. 变压器套管脏污有什么危害？ …… 170
6. 变压器的寿命是由什么决定的？ …… 170

7. 变压器遇有什么情况应紧急停止运行？ …… 170
8. 变压器投运前的检查项目是什么？ …… 171
9. 变压器油为什么要进行过滤？ …… 171
10. 在变压器油中添加抗氧化剂的作用是什么？ …… 171
11. 在低温度的环境中，变压器油牌号使用不当会产生什么后果？ …… 171
12. 变压器采用薄膜保护的作用是什么？ …… 171
13. 大型变压器运输时为什么要充氮气？对充氮的变压器要注意什么？ …… 172
14. 油纸电容式套管为什么要高真空浸油？ …… 172
15. 为什么铁芯只允许一点接地？ …… 172
16. 为什么变压器铁芯及其他所有金属构件要可靠接地？ …… 172
17. 怎样在运行中更换变压器的潜油泵？ …… 172
18. 怎样更换气体继电器？ …… 173
19. 变压器储油柜和防爆管之间为什么要用小管连接？ …… 173
20. 变压器呼吸器堵塞会出现什么后果？ …… 173
21. 如何检查变压器无励磁分接开关？ …… 173
22. 变压器分接开关触头接触不良或有油垢有何后果？ …… 173
23. 变压器在运行中温度不正常升高，可能由哪几种原因造成？ …… 174
24. 测量变压器的绝缘电阻有哪些注意事项？ …… 174
25. 变压器合闸时为什么会有励磁涌流？ …… 174
26. 为什么变压器过载运行只会烧坏线圈，铁芯不会彻底损坏？ …… 174
27. 水分对变压器油有什么危害？ …… 174
28. 运行中的变压器油在什么情况下会氧化、分解而析出固体游离碳？ …… 175
29. 变压器发生穿越性故障时，气体保护会不会发生误动作？ …… 175
30. 变压器二次侧突然短路对变压器有什么危害？ …… 175
31. 变压器并列运行的条件是什么？ …… 175
32. 不符合并列条件的变压器并列运行会产生什么后果？ …… 175
33. 为什么变压器短路试验所测得的损耗可以认为就是线圈的电阻损耗？ …… 176
34. 为什么变压器内部发生故障时会产生气体？ …… 176
35. 变压器油为什么不能随意混用？ …… 176
36. 为什么小容量的变压器一般都接成Yy0或Yy接线？有何优缺点？ …… 176
37. 鉴别瓦斯的方法有哪些？ …… 177
38. 变压器投运有何规定？ …… 177
39. 变压器的停运操作原则是什么？ …… 177
40. 什么叫变压器的接线组别？ …… 177
41. 变压器的阻抗电压在运行中有什么作用？ …… 178
42. 为什么变压器的低压绕组在里边，而高压绕组在外边？ …… 178
43. 变压器中性点在什么情况下应装设保护装置？ …… 178
44. 三绕组变压器倒一次分接开关与倒二次分接开关的作用和区别是什么？ …… 179
45. 有载调压变压器与无载调压变压器有什么不同？各有何优缺点？ …… 179

46. 三绕组变压器停一侧其他两侧能否继续运行？应注意什么？ …… 179
47. 为什么新安装或大修后的变压器在投入运行前要做冲击合闸试验？ …… 179
48. 为什么要从变压器的高压侧引出分接头？ …… 179
49. 影响变压器油位及油温的因素有哪些？哪些原因使变压器缺油？缺油对运行有什么危害？ …… 180
50. Yd11 接线的变压器对差动保护用的电流互感器有什么要求？ …… 180
51. 有载调压变压器大修后应重点验收什么项目？运行中为什么要重点检查油面和动作记录？ …… 180
52. 主变压器新投入或大修后投入运行前应验收哪些项目？ …… 180
53. 变压器新装或大修后为什么要测定变压器大盖和储油柜连接管的坡度？ …… 181
54. 怎样测量变压器的绝缘？如何判断好坏？ …… 181
55. 35kV 等级纯瓷套管与 10kV 等级纯瓷套管有什么区别？ …… 181
56. 为什么有的电力变压器采用有载调压？有载调压分接开关的原理怎样？ …… 181
57. 为什么变压器的二次电流增加时，一次电流也自动增加？ …… 183
58. 变压器中性点为什么有的接地有的不接地，有的又经消弧线圈接地？哪种好？中性点套管头上平常有电压吗？ …… 183
59. 变压器在运行中哪些部位可能会发生高热？什么原因？如何判断？ …… 185
60. 变压器允许短时过负荷的依据是什么？ …… 187
61. 什么情况下变压器出现不对称运行？变压器不对称运行时，有哪些问题需要考虑？ …… 188
62. 打雷对变压器有危险吗？ …… 189
63. 阀型避雷器是怎样保护变压器的？ …… 189
64. 如何使变压器经济运行？ …… 190

第八章　电动机运行基础 …… 192

第一节　特种电动机 …… 192
1. 直流电动机的构造和工作原理是什么？ …… 192
2. 电厂中为什么有些地方用直流电动机？ …… 192
3. 为什么直流电动机换向片之间的绝缘多采用云母材料？ …… 192
4. 电磁调速异步电动机是怎样调节转速的？ …… 193
5. 什么是测速发电机？它有哪些种类？ …… 193
6. 什么是伺服电动机？它有哪些种类？ …… 193
7. 交流伺服电动机怎样接线才能正常运转？ …… 193
8. 直流伺服电动机怎样接线才能正常运转？ …… 194
9. 什么是步进电动机？为什么在许多装置上使用它？有何优点？ …… 194
10. 步进电动机有哪些种类？ …… 194
11. 单相串励电动机工作原理和机械特性是什么？ …… 194
12. 什么是永磁同步电动机？ …… 195
第二节　运行与维护 …… 196
1. 运行中的电动机应注意哪些问题？ …… 196

2. 新安装或大修后的异步电动机启动前应检查哪些项目？ …… 196
3. 异步电动机在运行中，维护工作应注意什么？ …… 196
4. 电刷在运行中有哪些异常现象？会造成什么不良后果？ …… 197
5. 电刷和换向器（或滑环）间的磨损，是通流时的磨损大还是无电流时的磨损大？是正极大还是负极大？ …… 198
6. 对换向器、滑环和电刷的运行维护有哪些需要特别注意的地方？ …… 199
7. 换向器维修各道工序的作用是什么？ …… 199

第九章　配电装置基础知识 …… 200

第一节　熔断器 …… 200
1. 熔断器的作用及其应用有哪些？ …… 200
2. 熔断器的优点及其主要构成？ …… 200
3. 熔断器有哪些技术参数？ …… 200
4. 熔断器如何分类？ …… 200
5. 限流熔断器及不限流熔断器各有何特点？ …… 201
6. 如何正确选择熔件？ …… 201
7. 熔断器更换时需要注意的事项有哪些？ …… 201
8. 为什么低压大容量熔断器的熔体常采用宽窄相间的截面？ …… 201
9. 熔断器的结构和灭弧方式有哪些？ …… 202
10. 动力用的熔断器为什么都装在隔离开关的负荷侧而不装在电源侧？ …… 202
11. 熔丝是否到达其额定电流时即熔断？ …… 202
12. 熔断器能否作异步电动机的过载保护？ …… 202

第二节　导线及绝缘子 …… 202
1. 绝缘子的结构是怎样的？它的作用是什么？ …… 202
2. 为什么绝缘子表面做成波纹形？ …… 203
3. 什么是不良绝缘子（指盘形悬式瓷绝缘子）？现场如何检测不良绝缘子？ …… 203
4. 绝缘子在运行中，值班人员应检查哪些项目？ …… 203
5. 如何防止绝缘子发生闪络事故？ …… 203
6. 运行中导线接头的允许温度是多少？ …… 204
7. 两根导线的载流量是不是一根导线安全载流量的 2 倍？ …… 204
8. 导线的电晕是怎么产生的？ …… 204
9. 检查和巡视接头的项目有哪些？ …… 204
10. 什么是分裂导线？ …… 204
11. 架空线路由哪些部件组成？ …… 204
12. 对运行中的架空线路应如何进行巡视和检查？ …… 205
13. 如何预防导线的断股、损伤和闪络烧伤事故？ …… 205
14. 为什么不允许导线过负荷运行？ …… 205

第三节　母线及电缆 …… 205
1. 为什么母线要涂有色漆？ …… 205

2. 如何判断运行中母线接头发热？ …… 206
3. 矩形母线平装与竖装时额定电流为什么不同？ …… 206
4. 电缆有何作用？它与一般导线相比有何优缺点？ …… 206
5. 电缆的构造是怎样的？有哪些种类？ …… 207
6. 电力电缆型号标记如何表示？ …… 207
7. 电缆中间接头盒和终端盒的作用是什么？有哪些种类？ …… 208
8. 充油电缆头为什么会漏油？有何危害？ …… 208
9. 为什么要用电力电缆？ …… 209
10. 低压四芯电缆的中性线起什么作用？ …… 209
11. 什么叫电缆终端头？ …… 209
12. 什么叫电缆中间头？ …… 209
13. 为什么单芯交流电缆不采用钢带铠装？ …… 209
14. 为什么塑料电缆不允许进水？ …… 209
15. 为什么测量电缆绝缘前，先要对电缆进行放电？ …… 210
16. 对电缆终端头有哪些基本要求？ …… 210
17. 电缆的弯曲半径是怎样规定的？ …… 210
18. 允许电缆线路运行的条件有哪些？ …… 210
19. 电缆运行中的维护工作有哪些？ …… 210
20. 10kV 的电力电缆最高温度不允许超过多少？为什么？ …… 211
21. 全线敷设电缆的配电线路为什么一般不装设重合闸？跳闸后为什么不能试送？ …… 211
22. 电缆线路停电后进行验电时为什么短时间内还有电？是否不经放电就可以用手接触？ …… 212
23. 在正常情况下，对电力电缆巡视检查内容有哪些？ …… 212
24. 电缆线路常见的故障有哪些？应怎样处理？ …… 212

第十章　电力系统稳定及防雷设备 …… 213

第一节　静态、暂态稳定 …… 213
1. 什么叫电力系统的静态稳定？ …… 213
2. 在受到小扰动以后，功角是如何变化的？简单电力系统的静态稳定判据是什么？ …… 213
3. 什么是静态稳定极限和储备系数？ …… 214
4. 提高电力系统静态稳定的措施有哪些？ …… 214
5. 什么叫电力系统的暂态稳定？ …… 215
6. 当系统受到大扰动以后，暂态过程是怎样的？ …… 215
7. 提高电力系统暂态稳定的措施有哪些？ …… 216
8. 系统失去稳定后的处理措施有哪些？ …… 217

第二节　防雷设备 …… 217
1. 防雷设备有哪些？ …… 217
2. 避雷针（线）的保护原理是什么？ …… 218
3. 避雷线与避雷针有什么不同？ …… 218
4. 常用的避雷器有哪些类型？ …… 218

5. 对避雷器的基本要求有哪些？ …… 218
6. 保护间隙有哪几种形式？它的作用原理是什么？ …… 219
7. 保护间隙有哪些优缺点？ …… 219
8. 排气式避雷器的结构是怎样的？ …… 219
9. 排气式避雷器的作用原理是什么？ …… 220
10. 排气式避雷器有哪些优缺点？ …… 220
11. 普通型阀式避雷器结构组成是怎样的？ …… 220
12. 普通型阀式避雷器的工作原理是怎样的？ …… 221
13. 阀式避雷器的主要电气参数有哪些？ …… 221
14. 磁吹型阀式避雷器（磁吹避雷器）与普通型阀式避雷器相比有哪些不同？有何特点？ …… 222
15. 金属氧化物避雷器与碳化硅阀型避雷器相比有什么特点？ …… 223
16. 什么叫接地？它有哪些种类？ …… 224
17. 防雷接地装置有哪些形式？ …… 224

第十一章 保安及直流系统运行基础 …… 225

第一节 直流系统接线与运行方式 …… 225
1. 蓄电池运行方式有哪几种？ …… 225
2. 直流系统是如何划分的？各采用何方式？ …… 225
3. 直流系统的运行方式有什么重要性？ …… 225
4. 什么是蓄电池浮充电运行方式？ …… 225
5. 直流系统（包括220V系统、110V系统、48V系统、24V系统）的作用、接线及运行方式如何？ …… 226
6. 直流环路隔离开关的运行方式怎样确定？运行操作应注意哪些事项？ …… 226

第二节 硅整流器、蓄电池运行维护 …… 227
1. 直流系统在发电厂中起什么作用？ …… 227
2. 直流系统一般包括哪些设备？ …… 227
3. 硅整流装置如何检查？ …… 227
4. 正常巡视蓄电池应检查哪些项目？ …… 227
5. 维护蓄电池应注意哪些安全事项？ …… 228
6. 什么叫蓄电池的容量及额定容量？ …… 228
7. 铅酸电池在定期充放电时为什么不能用小电流放电？ …… 228
8. 电池串、并联使用时，总容量和总电压怎样确定？ …… 228
9. 电池的浮充电、定期充放电、均衡充电、个别电池补充电的目的和方法是什么？ …… 229
10. 过充电与欠充电对电池有什么影响？怎样判断？ …… 230
11. 电池液面过低时在什么情况下允许补水？ …… 230
12. 铅酸电池极板短路或弯曲是什么原因？如何处理？ …… 230
13. 端电池调压器使用中的注意事项是什么？ …… 230
14. 应如何安排双源无端电池不带任何调压装置的直流系统运行？ …… 231
15. 无端电池直流系统采用什么调压装置？ …… 231

16. 蓄电池的内阻与哪些因素有关？ …… 231
17. 铅蓄电池产生自放电的原因是什么？ …… 231
18. 为什么蓄电池不宜过度放电？ …… 232
19. 在何种情况下，蓄电池室内易引起爆炸？如何防止？ …… 232
20. 蓄电池为什么负极板比正极板多一片？ …… 232
21. 在以三相整流器为电源的装置中，直流母线电压降至额定电压70%左右是什么原因？有什么影响？怎样检查处理？ …… 232
22. 什么叫复式整流装置？常用的有几种？工作原理是什么？ …… 233
23. 复式整流装置有哪些优缺点？ …… 233
24. 单相复式整流装置中电压源和电流源为什么接在同一系统电源上，而且必须是同相的电压和电流？ …… 233
25. 复式整流电压源和电流源采用串联和并联各有什么特点？ …… 233
26. 复式整流装置运行时应注意什么？常见异常情况怎样判断处理？ …… 234
27. 为什么要装设绝缘监察装置？它是如何工作的？ …… 234
28. 查找直流接地的操作步骤和注意事项有哪些？ …… 235
29. 用试停方法找不到接地点在哪个系统的原因是什么？ …… 236
30. 直流正极、负极接地对运行有哪些危害？ …… 236
31. 为什么直流系统一般不许控制回路与信号回路混用？ …… 236
第三节　直流系统故障诊断及对策 …… 236
1. 直流系统接地故障诊断装置的原理是什么？ …… 236
2. 直流接地故障诊断装置应有的功能有哪些？ …… 236
3. 说出直流接地故障诊断装置常见故障的现象、原因及排除方法？ …… 237
4. 电动机微机保护直流电源失电如何处理？ …… 237
5. “直流系统故障”信号发出的原因可能有哪些？ …… 237
6. 发电厂运行设备红灯不亮的原因有哪些？ …… 237
7. 为防止枢纽变电站全停事故，对直流系统有何要求？ …… 237
第四节　柴油发电机组 …… 238
1. 柴油发电机组的作用是什么？ …… 238
2. 柴油发电机组有哪些特点？ …… 238
3. 柴油发电机组有哪些功能？ …… 239
4. 柴油发电机组一次电源接线形式是怎样的？ …… 239
5. 柴油发电机组控制回路是如何设置的？ …… 240
6. 柴油发电机组设有哪些保护和信号？ …… 240
7. 柴油发电机组设有哪些表计？ …… 241
8. 备用状态下的柴油发电机组检查和维护项目有哪些？ …… 241
9. 运行中的柴油发电机组检查和维护项目有哪些？ …… 241
10. 哪些情况应紧急停止柴油机组运行？ …… 242

第三篇 高 级 工

第十二章 发电机并列运行与励磁 …… 245

第一节 同期系统 …… 245

1. 发电机并列有哪几种方法？各有什么优缺点？ …… 245
2. 准同期并列有哪几个条件？ …… 245
3. 什么叫非同期并列？非同期并列有什么危害？ …… 245
4. 如何防止非同期并列？ …… 246

第二节 励磁系统 …… 247

1. 发电机对励磁系统有什么要求？ …… 247
2. 发电机励磁方式有哪几种？有何特点？ …… 248
3. 主励磁机的作用是什么？ …… 249
4. 晶闸管整流柜的作用是什么？ …… 249
5. 自动励磁调节器的任务和要求是什么？ …… 249
6. 自动励磁调节柜在正常运行时是怎样工作的？ …… 250
7. 何谓强励顶值电压倍数？ …… 250
8. 何谓励磁电压上升速度？ …… 250
9. 强行励磁起什么作用？强励动作后应注意什么问题？ …… 250
10. 手动励磁调节柜与自动励磁调节柜有何区别？ …… 251
11. 发电机励磁调节回路的运行方式是如何规定的？ …… 251
12. 运行中，励磁调节由“自动”切至“手动”怎样进行？ …… 252
13. 由主励磁机倒至备用励磁机时应注意什么问题？ …… 252
14. 为什么测正极和负极的对地电压就能监视励磁系统的绝缘？ …… 253
15. 励磁机的正、负极性反了对发电机的运行有没有影响？什么情况下励磁机的极性可能变反？ …… 253
16. 为什么同步发电机励磁回路的灭磁开关不能改成动作迅速的断路器？ …… 254
17. 发电机的自动灭磁装置有什么作用？ …… 254
18. 用整流器励磁的同步发电机，什么时候、何种故障会产生转子过电压？ …… 254
19. 直流励磁机的电刷冒火可能是什么原因？ …… 255
20. 为什么直流励磁机整流子表面脏污时不允许用含钢砂纸或粗玻璃砂纸进行研磨？ …… 256
21. 运行中直流励磁机整流子发黑是什么原因？怎么处理？ …… 256
22. 为何要在滑环表面上铣出沟槽？ …… 257
23. 什么是电刷的负温度特性？ …… 257
24. 为什么有些型号的电刷在纵横向开孔？ …… 257
25. 一块合格的电刷应具备哪些特性？ …… 258

26. 怎样分析电刷的允许圆周速度及额定电流密度是否能够满足机组的要求？ …… 258
27. 运行中，维护电刷时的安全注意事项有哪些？ …… 258
28. 运行中，对滑环应定期检查哪些项目？ …… 259
29. 运行中如何维护电刷？ …… 259
30. 运行中，若发电机机端自动调节励磁电压互感器二次小开关跳闸，有何现象？应做如何处理？ …… 260
31. 反事故措施中关于防止励磁系统故障引起发电机损坏的要求是什么？ …… 260
32. 什么是发电机静止励磁系统？其主要组成有哪几部分？ …… 260
33. 自并励静止励磁系统的主要优缺点有哪些？ …… 261
34. 什么是发电机电压的调节？ …… 261
35. 什么是发电机无功功率的调节？ …… 261
36. 励磁控制系统的限制器有哪些？ …… 261
37. 励磁系统限制器的作用是什么？ …… 261
38. 什么是欠励限制？ …… 262
39. 强励限制与过励限制的区别是什么？ …… 262
40. 发电机最大励磁限制有哪几种？ …… 262
41. 什么是压频（V/F）限制？ …… 262
42. 什么是电力系统稳定器（PSS）？ …… 262
43. 电力系统稳定器（PSS）的运行有哪些规定？ …… 263
44. 发电机自动电压控制系统 AVC 装置的功能是什么？运行中有哪些限制条件？ …… 263
45. 发电机自动电压控制系统 AVC 装置的使用规定有哪些？ …… 263

第十三章　特种变压器及变压器故障处理 …… 264

第一节　特种变压器 …… 264

1. 什么是自耦变压器？它有什么优点？ …… 264
2. 自耦变压器与普通变压器的区别？ …… 264
3. 电压互感器的作用是什么？ …… 264
4. 零序电流互感器是如何工作的？ …… 264
5. 电压互感器的一、二次侧装设熔断器是怎样考虑的？什么情况下可不装设熔断器？其选择原则是什么？ …… 265
6. 为什么 110kV 以上电压互感器一次侧不装熔断器？ …… 265
7. 自耦变压器和双绕组变压器有什么区别？ …… 265
8. 有的电磁式电压互感器的中性点不接地系统，当变压器向母线充电或发生单相接地时，为什么可能发生铁磁共振？ …… 265
9. 与双绕组变压器比较，自耦变压器有何优缺点？ …… 265
10. 电压互感器空载试验的目的是什么？ …… 266
11. 自耦变压器有何特点？ …… 266
12. 自耦变压器中性点为什么必须接地？ …… 266
13. 分裂变压器在什么情况下使用？ …… 266

14. 分裂变压器有哪些特殊参数？它有什么意义？ …… 267
15. 分裂变压器有何优缺点？ …… 267
16. 互感器投入运行前的检查项目有哪些？ …… 267
17. 互感器运行中的检查项目有哪些？ …… 267
18. 电流互感器和普通变压器比较，在原理上有何特点？ …… 268
19. 电流互感器的启动、停用操作应注意什么问题？ …… 268
20. 电流互感器为什么不许开路？开路以后会有什么现象？怎样处理？ …… 268
21. 电流互感器为什么不允许长时间过负荷？过负荷运行有什么影响？ …… 269
22. 更换电流互感器应注意哪些问题？ …… 269
23. 短路电流互感器为什么不允许用熔丝？ …… 269
24. 电流互感器与电压互感器二次侧为什么不许相互连接，否则会造成什么后果？ …… 269
25. 电压互感器允许运行方式如何？ …… 269
26. 电压互感器二次 b 相接地的接地点一般放在熔断器之后，为什么 b 相也配置二次熔断器？ …… 270
27. 电压互感器停用时应注意哪些问题？ …… 270
28. 装设电压互感器时，熔断器的容量怎样选择？ …… 270
29. 电压互感器一、二次熔断器的保护范围是怎么规定的？ …… 271
30. 110kV 电压互感器一相二次熔断器为什么要并联一个电容器？ …… 271
31. 电压互感器断线有哪些现象？怎样处理？ …… 271
32. 电压互感器高压侧或低压侧一相熔断器熔断，值班人员应如何处理？ …… 271
33. 电压互感器铁磁谐振有哪些现象？ …… 272
34. 电压互感器发生铁磁谐振的危害是什么？ …… 272
35. 当发现电压互感器铁磁谐振时，应如何处理？ …… 272
36. 什么是电流互感器的极性？极性弄错有何影响？ …… 272
37. 电流互感器的配置原则如何？ …… 273
38. 电流互感器的二次接线方式不同，对流到继电器去的电流有何影响？ …… 274
39. 为什么有的场合两组电流互感器串联使用？ …… 275
40. 整流变压器的功能有哪些？ …… 276
41. 整流变压器的主要用途有哪些？ …… 276
42. 自耦变压器运行方式不同时应注意哪些问题？ …… 276
第二节　异常状态及故障处理 …… 277
1. 变压器正常过负荷如何确定？ …… 277
2. 变压器冷却系统发生故障如何处理？ …… 278
3. 变压器声音不正常如何处理？ …… 278
4. 变压器油色不正常时，应如何处理？ …… 278
5. 变压器着火如何处理？ …… 278
6. 变压器油位不正常时如何处理？ …… 278
7. 变压器过负荷时如何处理？ …… 278
8. 运行中的变压器能否根据发出的声音判断运行情况？ …… 279

9. 变压器气体保护动作跳闸的原因有哪些？ …… 279
10. 变压器二次侧突然短路时有什么危害？ …… 279
11. 无载调压的变压器切换分接头后，测量直流电阻不合格是什么原因？ …… 280
12. 变压器在运行中铁芯局部发热有什么表现？ …… 280
13. 允许联系停用互感器的故障有哪些？ …… 280
14. 必须立即停用互感器的故障有哪些？ …… 280
15. 电压互感器着火的现象是什么？如何处理？ …… 280
16. 电流互感器着火如何处理？ …… 281
17. 电压互感器二次或一次熔丝熔断有何现象？如何处理？ …… 281
18. 电流互感器二次回路开路的现象是什么？如何处理？ …… 281
19. 引起电压互感器的高压熔断器熔丝熔断的原因是什么？ …… 282
20. 电流互感器为什么不允许长时间过负荷？ …… 282
21. 对电流互感器的巡视检查项目有哪些？ …… 282
22. 运行中的电流互感器可能出现哪些异常现象？ …… 282
23. 变压器油质劣化与哪些因素有关？ …… 282
24. 用经验法怎样简易判别油质的优劣？ …… 282
25. 变压器油位过低，对运行有何危害？ …… 283
26. 变压器长时间在极限温度下运行有何危害？ …… 283
27. 主变冷却器故障如何处理？ …… 283
28. 变压器常见的事故类型有哪些？ …… 283
29. 变压器不正常的工作状态有哪些？ …… 283
30. 变压器事故处理的原则是什么？ …… 284
31. 变压器上层油温超过规定时怎么办？ …… 284

第十四章　电动机运行及故障处理 …… 285

第一节　启动与调速 …… 285
1. 感应电动机启动时为什么电流大？ …… 285
2. 电动机启动后为什么电流会小下来呢？ …… 285
3. 电动机启动电流大有无危险？为什么有的感应电动机需用启动设备？ …… 285
4. 笼型异步电动机降压启动方法有哪几种？ …… 286
5. 异步电动机的调速方法有哪几种？ …… 286
6. 根据什么情况决定异步电动机可以全压启动还是应该采取降压措施？ …… 286
7. 电动机启动有什么特点？ …… 286
8. 电动机启动方式有哪些？ …… 286
9. 绕线式感应电动机的调速原理是什么？ …… 287
第二节　异常运行状态及故障处理 …… 287
1. 如果电动机六极引出线接错一相，会产生什么现象？ …… 287
2. 造成电动机绝缘下降的原因有哪些？ …… 287
3. 笼型感应电动机在启动时出风口冒火星是怎么回事？ …… 287

4. 直流电动机不能正常启动的原因有哪些？ …… 288
5. 直流电动机不能启动时如何处理？ …… 288
6. 为什么异步电动机在拉闸瞬间会产生过电压？ …… 288
7. 造成电动机单相接地的原因是什么？ …… 288
8. 电动机在运行中电流表指针摆动是什么原因？ …… 288
9. 异步电动机启动电流过大对厂用系统运行有何影响？ …… 289
10. 三相电源缺相时对异步电动机启动和运行有何危害？ …… 289
11. 异步电动机启动不了的原因有哪些？ …… 289
12. 异步电动机在运行中轴承温度过高是什么原因造成的？ …… 289
13. 造成电动机单相接地的原因是什么？ …… 289
14. 直流电动机空载时电压低可能是哪些原因造成的？ …… 290
15. 怎样改变直流电动机的旋转方向？ …… 290
16. 直流电机的电枢绕组有断路故障时有何现象？ …… 290
17. 电动机合闸后立即跳闸，有何现象？原因是什么？ …… 290
18. 电动机合闸后转子不转的现象及原因是什么？如何处理？ …… 291
19. 电动机启动后达不到正常转速的现象及原因是什么？如何处理？ …… 291
20. 电动机启动时冒出烟火的现象、原因是什么？如何处理？ …… 292
21. 在安装或检修后启动电动机时，过流保护动作跳闸的现象、原因是什么？如何处理？ …… 292
22. 电动机过负荷的现象、原因是什么？如何处理？ …… 293
23. 电动机过热的现象、原因是什么？如何处理？ …… 293
24. 定子电流周期性摆动的现象、原因是什么？如何处理？ …… 293
25. 电动机两相运行的现象、原因是什么？如何处理？ …… 294
26. 电动机声音不正常的现象、原因是什么？如何处理？ …… 294
27. 电动机振动的原因是什么？如何处理？ …… 294
28. 异步电动机降压启动的目的是什么？为何此时不能带较大的负载启动？ …… 295
29. 电动机常见电气故障有哪些？ …… 295
30. 电动机常见机械故障有哪些？ …… 295
31. 运行中电动机自动跳闸的现象、原因是什么？如何处理？ …… 295

第十五章　配电设备运行及故障处理 …… 297

第一节　断路器及隔离开关 …… 297

1. 高压断路器铭牌上标有哪些参数？各代表什么意义？ …… 297
2. 高压断路器的用途、分类及基本结构是怎样的？ …… 298
3. 高压断路器的主要类型有哪些？ …… 299
4. 对高压断路器的主要要求是什么？ …… 299
5. 高压油断路器中的油起什么作用？ …… 299
6. 油断路器的灭弧原理和灭弧方式是什么？ …… 299
7. 高压断路器掉、合闸缓冲器的作用和一般构成原理是什么？ …… 300
8. 什么叫断路器自由脱扣？其作用是什么？怎样检查？ …… 300

9. 如何根据断路器的合闸电流来选合闸熔断器？ …… 300
10. 为什么断路器不允许在带电的情况下慢合闸？ …… 300
11. 为什么要对断路器进行低电压跳闸、合闸试验？其标准是什么？ …… 300
12. 为什么断路器跳闸辅助触点要先投入、后切开？ …… 301
13. 更换接触器合闸线圈和跳闸线圈时应注意什么？ …… 301
14. 断路器的故障跳闸次数和检修周期的关系如何考虑？ …… 301
15. 怎样分析油断路器的绝缘状况？ …… 302
16. 断路器大修后怎样进行验收？重点验收哪些项目？ …… 302
17. 断路器的运行总则是什么？ …… 303
18. 断路器送电前应检查哪些项目？ …… 303
19. 配电系统断路器的送电操作和停电操作是怎样的？ …… 303
20. 如何维护和检查运行中的油断路器？ …… 304
21. 油断路器反事故措施内容是什么？ …… 304
22. “五防”的内容是什么？ …… 304
23. 高压断路器的试验类别、项目是什么？ …… 305
24. 为什么 SF_6 气体具有良好的灭弧性能？ …… 305
25. 如何看待 SF_6 气体的毒性问题？ …… 305
26. 真空灭弧室中的波纹管起什么作用？ …… 305
27. 什么是高压断路器的合闸时间、分闸时间和全开断时间？ …… 306
28. 压缩空气断路器在开断时比油断路器灭弧快，开断能力也大，为什么？ …… 306
29. 压缩空气断路器每个断口并联一个电阻有什么作用？ …… 306
30. 空气断路器为什么要采用压缩空气，而压缩空气的压力一般不能超过 2MPa （20 个大气压）？ …… 306
31. 为什么真空断路器的体积小而使用寿命长？ …… 307
32. 真空断路器与其他高压断路器灭弧方式有何不同？ …… 307
33. 真空灭弧室的屏蔽罩有什么作用？ …… 307
34. 线路停、送电的操作顺序是怎样规定的？为什么？ …… 307
35. 什么是自动空气断路器？其作用是什么？ …… 308
36. 自动空气断路器的动作原理是什么？ …… 308
37. 交流接触器由哪几部分组成？ …… 308
38. 交流接触器的工作原理和用途是什么？ …… 309
39. 交、直流接触器是否能互换使用？为什么？ …… 309
40. 接触器或其他电器的触头为什么采用银合金？ …… 309
41. 交流接触器工作时常发生噪声的原因是什么？ …… 309
42. 隔离开关的基本构造是什么？ …… 310
43. 少油断路器的基本构造是什么？ …… 310
44. 少油断路器的作用原理是什么？ …… 310
45. 为什么高压断路器与隔离开关之间要加装闭锁装置？ …… 310
46. 断路器的驱动机构有什么作用？ …… 310

47. 高压隔离开关的动触头一般用两个刀片有什么好处？ …… 310
48. 选择高压断路器应符合哪些条件？ …… 310
49. 为什么高压断路器采用多断口结构？ …… 311
50. 隔离开关的用途是什么？用隔离开关可以进行哪些操作？ …… 311
51. 操作隔离开关的注意事项是什么？ …… 311
52. 断路器、负荷开关、隔离开关在作用上有什么区别？ …… 312
53. 为什么隔离开关要用操动机构操作？ …… 312
54. 如何提高真空断路器灭弧室触头间隙的耐压性能？ …… 312
55. 真空断路器大修时或者大修后的实验项目（定期试验时做过的项目除外）有哪些？ …… 312
56. 断路器“拒跳”故障的原因是什么？ …… 312
57. 做GIS交流耐压试验时应特别注意什么？ …… 313
58. 断路器的技术监督项目有哪些？ …… 313
59. 断路器SF_6气体气质监督的内容是什么？ …… 313
60. 隔离开关有哪些正常巡视检查项目？ …… 314
第二节　消弧线圈及电抗器 …… 314
1. 什么是消弧线圈？它的结构及工作原理是怎样的？ …… 314
2. 消弧线圈的补偿方式有哪几种？ …… 314
3. 消弧线圈的运行原则有哪些？ …… 315
4. 投运消弧线圈的操作程序如何？ …… 315
5. 消弧线圈停用的操作程序如何？ …… 315
6. 消弧线圈调整分接头的操作程序如何？操作过程中应注意什么？ …… 316
7. 在什么系统上应装设消弧线圈？ …… 316
8. 针对消弧线圈动作的故障，值班人员应做何处理？ …… 316
9. 在欠补偿运行时为什么会产生串联谐振过电压？发生该故障时有何现象？ …… 317
10. 电抗器的基本结构是怎样的？ …… 317
11. 电抗器的作用是什么？ …… 317
12. 电抗器的分类有哪些？ …… 317
13. 电抗器的正常巡视项目有哪些？ …… 318
14. 采用分裂电抗器有什么好处？ …… 318
15. 电抗器的旁路断路器与配电断路器相互间如何配合？ …… 318
16. 电抗器及消弧线圈的实验项目包括哪些内容？ …… 318
第三节　异常运行状态及故障处理 …… 319
1. 少油断路器漏油严重将产生哪些后果？ …… 319
2. 少油断路器漏油严重时怎样处理？ …… 319
3. 少油断路器喷油是什么原因造成的？ …… 319
4. 运行中的隔离开关，可能出现什么异常情况？怎样处理？ …… 319
5. 运行中隔离开关刀口过热，触头熔化粘连时，应如何处理？ …… 320
6. 操作中发生带负荷错拉、错合隔离开关时怎么办？ …… 320
7. 断路器越级跳闸应如何检查处理？ …… 320

8. 操作隔离开关时拉不开怎么办？ …… 320
9. 隔离开关合不上闸如何处理？ …… 321
10. 断路器遇到哪些情形时，应禁止遮断，但要尽快停电处理？ …… 321
11. 分相操作的断路器发生非全相分、合闸时，应如何处理？ …… 321
12. 液压开关在运行中液压降到零应如何处理？ …… 321
13. 断路器合闸失灵有哪些原因？怎么查找？ …… 322
14. 断路器误跳闸有哪些原因？ …… 322
15. 在什么情况下断路器要退出重合闸或延长重合闸的动作时间？为什么？ …… 322
16. 接触器保持有何现象？怎样处理？ …… 323
17. 电抗器局部发热应如何处理？ …… 323
18. 在电抗器支持绝缘子破裂等故障情况下如何处理？ …… 323
19. 真空断路器真空泡真空度降低时的现象、原因、危害及处理是什么？ …… 323
20. 常见的真空断路器不正常的运行状态有哪些？ …… 324
21. 水泥电抗器烧坏时应该如何处理？ …… 324

第十六章　补偿设备运行及电力系统故障处理 …… 325

第一节　补偿设备与过电压 …… 325
1. 电力系统中为什么要采用补偿设备？ …… 325
2. 调相机的结构是怎样的？ …… 325
3. 同步调相机的工作原理是什么？ …… 325
4. 调相机对水系统及油系统有什么要求？ …… 326
5. 调相机强行励磁的作用与原理是什么？对装有强行励磁装置的主励磁机有什么要求？ …… 326
6. 调相机应装有什么保护？ …… 327
7. 调相机的启动方式有哪几种？ …… 327
8. 调相机哪些准备工作结束后方可启动？ …… 328
9. 调相机在运行中，监视项目有哪些？ …… 328
10. 调相机的巡视检查项目有哪些？ …… 328
11. 调相机的停机操作和停机中的注意事项是什么？ …… 329
12. 调相机失磁时如何处理？ …… 329
13. 调相机定子单相接地时如何处理？ …… 329
14. 调相机转子发生轴向窜动应怎样处理？ …… 330
15. 调相机发生振动应如何进行处理？ …… 330
16. 电力电容器的功用是什么？ …… 330
17. 什么叫移相电容器？它有什么作用？ …… 330
18. 并联电容补偿及串联电容补偿的作用原理是什么？ …… 331
19. 并联电容器在运行中电压过高有什么后果？ …… 331
20. 采用零序电流平衡保护的电容器组为什么每相容量要相等？ …… 331
21. 测电容器绝缘用多大绝缘电阻表合适？怎样摇测？ …… 332
22. 当变电站全站无电后，为什么必须将电容器油断路器拉开？ …… 332

23. 电容器投入或退出运行有哪些规定？新装电容器投入运行前应做哪些检查？ …………… 332
24. 在正常巡视时，对电力电容器应检查哪些项目？ …………………………………… 333
25. 耦合电容器有什么作用？ ……………………………………………………………… 333
26. 正常巡视耦合电容器应注意什么？ ……………………………………………………… 333
27. 电容器断路器跳闸如何处理？查不出故障怎么办？ …………………………………… 333
28. 处理故障电容器时要注意哪些安全事项？ ……………………………………………… 334
29. 什么叫过电压？ …………………………………………………………………………… 334
30. 过电压有哪几种类型？对电力系统有何危害？ ………………………………………… 334
31. 什么是大气过电压？它有何特点？ ……………………………………………………… 334
32. 什么叫内部过电压？它有何特点？ ……………………………………………………… 334
33. 什么叫工频过电压？它有什么危害？引起工频过电压的原因有哪些？如何限制？ ………… 335
34. 什么叫谐振过电压？有哪几种类型？有何特点？如何限制？ ……………………………… 335
35. 为什么电力系统中会产生内部过电压？ ………………………………………………… 338
36. 电力系统内部过电压的高低与哪些因素有关？数值有多大？ ……………………………… 338
37. 什么是操作过电压？什么情况下容易产生操作过电压？有何特点？ ……………………… 338
38. 各种操作过电压产生的原因是什么？ …………………………………………………… 339
39. 电气设备的绝缘水平一般是由什么决定的？ …………………………………………… 339
40. 什么叫接触电压和跨步电压？怎样减小这两种电压？ …………………………………… 339
41. 什么叫接地体的屏蔽效应？ ……………………………………………………………… 339
42. 为什么要进行绝缘预防性试验？ ………………………………………………………… 340
43. 绝缘预防性试验可分为几类？各有什么特点？ ………………………………………… 340
44. 在中性点非直接接地的系统中如何防止谐振过电压？ …………………………………… 340
45. 什么是沿面放电？ ………………………………………………………………………… 340
46. 引起污闪的原因是什么？ ………………………………………………………………… 340
47. 防止瓷质绝缘污闪有哪些措施？ ………………………………………………………… 341
48. 感应过电压是怎样产生的？ ……………………………………………………………… 341
49. 常见雷有哪几种？哪种雷危害最大？ …………………………………………………… 341
50. 什么叫直击雷过电压？ …………………………………………………………………… 341
51. 什么叫反击？ ……………………………………………………………………………… 341
52. 防雷装置有哪些？ ………………………………………………………………………… 341
53. 避雷器有哪几种类型？ …………………………………………………………………… 342
54. 绝缘油的主要性能指标有哪些？ ………………………………………………………… 342
55. 输电线路的防雷措施有哪些？ …………………………………………………………… 342
第二节　发电厂及电力系统故障处理 ……………………………………………………… 342
1. 发电厂和电力系统事故处理的主要任务是什么？ ……………………………………… 342
2. 进行电气事故处理时，哪些情况可以不经请示批准就自行处理？ ……………………… 342
3. 电气事故处理的一般程序是什么？ ……………………………………………………… 343
4. 系统频率降低如何处理？ ………………………………………………………………… 343
5. 系统电压降低如何处理？ ………………………………………………………………… 344

6. 发电厂与系统解列如何处理？ …… 345
7. 发电厂热力系统故障引起的停机如何处理？ …… 345
8. 全厂停电事故的起因是什么？有什么影响？处理原则是什么？ …… 345
9. 电力系统发生谐振过电压如何处理？ …… 346
10. 常见的电力系统事故有哪些？ …… 347
11. 电力系统振荡和短路的区别是什么？ …… 347
12. 电力系统非同步振荡事故如何处理？ …… 347

第十七章　保护及自动装置 …… 350

第一节　电动机保护 …… 350
1. 常用低压电动机的保护元件有哪些？ …… 350
2. 热继电器的工作原理是什么？ …… 350
3. 电动机一般应装设哪些保护？ …… 350
4. 在电动机保护中熔断器和热继电器是如何配合的？ …… 350
5. 电动机的过载运行一般有哪几种情况？ …… 351
6. 电动机接地保护装设的原则是什么？ …… 351
7. 零序电流互感器安装有何注意事项？ …… 352
8. 电动机接地保护应如何整定？ …… 352
9. 高压厂用电动机的电流速断保护常采用哪些接线形式？各有何优缺点？ …… 352
10. 怎样整定电动机的电流速断保护？继电器动作电流的计算公式是怎样的？ …… 353
11. 电动机装设纵联差动保护的物质条件是什么？装设纵联差动保护的必要性是什么？ …… 353
12. 低电压保护的作用是什么？ …… 353
13. 装设低电压保护时应考虑哪些问题？ …… 354
14. 对低电压保护装置接线有何要求？ …… 354
15. 厂用 6kV 电动机低电压保护装置的接线图是怎样的？如何动作？ …… 354
16. 低压厂用电动机如何实现低电压保护？ …… 355
17. 低压厂用电动机采用电压继电器构成低电压保护时，其动作电压如何整定？计算公式是怎样的？ …… 356
18. 高压同步电动机应装设哪些保护？ …… 356

第二节　母线保护 …… 356
1. 什么是母线完全差动保护？什么是母线不完全差动保护？ …… 356
2. 什么是固定连接方式的母线完全差动保护？什么是母联电流相位比较式母线差动保护？ …… 356
3. 母线差动保护的保护范围是什么？当保护动作后应怎样检查、判断和处理？ …… 357
4. PMH 型快速母线保护的特点是什么？ …… 357
5. 母线倒闸时，电流相位比较式母线差动保护应如何操作？ …… 358
6. 双母线完全电流差动保护在母线倒闸操作过程中应怎样操作？ …… 358
7. 双母线完全电流差动保护的主要优缺点是什么？ …… 358
8. 母联电流相位比较式母线差动保护的主要优缺点是什么？ …… 359

9. 在母线电流差动保护中，为什么要采用电压闭锁元件？怎样闭锁？ …………………… 359
10. 母线差动保护在哪些情况下应停用？ ……………………………………………………… 359
11. 220kV 母线差动保护运行时应注意什么？ ……………………………………………… 360
12. 220kV 母差保护运行时若用母联断路器代路，母线差动保护怎样考虑？ …………… 360
13. 母线差动保护停用时应注意哪些事项？ ………………………………………………… 360
14. 母线差动保护在哪些情况下应将其由“双母”切换至“单母”运行？ ……………… 360
15. 母线差动保护怎样投入与停用？ ………………………………………………………… 361
16. 母线差动保护遇哪些情况应立即检查装置并进行处理？ ……………………………… 361
17. 双母线接线方式断路器失灵保护的设计原则是什么？ ………………………………… 361
18. 断路器失灵保护时间定值如何整定？ …………………………………………………… 362
19. 对 3/2 断路器接线方式或多角形接线方式的断路器失灵保护有哪些要求？ ………… 362
20. 为什么设置母线充电保护？ ……………………………………………………………… 362
21. 短引线保护起什么作用？ ………………………………………………………………… 362
22. 母线保护的运行规定有哪些？ …………………………………………………………… 363
23. 失灵保护的运行规定有哪些？ …………………………………………………………… 364
24. 远跳及 3/2 接线的保护的运行规定有哪些？ …………………………………………… 364
第三节　变压器保护……………………………………………………………………………… 364
1. 电力变压器一般应装设哪些保护？ ………………………………………………………… 364
2. 变压器气体保护的基本工作原理是什么？ ………………………………………………… 365
3. 为什么差动保护不能代替气体保护？差动与气体保护有何区别？ ……………………… 365
4. 气体保护的保护范围有哪些？ ……………………………………………………………… 365
5. 运行中的变压器气体保护，当现场进行什么工作时，重瓦斯保护应由“跳闸”位置
改为“信号”位置运行？ ……………………………………………………………………… 366
6. 变压器轻瓦斯保护动作后应如何处理？ …………………………………………………… 366
7. 变压器重瓦斯保护动作后应如何处理？ …………………………………………………… 366
8. 对新安装的差动保护在投入运行前应做哪些试验？ ……………………………………… 367
9. 主变压器差动保护投入运行前为什么要用负荷电流测量相量？ ………………………… 367
10. 谐波制动的变压器差动保护中为什么要设置差动速断元件？ ………………………… 367
11. 主变压器差动保护动作如何判断、检查和处理？ ……………………………………… 367
12. 何谓复合电压过电流保护？ ……………………………………………………………… 368
13. 为防止变压器后备阻抗保护电压断线误动应采取什么措施？ ………………………… 368
14. 变压器中性点间隙接地保护是怎样构成的？ …………………………………………… 368
15. 半级绝缘的电力变压器，两台以上并列运行时，对其接地保护有何要求？ ………… 368
16. 何谓变压器的过励磁保护？ ……………………………………………………………… 369
17. 自耦变压器过负荷保护有什么特点？ …………………………………………………… 369
18. 变压器微机保护装置有什么特点？其设计要求是什么？ ……………………………… 369
19. 500kV 自耦变压器微机保护装置的配置有什么？ ……………………………………… 370
20. 主变压器低压侧过流保护为什么要联跳本侧分段断路器？ …………………………… 371
21. 有些主变压器为什么三侧都安装过电流保护装置？它们的保护范围是什么？ ……… 371

22. 主变压器零序保护在什么情况下投入运行? …… 371
23. 变压器中性点接地运行方式的安排应考虑哪些因素? …… 371
24. 发电厂变压器中性点接地方式是如何规定的? …… 371
25. 变电站变压器中性点接地方式是如何规定的? …… 371
26. 变压器接地保护的方式有哪些?各有何作用? …… 372
27. 变压器保护的运行规定有哪些? …… 372
第四节　发电机保护 …… 373
1. 发电机可能发生的故障和不正常工作状态有哪些类型? …… 373
2. 发电机应装设哪些保护?它们的作用是什么? …… 373
3. 发电机纵差保护的工作原理是怎样的? …… 374
4. 什么是发电机的不完全纵差保护?它有哪些保护功能? …… 374
5. 纵向零序电压发电机内部短路保护的适用范围及其基本原理是什么?其 $3U_0$ 原理接线图是怎样的? …… 375
6. 发电机相间短路的后备保护应如何配置? …… 375
7. 发电机低压过电流保护中的低压元件的作用是什么? …… 376
8. 发电机为什么应装设负序电流保护? …… 376
9. 发电机反应不对称过负荷的反时限负序电流保护的作用是什么? …… 377
10. 发电机为什么要装设定子绕组单相接地保护? …… 377
11. 利用基波零序电压的发电机定子单相接地保护的特点及不足之处是什么? …… 377
12. 为什么现代大型发电机应装设 100%的定子接地保护? …… 377
13. 利用三次谐波电压构成的 100%发电机定子绕组接地保护的工作原理是什么? …… 378
14. 反应基波零序电压和利用三次谐波电压构成的 100%定子接地保护是怎样的? …… 379
15. 按直流电桥原理构成的励磁绕组两点接地保护的工作原理是什么? …… 379
16. 按电桥原理构成的发电机励磁回路两点接地保护结构简单,但存在什么缺点? …… 380
17. 测量转子绕组对地导纳的励磁回路一点接地保护动作原理是什么? …… 380
18. 乒乓式发电机转子一点接地保护动作原理是什么? …… 382
19. 发电机的失磁保护装置的组成原则是什么? …… 383
20. 由阻抗继电器构成的失磁保护的工作原理是什么? …… 384
21. 具有自动减负荷的失磁保护装置的组成原则是什么? …… 385
22. 为什么大型汽轮发电机应装设过电压保护? …… 385
23. 为什么现代大型发电机应装设过励磁保护?在配置和整定该保护时应考虑哪些原则? …… 386
24. 发电机-变压器组运行中,造成过励磁的原因有哪些? …… 386
25. 大型汽轮发电机为什么要配置逆功率保护? …… 386
26. 发电机为何要装设频率异常保护? …… 387
27. 对发电机频率异常运行保护有何要求? …… 387
28. 大型发电机组为何要装设失步保护? …… 387
29. 为什么现代大型发电机应装设非全相运行保护? …… 387
30. 发电机非全相运行保护的构成原理是什么? …… 388
31. 为何装设发电机意外加电压、断路器断口闪络、发电机启动和停机保护? …… 388

32. 什么是空负荷保护？为何要设置空负荷保护？ …… 389
33. 一般大型汽轮发电机-变压器组采用哪些保护？其作用对象是什么？ …… 389
34. 发电机及发电机-变压器组保护的运行规定有哪些？ …… 390
第五节　线路保护 …… 390
1. 纵联保护在电网中的重要作用是什么？ …… 390
2. 纵联保护的信号有哪几种？ …… 390
3. 线路纵差保护的工作原理是什么？ …… 391
4. 纵联保护的通道可分为哪几种类型？ …… 391
5. 什么是超范围式与欠范围式纵联保护？ …… 391
6. 线路纵联保护的运行规定有哪些？ …… 392
7. 为什么有的配电线路只装过电流保护而不装速断保护？ …… 392
8. 什么叫高频保护？ …… 393
9. 相差高频保护有何特点？ …… 393
10. 相差高频保护的工作原理是什么？ …… 393
11. 相差高频保护装置可分为哪几个主要部分？ …… 393
12. 高频通道由哪些部分组成？ …… 394
13. 高频保护通道的总衰耗包括哪些？哪项衰耗最大？ …… 394
14. 相差高频保护启动发信方式有哪几种？ …… 394
15. 相差高频保护停信方式有哪几种？ …… 394
16. 在具有远方启动的高频保护中为什么要装设断路器三相跳闸停信回路？ …… 394
17. 相差高频保护三相跳闸停信回路断路或接触不良将会引起什么后果？ …… 394
18. 相差高频保护为什么设置定值不同的两个启动元件？ …… 394
19. 什么是相位比较元件的闭锁角？其大小是如何确定的？ …… 395
20. 相差高频保护中为什么要延时比相？ …… 395
21. 相差高频保护中为什么会发生相继动作？ …… 396
22. 运行中的高频保护出现哪些情况时应同时退出两侧高频保护？ …… 397
23. 高频保护的投入和停用有何规定？ …… 397
24. 何谓高频闭锁方向保护？ …… 398
25. 为什么选用负序功率方向作为高频闭锁方向保护的特征量？ …… 398
26. 高频闭锁负序方向保护有何优缺点？ …… 398
27. 非全相运行对高频闭锁负序功率方向保护有什么影响？ …… 399
28. 什么叫高频闭锁距离保护？ …… 399
29. 高频闭锁距离保护有何优缺点？ …… 400
30. 当旁路替代线路断路器时，高频闭锁怎样从“本线”切至“旁路”位置运行？ …… 400
31. 快速方向高频保护有哪些优点？突变量方向元件的原理是什么？ …… 400
32. 何谓远方发信？为什么要采用远方发信？ …… 400
33. 高频保护中母差跳闸和跳闸位置停信的作用是什么？ …… 401
34. 怎样检验相差高频保护在区外故障时的工作安全性？ …… 401
35. 怎样核对收信监测告警回路启动电平整定的正确性？ …… 401

36. 使用载波通道的闭锁式纵联保护需要注意哪些问题？ …… 402
37. 纵联保护电力载波高频通道由哪些部件组成？ …… 403
38. 电力载波高频通道有哪几种构成方式？各有什么特点？ …… 403
39. 高频电流如何在高频通道上传输？ …… 403
40. 对高频通道传输衰耗的检验有什么规定？ …… 404
41. 高频保护运行时，为什么运行人员每天要交换信号以检查高频通道？ …… 404
42. 通道设计时，其工作频率的选择原则是什么？ …… 404
43. 何谓电力线路载波保护专用收发信机？按其原理可分为哪几种工作方式？ …… 405
44. BSF-6A（B）高频收发信机装置面板指示灯、小开关、按钮、表计各有何意义？其功能如何？ …… 405
45. YBX-1 高频收发信机装置面板指示灯、小开关、插头各有何意义？其功能如何？ …… 405
46. YBX-1K 高频收发信机装置面板指示灯、开关、表计各有何意义？其功能如何？ …… 406
47. 高频收发信装置投停及旁代如何操作？ …… 407
48. 高频收发信装置保护动作及装置异常时应如何处理？ …… 407
49. 什么是距离保护？距离保护的特点是什么？ …… 408
50. 距离保护装置一般由哪几部分组成？ …… 408
51. 什么叫测量阻抗、整定阻抗和动作阻抗？ …… 408
52. 什么是距离保护的时限特性？ …… 408
53. 为什么距离保护的Ⅰ段保护范围通常选择为被保护线路全长的 80%～85%？ …… 409
54. 目前距离保护装置中广泛采用的振荡闭锁装置是按什么原理构成的？有哪几种？ …… 409
55. 距离保护为何需装设电压回路断线闭锁装置？ …… 409
56. 什么是方向阻抗继电器？ …… 409
57. 方向阻抗继电器为什么要接入第三相电压？ …… 409
58. 距离保护装置所设的总闭锁回路起什么作用？ …… 410
59. 大短路电流接地系统中输电线路接地保护方式主要有哪几种？ …… 410
60. 采用接地距离保护有什么优点？ …… 410
61. 常规接地距离继电器有什么特点？ …… 410
62. 常用的接地距离继电器有哪几种构成方式？ …… 411
63. 为什么 110kV 及以上的电网要装设接地保护？零序电流保护有何优越性？ …… 411
64. 什么是零序保护？大短路电流接地系统中为什么要单独装设零序保护？ …… 411
65. 零序电流保护由哪几部分组成？ …… 412
66. 零序电流保护在运行中需注意哪些问题？ …… 412
67. 110kV 零序保护为什么有的带方向性，有的不带方向性？ …… 412
68. 接地距离继电器中怎样实现零序补偿？ …… 413
69. 在大短路电流接地系统中，采用专门的零序电流保护与利用三相星形接线的电流保护来保护单相接地短路相比，有什么优点？ …… 413
70. 大短路电流接地系统的零序电流保护的时限特性和相间短路电流保护的时限特性有何异同？ …… 414
71. 在大短路电流接地系统中怎样获取零序电流？ …… 414

72. 在零序电流保护的整定中，对故障类型和故障方式的选择有什么考虑？ …………………… 414
73. 多段式零序电流保护逐级配合的原则是什么？ ……………………………………………… 415
74. 继电保护为什么要遵守逐级配合的原则？ …………………………………………………… 415
75. 在大短路电流接地系统中，为什么有时要加装方向继电器组成零序电流方向保护？ ……… 415
76. 在中性点直接接地系统中，变压器中性点接地的选择原则是什么？ ………………………… 416
77. 怎样实现中性点非直接接地电力网的零序电流保护？ ……………………………………… 416
78. 为什么在大短路电流接地系统中零序电流的幅值和分布与变压器中性点是否接地有
很大关系？ ……………………………………………………………………………………… 417
79. 采用单相重合闸的线路零序电流保护最末一段的时间为什么要躲过重合闸周期？ ……… 417
80. LFP-901A 型保护装置主保护中的电压回路断线闭锁判据是什么？ ……………………… 418
81. 当发生电压回路断线后，LFP-901A 型保护中有何要退出和要保留的保护元件？ ……… 418
82. LFP-901A 保护的运行注意事项是什么？ …………………………………………………… 418
83. 在 LFP-901A 保护管理板液晶上显示的跳闸报告，其每行代表的意思是什么？ ……… 419
84. LFP-901A（902A）保护屏面板信号及液晶显示有何意义？ ……………………………… 419
85. LFP-900 保护的保护连接片的功能是什么？ ………………………………………………… 419
86. LFP-900 保护屏按钮开关有何功能？ ………………………………………………………… 420
87. LFP-900 保护装置投运时应检查哪些项目？ ………………………………………………… 421
88. LFP-900 保护装置保护退出时应如何操作？ ………………………………………………… 421
89. LFP-900 保护装置高频保护旁切如何操作？ ………………………………………………… 421
90. LFP-900 保护装置重合闸投退应如何操作？ ………………………………………………… 421
91. LFP-900 保护装置定值区变更如何操作？ …………………………………………………… 422
92. LFP-900 保护装置保护动作及装置异常时应如何处理？ …………………………………… 422
93. LFP-941A（B）型微机保护装置的信号及显示有何意义？ ………………………………… 422
94. LFP-900 保护装置的保护配置是什么？ ……………………………………………………… 423
95. WXB-11 保护装置投运如何操作？ …………………………………………………………… 423
96. WXB-11 保护装置停运如何操作？ …………………………………………………………… 424
97. WXB-11 保护装置保护动作及装置异常应如何处理？ ……………………………………… 425
98. WXB-11 保护装置的保护配置情况是什么？ ………………………………………………… 425
99. WXB-11 微机保护的特点是什么？ …………………………………………………………… 425
100. WXB-11 微机保护的启动继电器的出口为什么接成三取二方式？ ……………………… 426
101. WXB-11 微机保护中各套保护的启动元件为什么取相同的定值？ ……………………… 426
102. WXB-11 微机保护如何修改定值？ …………………………………………………………… 426
103. WXB-11 微机保护如何校正时钟？ …………………………………………………………… 426
104. WXB-11 微机保护正常运行检查哪些项目？ ………………………………………………… 426
105. WXB-11 保护中各套保护改信号位置如何操作？ …………………………………………… 427
106. WXB-11C 微机保护运行中应注意哪些事项？ ……………………………………………… 427
107. CSL-160 系列微机保护装置保护信号及显示有何意义？ …………………………………… 427
108. CSL-160 保护装置压板有何功能？ …………………………………………………………… 428
109. CSL-160 保护装置小把手及小开关有何功能？ ……………………………………………… 428

110. CSL-160 保护装置投运前检查项目有哪些？ …… 429
111. CSL-160 保护装置退出应如何操作？ …… 429
112. CSL-160 保护装置定值变更应如何操作？ …… 429
113. CSL-160 保护装置保护动作及异常时应如何处理？ …… 429
114. “四统一”操作箱一般由哪些继电器组成？ …… 430
115. 在双母线系统中电压切换的作用是什么？ …… 430
116. 电压切换回路在安全方面应注意哪些问题？手动和自动切换方式各有什么优缺点？ …… 430
117. “四统一”设计的分相操作箱，除了完成跳、合闸操作功能外，其输出触点还应完成哪些功能？ …… 430
118. 跳闸位置继电器与合闸位置继电器有什么作用？ …… 431
119. 微机保护装置有哪几种工作状态？ …… 431
120. 为什么装设联锁切机保护？ …… 431
121. 切机保护投切有何规定？ …… 432
122. 切机保护投入运行时，应注意哪些事项？ …… 432
第六节　自动装置 …… 432
1. 备用电源自动投入装置一般应满足哪些要求？ …… 432
2. 备用电源自动投入装置在什么情况下动作？ …… 432
3. 发电厂在哪些地方安装备用电源自动投入装置？ …… 432
4. 为什么自动投入装置的启动回路要串备用电源的电压触点？ …… 433
5. 线路自投的无压启动回路用的两个电压互感器电源，停其中一个时应注意什么？ …… 433
6. 线路自动投入在停用时为什么要先停直流后停交流？ …… 433
7. 什么是自动重合闸（ARC）装置？电力系统中为什么要采用自动重合闸装置？ …… 433
8. 对自动重合闸装置有哪些基本要求？ …… 433
9. 重合闸装置应符合哪些要求？ …… 434
10. 选用重合闸装置方式的一般原则是什么？ …… 434
11. 自动重合闸的启动方式有哪几种？各有什么特点？ …… 434
12. 在检定同期和检定无压重合闸装置中，为什么两侧都要装检定同期和检定无压继电器？ …… 434
13. 同期重合闸和无压重合闸运行方式能否任意改变？为什么？ …… 435
14. 电容式重合闸为什么只能重合一次？ …… 435
15. 电容式重合闸不动作的原因是什么？ …… 435
16. 什么是重合闸后加速？为什么采用检定同期重合闸时不用后加速？ …… 436
17. 什么是重合闸前加速？它有何优缺点？ …… 436
18. 综合重合闸一般有哪几种工作方式？ …… 436
19. 装有重合闸的线路、变压器，当它们的断路器跳闸后，在哪些情况下不允许或不能重合闸？ …… 437
20. 在重合闸装置中有哪些闭锁重合闸的措施？ …… 437
21. 使用重合闸有什么不利的影响？ …… 437
22. 两路共用一个重合闸，当一路停电时应注意什么？ …… 438

23. 用于同一线路的两套微机保护装置中的重合闸为什么可以同时投入？ …………………… 438
24. 带重合闸的10kV线路进行保护传动试验时，为什么人为短接的时间不能过长？ ………… 438
25. 重合闸装置整组检验应做哪些项目？ …………………………………………………… 438
26. 综合重合闸与继电保护配合时，N、M、R、Q端子如何使用？ …………………………… 438
27. 重合闸装置在何时应停用或改直接跳闸？ ……………………………………………… 438
28. 在综合重合闸装置中，通常采用两种重合闸时间，即“短延时”和“长延时”，
这是为什么？ ……………………………………………………………………………… 439
29. 什么是电力系统安全自动装置？ ………………………………………………………… 439
30. 维持系统稳定和系统频率及预防过负荷措施的安全自动装置有哪些？ ………………… 439
31. 备用电源自动投入装置应符合什么要求？ ……………………………………………… 439
32. 系统安全自动控制常采取哪些措施？ …………………………………………………… 440
33. 什么是按频率自动减负荷装置？其作用是什么？ ……………………………………… 440
34. 电力系统因功率缺额引起的频率变化与负荷反馈电压的频率变化有何不同？ ………… 441
35. 低频减负荷装置电流闭锁起什么作用？在运行中如何操作？ …………………………… 441
36. 倒换电压互感器时，怎样操作低频减负荷装置的电源？ ……………………………… 441
37. 对按频率自动减负荷装置的基本要求是什么？ ………………………………………… 441
38. 系统发生有功功率缺额、频率下降，如要频率上升到恢复频率值，应切除多少负荷
功率（假设各发电机的出力不变）？ ……………………………………………………… 442
39. 什么叫负荷调节效应？负荷调节效应在系统出现有功功率缺额时有什么作用？ ……… 442
40. 按频率自动减负荷装置误动的原因有哪些？有哪些防止误动的措施？ ………………… 442
41. 在什么情况下应设置解列点？ …………………………………………………………… 443
42. 在系统中什么地点可考虑设置低频率解列装置？ ……………………………………… 443
43. 低频率低电压解列装置有何作用？ ……………………………………………………… 444
44. 何谓振荡解列装置？ ……………………………………………………………………… 444
45. 110～220kV系统重合闸的运行规定有哪些？ ………………………………………… 444

初 级 工

第一篇

第一章 专业基础知识

第一节 电工基础

1. 什么叫电场？

答：在带电体周围的空间，存在着一种特殊物质，它对放在其中的任何电荷均表现为力的作用，这一特殊物质叫电场。

2. 什么叫电场强度？

答：电场强度是用来描述电场强弱的量。位于电场中的任何带电体都会受到电场力的作用，这个电场力与它本身所带的电量成正比，F/Q（F 是电场力，Q 为带电体的电荷量）对于确定的带电体是一个常数，是一个确定的比值，这个比值就是电荷在该点的电场强度，即 $E=F/Q$。

3. 什么叫静电感应？

答：将一个不带电的物体靠近带电物体时，会使不带电物体出现带电现象。如果带电物体所带的是正电荷，则靠近带电物体的一面带负电，另一面带正电。一旦移走带电物体后，不带电物体仍恢复不带电，这种现象叫做静电感应。

4. 电力线有什么性质？

答：在静电场中，电力线总是从正电荷出发，终止于负电荷，不闭合，不中断，不相交。

5. 库仑定律的定义是什么？

答：两个点电荷之间作用力 F 的大小与两个点电荷量 q_1、q_2 的乘积成正比，与两个点电荷间距离 r 的平方成反比，还和电荷所处的空间的媒质（用系数 K 表示）有关，即 $F=K\frac{q_1q_2}{r^2}$。

6. 电流的方向是如何规定的?

答：电流是电荷做规则的定向运动形成的一种物理现象。通常以正电荷的运动方向作为电流的真实方向，规定正电荷运动的方向为电流方向，自由电子移动的方向与电流方向相反。

7. 如何计算电流大小?

答：如果电流方向是随时间变化的，在极短时间 dt 内通过导体横截面的电量为 dq，则电流的大小规定为 $I=dq/dt$。在直流的情况下，电流的大小和方向都不随时间变化，则电流的大小规定为 $I=q/t$。在国际单位制中，电流的单位是安培，简称安（A）。

8. 什么是电位?

答：在电场中，单位正电荷从 a 点移至参考点时电场力所做的功，称为 a 点对参考点的电位。进行理论研究时，常取无限远处作为电位的参考点；在实际工程中，常取大地作为电位的参考点。

9. 什么是电压？其大小、方向如何确定?

答：电压的大小定义：a、b 两点间的电压 U_{ab}，在数值上等于把单位正电荷从 a 点移动到 b 点电场力所做的功，用公式表示为 $U_{ab}=dw/dq$，dq 为由 a 点移动到 b 点的电量，dw 为电场力移动 dq 电荷所做的功。U_{ab} 是随时间变化的量，如果不随时间变化，则电压表示式为 $U_{ab}=W/Q$。电压通常也用电位差表示，即 $U_{ab}=U_a-U_b$，电压的方向是从 a 指向 b。

10. 电压与电动势有何区别?

答：电压与电动势主要区别在于：电压为电位差，是反映电场力做功的概念，其方向为电位降低的方向；电动势是反映电源力克服电场力做功的概念，它将正电荷从电源负极端移到正极做了功，使正电荷获得了电能，电位升高，其方向是从电源内部负极指向电源正极，即电位升高的方向，它在数值上等于电源力把单位正电荷从电源的低电位点经电源内部移到高位点所做的功。两者的方向相反。

电压和电动势的基本单位为伏特（V）。

11. 什么是电路？它的基本组成部件有哪些?

答：电路就是电流流通的路径，它是由若干个电气设备或部件按照一定的方式组合起来的。

电路由电源、负载和中间环节三个基本部件组成。电源是电路中提供能量的设备，它将非电能转换成电能。负载是吸收电能的设备，它将电能转换成所需的其他形式的能量。中间环节包括将电源与负载连接成闭合回路的金属导线、开关、熔断器等，它们的作用是把电能安全可靠地传送给负载。

12. 电路的三种状态是什么？

答：根据电源与负载之间连接方式的不同，电路有通路、开路和短路三种不同的状态。

13. 什么叫支路、节点、回路？

答：在电路中，没有分支的电路称为支路。通常将 3 条及以上支路的连接点称为节点。在电路中，任一闭合路径称为回路。

14. 什么是基尔霍夫定律？

答：基尔霍夫定律包括基尔霍夫电流定律和基尔霍夫电压定律。

基尔霍夫电流定律：在任一瞬间，流入某点的电流之和等于流出该点的电流之和，即流过任何节点的电流和为零。该定律适用于电路中的任何一个点。

基尔霍夫电压定律：在集中参数电路的任一回路，任一瞬时，沿着选定的回路参考方向计算，各支路电压的代数和恒等于零。该定律适用于电路中的任一回路。

15. 什么是欧姆定律？

答：欧姆定律是指通过电路某一段中的电阻 R 的电流 I 与加在电阻两端的电压 U 成正比，与电阻 R 成反比，即 $I = U/R$，也可表示为 $U = IR$。

欧姆定律是电路的基本定律之一，它说明流过电阻的电流与该电阻两端电压之间的关系，可反映电阻元件的特性。

16. 应用欧姆定律时应注意什么？

答：（1）公式 $I = U/R$ 只有在电流、电压的正方向是相同方向才适用，若电压、电流方向选得相反，则欧姆定律表示为 $I = -U/R$。

（2）欧姆定律仅适用于阻值不变的线性电阻，即其阻值不随所通过的电流或两端的电压而变化。

17. 什么是全电路欧姆定律？

答：全电路欧姆定律是指在闭合回路中的电流与电源的电动势成正比，与电源内阻和外电阻之和成反比。

18. 导体电阻与哪些因素有关？

答：导体电阻与导体长度成正比，与导体截面积成反比，还与导体的材料有关。它们之间的关系为

$$R = \rho l/S \tag{1-1}$$

式中：R 为导体电阻，Ω；ρ 为导体的电阻率，Ω·m；l 为导体长度，m；S 为导体的截面积，mm^2。

19. 导体电阻与温度有什么关系？

答：导体电阻值的大小不但与导体的材料及它本身的几何尺寸有关，而且还与导体的温度有关。一般金属导体的电阻值，随温度的升高而增大。

20. 直流串联电路有什么特点？

答：（1）流过各电阻的电流都相等。

（2）串联电阻上的总电压等于各电阻上电压降之和。

（3）总电阻等于各电阻之和。

（4）各电阻两端的电压与各电阻成正比。

21. 直流并联电路有什么特点？

答：（1）各并联电阻两端的电压都相等。

（2）并联电阻的总电流等于各并联电阻流过电流之和。

（3）并联电阻的等效电阻的倒数为各并联电阻的倒数之和。

（4）流过各支路的电流与支路中的电阻阻值大小成反比。

22. 恒压源和恒流源各有哪些特性？

答：（1）恒压源有以下几个特性：

1）恒压源的端电压在电源允许的范围内不随负载电流的变化而变化，其外特性 $U = f(I)$ 是一条平行于横坐标（I）轴的直线。

2）恒压源电流的大小是由外电路的负载电阻 R_L 决定的，即 $I = U_S/R_L$。恒压源不允许短路，否则输出电流会趋向无穷大而把电源烧坏。

3）恒压源是理想的电源，实际上是不存在的。只有当电压源的内阻 R_0 远小于负载电阻 R_L 时，才可看作是恒压源。

（2）恒流源有以下几个特性：

1）恒流源在电路中提供恒定的电流 I_S，其值与负载电阻 R_L 大小无关。

2）恒流源两端电压由外电路决定。

3）恒流源是理想元件，实际并不存在。因实际的电流源总有内阻，当电流源内阻 R_S 远大于负载电阻 R_L 时，可近似看作是恒流源。

23. 在电压源与电流源进行等效变换时，应注意哪些事项？

答： 用一个电压源或一个电流源向同一负载电阻供电，若能产生相同的效果，则这两个电源是等效的。电压源与电流源之间可以进行等效变换，但在等效变换中，要注意以下几点：

（1）变换前后电压源的极性与电流源的方向，应保持对外电路等效。当两电路外接相同的负载电阻时，则产生的电流方向相同。

（2）电源的等效变换只是对外电路而言的，对于电源内部是不等效的。例如外接电路开路时，电压源内部不产生功率，内阻上也不消耗功率；但对电流源来说，当外电路开路时，内部有电流通过，有功率损耗。

（3）恒压源与恒流源不能等效变换。因为恒压源在电流的任意值时，端电压等于电动势，是恒定值，恒流源不具有这个特性；而恒流源的输出为恒定值，其端电压由外负载电阻大小决定，恒压源也没有这个特性，因此，恒压源与恒流源不能等效变换。

24. 什么是叠加原理？

答： 叠加原理的内容：在线性电路中，如果有几个电源同时作用，则任一条支路的电流（或端电压）是电路中各个电源单独作用时，在该支路中产生的电流（或端电压）的代数和。需要注意的是，在运用叠加原理时对电压源应视为短路状态，而对于电流源，则应视为开路状态。

25. 运用叠加原理时，应注意哪些问题？

答：（1）某一电源单独作用，其他电源不作用，表示其他电源应为零值。对于恒压源，意味着外力推动正电荷所做的功为零，所以恒压源两端电压为零。为此应将恒压源两端短接，而支路中所有电阻应保留。对于恒流源的电流应为零，表示它不向外电路提供电流，所以恒流源应作为开路处理。

（2）原电路中总电流是各分量电流的代数和，因此要特别注意它们的方向，在计算时应当设置好它的方向。

（3）叠加原理只能适用于线性电路，不适用于非线性电路。因为在非线性电路中，电阻不是常数，随电压或电流而变化，因此叠加原理不能成立。而在线性电路中，也只能用来计算电流和电压，不能用来计算功率，因为功率与电流、电压不是线性关系，而是平方关系。

26. 戴维南定理的内容是什么？

答： 任意一个线性有源二端网络，对外电路而言，总可以用一个电压源与一个入端电阻

串联的电路来代替。

27. 诺顿定理的内容是什么？

答：任何一个线性有源二端网络都可用一个恒流源 I_S 和电阻 R_S 并联的电路来等效代替。

28. 运用等效电源定理的目的是什么？

答：在实际工作中，如果只需计算复杂电路中某一支路的电流，而不需求出所有支路中的电流，则应用等效电源定理求解最为简便。这个方法是将待求电流的支路从电路中抽出，把电路的其余含有电源的部分用一个等效电源来代替，这样就把复杂电路化为简单回路来分析求解。

29. 星形电阻网络与三角形电阻网络的等效变换是怎样推导的？

答：星形电阻网络与三角形电阻网络彼此等效的条件，就是在两个网络中，当任一对应端开路时，其余的一对对应端间的端口等效电阻必须相等，变换如图 1-1 所示。

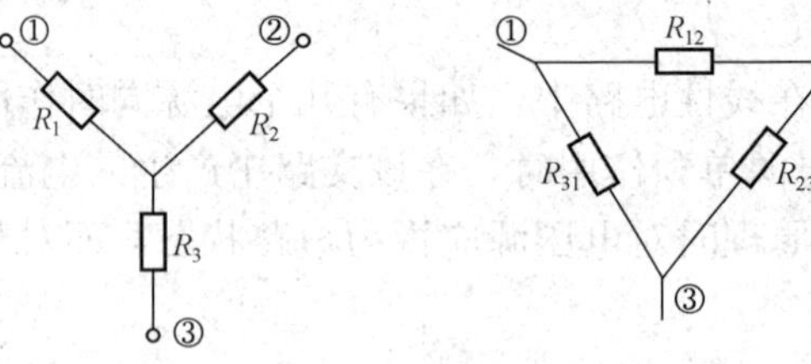

图 1-1　星形-三角形电阻网络变换

同理

$$\left.\begin{aligned}R_1+R_2&=\frac{R_{12}(R_{23}+R_{31})}{R_{12}+R_{23}+R_{31}}\quad(③\text{ 端开路})\\R_2+R_3&=\frac{R_{23}(R_{31}+R_{12})}{R_{12}+R_{23}+R_{31}}\quad(①\text{ 端开路})\\R_3+R_1&=\frac{R_{31}(R_{12}+R_{23})}{R_{12}+R_{23}+R_{31}}\quad(②\text{ 端开路})\end{aligned}\right\}\tag{1-2}$$

所以可得到

$$\left.\begin{aligned}R_1&=\frac{R_{12}R_{31}}{R_{12}+R_{23}+R_{31}}\\R_2&=\frac{R_{23}R_{12}}{R_{12}+R_{23}+R_{31}}\\R_3&=\frac{R_{31}R_{23}}{R_{12}+R_{23}+R_{31}}\end{aligned}\right\}\tag{1-3}$$

$$\left.\begin{aligned}R_{12}&=R_1+R_2+\frac{R_1R_2}{R_3}\\R_{23}&=R_2+R_3+\frac{R_2R_3}{R_1}\\R_{31}&=R_3+R_1+\frac{R_3R_1}{R_2}\end{aligned}\right\}\tag{1-4}$$

30. 如何计算直流回路电能？电能的基本单位和常用单位是什么？

答：若电源电动势为 E，忽略电源内阻，负载电阻为 R，其端电压为 U，流入电流为 I，则电场力所做的功为 $W=U\times I\times t=W_R$，这个 W 就是电阻 R 在时间 t 内所吸收的电能 W_R。

在国际单位制中，电能的基本单位为焦耳（J），常用单位是千瓦小时（kWh）。

31. 电功率是如何定义的？在计算时应注意什么？

答：单位时间 t 内电流 I 所做的功 W 称为电功率 P，即 $P=W/t=UI$，它的基本单位是瓦特（W）。

在计算电功率时，要特别注意元件两端的电压和电流的方向。如果电压与电流的正方向相反，则电功率为负值。$P<0$ 时，说明电流从元件的高电位端流出，该元件是产生电功率的，在电路中作为电源；$P>0$，则说明电流由元件高电位端流入，该元件是吸收电功率的，在电路中起负载作用。

32. 负载获得最大功率的条件是什么？

答：负载获得的功率为 $P_L=\left(\frac{E_0}{R_0+R_L}\right)^2R_L$，其中 R_0 为内阻。为了获得最大功率，先设定 R_L 是一个变量，当它的值取得最合适的时候，也就是所求的获得最大功率的时候。

$$\begin{aligned}\frac{\mathrm{d}P_L}{\mathrm{d}R_L}&=E_0^2\left[\frac{R_L}{(R_0+R_L)^2}\right]'\\&=E_0^2\,\frac{(R_0+R_L)^2-2R_L(R_0+R_L)}{(R_0+R_L)^4}\\&=E_0^2\,\frac{R_0-R_L}{(R_0+R_L)^3}\end{aligned}\tag{1-5}$$

当求导取值为零时，得到 $R_L=R_0$，则在 $R_L=R_0$ 时称为阻抗匹配，在阻抗匹配的情况下，负载获得最大的功率。匹配条件下负载获得的功率虽然最大，但因为 $R_L=R_0$，负荷与内阻消耗的功率一样大，电源输出的效率只有50%。

33. 电容的串联和并联是怎样实现的？

答：电容串联时，根据电流的连续性原理，任何瞬时通过各电容的电流相同，任何瞬时

的总电压等于该瞬时的各电容电压之和。经过推导可以得出如下结论：串联电容的总电容的倒数等于各串联电容的倒数之和。

电容并联时，根据基尔霍夫电流定律，可以得出并联电容的总电容等于各并联电容之和。

电容的串并联与电阻的串并联相似，但其串并联的结论相反。

34. 电感元件的串联和并联是怎样实现的？

答： 对于集中参数的电阻、电容、电感，在其自身的相互影响中，只有电感才具有明显的互感效应，电容却没有这种效应，这就是电与磁之间的区别。因此，电感元件的串并联的一大特点就是互感（M）效应。

（1）电感的串联。电感元件串联时，一个元件的互感电压与自感电压的实际方向可能相同，也可能相反，因为电感元件具有同名端问题，也就是线圈的绕向问题，绕向直接影响线圈的磁极方向。如果绕向相同，电感间的作用效果加强，相反则削弱。计算中，把互感根据其顺、反接，定义正、负。若两电感 L_1 和 L_2 顺接串联，互感为 M，则等效电感为 $L = L_1 + L_2 + 2M$。

（2）电感的并联。每个元件的端口电压等于该元件的自感电压和互感电压之和，根据电流定律同样可以推导而得出两电感 L_1 和 L_2 顺接并联，互感为 M 时，其等效电感为 $L = \dfrac{L_1 \times L_2 - M^2}{L_1 + L_2 - 2M}$。

35. 电阻、电感串联电路的电压与电流间的相位差由什么决定？

答： 电阻、电感串联，电压与电流间存在着相位差，这是因为电感的作用使电压超前电流一个相位，这个相位由电阻 R 与电感的阻抗 X_L 共同决定，同时还与电源的频率有关。它的相位差用公式表示为

$$\varphi = \arctan\frac{X_L}{R} = \arctan\frac{\omega L}{R} \tag{1-6}$$

式中：R 为电阻；X_L 为电感的阻抗；ω 为角频率；L 为电感。

36. 什么叫非线性元件？与线性元件有何区别？

答： 如果流过元件的电流与元件的外加电压不成比例，则这样的元件就叫做非线性元件。含有这种非线性元件的电路称为非线性电路。例如带铁芯的线圈，当外加电压较低时，电流与电压基本成正比关系，当电压增大到一定数值后，电流会比电压增大的速度快而不成正比关系。

线性电阻的电阻值不随电压、电流的变化而变化，是一个常量，其伏安特性为一条直线，线性电阻上的电压与电流的关系服从欧姆定律；非线性电阻的阻值随着电压、电流的变化而变化，其伏安特性是一曲线，不能用欧姆定律来直接运算，而要根据伏安特性用作图法

来求解。

37. 什么叫过渡过程？产生过渡过程的原因是什么？

答：过渡过程是一个暂态过程，是从一个稳定状态转换到另一个稳定状态所要经过的一段时间内的这种过程。

产生过渡过程的原因是由于储能元件的存在。储能元件如电感和电容，它们在电路中的能量不能跃变，即电感的电流和电容的电压在变化过程中不能突变，所以，电路中的一个稳定状态过渡到另一种状态有一个过程。

38. 什么是磁场？

答：磁场是一种特殊物质，它的存在通常是通过对磁性物质和运动电荷具有作用力而表现出来。

39. 磁力线有哪些性质？

答：(1) 磁力线有方向性，在磁铁外部磁力线的方向是由 N 极出发，回到 S 极。在磁铁内部磁力线的方向是由 S 极指向 N 极。

(2) 磁力线总是闭合的不会中断，但有缩短长度的倾向。

(3) 磁力线互不相交，但有互相排斥的特点。

(4) 磁力线的疏密表示磁场的强弱，磁力线越密表示磁场越强，磁力线越疏表示磁场越弱。

40. 什么叫电流的磁效应？

答：电流流过导体时，在导体周围产生磁场的现象，称为电流的磁效应。它的磁力线方向由右手定则来确定。

41. 什么是电磁感应现象？

答：当闭合电路内的磁通发生变化（当磁场发生变化或导体切割磁力线运动）时，该闭合电路中就会产生电动势与电流，这个电动势叫感应电动势，这种现象就叫做电磁感应现象。

42. 什么是楞次定律？

答：线圈中感应电动势的方向总是企图使它所产生的感应电流反抗原有磁通的变化，即感应电流产生新的磁通反抗原有磁通的变化，这个规律就称为楞次定律。

43. 感应电动势是怎样产生的?

答: 感应电动势可以用下列方法产生:

(1) 使导体在磁场中做切割磁力线的运动。

(2) 移动导体周围的磁场。

(3) 使交变磁场穿过电感线圈。

44. 感应电动势的大小决定于哪些因素?

答: (1) 磁场的强弱。磁场强则感应电动势大，磁场弱则感应电动势小。

(2) 磁场变化速度。磁场变化速度越快，感应电动势越大，反之亦然。

(3) 线圈的匝数。线圈的匝数越多，产生的感应电动势越大。

(4) 导体或磁场移动的方向。只有导体和磁场相互切割时，才能产生感应电动势，而垂直切割产生的感应电动势最大。

45. 如何确定载流导体产生的磁力线的方向?

答: 载流导体产生磁场，它的磁力线的方向可以用右手定则确定。方法是：用右手握住导线并把拇指伸直，拇指所指的方向为电流所指方向，四指所环绕的方向就是磁力线的方向。

46. 如何判断通电螺线管的磁场方向?

答: 判断导体的磁场方向均用右手定则，通电螺管可以认为是单根载流导体的组合体。具体判断如下：用右手握住螺线管，将拇指伸直，使四指的方向与电流方向一致，则拇指所指方向就是磁场的方向，也就是北极，即N极。

47. 什么是左手定则?

答: 左手定则是表示载流导体在磁场中受力的作用时，磁场方向、电流方向和载流导体受力方向三者之间关系的一个定则。具体判别如下：伸开左手手掌，使拇指和其他四指相垂直，以手心对准磁极的N极，使四指指向电流的方向，那么拇指的指向便是导体的受力方向。可以用左手定则来判别载流导体在磁场中的运动方向，它和电动机的作用原理相同，所以也称电动机定则。

48. 什么是右手定则?

答: 导体在磁场中做切割磁力线运动时，将产生感应电动势。右手定则是表示磁场方向、导体运动方向和感应电动势方向三者之间关系的一个定则。具体判别如下：伸开右手手掌，使拇指和其他四指相垂直，以手心对准磁场的北极（N），使拇指指向导体运动的方向，那么四指的指向就是导体内感应电动势的方向。可用右手定则判断导体在磁场中运动时，其感应电动势（或感应电流）的方向。它和发电机的工作原理相同，所以也叫发电机定则。

49. 什么是自感现象和互感现象？

答：电路中由于自身电流的变化而产生感应电动势，这种现象称为自感现象。由于一个电路中的电流变化而导致相邻的另一电路中产生感应电动势的现象叫互感现象。这是因为电路中电流的变化导致磁场发生变化，而相邻电路因为受到它的磁场变化而产生感应电动势。

50. 什么是涡流？

答：处在变化磁场中的导电物质内部将产生感应电流，以阻碍磁通的变化，这种感生电流称为涡流。

51. 什么是剩磁？

答：处在磁场中的铁磁物质当移去磁场后，仍会保持一定的磁性称为剩磁。

52. 为什么要采用交流电？它有什么好处？

答：交流电具有容易产生、传送和使用的优点，因而现实中广泛地采用交流电。例如，远距离输电可利用变压器把电压升高，通过减小输电线中的电流来降低损耗，获得经济的输电效益。在用电场合，可通过变压器降低电压，保证用电安全。此外，交流发电机、交流电动机和直流电机相比较，具有结构简单、成本低廉、工作安全可靠、使用维护方便等优点，所以交流电在国民经济各部门获得广泛采用。

53. 什么是感抗？如何计算感抗？

答：交流电流流过电感元件时，电感元件对交流电流的限制能力叫感抗 X_L。它的电流滞后电压的相角为 $\pi/2$。感抗与频率和电感成正比，即

$$X_L = \omega L = 2\pi f L$$

式中 ω——角频率；

f——频率；

L——电感。

由公式可以看出：频率越大，阻抗越大；电感越大，阻抗也越大。

54. 什么叫容抗？如何计算容抗？

答：交流电流通过电容元件时，电容元件对交流电流的限制能力称为容抗 X_C。它的电压滞后电流 $\pi/2$，它的值与频率和电容量成反比，即

$$X_C = \frac{1}{\omega C} = \frac{1}{2\pi fC}$$

式中 ω——角频率；

f——频率；

C——电容量。

由公式可以看出：频率越高，容抗值越小；电容值越大，容抗值越小。

55. 什么是相电流、相电压和线电流、线电压？

答：由三相绕组连接的电路中，每个绕组的始端与末端之间的电压叫相电压，各绕组始端之间的电压叫线电压；各相负荷中的电流叫相电流，各端线中流过的电流叫线电流。

56. 什么是正弦交流电？

答：在电路中，若其电流、电压及电动势均随时间按正弦函数规律变化，则统称其为正弦交流电。

57. 正弦交流电的周期和频率是如何规定的？

答：交流电在变化过程中，它的瞬时值经过一次循环，又变化到原来的瞬时值时，所需要的时间，称为交流电的周期。周期通常用字母 T 表示，单位为秒（s）。交流电每秒钟周期性变化的次数叫频率，通常用字母 f 表示，单位为赫兹（Hz）。

58. 什么是正弦交流电的相位、初相位和相位差？

答：相位：表示正弦交流电变化进程的量。它不仅决定该时刻瞬时值的大小和方向，还决定正弦交流电的变化趋势。

初相位：正弦交流电在计时开始时（$t=0$）所处的变化状态。

相位差：两个同频率的正弦交流电的相位之差，表示两交流电在时间上超前或滞后的关系。

59. 用相量表示正弦量有哪几种形式？

答：用相量表示正弦量有四种形式：代数形式、指数形式、三角形式、极坐标形式。

60. 正弦量的三要素指的是哪些？各有什么含义？

答：正弦量的三要素指的是一个正弦量的幅值、频率和初相位。

正弦量在任一时刻的大小称为瞬时值，交流电量在变化过程中会出现最大瞬时值，正弦量在一周期中出现的最大瞬时值称为幅值。

正弦量的频率是正弦量在单位时间内重复的次数，一般用单位时间所变化的弧度，也即角频率来表示。这样可使得表达式中与初相位直接对应。

相位是表示正弦交流电变化进程的量，它不仅决定该时刻瞬时值的大小和方向，还决定正弦交流电的变化趋势。初相位是正弦交流电在计时开始时所处的变化状态。

61. 电流的有效值是如何定义的？

答：在阻值相同的两个电阻元件中分别通入直流电流和交流电流，如果在同样的时间内，二者产生的热量相等，则称这个直流电流的数值是交流电流的有效值。有效值是最大值的 $1/\sqrt{2}$倍，工程中用有效值来衡量交流电做功的能力。

62. 用相量法表示正弦量时，应注意哪些问题？

答：按照正弦量大小和相位关系画出几个相量的图形称为相量图。在相量图中可以看出正弦量之间的关系，在运用时，应注意以下问题：

（1）只有正弦交流量才能用旋转相量来表示。旋转相量不能表示非正弦量。

（2）正弦交流量本身不是相量，而是随时间交变的量。用旋转相量表示正弦交流量只是一种表示方法。

（3）只有同频率的正弦量才能画在同一相量图中。因为同频率的交流电在任何瞬时的相位差不变。故在相量图中，它们之间的相对位置不变，所以就可将旋转的相量看成相对静止的相量，从而用平行四边形法进行加减运算。

63. 什么叫集肤效应？

答：在交流电通过导体时，导体截面上各处电流分布不均匀，导体中心处密度最小，越靠近导体的表面密度越大，这种电流集中在导体表面流通的现象称为集肤效应。

64. 什么是中性点位移现象？

答：三相电路中，在电源电压三相对称的情况之下，如三相负载也对称，根据基尔霍夫定律，不管有无中性线，中性点的电压都等于零。如果三相负载不对称，且没有中性线或中性线阻抗较大，则三相负载中性点就会出现电压，这种现象称为中性点位移现象。

65. 在什么情况下会产生非正弦交流电？

答：不同频率的正弦量共同作用于同一电路或电路中有非线性元件（如铁芯、线圈等）时，电路中会产生非正弦交流电。

66. 什么叫交流电的谐振？

答：用一定的连接方式将交流电源、电感线圈与电容器组合起来，在一定的条件下，电路有可能发生电能与磁能相互交换的现象，此时，外施交流电源仅供电阻上的能量损耗，不再与电感线圈或电容器发生能量转换，这种现象就称为电路发生了谐振。

67. 什么叫串联谐振？

答：在电阻、电感和电容的串联电路中，出现电路的端电压和电路总电流同相位的现象，叫做串联谐振。

68. 什么叫并联谐振？

答：在电阻、电感和电容的并联电路中，出现电路的端电压和电路总电流同相位的现象，叫做并联谐振。

69. 串联谐振与并联谐振各有什么特点？

答：(1) 串联谐振电路具有以下特点：

1）因为 $X_L=X_C$，所以阻抗 $Z_0=\sqrt{R^2+(X_L-X_C)^2}=R$ 达到最小值，具有纯电阻特性。

2）在电压 U 不变的情况下，电路中的电流达到最大值，即

$$I=\frac{U}{Z_0}=\frac{U}{R}=I_0$$

式中　I_0——谐振电流。

3）由于谐振时 $X_L=X_C$，所以 $U_L=U_C$，而 U_L 与 U_C 相位相反，相加时互相抵消，所以电阻上的电压等于电源电压 U_0，电感和电容上的电压分别为

$$U_L=IX_L=\frac{U}{R}X_L$$

$$U_C=IX_C=\frac{U}{R}X_C$$

如果感抗和容抗远大于电阻时，可能出现 U_L 与 U_C 远大于电源电压 U_0 的现象，所以串联谐振又称电压谐振，因此串联谐振具有破坏性。

(2) 并联谐振电路具有以下特点：

1）并联谐振时电路的总电流 I 最小，总电流与电压同相，即电容的总阻抗达到最大值

Z_0，电路呈电阻性，即

$$Z = Z_0 = \frac{L}{RC}$$

2）并联谐振电路的总电流 $I = I_0 = \dfrac{U}{Z}$ 达到最小值，支路电流与总电流之比值则为 $\dfrac{I_1}{I_0} = \dfrac{I_C}{I_0} = \dfrac{\omega_0 L}{R} = \dfrac{1}{\omega_0 CR}$，这就是谐振电路的品质因数 Q。它表明并联谐振时，支路电流 I_1 或 I_C 是总电流的 Q 倍，所以并联谐振又称为电流谐振。并联谐振不会产生危害设备安全的谐振过电压，且功率因数达到最大值，因此，为提高功率因数的有效办法。

70. 什么是正序分量、负序分量和零序分量？

答： 任意一组不对称的三相正弦电压或电流相量都可以分解成以下三组对称的分量：

（1）正序分量，用下标“1”表示，相序与原不对称正弦量的相序一致，即 A—B—C 的次序，各相位互差 120°。

（2）负序分量，用下标“2”表示，相序与原正弦量相反，即 A—C—B，相位间也差 120°。

（3）零序分量，用下标“0”表示，三相的相位相同。

提出这三种分量的目的是为了分析问题的方便。它们存在于不对称的正弦量中，可运用数学方法把它们区分开来。

71. 什么叫三相交流电的不对称度？

答： 不对称度就是负序分量电压 U_{N2} 与正序分量电压 U_{N1} 的比值，用百分数表示为

$$\varepsilon = \frac{U_{N2}}{U_{N1}} \times 100\% \qquad (1\text{-}7)$$

不对称度用来衡量三相负载的不对称程度，因为实际上大多数的三相负载是不对称的，当 $\varepsilon < 5\%$ 时，可以认为三相负载是对称的；但当 $\varepsilon > 5\%$ 时，就可按不对称处理。

72. 如何用公式表示三相不对称负载的有功功率？

答： 当三相负载不对称时，不能直接用公式 $P = \sqrt{3}\, U_L\, I_L \cos\varphi$ 计算，应该单独计算各相有功功率。因为负载不等，它们的功率消耗就不一样，因此应首先计算各相功率，即 $P_A = U_A I_A \cos\varphi_A$，$P_B = U_B I_B \cos\varphi_B$，$P_C = U_C I_C \cos\varphi_C$，然后，再计算总有功功率，即 $P = P_A + P_B + P_C$。

73. 如何用瞬时值表达式表示三相交流电动势？

答： 各相电动势的正方向规定由绕组的末端指向首端，并以 A 相电动势为参考正弦量，即 A 相电动势的初相角为零，这样三相电动势的表达式就可以列出为

$$\left.\begin{aligned} E_A &= E_m \sin\omega t \\ E_B &= E_m \sin(\omega t - 120°) \\ E_C &= E_m \sin(\omega t + 120°) \end{aligned}\right\} \quad (1\text{-}8)$$

74. 在三相三线制中，任何瞬时三相电流关系是什么？在三相四线制中又是什么？

答：在三相三线制中，任何瞬时三相电流关系为

$$i_A + i_B + i_C = 0$$

在三相四线制中，因为有了中线，因而三相电流关系为

$$i_A + i_B + i_C = i_0$$

当 $i_0=0$ 时，说明此时无零序电流，三相电流处于对称状态；当 $i_0 \neq 0$ 时，说明三相负载不对称，中线中有零序电流通过。

75. 当三相负载接成三角形时，线电流和相电流的相位及数值关系是什么？

答：当负载为三角形接线时，线电流是相电流的$\sqrt{3}$倍，线电流滞后相电流 30°。

76. 单相交流电路的有功功率、无功功率和视在功率的计算公式是什么？

答：单相交流电路的功率直接可以按照电压、电流形式进行计算，视在功率就是相电压与相电流的乘积。在计算有功功率、无功功率时，考虑它们的功率因数，即：

视在功率

$$S = UI$$

有功功率

$$P = UI\cos\varphi$$

无功功率

$$Q = UI\sin\varphi$$

77. 什么叫功率因数？为什么要提高功率因数？

答：有功功率 P 对视在功率 S 的比值，叫做功率因数。常用 $\cos\varphi$ 表示。提高电路的功率因数，可以充分发挥电源设备的潜在能力，同时可以减少线路上的功率损失和电压损失，提高用户电压质量。

78. 什么是介质损耗？

答：在绝缘体两端加上交流电压时，绝缘体内就要产生能量损耗。绝缘介质在电场中，单位时间内消耗的总电能叫做介质损耗。

79. 什么是泄漏电流？

答：电介质的电阻率都有一定的极限，在电场的作用下，介质中会有微小的电流通过，这种电流就是泄漏电流。

第二节　电力电子变流技术基础

1. 什么是晶闸管？

答：晶闸管是一种大功率整流元件，它的整流电压可以控制，当供给整流电路的交流电压一定时，输出电压能够均匀调节，它是一个四层三端的半导体器件。

2. 如何用晶闸管实现可控整流？

答：在整流电路中，晶闸管在承受正向电压的时间内，改变触发脉冲的输入时刻，即改变控制角的大小，在负载上可得到不同数值的直流电压，因而控制了输出电压的大小。

3. 滤波电路有什么作用？

答：整流装置把交流电转化为直流电，但整流后的波形还包含有相当大的交流成分，这样的直流电只能用在对电源要求不高的设备上。有些设备（如电子仪表、自动控制等电路）要求直流电源脉动成分特别小，因此，为了提高整流电压质量，改善整流电路的电压波形，常常加装滤波回路将交流成分滤掉。

4. 利用电感滤波的原理是什么？

答：在具有电感元件的电路中，电路对非正弦的各次谐波所显示的阻抗不同，因为电感元件的阻抗与流过它的电流的频率成正比，因此电流频率不同，电感元件的阻抗就不同。如果适当地选择电感值，可滤掉一些谐波电流，保留其他谐波电流，从而达到滤波的目的。

5. 什么是运算放大器？

答：运算放大器是一种增益很高的放大器，能同时放大直流电压和一定的交流电压，能完成积分、微分、加法等数学运算。

6. 为什么负反馈能使放大器工作稳定？

答：在放大器中，由于环境温度的变化、管子老化、电路元件参数的改变及电源电压波动等原因，都会引起放大器的工作不稳定，导致输出电压发生波动。如果放大器中具有负反馈电路，当输出信号发生变化时，通过负反馈可立即把这个变化反映到输入端，通过对输入信号变化的控制，使输出接近或恢复到原来的大小，使放大器稳定地工作。负反馈越深，放大器工作性能越稳定。

7. 晶闸管导通的条件是什么？怎样使晶闸管由导通变为关断？

答：晶闸管导通的条件是阳极承受正向电压。处于阻断状态的晶闸管，只有在门极加正向触发电压，才能使其导通。门极所加正向触发脉冲的最小宽度，应能使阳极电流达到维持通态所需要的最小阳极电流，即擎住电流 I_L 以上。导通后的晶闸管管压降很小。

使导通了的晶闸管关断的条件是使流过晶闸管的电流减小至某个小的数值，即维持电流 I_H 以下。其方法包括有：①减小正向阳极电压至某一最小值以下，或加反向阳极电压；②增加负载回路中的电阻。

8. 晶闸管的额定电流是怎样定义的？有效值和平均值之间有何关系？

答：晶闸管的额定电流即指其额定通态平均电流 I_{VEAR}。它是在规定的条件下，晶闸管允许连续通过工频正弦半波电流的最大平均值。规定条件是指：环境温度＋40℃，冷却条件按规定，单相半波整流电路为电阻负载，导通角不小于 170°，晶闸管结温不超过额定值。

额定通态平均电流 I_{VEAR} 与在同一定义条件下的有效值 I_{VE} 具有如下关系

$$I_{VE} = K_{fe} I_{VEAR} \tag{1-9}$$

$$K_{fe} = \frac{I_{VE}}{I_{VEAR}} = \frac{\pi}{2} \approx 1.57$$

式中：K_{fe} 为定义条件下的波形系数。

9. 晶闸管导通后，门极改加适当大小的反向电压，会发生什么情况？

答：在晶闸管承受正向阳极电压，并已导通的情况下，门极就失去了控制作用。因此，晶闸管导通后，门极改加适当大小的反向电压，晶闸管将保持导通状态不变。

10. 为什么功率晶体管在开关瞬变过程中容易被击穿？可采取什么措施防止被击穿？

答：在电路开关转换瞬变过程中，电路将产生过高的电压或电流，有可能达到二次击穿触发功率，进而达到二次击穿临界触发能量，产生二次击穿。

采用错开开、关期间瞬变电流和电压最大值相位的缓冲吸收保护电路，减小开、关期间的瞬时功率，是破坏二次击穿产生的条件、抑制二次击穿的有效措施。

11. 功率集成电路 PIC 的基本结构组成如何？

答：功率集成电路 PIC 至少包含一个半导体功率器件和一个独立功能电路的单片集成

电路。PIC分为两大类：一类是高压集成电路HVIC，它是高耐压功率电子器件与控制电路的单片集成；另一类是智能功率集成电路SPIC，它是功率电子开关器件与控制电路、保护电路、故障监测电路以及传感器等电路的多种功能电路的集成。

12. 什么是整流？它是利用半导体二极管和晶闸管的哪些特性来实现的？

答：整流电路是一种交流/直流（AC/DC）变换电路，即将交流电能变换为直流电能的电路，它是利用半导体二极管的单向导电性和晶闸管是半控型器件的特性来实现的。

13. 在三相桥式整流电路中，为什么三相电压的六个交点就是对应桥臂的自然换流点？

答：三相桥式整流电路中，每只二极管承受的是相邻两相的线电压，承受正向电压时导通、反向电压时截止。三相电压的六个交点是其各线电压的过零点，是二极管承受正反向电压的分界点，所以，是对应桥臂的自然换流点。

14. 三相全控桥式整流器的单脉冲触发方式的脉冲宽度为什么要大于60°？

答：三相全控桥式整流电路，必须有一个共阴极组的和另一个共阳极组的两个不同相的晶闸管同时导通，才能形成通过负载的导电回路。为了保证全控桥在初始工作合闸（启动工作）时能形成电流回路，或者电流断续后能再次导通，必须对两组中应导通的两个晶闸管同时加有触发脉冲。

单脉冲触发方式又称宽脉冲触发方式，要求脉冲宽度大于60°、小于120°，通常取90°左右。这种方法实质上是用一个宽脉冲来代替两个相隔60°的窄脉冲，即在按规定触发时刻给某一个晶闸管加触发脉冲时，前一号晶闸管触发脉冲还未消失。这就保证了两组晶闸管中，各有一个管子同时加有触发脉冲，使电路在启动，电流连续或断续的工况下，都能正常工作。

15. 逆变电路必须具备什么条件才能进行逆变工作？

答：逆变电路必须同时具备下述两个条件才能产生有源逆变：

（1）变流电路直流侧应具有能提供逆变能量的直流电源电势E_d，其极性应与晶闸管的导电电流方向一致。

（2）变流电路输出的直流平均电压U_d的极性必须为负（相对于整流时定义的极性），以保证与直流电源电势E_d构成同极性相连，且满足$U_d<E_d$。

16. 单相全控桥式逆变电路与单相桥式（二极管）整流电路有何差别？是否所有的整流电路都可以用来作为逆变电路？

答：单相全控桥式逆变电路是直流/交流（DC/AC）变换电路，是单相全控桥式变流电路工作于逆变状态，其负载为反电动势负载，控制角为$\alpha>90°$的情况。

单相桥式（二极管）整流电路是交流/直流（AC/DC）变换电路，是单纯的整流电路，相当于单相全控桥式变流电路工作于整流状态，控制角 $\alpha=0^{\circ}$时的情况。

不是所有的整流电路都可以用来作为逆变电路。例如，单相、三相半控桥式变流电路，带续流二极管的变流电路都只能工作于整流状态，不能用来作为逆变电路。

17. 什么叫逆变颠覆？

答： 变流器工作在逆变状态时，如果因丢失脉冲、移相角超出范围、甚至突发电源缺相或断相等情况时，都有可能发生换相失败，将使变流器输出的直流电压 U_d进入正半周范围，U_d的极性由负变正，与直流侧直流电源电势 E_d形成顺向串联，造成短路事故（因逆变电路的内阻 R 很小）。这种情况称为逆变颠覆，或称为逆变失败。

18. 试说明同步发电机励磁系统在“励磁”和“灭磁”两种工况下，变流器的工作状态和能量流向如何？

答：（1）励磁运行时，励磁变压器 TF 接于母线，变流器工作于整流状态，系统母线提供的交流电能，通过变流器 U 整流，转变为直流电能，供给发电机励磁绕组进行励磁。

（2）灭磁运行时，增大控制角 $\alpha>90^{\circ}$将变流器 U 拉入有源逆变工作状态，励磁绕组内储存的磁场能通过工作于有源逆变状态的变流器，经 TF 以电能形式反馈回电网。

19. 过电压保护的两种基本方法是什么？

答： 常用的抑制过电压的基本方法有两种：①用非线性元件限制过电压的幅值；②用储能元件吸收可能产生过电压的能量，并用电阻将其消耗。实际应用时，要视电路的不同部位的需要采用不同的方法，同一部位也可同时采用两种方法。

20. 用作过电流保护的三种常用电器是什么？其速度的快慢有何差别？

答： 可用作过电流保护的三种常用电器有快速熔断器、快速开关和过流继电器。

快速熔断器流过的电流越大，其熔断时间越短。当流过短路电流时，其熔断时间可达 5ms（目前最快的可达 1ms 量级）。其在额定电流下工作时不熔断，可长期工作。

快速开关的全分断时间为 10ms，只用于直流电路。

过流继电器的动作时间一般为几百毫秒（ms），分为直流和交流两种。

21. 为什么说快速熔断器用作晶闸管的最终过流保护手断比较合适？

答： 晶闸管的过载能力受结温限制，我国标准规定风冷器件的额定结温为 115℃，水冷器件为 100℃。在规定的冷却条件下，晶闸管通过 2 倍额定通态平均电流时，可耐受的时间为 0.5s；通过 3 倍时，可耐受时间为 60ms；通过 6 倍时，可耐受时间为 20ms。因此可根据不同过载程度晶闸管的耐受能力，采取分级过电流保护措施。

快速熔断器之所以用作最终保护手段，是因为三种保护电器的动作时间各不相同，快速熔断器的动作时间最短，速度最快。为了避免快速熔断器的频繁熔断和更换，使其只在发生可能危及晶闸管的更大过流时才熔断，起到最后的保护作用。在留有适当的裕量选定了晶闸管及与其配合的快速熔断器之后，应将同时装设的快速开关或过流继电器的动作值整定得稍低一些（过流继电器最低）。这样，当发生过流时，过流继电器或快速开关会首先动作，虽然动作速度不如快速熔断器，但只要整定电流不超过晶闸管过载耐受时间区段，就不会危害晶闸管，同样也不会使快速熔断器熔断。

22. 晶体管主电路对触发电路的要求是什么？

答：（1）触发信号应具备足够大的触发功率。晶闸管的触发是用一个小功率输入去控制一个大功率输出。由于一般采用脉冲信号的形式作为触发信号，因此其触发电压、触发电流均可超过额定触发电压、额定触发电流，只要触发功率不超过门极峰值功率和平均功率即可。

（2）触发脉冲应具有一定的宽度，且前沿尽可能陡。晶闸管的导通需要时间，因而，要求触发脉冲的宽度必须大于导通时间，以保证晶闸管的导通电流上升到擎住电流以上。为了快速而可靠地触发大功率晶闸管，通常触发脉冲的前沿尽可能陡，并叠加一个强触发脉冲，对于工频电路而言，一般脉冲宽度大于18°，即1ms。

（3）触发脉冲必须与主电路同步。由于晶闸管只有承受正向电压时才能触发导通，所以要求其触发脉冲的输出及时准确，且能够保证不同周期、相同 α 角时的触发时刻相同。

（4）触发脉冲的相位可以按要求移动。触发脉冲相位在一定的范围内进行移动的过程，就是改变控制角 α 的过程，从而实现变流电路主电路输出电压在一定范围内的调节。

23. 移相控制有哪两种实现方式？

答：移相控制电路的原理是通过输入控制信号与同步信号的比较来产生可移相的触发脉冲，可通过调节输入控制信号电压的幅度或改变同步信号（例如锯齿波）的斜率两种方法来实现。

24. 单结晶体管触发电路的工作原理是什么？

答：单结晶体管触发电路的工作原理是利用单结晶体管的负阻效应构成单结晶体管振荡电路。该电路的供电电源采用通过同步变压器构成的全波整流电路，并将整流输出直流脉动电压通过稳压管限幅削波，形成对应主电路交流电压过零点的梯形波同步信号电压。这样，在单结晶体管的第一基极b1就可获得对应控制角 α 的触发脉冲（尖脉冲），通过调节发射极电路中的电阻 R_e（或电容 C）实现改变控制角 α 的目的。

25. 触发电路怎样实现对初始相位的控制？

答：为了控制触发电路的初始相位，可在输入控制信号（移相电压）端再叠加一个初始

相位调整电压（或称偏移电压）输入，以达到限制最小控制角 α_{min} 及移相范围的目的。

 防止晶闸管误触发有哪些措施？

答：（1）触发电路电源变压器、同步变压器应具有静电隔离设施，脉冲变压器必要时也可加静电隔离屏蔽层。

（2）尽量避免控制极电路靠近大的电感性元件，也不要与大电流的母线靠得太近。脉冲电路的输入线及输出到晶闸管门极的控制线采用屏蔽线。

（3）选用有较大触发电流的晶闸管，使得较小的干扰脉冲不能使晶闸管被触发。

（4）在晶闸管的控制极和阴极间并联 0.01～0.1μF 的电容，也可减小干扰，但由于电容会使正常触发脉冲的前沿变缓，所以要注意电容的选择不要过大。

（5）在晶闸管的控制极和阴极间加反向偏置电压，一般为 3.0V 左右，可用固定负压或二极管、稳压管等实现。

（6）脉冲电路的电源应加滤波器，为了消除电解电容器对电感的影响，应并联一只小容量的金属纸介质或陶瓷电容，以吸收高频干扰。

 无源逆变电路和有源逆变电路的区别有哪些？

答：无源逆变电路将直流电能转换为某一固定频率或可变频率的交流电能，并且直接供给负载使用的逆变电路。

有源逆变电路将直流电能转换为交流电能后，又馈送回交流电网的逆变电路。

这里的“源”即指交流电网，或称交流电源。

28. 什么是电压型逆变器和电流型逆变器？各有什么特点？

答：逆变器根据逆变器直流侧电源性质的不同可分为两种，直流侧是电压源的称为电压型逆变器，直流侧是电流源的称为电流型逆变器。

电压型逆变器，其中间直流环节以电容贮能，具有稳定直流侧电压的作用。直流侧电压无脉动、交流侧电压为矩形波，多台逆变器可以共享一套直流电源并联运行。由于脉宽调制（PWM）技术的出现和发展，使得电压和频率的调节均可在逆变过程中由同一逆变电路完成，应用更为普遍。

电流型逆变器，中间直流环节以电感贮能，具有稳定直流侧电流的作用。它具有直流侧电流无脉动、交流侧电流为矩形波和便于能量回馈等特点。一般用于较大功率的调速系统中，如大功率风机、水泵等。

 DC/DC 变换电路的主要形式和工作特点是什么？

答：DC/DC 变换器有两种主要的形式：一种是逆变整流型；另一种是斩波电路控制型。

逆变整流型是将直流电压逆变成一个固定的高频交流电压，将这个交流电压经变压器变

为要求的交流电压，再整流成所需要的直流电压。逆变电路一般采用恒压恒频控制，它适用于小功率的电源变换和变压比较大的变换中。

斩波电路控制型可选用多种脉冲调制方式作为控制输入，适用于不需要隔离的场合和升压、降压比不大的场合。

30. 斩波电路的主要功能有哪些？

答：直流斩波电路是一种直流/直流（DC/DC）变换电路，其主要功能是通过控制直流电源的通和断，实现对负载上的平均电压和功率进行控制，即所谓调压调功功能。

31. 斩波电路常用的三种控制方式是什么？

答：斩波电路常用的三种控制方式有：

（1）时间比控制方式。

（2）瞬时值控制方式。

（3）时间比和瞬时值结合的控制方式。

32. 在直流斩波电路中晶闸管器件的关断方法及工作过程是怎样的？

答：在直流斩波电路中，由于主开关晶闸管始终承受直流电源的正向电压，因此，导通后不能自关断，所以，必须增设辅助关断电路，即强迫换流电路。

例如，LC 自由振荡辅助关断电路和辅助晶闸管关断电路，它们都是利用主晶闸管开通后，通过 LC 自由振荡向电容 C 储能，使电容 C 上的电压 u_C 的极性，在晶闸管需要关断时为反向电压，进而达到用电容 C 上的电压 u_C 关断晶闸管目的。

33. 功率晶体管对驱动电路的要求是什么？

答：（1）驱动电路与主电路要实现电气隔离。由于主电路的电压较高，而控制电路的电压一般较低，因此必须有良好的电气隔离性能，才能保证驱动控制电路的安全，并提高抗干扰能力。

（2）驱动电流要有足够陡的前沿和足够大的峰值。这样，可以加速功率晶体管的导通过程，使功率晶体管在开启电流尖峰时，能具有足够大的基极驱动能力，减小开通时的损耗。

（3）驱动电流的稳态值应使功率晶体管处于饱和或临界饱和状态。要保证在任何负载下，都能使功率晶体管工作于饱和导通状态，以实现低导通损耗，但为了减小存储时间，应使功率晶体管在临关断前处于临界饱和状态。

（4）驱动电流的后沿应是一个较大的负电流，以利于功率晶体管关断。为了提高功率晶体管关断速度，减小关断损耗，驱动电路应能够提供足够大的反向基极驱动电流，并能对其施加反向偏置电压。

（5）驱动电路应具有一定的抗干扰能力和保护功能。

34. 驱动电路的隔离有什么作用？常用的驱动电路隔离方法有哪两种？

答：由于主电路的电压较高，而控制电路的电压一般较低，所以，驱动电路必须与主电路之间有良好的电气隔离，从而保证驱动控制电路的安全和提高抗干扰能力。

常用的驱动电路隔离方法有两种，即光电隔离和磁隔离。光电隔离通常采用光电耦合器，磁隔离通常采用脉冲变压器。

35. 什么是恒流驱动电路？它的工作原理是什么？

答：恒流驱动电路指功率晶体管的基极电流基本保持恒定，不随集电极的电流变化而变化。

其工作原理如下：

为了保证功率晶体管在任何负载下，都能处于饱和导通，驱动用的电流 I_b应按功率晶体管的最大可能流过的集电极电流来考虑。即功率晶体管的基极驱动电流为

$$I_b > \frac{I_{cmax}}{\frac{\beta}{2}}$$

式中　I_{cmax}——功率晶体管的集电极最大电流；

β——功率晶体管的电流放大系数。

式中 I_b应按两倍裕量考虑，由于 I_b的取值较大，使得当集电极电流下降减小时，功率晶体管的饱和深度加深，存储时间加大，此时应采取一些辅助措施改善其性能。

36. 比例驱动电路的工作原理及特点是什么？

答：比例驱动电路是使功率管的基极电流正比于集电极电流的变化，使得在不同的集电极电流时（即不同负载时），晶体管的饱和深度基本相同。

比例驱动电路一般用于较大功率的晶体管的驱动。

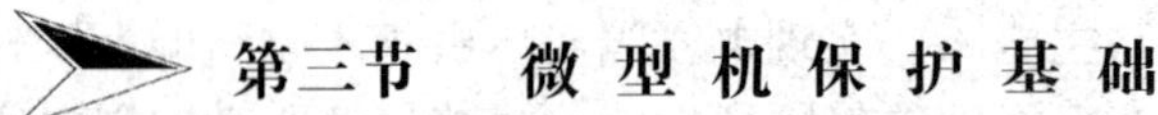

第三节　微型机保护基础

1. 微型机保护有何特点？

答：微型机保护的特点有：逻辑判断清楚、准确；可实现常规模拟式继电保护无法实现的优良性能；调试维护方便；在线运行的可靠性高；能够提供更多的系统运行的信息量。

2. 微型机保护装置的电源有何要求？

答：电源应具有独立性，不受系统电压变化的影响（通常采用逆变稳压电源）；电源的电压等级多（＋5V、±15V、＋24V）；电源的性能好，抗干扰能力强（各级电压之间不共地，以防止损坏芯片及避免相互干扰）。

3. 什么是离散控制系统？

答：在一个控制系统中，只要有一处或几处的信号是离散信号时，均称此系统为离散控制系统或采样控制系统。

4. 模数转换（A/D）的作用是什么？

答：（1）对连续时间的误差信号进行定时周期采样。

（2）将采样值编制成数字码，即把连续时间的误差信号转换成计算机能够接受的离散型数字信号。

5. 什么是采样信号？

答：对于一个连续时间的信号 $x(t)$，如果按等时间间隔 T 对其进行采样后，得到的采样脉冲序列就是采样信号 $x_s(t)$。

6. 什么是采样定理？

答：在对连续时间信号 $x(t)$ 进行采样时，采样频率 f_s 必须要大于被采样原始信号 $x(t)$ 的频谱 $X(f)$ 最大截止频率 f_c 的 2 倍。

7. 什么是频率混叠？

答：当采样频率 f_s 小于被采样原始信号 $x(t)$ 的频谱 $X(f)$ 最大截止频率 f_c 的 2 倍，即 $f_s < 2f_c$ 时，以采样频率 f_s 为周期的周期函数的频谱之间将出现交错，此时采样信号中的信号较原始信号 $x(t)$ 发生了畸变，不能代表 $x(t)$，这一现象称为频率混叠。

8. 什么条件下，$X_s(f)$ 的形状与 $X(f)$ 的形状完全相同？

答：当连续时间信号 $x(t)$ 的频谱 $X(f)$ 有限带宽时，并且满足 $X(f) = 0$（当 $|f| > f_s/2$ 时），则 $X_s(f)$ 在 $|f| < f_s/2$ 的一个周期内的形状与 $X(f)$ 的形状完全相同，即在此条件下，只要知道了 $x_s(t)$，就能重新构造出原始信号 $x(t)$。

9. 保持电路的原理是什么？

答：保持电路是一种近似的理想滤波器，其原理是对输入的脉冲值的外推作用，近似的复制输入信号的包络函数（其近似程度决定于它的复杂性和对系统的质量要求），把采样时刻之间的输出值用一个常数或线性函数（一阶保持）或抛物线函数（二阶保持）等去近似。

10. 在数据采集系统中为什么普遍采用零阶保持器?

答: 在数据采集系统中，在将模拟量转化成数字量的过程中，模/数转换器需要一定的转换时间，而在此期间，采样的模拟输入量不能变化，为此普遍采用零阶保持器。其作用是将某一时刻的采样值恒定地保持到下一个采样时刻，也就是将按该时刻的采样值外推至下一时刻到来之前。

11. 离散控制系统的模型有哪几种?

答: 分析离散控制系统必须首先建立系统的数学模型，常见的模型有时域的差分方程和 Z 平面的脉冲传递函数。

12. 什么是差分方程?

答: 差分方程是描述离散系统的输入与输出序列之间的运算关系式。对于离散控制系统，其输入信号是离散信号且以脉冲序列的形式出现的，它的运算规律必然是前、后序列数之间的关系式。

13. 什么是脉冲传递函数?

答: 离散系统中，在零初始条件下，系统输出脉冲序列的 z 变换与输入脉冲序列的 z 变换的比值 $Y(z)/X(z)=G(z)$ 定义为系统的脉冲传递函数。

14. 什么是开环控制系统?

答: 控制器的输入信号中不包含有系统输出响应的信息，这样的系统称为开环控制系统。

15. 什么是闭环控制系统?

答: 控制器的输入信号中包含有系统输出响应的信息，这样的系统称为闭环控制系统。

16. 微型机继电保护硬件构成包括哪几部分?

答: 微型机继电保护硬件构成包括:

(1) 数据采集系统。

(2) 微型机系统。

(3) 开关量输入和输出系统。

(4) 人机对话微型机系统。

（5）工作电源。

17. 数据采集系统主要有哪几种形式？

答：数据采集系统主要形式有：

（1）以逐次比较式模数转换器 A/D 构成的逐次比较式数据采集系统。

（2）以电压/频率变换式模数转换器构成的电压/频率变换式（VFC）数据采集系统。

18. 什么是采样周期？

答：在给定时刻对连续时间信号进行测量的过程，称为连续时间信号的采样。相邻两个采样时刻的时间间隔称为采样周期，用 T_S表示。在微型机继电保护中对电压、电流的采样是以等周期间隔表示的。采样周期 T_S的倒数叫采样频率，以 f_S表示，即 $f_S=1/T_S$。

19. 为什么采样频率不能过高？

答：（1）为了满足采样定理，必须限制输入信号的最高频率，也就是给输入信号一定的带宽。

（2）采样频率越高，采样周期就越短，而数据处理和相应的硬件设备自检程序必须在一个周期内完成，否则将造成采样数据的积压。采样频率的过高将使给数据处理等程序执行用的时间太短，难以在一个采样周期内完成，因此，必须对采样频率的最高选值有一定的限制。

20. 模拟输入信号的电平变换由什么完成？其作用是什么？

答：模拟输入信号的电平变换由交流电压和交流电流送换器来完成。

其作用有两个：①将输入信号电平转换成与微型机继电保护装置的模拟输入通道相匹配的允许电平；②将微型机继电保护装置的内部与外部互感器回路完全隔离，不存在直接的电气信号联系，有利于提高微型机继电保护装置的抗干扰能力。

21. 采样频率的方式选择分为哪两种？

答：采样频率的方式选择分为异步采样方式和同步采样方式两种。

异步采样也称定时采样，即采样周期 T_s或采样频率 f_s永远保持固定不变，不随模拟输入信号的基波频率变化而调整。

同步采样也称跟踪采样，即为了使采样频率 f_s始终与系统实际运行频率 f_1保持固定的比例关系 $N=f_s/f_1$，必须使采样频率随系统运行频率的变化而实时地调整。其实施的技术保障可利用硬件测频设备或软件计算频率的方法来配合实现。在此方式下，相邻两个采样时刻的电角度始终是 $360°/N$。

22. 对多个模拟输入信号的采样方式有哪几种？

答：（1）同时采样。在同一个采样时刻上，同时对所有模拟输入信号进行采样的采样方式。

（2）顺序采样。在每一个采样周期内，依次对每一个模拟输入信号进行采样和模数转换的采样方式。

（3）分组同步采样。将所有的模拟输入信号分成若干组，在同组内的各模拟信号同时采样，在不同组模拟信号的采样值之间人为地增加一个延时；在完成同一组的模拟输入信号采样后，再对其他组的模拟输入信号进行采样。

23. 数模转换器的作用是什么？

答：数模转换器的作用是将数字量经过解码电路转换成对应的模拟电压量输出。数字量是用代码按位数的权组合起来表示的，每一位代码都有一定的权。因此，为了将数字量转换成相对应的模拟量，必须将每一位代码按其权的值转换成相对应的模拟量，然后将它们相加起来而得出与数字量相对应的模拟量，完成数模转换。

24. 逐次比较式模数转换器（A/D）的原理是什么？

答：逐次比较就是按照指数码的设定方式从最高位到最低位逐次设定每位的数码是 1 或是 0，通过数模转换器将逐次设定的数码转换为基准电压 U_0 并与待转换的模拟电压 U_{SR} 相比较，直至最终确定每一位的数码应该是 1 或是 0。比较的次数与模数转换器的位数相同。

25. 逐次比较式模数转换器的主要技术指标有哪些？

答：逐次比较式模数转换器主要技术指标有：

（1）分辨率。模数转换时，数字量的模拟输入量的辨别能力称分辨率，通常用二进制数来存储。

（2）输入模拟量的极性。

（3）量程。模数转换器输入模拟电压转换的范围。

（4）精度。模数转换器的转换精度，有绝对精度和相对精度两种表示方法。通常用数字量的位数来表示绝对精度单位，而用百分比来表示满量程的相对误差。

（5）转换时间。模数转换器完成一次将模拟量转换为数字量所需要的时间。

（6）输出逻辑电平。在微型机继电保护装置中使用的模数转换器多为与 TTL 电平配合的，所以应注意其输出电平与其他元件的兼容问题；同时还要考虑到数字量输出与微型机数据总线联系时，模数转换器输出数字量的锁存问题等。

26. 什么是浪涌吸收器？

答：浪涌吸收器是为了提高微型机继电保护装置的抗干扰能力，同时也对有关芯片起到

过电压保护作用而采用的阻容吸收电路。

27. 什么是电压/频率变换式转换器（VFC）？其作用是什么？

答：电压/频率变换式转换器是数据采集系统的核心元件。其作用是将模拟输入电压信号转换成频率随模拟输入电压的瞬时值变化而变化的方波脉冲信号。

28. 电压/频率变换式数据采集系统的工作原理是什么？

答：电压/频率式转换芯片的基本工作原理是根据输入模拟电压的瞬时值的不同，输出不同频率的脉冲电压信号，而不是数字量。为了得到输入模拟电压对应的数字量，还需配置相应的测频芯片。为此在电压/频率变换式的下一级应配置一个定时计数芯片，利用在固定的时间内测量出电压/频率变换式转换器 VFC 芯片输出的脉冲个数，间接地得到输入模拟电压的瞬时值对应的数字量。

29. 向微型机输入的开关量信号通常可分为哪几类？

答：向微型机输入的开关量即触点状态的输入信号，通常可分为内部开关量和外部开关量两类。

（1）内部开关量指反映安装在微型机继电保护装置内部触点状态的开关量。

（2）外部开关量指从微型机继电保护装置的外部，通过接线端子排引入微型机的反映外部触点状态的信号。

30. 什么是线性系统？试写出其传递函数。

答：当系统的输入量 $x(t)$ 与系统的输出量 $y(t)$ 之间的时域关系，能够用一个线性高阶微分方程描述时，这样的系统称为线性系统。

线性系统的传递函数：输出响应 $y(t)$ 的拉氏变换 $Y(s)$ 与输入量的拉氏变换 $X(s)$ 的比值，定义为系统的传递函数，用 $G(s)$ 来表示，即 $G(s)=Y(s)/X(s)$。

31. 什么是数字滤波器？如何分类？

答：从本质上讲，数字滤波器是一个计算程序，它是将模拟输入信号的采样数据的时间序列转换成另一个在采样时刻输出数据的时间序列。在滤波过程中，按照预先设定的运算模式，从输入信号的采样数据的时间序列中，提取出相关特征量在采样时刻上的采样值的时间序列。

按照其实现方式不同，数字滤波器分为使用专用的硬件芯片实现的数字滤波器和利用软件程序实现的数字滤波器；按照其运算的结构可分为递归型数字滤波器和非递归型数字滤波器。

32. 数字滤波器的工作原理是什么？

答：数字滤波器的基本工作原理是从故障电气量的采样值中，利用数字滤波器的算法，提取出继电保护原理所需要的故障特征量在采样时刻的采样值，利用数字滤波器的输出值，通过继电保护算法，实现继电保护功能。

33. 数字滤波器的主要性能指标有哪些？

答：数字滤波器的主要性能指标有：

（1）频域性能指标，$H(\mathrm{e}^{\mathrm{j}\omega T}) = |H(\mathrm{e}^{\mathrm{j}\omega T})| \mathrm{e}^{\mathrm{j}\phi(\omega T)}$。其中，$T$ 是采样周期；$\omega = 2\pi f$ 是角频率；$|H(\mathrm{e}^{\mathrm{j}\omega T})|$ 称为幅频特性；$\phi(\omega T)$ 称为相频特性。幅频特性是数字滤波器对输入电气量中不同频率分量幅值的放大倍数；相频特性是数字滤波器对不同频率分量相角的移动量。

（2）响应时间。数字滤波器在输入信号作用下，其输出响应需要一个暂态过程之后，才能达到一个稳态的输出，这个暂态过程所需要的时间称为响应时间 T_{D}。

（3）时间窗。在每一次运算时所要用到的输入信号的最早采样值的时刻和最晚采样值的时刻之间的跨度 T_{W} 称为时间窗。

（4）数据窗。数字滤波器完成每一次运算，输出一个采样值，所需要的输入信号采样值的个数称为数据窗。

（5）计算量。数字滤波器完成一次运算所用到的乘法和除法的次数称为计算量。

34. 什么是三点采样值乘积算法？

答：利用电流和电压在三个等采样间隔不同采样时刻的采样值计算出电流、电压有效值和测量阻抗的数值称为三点采样值乘积算法。三点采样值乘积算法的计算结果不受系统频率变化的影响。

35. 什么是导数算法？

答：利用电流和电压在同一个采样时刻的瞬时的采样值和导数的采样值，计算电流和电压的有效值、相角差和测量阻抗的数值称为导数算法。由于电流和电压导数的采样值不能直接得到，必须利用电流和电压的差分值来代替导数采样值，因此，导数算法在原理上就存在着计算误差。

36. 什么是半周积分算法？

答：半周积分算法是利用电流和电压的半个周期的采样值的绝对值的积分值来计算电流和电压的有效值的算法。半周积分法所需数据时窗较长（10ms），算法运算简单，计算精度较差。

37. 对于一个周期函数，可以将其分解为哪几部分？

答：对于一个周期函数，可以将其分解成直流分量、基波及基波整数倍频的高次谐波分量之和。

38. 什么是解微分方程算法？

答：利用输电线路的数学模型，根据故障类型和保护安装处电流和电压信号的瞬时采样值，计算出故障点到保护安装处的测量阻抗，通过阻抗元件实现距离保护的算法称为解微分方程算法。算法中使用的电流和电压的采样数据必须是数字滤波器的输出数据。

39. 什么是最小二乘法？

答：最小二乘法是一种拟合的算法，是将电力系统的故障电流和电压拟合成由衰减性非周期分量、基波至基波整数倍频的五次谐波分量之和的形式，利用冗余的故障电流和电压的采样值计算出被拟合的各谐波分量的幅值和相角。

40. 什么是数字滤波加纯正弦模型算法？

答：数字滤波加纯正弦模型算法是指将电流和电压的采样值进行数字滤波，提取出所需的一个谐波分量，然后，利用数字滤波器的输出值采用正弦函数模型算法求出正弦量的幅值和相角的算法。

41. 微机距离保护装置的输入量有哪些？采用什么数据采集系统？

答：微机距离保护装置输入的模拟量有 8 个，即三相电流、三相电压、零序电压 $3U_0$ 和零序电流 $3I_0$。数据采集系统采用电压/频率变换式（VFC）数据采集系统，在中断方式的采样脉冲控制下，同时完成上述 8 个模拟量的采样及模数转换，采样周期为 5/3ms，即对基频 50Hz 信号每周期采集 12 个点。

42. 微机距离保护运行软件由哪几部分组成？各部分有哪些主要功能？

答：微机距离保护运行软件主要由初始化软件、采样中断软件和故障处理软件组成。

初始化软件部分的主要功能有：对微机距离保护中有关并行、串行接口芯片和定时/记数芯片的工作方式初始化；控制软件程序流程的指针进行初始化等。

采样中断软件的基本功能：对电流和电压进行采样；对采样数据进行求和校验，检验采样数据的正确性；相电流差突变量启动元件的计算，检查系统是否发生了故障，一旦系统发生故障时，启动故障处理程序。

故障处理软件部分的主要功能：判断故障类型；根据故障类型选择合适的电流和电压采

样数据，计算测量阻抗，执行阻抗元件，决定距离保护是否动作。

43. 在线路出口附近短路时，微机距离保护如何判断？

答：在线路出口附近短路时，由于电压的采样值为零或接近零，测量阻抗 X 和 R 的值接近于零，其符号的正负不能说明短路故障点的方向。为此，调用故障前一周的电压采样值与故障后的电流采样值进行相位比较，判断短路的方向。如果是反方向短路时，等待 0.3s 后，转至振荡闭锁模块。0.3s 的等待是为了可靠的防止反方向故障保护误动的措施；如果是正方向故障时，则判断测量阻抗是否在阻抗元件的动作特性内。

44. 算法中影响保护性能的因素是什么？

答：算法的计算时间和计算精度是影响保护性能的两个重要因素。计算精度取决于采样数据的精度和数字滤波器的数据窗的长度；计算时间则取决于数字滤波器和算法所用的数据窗的长度。数据窗的长度是影响计算时间和计算精度的主要因素，采用短数据窗计算速度快但精度差，长数据窗计算精度高但速度慢。

45. 阻抗元件的作用是什么？微型机距离保护的阻抗元件实现方法有哪几种？

答：阻抗元件用于判断系统的故障点是否在距离保护动作范围内，利用阻抗元件的执行结果来决定距离保护是否动作。

微型机距离保护的阻抗元件实现方法有测量阻抗式、动作方程式、故障测距式三类，现在普遍采用的是测量阻抗式阻抗元件。

46. 微型机距离保护振荡闭锁原理有哪些？

答：（1）利用负序分量是否出现的原理。

（2）利用电流、电压或测量阻抗的变化速度不同的原理。

47. 常规的纵差保护与微机保护在解决正常运行时电流的幅值和相位的不平衡问题时有何不同？

答：纵差保护是利用电气元件两侧相同相别的电流之和、电流相位之差、电气元件两侧传送的功率，反映电气元件内部发生相间短路故障的保护，适用于电气元件两侧的电流和电压获取比较方便的电气元件，如发电机、变压器、母线等。

常规的纵差保护利用选择电气元件两侧的电流互感器变比和联结组别来解决正常运行时电流的幅值和相位的不平衡问题；微机保护利用微机的智能化信息处理功能，通过软件对电流采样值的调整来解决电流的幅值和相位的不平衡问题。利用微机的软件程序能实现故障分量法纵差保护方案，在保护动作的灵敏度方面有所提高。

48. 如单纯利用电气元件两侧的电流相量之和实现纵差保护会存在什么问题？

答： 如单纯利用电气元件两侧的电流相量之和实现纵差保护，在外部故障时，流过电气元件两侧的穿越性短路电流较大，由于两侧的电流互感器型号可能不同，两侧的电流互感器饱和程度不同，导致两侧的电流互感器的二次侧电流之差比较大，可能使保护误动。在此情况下增大制动量是防止误动的有效措施。

49. 微机发电机纵差保护方案有哪几种？

答： 微机发电机纵差保护方案有采样瞬时值法、基波比率制动法、基波标积制动式三种。

采样瞬时值法是直接利用发电机的机端和中性点处电流的瞬时采样值，按照纵差保护原理实现的继电保护算法。

基波比率制动式是利用发电机机端和中性点处电流的基波相量之差的幅值为动作电流，以发电机的机端和中性点处电流的基波相量之和的幅值为制动电流，以动作电流大于制动电流与制动系数的积为依据，判断发电机内部发生相间短路故障。

基波标积制动式是以发电机的机端和中性点处电流的基波相量之差的平方为动作量，以发电机机端和中性点处电流的基波相量标量积为制动量，反映发电机内部故障的保护。

50. 变压器差动保护为什么要采用三段折线式比率制动？

答： 由于变压器一、二次的电流互感器的变比和型号不同，在外部短路时，在穿越性短路电流作用下，两侧电流互感器的饱和程度不同，会产生较大的差动电流，如不采取合适的制动量，可能使保护误动，但过大的制动量会降低内部故障时保护动作的灵敏度，因此应采用三段式比率制动。

51. 在微型机变压器纵差保护中，防止励磁涌流造成保护误动的方法有哪些？

答： 防止励磁涌流造成保护误动的方法有：

（1）鉴别短路电流与励磁涌流波形差别的间断角制动。

（2）二次谐波制动。

52. 差动保护中为什么要采用差动速断和低电压加速保护动作？

答： 在变压器内部发生不对称故障时，在差动电流中产生较大的二次谐波分量，使纵差保护被制动，直到二次谐波分量衰减后，保护才能动作，从而延误了保护的动作时间。为此需要采用差动速断和低电压加速保护动作。

差动速断是指当差动电流大于出现的最大励磁涌流时，保护立即动作跳闸。励磁涌流是变压器铁芯严重饱和时产生的，在出现励磁涌流时，变压器的端电压比较高，而内部发生短路时，变压器的端电压比较低。因此，当变压器的端电压降低至设定值时要加速保护动作。

53. 什么是干扰？干扰如何分类？

答：在微机继电保护的工作信号中，有用信号以外的信号叫干扰。

干扰信号可分为差模干扰和共模干扰。静电耦合、互感耦合、公共阻抗耦合是干扰的三种方式。

54. 电磁干扰的三要素是什么？

答：电磁干扰的三要素是干扰源、耦合通道、敏感回路。

55. 什么是差模干扰？其主要来源是什么？

答：以串联的方式出现在信号源回路之中的干扰信号叫做差模干扰。

差模干扰主要来源于长线传输导线之间的互感和分布电容之间相互耦合引起的干扰，以及高频电路中高频信号在低频电路之中，通过互感产生的干扰。它对微型机保护装置的正常运行影响不大。

56. 什么是共模干扰？

答：引起回路的对地电位发生变化的干扰叫做共模干扰，有时也称对地干扰。它是微型机保护装置无法正常工作的重要因素，危害较大。

57. 微型机保护装置的干扰主要来自何处？

答：微机保护装置内部干扰主要来自内部继电器触点的切换产生强高频电磁信号所引起的干扰信号；外部干扰来自接线端子排从外界引入的浪涌电压所引起的干扰信号，这表明微机保护装置的输入线、输出线、电源线和地线都是干扰途径。

58. 干扰对微型机保护的影响有哪些？

答：干扰对微型机保护的主要影响有：运算或逻辑出现错误；运行程序出轨；损坏微机芯片。

59. 微型机保护装置软件方面抗干扰的措施有哪些？

答：（1）对输入模拟量采样数据进行检错，即利用三相电压和三相电流与零序电压或零序电流之间的关系 $i_a(t)+i_b(t)+i_c(t)=3i_0(t)$ 进行检错。

（2）在运算过程中进行核对（重复运算）。

（3）保护动作出口闭锁（接到多条指令后再动作）。

（4）防止程序出轨：

1）用微机的定时/计数芯片在程序出轨时重新启动微处理器。

2）利用定时电路来实现微处理器的重新启动。

60. 微型机保护装置硬件方面抗干扰的措施有哪些?

答：（1）使用光电耦合器件隔离能引起共模干扰的回路。

（2）进行电源滤波。

（3）对模拟量输入回路实行静电隔离。

（4）采用磁屏蔽及双绞线，分离输入、输出端子后的强弱电线路。

（5）合理设计接地泄放回路，如采用低阻抗接地线和正确选择接地方式、阻隔地环路等。

61. 微型机保护的自动检测方式有哪些?

答：微型机保护的自动检测方式有两种：

（1）即时检测。在正常运行时，CPU 在相邻两个采样间隔内，总有一部分时间来等待下一个采样时刻的到来，利用这一时间进行的检测称为即时检测。

（2）周期检测。利用微机执行程序的小块富裕时间，积零为整而累积的时间进行的检测称为周期检测。

62. 微型机保护的自动检测项目有哪些?

答：微型机保护的自动检测项目主要有：只读存储器 ROM 检测；随机存储器检测；模数转换器检测；开关量输入输出通道检测。

第四节　短　路　计　算

1. 什么叫短路？短路如何分类？

答：所谓短路是指相与相之间通过电弧或其他较小阻抗的一种非正常连接。在中性点直接接地系统中或三相四线制系统中，还指单相或多相接地（或接中性线）。三相系统中短路的基本类型有三相短路、两相短路、单相接地短路（单相接地）和两相接地短路。

三相短路是对称短路，因为此时三相电流和电压仍然是对称的（短路回路的三相阻抗相等），只是电流大大增加、电压大大降低而已。

除三相短路外都是不对称短路，因为这时三相处于不同情况下，每相电路中的电流和电压的数值不相等，其电流与电压夹角也不相等。

此外，在电网中还可能在不同地点同时发生短路，如两相在不同地点发生接地短路。在发电机和变压器中还可能发生一相绕组匝间短路等。

运行经验表明，在中性点直接接地的系统中，最常见的是单相短路，约占短路故障的65%～70%；两相短路占10%～15%；两相接地短路占10%～20%；三相短路占5%。随着电网电压的升高，相间距离相应增大，因此相间短路的可能性会降低。

各种短路用下列符号表示：三相短路，$K^{(3)}$，两相短路，$K^{(2)}$，单相短路，$K^{(1)}$，两相接地短路，$K^{(1,1)}$。

2. 发生短路的原因主要有哪些？

答：发生短路的主要原因是电气设备载流部分的绝缘被破坏。绝缘损坏多是由于未及时发现和消除的设备缺陷，以及设计、制造、安装和运行维护不良所致。如过电压、设备直接遭受雷击、绝缘材料老化和机械损伤等原因常使设备绝缘损坏而造成短路。

此外，电力系统中的其他原因也可能导致短路，如输电线路的断线和倒杆、运行人员不遵守操作技术规程和安全规程发生的误操作、飞禽及小动物跨接裸导线等都可能造成短路事故。

3. 短路对设备及系统的危害有哪些？

答：短路对设备的危害有：①电流的热效应使设备烧坏，损坏绝缘；②电动力使设备变形、毁坏。对系统的危害是使供电受阻，甚至造成系统稳定的破坏，使之出现非故障部分的大面积停电。

发生短路时，由于网络阻抗减小，短路回路中的短路电流通常会超过该回路的正常工作电流许多倍。短路电流通过导体时，使导体大量发热，绝缘被损坏。同时导体也受到很大电动力作用，使导体变形，设备发生机械损坏。所以说短路电流对电气设备是相当危险的。因此，各种电气设备应有足够的电动（机械）稳定性和热稳定性，即要求电气设备在通过最大可能的短路电流的时间内不致损坏。

短路也同时引起电网的电压降低，特别是靠近短路点处降低得更多，结果可能导致部分或全部用户的供电中断。

电网电压的降低，使用电设备的工作受到破坏。电压下降较大时，用户的电动机便可能被制动，电压下降不大时，则电动机转速减慢，取用的电流增大，可能引起网络电压进一步下降和电动机过热受损。

由此可见，电网中发生短路故障时，不仅会使短路点以后的用电设备停电，而且也破坏了电网中非故障部分用电设备的正常工作。

电力系统中发生短路故障，使电压严重下降，可能破坏各发电厂并联运行的稳定性，使整个系统被迫解列为几个局部系统运行。这时会出现某些发电厂过负荷，因此必须切除部分负荷。短路时电压下降得越大，持续时间越长，对系统稳定运行的破坏也越严重。

为了保证电力系统中电气设备安全可靠地运行，减轻发生短路时的影响，除设法消除可能引起短路的一切原因外，还应尽快切除短路故障部分，使系统电压在较短的时间内恢复到正常值。为此，可采用快速动作的继电保护装置和跳闸时间短的断路器。

电力系统进行短路计算的目的是什么？

答：计算短路电流的目的，是为了在电气装置的设计和运行中，用来选择电气设备、选择限制短路电流的方式、设计继电保护装置和分析电网故障等。

短路计算有什么假设条件？为什么要这样假设？

答：短路计算的基本假设有：

（1）认为在短路发生过程中，所有发电机转速和电动势相位均相同，即所有发电机无摇摆现象。

（2）不考虑磁系统的饱和。这样可认为短路回路各元件的感抗为一常数，使短路电流的计算分析大为简化，并可用叠加原理。

（3）变压器的励磁电流略去不计。

（4）所有元件的电容略去不计，仅在超高压远距离时才考虑。

（5）认为三相系统是对称的。除不对称短路破坏了的对称性外，实际上电力系统一般可以看成是对称的。

（6）元件的电阻一般略去不计，以简化计算。对电压为 1kV 以上的高压装置，这种假设是合理的。因为在这些装置中，各元件（发电机、变压器、电抗器等）的电阻比电抗小得多，对短路电流影响很小。只有当短路回路中的电阻很大时才考虑。

一般当短路回路中的总电阻大于总电抗时，才考虑电阻。电压在 1kV 以下的低压装置中，元件电阻较大，除考虑电抗外，还必须计算电阻。

6. **什么是标幺值？短路计算时，使用标幺值有什么方便之处？标幺值与百分值有什么不同？基准值应如何选取？**

答：一个有名值 A 与另一个作为基准值的有名值 B 的比值 A/B，称为 A 相对于基准值 B 的标幺值。基准值 B 应与 A 同单位，故标幺值是一个无单位的比值数。例如以 200V 作为基准值，则 50V 的标幺值为 50/200＝0.25。为了计算方便，通常在低压装置中宜用有名值表示，在高压装置中宜用标幺值。

同一元件的任意工作状态，可用电气量的有名值表示，也可以用相对于额定参数的标幺值表示，例如额定电压用有名值表示为 U_{N}，用标幺值表示为 $U_{*\mathrm{N}}=\dfrac{U}{U_{\mathrm{N}}}$，式中的符号“＊”是表示该量是标幺值，角标“N”是表示以额定参数为基准值。这种以额定参数作为基准值的标幺值称为标幺额定值。

每一元件电气量的标幺值，其基准值也可以任意选定。如任意基准功率 S_{d} 和基准电压 U_{d}。这种以任意选取的数值作为基准值的标幺值称为标幺基准值，角标“d”表示该标幺值是对于任意选取的数值为基准值。

基准值可任意选定，因此对于一个元件同一电气量的标幺值，基准值越大则标幺值越小，反之则标幺值越大。标幺值是以元件的额定参数为基准值，所以一个元件各电气量只有一个标幺额定值，一般发电机、变压器、电抗器、电抗、电阻和阻抗等，在产品目录中均给出其标幺额定值，某些情况下，这些参数也用百分值表示。百分值和标幺值的关系为 $X(\%) = 100X_*$。

用标幺值作短路计算时，如果元件的电抗给出的是标幺额定值，则应换成对应所选基准值的标幺值。

用标幺值表示电气量具有下列特点：线电压的标幺值与相电压的标幺值相等，三相功率的标幺值与单相功率的标幺值也相等。此时三相电路的欧姆定律公式与单相电路相应的公式形式相同。当 $U_* = 1$ 时，$S_* = I_* = 1/X_*$，即电流的标幺值等于功率的标幺值。

由于这些特点，用标幺值计算短路电流，可使计算简单、方便、结果明显，并可迅速判断出计算结果的正确性。

7. 短路电流的计算程序是怎样的？

答：在进行短路电流计算以前，应根据计算的目的搜集资料，如电力系统接线图、运行方式和各元件的技术数据等。进行计算时，首先做出计算电路图，再根据它对各短路点做出等值电路图；然后利用网络简化原则，将等值电路逐步化简，求出短路回路总电抗；最后根据总电抗即可求出短路电流值。

8. 什么是平均额定电压？

答：计算电路中，可能有几个用变压器联系起来的电压级。在实际计算中为了方便起见，各电压级的实际电压用平均额定电压代替，并注明在计算图中的母线上。

平均额定电压的概念：由于线路有电压损失，所以线路供电端变压器 T1 的额定电压 U_{1N} 比受电端变压器 T2 的电压 U_{2N} 要高，如 $U_{1N}=121\text{kV}$，$U_{2N}=110\text{kV}$。则线路所在电压级的平均额定电压为

$$U_{av} = \frac{1}{2}(U_{1N} + U_{2N}) = \frac{1}{2} \times (121 + 110) = 115(\text{kV})$$

各电压等级平均额定电压分别为 525、346、230、162、115、63、37、15.7、13.8、10.5、6.3、3.15、0.4、0.23kV。

应用平均额定电压计算时，可以认为凡接在同一电压级的所有元件的额定电压，都等于其平均额定电压。这样使计算引起的误差小，且计算简化。

9. 什么是无限大容量电力系统？

答：实际电力系统中，其容量和阻抗都有一定数值。因此，在供电电路中的电流发生变动时，系统母线电压便相应变动。但元件容量比系统容量小很多、阻抗比系统阻抗大得多的元件，如变压器、电抗器和线路等，其电路中的电流发生任何变动，甚至短路时，系统母线电压变化甚微。实际计算中，为了简化计算，往往不考虑此电压的变动，即认为系统母线电

压维持不变。此时短路回路所接的电源便认为是无限大容量的电力系统，即系统容量等于无限大，而其内阻抗等于零。

在选择、校验电气设备的短路电流计算中，若系统阻抗不超过短路回路总阻抗的5%～10%，便可以不考虑此系统阻抗。

按无限大系统计算所得的短路电流，是装置通过的最大短路电流。因此，在估算装置的最大短路电流或缺乏系统数据时，都可认为短路回路所接的电源是无限大容量电力系统。

10. 如何从物理概念上理解短路电流的解析式？

答： 正常情况下，电路中的负载电流决定于系统母线电压 U_{av}、网络阻抗 Z_{Σ} 和负载阻抗 Z_1。如图 1-2 所示，当 $K^{(3)}$ 点发生三相短路时，整个电路总阻抗减少到 Z_{Σ}，此时系统母线电压不变，所以电路中电流增大。

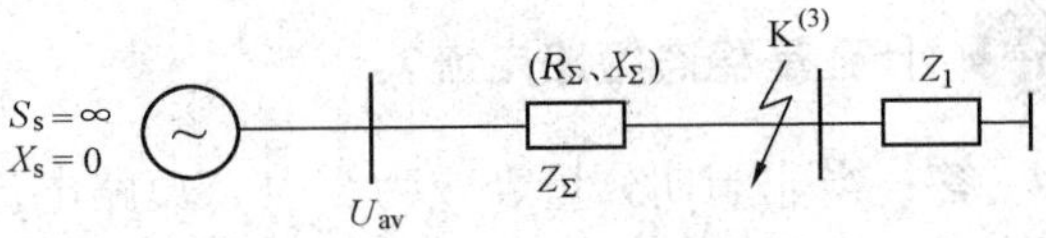

由于电感电路内的电流不能突变，故当 $K^{(3)}$ 点短路使阻抗减小到 Z_{Σ} 时，电路中的电流将出现一个变化过程而后达到新的状态，称这个过程为暂态过程。假设短路前没有接负载阻抗，负荷电流等于零，即在空载下发生金属性三相短路。这种情况相当于恒定的正弦电动势突然与电阻、电感串联电路接通。当某相电动势的相位角等于 ψ 时刻发生短路，则该相的短路电流为

图 1-2　由无限大容量电力系统供电的电路三相短路

$$i_k^{(3)}=\frac{\sqrt{2}U_{av}}{\sqrt{3}\sqrt{R_{\Sigma}^2+X_{\Sigma}^2}}\sin(\omega t+\psi-\varphi)-\frac{\sqrt{2}U_{av}}{\sqrt{3}\sqrt{R_{\Sigma}^2+X_{\Sigma}^2}}\sin(\psi-\varphi)e^{-\frac{R_{\Sigma}}{L_{\Sigma}}t} \tag{1-10}$$

式中：φ 为 R_{Σ} 与 X_{Σ} 的阻抗角；ψ 为短路发生时那一相电动势的初相角；U_{av} 为母线电压；R_{Σ}、X_{Σ} 为等值总电阻和总电抗。

11. 什么是周期分量？

答： 从式（1-10）中可以看出，短路电流的第一项是振幅不变的正弦周期分量，它与外加电源电动势有相同的变化规律，是恒幅值的正弦电流，又称为强制分量。

12. 什么是短路电流的非周期分量？

答： 式（1-10）中第二项是按指数规律衰减的非周期分量，它随着短路发生时间 t 的延长而迅速衰减。因短路前处于空载，电流等于零，又由于电感电路电流不能突变，所以短路后 $t=0$ 时刻周期电流瞬时值等于非周期电流的瞬时值，但方向相反抵消为零，以保持其电路内零秒时不能突变。非周期分量电流逐渐衰减到零，其衰减时间常数 $T_{aper}=\frac{L_{\Sigma}}{R_{\Sigma}}$。

在主要是电感的高压电路中，T_{aper} 的平均值约等于 0.05s。非周期分量一般在经过 $4T_{aper}$ 即 0.2s 后已基本衰减完毕。在电阻较大的电路中，非周期分量衰减得更快。非周期分量衰减到零后，短路的暂态过程结束，进入短路稳定状态。此时的短路电流称为稳态短路电流。

如果短路发生的时刻恰好 $\psi=\varphi$，则该相没有非周期分量，仅有初相位等于零的正弦周期分量，而其他两相有非周期分量。

13. 什么是冲击短路电流？

答： 短路 $t=0$ 时，周期分量电流瞬时值等于负值最大，而非周期分量电流瞬时值等于正值最大，总电流等于零，满足短路前空载电流等于零和短路后电流不能突变的条件。在短路后半个周期即 0.01s 瞬间，总短路电流值略小于周期分量振幅的 2 倍，这个最大的短路电流瞬时值称为冲击短路电流。最大冲击短路电流仅发生在短路时恰好 $\psi=0$ 的一相。

最大冲击短路电流是在短路前空载及某相电动势过零点瞬间发生三相短路时，在该相出现而其他两相不出现。这种情况下的短路是最严重的短路，所以将以此作为短路电流的计算条件。

14. 什么是稳态短路电流？

答： 当非周期分量衰减为零时，短路电流只剩下三相对称的周期分量，这时的电流叫稳态短路电流。稳态短路电流的幅值比短路前稳态运行电流的幅值大，其值的大小取决于电源电压幅值和短路回路总阻抗。

15. 短路电流曲线有什么特点？

答：（1）在短路发生的时刻，短路前与短路后电流的瞬时值相等，因此，短路前后的电流曲线直接相接。

（2）由于有非周期分量，短路电流曲线不再与时间轴对称，而是以非周期分量为对称轴。因此，当已知一短路电流曲线时，只要将短路电流曲线的两根包络线间的垂线（垂直于 t 轴）等分，各垂直线等分点构成的曲线就是短路电流的非周期分量。

16. 不对称短路的计算与对称三相短路的计算有什么不同和相同之处？

答： 与三相对称短路不同，不对称短路时，三相电路中各相电流的大小不相等，它们之间的相角也不相同。同样，由它们造成的各相电压降也不对称。不对称短路的电流和电压，广泛地应用对称分量法计算。

对称分量法的基本原理是任何一组不对称三相系统的一组相量（电流、电压或磁通等）都可以分解成相序各不相同的三组对称三相系统的相量，即正序系统、负序系统和零序系统。

如果三相电路本身是对称的，此时电压的对称分量与相应相序的电流对称分量成正比。因此，正序、负序和零序对称系统，都能独立地满足欧姆定律和基尔霍夫定律。也就是说，正序、负序和零序电流，只能产生相应的正序、负序和零序电压降。这是一个很重要的性质，对于不对称电路，用对称分量法分析不对称短路时，就基于这个性质。

不同相序的对称分量之间是独立的，所以，对于正序、负序、零序系统，可以分别做等值电路图，通常也称为序网络图。

在正常对称负荷及三相短路的情况下，发电机只有正序电动势。在不对称短路的情况下，发电机中的电流是不对称的，它的正序、负序和零序分别产生磁通，并在定子中产生电动势。如果不考虑磁饱和作用，这些电动势分别与同相序的电流成正比。计算中通常把它们当作是各相序的电流在发电机相应相序的电抗中所产生的电压降。要注意的是，在不对称短路的情况下，发电机的电动势也是只有正序分量。

在不对称短路时，短路点的三个相电压（短路点处各相对电源中性点的电压）或三个相对地电压，不再像三相短路时一样都等于零。

如果把负序和零序电动势看作是发电机电抗的电压降，则负序和零序电流可以看作是由短路点负序和零序电压所产生的。显然，从短路点到电源，正序电压由 $\dot{U}_{k1}$ 增加到 E，负序和零序电压由 $\dot{U}_{k2}$ 和 $\dot{U}_{k0}$ 减小到零。

应用对称分量法分析不对称短路时，是把不对称的三相系统分解为三个对称的三相系统来分析。三相短路电流和电压的计算方法，也都适用于不对称短路。

17. 各种短路时短路电流绝对值与哪些因素有关？

答： 两相和三相短路的次暂态电流（即短路发生瞬间的电流）主要决定于网络的电压和各元件的电抗。

两相短路和三相短路的稳态短路电流，除与网络的电压和元件的电抗有关以外，还与发电机定子电枢反应有关。

在高压系统中，一般 110kV 及以上电压级采取中性点直接接地，故单相短路一般发生在离发电机的电气距离较远的地点。在这种情况下，可认为正序阻抗等于负序阻抗，故单相和三相短路电流比值的大小，便决定于零序阻抗与正序阻抗的比值。

在 110kV 及以上的电网中，应采取限制单相短路电流的措施。例如减少变压器中性点直接接地点的数目，以使单相短路电流小于三相短路电流。

两相接地短路电流也可能超过三相短路电流，但最大不超过 $\sqrt{3}$ 倍。在此情况下，也采取限制单相短路电流相同的措施，使两相接地短路电流小于三相短路电流。

18. 为什么要进行短路电流的电动力及发热计算？

答： 电气设备和载流导体通过电流时，会同时受到电动力的作用和发热。特别是通过短路电流时，会产生很大的电动力和热效应，使电气设备本身及其绝缘可能因此被损坏。为了正确地选择和校验电气设备及载流导体，保证电气装置的可靠工作，必须对它们所受电动力和发热进行计算。

19. 短路电流的电动力如何计算？

答： 当任意截面的两根平行导体中有电流 i_1 和 i_2 流过时，导体间的相互作用力可用下式计算

$$F = 0.2Ki_1 i_2 \frac{L}{a} \tag{1-11}$$

式中：F 为作用力，N；K 为导体形状系数；i_1、i_2 为导体中电流瞬时值，kA；L 为平行导体长度，m；a 为导体轴线间距离，m。

作用力的方向是根据左手定则判定，即电流同向时相吸引、反向时相排斥。作用力实际上是沿长度 L 均匀分布的。

短路电流越大则作用力越大。两相短路时，流到短路点的故障相电流，其大小相等、方向相反。当导体平行布置时，故障相导体之间的电动力（排斥力）最大值为

$$F^{(2)} = 0.2Ki_{\mathrm{im}}^{(2)2} \frac{L}{a}$$

三相短路时，假定三相导体平行布置在同一平面上，由于短路冲击电流只在一相中发生，中间相将受到最大作用力为

$$F^{(3)} = 0.173Ki_{\mathrm{im}}^{(3)2} \frac{L}{a}$$

比较两相与三相短路时的电动力计算公式，因为流到短路点的冲击电流 $i_{\mathrm{im}}^{(2)} = \frac{\sqrt{3}}{2} i_{\mathrm{im}}^{(3)}$，可见最大电动力是在三相短路时发生，在电气设备校验动稳定性时，应采用三相短路电流进行校验。

20. 如何进行热稳定校验？

答： 电器和载流导体在短路电流流过时，虽然因继电保护动作将短路点切除，流过短路电流的时间很短，但因短路电流超过正常工作电流很多倍，温度仍会上升很高。电器和载流导体在短路电流流过时间内温度上升的最高值，应不超过短时发热的容许温度。满足此条件，则电器和载流导体是满足热稳定的。

正常工作时，由于负荷电流发热，设备导体的温度逐渐升高，与周围媒质形成温差。负荷电流所发热量的一部分被导体吸收用以升高温度，另一部分则因有温差而发散到周围媒质中。在一面吸热一面散热的情况下，设备通过恒定不变的电流时，起初温差小，散热少，因而吸热多，温度上升较快。以后随温差增大而使得散热增多，相应的吸热减少，因而温度上升减缓。最后，当温差增大到单位时间内的发热等于单位时间内的散热时，达到发热与散热的热平衡，此后全部发热都散走。由于导体不再吸收热量，故温度不再升高，此时温度达到了一个稳定值。

当设备短路时，由于短路时间（短路电流发热时间等于继电保护动作时间加断路器遮断时间）很短，导体所发热量来不及向周围媒质中散发，全部热量被导体吸收用以升高温度，温度迅速升高。短路电流发热的最高温度，必须小于设备允许的短时发热温度。这个温度比长期允许发热温度要高，因为短路电流发热是短暂的，设备绝缘材料的老化和金属机械强度的变坏，除温度外还决定于发热持续时间。

在短路电流流过导体时，周期性分量发热正比于周期分量电流有效值的平方和延续的时间。假定短路过渡过程只有 5s 就进入稳态，当短路电流流过时间 $t > 1\mathrm{s}$ 时，导体发热主要由周期分量决定，可以不计非周期分量的发热。但在 $t < 1\mathrm{s}$ 时，必须考虑非周期分量的影

响。非周期分量发热等于非周期分量电流瞬时值平方曲线下降到 t 的面积，短路电流总的发热为

$$Q_K = I_\infty^2(t_{v,per} + t_{v,aper}) \tag{1-12}$$

式中：$t_{v,per}$ 为周期分量假想时间；$t_{v,aper}$ 为非周期分量假想时间；I_∞ 为稳态短路电流。

短路发热计算，必须选短路发热较大的短路种类。由短路电流计算得知，$I''^{(2)} = \frac{\sqrt{3}}{2}I''^{(3)}$。假如 $I_\infty^{(3)} > I_\infty^{(2)}$，则三相短路发热大，应当用三相短路进行热稳定校验。假如 $I_\infty^{(3)} < I_\infty^{(2)}$，则发热可能是三相短路大，也可能是两相短路大，此时应分别计算进行比较。考虑到当短路回路计算电抗 $X_{*c} > 0.6$ 时，总是 $I_\infty^{(3)} > I_\infty^{(2)}$，则只要进行三相短路发热校验即可。

21. 短路电流的限制有哪些常用的措施？这些措施为什么能限制短路电流？

答： 在大容量发电厂和电力网中，短路电流可能达到很大的数值，以致在选择发电厂和变电站的电气设备及线路的电缆截面时，由于要满足短路电流热稳定和电动力稳定的要求，必须选择重型的电气设备，从而使发电厂和变电站以及供电网络的投资增大。因此在大容量发电厂和变电站中，必须采取限制短路电流的措施使短路电流减小，以便采用价格比较便宜的轻型电气设备和截面积较小的母线和电缆。

一般情况下，限制短路电流的方法是增大短路回路阻抗，如采取变压器或供电线路解列运行，或在电路中串入电抗器等措施。

（1）将两台降压变压器解列运行，即将低压母线分段断路器断开。这样，当低压母线短路时，将比两台变压器并联时的短路电流要小。两台变压器分开运行时，因为每台变压器各自供本段母线上的负荷，负荷大小可能不同，变压器中电能损耗比并联运行时要大。但这种损耗一般增大得并不多，从限制短路电流的经济效益来看，两台变压器解列运行还是比较好的。因此，在一般情况下，降压变电站采用变压器解列运行方式。

（2）供电线路分开运行。由两条平行线路供电的大容量变电站，高压母线分段断路器断开，即两条线路解列运行。当变电站高压母钱发生短路时，短路电流要比并联运行小。因此，双母线供电的终端降压变电站，一般多采用供电线路解列的运行方式。

（3）装设电抗器。在一些发电厂及变电站中装有母线、线路电抗器，这样，母线隔离开关、断路器及其连接线，按短路电流选择电气设备的容量可以大大降低，甚至可采用轻型设备。例如送电线路上装设线路电抗器后，线路断路器、隔离开关、电缆以及所供电的变电所的电气设备，都是按线路电抗器限制的短路电流来选择的，减少了设备投资。如果发电厂中装设母线电抗器，接于母线上的送出线发生短路时，短路电流能够被限制到用户和发电厂引出线可以装设轻型电气设备时，则可不装设线路电抗器。

第五节　计算机软件基础

1. 怎样的计算机被称为裸机？什么是虚拟计算机？

答： 一台只有硬件构成（通常包括中央处理器 CPU、储存器、输入和输出设备）而没

有安装任何软件的计算机被称为裸机。虚拟计算机则是指以硬件为物质基础，加装软件后的扩充后的计算机系统。

计算机软件资源的作用是什么？计算机上有哪些软件资源？

答：计算机软件资源的作用是只有在软件资源的支持下，用户所使用的计算机才能极大程度上满足用户需要的虚拟计算机。

软件资源有汇编程序、各种高级语言、各种语言的解释或编译程序、各种标准程序库、操作系统、数据库系统软件、计算机网络软件、各种应用软件等。

汇编语言和高级语言有什么不同？

答：汇编语言是面向机器的语言，即不同型号的计算机的汇编语言是各不相同的，进行程序设计时必须了解所使用的计算机的结构性能和指令系统，而且编好的程序也只是针对一类机器，不能通用。高级语言是面对过程的语言，用户不必了解具体机器的细节就能编写程序，方便程序的设计，提高效率，同时也便于人们的交流。

计算机只能执行机器指令，但为什么它能运行汇编语言和高级语言编写的程序？

答：计算机之所以能运行汇编语言编写的程序是因为计算机系统中装有汇编程序，汇编程序的作用是将源程序翻译成用机器语言组成的目标程序，从而计算机能运行汇编语言编写的程序。计算机之所以能运行高级语言编写的程序是因为计算机系统中装有解释程序或编译程序，它们将用高级语言编写的程序翻译成用机器语言组成的目标程序，从而计算机能运行高级语言编写的程序。

高级语言的特点和适用的范围是什么？

答：Fortran 语言主要用于科学和工程计算；Pascal 语言则具有良好的程序结构；Cobol 语言则是面向事务处理的；Lisp 语言是人工智能语言；C 语言则是通用的程序设计语言；C＋＋语言是面向对象的程序设计语言。

计算机软件的定义是什么？

答：计算机软件是指计算机程序、实现程序功能所采用的方法和规则以及相关联的文档和在机器上运行该程序所需要的数据。

计算机应用软件有哪些？

答：计算机应用软件包括文字处理软件、信息管理软件、辅助设计软件、实时控制软件等。

8. 什么是操作系统？它的主要功能是什么？

答：操作系统是最基本的系统软件，它直接运行在裸机之上，对计算机进行资源管理和文件管理，同时为其他软件提供运行平台，为用户提供一个方便、高效、友好的使用环境。

主要功能有：

（1）处理器管理。主要解决处理机的分配策略、实施方法和资源回收等问题。

（2）存储管理。主要对内存资源的分配进行管理。

（3）文件管理。对计算机软件资源进行管理。

（4）设备管理。对除 CPU 和内存以外的所有 I/O 设备进行管理。

（5）作业管理。对用户提交的作业提供接口，同时对作业运行的其他面进行调度。

9. 对用户而言，分时系统与批处理系统相比，有哪些优点？

答：（1）分时系统的基本运行单位是时间片，而批处理系统的运行单位是作业，由于时间片运行时间短，并且处理器每次只运行一个时间片的任务，所以对于用户来讲，分时系统反应快，像每个用户独占一台计算机，而批处理系统需要等待。

（2）分时系统对时间要求严格，每次只运行一个时间片，而批处理对时间要求不是很严格。

（3）分时系统用户可以对其未完成的东西进行干预，而批处理系统在一个作业完成之前，用户是不能干预的。

10. 存储管理有哪些功能？

答：存储管理的功能主要包括：

（1）主存空间的分配。

（2）存储的保护。

（3）地址的转换。

（4）主存空间的共享。

（5）主存空间的扩充。

11. 内存控制块的作用是什么？它提供了什么信息？

答：系统运行时，每当加载一个命令程序或者某个进程申请内存空间时，DOS 要为它们申请的内存空间建立一个内存块供申请者使用，并在该内存块的头部设置 16 字节的区域头，称之为内存控制块。它提供了标志、内存块拥有者、内存块长度、程序名等信息。

12. 什么是文件？文件怎样划分？

答：文件是一个逻辑上具有完整意义的一组相关信息的有序的集合。

文件通常的划分有：

按文件的性质和用途可分为系统文件、库文件和用户文件。

按文件的保存期限可分为临时文件、永久文件和档案文件。

按文件的保护级别可分为执行文件、只读文件、读写文件和无保护文件。

按文件的逻辑结构可分为记录式文件和流式文件。

按文件的物理结构可分为顺序文件、链接文件和索引文件。

按文件的存取方式可分为顺序存取文件和随机存取文件。

13. 文件系统为用户提供了哪些功能？

答：文件系统的功能有：

(1) 实现文件从名字空间到外存地址空间的转换。

(2) 管理文件的储存空间（即外存）。

(3) 建立文件目录。

(4) 实现对文件的控制操作和存取操作。

(5) 实现文件的共享、保护和保密。

14. 文件的存取方法主要有哪些？各有什么特点？

答：(1) 顺序存取。其特点是按照文件的逻辑地址顺序进行，每次存取都是在上次存取的基础上进行的。

(2) 随机存取。随机存取允许用户以任意的次序读写文件。

15. 文件目录有何作用？为什么要建立多级目录？

答：文件目录的作用是在文件系统上实现按名存取，在文件符号名与文件的物理地址之间建立联系。

之所以建立多级目录是因为其实现了不同的用户可以用相同的文件名去命名文件，而且实现了同一个用户在自己的不同的子目录中使用相同的文件名。

16. 什么是簇号？DOS 系统是如何了解某个文件所占有的存储位置的？

答：簇号是描述磁盘空间的一种单位，也是 DOS 为文件分配磁盘空间的最小单位，一个簇是一组连续的扇区。同时簇号也是文件分配表（FAT）的表目号，簇号又与磁盘上的扇区的位置对应，这样知道了文件分配到的簇号，也就知道了具体的扇区的物理位置。

在 DOS 中用一条“簇号链”把一个文件分配到的簇号连接起来，即可了解该文件所占

有的存储位置。

17. 设备管理的任务是什么？

答：（1）使用、实现对外围设备的分配和回收。

（2）实现外围设备的启动。

（3）处理外围设备的中断事件。

（4）实现虚拟设备。

18. 什么是通道技术？什么是缓冲技术？

答：通道技术是指采用了专用的 I/O 处理机来管理外设与内存之间的信息交换，可以把通道看成一个比 DMA 控制器功能更强的接口。

缓冲技术是指在内存中开辟专门用于数据传输过程中暂存数据的缓冲区。缓冲区的引入，减少了 I/O 操作占用通道的时间，缓解了因通道数比设备少而产生的“瓶颈”现象。

19. 什么是独占设备、共享设备以及虚拟设备？

答：独占设备是指一个作业在整个执行期间都占用的设备；共享设备是指可以由几个作业同时使用的设备；虚拟设备是利用高速的直接存储设备来模拟低速的独占设备，使独占设备转化为逻辑上的共享设备。

20. 什么是作业和作业步？

答：作业是用户在一次算题过程中，或一次事务处理过程中，要求计算机系统所作工作的集合。一个作业可以划分成多个作业步，每个作业步相对独立又相互关联，完成（汇编、连接、运行）集合中的一个特定的工作。

21. Windows 的用户界面采用了哪些技术？

答：（1）多窗口技术。支持在桌面上打开关闭窗口，改变窗口的活动或非活动状态，窗口的放大、缩小和任意移动，允许窗口的重叠和拼接。

（2）菜单技术。能够减轻用户的记忆负担，简化用户的操作，减少键入的字符。

（3）联机帮助技术。主要是在系统运行中，随时接受用户的查询，同时也对用户的操作主动进行引导，它一般用 help 软件或者对话框的形式来提供联机帮助。

22. 软件设计的目的是什么？设计阶段产生的主要工作结果是什么？

答：软件设计是一个把软件需求变换成软件表示的过程。它主要确定系统“怎样做”，

即将用户的要求转换成一个具体的软件系统的设计方案。

设计阶段产生的主要工作结果是概要设计说明书和详细设计说明书，采用结构化设计方法时主要包括模块结构图和模块的功能说明。采用面向对象设计方法时，设计阶段产生的主要工作结果是一组相关的类。每个类都是一个独立的模块，既包含完整的数据结构，又包含完整的控制结构。这些类模块通过层次结构和类组合结构组成完整的应用框架。

23. 软件测试有哪几个步骤？简述每一步的目标和特点。

答：软件测试可分为模块测试、联合测试、验收测试三个步骤进行。

模块测试的目标是发现模块内部可能的各种错误，这些错误通常是在编码阶段产生的错误，因此为模块测试设计测试用例时多以白盒测试为主。

联合测试是把各模块连接起来进行测试，测试的依据是模块说明书。联合测试可以查找与接口有关的错误，这一步的目标是发现设计阶段产生的错误。

验收测试是把软件系统当作单一的实体进行的测试，验收测试的过程和结果应当是客观的且符合实际。因此验收测试应在软件投入后的实际环境下进行，并由用户主持进行，测试用例应为实际数据。验收的依据是系统说明书，这一步的目标是发现分析阶段的错误。

24. 软件维护的含义是什么？有哪几种类型的维护？

答：软件维护是指软件投入运行后，解决发生的各种故障（错误），增加其功能，使之适应新的环境等软件工程活动。主要分为以下四种类型的维护：

（1）改正性维护。为排除故障，使系统能正常运行，需要进行诊断和改正错误，这样的维护工作称为改正性维护。

（2）适应性维护。为适应各种环境的变化而修改软件的维护工作，称之为适应性维护。

（3）完善性维护。为满足用户的新需要，而对软件进行的修改和扩充，这样的维护工作称之为完善性维护。

（4）预防性维护。为了改进软件未来的易维护性和可靠性，或者为了给未来的改进提供更好的基础而对软件进行的修改，称之为预防性维护。

25. 什么是易维护性？为什么易维护性是软件的一个重要的质量标准？

答：软件的易维护性是指软件易阅读、易发现和纠正错误、易修改扩充的能力。

软件的易维护性是衡量软件的一个重要标准，这是因为随着软件规模的扩充和复杂性的增加，用于软件维护的成本不断的上升；同时由于合理的改错和修改要求不能及时满足又引起用户的不满；由于维护的副作用，在软件中引入新的错误而降低软件的可靠性等，这些都说明软件维护的问题显得越来越重要。软件易维护性的三个特性，即可测试性、可理解性和可修改性都是衡量软件质量的基本特性，因此软件的易维护性是软件的一个重要的质量标准。

第二章 电气设备基础知识

第一节　发电机基础知识

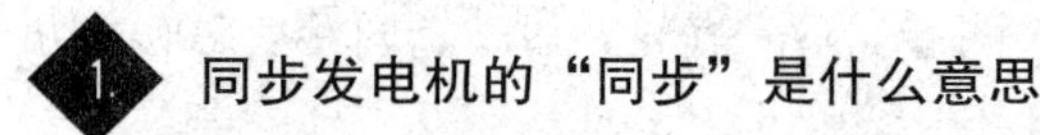

1. 同步发电机的“同步”是什么意思？

答：发电机带负荷以后，三相定子电流产生的磁场与转子以同方向、同速度旋转，称为同步。

2. 同步发电机如何分类？

答：同步发电机按其特点分类如下：

（1）按照原动机的不同，同步发电机可分为汽轮发电机、水轮发电机、燃气轮发电机及柴油发电机等。

（2）按照冷却方式的不同，同步发电机可分为外冷式（冷却介质不直接与导线接触）发电机和内冷式（冷却介质直接与导线接触）发电机。

（3）按照冷却介质的不同，同步发电机可分为空气冷却发电机、氢气冷却发电机和水冷却发电机等。

（4）按照冷却方式和冷却介质的不同组合，同步发电机可分为水-氢-氢（定子绕组水内冷、转子绕组氢内冷、铁芯氢冷）、水-水-空（定子、转子绕组水内冷、铁芯空冷）、水-水-氢（定子、转子绕组水内冷、铁芯氢冷）等电发机。

（5）按转子构造型式的不同可分为凸极式发电机和隐极式发电机。汽轮发电机一般是卧式的，转子是隐极式的；水轮发电机一般是立式的，转子是凸极式的。

3. 同步发电机的转速、频率、磁极对数之间的关系是怎样的？

答：转速、频率、磁极对数之间的关系表达式为

$$n=60f/p$$

式中：n 为转速；f 为频率；p 为磁极对数。

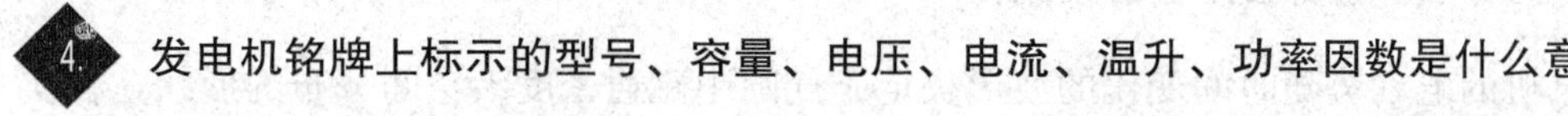

4. 发电机铭牌上标示的型号、容量、电压、电流、温升、功率因数是什么意思？

答：（1）型号。表示该台发电机的类型和特点，一般用拼音头一个字母来表示。几个主要系列如下：

1）空冷汽轮发电机。

QF系列，如QF-25-2，其型号意义：Q—汽轮，F—发电机，25—功率（MW），2—极对数。

TQC系列，如TQC5674/2，其型号意义：T—同步，Q—汽轮，C—普通空气冷却，56—铁芯直径号数，74—铁芯长度号数，2—极对数。

2）氢外冷汽轮发电机。

QFQ系列，如QFQ-50-2，其型号意义：Q—汽轮，F—发电机，Q—氢冷，50—功率（MW），2—极对数。

3）氢内冷汽轮发电机。

TQN系列，如TQN-100-2，其型号意义：T—同步，Q—汽轮，N—氢内冷，100—功率（MW），2—极对数。

4）双水内冷汽轮发电机。

QFS系列，如QFS-300-2，其型号意义：Q—汽轮，F—发电机，S—定、转子绕组水内冷，300—功率（MW），2—极对数。

5）水-氢-氢汽轮发电机。

QFSN系列，如QFSN-300-2，其型号意义：Q—汽轮，F—发电机，S—定子绕组水内冷，N—转子绕组氢内冷（定子铁芯氢冷），300—功率（MW），2—极对数。

（2）额定容量。指该台发电机长期安全运行的最大允许输出功率。

（3）额定电压。指该台发电机长期安全工作的最高电压。发电机的额定电压指的是线电压。

（4）额定电流。指该台发电机正常连续运行的最大工作电流。

（5）额定温升。指该台发电机某部分的允许最高温度与冷却介质额定入口温度的差值。

（6）额定功率因数。指额定有功功率和额定视在功率的比值。

5. 同步发电机是如何发出三相正弦交流电的？

答：发电机的转子由原动机带动旋转，当转子绕组通入励磁电流后，转子就会产生一个旋转磁场，它和静止的定子绕组间形成相对运动，相当于定子绕组在不断地切割磁力线，于是在定子绕组中就会感应出电动势来。由于在制造时已使转子磁场磁通密度的大小沿磁极极面的周向分布为接近的正弦波形，转子不停地旋转，故定子三相绕组每一相的感应电动势随时间变化的波形就和磁通密度在气隙中沿圆周分布的空间波形相似，而定子三相绕组又是沿铁芯内圆各相隔120°电角度布置的，所以定子三相绕组感应电动势的波形就成为相位差各为120°的正弦波形。

6. 发电机为什么一般都接成星形接线？

答：发电机的电动势随时间变化的波形决定于气隙中磁通密度沿空间分布的形状，在实际的发电机结构中，不可能使磁通密度沿空间的分布完全做到按正弦分布的，只能说是接近于正弦分布，所以磁通中都有高次谐波，电动势中也就有高次谐波。在高次谐波中，三次谐

波占主要成分，其特点是A、B、C三相电动势中三个三次谐波电动势是同相的，如果将发电机接成三角形接线，那么在三角形接线中的三个三次谐波电动势则可相加，三次谐波的电流就能流通，这个电流就会产生额外损耗并使发电机的绕组发热；而在星形接线中，因为三次谐波电动势都同时指向中性点或背向中性点，三次谐波电流构不成回路，不能流通，而三次谐波电动势虽然在相电势中存在，但在线电势中并不存在，因为它们相互抵消了，所以发电机一般都接成星形接线。

7. 大型发电机定子绕组为什么都采用三相短距分布绕组？

答：大型发电机定子绕组采用三相双层短距分布绕组的目的是为了改善电流波形，即消除绕组的高次谐波电动势，以获得近似的正弦波电动势。

8. 为什么大型发电机的定子绕组常接成双星形？

答：发电机定子绕组接成星形主要是为了消除高次谐波和防止接成三角形时可能出现的内部环流，而接成双星形则是为了避免每相导体内电流太大。

9. 发电机转子上装设阻尼绕组的目的是什么？

答：发电机转子上装设阻尼绕组的目的是为了减小涡流回路的电阻，提高发电机承受不对称负荷的能力。

10. 什么叫有功？什么叫无功？

答：在交流电能的发、输、用过程中，用于转换成非电、磁形式（如光、热、机械能等）部分的能量叫有功，转换的平均功率叫有功功率。用于电路内电、磁场交换部分的能量叫无功，交换的最大功率叫无功功率。

11. 有功功率、无功功率、视在功率之间的关系是什么？

答：有功功率P、无功功率Q、视在功率S各自的公式如下

$$\left.\begin{aligned} P &= S\cos\varphi = UI\cos\varphi \\ Q &= S\sin\varphi = UI\sin\varphi \\ S &= UI(U\text{、}I\text{指电压、电流有效值}) \end{aligned}\right\} \tag{2-1}$$

有功功率P、无功功率Q、视在功率S三者之间的关系为

$$S = \sqrt{P^2 + Q^2}$$

同步发电机都是三相的，在计算三相功率时应注意所用的是相电压、相电流还是线电压、线电流。

用相电压、相电流表示时，表达式如下

$$\left.\begin{aligned} S &= 3U_{ph}I_{ph} \\ P &= 3U_{ph}I_{ph}\cos\varphi \\ Q &= 3U_{ph}I_{ph}\sin\varphi \end{aligned}\right\} \tag{2-2}$$

用线电压、线电流表示时，表达式如下

$$\left.\begin{aligned} S &= \sqrt{3}U_{l}I_{l} \\ P &= \sqrt{3}U_{l}I_{l}\cos\varphi \\ Q &= \sqrt{3}U_{l}I_{l}\sin\varphi \end{aligned}\right\} \tag{2-3}$$

12. 什么叫同步发电机的迟相运行？什么叫同步发电机的进相运行？

答： 同步发电机既发有功功率又发无功功率的运行状态叫同步发电机的迟相运行。

同步发电机发出有功功率吸收无功功率的运行状态叫同步发电机的进相运行。

13. 汽轮发电机定、转子分别由哪几部分构成？

答： 汽轮发电机定子主要由机座、定子铁芯、端盖、定子绕组、冷却器等构成。汽轮发电机转子主要由转子铁芯、转子绕组、护环以及滑环、风扇等部件构成。

14. 发电机机座的作用及结构是怎样的？

答： 发电机机座的作用主要是支撑和固定定子铁芯和定子绕组。300MW 汽轮发电机通常采用端盖式轴承，机座还要承受转子质量和电磁转矩。同时，在结构形状上还要满足发电机的散热、通风和密封要求。水-氢-氢冷发电机的机座还要能防止漏氢和承受住氢气的爆炸力。

整个铁芯通过机座安装并固定在基础上，而且还设置了作为冷却通风系统的风道和风室。机座的机壳和铁芯外圆背部间的空间是发电机通风系统的一部分。氢冷发电机的氢冷器一般采用垂直放置，放在机座端部两侧位置。机座采用整体防振结构，包括内机座和外机座，内、外机座间装有弹性隔振装置。另外，机壳的防爆和密封性要求高，一般采用较厚的钢板。

15. 发电机端盖的作用及结构是怎样的？

答： 发电机端盖用来保护定子端部绕组，是发电机密封的一个组成部分。为了安装和检修方便，端盖由水平方向分成两部分，并在上面设有停机检查人孔。同样，防爆和密封仍是对端盖的基本要求。

16. 发电机定子铁芯的作用及结构是怎样的?

答：发电机定子铁芯是构成发电机磁回路和固定定子绕组的重要部件。它的质量和损耗在发电机的总质量和总损耗中所占的比例很大。一般大型发电机定子铁芯为发电机总质量的30%左右，铁损为发电机总损耗的15%左右。为了减少定子铁芯磁滞及涡流损耗，定子常采用导磁性能好、损耗低的硅钢片叠压而成。

17. 发电机转子的结构是怎样的?

答：发电机转子是发电机的主要部件之一，它主要由转子铁芯、励磁绕组、护环、中心环、阻尼绕组、集电环及风扇等部件组成。转子铁芯一般采用具有良好导磁性能及具备足够机械强度的合金钢整体锻制而成。励磁绕组一般采用铜或机械性能经过改善的铜银合金导体材料绕制而成。

18. 转子护环和中心环的作用是什么?

答：转子护环的作用是承受转子绕组端部在高速旋转时产生的离心力，保护绕组端部不致沿径向发生位移、变形和偏心。中心环对护环起固定、支持和保持与转轴同心的作用，也有防止端部绕组轴向位移的作用。

19. 发电机电刷及刷架的作用是什么?

答：发电机电刷是励磁回路的一个组成部分，它可以将励磁电流经集电环传递到励磁绕组中。发电机刷架是固定和支持刷握及电刷的，刷握起着定位电刷的作用。

第二节　变压器基础知识

1. 变压器如何分类?

答：变压器可按下列方法分类：

（1）按相数分：单相变压器、三相变压器和多相变压器。

（2）按结构分：双绕组变压器、三绕组变压器及自耦变压器。

（3）按冷却条件分：油浸变压器（包括油浸自然风冷、油浸风冷、强油循环风冷、强油循环水冷）、干式变压器、充气式变压器。

（4）按调压方式分：有载调压变压器、无励磁（无载）调压变压器。

（5）按中性点绝缘水平分：全绝缘变压器、分级绝缘变压器。

（6）按铁芯型式分：壳式变压器、芯式变压器。

（7）按导线材料分：铜线变压器、铝线变压器。

（8）按用途和功能分：电力变压器（包括升压变压器、降压变压器、联络变压器）、试验用变压器、测量变压器（电压互感器、电流互感器）、调压器以及其他用途变压器（包括整流变压器、电炉变压器、电焊变压器、控制用变压器、冲击变压器等）。

2. 干式变压器有哪几种形式？

答：干式变压器的主要形式有以下几种：

（1）开启式。开启式是常用的形式，其器身与大气相连通，适用于比较干燥而洁净的室内环境（环境温度为＋20℃，相对湿度不超过85％）。对大容量变压器可采用吹风冷却，空气风冷式容量可达到16MVA。

（2）封闭式。与外部大气不相连通，可用于较恶劣的环境。

（3）浇注式。用油填料或无填料环氧树脂或其他树脂浇注作为主绝缘，结构简单、体积小，适用于较小容量产品。

（4）绕包式。用浸有环氧树脂的玻璃丝作为主绝缘。单台容量也不大。

3. 变压器的基本原理是什么？

答：变压器由一次绕组、二次绕组和铁芯组成。当一次绕组加上交流电压时，则一次绕组中产生电流，铁芯中产生交变磁通。交变磁通在一次、二次绕组中感应电动势，一次、二次侧的感应电动势之比等于一次、二次侧匝数之比。当二次侧接上负载时，二次侧电流也产生磁通势，而主磁通由于外加电压不变而趋于不变，随之在一次侧增加电流，使磁通势达到平衡，这样，一次侧和二次侧通过电磁感应而实现了能量的传递。接负载后，若忽略内阻抗压降，则绕组端电压与感应电动势相等，一次、二次侧的电压之比也等于一次、二次侧绕组匝数之比。一次、二次侧绕组匝数不同时，一次、二次侧电压也不相同，这就是变压器的基本原理。

4. 变压器在电力系统中起什么作用？

答：变压器是电力系统中重要电气设备之一，起到传递电能的作用。在从发电厂到用户传输电能的过程中，变压器起着升高或降低电压的作用。

5. 什么是变压器的空载运行？

答：变压器的空载运行是指变压器的一次绕组接电源，二次绕组开路的工作状况。当一次绕组接上交流电源时，一次绕组中便有电流流过，这个电流称为变压器的空载电流。空载电流流过一次绕组，便产生空载时的磁场。在这个磁场（主磁场，即同时交链一、二次绕组的磁场）的作用下，一、二次绕组中便感应出电动势。变压器空载运行时，虽然二次侧没有功率输出，但一次侧仍要从电网吸取一部分有功功率来补偿由于磁通饱和在铁芯内引起的铁耗（即磁滞损耗和涡流损耗）。磁滞损耗的大小取决于电源的频率和铁芯材料磁滞回线的面积，涡流损耗与最大磁通密度和频率的平方成正比。另外还有铜耗，由一次绕组流过空载电流引起。对于不同容量的变压器，空载电流和空载损耗的大小是不同的。

6. 什么是变压器的正常过负荷？

答：变压器在运行中的负荷是经常变化的，即负荷曲线有高峰和低谷。当它过负荷运行时，绝缘寿命损失将增加；而轻负荷运行时绝缘寿命损失将减小，因此可以互相补偿。变压器在运行中，冷却介质的温度也是变化的。在夏季由于油温升高，变压器带额定负荷时的绝缘寿命损失将增加；而在冬季油温降低，变压器带额定负荷时的绝缘寿命损失将减小，因此也可以互相补偿。变压器的正常过负荷能力，是指在上述的两种补偿后，不以牺牲变压器的正常使用寿命为前提的过负荷。

7. 油位计上“－30℃”“＋20℃”和“＋40℃”三个标志表示什么意思？

答：油位计上的三个油面标志表示变压器在停运状态下，相应油温时的油面高度线，用来判断是否需要加油或放油。

8. 什么是压力式温度计？

答：压力式温度计是测量变压器顶层油温的仪表。它具有两对触点，可用来启停风扇或发出温度过高的信号。其结构是由测温包、测量机构以及连接它们的毛细管所组成。

9. 表示变压器油电气性能好坏的主要参数是什么？

答：表示变压器油电气性能好坏的主要参数有绝缘强度（击穿电压）、介质损失（介质损耗因数）和体积电阻率。

10. 为什么要规定变压器的允许温度？

答：因为变压器运行温度越高，绝缘老化越快，这不仅影响使用寿命，而且还因绝缘变脆而碎裂，使绕组失去绝缘层的保护。另外温度越高，绝缘材料的绝缘强度就越低，很容易被高电压击穿造成故障。因此，变压器运行时，不能超过允许温度。

11. 为什么要规定变压器的允许温升？

答：当周围空气温度下降很多时，变压器的外壳散热能力将大大增加，而变压器内部的散热能力却提高很少。因此当变压器带大负荷或超负荷运行时，尽管有时变压器上层油温尚未超过规定值，但温升却很高，绕组会有过热现象。因此，变压器运行要规定允许温升。

什么叫变压器的并联运行？

答：变压器的并联运行，就是将两台或两台以上变压器的一次绕组并联在同一电压的母线上，二次绕组并联在另一电压母线上运行。

什么叫变压器的联结组别？

答：变压器的联结组别是指变压器的一、二次绕组按一定接线方式连接时，一、二次侧的电压或电流的相位关系。变压器联结组别是用时钟的表示方法来说明一、二次侧线电压或（线电流）的相量关系。

什么叫变压器的极性？

答：变压器绕组的极性是指一、二次绕组的相对极性，即当一次绕组的某一端在某一瞬时的电位为正时，在同一瞬时二次绕组也一定有一个电位为正的对应端，该端就是变压器绕组的同极性端。

什么是变压器的铜损和铁损？

答：铜损（短路损耗）是指变压器一、二次电流流过该线圈电阻所消耗的能量之和。由于线圈多用铜导线制成，故称铜损。铜损与电流的平方成正比，铭牌上所标的数值（kW）是指线圈在 75℃时通过额定电流的铜损。

铁损是指变压器在额定电压下（二次开路），在铁芯中消耗的功率，其中包括励磁损耗与涡流损耗。

运行电压超过或低于额定电压值时，对变压器有什么影响？

答：当运行电压超过额定电压值时，变压器铁芯饱和程度增加，空载电流增大，电压波形中高次谐波成分增大。超过额定电压过高会引起电压和磁通的波形发生严重畸变。当运行电压低于额定电压值时，对变压器本身没有影响，但低于额定电压值过多时，将影响供电质量。

有载分接开关的基本原理是什么？

答：有载分接开关是在不切断负载电流的条件下，通过切换分接头来实现调压的装置。因此，在切换瞬间，需同时连接两个分接头。分接头间一个级电压被短路后，将有一个很大的环流。为了限制环流，在切换时必须接入一个过渡电路，通常是接入电阻。其阻值应能把环流限制在允许的范围内。因此，有载分接开关的基本原理概括起来就是采用过渡电路限制环流，达到切换分接头而不切断负载电流的目的。

18. 气体保护的动作原理是怎样的？

答：变压器正常运行时，气体继电器充满油，轻瓦斯的浮筒（或开口杯）浮起，重瓦斯的挡板由于弹簧的反作用力处在非动作状态。轻瓦斯和重瓦斯触点均处在断开位置。当变压器内部发生故障或油面下降时，由于气体的排挤使浮筒（或开口杯）下沉，带动轻瓦斯触点接通发出信号。当变压器内部发生严重故障时，被分解的绝缘油及其他有机物固体产生大量的气体，加之热油膨胀，变压器内部压力突增，迫使油向储油柜（油枕）方向流动，以很大的流速冲击挡板，挡板带动触点接通，使重瓦斯动作，将电源断开。

第三节　电动机基础知识

1. 电动机的铭牌上有哪些主要数据？

答：电动机铭牌上主要有额定功率、额定电压、额定电流、额定转数、相数、型号、绝缘等级、工作方式、允许温升、功率因数、质量、出厂日期等数据。

2. 异步电动机由哪几部分组成？

答：异步电动机由以下几部分组成：

（1）定子部分：机座、定子绕组、定子铁芯。

（2）转子部分：转子绕组、转子铁芯、风扇、轴承。

（3）其他部分：端盖、接线盒等。

3. 异步电动机按结构的不同主要分为哪两大类？它们有何不同？

答：异步电动机按结构的不同主要分为笼型电动机和绕线式电动机两大类。

二者定子结构相同，但转子结构不同。绕线式电动机的转子绕组是三相对称绕组；笼型电动机的转子绕组则是多相对称绕组，这种绕组的相数等于每对极下的槽数，极数和定子绕组的极数相同。

4. 感应电动机是怎么转起来的？

答：当三相定子绕组通入三相对称交流电时，产生一个旋转磁场。这个旋转磁场在定子内膛转动，其磁力线切割转子上的导线，在转子导线中感应出电流。由于定子磁场与转子电流相互作用产生电磁力矩，于是，定子旋转磁场就拖着具有载流导线的转子转动起来。

5. 感应电动机运行时有哪几种损耗？

答：感应电动机运行时，有三种损耗：

（1）定子和转子绕组中的铜损。

（2）定子和转子绕组中的铁损。

（3）摩擦和通风阻力损耗。

6. 什么是控制电动机？它有什么用途？

答：在自动控制系统中，作为测量和检测放大元件、执行元件及计算元件的旋转电动机统称为控制电动机。

控制电动机主要用于发电厂中自动控制、自动调节系统、遥控遥测系统、自动监视系统、自动仪表和自动记录装置等。

7. 为什么处于备用中的电动机应定期测量绝缘电阻？

答：绝缘的好坏可以用绝缘电阻的大小来表明。测量绝缘电阻能发现绝缘是否严重受潮和脏污，以及是否存在贯穿性导电通路。

备用电动机经常处于停运状态，温度较运转的电动机为低，容易吸收空气中的水汽而受潮。为了在紧急情况下能投入正常运转，监视备用电动机的绝缘情况很有必要，因此要求定期测量绝缘电阻。

8. 异步电动机发生振动和噪声是由什么原因引起的？

答：异步电动机发生振动和噪声有电磁和机械两方面的原因。

（1）在电磁方面的原因。

1）接线错误，如一相接反或各并联电路的绕组有匝数不等的情况等。

2）绕组短路。

3）多路绕组中，个别支路断路。

4）转子断条、铁芯硅钢片松动。

5）三相电压不对称、磁路不对称等。

（2）在机械方面的原因。

1）电动机与带动机械的轴心不在一条直线上（中心找得不正或联轴器垫圈松动等）。

2）转子偏心或定子槽楔凸出，使之扫膛。

3）轴承缺油、滚珠损坏、轴承和轴承套摩擦、轴瓦位移。

4）基础固定不牢。

5）转子风扇叶损坏或平衡破坏。

6）所带的机械振动引起等。

9. 电动机在什么情况下应测绝缘？

答：电动机在下列情况下应测绝缘：

（1）安装、检修后，送电前。

（2）停运15天以上者，环境条件较差（如潮湿、多尘等）者停运10天及以上，备用状态电动机进入蒸汽或漏水者。

（3）发生故障之后。

（4）浇水进汽受潮之后。

10. 启动电动机时应注意什么？

答：应注意以下各项：

（1）如果接通电源开关，电动机转子不动，应立即拉闸，查明原因并消除故障后，才允许重新启动。

（2）接通电源开关后，电动机发出异常响声，应立即拉闸，检查电动机的传动装置及熔断器等是否正常。

（3）接通电源开关后，应监视电动机的启动时间和电流表的变化。如启动时间过长或电流表迟迟不返回，应立即拉闸，进行检查。

（4）启动时发现电动机冒火或启动后振动过大，应立即拉闸，进行检查。

（5）在正常情况下，厂用电动机允许在冷状态下启动两次，每次间隔时间不得少于5min；在热状态下启动一次。只有在处理事故时，以及启动时间不超过2～3s的电动机，可以多启动一次。

（6）如果启动后发现运转方向反了，应立即拉闸停电，调换三相电源任意两相顺序。

11. 运行中的电动机遇到哪些情况时应立即停运？

答：遇有下列情况时，应立即停运：

（1）遇有危及人身安全的机械、电气事故时。

（2）电动机所带动的机械损坏至危险程度时。

（3）电动机或其启动、调节装置起火并燃烧时。

（4）电动机发生强烈振动和轴向窜动或定子、转子摩擦。

（5）电动机的电源电缆、接线盒内有明显的短路或损坏的危险时。

（6）电动机外壳温度急剧上升，超过规定值，并继续上升时。

12. 电动机允许联系处理的异常有哪些？

答：电动机允许联系处理的异常有：

（1）电动机有不正常的声音和焦味。

（2）电动机内或启动调节装置内出现火花。

（3）电动机定子电流不正常的升高、过负荷时。

（4）电动机出现振动，比正常振动时有增大，但未超过规定值。

（5）轴承、铁芯线圈温度比往常有升高，但未超过规定值。

13. 规程规定电动机的运行电压可以偏离额定值－5%或＋10%而不变其额定出力，为什么电压偏高的允许范围较大？

答：（1）电压偏高运行对电动机来说比电压偏低所处条件要好，造成不利的影响少。

下面以具体数值作简单比较：电压偏低时，电压降低10%，力矩下降19%，转差增大27.5%，转子电流增加14%，定子电流增大10%左右。因此，定子、转子电流都增加而使损耗增加，同时转速降低又使冷却条件变坏，这样会使电动机温升增高。此外，由于力矩减小，又使启动和自启动条件变坏。电压偏高时，电压增高10%，力矩增加21%，转差减小20%，转子电流降低18%，定子电流也降低10%左右。虽然电压增高使磁通增多从而铁耗增加，温度升高，对定子绕组温度是有影响的，可是由于定子电流降低又使定子绕组温度降低，根据分析，铁芯温度升高对定子绕组温度升高的影响要比定子电流减小引起的温降要小一些，因此，总的趋向是使温度降低一些的。至于铁芯本身温度升高一点，对电动机并没有什么危害。电压升高引起力矩的增加，则极大地改善了启动和自启动的条件。从绝缘的角度来说，提高10%的电压不会有什么危险，因为绝缘的电气强度都有一定的裕度。

（2）采用电压偏离范围较大的规定，对于运行来说，比较易于满足要求，可能因此就可避免采用有载调压的厂用变压器。否则，范围规定得小，即使设计上不采用有载调压厂用变压器，也要要求运行人员频繁地调整发电机电压或主变压器的分接头，使工作量大，出现故障的机会增加。

14. 电动机的低电压保护起什么作用？

答：当电动机的供电母线电压短时降低或短时中断又恢复时，为了防止电动机自启动时使电源电压严重降低，通常在次要电动机上装设低电压保护，当供电母线电压低到一定值时，低电压保护动作将次要电动机切除，使供电母线电压迅速恢复到足够的电压，以保证重要电动机的自启动。

15. 什么叫电动机的自启动？

答：感应电动机因某些原因，如所在系统短路、切换到备用电源等，造成外加电压短时消失或降低，致使转速降低，而当电压恢复后转速又恢复正常，这就叫电动机的自启动。

16. 电动机启动前应做哪些准备工作？

答：电动机启动前，值班人员应做如下准备工作：

（1）工作票已全部终结，拆除全部安全措施。

（2）做好电动机断路器的拉、合闸试验以及继电保护和联动试验。

（3）测量电动机绝缘电阻应合格。

（4）做好各方面的检查：电动机外壳接地线应完整；定子、转子、启动装置、引出线等设备应正常；绕线式电动机滑环、电刷等均完好；各保护装置完好且投入；滑动轴承润滑油的油位、油色正常；配有油泵的电动机电源送上；冷却器投入。

（5）机械部分具备运行条件，否则，靠背轮应甩开。

17. 单相异步电动机是怎样转起来的？

答： 由于单相异步电动机的定子绕组仅有一相，接通单相交流电源后，将产生一个脉振磁场，转子静止时，转子上合成转矩为零，不能产生启动转矩，电动机便不能自行启动。为此，在定子铁芯上再安放一个启动绕组，它和工作绕组在空间相距90°电角度，启动绕组与电容串联后和工作绕组一起并联在电网上，选择合适的电容使启动绕组中的电流超前工作绕组中的电流90°，并且产生的磁通势相等，就会在电动机气隙中形成一个旋转磁场而产生启动转矩，于是电动机就会转动起来。

18. 感应电动机在什么情况下会出现过电压？

答： 感应电动机出现过电压一般有以下两种情况：

（1）电感性负载的拉闸过电压，发生在电动机断路器拉闸的瞬间。产生这种过电压的原因是电感线圈中的电流在自然通过零点之前被强迫截断，使其产生的磁通突变，因而产生过电压。如在电动机启动过程还没结束的情况下拉闸，产生的过电压幅值更大。

（2）电动机启动时产生的过电压。对于高压电动机，如果其转子开路，则在启动合闸瞬间，由于磁通突变，也可能产生过电压。为了避免这种过电压，必须注意在合闸时转子应处于闭路状态。

19. 电磁调速异步电动机是由哪几部分组成的？

答： 电磁调速异步电动机又叫滑差电动机，是一种交流无级调速电动机，可进行较广范围的平滑调速。它由三相笼型异步电动机、电磁转差离合器和测速发电机组成。

第四节　配电装置基础知识

1. 什么是配电装置？

答： 发电厂或变电站的电气主接线中的所有开关电器、载流导体和辅助设备，按照一定要求建造而成的用来接受和分配电能的电工建筑物，称为配电装置。

2. 配电装置如何分类？

答： 配电装置按电气设备装置地点不同，可分为屋内配电装置和屋外配电装置。按其组装方式，又可分为两类：由电气设备在现场组装的配电装置，称为装配式配电装置；若在制造厂预先将开关电器、互感器等安装成套，然后运至安装地点，称为成套配电装置。

3. 屋内配电装置的特点是什么？

答：（1）允许安全净距小，可以分层布置，占地面积小。

（2）维修、巡视和操作在室内进行，不受气候影响。

（3）外界污秽空气对电气设备的影响较小，可减少维护工作量。

（4）房屋建筑投资较大。

4. 屋外配电装置的特点是什么？

答：（1）土建工程量和费用较小，建设周期短。

（2）扩建比较方便。

（3）相邻设备之间距离较大，便于带电作业。

（4）占地面积大。

（5）受外界空气影响，设备运行条件较差，需要加强绝缘。

（6）外界气象变化对设备维修和操作有影响。

5. 成套配电装置的特点是什么？

答：（1）电气设备布置在封闭或半封闭的金属外壳中，相间和对地距离可以缩小，结构紧凑，占地面积小。

（2）所有电器元件已在工厂组装成一体，大大减小现场安装工作量，有利于缩短建设周期，也便于扩建和搬迁。

（3）运行可靠性高，维护方便。

（4）耗用钢材较多，造价较高。

6. 配电装置应满足哪些要求？

答：（1）配电装置的设计必须贯彻执行国家基本建设方针和技术经济政策。

（2）保证运行可靠。按照系统和自然条件合理选择设备，在布置上力求整齐、清晰，保证具有足够的安全距离。

（3）便于检修、巡视和操作。

（4）在保证安全的前提下，布置紧凑，力求节约材料和降低造价。

（5）安装和扩建方便。

7. 配电装置的最小安全净距是如何确定的？

答：配电装置的整个结构尺寸，是综合考虑设备外形尺寸、检修和运输的安全距离以及电气绝缘距离等因素而决定的，对于敞露在空气中的配电装置，在各种间隔距离中，最基本的是带电部分对接地部分之间和不同相的带电部分之间的空气最小安全净距，它是各种空气间隙能承受各种内外过电压作用的最小距离。最小安全净距的数值与电极的形状、冲击电压波形、过电压及其保护水平和环境条件等因素有关。最小安全净距的数值确定有两种方法：惯用法和统计法。惯用法是把加在绝缘上的最大过电压和最小绝缘强度进行配合，在两者间选取一个适当的裕度作为安全系数，以考虑各种不确定的因素。统计法是将过电压和绝缘强度都视为随机变量，并以其故障率的统计为基础作为绝缘设计的安全指标。统计法按故障后果来选取不同系统和不同设备的安全水平，因此比较经济合理。

8. 发电厂和变电站 6～10kV 屋内配电装置布置型式有哪几种？各有何优缺点？

答：发电厂和变电站 6～10kV 屋内配电装置按其布置型式的不同，一般可以分为三层、二层和单层式。

三层式是将所有电气设备依其轻重分别布置在三层中，它具有安全、可靠、占地面积小等优点，但结构复杂，施工时间长，造价较高，检修和运行不大方便。二层式布置是将所有电气设备布置在二层中，与三层式相比，它的造价较低，运行和检修方便，但占地面积有所增加。三层式和二层式均用于出线有电抗器的情况。单层式是把所有电气设备布置在一层，适用于出线无电抗器的情况。单层式占地面积较大，如容量不太大，通常采用成套开关柜，以减少占地面积。

9. 屋内配电装置中的母线是如何布置的？

答：母线通常装在配电装置的上部，一般呈水平、垂直和直角形布置，水平布置不如垂直布置便于观察，但建筑部分简单，可降低建筑物的高度，安装比较容易，因此在中、小容量发电厂和变电所的配电装置中采用较多。垂直布置时，相间距离可以取得较大，无须增加间隔深度；支柱绝缘子装在水平隔板上，绝缘子间的距离可以取较小值，因此，母线结构可获得较高的机械强度。但垂直布置的结构复杂，并会增加建筑高度。垂直布置可用于 20kV 以下、短路电流很大的装置中。直角三角形布置方式，其结构紧凑，可充分利用间隔的高度和深度，但三相为非对称布置，外部短路时，各相母线和绝缘子机械强度均不相同，这种布置方式常用于 6～10kV 大、中容量的配电装置中。

母线相间距离决定于相间电压，并考虑短路时母线和绝缘子的机械强度与安装条件。在 6～10kV 小容量装置中，母线水平布置时，相间距离为 250～350mm；垂直布置时，为 700～800mm；35kV 水平布置时，相间距离约为 500mm。

双母线（或分段母线）布置中的两组母线应以垂直的隔墙（或板）分开，这样，在一组母线故障时，不会影响另一组母线，并可以安全地检修。

在负荷变动或温度变化时，硬母线将会胀缩。普通支柱绝缘子在装配时允许其上的母线蠕动，但如母线很长，又是固定连接，则在母线、绝缘子和套管中可能产生危险的应力。为了消除应力，必须按规定加装母线补偿器。不同材料的导体相互连接时，应采取措施防止产生电化腐蚀。

10. 屋内配电装置中的隔离开关是如何布置的？

答：隔离开关通常设在母线的下方。为了防止带负荷误拉隔离开关引起的电弧造成母线短路，在3～35kV双母线布置的屋内配电装置中，母线与母线隔离开关之间宜装设耐火隔板。两层以上的配电装置中，母线隔离开关宜单独布置在一个小室内。

为了确保设备和工作人员的安全，屋内外配电装置均应设置闭锁装置，以防止带负荷误拉隔离开关、带接地线合闸、误入带电间隔等电气误操作事故。

11. 屋内配电装置中的断路器及其操动机构是如何布置的？

答：断路器通常设在单独的小室内。断路器（或含油设备）小室的形式，按照油量多少及防爆结构的要求，可分为敞开式、封闭式和防爆式。四壁用实体墙壁、顶盖和无网眼的门完全封闭起来的小室称为封闭小室；如果小室完全或部分使用非实体的隔板或遮栏，则称为敞开小室；当封闭小室的出口直接通向屋外或专设的防爆通道，则称为防爆小室。

为了防火安全，屋内35kV以下的断路器和油浸互感器一般安装在两侧有隔墙（板）的间隔内，35kV及以上的断路器和油浸互感器，则应安装在有防爆隔墙（板）的间隔内。总油量超过100kg的油浸电力变压器，应安装在单独的防爆间隔内。当间隔内单台电气设备总油量在100kg以上时，应设置储油或挡油设施。

断路器的操动结构设在操作通道内，手动操动机构和轻型远距离控制操动结构均装在墙壁上，重型远距离控制操动结构则落地装在混凝土基础上。

12. 屋内配电装置中的互感器和避雷器是如何布置的？

答：电流互感器无论是干式或油浸式，都可以和断路器放在同一小室内。穿墙式电流互感器应尽可能作为穿墙套管使用。

电压互感器经隔离开关和熔断器（110kV及以上只用隔离开关）接到母线上，它需占用专门的间隔，但同一间隔内，可以装设几个不同用途的电压互感器。

当母线接有架空线路时，母线上应装阀型避雷器，由于其体积不大，也可和电压互感器共用一个间隔，但应以隔层隔开。

13. 屋内配电装置中的电抗器是如何布置的？

答：因为电抗器较重，所以多装在第一层的小室内。电抗器按其容量不同有三种不同的布置方式：三相垂直布置、品字形布置和三相水平布置。通常线路电抗器采用垂直布或品字形布置。当电抗器的额定电流超过1000A、电抗值超过5%～6%时，由于质量及尺寸过大，垂直布置会有困难，且使小室高度增加较多，故宜采用品字形布置；额定电流超过1500A的母线分段电抗器或变压器低压侧的电抗器（或分裂电抗器）则采取水平装设。

安装电抗器必须注意：垂直布置时，B相应放在上下两相之间；品字形布置时不应将A、C相重叠在一起。其原因是B相电抗器线圈的缠绕方向与A、C相并不相同，这样在外部短路时，电抗器相间的最大作用力是吸力，而不是排斥力，便于利用瓷绝缘子抗压强度比抗拉强度大的特点，从而减少外部短路时的危害。

14. 配电室的通道、出口及采光通风是如何布置的？

答：配电装置的布置应便于操作、检修和搬运，故需设置必要的通道。凡用来维护和搬运各种电气设备的通道，称为维护通道；如通道内设有断路器（或隔离开关）的操动机构、就地控制屏等，称为操作通道；仅和防爆小室相通的通道，称为防爆通道。配电室内各种通道的最小宽度不应小于表 2-1 所示的数值。

表 2-1　　配电室内各种通道的最小宽度　　m

通道分类布置方式	维护通道	操作通道		防爆通道
		固定式	手车式	
一面有开关设备	0.8	1.5	单车长+0.9	1.2
二面有开关设备	1.0	2.0	双车长+0.6	1.3

为了保证工作人员的安全及工作便利，不同长度的屋内配电室，应有一定数目的出口。屋内配电室长度大于 7m 时，应有两个出口（最好设在两端）；当长度大于 60m 时，在中部适当的地方宜再增加一个出口。配电室的门应向外开，相邻配电室之间如有门时，应能向两个方向开。

配电室可开窗采光和通风，但应采取防止雨雪和小动物进入室内的措施，如设置防小动物板等。配电室应按事故排烟的要求，装设足够的事故通风装置。

15. 电缆隧道及电缆沟是如何布置的？

答：电缆隧道及电缆沟是用来放置电缆的。电缆隧道为封闭狭长的构筑物，高 1.8m 以上，两侧设有数层敷设电缆的支架，可放置较多的电缆，人在隧道内能方便地进行电缆的敷设和维修工作，但其造价较高，一般用于大型电厂。电缆沟则为有盖板的沟道，沟宽与深不足 1m，敷设和维修电缆必须揭开水泥盖板，很不方便。沟内容易积水和积灰，但土建施工简单，造价较低，常被变电站和中、小型电厂所采用。

电缆隧道（沟）在进入建筑物（包括控制室和开关室）处，应设带门的耐火隔墙（电缆沟只设隔墙），以防电缆发生火灾时，烟火向室内蔓延扩大事故，且可以防止小动物进入室内。

16. 屋外配电装置分为哪几种类型？

答：根据电气设备和母线布置的高度，屋外配电装置可分为中型、半高型和高型等。中型配电装置的所有电器都安装在同一水平面内，并装在一定高度的基础上，使带电部分对地保持必要的高度，以便工作人员能在地面安全活动；中型配电装置母线所在的水平面稍高于电器所在的水平面。

高型和半高型配电装置的母线和电器分别装在几个不同高度的水平面上，并重叠布置。凡是将一组母线与另一组母线重叠布置的，称为高型配电装置。如果仅将母线与断路器、电流互感器等重叠布置，则称为半高型配电装置。高型与半高型配电装置可大量节省占地面积。

17. 屋外配电装置的母线及构架是如何布置的？

答： 屋外配电装置的母线有软母线和硬母线两种。软母线为钢芯铝绞线、软管母线和分裂导线，三相呈水平布置，用悬式绝缘子悬挂在母线构架上。软母线可选用较大的档距，但档距越大，导线弧垂也越大。硬母线常用的有矩形、管形和分裂管形，矩形用于 35kV 及以下的配电装置中，管形则用于 60kV 及以上的配电装置中。

管形硬母线一般采用柱式绝缘子，安装在支柱上，由于硬母线弧垂小没有应力，故不需另设高大的构架；管形硬母线不会摇摆，相间距离可减小，与剪刀式隔离开关配合可以节省占地面积；管形硬母线直径大、表面光滑，可提高电晕起始电压。但管形硬母线易产生微风共振和存在端部效应，对基础不均匀下沉比较敏感，支柱绝缘子抗振能力较差。如果采用倾斜的 V 型绝缘子串将管形硬母线挂在母线的构架上，可提高抗振能力。

屋外配电装置的构架，可由型钢或钢筋混凝土制成。钢构架经久耐用，机械强度大，可以按任何负荷和尺寸制造，便于固定设备，抗振能力强，运输方便，但钢结构金属消耗量大，需要经常维护。钢筋混凝土构架可以节约大量钢材，也可满足各种强度和尺寸的要求，经久耐用，维护简单。钢筋混凝土环形杆可成批生产，分段制造，运输和安装比较方便，但不利于固定设备。以钢筋混凝土环形杆和镀锌钢梁组成的构架，兼顾了二者的优点。

布置 330～500kV 超高压配电装置时，应注意静电感应问题。为了保证工作人员安全，装置内静电感应场强不应超过标准（离地 1.5m 处，静电感应场强一般不超过 1.0kV/m）。为了不使场强直接相加，应避免同相的母线和引线重叠、并行、交叉和同向转角的布置形式，若无法避免，必要时应采取屏蔽措施。电气设备的控制箱和操动机构应设在场强较低的地方。

18. 屋外配电装置的电力变压器是如何布置的？

答： 变压器基础一般做成双梁形并辅以铁轨，轨距等于变压器的滚轮中心距。为了防止变压器发生事故时，变压器油流失使事故扩大，单个油箱油量超过 1000kg 以上的变压器，按照防火要求，在设备下面需设置贮油池或挡油墙，其尺寸应比设备外廓大 1m，贮油池内一般铺设厚度不小于 0.25m 的卵石层。

主变压器与建筑物的距离不应小于 1.25m，且距变压器 5m 以内的建筑物，在变压器总高度以下及外廓两侧各 3m 的范围内，不应有门窗和通风孔。当变压器油量超过 2500kg 时，两台变压器之间的防火净距不应小于 5～10m，如布置有困难，应设防火墙。

19. 屋外配电装置的电气设备是如何布置的？

答： 按照断路器在配电装置中所占据的位置，可分为单列、双列和三列布置。断路器的各种排列方式，必须根据主接线、场地地形条件、总体布置和出线方向等多种因素合理选择。

少油（或空气、SF_6）断路器有低式和高式两种布置。低式布置的断路器放在0.5～1m的混凝土基础上，其优点是检修比较方便，抗振性能好，但低式布置必须设置围栏，因而影响通道的畅通。一般在中型配电装置中，断路器多采用高式布置，即把断路器安装在高约2m的混凝土基础上，基础高度应满足：①断路器支柱绝缘子最低裙边的对地距离为2.5m；②断路器和其他设备的连线对地面距离应符合要求。

隔离开关和电流互感器、电压互感器等均采用高式布置，其支架高度的要求与断路器相同。

避雷器也有高式和低式两种布置。110kV及以上的阀型避雷器由于器身细长，如安装在2.5m高的支架上，其顶部引线离地面高达5.9m，稳定度很差，因此多落地安装在0.4m的基础上。磁吹避雷器及35kV阀型避雷器形体矮小，稳定度较好，一般可采用高式布置。

20. 屋外配电装置中的电缆沟和通路如何布置？

答：屋外配电装置中电缆沟的布置，应使电缆所走的路径最短。电缆沟按其布置方向，分为纵向电缆沟和横向电缆沟。一般横向电缆沟布置在断路器和隔离开关之间，大型变电站的纵向（即主干）电缆沟，因电缆数量较多，一般分为两路。

采用弱电控制和晶体管继电保护时，为了抗干扰，要求电缆沟采用辐射形布置，并应减少控制电缆与高压母线平行的长度，增大两者间的距离，使电磁和静电耦合减为最小。此外，还应采用其他屏蔽措施。

为了运输设备和消防的需要，应在主要设备近旁铺设行车道路。大、中型变电站一般均应铺设宽3m的环行道路。对于超高压配电装置，由于设备比较笨重，因此应能满足检修机械行驶到设备旁边的要求，必要时应增加纵向通道或升高构架和设备基础。车道上空及两侧带电裸导体应与运输设备保持足够的安全净距。

屋外配电装置内应设置0.8～1m的巡视小道，以便运行人员巡视电气设备，电缆沟盖板可作为部分巡视小道。

21. 成套配电装置是如何分类的？

答：成套配电装置分为低压配电屏（或开关柜）、高压开关柜和SF_6全封闭组合电器三类。按装设地点不同，又分为屋内和屋外式。低压配电屏只做成屋内式；高压开关柜有屋内和屋外两种，由于屋外有防水、锈蚀问题，故目前大量使用的是屋内式；SF_6全封闭电器也因屋外气候条件差，电压在330kV以下时大都布置在屋内。

22. 低压配电屏（柜）的结构和特点是怎样的？

答：低压配电屏是一种最简单的成套配电装置，它的钢架用角钢焊成，正面用薄钢板做面板。在面板上部装置有测量仪表，中部设有闸刀开关的操作手柄，屏面下部有向外开启的门，内有继电器、二次端子和电能表，母线布置在屏顶，闸刀开关、熔断器、自动开关和电流互感器装在屏后。

低压配电屏结构简单、价格低廉，并可以从双面进行维护，检修方便，在发电厂（或变电站）中作为低压厂（站）用配电装置。

抽屉式开关柜为封闭式结构，它的特点是密封性能好、可靠性高，主要设备均装在抽屉内或手车上。回路故障时，可拉出检修或换上备用抽屉以迅速恢复供电。抽屉式开关柜还具有布置紧凑、占地面积小的优点，但结构比较复杂，钢材消耗较多，价格较高。

23. 高压开关柜的结构分为哪两种形式？由哪几部分组成？有何特点？

答：高压开关柜按照开关柜的结构形式可分为固定式和手车式两种。

手车式高压开关柜，为单母线结构，一般由下列几个部分组成：

（1）手车室。柜前正中部分为手车室，断路器及操动机构均装在小车上，断路器手车正面上部为推进机构，用脚踩手车下部联锁脚踏板，插入手柄，转动蜗杆，母线室挡板提起，可使手车平稳前进或后移。当手车在工作位置时，断路器通过隔板插头与母线及出线相通。检修时，将小车拉出间隔，一次动静插头分离，手车室挡板自动关闭，起安全隔离作用。如急需恢复送电，可换上备用小车，既方便检修，又可减少停电时间。手车与柜相连的二次线采用二次插头连接。当断路器离开工作位置后，其一次插头虽然断开，但二次线仍可接通，以便调试断路器。手车推进机构与断路器操动机构之间有防止带负荷推拉小车的安全联锁装置。手车两侧及底部设有接地滑道、定位销和位置指示等附件。柜门外设有观察窗，运行时可观察内部情况。

（2）仪表继电器室。测量仪表、信号继电器和继电保护用的连接片装在小室的仪表门上，小室内有继电器、端子排、熔断器和电能表。

（3）主母线室。位于开关柜的后上部，室内装有母线和隔离静触头。母线为封闭式，不易积灰和短路，故可靠性高。

（4）出线室。位于柜后部下方，室内装有出线侧静隔离触头、电流互感器、引出电缆（或硬母线）等。

（5）小母线室。在柜顶的前部设有小母线室，室内装有小母线和接线座。

手车式结构具有良好的互换性，可缩短用户停电时间，检修方便，并能防尘和防止小动物侵入造成的短路，运行可靠，维护工作量小。

固定式高压开关柜有双母线和单母线结构，断路器固定装在柜内。固定式与手车式相比，体积大，封闭性能较差，现场安装工作量大，检修不够方便，但制造工艺简单，消耗钢材少，价廉。

24. SF_6全封闭式组合电器由哪些元件组成？有何优缺点？

答：SF_6全封闭组合电器是以SF_6气体作为绝缘和灭弧介质，以优质环氧树脂绝缘子作支撑的一种成套高压电器。

组成SF_6全封闭组合电器的标准元件有母线、隔离开关、负荷开关、断路器、接地开关、快速接地开关、电流互感器、电压互感器、避雷器和电缆终端（或出线套管）。上述各元件可制成不同连接形式的标准独立结构，再辅以一些过渡元件（如弯头、三通、伸缩节等），可适应不同形式主接线的要求，组成成套配电装置。

（1）SF_6全封闭式组合电器与常规的配电装置相比，有以下优点：

1）大量节省配电装置所占地面和空间。全封闭电器占用空间与敞开式的比率可近似估算为 $10/U_N$（U_N额定电压，kV），电压越高，效果越显著。

2）运行可靠性高。SF_6全封闭电器由于带电部分封闭在金属外壳中，故不会因污秽、潮湿、各种恶劣气候和小动物而造成接地和短路事故。SF_6为不燃的惰性气体，不致发生火灾，一般不会发生爆炸事故。

3）土建和安装工作量小，建设速度快。

4）检修周期长，维护工作量小。全封闭电器由于触头很少氧化，触头开断时烧损也甚微，一般可以运行 10 年或切断额定开断电流 15～30 次或正常开断 1500 次。由于漏气量小（每年只有 1%～3%），且用吸附器保持干燥，补气和换过滤器工作也很少。

5）由于金属外壳的屏蔽作用，消除了无线电干扰、静电感应和噪声，减少了短路时作用到导体上的电动力；另外也使工作人员不会偶然触及带电导体。

6）抗振性能好。

（2）有以下缺点：

1）SF_6全封闭式组合电器对材料性能、加工精度和装配工艺要求极高，工件上的任何毛刺、油污、铁屑和纤维都会造成电场不均，使 SF_6抗电强度大大下降。

2）需要专门的 SF_6气体系统和压力监视装置，且对 SF_6的纯度和水分都有严格的要求。

3）金属消耗量大。

4）造价较高。

（3）SF_6全封闭式组合电器应用范围为 110～1000kV，并在下列情况下采用：

1）地处工业区、市中心、险峻山区、地下、洞内、用地狭窄的水电厂及需要扩建而缺乏场地的电厂和变电站。

2）位于严重污秽、海滨、高海拔以及气象环境恶劣地区的变电站。

25. 发电机与配电装置（或变压器）的连接方式有哪几种？各有何特点？

答：发电机与配电装置（或变压器）的连接方式有三种，即用电缆、敞露母线或封闭母线连接。

（1）电缆连接。由于电缆价钱昂贵，且电缆头运行可靠性不高，因此只在机组容量不大，且由于厂房和设备的布置无法采用敞露母线时才予以采用。

（2）敞露母线连接。用于连接的敞露式母线有母线桥和组合导线，前者适用于户内、户外，而后者仅适用于户外。

母线桥的结构与母线没有本质的区别，由于连接母线需要架空越过设备、过道和道路，因此绝缘子安放在由钢筋混凝土支柱和型钢构成的支架上，故称为母线桥。

组合导线是由多根软绞线固定在套环上组合而成，每隔 0.5～1m 设置一只套环，套环用来使各条绞线之间保持均匀的距离，便于散热。通常在环的左右两侧采用两根钢芯铝线来承受组合导线的拉力，其余绞线仅用于导电，故采用铝绞线。组合导线用悬式绝缘子悬挂在厂房和配电装置室的墙上或独立的门型架上，组合导线的跨距决定于悬挂线的机械强度，通常不大于 30～35m。

与母线桥相比，组合导线具有下列优点：①散热较好，集肤效应小，有色金属消耗少；②节省大量绝缘子和支架，投资较少；③运行可靠性较高，维护工作量小，跨距较大。

（3）封闭母线连接。由于敞露母线易受污秽、气候和外物的影响，造成绝缘子闪络或短路，而这对大型机组是不允许的，因此对于容量在 200MW 及以上的发电机-变压器组的连接母线均采用全连式分相封闭母线。

与敞露母线相比全连式分相封闭母线有以下优点：

1）供电可靠，封闭母线有效地防止了绝缘子遭受灰尘、潮气等污秽和外物造成的短路。

2）运行安全，由于母线封闭在外壳中，且外壳接地，使工作人员不会触及带电导体。

3）由于外壳的屏蔽作用，母线电动力大大减少，而且基本消除了母线周围钢构的发热。

4）运行维护工作量小。

第三章 电力系统基础知识

第一节 基础知识

1. 什么叫电力网？什么叫电力系统？

答：电力系统中输送和分配电能及改变电能参数（如电压、频率）的设备，称为电力网。其中包括各种输电线路、变电站的配电装置、变压器等设备。

由电源、电力网及用户组成的发电、输电、配电和用电的整体称为电力系统。

2. 对电力系统运行有哪些基本要求？

答：电力系统运行的基本要求包括：

（1）保证可靠的持续供电。

（2）保证良好的电能质量。

（3）保证系统运行的经济性。

3. 为什么电力系统要规定标准电压等级？

答：从技术和经济的角度考虑，对应一定的输送功率和输送距离有一最合理的线路电压。但是，为保证制造电力设备的系列性，又不能任意确定线路电压，所以电力系统要规定标准电压等级。

4. 电力系统常见的电网结构有哪几种？

答：电力系统几种常见的结构如下：

（1）大电源输向受端输电的电网。

（2）密集型电网。

（3）串联型电网。

（4）特大城市环网。

5. 目前我国规定的标准电压等级有哪些？

答：目前我国规定的输电线路标准电压等级有0.22、0.38、3、6、10、35、110、220、

330、500、750、800、1000kV。

6. 电力系统的电能质量标准是什么？

答：电能质量标准一般是指电压正常，偏离不超过额定值的 ±5%；频率正常，偏离额定频率不超过 ±（0.2～0.5）Hz。此外还包括电压波动和闪边、公用电网谐波、三相电压允许不平衡度等标准。

7. 电力系统中性点有哪几种接地方式？

答：目前电力系统中性点接地方式有三种：中性点不接地、中性点直接接地和中性点经消弧线圈接地。

8. 什么叫中性点直接接地电网？有何优缺点？

答：中性点直接接地电网是指该电力网中变压器的中性点与大地直接连接。发生单相接地故障时，相、地之间就会构成单相直接短路，这种电网称为中性点直接接地电力网。我国规定：110kV 及以上输电网络中性点直接接地。

优点：过电压数值小，绝缘水平要求低，因而投资少，经济。

缺点：单相接地电流大，接地保护动作于跳闸、降低供电可靠性；另外，短路电流大，电压急剧下降，还可能导致电力系统动稳定的破坏；接地时产生零序电流还会造成对通信系统的干扰。

9. 什么叫中性点非直接接地电网？有何优缺点？

答：中性点不接地或经电阻、消弧线圈接地的电力网，称之为中性点非直接接地电力网。我国规定：35kV 及以下输电网络中性点主要经消弧线圈接地，也有经电阻接地或不接地。当发生单相接地时，不能构成单相直接短路的回路，接地电流往往比负荷电流小得多。

优点：接地电流小，系统线电压仍保持对称，不影响负荷供电，因此接地一般动作于信号，提高了供电的可靠性，但运行人员要及时处理、消除，一点接地只允许运行 1～2h。

缺点：过电压数值大，对电网绝缘水平要求高，因而投资大，不经济。单相接地时，非故障相接地电压升高 $\sqrt{3}$ 倍，存在电弧接地过电压的危险，另外接地保护比较复杂。

10. 为什么发电厂发出来的电能要经过主变压器升压后，才送到距离较远的地方？

答：因为发电机发出来的电能，电流大、电压低。在线路中，电能的损失和电压的平方成反比。如果将电压低的电能直接送到距离较远的地方，电能损失太大，电压降落很多。输送同样容量的电能，若提高电压，则可以很大程度地降低损失。

11. 电力系统调压有什么必要性？

答：在电力系统运行中，如果电压值的变化和偏移过大，都要影响用户的产品产量和质量，甚至损坏设备，所以电力系统必须调压。

12. 什么叫电力系统的自然调压？

答：电力系统的自然调压就是依靠合理地调节电力系统中原有设备的运行方式，来达到调压目的的方法，如改变发电机端电压以及借电厂间无功功率合理分布来调压等。

13. 什么叫电力系统的外加调压措施？

答：电力系统中使用电容器、同期补偿机以及调压变压器等设备来调压的，都属于外加调压措施。

14. 电力系统如何才能做到经济运行？

答：最经济的分配方法是采用等微增率法则。它适用于电力系统中各电厂间负荷经济分配，也适用于电厂中各设备及机组间负荷经济分配。

15. 为什么电气运行值班人员要清楚了解本厂的电气一次主接线？

答：电气设备运行方式的变化都是和电气一次主接线分不开的，而运行方式又是电气运行值班人员在正常运行时巡视检查设备、监盘调整、倒闸操作以及事故处理过程中用来分析、判断各种异常和事故的依据。

16. 电力系统调度的任务和基本要求是什么？

答：电力系统调度是指电力系统的统一调度管理。其任务是掌握系统的运行和操作，保证实现下列基本要求：

（1）充分发挥本系统内发、供电设备能力，以便有计划地供应系统负荷的需要。

（2）使整个系统安全运行和连续供电。

（3）使电力系统各处电能质量（频率、电压）符合规定的标准。

（4）合理使用燃料和水力资源，使整个系统在最佳经济状况下运行。

17. 什么叫电压不对称度？

答：中性点不接地系统在正常运行时，由于导线的不对称排列而使各相对地电容不相等，造成中性点具有一定的对地电位，这个对地电位叫中性点位移电压，也叫做不对称电压。不对称电压与额定电压的比值叫做不对称度。

什么是电力系统的稳定？

答：电力系统正常运行时，原动机供给发电机的功率总是等于发电机送给系统供负荷消耗的功率。当电力系统受到扰动，使上述功率平衡关系受到破坏时，电力系统应能自动地恢复到原来的运行状态，或者凭借控制设备的作用过渡到新的功率平衡状态运行，这就是电力系统的稳定。

什么是电力系统的静态稳定？

答：电力系统的静态稳定是指当正常运行的电力系统受到很小的扰动后，能自动恢复到原来运行状态的能力。所谓很小的扰动是指在这种扰动作用下系统状态的变化量很小，如负荷和电压较小的变化等。

什么是电力系统的暂态稳定？

答：电力系统的暂态稳定是指系统受到较大扰动下的稳定性，即系统在某种运行方式下受到大的扰动，功率平衡受到相当大的波动时，能否过渡到一种新的运行状态，继续保持同步的能力。这种较大的扰动一般变化剧烈，常常伴有系统网络结构和参数的变化，主要是指系统中电气元件的切除或投入，例如发电机、变压器、线路、负荷的切除或投入，以及各种形式的短路或断线故障等。

提高电力系统暂态稳定性有哪些措施？

答：（1）快速切除故障。

（2）采用自动重合闸装置。

（3）采用电气制动和机械制动。

（4）变压器中性点经小电阻接地。

（5）设置开关站和采用强行电容补偿。

（6）采用联锁切机。

（7）快速控制调节汽阀。

第二节　发电厂及变电站接线形式

什么是电气主接线？电气主接线中包括哪些设备？

答：电气主接线主要是指在发电厂、变电站和电力系统中，为满足预定的功率传送方式和运行等要求而设计的、表明高压电气设备之间相互连接关系的传送电能的电路。电气主接

线中的高压电气设备包括发电机、变压器、母线、断路器、隔离开关、线路等。

2. 电气主接线应满足哪些基本要求？

答：对电气主接线的基本要求，包括可靠性、灵活性、经济性三个方面。安全可靠是电力生产的首要任务，保证供电可靠是电气主接线最基本的要求，但也不是绝对的。在分析电气主接线的可靠性时，要考虑发电厂和变电站在系统中的地位和作用、用户的负荷性质和类别、设备制造水平及运行经验等诸多因素。电气主接线应能适应各种运行状态，并能灵活地进行运行方式的转换。其灵活性主要包括操作的方便性、调度的方便性、扩建的方便性三个方面。经济性主要从节省一次投资、占地面积少、电能损耗少三个方面考虑。

3. 大型电厂的电气主接线有什么特点？

答：大型电厂一般指总容量为1000MW及以上、单机容量为200MW及以上的电厂。其接线有以下特点：

（1）采用简单可靠的单元接线方式。有发电机-变压器单元接线、扩大单元接线和发电机-变压器-线路单元接线等，直接接入高压或超高压配电装置。

（2）大型电厂的所有发电机-变压器单元有部分接入超高压配电装置、部分接入220kV配电装置，也有全部接入超高压配电装置的。

（3）接入220kV配电装置的单机容量最大一般不超过300MW。

4. 发电机-变压器单元接线是怎样的？

答：200MW及以上大机组一般都采用与双绕组变压器组成单元接线而不与三绕组变压器组成单元接线，当发电厂具有两种升高的电压等级时，则装设联络变压器。其原因有：

（1）采用三绕组变压器时，发电机出口要求装设断路器，但由于额定电流及短路电流很大，使得出口断路器制造困难，造价也很高。

（2）大机组要求避免在出口发生短路，除采用安全可靠的分相封闭母线外，主回路力求简单，尽量不装设断路器和隔离开关。而采用双绕组变压器时，就可不装设出口断路器和隔离开关。

（3）三绕组变压器的中压侧（110kV及以上），往往只能制造成死抽头，这对高、中压侧调压及负荷分配不利。不如采用双绕组变压器加联络变压器灵活方便，并可利用联络变压器的第三绕组作厂用启动或备用电源以节约投资。

（4）布置在主厂房前的主变压器、厂用高压变压器和备用变压器的数量较多，若主变压器为三绕组，增加中压侧引线的架构，并且主变压器可能为单相，将造成布置复杂，增加难度。

图3-1所示为6×300MW某电厂接线。六个发电机-变压器单元分别接入220kV和500kV配电装置，并设有联络变压器，其第三绕组作厂用启动或备用电源。

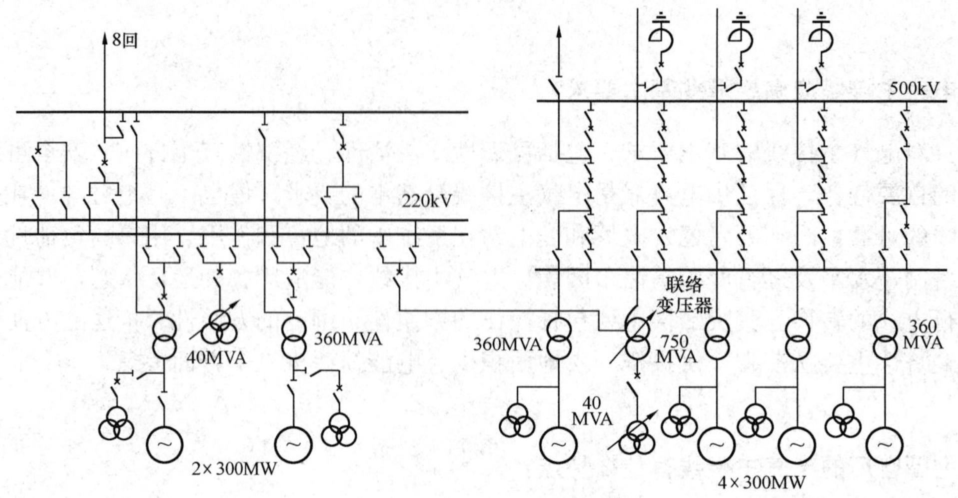

图 3-1　6×300MW 电厂接线

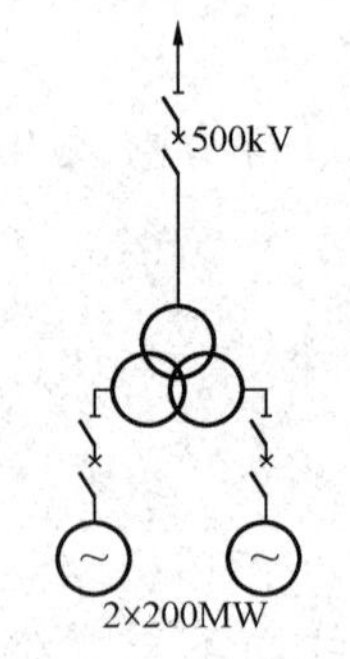

图 3-2　2×200MW 机组扩大单元接线

5. 发电机-变压器扩大单元接线是怎样的?

答： 当发电机的容量与升高电压等级所能传输容量相比，容量较小而不配合时，可采用两台发电机接一台主变压器的扩大单元接线，以减少主变压器、高压断路器和高压配电装置间隔。当采用扩大单元接线时，发电机出口应装设断路器和隔离开关。

200～300MW 机组接至 500kV 配电装置时，发电机容量相对机组容量较小，因而可采用两台 200～300MW 机组与一台主变压器接成扩大单元。图 3-2 所示为某电厂 2×200MW 机组与一台主变压器接成的扩大单元接线。

6. 发电机-变压器-线路单元接线是怎样的?

答： 大型电厂采用发电机-变压器-线路单元接线，厂内不设高压配电装置，电能可直接输送到附近枢纽变电站。下列情况宜采用此种方式接线：

（1）某些地区矿源丰富，同地区有几个大型电厂，工业发达且集中，则汇总起来建设一个公用的枢纽变电站较为经济。

（2）有的电厂地势狭窄，采用此方式厂内不设高压配电装置，不仅解决了电厂占地面积庞大的困难，而且也为电厂总平面布置创造有利条件。

（3）有的电厂距现有变电站较近，直接从那里引出线路较为方便，因而在电厂内也不设高压配电装置。

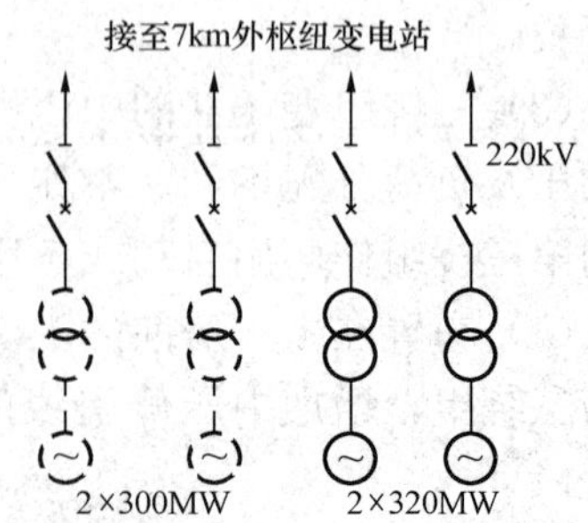

图 3-3　发电机-变压器-线路单元接线图（2×320MW＋2×300MW）

图 3-3 所示为某电厂（2×320MW＋2×300MW）采

用发电机-变压器-线路单元接线，直接接至7km外的枢纽变电站。

7. 一厂两站的接线形式是怎样的？

答：个别大型电厂建设互不联系的同一电压或两种电压的两个配电装置，使在同一场地上有多台机组的一座大容量区域发电厂在电气上分为两个发电厂。这对系统来说，相当于两个独立的发电厂，它们之间的电气距离等于由发电厂的两个升压站到并列运行的枢纽变电站的线路长度之和，这样可限制发电厂内高压配电装置过大的短路电流。

大型电厂采用一厂两站的接线很少，图3-4所示为某电厂采用一厂两站的接线。

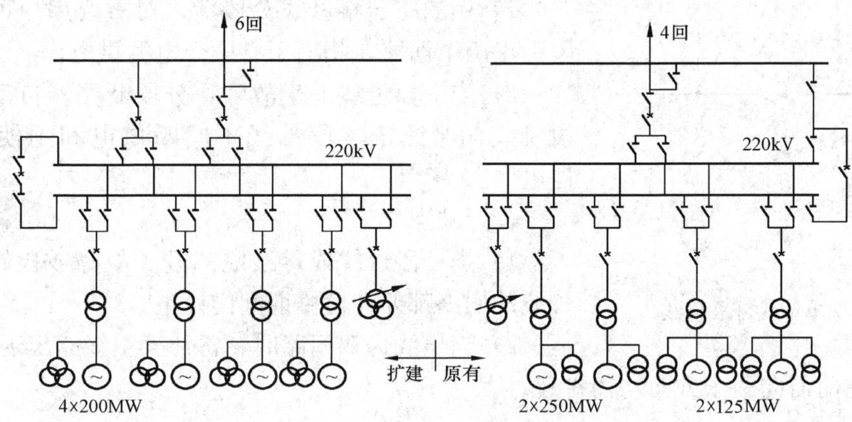

图3-4　一厂两站接线图

8. 6～220kV高压配电装置的接线分为哪几种？

答：6～220kV高压配电装置的接线分为两种：

（1）有汇流母线的接线。单母线、单母线分段、双母线、双母线分段、增设旁路母线或旁路隔离开关等属于有汇流母线的接线。

（2）无汇流母线的接线。变压器-线路单元接线、桥形接线、角形接线等属于无汇流母线的接线。

9. 单母线接线形式是怎样的？有何优缺点？适用范围是什么？

答：单母线接线的形式如图3-5所示。

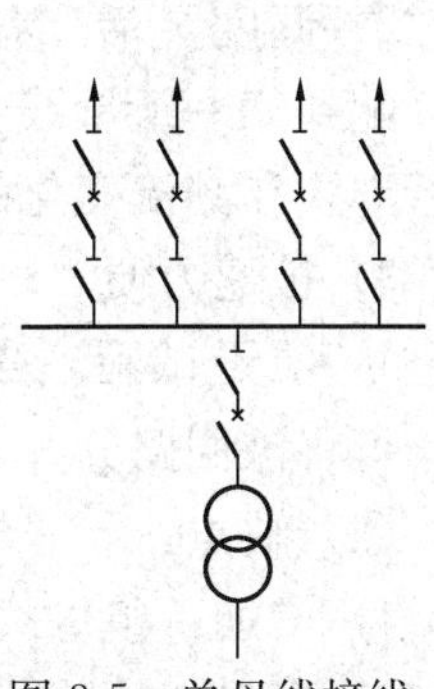

图3-5　单母线接线

优点：接线简单清晰、设备少、操作方便、便于扩建和采用成套配电装置。

缺点：不够灵活可靠，任一元件（母线及母线隔离开关）故障或检修，均需使整个配电装置停电。单母线可用隔离开关分段，但当一段母线故障时，全部回路仍需短时停电，在用隔离开关将故障的母线分开后才能恢复非故障段的供电。

适用范围：

（1）6～10kV 配电装置的出线回路数不超过 5 回。

（2）35～63kV 配电装置的出线回路数不超过 3 回。

（3）110～220kV 配电装置的出线回路数不超过 2 回。

10. 单母线分段接线的形式是怎样的？有何优缺点？

答：单母线分段接线的形式如图 3-6 所示。

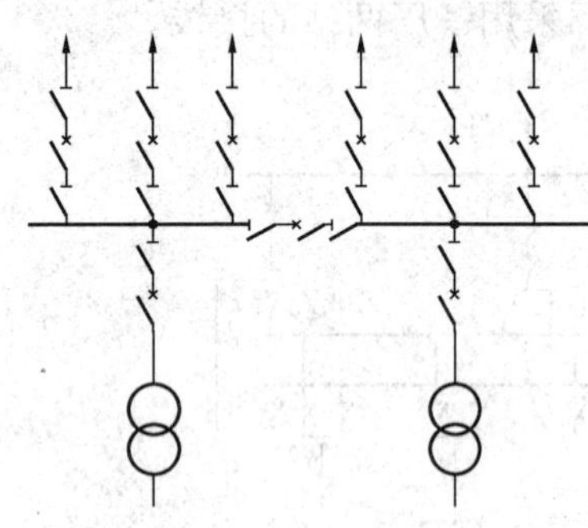

图 3-6 单母线分段接线

（1）优点：

1）用断路器将母线分段后，对重要用户可以从不同段引出两个回路，相当于有两个电源供电。

2）当一段母线发生故障，分段断路器自动切除故障段母线，保证正常段母线不间断供电和不使重要用户停电。

（2）缺点：

1）当一段母线或母线隔离开关故障或检修时，该段母线的回路都要在检修期间内停电。

2）当出线为双回路时，常使架空线路出现交叉跨越。

3）扩建时需向两个方向均衡扩建。

11. 双母线接线的形式是怎样的？有何优缺点？适用范围是什么？

答：双母线的两组母线同时工作，并通过母线联络断路器并联运行，电源与负荷平均分配在两组母线上。由于母线继电保护的要求，一般某一回路固定与某一组母线连接，以固定连接方式运行。其接线形式如图 3-7 所示。

（1）优点：

1）供电可靠。通过两组母线隔离开关的倒换操作，可以轮流检修一组母线而不致使供电中断；一组母线故障后，能迅速恢复供电；检修任意回路的母线隔离开关，只停该回路。

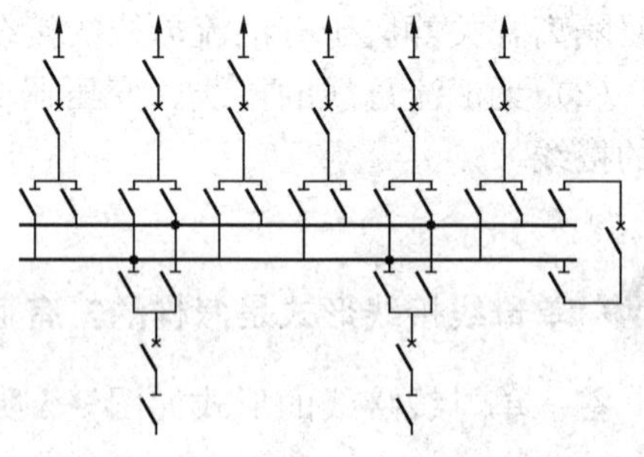

图 3-7 双母线接线

2）调度灵活。各个电源和各回路负荷可以任意分配到某一组母线上，能灵活地适应系统中各种运行方式和潮流变化的需要。

3）扩建方便。

4）便于试验。当个别回路需要单独进行试验时，可将该回路分开，单独接至一组母线上。

（2）缺点：

1）增加一组母线及每回路需增加一组母线隔离开关。

2）当母线故障或检修时，隔离开关作为倒换操作电器，容易误操作，为了避免隔离开关误操作，需在隔离开关和断路器之间装设联锁装置。

（3）适用范围：当出线回路数或母线上的电源较多、输送和穿越功率较大、母线故障后要求迅速恢复供电、母线或母线设备检修时要求不影响对用户的供电、系统运行调度对接线的灵活性有一定的要求时采用，各级电压采用的具体条件如下：

1）6～10kV 配电装置，当短路电流较大、出线需要带电抗器时。

2）35～63kV 配电装置，当出线回路数超过 8 回时，或连接的电源较多、负荷较大时。

3）110～220kV 配电装置，当出线回路数为 5 回及以上时，或当 110～220kV 配电装置在系统中居重要地位，出线回路数在 4 回及以上时。

12. 什么情况双母线需分段？分段原则是什么？

答：当 220kV 进出线回路数甚多时，双母线需要分段，分段原则如下：

（1）当进出线回路数为 10～14 回时，在一组母线上用断路器分段。

（2）当进出线回路数为 15 回及以上时，两组母线均用断路器分段。

（3）在双母线分段接线中，均装设两台母线兼旁路断路器。

（4）为了限制 220kV 母线短路电流或系统解列运行的要求，可根据需要将母线分段。

13. 为什么要采用增设旁路母线或旁路隔离开关的接线？旁路母线的接线方式有哪几种？

答：为了保证采用单母线分段或双母线的配电装置在进出线断路器检修时（包括其保护装置的检修和调试），不中断对用户的供电，可增设旁路母线或旁路隔离开关。

旁路母线的接线方式有三种：

（1）有专用旁路断路器。进出线断路器检修时，由专用旁路断路器代替，通过旁路母线供电，对双母线的运行没有影响，如图 3-8 所示。

（2）母线断路器兼作旁路断路器。不设专用旁路断路器，而以母联断路器兼作旁路断路器用。

1）优点：节约专用旁路断路器和配电装置间隔。

2）缺点：当进出线断路器检修时，就要用母联断路器代替旁路断路器，双母线变成单母线，破坏了双母线固定连接的运行方式，增加了进出线回路母线隔离开关的倒闸操作。

图 3-9 所示为母联断路器兼作旁路断路器的常用接线。此外，有些工程采用如图 3-10 所示的接线方式。

（3）分段断路器兼作旁路断路器。对于单母线分段接线，可采用如图 3-11 所示的以分段断路器兼作旁路断路器的接线。两段母线均可带旁路，正常时旁路母线不带电。此外，有些工程曾采用如图 3-12 所示的接线方式。

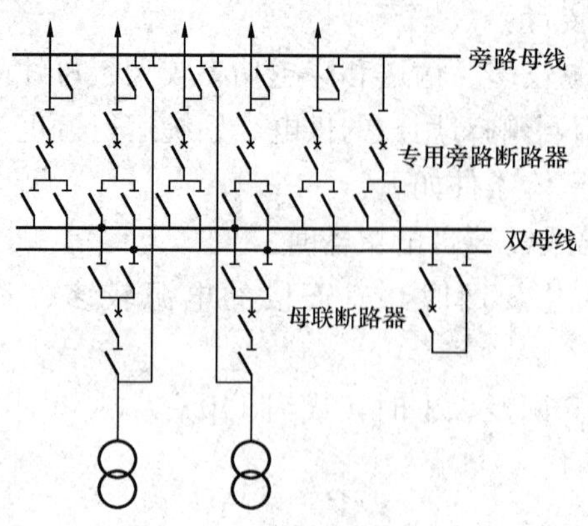

图 3-8　有专用旁路断路器的旁路母线接线

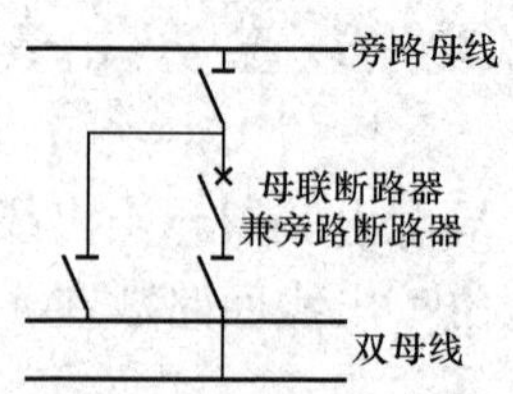

图3-9　母联断路器兼作旁路断路器的常用接线

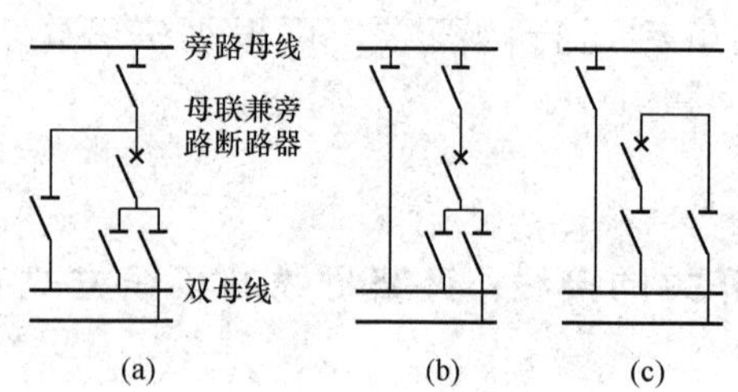

图 3-10　母联断路器兼作旁路断路器的其他接线

（a）两组母线均能带旁路；（b）旁路母线经常带电；（c）设旁路跨条

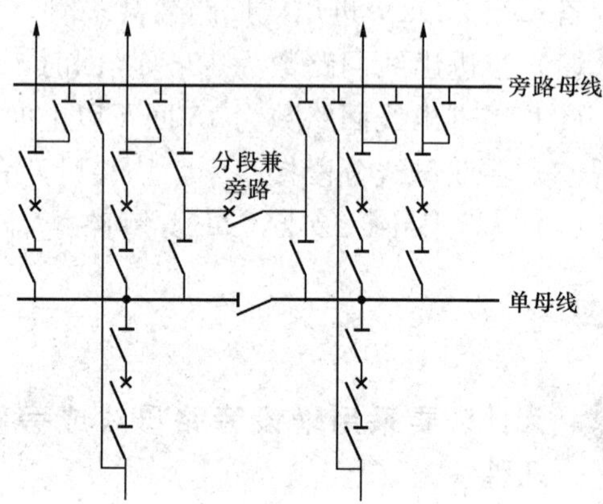

图 3-11　分段断路器兼旁路断路器的常用接线

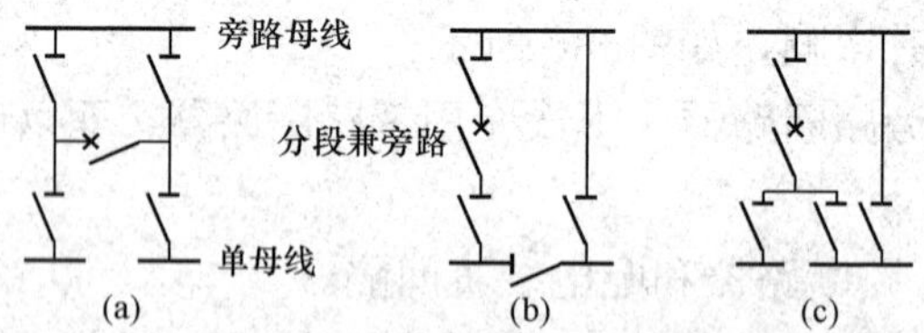

图 3-12　分段断路器兼旁路断路器的其他接线

（a）不装母线分段隔离开关，作旁路运行时，两段母线分列；（b）、（c）正常运行时，旁路母线均带电

14. 旁路母线或旁路隔离开关的设置原则是什么？

答： 旁路母线或旁路隔离开关的设置原则如下：

（1）110～220kV 配电装置。110～220kV 线路输送功率较多、送电距离较远、停

电影响较大，并且每年检修停电时间较长。因此，一般需设置旁路母线或旁路隔离开关。

1）设置旁路母线时，首先采用以母联或分段断路器兼作旁路断路器。但在下列情况下，则装设专用旁路断路器：

a）当110kV出线为7回及以上、220kV出线为5回及以上时，一般装设专用旁路断路器。

b）对于在系统中居重要地位的配电装置，110kV出线为6回及以上，220kV出线为4回及以上时，也可装设专用旁路断路器。

变电站主变压器的110～220kV侧断路器，宜接入旁路母线。发电厂主变压器的110～220kV侧断路器，可随发电机停机检修，一般不接入旁路母线。

2）具备下列条件时，可不装设旁路母线：

a）采用可靠性高、检修周期长的SF_6断路器或采用可替换的手车式断路器时。

b）系统条件允许线路停电检修时（如双回路或负荷点可由系统的其他电源供电；线路利用小时数不高、允许安排断路器检修而不影响供电的）。

c）接线条件允许断路器停电检修时（如每回路接有两台断路器的多角形接线等）。

3）在下列情况下，可以采用简易的旁路隔离开关代替旁路母线：

a）当110kV配电装置为屋内型时，为节约配电楼的建筑面积，降低土建造价，可不设旁路母线而用简易的旁路隔离开关代替旁路母线。出线断路器检修时，把一组母线作为旁路母线，以母联断路器作为旁路断路器，再通过该回路的旁路隔离开关供电。

b）110～220kV屋外配电装置的最终出线回路数较少，不需设专用旁路断路器时，也可采用简易的旁路隔离开关代替旁路母线。

图3-13所示为双母线带旁路隔离开关接线。

（2）35～63kV配电装置。35～63kV配电装置一般不设置旁路母线，因为35～63kV出线多为双回路，有可能停电检修断路器，并且断路器检修时间短。

如线路断路器不允许停电检修，当采用单母线分段接线时，可设置不带专用旁路断路器的旁路母线；当采用双母线接线时，一般不设旁路母线，有条件时可设置旁路隔离开关；当采用可以迅速替换的手车式断路器时，可以不设旁路设施。

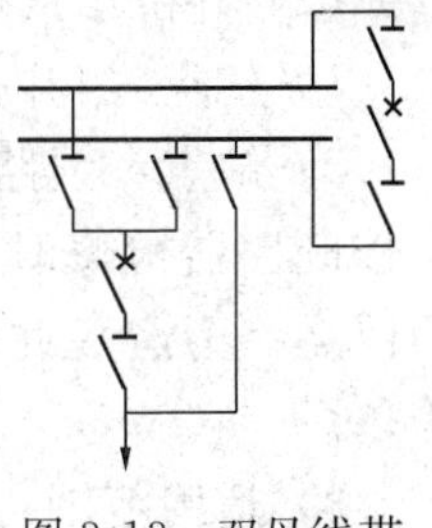

图3-13　双母线带旁路隔离开关接线

（3）6～10kV配电装置。6～10kV配电装置一般不设置旁路母线，也不设旁路隔离开关。

当地区电力网或用户不允许停电检修断路器时，采用单母线或单母线分段接线的6～10kV配电装置，可设置旁路母线。

15. 变压器-线路单元接线形式是怎样的？有什么优缺点？适用范围是什么？

答： 变压器-线路单元接线形式如图3-14（a）所示。

（1）优点：接线最简单、设备最少，不需高压配电装置。

（2）缺点：线路故障或检修时，变压器停运；变压器故障或检修时，线路停运。

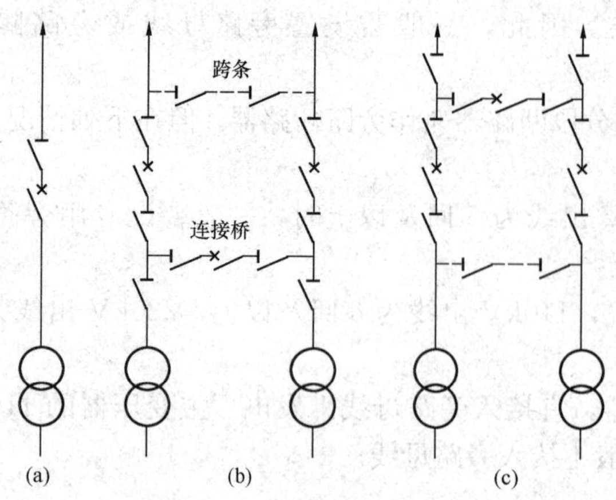

图 3-14 变压器-线路单元接线及桥形接线

(a) 变压器-线路单元接线；(b) 内桥形接线；(c) 外桥形接线

(3) 适用范围：

1) 只有一台变压器和一回线时。

2) 当发电厂内不设高压配电装置，直接将电能送至系统枢纽变电站时。

16. 桥形接线分哪两种形式？各有什么优缺点？适用范围是什么？

答： 桥形接线指两回变压器-线路单元接线相连，接成桥形接线。桥形接线分为内桥形接线与外桥形两种接线，是长期开环运行的四角形接线。

(1) 内桥形接线，如图 3-14 (b) 所示。

1) 优点：高压断路器数量少，四个回路只需三台断路器。

2) 缺点：变压器的切除和投入较复杂，需动作两台断路器，影响一回线路的短时停运。桥连断路器检修时，两个回路需解列运行。出线断路器检修时，线路需较长时间停运。为避免此缺点，可加装正常断开运行的跨条，为了轮流停电检修任何一组隔离开关，在跨条上需加装两组隔离开关。桥连断路器检修时，也可利用此跨条。

3) 适用范围：适用于较小容量的发电厂、变电站，并且变压器不经常切换或线路较长、故障率较高情况。

(2) 外桥形接线，如图 3-14 (c) 所示。

1) 优点：与内桥形接线相同，高压断路器数量少，四个回路只需三台断路器。

2) 缺点：线路的切除和投入较复杂，需动作两台断路器，并有一台变压器短时停运。桥连断路器检修时，两个回路需解列运行。变压器侧的断路器检修时，变压器需较长时间停运。为避免此缺点，可加装正常断开运行的跨条。桥连断路器检修时，也可利用此跨条。

3) 适用范围：适用于较小容量的发电厂、变电站，并且变压器的切换较频繁或线路较短，故障率较少的情况。此外，线路有穿越功率时，也宜采用外桥形接线。

17. 三～五角形的接线形式是怎样的？有何优缺点？

答： 多角形接线的各断路器互相连接而成闭合的环形，是单环形接线。

为减少因断路器检修而开环运行的时间，保证角形接线运行可靠性，以采用三～五角形接线为宜，并且变压器与出线回路宜对角对称布置，如图 3-15 所示。

此外，当进出线回路数较多时，个别水电厂采用了双连四角形接线，如图 3-16 所示，形成多环形，从而保证了供电可靠性，但断路器数量增多，有的回路连着三个断路器，设备布置和继电保护设置较复杂。

(1) 优点：

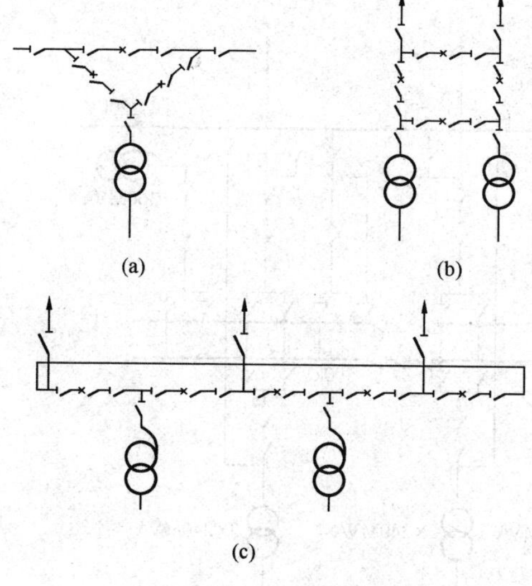

图 3-15　三～五角形接线

（a）三角形接线；（b）四角形接线；

（c）五角星接线

图 3-16　双连四角形接线

1）投资省，平均每回路只需装设一台断路器。

2）没有汇流母线，在接线的任一段上发生故障，只需切除这一段及与其相连的元件，对系统运行的影响小。

3）接线成闭合环形，在闭环运行时，可靠性、灵活性较高。

4）每回路由两台断路器供电，任一台断路器检修，不需中断供电，也不需旁路设施，隔离开关只作为检修时隔离之用，可减少误操作可能性。

5）占地面积小。

（2）缺点：

1）任一台断路器检修，都成开环运行，从而降低了接线的可靠性。因此断路器数量不能多，即进出线回路数要受到限制。

2）每一进出线回路都连着两台断路器，每一台断路器又连着两个回路，从而使继电保护和控制回路较单、双母线接线复杂。

3）对调峰电站，为提高运行可靠性，避免经常开环运行，一般开、停机需由发电机出口断路器承担，由此需增设发电机出口断路器，并增加了变压器空载损耗。

（3）适用范围：适用于最终进出线为 3～5 回的 110kV 及以上配电装置，不宜用于有再扩建可能的发电厂、变电站中。

18. 双母线三分段（或四分段）带旁路母线（或带旁路隔离开关）接线是怎样的？其故障停电范围和分段原则是什么？

答：330～500kV 超高压配电装置接线的可靠性要求高，为限制故障范围，当进出线为 6 回及以上时，一般采用双母线三分段（或四分段）带旁路母线（或带旁路隔离开关）接线，如图 3-17～图 3-20 所示。

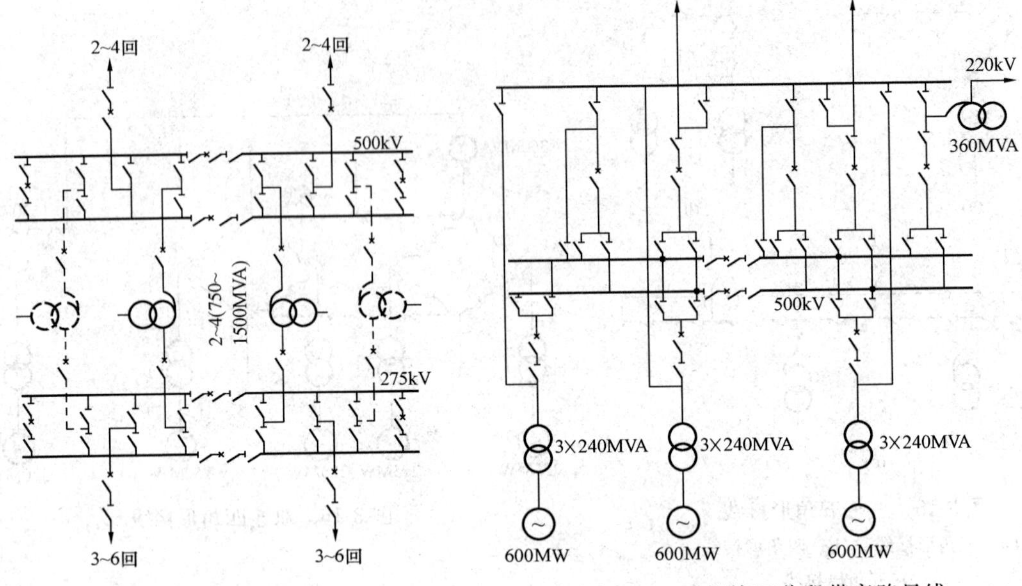

图 3-17　双母线四分段　　图 3-18　双母线四分段带旁路母线

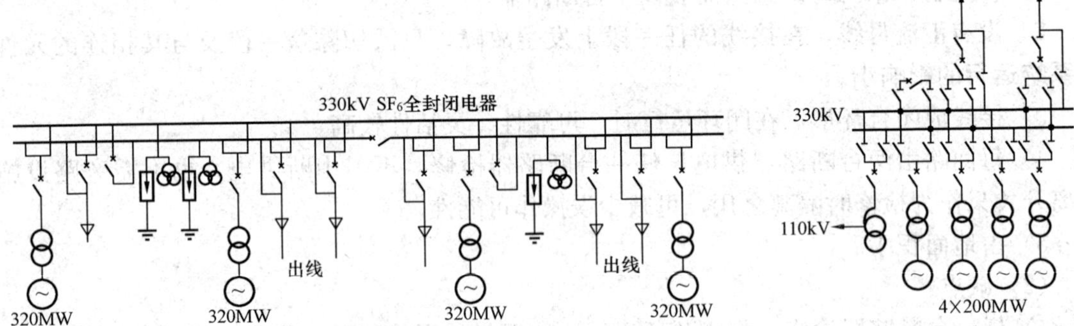

图 3-19　双母线三分段带旁路隔离开关　　图 3-20　双母线带旁路隔离开关

故障停电范围：当一段母线故障或连接在母线上的进出线断路器故障时，停电范围不超过整个母线 1/3（三分段时）或 1/4（四分段时）；当一段母线故障合并分段或母联断路器拒动时，停电范围不超过整个母线的 2/3 或 1/2。

采用双母线三分段或四分段时，要注意解决分段后母线保护的复杂性。

分段原则：500kV 双母线带旁路母线接线按下列原则分段（330kV 等级可参照此原则）：

（1）为保证供电可靠性，每段母线接 2～3 个回路。

（2）当最终进出线回路数为 6～7 回时，宜采用双母线三分段带旁路母线接线，并装设两台母联兼旁路断路器；当回路数为 8 回及以上时，宜采用双母线四分段带旁路母线接线，除装设两台母联兼旁路断路器外，还应预留装设一台旁路断路器的位置。

（3）电源与负荷宜均匀分配在各段母线上。分期建设，最终实现双母线分段的目标接线，可采用以下的过渡接线措施：

1）当进出线回路数为2回时，采用单母线带旁路母线作为过渡接线（变压器回路不设断路器），并设专用旁路断路器一台，以免出线断路器检修时，影响对系统的供电。

2）当进出线为3回时，采用双母线带旁路母线作过渡接线，设母联兼旁路断路器一台。

3）当进出线为4～5回时，采用双母线带旁路母线作过渡接线，设母联和专用旁路断路器各一台，以避免断路器检修破坏双母线固定连接的运行方式，减少断路器检修时的倒闸操作。还能将母联断路器与旁路断路器串联运行，提高供电可靠性。

19. 3/2断路器接线形式是怎样的？有什么优点？

答：3/2断路器接线是一种没有多回路集结点，一个回路由两台断路器供电的双重连接的多环形接线，接线如图3-21所示。它具有可靠性高、操作检修方便和运行调度灵活的优点，但投资费用较高，继电保护、自动重合闸和二次回路比较复杂。

这种接线的优点是：

（1）在任两个断路器检修时不影响连接元件的连续供电，也不需要进行一系列的倒闸操作，可减少一次回路发生误操作的机会。

（2）当进行母线的检修或清扫时，不需要复杂的操作。

（3）当一组母线发生短路时，母线保护动作后只跳开与该组母线相连的所有断路器，不会使任何连接元件停电。

（4）在这种接线的母线系统中，各隔离开关只作为检修断路器时隔离用，不需要进行双母线方式中的倒闸操作，因此减少了隔离开关误操作的机会。

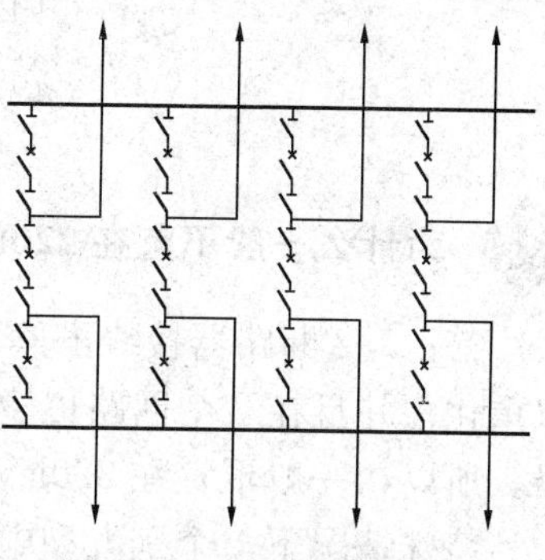

图3-21　3/2断路器接线

（5）由于不装设旁路母线，变电站一次回路的布置清晰，配电装置占地面积小，耗用材料少。

（6）由于不装设旁路断路器，不需要对高频保护等主保护进行更换，简化了继电保护的接线。

（7）当一组母线或任一连接元件发生短路并伴随断路器失灵时，失灵保护动作后需要跳开断路器的数量最少，不会引起全厂停电。

20. 变压器-母线接线有什么特点？适用范围是什么？

答：（1）变压器-母线接线的特点。

1）出线采用双断路器，以保证高度可靠性。当线路较多时，出线也可采用3/2断路器接线。

2）选用质量可靠的主变压器，直接将主变压器经隔离开关连接到母线上，以节省断路器。

3）变压器故障时，连接于母线上的断路器跳开，但不影响其他回路供电。变压器用隔离开关断开后，母线即可恢复供电。

（2）适用范围。

1）长距离大容量输电线路、系统稳定性问题较突出、要求线路有高度可靠性时。

2）主变压器的质量可靠、故障率甚低时。

3）当进出线为5～7回时，采用图3-22(a)～(c)所示接线；当为8回时，采用图3-22(d)接线。

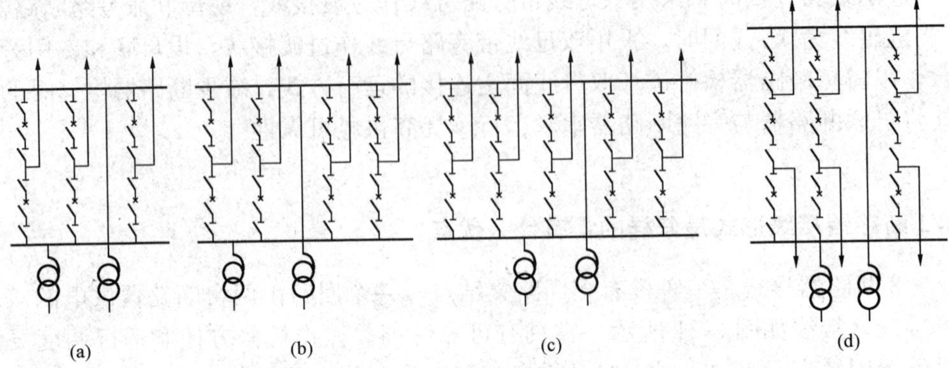

图3-22　5～8个回路时的变压器-母线接线

(a)～(c) 5～7个回路时接线；(d) 8个回路时接线

21. 为什么一般不宜在220kV配电装置中采用3/2断路器接线？

答： 3/2断路器接线虽然可靠性高，但造价也高。为解决继电保护校验问题，保护必须双重化；并且在8个回路以上时，一次设备的投资超过双母线四分段带旁路母线接线的投资。所以，一般不宜在220kV配电装置中采用3/2断路器接线。

特殊情况下，个别大型电厂和枢纽变电站未接入500kV系统而接入220kV系统，致使其220kV配电装置在系统中的地位特别重要，因而采用了3/2断路器接线。

22. 330～500kV超高压配电装置的基本接线有哪些？

答： 330～500kV超高压配电装置的基本接线有双母线三分段（或四分段）带旁路母线（或带旁路隔离开关）接线、3/2断路器接线、变压器-母线接线和三～五角形接线。

23. 中小型电厂电气主接线是怎样的？

答： 中型电厂一般指总容量为200～1000MW的电厂，安装的单机容量一般为50～125MW。小型电厂一般指总容量在200MW以下，安装的单机容量一般不超过50MW。中小型电厂一般建设在工业企业或城镇附近，除少数为纯凝汽式电厂外，多数为热电厂，常用6～10kV发电机出口电压母线向附近用户供电。

中、小型电厂的电气主接线方式如下：

（1）容量为12～60MW的发电机，当有发电机电压直配线时，应采用6.3kV或10kV电压等级的双母线接线方式。

（2）100MW发电机电压为10.5kV，一般与变压器单元接线，但也可接至发电机电压母线。125MW发电机与变压器单元连接。

第四章 保护与控制系统

第一节　基　础　知　识

1. 发电厂及电力系统为什么要装设继电保护装置?

答: 继电保护装置是指能反映电力系统中电气元件发生故障或不正常运行状态，并动作于断路器跳闸或发出信号的一种自动装置。它能自动、迅速、有选择性地将故障元件从系统中切除，并根据运行维护的条件动作于发出信号、减负荷或跳闸，以达到缩小故障范围，减少故障损失，保证设备或系统安全运行的目的。因此，发电厂及电力系统要装设继电保护装置。

2. 继电保护装置的基本任务是什么?

答:（1）自动、迅速、有选择性地将故障元件从系统中切除，使故障元件免于继续遭到损坏，保证其他无故障部分迅速恢复正常运行。

（2）反应电气元件的不正常运行状态，并根据运行维护的条件（例如有无经常值班人员），动作于发出信号、减负荷或跳闸。此时，一般不要求保护迅速动作，而是根据电力系统及其元件的危害程度规定一定的延时，以免不必要的动作和由于干扰引起的误动作。

3. 继电保护装置的基本原理是什么?

答: 电力系统发生故障时，其基本特点是电流突增、电压突降、电流和电压相位角发生变化，反映这些基本特点，就能构成各种不同原理的继电保护装置。

4. 对继电保护装置的四项基本要求是什么?

答:（1）快速性。要求继电保护装置的动作尽量快，以提高系统并列运行的稳定性，减轻故障设备的损坏，加速非故障设备恢复正常运行。

（2）可靠性。要求继电保护装置随时保持完整、灵活状态，不应发生误动或拒动。

（3）选择性。要求继电保护装置动作时，跳开距故障点最近的断路器，使停电范围尽可能缩小。

（4）灵敏性。要求继电保护装置在其保护范围内发生故障时，应灵敏地动作。灵敏性用灵敏系数表示。

5. 继电器一般怎么分类？试分别进行说明。

答：（1）继电器按在继电保护中的作用可分为测量继电器和辅助继电器两大类。

1）测量继电器能直接反应电气量的变化，按所反应的电气量的不同，又分为电流继电器、电压继电器、功率方向继电器、阻抗继电器、频率继电器以及差动继电器等。

2）辅助继电器可用来改进和完善保护的功能，按其作用的不同，可分为中间继电器、时间继电器以及信号继电器等。

（2）继电器按结构型式分类，可分为电磁型、感应型、整流型以及静态型等。

6. 电磁型继电器的工作原理是什么？按其结构可分为哪三种？

答：电磁型继电器一般由电磁铁、可动衔铁、线圈、触点、反作用弹簧和止挡等部件构成。线圈通过电流时所产生的磁通，经过铁芯、空气隙和衔铁构成闭合回路。衔铁在电磁场的作用下被磁化，因而产生电磁转矩，如电磁转矩大于反作用弹簧力矩及机械摩擦力时，衔铁被吸向电磁铁磁极，使继电器触点闭合。继电器两端断电后，衔铁受弹簧的拉力作用而返回到原始位置。

电磁型继电器按结构的不同，可分为螺管线圈式、吸引衔铁式和转动舌片式三种。螺管线圈式有时间继电器，吸引衔铁式有中间继电器、信号继电器，转动舌片式有电流、电压继电器等。

7. 感应式电流继电器的构造是怎样的？

答：感应式电流继电器由电磁铁、线圈、铝圆盘、框架、永久磁铁、扇形齿轮、衔铁、动静触点及信号牌等组成。

8. 感应型继电器的工作原理是什么？

答：根据电磁感应定律，一个运动的导体在磁场中切割磁力线，导体中就会产生电流，这个电流产生的磁场与原磁场间的作用力，总是试图阻止导体的运动；反之，如果通电导体不动，而磁场在变化，通电导体同样也会受到力的作用而产生运动。感应型继电器就是基于这种原理动作的，继电器线圈正常流过负荷电流，铝盘匀速转动。当线圈内的电流增大时，铝盘转动加快，如果电流继续增大，框架随之发生偏转，扇形齿轮与蜗杆啮合，扇形齿轮沿着蜗杆上升，最后使触点接通，同时信号牌落下。

9. 整流型继电器由哪些回路构成？简述其工作原理。

答：整流型继电器一般由电压形成回路、整流滤波回路、比较回路、执行回路构成。

其工作原理是电压形成回路把输入的交流电压或电流信号以及它们的相位，经过小型中间继电器或电抗变压器转换成便于测量的电压，该电压经整流滤波后变成与交流量成正比的直流电压，然后送到比较回路进行比较，以确定继电器是否该动作，最后由执行元件执行。

10. DX型信号继电器的构造是怎样的？

答： DX型信号继电器由电磁铁、线圈、衔铁、动静触点及信号牌等构成。

11. DX型信号继电器的作用原理是什么？

答： 在正常情况下，继电器线圈内没有电流，衔铁被弹簧拉开，搭在衔铁上的信号牌由衔铁支持而不能落下。当线圈中有电流时，衔铁被吸向铁芯，信号牌由于失去支撑而落下，同时使可动触点转轴旋转，带动触点接通，发出音响和灯光信号。线圈断电后，手动旋转继电器外壳上的复位旋钮，使信号牌提起，触点断开，音响灯光信号停止。

12. 什么叫电流速断保护？它有何特点？

答： 按躲过被保护元件外部短路时流过本保护的最大短路电流进行整定，以保证它有选择性地动作的无时限电流保护，称为电流速断保护。

电流速断保护的特点是接线简单，动作可靠，切除故障快，但不能保护线路全长，且保护范围受系统运行方式变化的影响较大。

13. 什么是限时电流速断保护？它有何特点？

答： 按与下一元件电流速断保护相配合以获得选择性的带较短时限的电流保护，称为限时电流速断保护。其特点是接线简单，动作可靠，切除故障较快，可以保护线路的全长，其保护范围受系统运行方式变化的影响。

14. 什么叫定时限过电流保护？什么叫反时限过电流保护？

答： 为了实现过电流保护的动作选择性，各保护的动作时间一般按阶梯原则进行整定。即相邻保护的动作时间，自负荷向电源方向逐级增大，且每套保护的动作时间是恒定不变的，与短路电流的大小无关。具有这种动作时限特性的过电流保护称为定时限过电流保护。

反时限过电流保护是指动作时间随短路电流的增大而自动减小的保护。使用在输电线路上的反时限过电流保护能更快地切除被保护线路首端的故障。

15. 什么是复合电压启动的过电流保护？

答： 复合电压启动的过电流保护是在过电流保护的基础之上，加入由一个负序电压继电器和一个接在相间电压上的低电压继电器组成的复合电压启动元件构成的保护。该保护只有在电流测量元件及电压启动元件均动作时，保护装置才能动作于跳闸。

16. 小接地电流系统中，为什么单相接地保护在多数情况下只用来发信号而不动作于跳闸？

答：小接地电流系统中，一相接地并不破坏系统电压的对称性，通过故障点的电流仅为系统的电容电流，或是经过消弧线圈补偿后的残流，其数值很小，对电网运行及用户的工作影响较小。为了防止再次发生一点接地时形成短路故障，一般要求保护装置及时发出预告信号，以便值班员酌情处理。

17. 保护出口中间继电器线圈为什么要并联电阻？

答：因为出口中间继电器的线圈是电压线圈，直流电阻很大，因此保护动作后，信号继电器回路电流很小，可能不动作，尤其当几种保护同时动作时，对信号继电器的动作影响更大，往往出现保护动作，断路器跳闸，但反映不出是哪种保护动作，因此必须在保护出口中间继电器线圈加并联电阻。加并联电阻后，降低了串联回路的总电阻，在保护动作时，流过信号继电器的电流大大增加，这样既保证各种保护的信号继电器能可靠地工作，同时也能反映或分清各种保护的动作情况。并且当保护返回时，出口中间继电器线圈突然断电产生的自感反电动势也有了良好的泄放回路，减轻了触点断弧的负担。

18. 为什么有些电压互感器二次回路的某一相熔断器两端要并联电容器？

答：这是因为在电压互感器的二次侧接有失压后可能误动的保护，为了防止该保护误动，一般设有断线闭锁元件，在出现失压现象时，闭锁元件动作将保护闭锁。在某一相熔断器两端并联电容器的目的是在电压互感器二次回路的三相熔断器同时熔断时，使断线闭锁装置能可靠地将保护闭锁。

19. 电压互感器的二次回路为什么必须接地？

答：因为电压互感器在运行中，一次绕组处于高电压，二次绕组处于低电压，如果电压互感器的一、二次绕组间出现漏电或电击穿，一次侧的高电压将直接进入二次绕组，危及人身和设备安全。因此，为保证人身和设备安全，要求除了将电压互感器的外壳接地外，还必须将二次侧的某一点可靠地进行接地。

20. 测量二次回路的绝缘应使用多大的绝缘电阻表？绝缘标准是多少？

答：测量二次回路的绝缘应使用1000V的绝缘电阻表。

绝缘标准：运行中的设备不低于1MΩ；新投入的设备室内不低于20MΩ，室外不低于10MΩ。

21. 怎样测量一路二次线的整体绝缘？应注意什么？

答：测量项目有电流回路对地、电压回路对地、直流回路对地、信号回路对地、正极对跳闸回路、各回路间等。如需测所有回路对地，应将它们用线连接起来测量。

注意事项：

（1）断开本路交直流电源。

（2）断开与其他回路的连线。

（3）拆除电路的接地点。

（4）测量完毕接线应恢复原状。

（5）二次回路中有二极管、三极管、晶体管等电子元件时应短接。

22. 为什么交直流回路不能共用一条电缆？

答：交直流回路都是独立系统，直流回路是绝缘系统，而交流回路是接地系统。若共用一根电缆，两者之间一旦发生短路就造成直流接地，同时影响交流和直流两个系统。平常也容易互相干扰，还有可能降低对直流回路的绝缘电阻，所以交直流回路不能共用一条电缆。

23. 什么是电气二次设备和二次回路？

答：电气二次设备是指对一次设备的工作进行监测、控制、调节、保护以及为运行维护人员提供运行工况或生产指挥信号所需的低压电气设备，如熔断器、控制开关、继电器、控制电缆等。由二次设备相互连接，构成对一次设备进行监测、控制、调节、保护的电气回路称为二次回路或二次接线系统。

24. 电气二次设备包括哪些设备？

答：电气二次设备主要包括：

（1）仪表。

（2）控制和信号元件。

（3）继电保护装置。

（4）操作、信号电源回路。

（5）控制电缆及连接导线。

（6）发出音响的信号元件。

（7）接线端子排及熔断器等。

25. 保护出口中间继电器触点为什么要串接电流线圈？

答：触点串接电流线圈的目的，是防止保护动作后触点抖动、振动或极短时间的闭合不能使断路器跳闸，因此保护总出口通常采用触点串接电流线圈的自保持接线方式。在故障情况下触点闭合，串接的电流线圈带电自保持，保证断路器可靠地跳闸。

26. 什么叫主保护？

答：主保护是指发生短路故障时，能满足系统稳定及设备安全的基本要求，首先以最快时间动作于跳闸，有选择地切除被保护设备和全线路故障的保护。

27. 什么叫后备保护？

答：后备保护是指主保护或断路器拒动时，能够用以切除故障的保护。

28. 什么叫辅助保护？

答：辅助保护是为补充主保护和后备保护的不足，而增设的简单保护。

29. 什么叫断路器失灵保护？

答：失灵保护又称后备接线保护。该保护装置主要考虑由于各种因素使故障元件的保护装置动作，而断路器拒绝动作时（上一级保护灵敏度又不够），将有选择地使失灵断路器所连接母线的断路器同时断开，防止因事故范围扩大使系统的稳定运行遭到破坏，保证电网安全。断路器失灵保护是防止因断路器拒动而扩大事故的一项有效措施，通常与母线保护联用。

30. 零序电流互感器是如何工作的？

答：由于零序电流互感器的一次绕组就是三相星形接线的中性线，在正常情况下，三相电流之和等于零，中性线（一次绕组）无电流，互感器的铁芯中不产生磁通，二次绕组中没有感应电流，当被保护设备或系统上发生单相接地故障时，三相电流之和不再等于零，一次绕组将流过电流，此电流等于每相零序电流的三倍，此时铁芯中产生磁通，二次绕组将感应出电流。

31. 电力系统在什么情况下运行将出现零序电流？

答：电力系统在三相不对称运行状况下将出现零序电流，如：

（1）电力变压器三相运行参数不同。

（2）电力系统中单相接地，或两相接地短路。

（3）单相重合闸过程中的两相运行。

（4）三相重合闸和手动合闸时，断路器三相不同期。

（5）空载投入变压器时，三相的励磁涌流不相等。

（6）三相负载的严重不平衡。

32. 差动继电器的原理是怎样的？

答：差动继电器的铁芯一般用Ⅲ形的硅钢片制成，在铁芯的中间柱上绕有差动线圈和两个平衡线圈，制动线圈和三次线圈绕在边柱上。

正常运行时，制动线圈流过电流产生的磁通仅流过两边柱，而不流过中间柱，并且在两边二次线圈中感应出的电动势方向相反，即二次线圈输出端总电压为零，也就是制动线圈及二次线圈之间没有互感。

当被保护设备外部故障时，故障电流流过制动线圈产生励磁作用，使铁芯饱和，导致差动线圈和二次线圈之间的传递作用变坏，从而增大了保护装置的动作电流。内部故障时，流过差动线圈的电流等于或大于制动线圈的电流，继电器能可靠地动作。

33. 在什么情况下采用三相差动保护？在什么情况下采用两相差动保护？

答：（1）大电流接地系统的差动保护为三相式。

（2）发电机系统一律采用三相差动保护。

（3）所有升压变压器及容量为15 000kVA以上变压器，一律采用三相差动保护。

（4）容量为10 000kVA以下的降压变压器，采用两相三继电器接成，但对其中Yd接线的双绕组变压器来说，如果灵敏度足够，可采用两相继电器差动保护。

（5）对单独运行的容量为7500kVA以上的降压变压器，当无备用电源时，采用三相三继电器差动保护。

34. 为什么方向性继电器会有死区？如何消除死区？

答：当在保护安装点正方向出口处发生相间短路时，故障回路的残余电压将降低到零。例如，在三相短路时$U_{AB}=U_{BC}=U_{CA}=0$，A、B两相短路时$U_{AB}=0$，此时，任何具有方向性的继电器将因加入的电压为零而不能动作，从而出现保护的“死区”。

可以采用以下办法消除死区：

（1）采用记忆回路。记忆回路的作用在于，当外加电压突然由正常运行时的数值降低到0时，该回路的电流不会突然消失，而是按50Hz工频振荡，经几个周期的时间后，才逐渐衰减到0。由于这个电流和故障前的电压基本上为同相位，同时衰减的过程中维持相位不变，因此，它相当于“记住”了故障以前的电压。用这个电流或这个电流在电阻上的压降，即可进行绝对值或相位的比较。如果是正方向出口处短路就可以消除死区而动作，如反方向出口短路就可以仍然保持方向性。

（2）引入非故障相电压。在各种两相短路时，只有故障相的电压降低至零，而非故障相电压仍然很高，因此，继电器的接线方式上可以考虑直接利用或部分利用非故障相的电压，消除两相短路时的死区。例如功率方向继电器所广泛采用的“90°接线方式”，以及在方向阻抗继电器的电压回路中附加第三相电压的办法，但是这种办法无法消除三相短路时的死区。

（3）装设辅助设备也是一项有效措施，辅助保护主要是电流速断，它可以在方向性保护的死区范围内，快速动作切除故障。

35. 距离保护突然失压时为什么会误动?

答: 距离保护的动作是当测量到阻抗值等于或小于整定值时就动作，即加在继电器中的电压降低、电流增大，相当于阻抗减小，继电器动作。电压产生制动力矩，电流产生动作力矩，当电路突然失压时，制动力矩很小，电流回路有负荷电流产生动作力矩。如果闭锁回路动作不灵，距离保护就要误动作。

36. 电压互感器二次侧为什么要加电磁小开关代替总熔断器？电磁开关跳开后应怎样处理?

答: 电压互感器二次侧如果用熔断器，当二次回路短路时，熔断器熔断的时间较长，距离保护由于电压降低要动作，而且动作时间较快，断线闭锁需要等熔断器熔断后才能动作，不能可靠地起闭锁作用，保护要误动作。改用快速的电磁小开关后，即使在电压互感器二次回路最远处短路时，也能保证快速地跳开，使断线闭锁迅速动作，可靠地闭锁保护。有的采用电磁开关跳开同时切断距离保护的直流电源，防止电压互感器二次短路时距离保护误动。

当发现电磁开关跳开后，断线闭锁发出信号，值班人员应首先将该电压互感器所带的距离保护停用，然后检查电压互感器有无故障，如无故障再手动将跳开的电磁开关合上恢复保护。

37. 电压互感器电压消失后应注意什么?

答: 距离保护的启动元件与测量元件正常都通有助磁电流，当电压互感器电压消失后，执行元件因瞬间制动力矩消失，在助磁电流的作用下，触点闭合不返回。因此，一旦电压互感器电压消失，应首先将距离保护退出，然后解除该保护直流，使启动元件与测量元件的执行元件返回，在投入保护时，一定要首先投保护的电压回路，然后再投直流。

38. 系统振荡与短路故障两种情况，电气量的变化有哪些主要差别?

答: 主要区别如下：

（1）振荡过程中，由并列运行发电机电动势间相角差决定的电气量是平稳变化的，而短路时的电气量是突变的。

（2）振荡过程中，电网上任一点电压之间的角度，随着系统电动势间相角差的不同而变化，而短路时电流和电压之间的角度基本上是不变的。

（3）振荡过程中，系统是对称的，故电气量中只有正序分量，而短路时各电气量中不可避免地将出现负序或零序分量。

39. 什么叫阻抗继电器的最小精确工作电流？它有什么意义?

答: 理想的阻抗继电器不论加入电流的大小，只要有一定的工作电压和工作电流，阻抗继电器均会正确反应测量阻抗而动作。实际上无论感应型阻抗继电器的弹簧力矩还是晶体管型阻抗继电器的门槛电压，都会使阻抗继电器的动作阻抗不仅与本身参数有关，而且与加入的工作电流的大小有关。当电流很小时，继电器的动作阻抗将明显小于整定阻抗。为了使继电器的动作阻抗误差限制在一定范围内，规定当动作阻抗为0.9倍整定阻抗时所对应的最小动作电流，为阻抗继电器的最小精确工作电流，它是阻抗继电器的最重要指标之一。

40. 中性点直接接地系统中发生接地短路时，零序电流的分布与什么有关？

答：当中性点直接接地系统中发生接地短路时，零序电流的分布只与系统的零序电抗有关。零序电抗的大小取决于系统中接地变压器的容量、中性点的接地数目和位置，当增加或减少变压器中性点接地的台数时，系统零序电抗网络将发生变化，从而改变零序电流的分布。零序电流的大小与电源数目无关。

41. 什么是系统的最大、最小运行方式？

答：在继电保护的整定计算中，一般都要考虑电力系统的最大与最小运行方式。最大运行方式是指在被保护对象末端短路时，系统的等值阻抗最小，通过保护装置的短路电流为最大的运行方式。最小运行方式是指在上述同样短路情况下，系统等值阻抗最大，通过保护装置的短路电流为最小的运行方式。

42. 什么叫常见运行方式？

答：所谓常见运行方式，是指正常运行方式和被保护设备相邻近的一回线或一个元件停运的正常检修方式。

43. 继电保护对系统运行方式的配合有何要求？

答：(1) 一般情况下，变电站不允许同时检修两个及以上元件（元件指有电源线路及主变压器)，否则须经所属调度的继电保护部门同意。当变电站有两台主变压器且中、低压侧无电源时，中性点不接地运行的变压器不视为一元件。

(2) 在安排检修方式时，应尽量满足后备保护配合的要求，具体运行方式的限制由所属调度的继电保护部门提出。

(3) 当主网运行方式变化时，各发电厂及变电站保护应按规定的方式进行处理。

44. 继电保护及自动装置运行通则有哪些？

答：继电保护及自动装置运行通则有：

(1) 处于运行状态（包括热备用）的一次电气设备必须有可靠的保护装置，不允许无保护运行。

(2) 未经一次电流和工作电压检验的保护装置，不得投入运行；在给保护做相量检查时(此时保护可不退出)，必须有能够保证切除故障的后备保护。

（3）凡接有交流电压的保护装置均有可能因失压而不正确动作。因此，在操作过程中不允许装置失去交流电压。

（4）正常情况下应保证双母线所接元件的保护装置交流电压取自该元件所在母线的电压互感器。

（5）在进行电压互感器倒闸操作时，必须防止二次侧向一次侧反充电。

（6）如高压设备无电气量瞬动保护，则不允许充电。

（7）线路及备用设备充电运行时，应将电源侧断路器的重合闸和备用电源自动投入装置临时退出运行。

（8）由 110kV 或 220kV 系统向变压器充电时，该变压器中性点应先接地，充电完毕后根据有关规定，保留或断开该接地开关。

（9）110、220kV 线路及变压器保护装置的临时停检应符合下列规定：

1）气候条件较好的情况下，110kV 线路零序电流和接地距离保护投运时，相间距离保护可临时停检；相间距离保护投运时，零序电流和接地距离保护可临时停检。在配置纵联保护的线路上，当线路纵联保护投运时，距离或电流保护可临时轮流退出停检；当相间和接地保护同时投运时，纵联保护可临时停检。

2）具有双纵联保护的 220kV 线路，在一套纵联及后备保护投运的条件下，另一套纵联保护可临时停检。双套纵联保护不得同时退出。特殊情况需同时退出双套纵联保护时，须经保护主管部门核算并报主管领导批准后方可执行。

（10）在气候条件良好且站内一次设备无工作时，110kV 及以上系统的母线保护允许停检。进行带电水冲洗母线的工作时，要投入可靠的母线保护。

（11）母联或旁路断路器代路时，其保护定值（一次值）应与被代线路相同；如代主变压器断路器时，则应至少使主变压器的纵差保护、瓦斯保护和放电间隙过流保护维持运行并改跳代路断路器，同时，若所代变压器为中性点接地变压器，则须倒为另一台变压器中性点接地。

（12）用于充电的母联、分段或旁路断路器保护以及其他专用充电保护只有在给设备充电时投入，充电完毕退出运行。

（13）处于双母线运行的母联断路器，正常除母差、失灵保护外，不准投入任何保护（有特殊规定者除外）。

（14）110、220kV 线路备用电源自投、互投装置应处于良好状态，并仅在开环方式下投入运行。

（15）当保护装置出现异常、有误动作危险时，应将保护装置停用。

（16）一般不允许同一厂、站的母线上有两回及以上线路同时停用纵联保护。线路纵联保护与其所在母线的母线保护不得同时停用。

45. 什么是微波保护？用微波通道作为继电保护的通道时具有哪些优点？存在哪些问题？

答：所谓微波保护，就是一种利用微波通道来传送线路两端比较信号的继电保护装置，它的基本原理与高频保护相同，也就是说是高频保护的发展。目前，微波保护采用的是波长为 1～10cm（频率为 30000Hz～3000MHz）的微波。

（1）利用微波通道作为继电保护的通道具有下列优点：

1）不需要装设与输电线路直接相连的高频加工设备，在检修有关高压电器时，无需将微波保护退出运行，在检修微波通道时也不影响输电线路的正常运行。

2）微波通道具有较宽的频带，可以传送多路信号，这就为超高压线路实现分相的相位比较提供了有利条件。

3）微波通道的频率较高，与输电线路没有任何联系，因此，受到的干扰小、可靠性高。

4）由于内部故障时无需通过故障线路传送两端的信号，因此微波保护可以采用传送各种信号（闭锁、允许、直接跳闸）的方式来工作，也可以附加在现有的保护装置上来提高保护的速动性和灵敏性。

（2）微波通道存在的问题有：

1）当变电站之间的距离超过 40～60km 时，需要架设微波中继站；又由于微波站和变电站不在一起，增加了维护的困难。

2）价格较贵。

实际上，只有当电力系统的继电保护、通信、自动化和远动化技术综合在一起考虑，要解决多通道的问题时，应用微波保护才有显著优点。

46. 什么是电平？电压绝对电平和功率绝对电平之间有什么关系？怎样计算？

答：电路中任一点的功率 P_1 和另一点的功率 P_2 之比的对数，称为电平（相对电平）。电平单位是高频信号传输中用得最广泛的计量单位，我国现普遍采用 dB（分贝）作为电平单位。

功率绝对电平：在电路中某测试点的功率和标准比较功率 $P_0=1\mathrm{mW}$ 之比取常用对数的 10 倍，称为该点的功率绝对电平（L_{PX}）。

电压绝对电平：在电路中某测试点的电压和标准比较电压 $U_0=0.775\mathrm{V}$ 之比取常用对数的 20 倍，称为该点的电压绝对电平（L_{UX}）。

功率绝对电平与电压绝对电平之间的换算关系为

$$L_{PX}=L_{UX}+10\lg\frac{600}{Z}$$

式中　Z——被测处的阻抗值。

47. 什么是调制和解调？

答：以相差高频保护为例说明调制和解调。在相差高频保护中，需要利用高频信号将 50Hz 的工频电流相位传送至输电线路对端，以便进行相位比较。用来运载 50Hz 工频信号的高频信号在电信技术中称为载波，载波具有一定的幅度和频率。把需要传送的信号加到高频载波上去的过程称为调制。调制分调幅和调频两种：调幅是使载波信号的幅度随着要传送的信号成比例的变化，也就是说，载波信号的包络线寄托着要传送的信号；调频则是使载波信号的频率随着需要传送信号的变化而变化。从携带外加信号后的高频载波中取出原来所施加的信号的过程称为检波，检波就是将调制信号的包络线检出。由于检波是调制的反过程，因此也叫解调。

48. 故障录波器的作用是什么？

答： 故障录波器是一种能在电力系统发生故障或振荡时自动记录整个故障过程中各种电气量变化的装置。它的作用有：

（1）根据所记录波形，正确地分析判断电力系统、线路和设备故障发生的确切地点、发展过程和故障类型，以便迅速排除故障和制定防止对策。

（2）分析继电保护和高压断路器的动作情况，及时发现设备缺陷，揭示电力系统中存在的问题。

（3）积累第一手材料，加强对电力系统规律性的认识，不断提高电力系统运行水平。

49. 故障录波器分析报告的主要内容有哪些？

答：（1）发生事故时电网的运行方式及事故情况简述。

（2）继电保护和自动装置的动作情况，断路器跳合情况。

（3）故障原因及故障点。

（4）录波照片的波形分析结果。

（5）分析意见及结论。

第二节　电气设备的控制与信号

1. 什么叫操作电源？操作电源有哪几种？

答： 操作电源是向二次回路中的控制元件、信号元件、继电器保护和自动装置供电的电源。由操作电源供电的二次回路可分为控制回路和合闸回路。

控制回路是开关分、合闸的控制电路及信号、继电保护、自动装置回路的总称。

合闸回路是向开关的合闸线圈供电的电路，只有在合闸时才短时接通电路。由于所需合闸电流比较大，因此合闸回路的负荷属短时冲击负荷。

2. 什么是中央信号？它的作用是什么？

答： 中央信号是一种监视发电厂或变电站电气设备运行状况的信号装置。

中央信号的作用是当发生异常或事故时，由相应装置发出各种灯光及音响信号。根据信号的指示，运行人员能迅速而准确地了解和确定异常或事故的性质、发生的地点和范围，从而做出正确的处理。

中央信号应能完成下列任务：

（1）中央信号应能正确反映断路器的实际运行状态。

（2）当断路器跳闸时应能发出音响信号。

（3）当发生故障时应能发出区别于事故音响的另一种音响。

（4）事故预告信号装置及光字牌应能进行模拟试验。

（5）当发生信号或预告信号后应能手动复归或自动复归，而故障性质的显示仍保留。

3. 发电厂及变电站的中央信号按用途分为哪几类？

答：发电厂及变电站的中央信号按用途分为事故信号、预告信号和位置信号三种。

事故信号表示发生事故、断路器跳闸的信号；预告信号反映机组及设备运行时的不正常状态；位置信号指示开关电器、控制电器及设备的位置状态。

4. “掉牌未复归”信号的作用是什么？通过什么信号反映？

答：“掉牌未复归”信号的作用是为了使值班人员在记录、分析保护动作情况的过程中，不至于因发生遗漏而造成错误判断。应注意及时复归信号掉牌，以免出现重复动作时，使前后两次不能区分。“掉牌未复归”信号通常通过“掉牌未复归”光字和预告铃来反映，任何一路未恢复均发出灯光信号，值班员可以根据信号查找未恢复的信号继电器掉牌。

5. 预告信号可分为哪两种？

答：发电厂及变电站的预告信号分为瞬时动作和延时动作两种。瞬时动作预告信号是由发生异常的元件给出脉冲信号，经光字牌的信号灯，接通瞬时预告信号小母线，发出灯光和音响信号。而延时预告信号在中央信号回路中，通常是通过分别在各有关回路中加延时继电器来实现。发生异常情况需要及时告知值班员的信号应接于瞬时，如主变压器瓦斯信号、温度信号等。为防止可能误发信号，或瞬时性故障而不需要通知值班人员的信号应接于延时，如主变压器过负荷信号、直流系统一点接地、直流电压过高或过低等。

6. 闪光装置的作用是什么？

答：闪光装置提供的闪光母线在断路器控制回路中，当断路器与断路器控制开关出现不对应状态时，发出闪光信号，给运行人员分析和判断事故的性质提供了一个可靠的依据。它一般由带延时的中间继电器、延时返回的电磁继电器、试验按钮和信号灯等元件组成。

7. 二次回路标号的基本方法是什么？

答：（1）用3位或3位以下的数字组成，需要标明回路的相别或某些主要特征时，可在数字标号的前面（或后面）增注文字符号。

（2）按等电位的原则标注，即在电气回路中，连于一点上的所有导线（包括接触连接的可折线段）需标以相同的回路标号。

（3）电气设备的触点、线圈、电阻、电容等元件所间隔的线段，即视为不同的线段，一

般给予不同的标号；对于在接线图中不经过端子而在屏内直接连接的回路，可不标号。

8. 直流回路的标号细则是什么？

答：（1）对于不同用途的直流回路，使用不同的数字范围，如控制和保护回路用001～099及100～599，励磁回路用601～699。

（2）控制和保护回路使用的数字标号，按熔断器所属的回路进行分组，每一百个数分为一组，如101～199、201～299、301～399，其中每段里面先按正极性回路（编为奇数）由小到大，再编负极性回路（偶数）由大到小，如101，103，133，…，142，140，……

（3）信号回路的数字标号，按事故、位置、预告、指挥信号进行分组，按数字大小进行排列。

（4）开关设备、控制回路的数字标号组，应按开关设备的数字序号进行选取。例如有3个控制开关1SA、2SA、3SA，则1SA对应的控制回路数字标号选101～199，2SA所对应的选201～299。

（5）正极回路的线段按奇数标号，负极回路的线段按偶数标号。每经过回路的主要压降元件（如线圈、绕组、电阻）后，即行改变其极性，其奇偶顺序即随之改变。对不能标明极性或其极性在工作中改变的线段，可任选奇数或偶数。

（6）对于某些特定的主要回路通常给予专用的标号组。例如：正电源为101、201，负电源为102、202；合闸回路的绿灯回路为105、205、305、405，跳闸回路为35、135、235等。

9. 交流回路的标号细则是什么？

答：（1）交流回路按相别顺序编号，它除用3位数字编号外，还加有文字标号以示区别，例如A411、B411、C411，见表4-1。

表4-1　交流回路的文字标号（一）

类别＼相别	A相	B相	C相	中性	零	开口三角形连接的电压互感器回路中的任一相
文字标号	A	B	C	N	L	X
脚注标号	a	b	c	n	l	x

（2）对于不同用途的交流回路，使用不同的数字组，见表4-2。

表4-2　交流回路的文字标号（二）

回路类别	控制、保护、信号回路	电流回路	电压回路
标号范围	1～399	400～599	600～799

1）电流回路的数字标号，一般以十位数字为一组，如A401～A409，B401～B409，C401～C409，…，A591～A599，B591～B599。若不够也可以20位数为一组，供一套电流互感器使用。几组相互并联的电流互感器的并联回路，应先取数字组中最小的一组数字标

号。不同相的电流互感器并联时，并联回路应选任何一相电流互感器的数字组进行标号。

2）电压回路的数字标号，应以十位数字为一组，如 A601～A609，B601～B609，C601～C609，…，A791～A799，以供一个单独互感器回路标号使用。

(3) 电流互感器和电压互感器的回路，均需在分配给它们的数字标号范围内，自互感器引出端开始，按顺序编号，例如，TA 的回路标号用 411～419，2TV 的回路标号用 621～629 等。

(4) 某些特定的交流回路（如母线电流差动保护公共回路、绝缘监察电压表的公共回路等）给予专用的标号组。

10. 跳闸连接片安装使用有哪些要求?

答：(1) 使用连接片时开口端必须向上，防止连接片解除使用时固定螺栓压不紧而自动投入，造成保护动作。

(2) 若使用打开后向左或向右倾斜 45°的连接片，在连接片打开后应压紧螺栓，以防连接片碰连。

(3) 禁止使用一个连接片控制两个回路，严防混用。

(4) 连接片安装时相互间距离应保证在打开、投入连接片时不会相互碰连。

(5) 在连接片投入前检查继电器触点位置是否正确，用万用表测量连接片两侧，确无电压再投（微机保护中个别输入控制字的保护连接片除外）。

(6) 连接片投退过程中应注意检查连接片是否已可靠接通或断开回路，并注意防止接地。操作时应戴手套，且单手操作。

(7) 连接片应注明用途和名称。

(8) 长期不用的连接片应取下，短期不用的连接片应拧紧。

11. 控制回路中防跳闭锁继电器的接线及动作原理是什么?

答：防跳跃闭锁继电器的接线如图 4-1 所示。

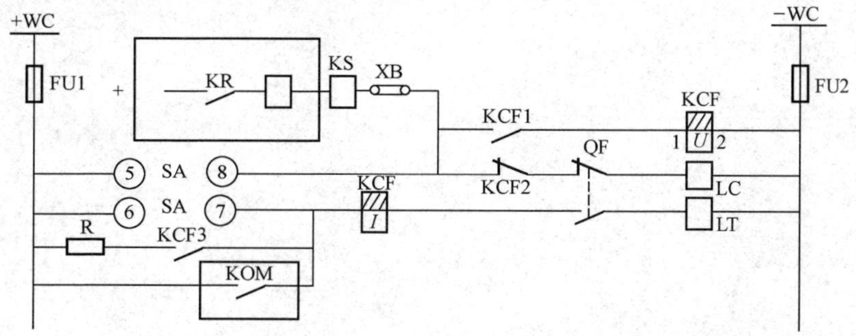

图 4-1　防跳跃闭锁继电器接线图

SA—控制开关；KR—自动重合闸继电器；KCF—防跳跃闭锁继电器；KOM—保护用出口继电器；KS—信号继电器；QF—断路器的辅助触点；LC—合闸线圈；LT—跳闸线圈；XB—连接片；R—电阻；FU1、FU2—熔断器

防跳跃闭锁继电器回路的接线原理中，KCF 为专设的防跳继电器。当控制开关 SA⑤—⑧接通，使断路器合闸后，如保护动作，其触点 KOM 闭合，使断路器跳闸。此时 KCF 的电流线圈带电，其触点 KCF1 闭合。如果合闸脉冲未解除（例如控制开关未复归，其 SA 触点⑤—⑧仍接通，或自动重合闸继电器触点及 SA 触点⑤—⑧触点卡住等情况），KCF 的电压线圈自保持，其触点 KCF2 断开合闸线圈回路，使断路器不致再次合闸。只有合闸脉冲解除，KCF 的电压线圈断电后，接线才恢复原来状态。

12. 为什么保护传动试验时，有时会出现烧毁出口继电器触点的现象？

答：在设有跳跃闭锁继电器的回路中，出口继电器烧毁的原因有：

（1）若跳闸回路断路器辅助触点在跳闸后打不开，而由容量较小的出口继电器触点分断跳闸回路，该触点在切断电弧时可能被烧毁。

（2）若传动试验时，短时按下出口继电器触点的时间不恰当，恰好在断路器动作时继电器触点释放，出口继电器触点会由于切断电弧而被烧毁。

第五章 倒闸操作及运行防止误操作

第一节 倒闸操作原则

1. 单电源线路停送电的操作顺序如何?

答: 停电操作必须按照断开断路器、负荷侧隔离开关、电源侧隔离开关的顺序依次进行;送电合闸操作顺序与此相反。

在操作隔离开关前,必须先检查断路器确在断开位置,在合断路器送电前,必须检查隔离开关在合闸位置。严防带负荷拉、合隔离开关。

2. 双电源线路停送电操作顺序如何?

答: (1)停电时,应先将线路两端的断路器断开,然后依次拉开两端的线路侧隔离开关和母线侧隔离开关;送电操作顺序与此相反。在操作隔离开关前,必须先检查断路器确在断开位置;在合断路器送电前,必须检查隔离开关在合闸位置。

(2)用断路器并列时,应经同期鉴定,严防非同期并列。

3. 变压器的停送电操作顺序如何?

答: (1)单电源变压器:停电时应先断开负荷侧断路器,再断开电源侧断路器,最后拉开各侧隔离开关;送电操作顺序与此相反。

(2)双电源或三电源变压器:停电时,一般先断开低压侧断路器,再断开中压侧断路器,然后断开高压侧断路器,最后拉开各侧隔离开关;送电操作顺序与此相反。

变压器停送电的操作还必须考虑保护的配备和潮流分布情况。

4. 单相隔离开关和跌落式熔断器的操作顺序如何?

答: (1)水平排列时,停电拉闸应先拉中相,后拉两边相,送电合闸操作顺序与此相反。

(2)垂直排列时,停电拉闸应从上到下依次拉开各相,送电合闸操作顺序与此相反。

5. 回路中未装设断路器时,允许用隔离开关进行哪些操作?

答: (1)拉开或合上无故障的电压互感器、避雷器。

（2）拉开或合上无故障的母线或直接连接在母线设备上的电容电流。

（3）拉开或合上变压器中性点的接地开关。不论中性点是否接有消弧线圈，只有在该系统没有接地故障时才可进行。

（4）拉开或合上励磁电流不超过 2A 的无故障的空载变压器和电容电流不超过 5A 的无故障空载线路，但当电压在 20kV 及以上时，应使用屋外垂直分合式的三联隔离开关。

（5）拉开或合上 10kV 及以下，电流在 70A 以下的环路均衡电流。

（6）用屋外三联隔离开关拉开或合上电压在 10kV 及以下电流在 15A 以下的负荷。

（7）与断路器并联的旁路隔离开关，当断路器在合闸位置时，可拉、合该断路器的旁路电流，但在操作前，必须将断路器的操作熔断器取下。

6. 投入或断开中性点直接接地系统电压为 110kV 及以上的空载变压器时，应注意什么？

答：投入或断开中性点直接接地系统电压为 110kV 及以上的空载变压器时，应将变压器中性点接地，以防变压器线圈间由于静电感应引起传递过电压。

7. 在只有隔离开关和熔断器的低压回路，停送电顺序如何？

答：在只有隔离开关和熔断器的低压回路，停电时应先拉开隔离开关，后取下熔断器，送电时与此相反。

8. 消弧线圈分接头的调整原则是什么？

答：消弧线圈分接头的调整原则为：当过补偿时，电容电流增大前调大，电容电流减少后再调小；当欠补偿时，调整顺序与此相反。

9. 110kV 或 220kV 变压器中性点直接接地隔离开关的倒换操作顺序如何？

答：110kV 或 220kV 变压器中性点直接接地隔离开关的倒换操作应先合后拉，即允许短时间内有两个及以上的中性点接地。

10. 当由变压器向接有电压互感器的空载母线合闸充电时的操作技术原则？

答：当由变压器向接有电压互感器的空载母线合闸充电时，在可能条件下，应将变压器中性点接地或接消弧线圈，以防止中性点位移而产生谐振过电压。

11. 母联断路器兼旁路断路器旁带线路时正确操作方法是什么？

答：母联断路器兼旁路断路器旁带线路时，不允许用旁路隔离开关给旁路母线首先充电。正确操作方法有以下两种：

（1）用断路器给旁路母线充电，充电良好后断开该断路器，用旁路隔离开关再次给旁路母线充电，最后用断路器合闸。

（2）用断路器充电良好后，再用旁路隔离开关合闸（等电位法）。

12. 两线一地制供电系统装设接地线有何规定？

答：（1）断路器检修时，线路侧接地线应挂在线路隔离开关外侧，不准挂在线路隔离开关内侧，同时应在母线隔离开关闸口上加设经试验合格的绝缘隔板。

（2）线路检修时，变电站内的接地线应挂在线路隔离开关内侧，不准挂在线路隔离开关外侧。工作班接地线应挂在离变电站工作接地网一定距离（经实测后决定）的地方。

（3）断路器和线路同时检修时，变电站在线路隔离开关和母线隔离开关闸口上加设经试验合格的绝缘隔板以代替接地线。线路方面的接地线按线路检修的规定加挂。

第二节　工作票与操作票

1. 填用发电厂（变电站）第一种工作票的工作有哪些？

答：填用第一种工作票的工作有：

（1）在高压设备上工作，需要将该设备停电或部分停电，以及进行高压试验工作时。

（2）高压室内的二次线或照明回路上工作，需要将高压设备停电或做安全措施者。

（3）邻近高压设备的工作，因安全距离不够，需要将该设备停电或做安全措施者。

（4）电力电缆需要停电的工作。

2. 填用发电厂（变电站）第二种工作票的工作有哪些？

答：填用第二种工作票的工作有：

（1）带电作业。

（2）控制盘和低压配电盘、配电箱、电源干线上的工作。

（3）二次接线回路上的工作，无需将高压设备停电或做安全措施者。

（4）转动中的发电机、同期调相机的励磁回路或高压电动机转子电阻回路上的工作。

（5）非当值值班员用绝缘棒和电压互感器定相或用钳形电流表测量高压回路的电流。

（6）在带电设备外壳上的工作[如工作不能保证安全距离时，应填用发电厂（变电站）第一种工作票]。

（7）更换电气表计或试验表计无需将高压设备停电者。

（8）不需要停电的电力电缆工作。

（9）在高压室内和室外变电站高压设备区内工作，无需将高压设备停电或做安全措施者。

3. 工作票中所列人员的安全责任各是什么？

答：（1）工作票签发人安全责任。

1）工作必要性和可能性。

2）工作是否安全。

3）工作票上所填安全措施是否正确完备。

4）所派工作负责人和工作成员是否适当和充足。

（2）工作负责人（监护人）安全责任。

1）正确安全地组织工作。

2）结合实际进行安全思想教育。

3）负责检查工作票所列安全措施是否正确完备，值班员所做的安全措施是否完善、符合现场实际条件，必要时予以补充。

4）工作前向工作班全体成员告知危险点，交代安全注意事项。

5）监护、监督工作班成员遵守规程、安全措施和危险点控制措施。

6）工作班成员变动是否合适。

（3）工作许可人安全责任。

1）负责审查工作票所列安全措施是否正确完备，是否符合现场条件。

2）工作现场布置的安全措施是否正确完善。

3）负责检查停电设备有无突然来电的危险。

4）对工作票中所列内容即使发生很小疑问，也必须向工作票签发人询问清楚，必要时应要求做详细补充。

（4）值长的安全责任。负责审查工作的必要性和检修工期是否与批准期限相符，以及工作票所列安全措施是否正确完备。

（5）工作班成员的安全责任。认真执行《电业安全工作规程》和现场安全措施，互相关心施工安全，并监督《电业安全工作规程》和现场安全措施的实施。

4. 在未办理工作票终结手续以前，在工作间断期间，若有紧急情况，需要将施工设备合闸送电，值班员该如何操作？

答：在工作间断期间，若有紧急需要，值班员可在工作票未交回的情况下合闸送电，但应先通知工作负责人，在得到工作班全体人员已离开工作地点及可送电的答复后方可执行，并采取下列必要措施：

（1）拆除临时遮栏、接地线和标示牌，恢复常设遮栏，换挂“止步，高压危险”的标示牌。

（2）必须在所有通路派专人守候，以便告诉工作班人员“设备已经合闸送电，不得继续工作”。守候人员在工作票未交回前，不得离开守候地点。

5. 检修工作结束以前，若需将设备试加工作电压，该如何布置措施？

答：可按下列条件进行：

（1）全体工作人员撤离工作地点。

（2）将该系统的所有工作票收回，拆除临时遮栏、接地线和标示牌，恢复常设遮栏。

（3）应在工作负责人和运行人员进行全面检查无误后，由运行人员进行施加电压。

6. 如何变更工作负责人？

答：(1) 工作票签发人在生产现场时，由工作票签发人通知值班负责人，向工作负责人说明原因，并命令全部工作班成员暂停工作，集中撤离工作现场，收回工作票。工作票签发人将工作票交给新的工作负责人，并详细交代工作内容及安全措施。由新旧工作负责人正式办理交接手续。双方确认无问题后，在工作票上分别签名。工作票签发人填写变动时间并签名。新工作负责人将工作票交值班负责人并经许可后，带领全体工作班成员进入工作现场，宣布开始工作。

(2) 签发人不在现场时，由签发人将变动情况分别通知原工作负责人、新工作负责人和值班负责人，同时停止工作，撤离工作现场，由新旧工作负责人认真进行交接。双方确认无问题后，在工作票上分别签名。值班负责人代替签发人填写变动时间及签名，并将变更情况在备注栏内注明，经许可后方可开始工作。

(3) 新工作负责人不在工作现场且工作内容和安全措施不变时，新工作负责人持签发人通知单，去现场按照上述规定办理变动手续。

第三节　倒闸操作程序

1. 电气倒闸操作的执行程序如何？

答：倒闸操作的执行程序为：

(1) 发布和接受操作任务。

(2) 填写操作票。

(3) 审查与核对操作票。

(4) 操作执行命令的发布和接受。

(5) 进行模拟预演。

(6) 进行倒闸操作。

(7) 对操作进行复核。

(8) 汇报、盖章与记录。

2. 如何发布和接受操作任务？

答：值班调度员根据检修申请和运行方式的安排，在下令进行倒闸操作前，应按规定核对模拟图填写操作票。审核无误后，应将操作任务发布给发电厂的值长和地调、县调值班员或变电站主值，并通知填写操作票。在发布和接受操作任务时，双方应互报单位，互通姓名，使用调度术语。有关通话内容应录音。对有双重称号的设备，在下达操作任务时，应使用双重称号。受令人接受任务时，将操作任务记入运行记录簿中，并按记录双方复诵核对无误。值长、地调和县调值班员应按其调度管辖范围向发电厂值班长或变电站的主值布置操作任务，并说明操作目的和有关注意事项。值班长或主值接受操作任务时，应记入运行记录簿中，并按记录双方复诵核对无误。同时，根据操作任务的要求，指派合格的监护人和操作人；并根据当时的运行方式和设备状态，全面详细地布置操作任务，交代安全注意事项。非上级调度管辖的设备，若需要进行倒闸操作时，值长或值班长（主值）也应指派合格的监护人和操作人，并布置操作任务。下令时也应使用调度术语及设备双重称号，讲清操作目的和设备系统运行状态，同时通知填写操作票。如符合下达口头命令的条件时，可下达口头命令或填写操作卡。接受操作任务的人员必须复诵无误，并做好操作前的准备工作。

3. 如何填写操作票？

答：（1）操作票应由操作人根据操作任务、设备系统的运行方式和运用状态填写。

（2）在填写操作任务时，应使用设备双重名称，还应填上设备系统状态转换情况。运用中的电气设备系统，分为运行、热备用（只有断路器在断开位置）、冷备用（除断路器在断开位置外，隔离开关也在断开位置）、检修（在冷备用状态的基础上，设备已可靠接地，并布置了其他安全措施）四种不同的状态。

（3）下列项目应填入操作票内：

1）应拉合的断路器和隔离开关。检查断路器和隔离开关的位置（就地操作且操作时能直接看到隔离开关实际位置的隔离开关，可不将检查隔离开关的位置作为一个单独的项目填入操作票内，但必须检查隔离开关确已拉开或确已合好后，才能在该操作项目左侧打“√”；远方操作的隔离开关或操作时不能直接看到隔离开关实际位置的，必须将检查隔离开关位置作为一个单独的项目填入操作票内)；检查接地线（接地开关）是否拆除（断开)；检查负荷分配。验电，装、拆接地线（或合上、断开接地开关)；装、拆绝缘隔板；安装或拆除控制回路、防误闭锁回路或电压互感器回路的熔断器；切换保护回路和检验是否确无电压；投、退保护连接片；断开断路器、隔离开关的操作电源等。

2）在高压直流输电系统中，启停系统、调节功率、转换状态、改变控制方式、转换主控站、投退控制保护系统、切换换流变压器冷却器及手动调节分接头、控制系统对断路器的锁定操作等。

（4）一份操作票只能填写一个操作任务。

4. 什么情况下，允许不填写操作票进行倒闸操作？

答：（1）事故处理时，可以不填写操作票。所谓事故处理是指：为了迅速处理事故，不使事故延伸扩大而进行的紧急处理和切除故障点、将有关设备恢复运行的操作，在发生人身触电时，紧急断开有关设备电源的操作。紧急处理操作不包括故障设备转入检修或修复后恢复送电所需要的操作。

（2）以下单项操作可以不填写操作票：

1）拆除全厂（站）仅有的一组接地线，或拉开全厂（站）仅有的一组已合上的接地开关。

2）拉、合断路器的单一操作。

5. 如何审查与核对操作票？

答：（1）操作人填写完操作票后，自己应先审查一遍，然后交监护人审查。发电厂的操作票还应交值班长和值长审查，变电站复杂操作的操作票还应交值班长或站长审查。

（2）操作人审查并签名后，将操作票交监护人审查，两人一起应对照符合现场实际的模拟图板或接线图核对所写操作票的正确性，审查无误后，由监护人签名，然后交值班长、值长审查并签名。

（3）操作票经审核无误签名后，监护人应将该操作票放在专用的操作票夹板上，等候值班调度员或值班负责人下达执行操作的命令。若按照有关规定，需与值班调度员核对操作票时，则应由监护人在操作前负责完成核对工作。

（4）在运行方式和设备状态等无任何变化时，对于发电机并列与解列、励磁倒换、厂用电联动试验、直配线路停送电等操作，可以使用固定操作票，但同样必须履行核对、审查、签名等手续。

6. 操作执行命令是如何发布和接受的？

答：（1）值班调度员或值班负责人，应根据需要和操作准备情况，及时下达操作执行命令。该命令分为单项命令和综合命令两种方式。在实际操作中，凡不需要其他单位直接配合进行的操作，可采取综合命令方式。凡一个操作任务涉及两个及以上厂、站，应采取命令一项（或几项）、执行一项（或几项），并立即汇报执行结果后，方能继续下令操作的方式。

（2）当监护人接到值班调度员或值班负责人下达的操作执行命令时，必须重复命令。在得到发令人的许可后，将接令时间记入操作票“命令操作时间”栏内。变电站的监护人还应将发令人的姓名填写在操作票的“发令人”处。

7. 进行倒闸操作有何规定？

答：（1）倒闸操作必须由两人执行，其中一人监护，一人操作。操作人和监护人必须由通过培训、考核合格并经批准的人员担任。除单人值班的变电站允许单人操作外，禁止单人操作。特别重要和复杂的倒闸操作，应由熟练的值班员操作，由值班负责人或值长监护。除故障情况外，交接班时一般不进行倒闸操作。

（2）一组操作人员一次只能持有一个操作任务的操作票。

（3）操作中必须按操作票所列项目顺序依次进行操作。禁止跳项、倒项、添项和漏项以及干与操作任务无关的工作。

（4）在进行每项操作前，监护人和操作人应首先共同核对设备的名称、编号和运用状态。经核对无误后，操作人站好位置，准备操作。

（5）进行每项操作时，先由监护人按操作项目内容高声唱票，操作人接令后应再次核对设备名称、编号无误后，手指被操作设备，高声复诵，监护人确认复诵无误并最后核对设备名称、编号和位置正确，发出“对，执行!”的命令，操作人经 3s 思考无误后方可进行操作。

（6）每一项操作后，操作人必须在监护下认真检查操作质量。例如隔离开关拉开的角度够不够，断路器的指示器是否正确，表计指示是否正常，闭锁销子是否插牢；等等。经检查良好后，该加锁的立即加锁，同时监护人应立即在该操作项目左侧打钩。

（7）对第一项、最后一项和重要操作项目（包括断合断路器、投停保护、装拆接地线或拉合接地隔离开关等），应在该项右侧“操作时间”栏内填写实际操作时间。中间的一般操作项目可以不填写操作时间。

（8）在操作过程中，无论监护人或操作人对操作发生疑问或发现异常时，应立即停止操作，不准擅自更改操作票，不准随意解除闭锁装置，必须立即向值班负责人或值班调度员报告，待将疑问或异常查清消除后，再进行操作。

（9）倒母线操作在拉开母联断路器前，监护人和操作人要对此项操作前操作的隔离开关位置进行一次复查。

（10）全部操作项目进行完毕后，监护人和操作人还应共同进行一次复查，以防漏项、错项。

8. 操作中发生疑问怎么办？

答：操中发生疑问时，首先应立即停止操作，并汇报值班负责人。不准擅自更改操作票，不准随意解除防误闭锁装置。

（1）如果疑问或异常并非操作票上或操作中的问题，也不影响系统或其他工作的安全，经值班负责人许可后，可以继续操作。

（2）如果操作票上没有差错，但可能发生其他不安全的问题时，应根据值班负责人或值班调度员的命令执行。

（3）如果操作票本身有错误，原票停止执行，应按照现场实际情况重新填写操作票，经履行本节规定的程序后进行操作。

（4）如果因操作不当或错误而发生异常时，应等候值班负责人或值班调度员的命令。

第四节　防止电气误操作

1. 常见电气误操作有哪些类型？

答：常见的电气误操作有：误拉、合断路器；带负荷拉、合隔离开关；带电挂接地线或合接地开关；带接地线或接地开关合断路器或隔离开关；误入带电间隔；漏退（误投）保护连接片；非同期并列等。

2. 引起电气误操作的常见原因有哪些？有何防范措施？

答：（1）无票或错票操作造成误操作。

防范措施：

1）倒闸操作必须根据调度员或值班负责人的命令，受令人做好记录复诵无误后执行。

没有上述命令，任何人不得擅自进行操作。

2）进行操作前由操作人根据操作任务、设备系统的运行方式和运行状态填写操作票，填写完毕经自己审查无误后，交监护人审查，并经值班负责人以至值长、站长逐级进行审查把关，以防操作票错误造成误操作。

3）为保证操作项目和操作顺序的正确，操作人和监护人应在符合现场实际运行方式的模拟图板上认真进行模拟预演，以检验操作票所列操作项目和操作顺序是否有错项、漏项、倒项、添项，发现问题，即予以纠正。

4）经审查无误的操作票，在执行操作票前如运行方式有变化，则应重新履行审查程序，以防运行方式改变后，原审查无误的操作票不符合变动的运行方式而发生事故。

（2）未核对或未正确核对设备双重编号造成误操作。

防范措施：

1）在进行每项操作前，监护人和操作人应首先按操作票所列操作项目核对设备的名称、编号、运行状态无误后，再进行操作。

2）倒闸操作必须由两人执行，其中一人对设备较为熟悉者做监护。

3）在现场设备上应标有正确、规范、醒目的双重编号，必要时可设置声光提示装置。同时应保证现场有足够的照明条件。

（3）跳项、漏项操作引起误操作。

防范措施：

1）操作中必须按照操作票所列项目顺序依次进行操作，禁止跳项、倒项、添项和漏项操作。

2）进行每一项操作后，操作人在监护人的监护下检查操作质量良好后，监护人应立即在该操作项目左侧打钩，以保证按操作票所列项目顺序依次进行操作。对尚未操作完的项目严禁打钩。

3）执行操作任务时，必须由监护人携带经审查、模拟预演无误的操作票，按操作票所列顺序依次进行操作，严禁凭印象不携带操作票进行操作。

4）操作时，应由监护人、操作人按经审查、模拟预演无误的操作票所列项目逐项认真进行操作，其他领导人员、工作人员不应干扰操作。如发现操作人员在执行操作中的问题时，领导和工作人员可以向监护人提出，说明存在的问题和正确做法。具体执行仍由监护人、操作人按操作票顺序进行操作，禁止操作中越过监护人乱指挥。

（4）操作质量不良及处理不当造成误操作。

防范措施：

1）操作过程中，监护人与操作人应认真检查操作质量是否到位，操作完毕后应对操作过的系统再做一次全面检查。

2）进行拉开隔离开关的操作项目时，当拉开隔离开关后，应认真检查操作质量，检查防止闸刀因自重下落合闸的销子是否已拴牢。

3）出现操作失误时，应沉着冷静，避免因急于恢复而造成人为扩大事故。

（5）调度命令授受不清或联系不当造成误操作。

防范措施：

1）值班调度员发布操作命令的全过程（包括受令方复诵命令）和听取执行命令的报告

时，都要录音并做好记录。在发布和接受操作命令时，双方应互通单位、姓名，使用调度术语。对有双重编号的设备，下达命令和复诵时应使用双重编号。受令人接受命令时，应将操作命令记入运行记录簿中，并按记录复诵核对无误。

2）进行断开断路器操作前（不含拉闸限电），应检查表计指示情况，如表计指示断路器仍通过正常负荷电流，对断开断路器操作的目的不清楚时，应向调度汇报，弄清楚操作目的后再进行操作。

3）使用可靠的通信工具，保证良好的通话质量，避免因听不清楚而造成误操作。

（6）非当值运行人员擅自操作运行中的设备造成误操作。

防范措施：

1）倒闸操作必须根据调度员或值班负责人的命令由当值运行人员进行。其他检修、试验、施工人员无权进行运用中电气设备的任何操作。工作中如发现问题或工作需要操作设备时，应向当值运行人员提出，由当值运行人员进行操作。

2）非当值运行人员（包括电气班长、变电站长）不掌握当时的运行方式情况，因此也无权进行倒闸操作。如认为需要操作时，应向当值值班负责人提出，由当值值班负责人根据情况决定是否进行操作。禁止非当值运行人员擅自操作运行中的设备。

3）加强现场管理，禁止无关人员进入生产现场，特别是主控室、保护间。

（7）闭锁装置功能不全或擅自解除闭锁装置造成误操作。

防范措施：

1）防误闭锁装置应具备完整的“五防”（防误拉、合断路器；防带负荷拉、合隔离开关；防带电挂接地线或合接地刀闸；防带接地线或接地开关合闸；防误入带电间隔）功能。

2）操作中发生疑问时，应立即停止操作并向值班负责人报告，弄清和排除问题后，再根据值班负责人的命令进行操作。不准随意更改操作票，不准随意解除防误闭锁装置。

3）建立完善的防误闭锁装置的使用、解锁、停用管理制度。防误闭锁装置不得随意退出运行，停用时应经本单位总工程师批准；短时间解锁操作，应经值长或变电站站长（站长参与操作时应经上一级）批准，并应按程序尽快投入运行。

（8）单人操作或双人操作时监护不到位造成误操作。

防范措施：

1）倒闸操作必须由两人执行，其中一人对设备较为熟悉者做监护。特别重要的操作，由熟练的值班员操作，值长或值班负责人监护。

2）倒闸操作时，监护人不得干预操作无关的工作。禁止监护人代操作人操作或两人同时分别进行操作。

3）监护人因故离开工作现场时，操作人应立即停止操作。

（9）操作人员不熟悉现场设备及运行规程造成误操作。

防范措施：

1）禁止未经考试合格的人员执行操作任务。

2）现场设备应标有醒目的双重编号。特别重要的设备或一经操作可能引起严重后果的设备应作特别的标志。

3）系统改进或设备变更后应及时组织值班员进行现场培训。熟悉已变更的设备、系统及其操作方法。在运行规程及系统图册中及时进行相应的变更或补充。

（10）运行记录不清或错误造成误操作。

防范措施：

1）每进行一项操作应及时记入现场运行记录簿中，防止在交接班时漏记或错记。

2）完善交接班制度，接班前应对此前进行过的操作及现场运行方式进行充分了解，并赴现场检查核对无误后方可进行交接班。

3）认真巡回检查，及时发现问题。

（11）封接地线（合接地开关）前未验电，带接地线（接地开关）合断路器（隔离开关）造成误操作。

防范措施：

1）挂接地线（合接地开关）的操作之前，必须有验明设备确无电压的操作项目。监护人和操作人应按操作票核对设备双重编号无误后，在要求的位置用合格的验电器分别验明三相确无电压后，立即装设接地线或合接地开关。严禁不经验明确无电压就盲目挂接地线或合接地开关。

2）由检修状态转冷备用状态，应单独作为一个操作任务填写操作票。先拆除接地线及短路线、断开接地开关等安全措施，然后再根据需要进行转热备用或运行状态的操作。

3）工作票所列挂接地线、合接地开关的安全措施经操作实施后，应在模拟盘上相应位置挂上接地标志；运行人员根据工作票或工作任务装设的接地线或合上的接地开关，也要在模拟盘上相应位置挂上接地标志，以保证恢复送电的操作票在模拟预演时，模拟盘上完整无缺地标示出已装设的接地线和已合上的接地开关。

4）进行倒闸操作时，应由监护人带上操作票所列操作的隔离开关、接地开关项目的钥匙，不得错带、不得多带、不得少带。当操作到某一项时，监护人将该项目的钥匙交给操作人，核对名称、编号相符后，再开锁。

5）操作中对某处装设接地线已拆除的检查项目，操作人和监护人必须到位，认真检查。如找不到接地线时，应停止操作，向值班负责人汇报，等候处理。不准自作主张，跳过检查项目继续操作。

（12）漏退或误投保护连接片造成误操作。

防范措施：

1）应在现场规程中明确规定保护连接片的作用及其投退要求。如有变动时，应书面通知有关电气分场、变电站和调度等部门，并组织有关人员学习掌握。

2）对于新投产的厂、站和新投入或改进的保护装置，继电保护人员应对现场值班人员进行培训讲课，使其熟悉有关保护装置的作用和运行注意事项。

3）在投入保护连接片前应测量连接片两侧电压是否正常，如有疑问，应及时向继电保护人员询问清楚。

（13）非同期并列造成误操作。

防范措施：

1）发电厂和有并列装置变电站的新主岗人员，除全面的培训、实习考核外，还应经并列操作的培训考试、并列模拟操作培训合格，方可上岗。

2）严禁解除同期装置进行并列操作。

3）尽可能使用新型微机型同期并列装置，减少人为干预。定期对同期装置进行检查

试验。

如何防止误入带电间隔或误登室外带电设备？

答：(1) 检修设备现场应采取全封闭的检修临时围栏，局部停电检修时围栏的出入口应设至站内主要通道处并设有出入口标志。

(2) 在检修设备相邻或相似设备上悬挂“设备运行中”红布或“止步、高压危险”标示牌。

(3) 在成套开关柜上应装设带电感应灯及间隔门带电闭锁装置或电锁。

(4) 高压开关柜内手车开关拉至“检修”位置时，隔离带电部位的挡板封闭后不应开启，并设置“止步、高压危险”的标示牌。

(5) 带电设备构架上应悬挂“禁止攀登，高压危险”标示牌。

(6) 工作人员应尽可能配备近电感应手表、安全帽等防护用品。

中 级 工

第二篇

第六章 发电机

第一节 氢水油系统

1. 发电机组为什么需要设置冷却系统？常用的冷却介质有哪些？

答：在发电机运行时，存在着导线和铁芯的发热损耗、转子转动时的鼓风损耗、励磁损耗和轴承摩擦损耗等能量损耗。这些损耗最终都转化为热能，使发电机的定子和转子等各部件发热，如不及时把这些热量排走，将会使发电机绝缘材料因超温而老化和损坏。为保证发电机在允许温度内正常运行，必须设置发电机的冷却设备。常用的冷却介质有空气、氢气和水等。

2. 同步发电机按其冷却方式和冷却介质如何分类？

答：（1）按冷却方式分：外冷式（表面冷却式）发电机、内冷式（直接冷却式）发电机。

（2）按冷却介质分：空气冷却发电机、氢气冷却发电机、水冷却发电机。

（3）按冷却介质和冷却方式不同组合分：

1）水-氢-氢发电机（定子绕组水内冷，转子绕组氢内冷，铁芯氢冷）。

2）水-水-空发电机（定子、转子绕组水内冷，铁芯空冷）。

3）水-水-氢发电机（定子、转子绕组水内冷，铁芯氢冷）。

3. 目前大型汽轮发电机组多采用什么冷却方式？

答：目前大型汽轮发电机组多采用水-水-空冷却系统（双水内冷）和水-氢-氢冷却系统。其中水-氢-氢冷却的发电机冷却设备包括三个支系统，即氢气控制系统、密封供油系统和发电机定子冷却水系统。而水-水-空冷却水系统仅需闭式循环冷却水系统。

4. 永磁副励磁机的冷却方式怎样？

答：永磁副励磁机的冷却方式采用空气冷却，即在副励磁与主励磁的底架上构成风路，并在底架的进、出风口处装有空气过滤器消声筒，以进一步降低永磁机的噪声。

5. 交流主励磁机的冷却方式怎样？

答：交流励磁机的通风为密闭循环方式，有两个绕簧式铜管空气冷却器，安装在其基础下面的地坑里，风路为一进两出。底架上还附设有两个带消声筒的空气过滤器补充空气。

6. 用空气作发电机的冷却介质有何优缺点？

答：（1）主要优点：空气可从大气中获得，制取方便、价廉，对轴密封要求不高，运行简单，安全可靠。

（2）主要缺点：空气密度较大，通风损耗大，导热性低，散热能力差。由于氧助燃，当机内发生电弧时，易烧毁绝缘。另外，电晕放电时产生臭氧，对绝缘有破坏作用。

7. 用氢气作发电机的冷却介质有什么优、缺点？

答：（1）主要优点：

1）氢气密度小，通风损耗小，可提高发电机效率。

2）氢气流动性强，可大大提高传热能力和散热能力。

3）氢气比较纯净，不易氧化，发生电晕时，不产生臭氧，可对发电机绝缘起保护作用。

4）氢气不助燃。当发电机内部发生绝缘击穿故障时，不会引起火灾而扩大事故。

5）采用密封循环，减少了进入发电机内部的灰尘和水分，减少了发电机的维护工作量。

（2）主要缺点：

1）需要一套复杂的制氢设备和气体置换系统。

2）由于氢气渗透力强，对密封要求高，并且要求有一套密封油系统，增加了运行操作和维护的工作量。

3）氢气是易燃的，有着火的危险，遇到电弧或明火就会燃烧。氢气与空气（氧化）混合到一定比例时，遇火将发生爆炸，严重威胁发电机的运行安全等。

8. 用水作发电机的冷却介质有何优、缺点？

答：（1）主要优点：水热容量大，有很高的导热性能和冷却能力。水的化学性能稳定，不会燃烧。高纯度的水具有良好的绝缘性能。另外，获取方便、价廉，调节方法简单，冷却均匀。

（2）主要缺点：需要一套较复杂的水路系统，对水质要求高，运行中易腐蚀铜导线和发生漏水，降低发电机的运行可靠性等。

9. 为什么不能用二氧化碳气体作为发电机长期的冷却介质？

答：因为二氧化碳容易与机壳内可能含有的水分等物质化合，产生一种绿垢，附着在发电机绝缘和结构件上，使发电机的冷却效果剧烈恶化，并使机件脏污。

10. 氢冷同步发电机结构的特点主要是由哪些因素决定的？

答：氢冷同步发电机的结构特点是由供氢系统、密封氢系统和防止氢气爆炸等因素决定的，它有一套充氢及置换冷却介质用的管路系统，还有一套监视、测量、调节装置和较复杂的密封油系统。

11. 氢气控制系统一般由哪些设备组成？

答： 氢气控制系统主要由气体控制站、氢气干燥器、液位信号器、仪表盘、抽真空管路及定子水系统连接管路组成。

12. 密封油系统的工作要求是什么？有哪两种供油型式？

答： 为了防止发电机氢气向外泄漏或漏入空气，发电机氢冷系统应保持密封，特别是发电机两端大轴穿出机壳处必须采用可靠的轴密封装置。目前，氢冷发电机多采用油密封装置，即密封瓦，瓦内通有一定压力的密封油，密封油除起密封作用外，还对密封装置起润滑和冷却作用。因此，密封油系统的运行，必须使密封、润滑和冷却三个作用同时实现。

由于密封瓦的结构不同，因此密封油系统的供油方式也有多种形式，但归纳起来可分为单回路供油系统和双回路供油系统两种形式。

13. 何为定子冷却水系统？其工作要求及组成是什么？

答： 发电机的冷却水系统主要是用来向发电机的定子绕组和引出线不间断地供水，此系统常简称为定子冷却水系统。

定子冷却水系统必须具有很高的工作可靠性，能确保长期稳定运行。冷却水不仅不能含有机械杂质，而且对其电导率及硬度等都有严格要求，一般要求电导率不大于 2μS/cm，pH 值在 7～8 之间，硬度不大于 2μg 当量/L，水中含氧量尽可能少，否则将会影响发电机的安全运行。发电机定子冷却水系统由水箱、水泵、冷却器、滤网、离子交换器、电导率计等组成。

14. 《电力安全工作规程》中对氢冷发电机有何规定？

答：《电力安全工作规程》中对氢冷发电机有以下规定：

（1）氢冷发电机的氢气置换操作，必须使用 CO_2、N_2 等不活泼气体按专门的操作规程进行置换。在置换过程中，必须保证各种气体取样与化验工作的正确性，防止误判断。

（2）发电机氢冷系统中的氢气纯度、湿度和含氧量，在运行中必须实现在线检测并进行定期校正化验。氢纯度、湿度和含氧量必须符合规定标准，其中氢气纯度应不低于 96%，含氧量不应超过 1.2%，露点温度（湿度）在发电机内最低温度为 5℃时不高于－5℃，在发电机内最低温度不小于 10℃时，不高于 0℃，应均不低于－25℃。如果达不到标准，应立即进行处理，直到合格为止。

（3）氢冷发电机的轴封必须严密，当机内充满氢气时，轴封油不准中断，油压应大于氢压，以防止空气进入发电机外壳内或氢气充满汽轮机的油系统中而引起爆炸。主油箱上的排烟机，应保持经常运行。如排烟机故障时，应采取措施使油箱内不积存氢气。

(4) 为了防止因阀门不严发生漏氢气或漏空气而引起爆炸，当发电机为氢气冷却运行时，置换空气的管路必须隔断，并加严密的堵板。当发电机为空气冷却运行时，补充氢气的管路也应隔断，并加装严密的堵板。

(5) 氢冷发电机的排氢管必须接至室外。排氢管的排氢能力应与汽轮机破坏真空停机的惰走时间相配合。

(6) 禁止在氢冷发电机及其氢气管路附近进行明火作业或从事可能产生火花的工作。如必须在上述地点进行焊接或点火的工作，应事先经过氢气含量测定，证实工作区内空气中含氢量小于3%，并经厂主管生产的领导批准办理动火工作票后方可工作，工作中应至少每4h测定空气中的含氢量并符合标准。

(7) 发电机氢冷系统进行检修前，必须将检修部分与相连的部分隔断，加装严密的堵板，并将氢气按规程规定置换为空气，并按照本文第(6)条规定办理手续后，方可进行工作。

(8) 在发电机内充有氢气时进行检修工作，应使用铜制的工具，以防止发生火花；必须使用钢制工具时，应涂上黄油。

(9) 在氢冷机组机壳内工作时，应关闭氢冷机组补氢阀门，排氢置换空气合格，补氢管路阀门至发电机间应有明显的断开点；检修机组装有灭火装置的，应采取灭火装置误动的措施；在以上关闭的阀门和断开点处悬挂“禁止操作、有人工作！”的标示牌。

15. 对发电机氢气质量有何要求？

答：对发电机氢气质量有以下规定：

(1) 氢气纯度：>96%。

(2) 含氧量：<1.2%。

(3) 湿度：

1) 发电机内氢气在运行氢压下的允许湿度的高限，应按发电机内的最低温度由表6-1查得；允许湿度的低限为露点温度 $t_d = -25℃$。

表6-1　发电机内最低温度值与允许氢气湿度高限值的关系

发电机内最低温度(℃)	5	≥10
发电机在运行氢压下的氢气允许湿度的高限(露点温度 t_d)	−5	0

注　发电机内最低温度，可按如下规定确定：

(1) 稳定运行中的发电机：以冷氢温度和内冷水入口水温中的较低值，作为发电机内的最低温度值。

(2) 停运和开、停机过程中的发电机：以冷氢温度、内冷水入口水温、定子线棒温度和定子铁芯温度中的最低值，作为发电机内的最低温度值。

2) 供发电机充氢、补氢用的新鲜氢气在常压下的允许湿度：①新建、扩建电厂(站)的露点温度 $t_d \leqslant -50℃$；②已建电厂(站)的露点温度 $t_d \leqslant -25℃$。

16. 引起氢气爆炸的条件是什么？

答：在密闭的容器中，氢气和空气混合而氢气的含量在4%～76%的范围内，且又有火

花或温度在700℃以上时，就可能发生爆炸。

17. 氢冷发电机在什么情况下易引起爆炸？

答：氢气和氧气（或空气）混合，在一定条件下，会化合成水且在化合过程中发出大量的热。如果氢冷发电机的机壳内有混合气体，在合适条件下，就会发生化合作用并同时生成大量的热，这样气体突然膨胀，就有可能发生氢冷发电机爆炸事故。

18. 发电机采用氢气冷却应注意什么问题？

答：（1）发电机外壳应有良好的密封装置。

（2）氢冷发电机周围禁止明火，因为氢气和空气的混合气体是爆炸性气体，一旦泄漏遇火将可能引起爆炸，造成事故。

（3）保持发电机内氢气纯度和含氧量，以防止发电机绕组击穿引起明火。

（4）严格遵守排氢、充氢制度和操作规程。

19. 为什么提高氢冷发电机的氢气压力可以提高效率？

答：氢气压力越高，氢气密度越大，其导热能力越高。因此，在电机各部分温升不变的条件下，能够散发出更多的热量。这样，发电机的效率就可以相应提高，特别是对氢内冷发电机，效果更显著。

20. 氢气纯度过高或过低对发电机运行有什么影响？

答：运行中氢气纯度过高，则氢气消耗量增多，对发电机运行来说是不经济的。若氢气纯度过低，则因为含氢量减少而使混合气体的安全系数降低。因此，氢气纯度按容积计需保持在96%以上，气体混合物中的含氧量不超过1.2%。

21. 氢气湿度过高或过低对发电机有何危害？

答：发电机要求在规定的绝缘情况下运行，氢气湿度是影响发电机绝缘的主要因素。

（1）氢气湿度过高对发电机主要危害为：

1）导致发电机绝缘强度下降，有可能造成匝间短路而烧坏发电机。

2）加速转子应力腐蚀。

3）由于氢气湿度大、水分高，使气体密度增大，因而会增加发电机通风损耗，从而降低发电机运行效率。

（2）氢气湿度过低对发电机的主要危害为：因过于干燥，可对发电机某些部件产生不利影响，如导致定子端部垫块收缩和支撑环裂纹、绝缘开裂等。

22. 氢冷发电机漏氢有哪几种表现形式？哪种最危险？

答：按漏氢部位划分，有两种表现形式：

（1）外漏氢。氢气泄漏到发电机周围空气中，一般距离漏点0.25m以外，已基本扩散，所以外漏氢引起氢气爆炸的危险性较小。

（2）内漏氢。氢气从定子套管法兰结合面泄漏到发电机封闭母线中，从密封瓦间隙进入密封油系统中，氢气通过定子绕组空芯导线、引水管等又进入冷却水中，氢气通过冷却器铜管进入循环冷却水中。

内漏氢引起氢气爆炸的危险性最大，因为空气和氢气是在密闭空间内混合的，若氢含量达4%～76%时，遇火即发生爆炸。

23. 发电机在运行中氢压降低是什么原因引起的？

答：氢压降低的原因有：

（1）轴封中的油压过低或供油中断。

（2）供氢母管氢压低。

（3）发电机突然甩负荷，引起过冷却而造成氢压降低。

（4）氢管破裂或闸门泄漏。

（5）密封瓦塑料垫破裂，氢气大量进入油系统、定子引出线套管，或转子密封破坏造成漏氢，空芯导线或冷却器铜管有砂眼或运行中发生裂纹，氢气进入冷却水系统中等。

（6）运行误操作，如错开排氢门等造成氢压降低等。

24. 氢气的置换通常采用哪些方法？如何进行？

答：氢气的置换通常采用中间介质置换法和抽真空置换法。

（1）中间介质置换法是先将中间气体CO_2或（N_2）从发电机壳下部管路引入，以排除机壳及管道内的空气，当机壳内的CO_2含量达到规定要求时，即可充入氢气排出中间气体，最后置换成氢气。排氢过程与上述充氢过程相似。在使用中间介质法时，注意气体采样点要正确，化验分析结果要准确，气体的充入和排放顺序及使用管路要正确。

（2）抽真空置换法是首先将机内空气抽出，当机内真空度达到90%～95%时，可以开始充入氢气。然后取样分析，当氢气纯度不合格时，可以再抽真空，再充氢气，直到纯度合格为止。采用抽真空法时，应特别注意密封油压的调整，防止发电机进油。

25. 在气体置换中，采用二氧化碳气体作为中间介质有什么好处？

答：（1）二氧化碳气体制取方便，成本低，它与空气和氢气混合时，不会产生爆炸。

（2）用二氧化碳气体作为中间介质还有利于防火。

（3）二氧化碳气体的传热系数是空气的1.132倍，在置换过程中，冷却效果也并不比空气差。

26. 采用抽真空法置换气体应具备哪些条件？

答：采用抽真空法置换气体，可以大大缩短置换气体时间和节省大量的中间介质，但必须具备以下抽空置换气体的条件：

（1）置换应在发电机静止停运的条件下进行。

（2）备有容量足够的水力抽气器，供抽真空用。

（3）保证气、油系统在真空状态下的严密性，做好防爆安全措施。

（4）密封瓦运行温度不高，密封油压调整适当，发电机内不进油。

27. 为什么发电机在充氢后不允许中断密封油？

答：为保证氢冷发电机内氢气不致大量泄漏，在机内开始充氢前就必须向密封瓦不间断地供油，且密封油压要高于发电机内部氢压0.05MPa左右，短时间最低也应维持0.02MPa的压差。否则压差过小会使密封瓦间隙的油流出现断续现象，造成油膜破坏，氢气将由油流的中断处漏出，不仅漏氢处易着火，而且氢气漏入空侧回油管路容易发生爆炸。此外，若氢压降至零后，如中断密封油，室内空气将可能漏入发电机，威胁发电机安全。

28. 为什么密封油温不能过高？

答：油温升高后向密封油冷油器通冷却水，并保持冷油器出口油温在33～37℃之间。随着密封油温度的升高，油吸收气体的能力逐渐增加，50℃以上的回油约可吸收8%容积的氢气和10%容积的空气。发电机的高速转动也使密封油由于搅拌而增强了吸收气体的能力。因此，为了保持发电机内部的氢气压力和纯度，冷油器出口油温不宜过高。

29. 为什么要防止密封油进入发电机内部？

答：运行中要防止密封油进入发电机内部，如漏进油量较大，会被发电机风扇吹到线包上，不及时清理，将损坏绝缘，造成发电机短路。此外，大量地向发电机内进油会导致汽轮机主油箱油位下降，因此，运行中应定期从发电机底部排放管或油水信号器处检查是否有漏油。

30. 发电机进油的原因有哪些？如何防止？

答：发电机进油的原因有：

（1）密封油压大于氢压过多。

（2）密封油箱满油。

（3）密封瓦损坏。

（4）密封油回油不畅。

防止进油的措施有：

（1）调整油压大于氢气压力0.039～0.059MPa。

（2）调整空气侧压力与氢气侧压力正常。

（3）严密监视密封油箱油位，防止满油和无油位运行。

（4）检查防爆风机运行正常。

（5）经常检查回油管应畅通。

（6）检查氢气压力下降情况，判断密封瓦运行状况。

31. 为什么大容量的汽轮发电机都采用密闭循环的通风系统?

答：因为密闭循环的冷却系统，可以保证发电机的内部清洁，防止出现导电性的潮气、尘埃和油污进入发电机内。另外还可减小周围环境温度对发电机的影响，充分利用冷却介质的导热性能，在介质流动时将发电机内部的热量带走。

32. 进风温度过低对发电机有哪些影响?

答：（1）容易结露，使发电机绝缘电阻降低。

（2）导线温升增高，因热膨胀伸长过多而造成绝缘裂损。转子铜、铁温差过大，可能引起转子绕组永久变形。

（3）绝缘变脆，可能经受不了突然短路所产生的机械力的冲击。

33. 入口风温变化时对发电机有哪些影响?

答：入口风温的变化，将直接影响发电机的出力。因为发电机铁芯和绕组的温度与入口风温及铜、铁中的损耗有关。而铁芯和绕组的最高允许温度是一个限定值，因此入口风温与允许温升之和不能超过这个允许温度。若入口风温高，允许温升就要小，而当电压保持不变时，温升与电流有关，若温升小，电流就要降低。反之，入口风温低，电流就可增大。

从上可见，入口风温超过额定值时，冷却条件变坏，发电机的出力需减少，否则发电机各部分的温度和温升会超过允许值。反之入口风温低于额定值时，冷却条件变好，发电机的出力允许适当增加。出力的提高或降低多少，应根据温升试验来确定。

34. 发电机的出、入口风温差变化说明什么问题?

答：发电机的出、入口风温差不仅与空气带走的热量以及空气量有关，还与冷却水的水温、水量有关。在同一负荷下，出、入口风温差应该不变，这可与以往的运行记录相比较。如果发现风温差变大，说明是发电机的内部损耗增加，或者是空气量减少，应引起注意，检查并分析原因。

发电机内部损耗的突然增加，可能是定子绕组某处一个焊头断开、股间绝缘损坏，或铁芯出现局部高温等。空气量减少可能是由于冷却器或风道被脏物堵塞等原因所致。

35. 发电机气体冷却器结露的原因是什么？

答： 通常将冷却器表面上附着水珠的现象称为冷却器结露。对于密闭循环通风冷却的同步发电机，气体冷却器结露的主要原因是：发电机检修后充进去的气体和运行中补进去的气体中含有过量的水分，而冷却器的进水温度又偏低，在冷却器表面附着的沉埃微粒的作用下，凝结成水珠，尤其是冷却器的冷却水温与发电机风温差值较大时更容易出现结露。

36. 气体冷却器结露对发电机运行有什么危害？如何消除？

答： 主要危害有两个：

（1）小水珠有可能被吸入到发电机内，使绝缘受潮，特别是定子绕组的端部引线处，沿着受潮的表面容易引起闪络。

（2）水珠使冷却器受潮，引起铁翅（组片式的）腐蚀，降低冷却效果。

因此运行中要定期检查空气冷却小室内有无结露现象。若有应消除，运行中最有效的办法就是调节冷却水量，使冷却器气体温度升高，消除结露。

37. 发电机定、转子冷却水的水质应符合哪些要求？

答：（1）透明纯净，无混合物。

（2）导电率（20℃时）：200MW 及以上的发电机不得大于 2μS/cm；200MW 以下的发电机不得大于 5μS/cm；启动时允许不大于 10μS/cm。

（3）硬度：小于 2μg 当量/L。

（4）pH 值：7.0～8.0。

（5）NH_3值：微量。

38. 为什么规定发电机内水压低于氢压？

答： 规定发电机内水压低于氢压，主要原因是即使绕组水路发生破损，也只能是氢气漏入水中，而水不会漏入机内。

39. 发电机内通定子水循环后，应做哪些检查及操作？

答： 发电机内通定子水循环后，应做下列检查及操作：

（1）检查水系统管道、发电机定子绕组端部的塑料进水管、发电机机壳下部等处有无漏水现象。

（2）进行定子泵互联试验，正常后投入联锁。

（3）投入发电机的检漏计及发电机定子绕组温度自动巡回检测仪。

如上述情况良好，则定子水系统即可投入正常运行。

为什么在定子水箱上部充有一定压力的氢气？

答：为有效地防止空气漏入水中，在水箱上部空间充以一定压力的氢气。水箱上部充氢压力值通过一台减压器得以保证。排除水箱中水位、温度（包括环境温度）对水箱内气压力的影响后，如果这一压力出现持续上升的趋势，则说明有漏氢现象。首先要检查补氢阀门（旁路）泄漏或减压器失调等情况，其次检查定子绕组或引线是否有破损，氢气是否从破损处漏入了水中。切断补氢管路的气源，观察压力变化情况，便可判断氢气泄漏至水箱的原因。

什么是双水内冷发电机？

答：水-水-空冷却的汽轮发电机是指发电机的定子绕组和转子绕组都是用水冷却，定子铁芯用空气冷却，这种类型的汽轮发电机称为双水内冷发电机。双水内冷汽轮发电机除了水-水-空冷却方式外，还应有水-水-氢冷却方式。

水-水-空冷却方式汽轮发电机的特点有哪些？

答：（1）定子绕组和转子绕组温度低，绝缘寿命长，发电机的超负载能力大。

（2）由于绕组温度低，导线与绝缘层间相对位移极小，转子平衡稳定。水冷转子绕组温度低，导线无局部过热点，绕组之间以及绕组与转子铁芯之间的温差小，这样就避免了铜导线匝间因启动、停机时热胀冷缩不一致而引起相对位移，不至影响转子平衡。水内冷转子平衡可以长期保持稳定。

（3）尺寸小、用料少、质量轻。

（4）冷却介质单一，配套设备较少，运行、维护和检修较简便。

（5）发电机内部充满空气，无爆炸及燃爆的危险，无需净化及氢气检漏等工序，因而投运及检修和启、停机方便，节约时间。

（6）水冷定子槽型较浅，瞬变电抗较小，有利于系统的稳定。

（7）鼓风摩擦损耗较大，但采取适当措施后效率可接近氢冷发电机水平。

（8）端部压圈等结构件局部温升较高，双水内冷发电机定子铁芯的温度不高，但由于定子绕组负荷高，端部漏磁严重，所产生的损耗较大，再加以空气冷却的效果较差，所以端部压圈、压指的局部温升较高，需要采取电磁屏蔽及加强端部结构件的冷却等措施。

水-水-空冷却的汽轮发电机的工作过程是什么？

答：冷却水经安装在轴末端的同轴水泵升压后，供给定子绕组、引出线和转子绕组进行冷却。其中定子绕组、引线冷却后的水回到储水器中，转子冷却后的水经进、出水结构回到储水器，然后循环使用。安装在该系统中的离子交换器用来对循环水进行再生净化。静止时水泵是用来在启动过程中对系统进行通水，以润滑或冷却转子进出水部件。

44. 水-水-空冷却系统在盘车状态下为什么要保持供水？

答：如果汽轮发电机组在连续盘车时不能保持供水，就将使进水密封支座的垫料磨损，导致机组下次启动时漏水，甚至会有磨碎的垫料进入发电机转子绕组中去，堵塞发电机转子绕组的水管，发生断水事故。

45. 发电机通水循环后，应做哪些检查工作？

答：发电机通水循环后，应做下列检查及操作：

（1）检查水系统管道、发电机机壳下部等处有无漏水现象。

（2）检查转子进水的密封情况，进水密封支座垫料处应有少量滴水，如滴水过大，可适当降低转子进水压力。

（3）转子出水支座处不应有大量甩水现象。

（4）投入发电机的油水继电器、发电机定子绕组温度自动巡回检测仪。

46. 水-水-空发电机在启动过程中应注意哪几点？

答：（1）在冲转和升速过程中，转子进水压力会随流量增大而逐渐降低，因此升速时需随时予以调整。保持转子水压及通水流量在设计值。

（2）机组升速时，应特别注意转子进水密封支座的工作情况无过热或大量漏水现象，并随时调整进水密封垫料压盖松紧程度。对于转子低转速时转轴进出水处可能出现的渗漏现象，若不严重可不做处理，因转速升高后，其渗漏会随离心力加大而减小，但升速时应加强对该部位检查。

47. 水内冷汽轮发电机并列后，对增加负荷的速度应考虑哪些因素？

答：并列后增加负荷的速度除要考虑汽轮机和锅炉的因素外，还应考虑：

（1）应使各部件发热膨胀均匀。

（2）应使定子端部的周期性振动缓慢增加，以保证水接头及绝缘引水管有一逐渐适应的过程，避免突然发生振动，使接头焊缝开裂，造成漏水故障。

（3）由于水冷发电机电磁负荷大，负荷上升速度过快，会使定子端部绕组造成很大的冲击力，所以要控制并列后加负荷的速度。

48. 水冷发电机在运行中应注意什么？

答：（1）注意出水温度是否正常。出水温度升高，不是进水少或漏水，就是内部发热不正常，应加强监视。

（2）注意观察端部有无漏水、绝缘引水管是否断裂或折扁、部件有无松动、局部是否有过热、结露等情况发生。

（3）定、转子绕组冷却水不能断水，断水时只允许运行30s。应定期检查断水保护投入正常。

（4）监视线棒的振动情况，一般采用测量测温元件对地电位的方法进行监视。

（5）对各部分温度进行监视，注意运行中高温点及各点温度的变化情况。

49. 运行中发电机定子汇水管为何要接地？

答：发电机运行中两汇水管接地，主要是为了人身和设备的安全。汇水管与外接水管间的法兰是一个绝缘结构，而汇水管距发电机绕组端部近且汇水管周围铺设很多测温元件，如果不接地，一旦绕组端部绝缘损坏或绝缘引水管绝缘击穿，使汇水管带电，对在测温回路上工作的人员和测温设备都是危险的。因此，运行中，在汇水管与外接水管的法兰处接有一根跨接线，汇水管通过这根跨接线接地。

50. 发电机断水时应如何处理？

答：运行中，发电机断水信号发出时，运行人员应立即记录信号发出时间，做好断水保护拒动的事故处理准备。与此同时，查明原因，尽快恢复供水。若30s内冷却水恢复，则应对冷却系统及各参数进行全面检查，尤其是转子绕组的供水情况，如果发现水流不通，则应立即增加进水压力恢复供水或立即解列停机；若断水时间达到30s而断水保护拒动时，应立即手动解列停机。

51. 双水内冷机组的水冷系统漏水如何处理？

答：（1）当发电机水冷系统出现渗水和滴水现象，即漏水现象并不严重时，应降低进水压力（不低于最低限额），并适当降低机组负荷，使发电机各部分出水温度不超过限额。倘若降低进水压力后漏水有消失趋向，则可申报调度安排尽快停机处理，此期间应加强监视。倘若降水压后仍滴水不止，则应果断减负荷停机，并报告上级调度部门。

（2）若漏水严重，呈喷水或转子甩水现象，则应立即停机。

（3）若发现空冷器出汗，经调节判明不是水温、风温过低所致时，应停机检查是否为发电机转子漏水所致。

（4）水冷系统漏水危及邻近电气设备时，应降低水压直致停止向母线供水，按机组规定接带负荷。

52. 如何防止发电机绝缘过冷却？

答：发电机的冷却器只有在发电机准备带负荷时才通冷却水（循环水），当负荷增加时，逐渐增加冷却器的冷却水量，以便使氢（空）气温度保持在规定范围内；在发电机停机前减负荷时，应随负荷的减小逐渐减少冷却器的冷却水量，以保持氢（空）气温度不变，防止发电机绝缘过冷却。

53. 运行中，定子铁芯各部分温度普遍升高应如何检查和处理？

答：运行中，定子铁芯各部分温度和温升均超过正常值时，应检查定子三相电流是否平衡，检查进风温度和进出风温差及空气冷却器的冷却水系统是否正常。若系冷却水中断或水量减少，应立即供水或增大水量；若系定子三相电流不平衡引起，应查明原因并予以消除。此外，要联系热工对仪表进行检查。

在以上处理过程中，应控制定子铁芯温度不得超过允许值，否则应减负荷。

54. 运行中，定子铁芯个别点温度突然升高时应如何处理？

答：运行中，若定子铁芯个别点温度突然升高，应分析该点温度上升的趋势及与有功、无功负荷变化的关系，并检查该测点正常与否。若随着铁芯温度、进出风温度和进出风温差显著上升，又出现“定子接地”信号时，应立即减负荷解列停机，以免铁芯烧坏。

55. 运行中，定子铁芯个别点温度异常下降时应如何处理？

答：运行中，若定子铁芯个别点温度异常下降，应加强对发电机本体、空气冷却小室的检查和温度的监视，综合各种外部迹象和表计、信号进行分析，以判断是否系发电机转子或定子绕组漏水所致。

56. 运行中，个别定子绕组温度异常升高时应如何处理？

答：运行中，个别定子绕组温度异常升高时，应分析该点温度上升的趋势以及与有功、无功负荷变化的关系，同时，观察对应绕组的出水温度，如也升高，则可能系导水管阻塞，此时，适当增加定子绕组进水压力，进行冲洗以消除导水管中的积垢，必要时可反复冲洗直至温度降至正常值。经上述处理无效时，应控制温度不超过允许值，否则应降出力运行。

第二节　运行与维护

1. 发电机的运行极限受哪些条件限制？

答：发电机组的运行受定子绕组温升、励磁绕组温升、原动机功率等条件的约束，这些约束条件决定了发电机组发出的有功、无功功率有一定的限额。图 6-1 为隐极式发电机运行极限图，它反映了发电机可能发出的有功和无功功率的调节范围及电压、电动势相量图。相量图中各量对应着发电机的额定运行条件，其长度均乘以 U_N/x_d。图 6-1 中，$O'B$ 按一定比例对应额定运行条件下的空载电动势，也就以一定比例代表了额定励磁电流；OB 对应额定运行条件下的发电机额定视在功率，OB 在纵、横轴上的投影 $OC=OB\cos\varphi_N$、$OD=OB\sin\varphi_N$，分别对应发电机的额定有功功率和额定无功功率。

依据该图可确定隐极式发电机组的运行极限如下：

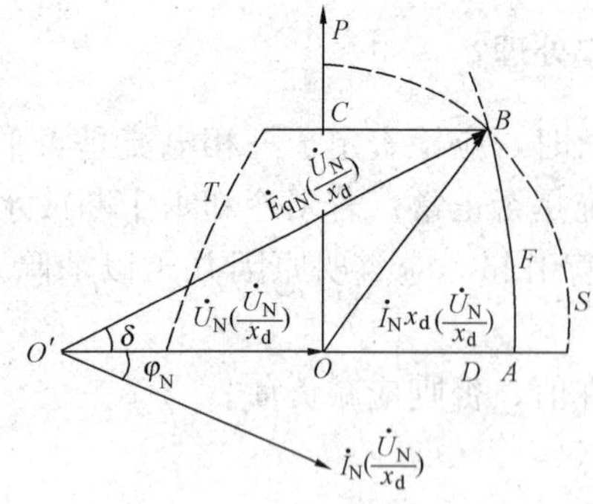

图 6-1　隐极式发电机运行极限图

（1）定子绕组温升约束。定子绕组温升取决于发电机定子电流，也就取决于发电机的视在功率。图 6-1 中即是以 O 点为圆心、OB 为半径所作的圆弧 S。

（2）励磁绕组温升约束。励磁绕组温升决定于励磁电流，也就决定于发电机的空载电动势。图 6-1 中即是以 O' 点为圆心、$O'B$ 为半径所作的圆弧 F。

（3）原动机功率约束。原动机的额定功率与其配套的发电机额定有功功率相等。图 6-1 中即是经 B 点所作与横轴平行的直线 BC 以下部分。

（4）其他约束包括发电机以超前功率因数运行时，发电机的定子端部温升和并列的稳定性等的约束。其中，定子端部温升的约束最为苛刻，一般通过试验得到。图 6-1 中虚线 T 给出一种示意。

通过以上四点分析，得出发电机的运行极限为各约束条件的组合，运行点在极限图中应在 AB、BC 及其延长线、曲线 T、OA 及其延长线所包围的范围之内。对于凸极发电机也有类似结论。

2. 发电机运行时为什么会发热？

答：发电机运行时，其内部损耗可分为四类，即铜损、铁损、励磁损耗和机械损耗。

（1）铜损。包括基本铜损和附加铜损，基本铜损指定子绕组流过电流后在电阻上产生的损耗，附加铜损指导体通过交流电时由于集肤效应在铜导线内引起的额外损耗。

（2）铁损。包括基本铁损和附加铁损，基本铁损指铁芯齿部和轭部所产生的损耗；附加损耗包括定子的齿和定、转子的表面由各种磁场谐波产生的损耗，以及定子端部漏磁在端部铁件中所引起的损耗等。

铁芯中通过磁通就会发热，这是由于铁芯中有了交变磁通后会产生两种损耗，一种叫涡流损耗，另一种是磁滞损耗。所谓涡流损耗，就是穿过铁芯的交变磁通，在铁芯中会感应出电动势，电动势在铁芯里产生一种“涡流”，其引起的能量损耗便称为涡流损耗。通常磁滞损耗比涡流损耗大一些。磁滞和涡流损耗和起来就是铁损。

（3）励磁损耗。指励磁电流通过转子绕组和电刷时所产生的电阻损耗。一般总励磁损耗还包括励磁装置的损耗。

（4）机械损耗。包括转子各部件与冷却气体之间的摩擦损耗以及轴承的摩擦损耗等。

以上四类损耗转变成热能后均能使发电机的温度升高。另外发电机各部件的发热情况，除与损耗密切相关外，还与发电机的冷却方式有关。

3. 同步发电机对称运行时有哪些基本特性？

答：同步发电机基本运行特性有五种：

（1）空载特性：当 $I=0$ 时，$E_0=f\ (I_f)$。

（2）短路特性：当 $U=0$ 时，$I_k=f\ (I_f)$。

（3）负载特性：当 I＝常数及 $\cos\varphi$＝常数时，$U=f(I_f)$。

（4）外特性：当 I_f＝常数及 $\cos\varphi$＝常数时，$U=f(I)$。

（5）调整特性：当 U＝常数及 $\cos\varphi$＝常数时，$I_f=f(I)$。

其中，I 为电枢电流，E_0 为发电机空载电动势，U 为发电机机端电压，I_f 为励磁电流，I_k 为电枢短路电流，$\cos\varphi$ 为功率因数。

4. 什么是空载特性？如何做空载特性试验？它有什么特点和用途？

答：发电机空载特性指发电机以额定转速空载运行时其电动势 E_0 与励磁电流 I_f 之间的关系曲线。由于电枢绕组开路，所以同步发电机端电压就等于空载电动势 E_0。因为空载电势和转子磁场的每极磁通 Φ 成正比，而励磁电流和转子励磁磁通势成正比，因此只要选择不同的比例，$E_0=f(I_f)$ 和同步发电机的磁化曲线 $\Phi_0=f(E_f)$ 是相同的。它体现了电机中磁与电的关系。空载特性曲线如图 6-2 所示。

做空载特性试验时，应维持发电机额定转速不变，逐渐增加励磁电流 I_f，使 E_0 等于额定电压的 1.3 倍，然后单方向减少 I_f 并逐点记录 I_f 及相应的 E_0，直至 $I_f=0$、$E_0=E_r$ 为止。$E_r=\overline{Ob}$ 为剩磁电动势，对于已励磁过的发电机，由于存在剩磁，使上升曲线与下降曲线不重合，故空载特性曲线应加以校正，延长下降曲线交横轴于 c 点，$\overline{Oc}=\Delta I_f$ 为校正量，将下降曲线向右平移 Oc，即得通过圆点的校正了的空载特性曲线。其特点是开始部分接近于直线，E_0 与 I_f 成直线关系，说明铁芯未饱和，曲线的后一段弯曲，说明铁芯已经逐渐饱和，而且随着 I_f 的增大，饱和越来越严重。空载特性曲线用途很多，利用特性曲线，可以判断转子线圈有无匝间短路，也可判断定子铁芯有无局部短路，如有短路，该处的涡流去磁作用也将使励磁电流因升至额定电压而增大。此外，计算发电机的电压变化率、未饱和的同步电抗，分析电压变动时发电机的运行情况及整定磁场电阻等都需要利用空载特性。

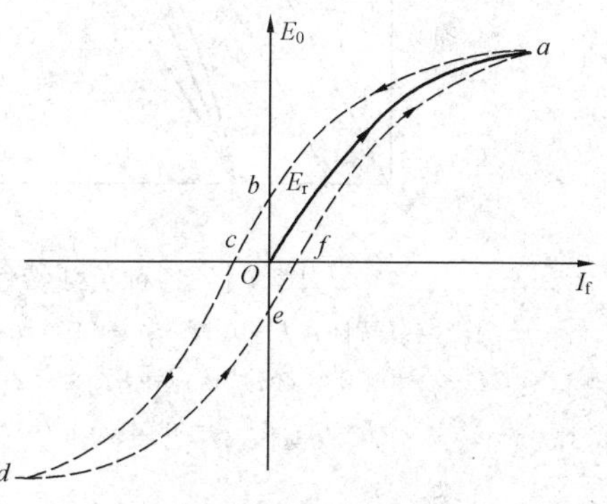

图 6-2　同步发电机的空载特性

5. 什么是短路特性？如何做短路特性试验？它有什么特点和用途？

答：同步发电机的短路特性指发电机在额定转速下，定子三相稳态短路时，电枢短路电流 I_k 与励磁电流 I_f 间的关系曲线。短路特性曲线如图 6-3 所示。

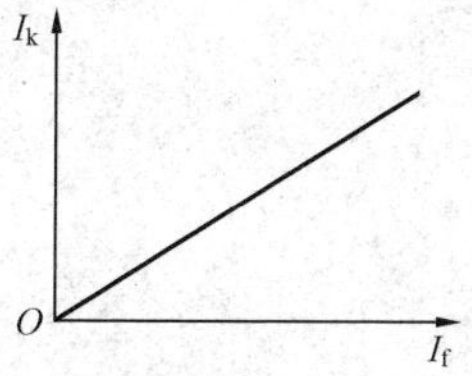

在做短路特性试验时，应先将三相电枢绕组在出线端处短接，然后，维持同步转速不变，增加励磁电流 I_f，读取 I_f 值及相应的 I_k，直到定子电流达额定值，即得到同步发电机的短路特性曲线。短路特性为一条直线，它可以用来判断转子绕组有无匝间短路，因为当转子绕组存在匝间短路时，由于安匝数减少，短路特性曲线会降低，此外，计算发电机的重要参数同步电抗、短路比及进行电压调整器的整定计

图 6-3　同步发电机的短路特性

算时，也需要短路特性。

什么是负载特性？它有什么用途？

答：当电枢电流 I 及功率因数 $\cos\varphi$ 均为常数时，端电压与励磁电流之间的关系曲线称为负载特性。图 6-4 所示为不同功率因数时的负载特性曲线。

用负载特性与空载、短路特性，可以测定发电机的基本参数，是发电机设计、制造的主要技术数据。

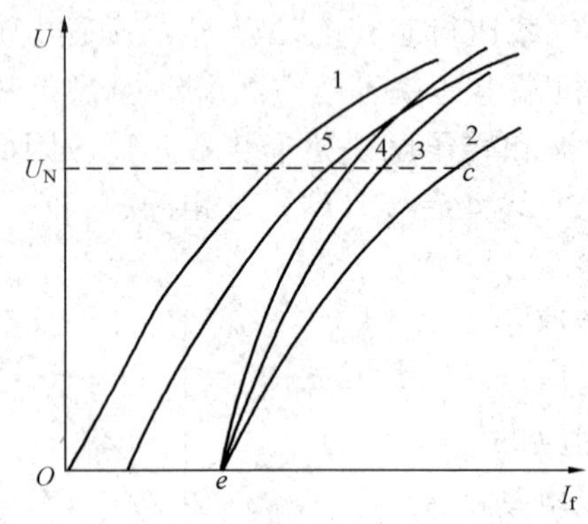

图 6-4　各种负载特性

1—空载特性，$I=0$；2—$\psi=90°$，$\cos\varphi=0$，$I=I_N$；3—$\varphi>0$，$0<\cos\varphi<1$，$I=I_N$；4—$\varphi=0$，$\cos\varphi=1$，$I=I_N$；5—$\varphi=90°$，$\cos\varphi=0$，$I<I_N$

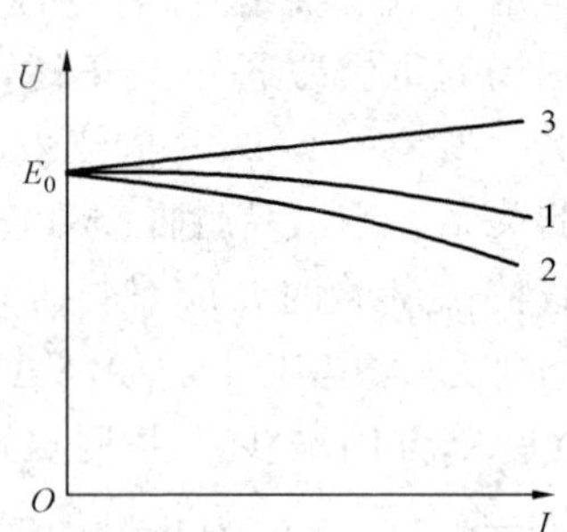

图 6-5　外特性 $U=f(I)$

1—I_f=常数，$\cos\varphi=1$；2—I_f=常数，$\cos\varphi=0.8$ 滞后；3—I_f=常数，$\cos\varphi=0.8$ 超前

什么是外特性？它有什么特点和用途？

答：同步发电机正常运行情况下，当励磁电流和负载功率因数一定时，表示发电机端电压和负载电流之间关系的曲线称外特性。图 6-5 所示为 I_f 不变，不同功率因数时的外特性。可以看出，当 $\cos\varphi=1$ 时，负载为纯电阻性，由于定子绕组的漏阻抗电压降，端电压将随着电枢电流的增加而降低。在滞后功率因数情况下，负载为感性，电枢反应呈去磁作用，空气隙合成磁通势将随电枢电流的增加而减小，因此外特性将更为下降。在超前功率因数的情况下，负载为容性，电枢反应呈助磁作用，空气隙合成磁通势将随电枢电流的增加而增大，故此时的外特性是上升的。外特性可以用来分析发电机运行中的电压波动情况，借以提出对自动励磁调节装置调节范围的要求。一般用电压变化率来描述电压波动的程度，从发电机空载到额定负载，端电压变化对额定电压的百分数，称电压变化率或称电压调整率 ΔU（%），即

$$\Delta U(\%)=\frac{E_0-U_N}{U_N}\times 100\%$$

什么是调整特性？它有什么特点和用途？

答：同步发电机正常运行情况下，当端电压和负载的功率因数一定时，表示负载电流和

励磁电流之间关系的曲线称为调整特性。图 6-6 所示为 U 额定，不同负载功率因数时的调整特性，其变化趋势与外特性恰好相反。

在功率因数滞后的情况下，负荷增加，励磁电流也必须增加，这是因为此时去磁作用加强，要维持气隙磁通，必须增加转子磁通势。在超前的功率因数下，负荷增加，励磁电流一般还要降低，这是因为电枢反应有助磁作用。根据调整特性可知：在某一功率因数时，定子电流到多少而不使励磁电流超过规定值，并能维持额定电压，利用这些曲线，可使电力系统无功功率分配更合理。

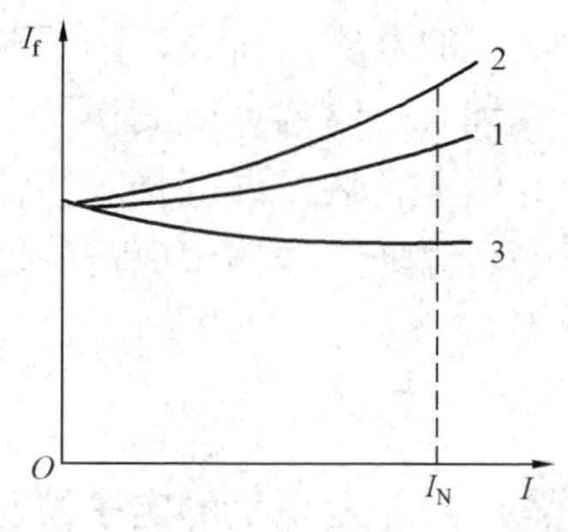

图 6-6 调整特性

1—$U=U_N$，$\cos\varphi=1$；2—$U=U_N$，$\cos\varphi=0.8$ 滞后；3—$U=U_N$，$\cos\varphi=0.8$ 超前

9. 水内冷发电机定子线棒的测温元件埋在哪里？对定子线棒温度的监视有哪些规定？

答： 测量定子线棒温度所用的都是埋入式检温计，一般为电阻式。在每个槽内上、下层线棒之间埋设一个测温元件，即埋置在层间绝缘垫条中，并与垫条黏结成一整体。元件的引线采用绝缘屏蔽线，引出至测温接线板上。在靠近发电机定子绕组出水汇流管的各个水接头上，各设置一个端面测温元件，用以测量每槽线棒的出水温度，元件的引线沿汇流管汇集后，用蛇形保护管引至测温接线板上。

定子线棒层间测温元件的温差和出水支路的同层各定子线棒引水管出水温差应加强监视。温差控制值在制造厂未明确规定时，应按照以下限额执行：发电机定子线棒层间最高与最低温度间的温差达 8℃或定子线棒引水管出水温差达 8℃时，应及时查明原因，此时可降低负荷。定子线棒温差达 14℃或定子引水管出水温差达 12℃时，或任一定子槽内层间测温元件温度超过 90℃或出水温度超过 85℃时，在确认测温元件无误后，应立即停机处理。

10. 水内冷发电机定子铁芯的测温元件埋在哪里？定子铁芯的允许温度是多少？

答： 对于水冷电机，因为定子铁芯的运行温度较高，而且边端铁芯可能会产生局部过热，所以一般埋设的测温元件较多，测温元件布置在齿根部和轭部，沿轴向来说，端部的测点较多，中部的埋设在热风区段。测量定子铁芯温度所用的是电阻式检温计，测温元件预先放置在一扇形绝缘片一个与其相应大小的凹槽里，然后用环氧树脂粘好，在叠装铁芯时，就将这块扇形绝缘片作为铁芯的一部分，像硅钢片一样叠装在铁芯中某一选定部位，电阻元件用屏蔽线引至测温接线板上。定子铁芯的允许温度一般定为 105℃。

11. 发电机运行时定子的哪个部位温度最高？埋入式检温计测的是不是最高温度？

答： 对于空冷发电机，定子绕组的温度比定子铁芯的温度高，一般定子绕组的最高温度是在中部的热风区。

对于水冷发电机，最热点不在定子绕组上，因为绕组直接通水冷却，所以绕组的温度比铁芯的低，水冷发电机的最热点一般在铁芯端部、齿压板或压圈的某些部位，这是因为水冷

发电机的电磁负荷大，端部漏磁大，而漏磁会在金属构件中感应起涡流。

埋入式检温计所测得的温度不一定就是最高温度。由于受埋入位置、埋入工艺、本身长度等因素影响，温度指示往往有偏差。另外，线棒与测温元件间隔有绝缘层，绝缘层是有温降的，温降随线棒中电流的增大而增大。同时，线棒的绝缘年久老化以后，测出来的温差会更大。

12. 汽轮发电机的定子铁芯为什么会有局部高热的情况？

答： 定子铁芯局部高热是因为：

（1）当硅钢片的片间绝缘有损坏时，将使铁芯的涡流损耗增加，会引起局部高热。造成这种片间绝缘损坏的原因可能是制造时留下的隐患，也可能是铁芯温度长期过高，绝缘老化或铁芯振动造成的。故运行人员平常监视铁芯的温度很重要，当发电机的电压高于额定值以及入口风温提高时，都有可能使铁芯温度超过额定值。

（2）由于铁芯饱和，环绕定子机座的金属环路有泄漏磁通存在，尤其当发电机的电压高于额定值运行时，泄漏磁通会增加很多，这些泄漏磁通是交变的，会在定子背部的支持筋中感应出交变电动势，支持筋的两端电位差最大，在这电位差的作用下，凡是和支持筋相接触的各个金属部件就构成了各种电流回路，这些电流称为杂散电流，沿支持筋流过的杂散电流的数值有的很大，有可能使支持筋发生高热。

13. 汽轮发电机的转子哪些地方会发热？是由什么原因造成的？

答： 汽轮发电机转子的发热包括转子绕组的发热和转子铁芯的发热。

（1）转子绕组的发热。励磁电流流过转子绕组时便会引起绕组的发热。对上、下层绕组来说，越靠近槽底的线匝，其温度越高（指一般空冷发电机），这是因为槽底的散热条件不好。有的转子因为其端部通风不良，引起端部线圈发热。转子铁芯的发热也可能影响转子绕组的温度升高，由于铁芯发热主要影响转子的表面，所以槽顶部的线匝温度有时也会有所提高。

（2）转子铁芯的发热。转子铁芯的表面，除鼓风摩擦引起发热之外，还有几个电磁因素会使它发热。

1）齿谐波在转子表面造成的脉动损耗。转子表面每一点的磁通实际上不是不变的，因为转子表面的对面是定子铁芯的槽和齿。在转子的转动过程中，对于转子表面上某一小面积来讲，一会儿对着定子的齿，一会儿对着定子的槽，对着齿时，磁阻小，通过这个小面积的磁通密度就大，对着槽时，磁阻大、磁通密度就小，于是转子表面的磁通就会发生局部左右来回扫动的现象，这种磁通密度的大小按齿距周期变化的谐波就称为齿谐波。齿谐波的存在就使转子的表面感应起涡流，引起损耗。这种涡流只能在转子的表面一层流动，因为深入到铁芯里边去时，铁芯内部感应的涡流对齿谐波磁通具有反抗作用（去磁），将使齿谐波磁通大大削弱，所以这种损耗叫做表面损耗。这种损耗的大小与气隙磁通密度的大小有关，也就是说和发电机电压的高低有关，电压越高，这种损耗越大。

2）定子磁通势的高次谐波在转子表面产生附加损耗。定子绕组流过电流后，就产生磁

场，除了与转子一起以同步转速转动的主磁场外，还有一系列的高次谐波磁场，它们各以不同的速度旋转着，其磁力线切割转子，在转子表面感应起高频涡流，这也会引起转子的表面发热。因转子铁芯内部涡流的反作用，谐波磁通不能深入到转子的内部，所以也只能引起表面损耗。这种损耗的大小和定子电流的大小有关，另外也与电机的结构有关。

3）定子三相电流不对称引起转子表面及转子端部部件的发热。

上面所说的三种因素，都可能使转子的铁芯表面、槽楔或套箍中引起涡流，使这些部件发热，使某些接触不良的地方引起局部高温。所以，为了保证转子的安全运行，运行人员注意监视三相电流的对称情况和定子电压的变化情况是十分重要的。

14. 为什么调有功应调进汽量（或进水量），而调无功应调励磁？

答：这个问题与发电机流过有功电流或流过无功电流时，在发电机的内部产生什么影响及引起什么变化有关。

首先分析发电机内流过有功电流时的情况。转子磁通及转子转向如图 6-7（a）所示，定子绕组感应电势的方向根据右手定则为 A1 进 A2 出，此时若在外部加纯有功负载，则其电流与感应电动势同向，这个电流在转子磁场里受力方向由左手定则来确定，如图 6-7（a）所示 F_1，这样就形成了一个力矩，将使定子按顺时针方向旋转，但是由于定子是不能转动的，于是根据作用与反作用的原理，相当于转子被加上一个反力矩，如图 6-7（a）所示 F_2，这对于使转子按顺时针方向转动的原动机的主力矩来讲相当于增加了一个阻力矩，这个阻力矩的大小和有功电流的大小有关，有功电流越大，阻力矩也越大，因此要保持转子沿原来的顺时针方向转动的转速不变，原动机输出的主力矩就要增大，这就需要调大进汽量（或进水量）。

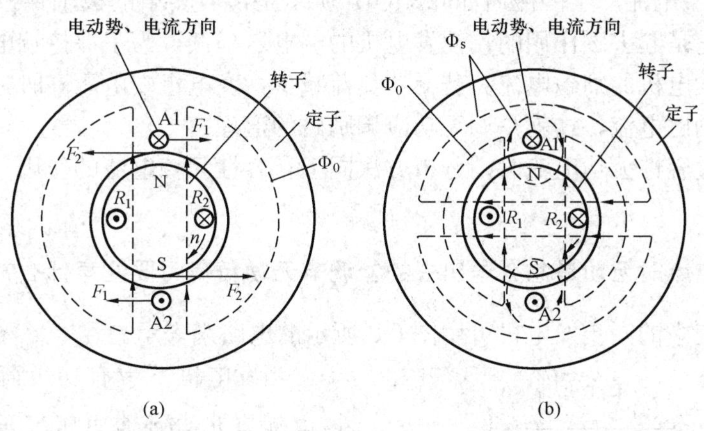

图 6-7　发电机中流过有功电流时情形

（a）发电机示意图；（b）阻性负载电枢反应

此外，当有功电流流过定子后，定子绕组要产生一个磁场，如图 6-7（b）所示，定子磁场的磁通是横穿过转子磁极轴的，称为交轴电枢反应。交轴电枢反应使得转子极面的一半磁场增强、一半磁场削弱，由于铁芯饱和的关系，使增强的部分比削弱的部分少些，气隙的总磁通有所减少，因此端电压也要降低一些，但影响不大。

再来分析发电机内部流过无功电流时的情况。以感性负载为例，当转子转到图 6-8（a）

所示的瞬间，在定子绕组 A1—A2 中的感应电动势达到最大值，由于接的是感性负载，所以电流落后电压 90°，即电压达到最大值的 A1—A2 绕组中的电流为零，在此瞬间，电流最大值出现在与 A1—A2 相隔 90°的 B1—B2 绕组中，B1—B2 中电流的方向如图 6-8（a）所示，即相对于 A1，在转子旋转方向的前方 90°的导线 B1 里，流过相应于 A1 导线中电势方向的电流。B1—B2 绕组在转子磁场中受力方向由左手定则确定，如图 6-8（a）所示 F_1，线圈两边所受的两个力是作用在同一根直线上的，因此形不成力矩，转子的反作用力 F_2也只是压紧转子的绕组而已，不会在转子上产生阻力矩。由此可知流过无功电流时不需要增加原动机的主力矩。

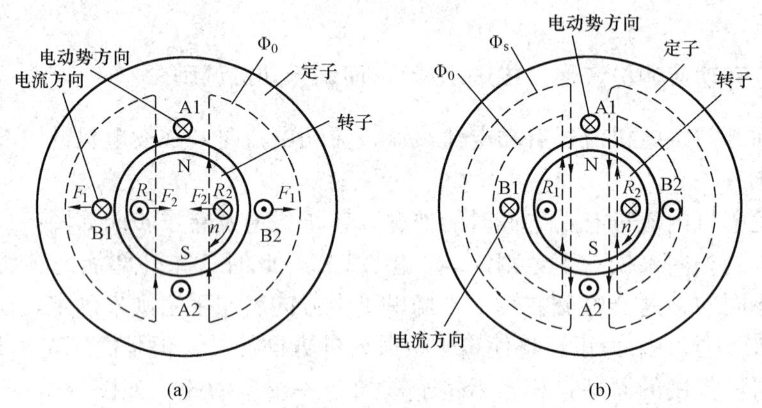

图 6-8　发电机中流过感性无功电流时情形

（a）发电机示意图；（b）感性负载电枢反应

B1—B2 绕组中电流产生的磁通如 6-8（b）所示是沿着转子的极轴穿过转子的，称它为纵轴电枢反应，它是起去磁作用的，使发电机的端电压降低，为了保持端电压不变，只有增加磁通，即增加发电机的励磁电流。若无功负荷减少，发电机端电压高时，为了保持端电压不变，便可减少励磁电流，这就是调无功应调励磁的道理。

当发电机流过容性无功电流时，分析方法同上，容性无功电流的作用与感性相反。

 15. 调节励磁电流时无功是怎么送出去的？调节无功负荷时要注意什么？

答： 并在系统中的同步发电机可用图 6-9 所示的电路来表示。

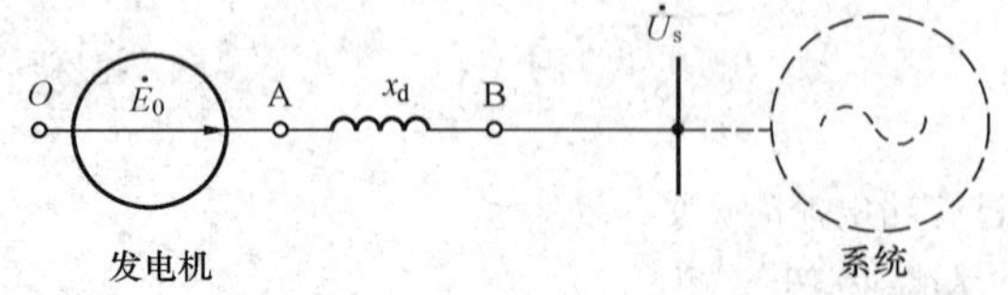

图 6-9　并在系统中的同步发电机单相电路图

当发电机不带有功负荷，即发电机内感应电动势 $\dot{E}_0$与系统电压 $\dot{U}_s$同相时，调节无功的过程如下：

当由励磁电流感应起的电动势 $\dot{E}_0$等于系统电压 $\dot{U}_s$时，A、B 两点没有电压差，所以也没有电流产生。

当发电机增加励磁电流时，电动势 $\dot{E}_0$便会增加，$\dot{E}_0$大于系统电压 $\dot{U}_s$，A、B 两点出现电压差 $\Delta U=\dot{E}_0-\dot{U}_s$。在这个电压差的作用下，发电机和系统间就流过一个电流 $\dot{I}_w$，这个

电流由 x_d 的性质所决定，它落后于电动势 $\dot{E}_0$ 也即落后于电压差 ΔU 为 $90°$，所以是感性无功电流，这时发电机便发出一个感性无功。它对本台发电机起去磁作用，从电路的观点来看，发电机的电动势经过 A、B 点间的电抗压降后，使自己的端电压与系统的电压相等。

当发电机减少励磁电流时，电动势 $\dot{E}_0$ 减小，$\dot{E}_0$ 小于系统电压 $\dot{U}_s$，A、B 两点间也出现一个电压差 $\Delta\dot{U}=\dot{E}_0-\dot{U}_s$，它的方向与上述的电压差的方向相反，在这个电压差的作用下，发电机与系统间也流过一个电流 $\dot{I}_w$，这个电流也由发电机的电抗 x_d 的性质所决定，它也落后于电压差 ΔU 为 $90°$，但却超前电动势 $\dot{E}_0$ 为 $90°$。这个电流也是无功性质，是由系统向发电机送入一个感性无功，相当于发电机发出一个容性无功，它对本台发电机起助磁作用。这时系统电压比发电机电动势高，发电机的电动势经过 A、B 两点间的电压升后，使自己的端电压与系统的电压相等。

当发电机带有有功负荷，即 $\dot{E}_0$ 和 $\dot{U}_s$ 不同相时，调节无功的过程与发电机不带有功负荷时的区别在于：即使不送无功，A、B 两点间也因 x_d 中流过有功电流而存在一个电压差，但这个电压差和无功电流产生的电压差是不同相的。因此，不送无功只送有功时，其所需要的维持与系统电压相对应的电动势的励磁电流，也比不带有功时的大，因为 $\dot{E}_0$ 中需有一部分用于克服 x_d 中的由有功电流产生的电压降，剩下的还要等于系统的电压。调节无功的其余过程与发电机不带有功时的情况相同。

增加无功时应注意转子电流、定子电流不要超出规定值，即不要使功率因数太低，否则无功送得过多，励磁电流过大，会使转子绕组就过热。同样降低无功负荷时，要注意不可使功率因数进相。

16. 为什么调无功时有功不会变，而调有功时无功会自动变化？

答：调无功时，因为励磁电流的变化会引起功角 δ 的变化，当励磁电流增加时，通过气隙的转子磁通增加，相当于定、转子间拉力增加，使功角 δ 减小。或根据公式 $P_{dc}=\dfrac{\dot{U}_s\dot{E}_0}{x_d}\sin\delta$ 在 E_0 增加时，$\sin\delta$ 减小，P_{dc} 可保持基本不变。

调有功时，对无功输出的影响较大。如图 6-10 所示，有功分量电流增大，保持 E_0 不变时，无功分量就减小，当功角 δ 越大时，无功电流也就越小。当励磁调节器投自动时，若有功增加，调节器会自动增加励磁，保持无功、电压不变。

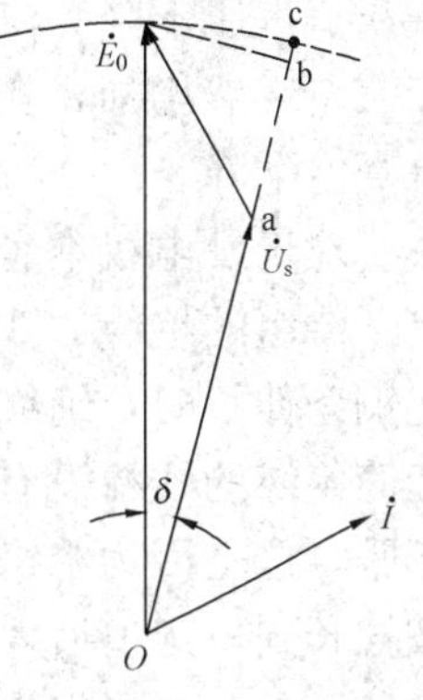

图 6-10　同步发电机简化相量图

17. 发电机并列前必须满足哪些条件？不符合这些条件并列会产生什么后果？

答：(1) 发电机并列前必须满足以下条件：

1) 待并发电机的电压幅值与系统电压幅值近似相等，允许电压差不大于 5%。

2) 待并发电机的频率与系统频率相等，允许频率差不大于 0.1Hz。

3) 待并发电机电压的相位与系统电压的相位相同。

4）待并发电机电压的相序与系统电压的相序相同（发电机大修后或同期回路变动后，必须经核相正确，方可进行并列操作）。

（2）不符合这些并列条件进行并列时，将会严重威胁发电机组和电网安全，产生如下后果：

1）电压幅值不相等，并列后，发电机绕组内会出现冲击电流 $I = \Delta U / X''_{\mathrm{d}}$，因为次暂态电抗 X''_{d} 很小，因而这个电流相当大。

2）频率不相等，将使发电机产生机械振动，出现拍振电流，因为两个电压相量相对运动时，如果这个相对运动比较小，则发电机与系统之间由于存在自整步作用，会使发电机拉入同步，但频率相差较大时，因转子惯性冲力过大而不起作用。

3）电压相位不一致，其后果是可能产生很大的冲击电流而使发电机毁坏。相位不一致比电压不一致的情况更为严重。如果相位差 180°，近似等于机端三相短路电流的 2 倍，此时，流过发电机绕组内的电流具有相当大的有功成分，这样会在轴上产生冲击力矩，或使设备烧毁、或使发电机大轴扭曲。

4）相序不同时，即使满足了前面三个条件，但其他两相由于相序不同而使电压相位相差 120°，将会引起很大的冲击电流。

18. 汽轮发电机组并网后，增长负荷时受什么因素的限制？如并网后立即带满负荷对定、转子有何影响？

答：发电机并列后，有功负荷增长速度决定于原动机，对汽轮发电机，便要根据汽轮机、锅炉的情况逐渐增负荷。若有功负荷增加太快，会使汽轮机的蒸汽量突然增加很多，汽轮机内部受热不均，各部膨胀不一致，易引起摩擦振动。同时，造成锅炉蒸汽供应不足而使汽温、汽压下降。汽温过低，易使蒸汽中带水，造成汽轮机承受水冲击，损坏叶片。另外，蒸汽量突然增加，在凝汽器内会使循环水来不及冷却汽轮机的排汽，使排汽温度升高，汽轮机真空下降。

对于发电机本身，如果并列后立即带上满负荷，这时对定子绕组的影响不大。这是因为定子绕组的绝缘方式有两种，即套筒绝缘和连续绝缘，对于套筒绝缘的线棒来讲，加负荷引起铜条伸长时，绝缘套筒不会随铜条伸长，即铜条能在套筒内自由滑动，故突然加负荷时对套筒绝缘的线棒没有什么损害。对于连续绝缘的线棒来讲，当它受热膨胀时，绝缘也会跟着膨胀，这是因为绝缘和铜线裹黏得很紧，摩擦力很大，而绝缘受力后的破损现象，是在绝缘被拉长到一定值后才会出现，它与拉长的速度关系不大。因此说，汽轮发电机的突然接带满负荷，对定子绕组来说，并不危险，可以不加限制。

就转子绕组，若突然接通全部励磁电流，可能会出现残余变形，即绕组变形后回不到原来的形状了。因为转子速度为 3000r/min，离心力很大，转子绕组（铜线）都被挤压在槽楔和护环上不能动，使其与转子钢体成为一个整体，转子绕组不能克服摩擦力而自由移动。因此在突然带负荷情况下，转子绕组不能自由膨胀。转子绕组的铜和转子本体的钢温度不一样，钢和铜的膨胀系数也不一样，铜膨胀得多，钢膨胀得少，温升引起铜的伸长转变为压缩变形，在铜中就产生一种机械应力，如果机械应力超过铜的“弹性极限”，就出现残余变形。铜线沿槽的高度不相同，线匝残余变形的程度也不相同，这种变形要等到停机之后才能显现出来。这是因为停机之后，离心力消除，铜线可以自由移动，且铜线慢慢变凉，因此，随着温度的下降，在压缩应力的作用下，铜线开始缩短，线匝越靠近槽底，即在热状态下受压缩最厉害的线匝变得越短。每次开、停机就重复发生这种现象，残余变形将逐渐积累，最后，线匝之间错位，可能导致匝间短路。由此可见，转子上由于铜、钢存在温差（超过30℃时）且膨胀能力不一样，便会引起残余变形，因而可能导致短路的后果。

19. 带非正弦负载对发电机有什么影响？

答：所谓非正弦负载，指的是那些引起发电机定子电流波形畸变的负载。直流输电、电解用的大型整流装置和其他换流装置，都属于这类负载。发电机带这类负载后，电流随时间而变的波形不再是正弦波，此时会出现高次谐波。

非正弦波电流对发电机的主要影响是产生附加损耗。因为高次谐波的频率比基波的高，频率高的电流及其产生的磁场，作用于导线上时，会使导线产生集肤效应，作用于铁芯时，则会在铁芯表面产生损耗。

高次谐波电流在定子导线里产生的附加损耗，与导线所处的位置及电流在导线上的渗透深度有关。而渗透深度又与谐波频率的平方根成反比（定子的上层线棒产生的附加损耗比下层线棒产生的附加损耗要大6～7倍）。此外，谐波磁场还在定子铁芯齿上产生附加损耗。

对转子来说，由于转子本体对谐波磁场的阻尼作用，即在转子的闭合回路中感应电流并产生反磁通削弱原磁场，故转子绕组导线上的附加损耗不大。不过，定子谐波电流产生的正向旋转磁场和反向旋转磁场，分别切割转子表面，都会在转子表面上感应出高频电流，并产生损耗，引起发热。

20. 端电压增高或降低对发电机本身有什么影响？

答：发电机电压在额定值的±5%范围内变化时是允许长期运行的。

（1）发电机端电压高于额定值时，对发电机的影响如下：

1）可能使转子绕组的温度升高到超出允许值。电压是由磁场感应起来的，磁场的强弱又和励磁电流的大小有关，若保持有功出力不变而提高电压，就要增加励磁电流，这会使转子绕组温度升高。而维持励磁电流不变，要升高电压，必须降低定子电流，也即降低出力。那么，如果既保持励磁电流为额定值不变，又把定子电流相应地降低，是否就可以让电压升得较高运行呢？这也是不允许的。当电压升高到1.3～1.4倍额定电压运行时，转子表面也会发热，进而影响转子绕组的温度。这是因为转子的磁通通过气隙进入定子时，因定子铁芯上有槽和齿，磁阻不一样，造成转子磁极表面的磁通发生来回扫动的现象。这种磁通的变化将使转子表面感应起涡流，引起损耗而发热。这种损耗发热与电压的平方成正比，所以电压越升高，这个损耗越增加，使转子发热，转子的绕组温度升高，有可能使其超过允许值。

2）定子铁芯温度升高。铁芯的发热由两个因素造成：①本身的损耗，②定子绕组的传热（对于空冷电机来说，铜温比铁温高）。电压升高时，铁芯内磁通密度增加，损耗也就增加，铁芯温度就升高。如果在电压升高的同时减少电流，虽然从绕组传过来的热量减少了，但往往铁耗的增大超过铜耗的降低，结果铁芯的温度还有可能升高。从定子铁芯温度这一点来看，电压升高10%时，问题还不大。

3）定子的结构部件可能出现局部高温。电压升高，磁通密度增加，便可能发生由于铁芯饱和而使部分磁通逸出轭部，绕穿机座等结构部件（如支持筋、机座，齿压板等），形成另外的环路，这会在结构部件中产生涡流，有可能出现局部高温。

4）对定子绕组绝缘产生威胁。一般电压在 1.3 倍的额定电压之下时，对定子绕组的绝缘影响不大，因为做匝间耐压试验就是采用这个电压值的。不过，若发电机原来就已绝缘老化或存在薄弱环节，升高电压运行还是容易产生危险的。

（2）当电压低于额定值时对发电机的影响如下：

1）降低运行的稳定性。有两方面的含义，即并列运行的稳定性和发电机电压调节的稳定性。

a）降低并列运行的稳定性，因为电压是由气隙磁通感应起来的，电压降低，说明气隙内磁通减少，即联系于定、转子磁极间的磁力线的根数减少，定、转子间磁场就变得薄弱了，所以容易失步，还可能造成电力系统的振荡。

b）降低电压调节稳定性。根据发电机空载特性曲线可知，发电机在正常电压运行时，运行点在饱和部分上，当降低电压运行时，可能使运行点落到直线部分上，而在直线部分运行时，发电机电压是不稳定的，即当励磁电流变化一点，电压就变化很多，这就降低了电压调节的稳定性。

2）定子绕组温度可能升高。若要在电压降低情况下保持输出功率不变，必须升高电流，而电流大就会使定子绕组温度升高。否则，只有降低出力。

3）电压低将使厂用电动机的运行受影响。发电机端电压降低，必然会使连接在母线上的厂用电电压降低。感应电动机的力矩与电压的平方成正比，电压降低，力矩降低，就会影响电动机所带机械的出力，或使电动机因过负荷而发热。而电动机出问题又要直接影响锅炉、汽轮机，实际上也会影响发电机本身。此外对于系统来说，电压低时用户的电动机吸取的电流会增大，而电流增大便会使电压更低，如此恶性循环下去，最后有可能导致整个系统失去稳定运行而崩溃。

发电机端电压的高低，与系统的电压水平也有关系，而系统电压水平的高低又与无功的平衡情况有关，所以在监视发电机电压方面，运行人员要做到合理地分配各机组的有功、无功负荷，适当地使用变压器的分接头等。如果电压超出容许范围运行，则应监视各有关部分的温度并做好系统事故的思想准备及注意厂用电的安全运行。

频率增高或降低对发电机本身有什么影响？

答：发电机频率的容许变动范围是±0.5Hz。

频率增高，主要是受转子机械强度的限制。频率高，就是发电机的转速高，而转速高时转子上的离心力就增大，这就易使转子的某些部件损坏。频率最高不应超过 52.5Hz，即超出额定值的 5%，这是因为，虽然发电机的转子在出厂时经受过超出额定值 20%的超速试验，但汽轮机的危急保安器是整定在超过额定转速的 10%左右，而实际运行时应再留一点裕度。

频率降低对发电机有以下几方面的影响：

（1）频率降低引起转子的转速降低，使两端风扇鼓进的风量降低，其后果是使发电机的

冷却条件变坏，各部分的温度升高。

（2）由于发电机的电动势（或说端电压）和频率、磁通成正比，若频率降低，必须增大磁通才能保持电动势不变。这就要增加励磁电流，致使转子绕组的温度增加，否则就得降低出力。

（3）频率降低时，为了使端电压保持不变，就得增加磁通，这就容易使定子铁芯饱和，磁通逸出，使机座的某些结构部件产生局部高温。

（4）频率低还可能引起汽轮机断叶片。因为频率低，转速也低，当该转速引起叶片振动的频率接近或等于叶片的固有振动频率时，便可能因共振而使叶片折断。

另外，厂用电动机的转速降低，还可能造成一系列的恶性循环，循环水泵的打水量不够，凝结水泵的抽水变慢，影响汽轮机真空等，这又会影响发电机的出力并直接威胁着发电机甚至整个电厂和系统的安全运行。尤其是频率对电压也有影响，往往频率低，电压也低，这是因为感应电动势的大小与转速有关。同时，发电机的转速低还使同轴励磁机的出力减少，影响无功的输出。

频率低对用户用电的安全、产品质量、效率等都有不良的影响，有时甚至会造成很大的经济损失。

频率的高低还与整个电力系统的有功平衡情况有关，如果遇到频率低到超出容许范围时，运行人员应注意监视有关部分的温度，注意厂用机械的安全运行，并注意监督低频减载装置的运行情况。

22. 什么叫“调相运行”？发电机调相运行状态和发电状态有什么不同？

答：电力系统中除有专门的调相机（也叫补偿机）外，有时也需要将同步发电机作调相运行，这方面水轮发电机较多，容量在10 000kW以下的汽轮发电机也有这样运行的。所谓调相运行，就是发电机不送有功，只送（或吸收）无功，这一方面使系统有旋转着的备用机组随时可升带有功负荷；另一方面可调节无功，维持系统的电压正常。

调相运行的发电机是需要消耗有功功率来维持其转动的，有功既可以从原动机来获得，也可从系统获得，一般从系统吸收有功。

发电机调相运行状态和发电状态的区别在于功角的不同，同步发电机可有三种运行状态，即发电机运行状态、调相运行状态、电动机运行状态。在发电机运行状态时，向系统送出有功，功角$\delta>0$；在调相运行状态时，从系统吸收不多的有功，维持转速，δ为负，但很小；在电动机运行状态时，从系统吸收有功，$\delta<0$。这三种状态，无功都是既可送出也可吸收，区别仅在于功角的不同。

调相运行对同步电机来说，是一种正常运行状态，但发电机能不能调相运行，关键在于原动机，对大型汽轮机来讲，一般是不允许无蒸汽运行的。

23. 发电机允许变为电动机运行吗？

答：任何一种电机都是可逆的，既可当做发电机运行，也可当做电动机运行，所以就发电机本身来讲，变为电动机运行是完全允许的。不过这时要考虑原动机的情况，因为发电机变成电动机运行时，也就是说要关闭汽门（或导水翼），而有些汽轮机是不允许无蒸汽运行的。

发电机变为电动机运行后，定、转子磁极间的夹角δ变成负值，即定子磁场拖着转子在跑，它们仍不失去同步故称为同步电动机，此时，电机从系统吸收有功，补偿机械损耗，而无功可以送出也可以吸收。

发电机变电动机运行后，有功表的指示反向，无功表的指示升高。处理办法可根据具体情况而定，若是误碰掉危急保安器引起的，只要挂上危急保安器、打开汽门或导水翼就可以恢复正常运行；若是机炉不能在短时间恢复，应解列停机。大型汽轮机设有逆功率或程序逆功率保护，这主要是为了保护汽轮机低压缸尾部叶片，防止低压缸尾部叶片由于鼓风摩擦发热损坏。

发电机甩负荷有什么后果？应采取哪些措施？

答：发电机突然失去负荷即甩负荷的情况，对发电机本身产生的后果有两个：

（1）引起端电压升高。

（2）若调速器失灵或汽门犯卡，有“飞车”（即转子转速升高产生巨大离心力）使机件损坏的危险。

端电压升高是由两方面原因造成的：①转速升高使电压升高，这是因为电动势和转速成正比的缘故；②甩负荷时定子的电枢反应磁通和漏磁通消失，使此时的端电压等于全部励磁电流产生的磁场所感应的电动势。对水轮发电机来讲，发电机突然甩负荷，其影响要比汽轮机更严重，由于导水翼不能瞬间关闭，关小进水量要有一定的延时，在此延时内水轮机的转速就可能已增高20%～40%的额定转速，再加上励磁机与发电机同轴，则励磁电流也增大，就有可能使水轮发电机的电压升高到额定电压的2倍或更高。

为防止发电机突然甩负荷时造成的危害，一般采取以下措施：

（1）装设发电机过电压保护。

（2）当主断路器跳闸时，设主断路器联跳灭磁开关回路，有些机组还设有联跳厂用电回路。

（3）对单元机组，设有空负荷保护，当空负荷保护动作时，跳开发电机主断路器，并进行灭磁。

（4）发电机保护动作以后，设有联关主汽门及调节汽门回路，同时，设有发电机主断路器联关主汽门及调节汽门回路。

需要说明的是，防止汽轮机超速的有效途径还是要提高汽轮机组调节保安系统的可靠性，这是很重要的。

事故情况下发电机为什么可以过负荷？过负荷时运行人员应当注意什么问题？

答：运行规程上规定，在事故情况下发电机是可以短时间过负荷的，因为发电机在设计时，对于温升和绝缘材料的耐温能力方面，都考虑有一定的裕度，而且短时间过负荷对绝缘材料的寿命影响也不大，因为绝缘的老化需要一定过程，绝缘材料变脆、介质损耗增大、耐压水平降低等都需要有一个高温作用的时间，高温作用的时间越短，绝缘材料的损害程度越轻。

允许过负荷的倍数和时间公式为

$$t=\frac{150}{\frac{I^2}{I_N^2}-1} \tag{6-1}$$

式中：t 为允许过负荷的时间，s；I 为事故过负荷电流数值，A；I_N 为发电机的额定电流，A。

由于这个公式是在保持某一允许的额外温升情况下得出的，所以发电机过负荷时只要按照这个公式计算出来的过负荷时间去执行，则发电机的温度是不会升高到超过危险值的。强励引起的过负荷，额外温升也不大，所以不必担心发电机有什么危险。

发电机过负荷时，因为允许的时间很短，所以必须立即查明事故的原因，注意系统的电压和频率的情况，采取措施，予以消除。

26. 三相电流不对称对发电机有什么影响?

答：发电机是根据三相电流对称的情况下长期运行设计的。当三相电流对称时，由它们合成产生的定子旋转磁场是和转子同方向、同速度旋转的，因此，定子旋转磁场和转子相对静止，它的磁力线不会切割转子。当三相电流不对称时，可以把不对称的三相电流分解成三组对称的电流，即正序、负序、零序三组分量，由于发电机是星形接线，零序电流流不通，所以只有正序电流和负序电流。根据三相对称电流能在三相绕组中产生旋转磁场的原理，正序电流将产生一个正序旋转磁场，它的转动与转子同向同速；而负序电流将产生一个负序旋转磁场，它的旋转方向与转子的转向相反，其转速对转子的相对速度则是 2 倍的同步转速，这个以 2 倍同步转速扫过转子表面的负序旋转磁场的出现，将产生两个主要的后果：①使转子表面发热；②使转子产生振动。

负序磁场扫过转子表面时，会在转子铁芯的表面、槽楔、转子绕组、阻尼绕组（若有的话）以及转子的其他金属结构部件中感应出 2 倍工频（即 100Hz）的电流。这个高频电流不能深入到转子的深处（因为深处感抗很大），只能在表面流通，这些电流大部分通过转子的本体，还通过套箍，甚至通过中心环，会引起相当可观的损耗，该损耗约与负序电流的平方成正比，将使转子的发热达到不能允许的温度，尤其是产生局部高温，则更加危险。

使转子产生振动是由脉动力矩造成的，而脉动力矩的产生与转子磁路的不对称有关。以凸极式转子来看，当负序磁场对着转子纵轴附近时，因气隙小、磁阻小，磁力线就多，转子和定子的作用力就大。当负序磁场对着转子横轴附近时，因气隙大、磁阻大，磁力线就少，转子和定子的作用力就小。这样，负序磁场和转子之间的作用力时大时小，就使力矩变成 2 倍工频的频率而脉动，造成转子振动。

对于汽轮发电机，其转子是隐极式的，沿圆周气隙中磁阻相差不大，所以发热是主要威胁，而振动是次要的。隐极式转子的绕组是在槽内，转子本体的发热会直接影响转子绕组的温度，若某处发生局部过热将更危险。转子本体与槽楔的温度过高，将导致其机械强度下降。双频大电流流过槽楔与大、小齿间的接触表面，转子本体与套箍间的接触表面，当接触不良时，还可能使接触表面引起严重电灼伤，此外，局部高温还有存在使套箍松脱的危险。

对于水轮发电机，其转子是凸极式的，振动是主要威胁，发热是次要的，因为它的转子绕组是绕在磁极上的，直接被空气冷却，故温度升高不显著；而由于磁极的纵轴方向和横轴方向气隙不一样，磁阻不一样，造成磁力线时多时少，力矩时大时小，振动就比隐极式的转子厉害。

所以，对于汽轮发电机，不对称负荷的限制是由发热的条件所决定；对于凸极式水轮发电机，不对称负荷的限制是由振动的条件所决定。一台机容许带不对称负荷的数值应在符合下列三个条件情况下由试验得出：①转子的任一点温度不超过允许值；②机械振动不超过容许值；③最大一相定子电流不超过额定值。

需指出，负序电流的出现，一种是在正常运行时，系统中有单相负载引起的，这叫稳态情况；另一种是在事故时，如两相突然短路、单相重合闸动作等引起的，这叫瞬态情况。这两种情况下发电机负序电流的容许值是不一样的，不对称负荷限制条件指的是长时间的负序电流容许值，它表明发电机承受长期不对称负荷的能力；而瞬态不对称运行如两相突然短路引起的负序电流，会引起转子严重发热而烧坏，因此规定一个短时间的负序电流容许值是很重要的。衡量汽轮发电机承受瞬态不对称故障的能力也即瞬态负序电流容许水平用 I_2^2t 来表示，I_2^2t 的值随机组的类型不同而有所不同。

27. 发电机失磁后运行状态怎样？有何不良影响？怎样从表计的指示来判断失磁？失磁后运行人员应当怎么办？

答：发电机在运行中失去励磁电流，使转子的磁场消失，叫发电机失磁。失磁可能是由于励磁开关误掉闸、励磁机或励磁调节系统发生故障、转子回路某处断线等原因引起。

失磁时，转子磁场逐渐衰减，电磁力矩减小，而原动机的主力矩没变，于是出现了过剩力矩，使发电机的转速升高，脱出同步。当发电机脱出同步时，转子就和定子磁场有了相对速度，或者说它们之间就有了转差（所谓转差就是定子磁场速度和转子速度之差）。定子磁场以转差速度扫过转子表面，就在转子绕组以及转子的表面、转子上的阻尼绕组（若有）中感应出交流电流来。这个电流与定子旋转磁场作用就产生一个力矩，称为异步力矩。这个异步力矩是阻力矩，起制动作用，发电机的转子便在克服这个力矩的过程中做功，把机械能变成电能，可继续向系统送出有功。发电机的转速不会无限制地升高，因为转速越高该异步力矩越大，当这台发电机的异步力矩等于原动机传过来的主力矩时，就平衡了。因此，同步发电机失磁之后，就进入了异步运行状态，这时便相当于一台异步发电机。

发电机失磁所产生的不良影响可分两方面。

（1）对发电机本身的不良影响如下：

1）发电机失步，将在转子的阻尼系统、转子铁芯的表面、转子绕组（经灭磁电阻或励磁机电枢绕组闭合）中产生差频电流，引起附加温升。所谓差频电流，就是由于定子旋转磁场与转子不同步，定子磁场切割转子使转子中感应出与转差相对应频率的电流，就称为差频电流。差频电流在槽楔与齿壁之间、槽楔与套箍之间，以及齿与套箍之间的接触面上，都可能引起局部高温，这样，便可能危及转子的安全。

2）发电机失步，在定子绕组中将出现脉动的电流，这将产生交变的机械力矩，可能影响发电机的安全。

(2) 对电力系统的不良影响如下：

1) 发电机未失磁时，要向系统输出无功，失磁后，将从系统吸收无功，因而使系统出现无功差额。这一无功差额，将引起失磁发电机附近的电力系统电压下降。

2) 由于上述无功差额的存在，若要力图补偿，必造成其他发电机过电流。失磁发电机的容量与系统的容量相比，其数值越大，这种过电流就越严重。

3) 由于上述的过电流，就有可能引起系统中其他发电机或其他元件被切除，从而导致系统电压的进一步下降，严重时可能导致系统瓦解，造成大面积停电。

对于大型汽轮发电机来讲，其本身的过热容量相对较低，耐受无励磁运行的能力也较低；又由于其容量大，所以大型电机失磁时对系统的不利影响更为显著。

失磁后发电机表计的指示情况及原因如下：

(1) 转子电流表的指示等于零或接近于零。转子电流有无指示，要根据该台电机励磁回路的情况和失磁的原因而定。若励磁开关断开且转子绕组未经灭磁电阻闭合，以及转子回路断线等，其转子电流表的指示就等于零。若励磁开关断开，但转子绕组闭合在灭磁电阻上，这时就可能有电流的指示，但这个电流是交流，直流电流表只指示很小的数值，故接近于零。但若是由于转子绕组匝间短路引起的失磁，则转子电流就不为零。

(2) 定子电流表的指示升高并摆动。升高的原因是由于既送有功又吸收大量无功造成的。摆动的原因是因为转子中有交流电流以及转子的纵轴、横轴磁的不对称所引起。

(3) 有功表的指示降低并摆动。有功是由定子磁场与转子磁场相互作用后转换产生的，它与力矩有直接的关系，发电机失磁时，转速升高，调速器自动动作将汽门关小，主力矩减少，送出的有功就减少，所以有功表的指示就降低，其摆动的原因则与定子电流摆动的原因相同。有功降低程度的大小，与汽轮机调速器的特性以及该发电机在某一转差下所能产生的异步力矩的大小有关。

(4) 发电机母线电压降低并摆动。因系统向发电机送无功，电流大，沿路压降很大，故母线电压降低。电压摆动则是由于电流摆动引起的，如果母线上还并有其他机组，而其他机组又都有电压调节器，则它们的电压也会摆动，这是因为电流的摆动使各电压调整器不断调整电压引起的。

(5) 无功表指示负值，功率因数表指示进相。因为发电机失磁时，要从系统吸收无功，从系统吸收无功功率的数值，至少为额定容量的40%以上。发电机气隙越大，吸收无功功率值也越大。

(6) 转子电压表的指示与其具体的接法有关，即接在励磁开关的前面或后面时，指示的情况不相同。发电机刚失磁的瞬间，转子绕组两端将有过电压产生，若转子绕组闭合在灭磁电阻上，这个过电压的数值与灭磁电阻的大小有关，电阻大，过电压值也大，若灭磁电阻选为转子绕组热态电阻5倍，其过电压值为转子额定电压的2～4倍。转子电压表指针也摆动，摆动频率比定子电流表指针的摆动频低一半。

失磁后运行人员应注意，对不允许无励磁运行的发电机，应立即解列，大型机组现在都装有失磁保护；对允许无励磁运行的电机，应拉开励磁开关，退出强励及自动电压调节器，降低出力至该机的允许值（注意此时若厂用电压过低则应将厂用电倒至备用电源上），同时增加其他各台发电机的励磁，尽快查明失磁原因。当励磁恢复时，一般能很快拉入同步，发电机所带的负荷越小，拉入同步越容易。

28. 发电机的振荡和失步是怎么回事？怎样从表计的指示情况来辨别哪台发电机失步？振荡和失步时运行人员怎么办？

答：发电机可能引起振荡的原因是：原动机输入力矩突然变化，如汽轮机调速汽门犯卡又恢复动作，系统发生突然短路，大机组或大容量线路突然断开等。通常，短路是引起系统振荡及破坏稳定运行的主要原因。

发电机并在无穷大系统上的运行情况可用功角特性来分析，设发电机经变压器和线路连接到无穷大系统的某变电站母线上，其功角特性如图 6-11 所示。

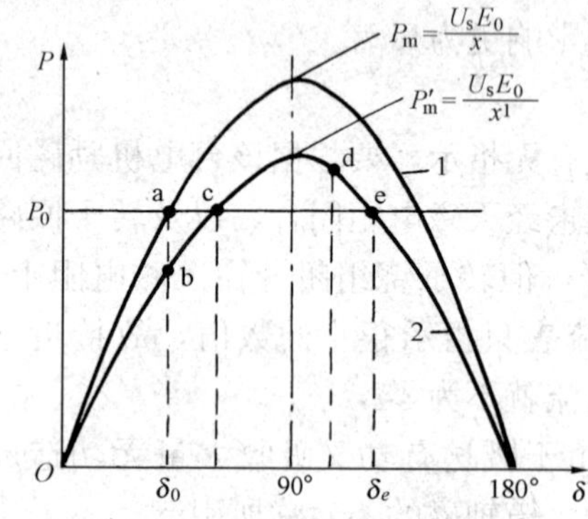

图 6-11　发电机并于系统的功角特性

图 6-11 中，曲线 1 表示正常工作时的特性，原动机的输入功率为 P_0，正常工作点为 a 点，对应的角度为 δ_0。当系统发生短路时，电源间的综合电抗 x 发生变化，假设因平行的一条线路被切除使 x 变大，由 x 变到 x'。这时发电机的输出功率也会发生变化，功角特性由曲线 1 变到曲线 2。但由于转子有惯性，转速不能突变，刚短路的瞬间 δ 角未变，所以发电机的运行点将由 a 点落到 b 点上。可是在 b 点上功率是不平衡的，此时，输入功率大于输出功率，反映在转子上就是力矩不平衡，主力矩大于阻力矩。在过剩力矩作用下，转子开始加速，δ 角增大，在功角特性上，运行点从 b 点向 c 点方向变化。在 δ 角增大的同时，输出功率也增大，即阻力矩也增大，当到达 c 点时，输入功率和输出功率平衡，理应停在这点上运行，可是仍由于转子的惯性作用，还会往前冲，于是越过 c 点，角度继续增大。但是 δ 角过 c 点后，输出功率反而大于输入功率，阻力矩也大于主力矩，在相反方向的过剩力矩的作用下，转子的转速便会减慢。当达到 d 点时，转子的惯性所起的作用消失，但在这个点上是稳定不住的，发电机的输出功率大于输入功率，阻力矩大于主力矩，在这个过剩力矩的作用下，转子减速，δ 角开始变小，运行点从 d 点向 c 点方向变化，当到达 c 点时，又由于转子的惯性关系，不能停留在 c 点而继续从 c 点向 b 点方向减速，δ 角重新回到 b 点附近，惯性消失，但在 b 点附近又有过剩力矩的作用，于是又开始新的摆动。像这种围绕着新的平衡值，角度时大时小来回变化，转子速度环绕着同步转速时高时低的现象就叫做振荡。

振荡有两种可能的结果，一种是发电机能稳定在新的工作点保持同步运行，另一种是可能造成发电机的失步。

当电机在 c 点的周围来回振荡时，发电机转子和定子磁场便有了相对速度，这样在转子上的阻尼线圈或槽楔、铁芯表面、转子绕组等处便会感应起电流，这个电流与定子磁场的作用就会产生阻尼力矩，即异步力矩。阻尼力矩总是起反对转子的转速变化作用的，故当上述在 b、d 点范围内振荡时，每次来回变化的幅度会越来越小，振荡会很快衰减下来，最后稳定在新的工作点 c 上继续运行，此时功率达到平衡，这属于上面所说的第一种情形。如果振荡开始时过剩力矩很大，转子的冲劲很大，到达 d 点时相对速度还没有降到零，即惯性还在起作用，仍继续往前冲，一直冲到越过横线 P_0 和曲线 2 的另一个交点 e 后，此时由于角度越大，阻力矩越小，过剩力矩越大，转子更加速，功率平衡不了，δ 超过 180°，发电机就会造成失步，这是上面所说的第二种情况。这里的δ_e是个临界角度，振荡摆过了这个角度就会导致失步。

在非同期运行过程中，发电机轴上除作用着由励磁产生的同步力矩外，还出现与转差相关的异步力矩，在这两个力矩的作用下，经过若干个非同期循环后，失步的发电机其转速还有可能接近同步转速而被重新拉入同步，这种情况称为再同步，不过一般都要采取一些措施之后，才能恢复同期。

上面所说的是一台发电机并列在无穷大系统上的振荡情况，而事实上，系统不是无穷大的，因此，系统中一台发电机发生振荡，或某一处故障，将影响并在系统中的其他各台机组，有时是某个电厂的一台机或全部机与系统之间产生振荡，有时甚至是系统的这一部分和那一部分之间失去同期并发生剧烈的振荡，在这种情况下整个系统的电压和频率都要发生变化，电流和功率产生剧烈的振荡。如果分析两台发电机或系统的两个部分之间的振荡情况，δ角就可理解为发电机电动势之间的夹角。

振荡或失步的现象及原因如下：

(1) 定子电流表的指针剧烈摆动，电流有可能超过正常值。这是因为发电机电动势间的夹角发生了变化，出现了电动势差，在电动势差的作用下，发电机之间流过环流，又由于转子转速的摆动，使电动势间的夹角时大时小，力矩和功率也时大时小，因而造成环流也时大时小，所以定子电流表的指针来回摆动，而这个环流加上原来的负荷电流，其值就有可能超过正常值。

(2) 发电机电压表和其他母线电压表的指针剧烈摆动，且经常是降低。在两个振荡部分之间连接网络上的各点电压，包括电厂的主母线及发电机母线上的电压，都和两个振荡部分发电机电动势间的夹角有关，夹角变化，电压也就摆动。系统中两个振荡部分的电源间还有一个电气中心点，此点电压最低，其他各点一般也比正常时为低，这是因为电流大，压降也大的缘故，不过发电机电压的波动幅度不是很大，当有自动电压调节器时，电压的波动幅度就更小。

(3) 有功表的指针在全刻度摆动。这是因为发电机在未失步时的振荡过程中送出的有功功率时大时小，以及失步时有时送出有功有时吸收有功的缘故。

(4) 转子电流表的指针在正常值附近摆动。发电机在振荡或失步时，定子磁场和转子之间就有相对速度，转子的绕组和其他金属部分中都会感应起交变电流，这个电流的大小与定子的磁场有关，也就是说与定子电流的大小有关，还与转子、定子磁场之间的相对速度有关。现在定子电流波动，所以也就使这个电流波动，在转子绕组中这个波动的电流叠加在原来的励磁电流上，就使得转子电流表的指针在正常值附近摆动。

在事故情况下，一般是并列运行着的各台发电机的表计都在摆动，要想辨别是哪台机失步可以从以下几方面来区别：

(1) 由于本厂发生事故引起的失步，总可以从本厂的操作原因或故障地点来判定哪一台有关机组可能失步。

(2) 一般来说失步电机的表计摆动幅度比别的发电机厉害。

(3) 失步发电机有功表的摆动是全刻度的，而其他机组则在正常负荷值左右摆动，而且当失步发电机的有功表摆向零或负时，其他发电机则摆向正的指示值大的一侧，即两者摆向正好相反。

若发生趋向稳定的振荡，即越振荡越小，则不需要操作什么，做好处理事故的思想准备就行。若造成失步时，则要尽快创造恢复同期的条件，可采取下列措施：

（1）增加发电机的励磁。对于有自动电压调整器的发电机，在1min内不得干涉自动电压调整器和强励装置的动作；对于无自动电压调整器的发电机，则要手动增加励磁。增加励磁的作用，是为了增加定、转子磁极间的拉力，以削弱转子的惯性作用，使发电机较易在到达平衡点附近时被拉入同步。

（2）若是一台发电机失步，可适当减轻它的有功出力，即关小汽门或导水翼，这样容易拉入同步，这好比是减少转子的冲劲。若是系统的两个部分失去同步，则每个电厂要根据具体情况增负荷或减负荷，因为这时送端系统的频率升高，受端系统的频率降低，频率低的电厂应增加有功出力，同时将电压提高到最大允许值，频率高的电厂应降低有功出力，以降低频率尽量使其接近于受端的频率，同时也要将电压提高到最大允许值。

（3）按上述方法进行处理，经1～2min后仍未进入同步状态时，则可将失步发电机与系统解列，或按调度的要求，将非同期的两部分系统解列。

处理这种事故应注意：①要冷静沉着地分析，准确地判断；②要有整体观念，及时报告调度，听从指挥。

电力系统中采用快速保护、高速开关、强励、自动电压调整器、快速的励磁系统等措施，都是为了提高系统的稳定，减少系统的振荡和失步事故。

29. 定子绕组单相接地对发电机有危险吗？怎样监视单相接地？

答：所谓定子绕组单相接地，是指定子线棒某处绝缘薄弱，铜导线和铁芯（或其他铁件）在电方面发生连通的现象。

发电机中性点经消弧线圈接地或不接地时，当定子绕组发生单相接地时，因带电导体与处于地电位的铁芯或其他铁件间有电容存在，即发电机以及和发电机相连的母线、电缆、变压器绕组等对地都有电容，所以接地点会有电容电流流过。机端处发生金属性接地短路，即接地短路点电阻为0时，接地电流最大，而短路点越靠近中性点，接地电流越小。故障点有电流流过，就可能产生电弧，若电弧是持续的，就可能将铁芯烧坏，严重时会把铁芯烧出一个大缺口。铁芯烧损的程度和电弧电流的大小有关，接地电流大于5A时就有烧坏铁芯的危险，所以当单相接地电流大于或等于5A时，定子接地保护就应动作，当电流小于5A时，可只投监视。

单相接地的监视，一般采用接在电压互感器开口三角侧的电压表或动作于信号的电压继电器来实现，也可用切换发电机的定子电压表来实现。例如当A相机端发生接地时，如A相对地电压为0，则中性点电位升高为相电压，B、C相对地电压升高为原来相电压的$\sqrt{3}$倍，所以当切换发电机定子电压表时，便会发现A相电压为0，B相和C相的电压为线电压数值，这就可断定A相绕组机端或机端之外某处接地。此时，发电机保护盘上若装有接于发电机电压互感器开口三角侧的电压表，则会发现指针摆到满刻度；如果A相对地电压降低、但不为零，B相和C相对地电压升高，但不到$\sqrt{3}$倍，这时开口三角侧电压表的指示也不是满刻度，就说明接地点不是机端，而是A相绕组的机端与中性点之间的某点发生接地。

30. 发电机转子接地有何危害？可以继续运行吗？

答：发电机正常运行时，励磁回路对地之间有一定的绝缘电阻和分布电容，它们的大小与发电机转子的结构、冷却方式等因素有关。当转子绝缘损坏时，就可能引起励磁回路接地故障，常见的是一点接地故障。转子绕组发生一点接地，即转子绕组的某点从电的方面来看与转子铁芯相通，此时由于电流构不成回路，所以应能继续运行。励磁回路的一点接地故障，由于构不成电流通路，对发电机不会构成直接的危害。但转子一点接地运行不能认为是正常的，因如不及时处理，它有可能发展为两点接地故障。因为在一点接地故障后，励磁回路对地电压将有所增高，就有可能再发生第二个接地故障点。发电机励磁回路发生两点接地故障的危害有：

（1）转子绕组的一部分被短路，另一部分绕组的电流增加，这就破坏了发电机气隙磁场的对称性，引起发电机的剧烈振动，同时无功出力降低。

（2）转子电流通过转子本体，如果转子电流比较大（通常以 1500A 为界限），就可能烧损转子，有时还造成转子和汽轮机叶片等部件被磁化。

（3）由于转子本体局部通过转子电流，引起局部发热，使转子发生缓慢变形而形成偏心，进一步加剧振动。

转子两点接地会引起电机振动是因为发电机的磁场对称被破坏了。下面以四极机为例（用它来代表多极机）进行分析。

图 6-12 所示是一台四极机的磁通分布情况，假设磁极 S2 上有部分线匝发生短路，这个磁极的磁通势（安匝数）便减少，磁通也减少，而其他磁极的磁通基本保持不变，由于磁拉力与气隙磁通密度的平方成正比，所以磁极 S2 与定子之间的拉力比磁极 S1 与定子之间的拉力小。在图 6-12（a）所示的位置时，转子右边的拉力大，在转子转过 180°之后，如图 6-12（b）所示的位置时，左边的拉力大，这样转子在转动的过程中，沿着不同的方向，定子对它的拉力就产生周期性的变化，因此发电机就产生振动。这种振动，会使发电机的各固定部件松动，并影响厂房建筑物的机械强度，是非常有害的，尤其在发生共振时更加严重。对凸极机来讲，这种振动特别厉害，而且发展很快，可能带来极严重的后果，所以对于凸极式水轮发电机来讲，一般规定当转子发生一点接地时就应联系停机处理。

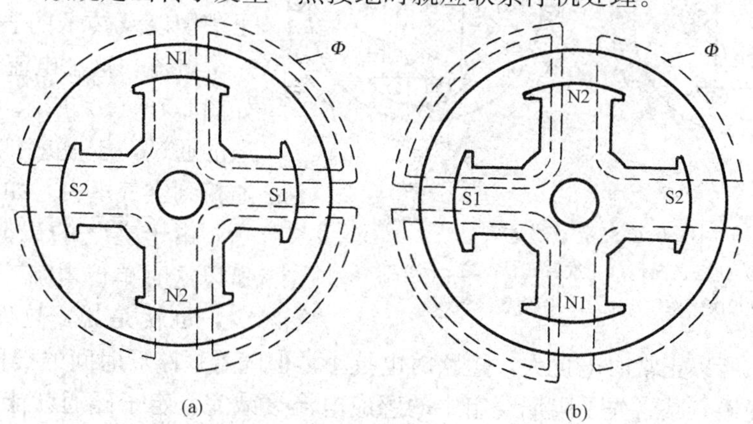

图 6-12　四极机的转子两点接地磁场情况

（a）右边拉力大；（b）左边拉力大

在两极机（汽轮发电机）中，当转子的某极部分线匝发生两点接地时，虽然两个磁极的磁通是共同的，但因两个磁极的磁通密度不一样，因而定子对两极的磁拉力不一样，这在转子的转动过程中，也会产生振动，只是振动没有凸极机那么严重，所以，当转子发生一点接地后可不停机，此时应投入（或自动投入）两点接地保护，尽快查找出故障部位。若是励磁系统故障则应设法消除或倒备用励磁；若是转子内部故障，虽可继续运行，但也应早做计划，安排停机检修。

31. 什么叫突然短路？短路电流为什么很大？发电机发生哪种类型短路时短路电流最大？

答： 正常发电机的电流是经负载而构成闭合回路的。因某些原因，如金属物搭连、绝缘损坏、带地线误合闸等，使相与相或相与地之间突然搭连，电流不经负载构成闭合回路，这就叫突然短路。

短路时电流大的原因，除最直观的未经负载直接形成回路外，还有因为发电机本身的电抗在短路情况下会大大变小的关系。

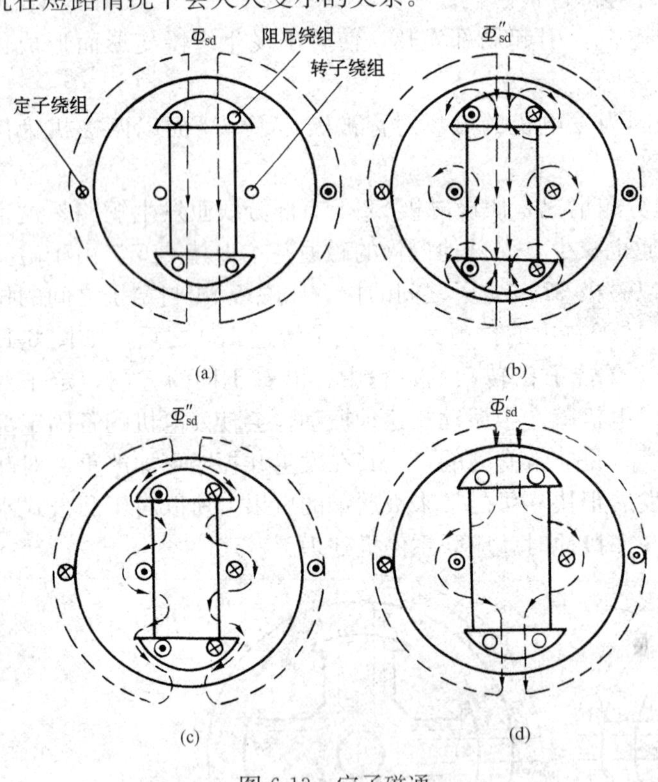

图 6-13　定子磁通

（a）正常情况；（b）次暂态情况之一；（c）次暂态情况之二；（d）暂态情况

这里说的电抗即为感抗，可理解为单位电流流过线圈产生的磁通，而单位电流流过线圈时能产生多少磁通，又与线圈周围磁路磁阻的大小有关，短路时发电机内电抗变化的原因就是磁路磁阻变大的结果。正常时，其磁路如图 6-13（a）所示，定子电流产生的磁通从转子的铁芯经过，这时磁阻小，单位电流产生的磁通就多，电感就大，也即电抗就大；突然短路时，由于定子电流突然变化，定子磁场也突然变化，这在转子绕组和阻尼绕组、转子槽楔以及转子的表面就会感应出一个电流，这个电流又会产生磁通，如图 6-13（b）所示，它阻碍定子磁通的通过，于是就把从定子来的磁通挤到空气里去，如图 6-13（c）所示。由于空气的磁阻比铁芯的大，所以这时单位电流产生的磁通就减少，也就是说，这时的电感变小，电抗也就变小，所以正常时电抗大，短路时电抗小。但随着短路后时间的推移，转子里感应出来的电流会慢慢衰减，先是阻尼绕组中的感应电流衰减完，定子磁通就能穿过阻尼绕组，如图 6-13（d）所示，然后是转子绕组中的感应电流衰减完，定子磁通也就能通过转子铁芯，最后过渡到正常情况。对应于图 6-13（a）所示状态时的电抗叫作发电机的同步电抗，

以 x_d表示，这是发电机正常情况下或者说是稳态情况下的电抗；对应于图 6-13（c）状态时的电抗叫作发电机的次暂态电抗，以 x''_d表示，这是发电机短路初瞬间的过渡电抗；对应于图 6-13（d）状态时的电抗叫作暂态电抗，以 x'_d表示，这是发电机短路后阻尼绕组中电流衰减完至稳态这段时间的电抗，这三个电抗数值大小的次序是 $x_d>x'_d>x''_d$。一般发电机的次暂态电抗比同步电抗小 10 多倍，所以机端短路时，初瞬间短路电流很大，可达额定电流的 10 多倍。

发电机的短路故障分相间短路和匝间短路，相间短路又分三相短路（对称短路）和两相短路（不对称短路）。

如果发电机发生端部短路，在短路的初期，两相短路电流比三相短路电流小，而在短路稳定时，两相短路电流比三相短路电流大。所以对发电机来说，威胁最大的是三相短路初期的冲击电流。

单就三相短路来说，部分线匝的短路，短路线匝中的电流比机端三相短路时的电流大，原因是因为电流等于电动势除电抗，当部分线匝短路时，虽然匝数减少，电动势减小，但电抗减小得更快，因电抗与匝数的平方成正比，故电流值大。

至于匝间短路，其后果可能与相间短路同样严重，与相间短路一样，短路线匝数越少，短路线匝中的电流越大。

32. 短路对发电机和系统有什么危害？如何防止发生短路事故？

答：短路的主要特点是电流大、电压低，电流大的结果就是产生强大的电动力和发热。短路对发电机的危害如下：

（1）定子绕组的端部受到很大的电磁力的作用。这些力包括定子绕组端部相互间的作用力、定子绕组端部与转子绕组端部相互间的作用力以及定子绕组端部与铁芯之间的作用力。总起来的合力是使定子绕组的端部向外弯曲，即喇叭口向外张开，将线棒的渐开线部分压向支架，如有端箍，端箍将受胀，有使其直径增大的趋向。受力最严重的地方是线棒的直线和渐开线的交界处。除上述的力外，同一个相带（沿圆周每极每相所占的区段）绕组间的相互吸力也相当大，易造成端部切向位移。在这么大的力的作用下，有可能使线棒的外层绝缘破裂。

（2）转子轴受很大的电磁力矩的作用。所受的力矩可分为两种，一种是短路电流中使定、转子绕组产生电阻损耗的有功电流分量所产生的阻力矩，它与转子的转向相反，其性质与正常送有功时的力矩相同；另一种是突然短路过渡过程中才出现的冲击交变力矩，它的大小和符号都随时间迅速变化，这种力矩比前一种力矩大。两种力矩都作用在发电机的转轴、机座及地脚螺钉上。

（3）引起定子绕组和转子绕组发热。短路电流将引起定子和转子的绕组发热，但由于短路电流衰减得很快，大电流作用的时间较短，所以绕组的发热并不厉害。

由此可见，短路对发电机的危害主要是电动力的破坏，故发电机端部的固定是很重要的。

短路对电力系统的影响，除上述的电动力和发热可能引起电气设备的损坏外，还可能因电压低而破坏系统的稳定运行。

造成短路的原因可能是多方面的，如：制造或检修质量不良，留下隐患；预防性试验不严格，未能及时发现缺陷；运行中绝缘受潮，过热老化引起相间击穿等。机端短路还可能是由于漏水而使绝缘水平降低，母线桥上落上金属物或带地线合闸等原因造成的。

为了防止发生短路事故，除了应坚持制造、检修、试验的质量标准外，运行中也要加强监视，及时发现和消除缺陷，消灭误操作等，这样，事故是可以减少。

33. 汽轮发电机的振动有什么危害？引起振动的原因有哪些？

答：（1）汽轮发电机振动的主要危害如下：

1）使机组轴承损耗增大。

2）加速滑环和电刷的磨损。

3）励磁机电刷易冒火，整流子磨损增大，且因整流片的升高片开焊和电枢绑线的断裂可能会造成事故。

4）使发电机本身的零部件松动并损坏。

5）破坏建筑物，尤其在共振情况下，后果更严重。

（2）引起发电机振动的原因是多方面的，总的来讲可分为两类，即电磁原因和机械原因。电磁原因如转子两点接地、匝间短路、负荷不对称、气隙不均造成磁路不对称等，机械原因如找正找得不正确、靠背轮连接不好、转子旋转不平衡等。

34. 什么叫轴电压与轴电流？发电机的励侧轴承为什么要对地绝缘？接地碳刷有什么作用？

答：发电机由于定子铁芯的局部磁阻大或定、转子间气隙不均匀等都会引起定子磁场不平衡，这种磁通的不对称会在发电机转子轴上感应出电动势，在转子轴两端产生电压，这就是轴电压。轴电压由轴颈、油膜、轴承、机座及基础底层构成通路，当油膜被破坏时，就在此回路内产生一个很大的电流，即为轴电流。这部分轴电流会使润滑冷却的油质逐渐劣化，严重的会使转子轴和轴瓦烧坏，损坏汽轮机及油泵的传动蜗轮和蜗杆，还会使汽轮机的有关部件、发电机的外壳、轴承和其他与转轴相连接的零件发生磁化现象。所以，在实际运行中，励磁侧以后的所有轴承、机座都与地绝缘，在轴承座、机座下垫绝缘板，轴承座的固定螺栓用绝缘管，在螺母下垫绝缘圈，连接到轴承座的油管也要与轴承绝缘，这样，轴电流就形不成回路。严格讲，只有上述的电压才是轴电压，但在机组运行中，由于汽轮机最后几级的蒸汽湿度较大，含有一些水滴，这些水滴以高速打在叶片上时，便使带负电的微粒逸出，汽轮机轴上就带有正电荷，由于轴上的正电荷被轴瓦油膜所隔，不能泄入地中，就使大轴产生对地的静电电压，这一般也叫轴电压。这个电压有时很高，可达几百伏，其值随蒸汽量大小而变化，当运行人员触及与轴相连的部件时，可能产生麻电现象，不过由于其能量很小，所以没什么危险，但是在这种电荷的长期作用下，有时会损伤汽轮机的蜗母轮。为了将这些电荷泄入大地，消除静电电压，所以发电机一般都装有接地碳刷。另外，发电机上一般还装有接轴碳刷，它是供转子接地保护和测量转子绕组正、负极对地电压用的，因为转子的一、两点接地保护装置和测量转子绕组正、负极对地电压的装置都需要有一个线端接到发电机的轴上，所以必须要有一个接轴碳刷。有的发电机将接地碳刷和接轴碳刷共用为一个碳刷，它既可消除轴电压，又可供继电保护装置用，其缺点是由于地电流的影响可能会使保护装置误动。

综上所述，在发电机运行中，应注意轴承的绝缘情况，并经常清理轴承座周围绝缘处的脏物，防止脏物形成导电路径，使轴承失去绝缘。同时，应定期对轴碳刷进行检查和维护。

35. 什么是电晕？发电机里哪些部位易产生电晕？电晕对发电机有什么危害？

答： 在带电导体的尖角处，电力线密集，即存在电场不均匀，当局部场强达到临界值，将使附近的空气发生游离放电，即中性的原子变成带负电的电子和带正电的原子核，围绕该尖角处，形成蓝色的光环，这种现象叫电晕。电晕放电属于局部放电。

发电机里易产生电晕的部位为：

(1) 线棒的出口处。该处线棒导体与边端铁芯间电力线集中，线棒导体和边端铁芯相当于电容器的两个极板，线棒绝缘和空气相当于电容器极板间的介质，两极间有很强的电场。

(2) 定子铁芯的通风沟处，该处电力线密集于硅钢片的边角上。

(3) 绝缘内部的气隙里。

(4) 线棒绝缘表面和定子铁芯之间的气隙里。

(5) 线棒端部端箍包扎处，以及不同相的线棒之间。

电晕对发电机的危害如下：

(1) 电晕使空气游离产生臭氧 O_3，臭氧和空气中的氮化合生成 N_2O，N_2O 又和空气中水化合生成硝酸或亚硝酸，酸性物会腐蚀金属和绝缘部分，使铜表面产生绿色化合物，影响散热，还会使绝缘部分变成白色粉末附着于线棒表面，酸性物长期作用还会使绝缘变脆。

(2) 电晕消耗电能。

(3) 电晕使周围产生带电的离子，当发电机遇到过电压时，易使绝缘击穿。

36. 汽轮发电机组被磁化是怎么回事？有什么危害？

答： 实际运行中，由于某些原因，可能使大轴存在纵向（轴向）的磁通，这些纵向磁通经过机组的每个轴颈、沿着油膜（若被击穿）、轴瓦、轴承座、底座等一些回路回到大轴，也可以经过汽轮机的每极叶轮的动静叶片之间的间隙、隔板、汽缸壁这些回路回到大轴，这样就会使得大轴纵向被磁化。

产生纵向磁通的原因有多种，主要有：

(1) 在发电机及励磁机本身结构上存在环绕着大轴的安匝，即磁通势。这些安匝有的是励磁机端部连线所形成的直流磁通，有的是发电机定子绕组端部连线分布不对称形成的交流磁通。

(2) 转子绕组层间短路或两点接地产生的纵向磁通。

纵向磁通会感应出电动势，叫单极电动势，只要有闭路，就会产生单极电流。单极电流的存在有两种后果：

1) 单极电流流过轴颈、轴瓦，会腐蚀甚至烧坏轴颈、轴瓦。

2）单极电流可能使汽轮机严重磁化，且可能影响机串轴保护的正确动作。

37. 为什么有的发电机中性点不接地，而有的发电机中性点经消弧电抗器接地？

答：发电机中性点是否接地以及怎样接地，主要是考虑供电的可靠性，单相接地电流的大小及对发电机的损害、继电保护、内部过电压等方面的因素。电力系统中发电机的中性点一般采用不接地或经消弧电抗器接地两种方式，也有个别的发电机采用经大电阻接地的方式。

不考虑发电机中性点直接接地是因为这种方式虽有单相接地保护较为简单和内部过电压对相电压的倍数较低的优点，但由于其存在一些严重缺点而不采用了。缺点是：

（1）单相接地短路电流很大，甚至超过三相短路电流，这一方面会影响供电的可靠性，而且会使发电机定子的绕组和铁芯损坏。

（2）几台中性点直接接地的发电机并联运行，会出现三次谐波环流，使发电机的损耗增加，而且在发生故障时会引起短路电流波形畸变，使继电保护复杂化。

发电机中性点采用不接地方式，可避免上述缺点，尤其是当发电机发生单相接地时，接地点仅流过另两相的电容电流，当这个电流较小时，故障点的电流常能自动熄灭，可大大提高供电的可靠性。其缺点是内部过电压对相电压的倍数较高。

当电容电流较大时，一般采用中性点经消弧电抗器接地的方式，这主要是考虑接地电流大到一定程度时接地点电弧不能自动熄灭，如接地电流烧坏定子铁芯则难以修复。中性点接消弧电抗器，单相接地时可产生感性电流，补偿接地点的容性电流，而使电弧能自动熄灭。其缺点是增加消弧电抗器的投资及维护工作。

中性点经大阻接地的方式，也可以使单相接地电流减小，但这种接地方式的缺点是当中性点位移电压升高时，易引起铁磁共振过电压。

发电机在主接线中的连接方式，直接影响发电机单相接地电流的大小，故直接影响中性点所应采用的接地方式。当发电机在发电机电压母线上直接并列并有直配线时，尤其当直配线是电缆出线时，其电容电流很大，往往需要采用经消弧电抗器接地的方式。而当发电机、变压器接成单元接线时，其电容电流较小，可采用中性点不接地方式，但发电机—变压器组容量很大时，也可能采用经消弧电抗器接地的方式。

38. 雷击对发电机有危险吗？发电机有哪些防雷措施？

答：雷雨季节，天空中时常形成带电的雷云，这些雷云有的带正电、有的带负电，除了相邻的带不同电荷的雷云间可能形成放电外，由于雷云使大地感应起异性电荷，因此雷云也可能对地上的突出物以及输电线等发生放电现象，这就是所谓的雷击。

雷击时放电所引起的雷电流是很大的，最大可达 300kA。雷电流是非周期性的冲击波，波形如图 6-14 所示。图中，I_m是雷电流的最大值，从 F 点到 C 点的时间间隔称为波头长度 τ_t，从 F 点到 E 点的时间间隔称为波长 τ，AB 线的斜率即 $\tan\alpha$ 称为雷电流的平均陡度。

雷电流的波长越大，其破坏作用也越大；雷电流的陡度越大，其对绝缘材料的危害性就越大，而当 I_m一定时，波头长度 τ_t越小，雷电流的陡度越大。

雷击时感应过电压对电力系统也会构成危险。所谓感应过电压，是当输电线路附近开始发生雷云放电时，由于静电感应，使将与雷云极性相反的电荷从导线的两端拉到雷云附近的一段导线处，使其成为束缚电荷，雷云放电过程中，导线上的束缚电荷即变为自由电荷向导线的两端流动，这时形成的流动波的电压就是感应过电压。由于雷云放电的速度很快，所以导线中的电流也很大，感应电压波的幅值可达300～400kV，因此对低压线路来讲是非常危险的。

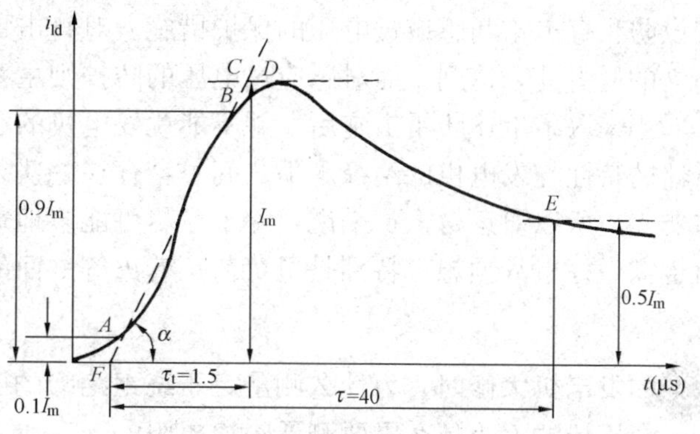

图 6-14　雷电流波形

雷击对电力系统可能造成的危险后果有以下三个方面：①线路因过电压可能发生闪络，形成短路；②露天电气设备一旦遭受直接雷击，可能引起设备损坏或火灾；③雷电过电压波传到变电站和电厂后可能会使变压器、发电机及其他电气设备的绝缘损坏。当发电机遭受雷害时，强烈的电流可能会将绝缘和铁芯烧毁。由于结构的特点，发电机与其他电气设备（例如变压器）相比较时，其绝缘水平是较低的，发电机的绝缘有四个弱点：

（1）由于绝缘是放在铁芯槽中的，所以就有可能在下线过程中遭受损害，留下隐患，造成先天性的弱点。

（2）由于绝缘并未放在油中，所以绝缘中就可能有气泡，而气泡在过电压作用下是最易击穿的。

（3）发电机不能像防雷变压器那样在制造时采取一些结构措施，如放静电环、采取特殊绕法等，因此发电机的冲击电压分布不均匀。

（4）发电机的绝缘在运行中所处的条件比变压器差，例如可能受潮，出现脏污，受化学侵蚀等，同时发电机的云母绝缘比变压器的纸绝缘破坏的累积效应也强。

因此，当雷电波传到发电机时，波的陡度直接威胁匝间绝缘，尤其是头几匝，波越陡，头几匝间所加的电压越大，匝间绝缘越易受到破坏。雷电波的幅值大小威胁发电机的主绝缘，雷电波的幅值越大，导线与铁芯间的电压就越高，绝缘就越易被击穿，因此，必须采取防雷措施。在设计电厂的电气主接线及进线时，要考虑防雷措施，即设有一个完整的防雷系统。对发电机来讲，防雷措施的要求是要把雷电波的幅值和陡度限制在容许的范围内，以消除对发电机的威胁。发电机的耐雷水平为50kA，即假定在进线首端发生雷击时，雷电流不超过50kA，发电机的防雷保护接线及其设备的选择都按此条件考虑。

总的来讲，发电机的防雷方式一般包括两个部分：①装设在母线上的阀型避雷器及电容器，避雷器的作用是限制波的幅值，电容器的作用是限制波的陡度；②进线保护，它的作用是将线路上传来的较强的雷电波先来一次削弱。发电机的防雷保护接线种类很多，根据发电机的容量，电厂主接线的方式及对供电可靠性的要求不同而有所区别。

发电机和变压器直接连接时，变压器对发电机的防雷保护能起一定的作用，因此对于发电机一变压器组连接方式的发电机，只要可靠保护变压器，就不需对发电机再采取保护措施。但是如果发电机与变压器之间是由敞露的组合导线或母线桥连接，那么这一段导线还需装设防止直击雷和感应过电压的保护措施。对直击雷的防护，可以利用烟囱、主厂房或另加独立的避雷针来达到，而对感应过电压的防护则主要依靠电容器。

当采取了上述防雷措施后，并不能说发电机的雷害事故就可以完全避免了，因为一则避雷器的特性与发电机的绝缘水平之间总会存在一些差距；二则某些发电机的绝缘可能存在一些弱点，所以对运行人员来说，除了应尽可能多地掌握一些防雷知识和绝缘弱点外，在打雷时也需做好事故预想，特别是甩负荷、着火等方面的事故预想。

39. 发电机大修时，为什么测量定子绕组绝缘的吸收比 $R_{60''}/R_{15''}>1.3$ 时就可认为绝缘是干燥的？为什么需要测量绝缘电阻？

答：用绝缘电阻表测量绝缘物的电阻，实际上是给绝缘物加上一个直流电压，在这个电压的作用下，绝缘物中便产生一个电流，所测得的电阻值等于电压除以电流。

从测量绝缘电阻的过程中可以知道，绝缘物的阻值是变化的，开始时较小，后来慢慢地达到一个较大的稳定值，这就说明，绝缘物中流过的电流是随时间在变化的。绝缘物加上直流电压后，产生的总电流可以分为三部分：

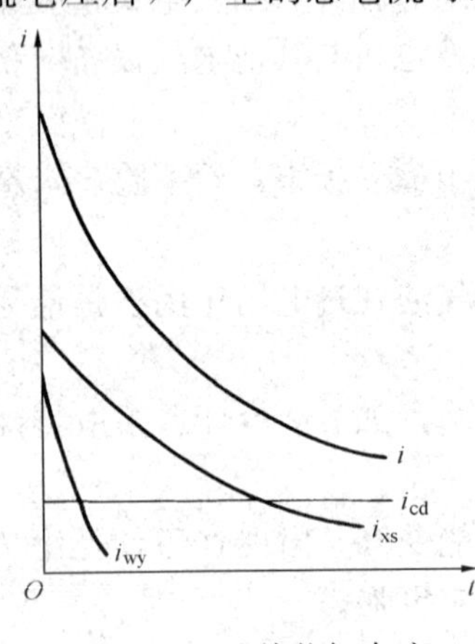

图 6-15　绝缘物加直流电压后的几种电流

（1）传导电流（或称为泄漏电流）。它是由两个部分构成的：一部分是绝缘物中极少数受束缚较弱的离子在电场作用下，沿电场方向由一个位置移到另一个空位上而引起的电流；另一部分是杂质以及溶解在水分中的一些导电物质在电场作用下产生电荷运动而引起的电流。传导电流不随时间变化，其曲线如图 6-15 中的 I_{cd} 所示。

（2）位移电流（或称为电容电流）。它也由两个因素引起：一个因素是绝缘物中的原子在外电场作用下，其内部的电子趋向正极，原子核趋向负极，从而呈现出极性，由此而在外电路中引起电流；另一个因素是如云母等离子结构的绝缘物中可能含有的正、负离子在电场的作用下，正离子向负极移动，而负离子向正极移动，因此也在外电路中引起电流。位移电流只是在接上电源的一瞬间较大，很快就衰减完，时间约为 $10^{-13}\sim10^{-15}$ s，其随时间变化的曲线如图 6-15 中的 I_{wy} 所示。

（3）吸收电流。通常把绝缘物在加电压后由于不均匀介质极化而在由电源组成的外电路中所引起的电流，叫做吸收电流。不论是发电机绕组的绝缘或是其他电气设备的绝缘，往往都是由几种材料组成的，因此构成总绝缘厚度的各层，或者同一种绝缘物的各部分，一般是不均匀的。绝缘物串在电路里可以把它用一个电阻和电容并联的等值电路来代表。所谓不均匀，也就是指绝缘内部各层的电容和电阻不相等。当加上电压的初始阶段，绝缘物内不同层的电压是按电容的大小分配的，即电容小的电压降大，电容大的电压降小，当趋近稳定状态时，则各层电压又按电阻的大小分配，即电阻大的电压降大，电阻小的电压降小，在这个过程中，便引起绝缘物内部电荷分布的变化，这种内部电荷分布的变化会在由电源构成的外电路中引起相应的电流，这就是吸收电流，这个电流是随时间变化的，其变化规律如图 6-15 中曲线 I_{xs} 所示。从图 6-15 中可以看到，它是慢慢衰减的，衰减速度决定于电容和电阻的大小，电阻越大，衰减得越慢，所以这个电流的大小及衰减得快慢的程度与绝缘物中有没有水分及杂质有关。

测量绝缘电阻时，绝缘物在加压后流过的电流为上述三个电流之和，如图 6-15 中曲线 i 所示。所测得的绝缘电阻实际上是所加电压除以某瞬时的电流而得。由于电流有不同的瞬时值，所以绝缘电阻在不同的瞬时也有不同值。绝缘电阻随时间而变化的特性，就称为绝缘的吸收特性。

利用吸收特性可以判断绝缘是否受潮，因为绝缘干燥时和潮湿时的吸收特性是不一样的。而一般判断绝缘干、湿时是不画吸收特性曲线的，只是从测量绝缘开始，至 15s 时读一个数 $R_{15''}$，至 60s 时又读一个数 $R_{60''}$，用这两个瞬时阻值的比值来近似地表示吸收特性。这个比值就叫作吸收比。实际上，测吸收比时，上述三个电流中的位移电流由于衰减得很快，对 15s 和 60s 时的阻值影响不大，可不考虑，主要是传导电流和吸收电流在起作用。当绝缘干燥时，传导电流小，吸收电流衰减得慢，总电流中的主要成分是吸收电流，故其随时间变化情况主要由吸收电流的变化所决定，曲线比较陡，如图 6-16 中的曲线 i_1 所示，这时，15s 和 60s 时的电流数值相差较大，相应的两个阻值也相差较大，故吸收比大。绝缘干燥时的吸收特性如图 6-16 中的曲线 R_{jy1} 所示。而如果绝缘受潮，由于水分中的离子以及溶解于水中的其他导电物质的存在，使传导电流大大增加，在总电流中，传导电流占了主要成分，而且由于受潮后各层电阻减小，使电荷重新分布完成得更快，吸收电流也衰减得很快，故总电流曲线与传导电流曲线相近，变得比较平坦，如图 6-16 中的曲线 i_2 所示。在这种情况下，电流随时间的变化情况，不像绝缘干燥时变化得那么明显，将 15s 和 60s 时的电流相比，差值也较小，其相应的两个电阻值相差也较小，故吸收比小，其吸收特性如图 6-16 中的曲线 R_{jy2} 所示。根据经验，吸收比大于 1.3 可认为绝缘是干燥的，吸收比小于 1.3 认为绝缘受了潮。

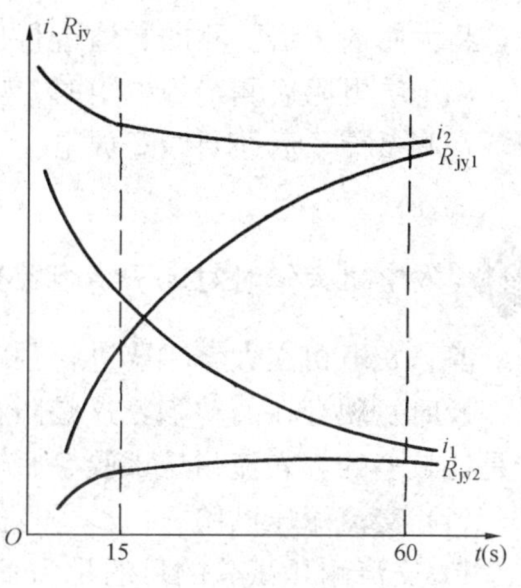

图 6-16 吸收特性

发电机大修期间，端盖卸下后，定子绕组绝缘处于大气中，可能吸收潮气，故规定机组启动之前测其吸收比。若机组停下的时间较长，在启动前或停机后，也应测量其吸收比。

在测量吸收比的同时，可进行绝缘电阻的测量。绝缘电阻值由所加的直流电压除以电导电流所得，一般取绝缘电阻表转速达 120r/min 后 1min 时测得的阻值。绝缘电阻是衡量绝缘质量的一个主要指标，用它可以发现绝缘内有否贯穿的导电通道，并能发现由于高压作用于绝缘后而发展的缺陷。当绝缘中部分或全部受潮、表面脏污和留有表面放电或击穿痕迹时，绝缘电阻会显著降低。但是，如果绝缘内存在局部缺陷（如气泡、开裂等）而没有形成两极间的导电通道时，测绝缘电阻时表计上则反映不出来，所以往往绝缘电阻数值高不一定是绝缘的耐电强度高，绝缘电阻数值低也不一定是绝缘的内部质量差，最后判定绝缘的好坏，还要进行其他的试验。

温度和湿度等因素对绝缘电阻的数值影响很大，一般，温度升高，绝缘电阻下降，这是因为温度的升高，加速了绝缘内部离子的活动能力，另外，温度高了，杂质溶解的也更多了，电阻便会下降。至于湿度，当空气相对湿度大时，绝缘体由于毛细管作用，吸收水分较多，使导电能力增大，绝缘电阻下降。

测量绝缘电阻时，应记录当时的温度。若需对两次测量结果进行比较时，必须换算到同一温度。

由于绝缘电阻还与被试物的尺寸大小有关，这给判断测量结果造成一些困难，在进行试验结果分析时应考虑：①阻值应大于一般的容许值；②应与出厂及历年所测的数值进行比较，将大修前、后所测的数值进行比较，在比较时还应注意试验条件的影响。

用绝缘电阻表测绝缘电阻时，应将绝缘电阻表放在固定的基础上，尽量以均匀的速度转动，在测量前、后还要注意放电。

40. 发电机大修时对定子绕组做交流耐压和直流耐压试验起什么作用?

答： 发电机在大修时要进行预防性试验，试验的目的是为了检查、鉴定发电机的完好情况，及时发现存在的缺陷，这是防止设备在运行中发生损坏的主要措施。试验项目按规程规定是比较多的，交流耐压试验、直流耐压试验等都是属于预防性试验的试验项目。

（1）交流耐压试验。

1）交流耐压试验的目的是为了检查定子绕组的主绝缘是否存在局部缺陷，检查其绝缘水平，确定发电机能否投入运行。由于试验时所加的是交流电压，因此比加直流电压更能符合发电机在运行中承受过电压的实际情况，能有效地发现绝缘的弱点。交流耐压试验是考核主绝缘耐电强度的关键项目，一台发电机是否允许投入运行，这项试验起决定性的作用。

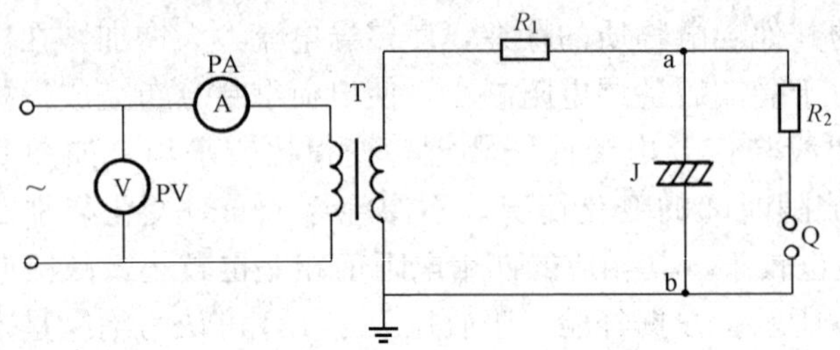

图 6-17　交流耐压试验原理接线

2）交流耐压试验的原理接线如图 6-17 所示，T 是高压试验变压器，用来产生较高的试验电压；J 是被试的绝缘物，对发电机的定子绕组来说，a 端导线应接到绕组端部铜排上，b 端导线接机座（地）；R_1是保护电阻，用来限制绝缘物被击穿时产生的短路电流；Q 是球隙，它是测量高电压用的设备，其放电电压决定于试验电压的幅值，同时也起保护绝缘的作用，因为过电压时它会先被击穿放电；R_2是阻尼电阻，它是个水电阻，当高压回路中有不稳定放电而造成过电压时，它起削弱作用。PV 和 PA 是测量用的电压表和电流表。

3）交流耐压试验的试验电压标准为额定电压的 1.3～1.5 倍，持续时间为 1min。试验应在停机后热状态下进行，所谓热状态，即发电机的温度接近于正常工作温度，相差不大于±10℃。若发电机在备用状态下检修时，可在冷状态下进行，所谓冷状态，即发电机任何部分的温度和冷却介质温度之差不超过 3℃。水内冷发电机应在通水情况下进行试验。

（2）直流耐压试验。

1）直流耐压试验是在绝缘上加直流电压，它能确定绝缘的耐电强度，而对绝缘内部不会引起损伤。经验证明，直流耐压试验能发现一些交流耐压试验所发现不了的缺陷，故交流耐压试验和直流耐压试验两者相辅进行。此外，直流耐压试验还有个好处就是可同时测量被试绝缘的泄漏电流，从中发现绝缘集中性的缺陷，如部分受潮等。

2）直流耐压试验的原理接线如图 6-18 所示，图中，T 为升压用的试验变压器；TA 为自耦变压器，用来调节电压；U 为整流装置；J 为被试绝缘物，对于发电机定子绕组来说，a 端导线应接到绕组端部铜排上，b 端导线接机座（地）；C_0 是滤波电容，用来平滑整流后的波形，减少电压波动；R_0 是保护电阻，作用是限制绝缘击穿时的短路电流；PV 是电压表；PA 是测量泄漏电流的微安表；S 是开关，用来短路电流表作保护用。试验时应逐级升压，每级停留 1min 读取泄漏电流。正常情况下在试验电压的范围内，泄漏电流与外加电压的关系应为一条直线，当发现泄漏电流急剧增加时，则说明绝缘存在问题。

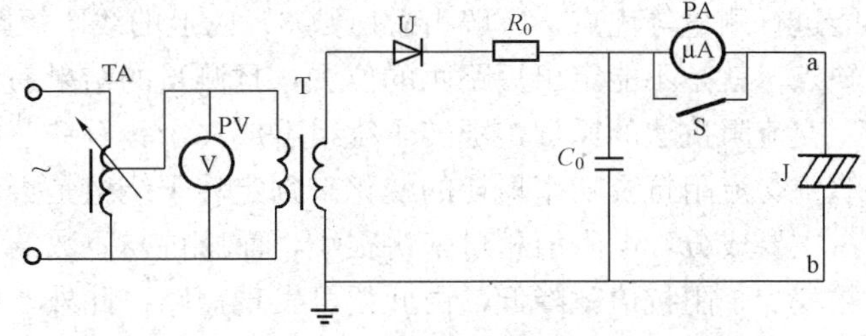

图 6-18　直流耐压试验原理接线

3）直流耐压试验的试验电压标准应为额定电压的 2.5 倍。它比交流耐压试验的电压倍数大，这是因为加直流电压后，没有电容电流流过，绝缘内的局部放电不会发展的缘故。对于发电机的定子绕组来讲，在最高试验电压下泄漏电流在 20μA 以上者，各相泄漏电流间的不对称系数应不大于 2；在 20μA 以下者，各相差值应与历次试验值作比较，不应有显著差别。

41. 发电机大修时，为什么要测量发电机定子和转子绕组的直流电阻？为什么测量转子绕组的交流阻抗？

答： 测发电机定子绕组和转子绕组的直流电阻的目的是为了检查绕组内部、端部、引线处的焊接质量以及连接点的接触情况，实际上是检查这些接头的接触电阻是否有变化。若接触电阻变大，则说明接触不良。

导线通直流电和通交流电，其阻值是不同的，这是由于通交流电时有集肤效应改变了导线通流截面的缘故。在大修时专测直流电阻而不测交流电阻是因为要测交流电阻只能先测出交流阻抗，然后计算而得电阻值，这一方面是因为绕组的电阻都比感抗小很多，所以在交流阻抗值里，电阻的微小变化难以察觉，不易发现缺陷；另一方面是因为交流阻值与频率也有关系，对分析测量结果会造成一定困难，故一般都测量直流电阻。

测量直流电阻可用单电桥或双电桥，测量时应记录当时的温度，因为温度对阻值影响很大。

大修时测直流电阻都在冷状态下进行，测得的结果应进行分析：对于转子绕组，其直流电阻与以前测得的结果比较时，差别不能超过 2%；对于定子绕组，各相、各分支的直流电阻，在校正了引线的长度不同而引起的误差后，相互间的差别也不得大于 2%。

测转子绕组交流阻抗的目的是为了检查转子绕组有没有匝间短路。转子绕组的匝间短路会引起严重的局部过热、发电机的振动及机组磁化，因此必须及时发现并予以消除。

检查转子绕组匝间短路的方法很多，如直流电阻比较法、交流阻抗法、感应电压相量法、电压降法、无载或短路特性比较法、单开口或双开口铁芯法以及探测线圈法等。交流阻抗法是用得最普遍的一种，因为它具有反应灵敏、方法简便、在发电机处于静止或转动状态都能进行测量等优点，一般占总匝数 3%以上的线匝短路就可从试验结果中看出来。当然也有缺点，就是不能定出短路匝的位置，且测量的结果易受外界因素的影响。

交流阻抗法的原理是把转子绕组看成一个具有铁芯的电感线圈，通入交流电后，可从转子绕组交流阻抗及功率损耗的变化来判定转子绕组是否存在匝间短路。因为在阻抗值中，感抗占主要成分，电阻值相对来讲很小，而感抗与匝数的平方成正比，如果存在匝间短路，总匝数变少，阻抗值就降低，由此便可发现短路；此外，由于短路匝的环流消耗能量，故匝间短路存在时功率损耗也会增加。

用交流阻抗法检测转子绕组匝间短路时，通常是在转子静止或转动情况下，在转子绕组的两端加低于或等于额定励磁电压值的交流电压，然后分别测量和做出阻抗随电压的变化曲线及功率损耗随电压的变化曲线，再把这些曲线与历年的同类数据进行分析比较。有时也做出阻抗、功率损耗随转速变化的曲线进行分析，这是因为有的匝间短路属于不稳定性的，在转子不转动的情况下不一定能显现出来，而当转速升高到一定值后，受离心力的作用，转子线匝挤紧且都被压向槽楔、套箍时便会显现出来。

分析交流阻抗法所测得的结果时，一定要注意测试时的条件，例如外加电压的大小，转子是转动还是静止，如果是静止的，转子是在膛内还是在膛外，套箍有没有拔下，转子本体剩磁的大小，等等。一般认为，在相同的条件下，与以往测得的数值相比较，若减小 10%，就应引起注意，可再辅以其他方法确定。

42. 为什么水冷发电机定子线棒的振动比较厉害？

答： 定子线棒的振动是由电磁力引起的。定子绕组流过电流就会产生磁通，其中主要的部分与转子磁场相互作用，称为电枢反应磁通，另一部分在槽部不跨过气隙只链着定子绕组本身的称为槽部漏磁通。定子线棒处在槽内漏磁场中如图 6-19 所示，图中只画出同一极相组中几个槽的线棒产生的漏磁通。这些横越槽的漏磁通与定子绕组内的电流相互作用，就会产生电磁力 F，根据左手定则可知，这个力是把线棒推向槽底的。虽然是单一方向的作用力，但在 50Hz 的发电机中就会产生每秒 100 次的振动。这是因为力的大小与电流的平方成正比，电流在正半周及负半周时，都能产生力，当电流经过零点时，力就消失，故会产生每秒 100 次的振动。

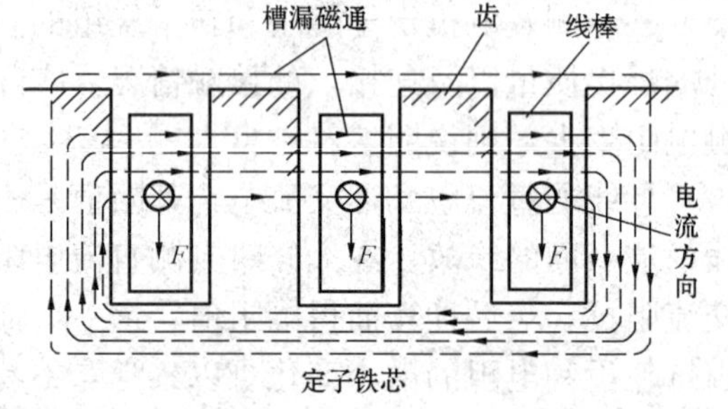

图 6-19　槽漏磁通及其对线棒产生的力

电磁力的作用及线棒产生的振动，在所有发电机里都是存在的，只是因为水冷发电机导线里流过的电流大，所以这个问题才比较严重。有时振动会使线棒的绝缘表面被硅钢片磨得很厉害，会形成像被锯条锯过似的沟纹，还会落下不少粉末。

线棒振动的程度与线棒在槽内的紧固情况有关，如果线棒的表面与槽壁间有间隙，就容易产生振动，不均匀的间隙会引起不均匀的振动。消除这种振动采取的措施有在槽内线棒的一侧打绝缘斜楔、在线棒侧放波状半导体玻璃布板、采用斜槽楔、将下层线棒用环氧树脂浇铸固定等。

 什么叫“电腐蚀”？

答：发电机定子线棒槽内部分的绝缘表面，包括防晕层的外表面及内表面，常有一种蚀伤现象，轻则变色，重则防晕层变酥，主绝缘出现麻坑，这种现象就是“电腐蚀”。

（1）“电腐蚀”的分类。根据蚀伤发生的部位不同，可分为外腐蚀和内腐蚀两种。

1）外腐蚀。是指定子线棒防晕层外表面的腐蚀，它是由防晕层的外表面与定子铁芯槽壁间的放电而引起的。外腐蚀的程度可分为三类：

a）轻微腐蚀。线棒防晕层由原来的黑灰色变成深褐色，有时有小黑点、黑线。

b）较重腐蚀。线棒防晕层有不同程度的“蚕食”现象，局部变酥。

c）严重腐蚀。线棒防晕层变酥，甚至脱落；主绝缘局部外露，出现麻坑。线棒的直线部分除通风沟段完好外，都变脆变酥，呈灰白色，用手一触即落；主绝缘的头一、二层变成蜂窝状或有1～2mm深的蚀洞。此外，槽楔和垫条也有不同程度的蚀伤痕迹。

2）内腐蚀。是指防晕层表面、主绝缘表面的腐蚀，它是由定子线棒的防晕层和主绝缘之间的放电而引起的。内腐蚀的程度也可分为三类：

a）轻微腐蚀。线棒防晕层内表面和主绝缘表面出现白斑。

b）较重腐蚀。线棒防晕层内表面和主绝缘表面呈黄白色。

c）严重腐蚀。线棒防晕层内表面和主绝缘表面呈现白色，且有大量白色粉末。

（2）“电腐蚀”产生的原因是由于发电机槽部定子线棒表面与槽壁之间失去良好的接触而产生火花放电造成的，这种放电对定子线棒的防晕层及主绝缘的表面等处产生电、热、机械、化学综合的作用，其结果就出现“电腐蚀”现象。由于定子线棒在槽内与槽壁嵌合不紧就会出现间隙，这个间隙就是气隙，其内充满气体（例如空气或氢气），发电机运行时，气隙的两边就有电压存在，当这个电压达到一定数值时就可能产生放电的现象。放电的必要条件包括：①有间隙存在；②间隙上有一定的电压。凡是有电腐蚀现象的发电机，线棒防晕层与槽壁之间（指外腐蚀）或主绝缘与防晕层之间（指内腐蚀）都存在气隙。出现气隙的原因，前者是由于线棒在槽内松动，后者是由于主绝缘和防晕层黏结不好所致。线棒在槽内的振动，使线棒绝缘表面与槽壁失去稳定的多点接触，因而气隙间出现较高的电位差，这是产生电腐蚀的主要原因。

（3）“电腐蚀”有以下一些规律：

1）采用环氧玻璃粉云母绝缘的发电机有电腐蚀现象，而采用沥青片云母绝缘的发电机则很少有电腐蚀现象。这一方面是因为环氧玻璃粉云母绝缘是一种热固性材料，在运行温度下几乎没有什么膨胀，不能填补线棒与槽壁间的间隙，而沥青片云母绝缘由于运行时沥青变软，线棒膨胀，与槽壁能形成紧密接触，故不易发生电腐蚀；另一方面，绝缘材料的介电系数不同，也影响加在气隙上电压的大小，而这个电压的大小又与能否发生电腐蚀关系很大。

2）水冷发电机的电腐蚀比空冷的严重。这是因为水冷发电机电流大（线负荷大），运行中线棒所受电磁力较大，振动较厉害，容易造成间隙的缘故。

3）线棒在运行中处于高电位则容易产生电腐蚀。

（4）由于“电腐蚀”的发生与线棒在定子槽中的振动是分不开的，故防止线棒振动的措施和防止电腐蚀的措施是统一的。主要的措施有以下几点：

1）保证线棒尺寸和定子槽紧密配合，使线棒防晕层与铁芯保持良好的接触。

2）槽内垫条采用半导体材料，以提高防晕性能。

3）定子槽内喷半导体漆。

4）定子槽楔应压紧。

5）提高半导体漆的性能。

6）减小机组的振动，以防止线棒松动和损伤防晕层。

运行人员从发电机周围能否闻到臭氧味及测量定子线棒测温元件的对地电压可发现发电机有无“电腐蚀”情况发生。因为发电机放电时会有臭氧发生，此外，当线棒发生电腐蚀且将测温元件的绝缘蚀坏时，会使测温元件的对地电压升高。

44. 什么原因可能引起发电机着火？发电机着火时应当怎么处理？

答：引起发电机着火的原因很多，例如短路、绝缘击穿、绝缘表面脏污、接头过热、局部铁芯过热、杂散电流引起火花等，都有可能引起发电机着火。

对于汽轮发电机，确定是着火后，应立即打掉危急保安器、解列发电机并灭磁，关闭补给风门、开启辅助油泵，使发电机转速维持在额定转速的10%左右转动，这是为了避免卧轴因一侧过热而弯曲；对于大型汽轮机，可投入盘车装置维持转动，并开启灭火装置。对于氢冷发电机，可利用二氧化碳灭火。对于空冷发电机，端盖的内侧有灭火水管，这时可尽快接通机旁的消防水管，用水灭火。端部的相间故障以及端头开焊事故引起的着火，用水灭火很有效，因为绝缘的防水性能较好，水分不会渗入绝缘的内层，经烘干后不会影响发电机的运行。必要时，除泡沫式灭火器及砂子外，其他对发电机绝缘没有损害的灭火设备均可启用。泡沫式灭火器由于其化学物品有的是导电的，故不能在发电机上使用，否则灭火后发电机的绝缘性能要大大降低；而使用砂子灭火将给检修工作造成很大难度。

第七章

变压器运行基础

第一节　冷　却　系　统

1. 变压器按冷却介质的循环方式可分哪几种？

答： 变压器按冷却介质的循环方式可分为自然循环、强迫循环、强迫导向、导体内冷、蒸发冷却等。

2. 变压器冷却装置的运行方式是怎样的？

答： 目前，小容量的油浸变压器采用自然冷却，中型油浸变压器采用风吹冷却方式，大容量的油浸主变压器和高压厂用变压器大都采用了强迫油循环风冷却、强迫油循环水冷或强迫油循环导向水冷装置。强迫油循环装置用以加快油的流速，并通过外部的冷却器将油快速冷却，使变压器冷却效果大大提高。冷却装置的运行，直接影响到变压器的运行。所以，冷却装置是变压器不可缺少的附属设备。因此，对冷却器的运行方式有以下要求：

（1）自然冷却的油浸变压器，在运行中各冷却器、散热器的阀门均打开，冷却器在投入状态。

（2）强迫风冷的干式变压器，当冷却风机故障时，其允许运行时间应按制造厂执行。

（3）风吹冷却的油浸变压器，当上层油温超过 55℃或带负荷达额定容量的 70%时，要开启风扇进行风吹冷却。运行前，应将冷却装置投入运行。

（4）对于强迫油循环风冷、强迫油循环水冷及强迫油循环导向水冷油浸变压器，在运行前应将冷却装置投入运行。

3. 油浸式变压器的正常检查与维护项目有哪些？

答： 值班人员应按岗位职责，对油浸变压器及其附属设备进行全面检查与维护，一般检查与维护项目如下：

（1）检查储油柜及充油套管内油位的高度应正常，油色透明稍带黄色，其外壳无漏油、渗油现象。

（2）检查变压器瓷套管应清洁无裂纹和放电现象，引线接头接触良好无过热现象。

（3）检查变压器上层油温不超过允许温度。自冷油浸变压器上层油温应在 85℃以下，强油风冷变压器上层油温应在 75℃以下。同时，监视变压器温升不超过规定值，并做好温度检查记录。

（4）检查变压器的声音应正常。变压器在运行中一般有均匀的“嗡嗡”声，如内部有“噼啪”的放电声，则可能是绕组绝缘有击穿现象，如声音不均匀，则可能是铁芯和穿心螺母有松动现象。

（5）检查防爆管（或安全通道）的隔膜应完好无损。

（6）检查变压器的呼吸器应畅通，硅胶不应吸潮至饱和状态。

（7）对强油风冷的油浸变压器应检查油泵和冷却器风扇的运转是否正常，各冷却器的阀门应全部开启。强油风冷或水冷装置，应检查油和水的压力、流量应符合规定，冷油器出水不应有油。

（8）检查气体继电器内应充满油，无气体存在。继电器与储油柜间连接阀门应打开。

（9）对室内变压器应检查变压器室的门、窗应完好，通风设备正常运行，屋顶无渗水、漏水现象，空气温度应适宜，消防设备齐全。

（10）变压器冷却装置控制箱内各元件及接线无松动、过热现象，控制开关把手位置符合运行方式的规定。

4. 干式变压器的正常维护和检查内容有哪些？

答：干式变压器是以空气为冷却介质，比起油浸式变压器具有体积小、质量轻、安装容易、维护方便、没有火灾和爆炸危险等特点。在运行中的正常维护和检查内容如下：

（1）变压器温控系统正常，冷却风机运行正常，通风孔无堵塞现象。

（2）根据变压器采用的绝缘等级，监视温升不得超过规定值。

（3）变压器各部位无局部过热现象。

（4）套管清洁，无裂纹，无放电痕迹。

（5）变压器引线支持牢固，位置正常，接地牢固可靠。

（6）变压器平衡稳固，无局部变形振动现象。

（7）变压器无异味，声音正常。

（8）变压器柜体各部分良好，柜门锁好，周围无积水、漏汽、漏水现象。

（9）变压器室内通风良好、室温正常、环境清洁，屋顶无漏水、渗水现象。

5. 油浸变压器有哪几种冷却方式？各有什么特点？

答：油浸变压器的冷却方式有：

（1）油浸自冷式。这种冷却方式是依靠油箱壁和散热器的辐射和变压器周围的空气自然对流散热。

（2）油浸风冷式。散热器上装有风扇，向散热器吹冷风，使变压器周围空气流动加快，从而提高散热效率（约30%）。如风扇停止工作，变压器的负荷容量将减少到额定容量的70%。

（3）强迫油循环。变压器油箱上装有管道，用潜油泵把油打到油冷却器中冷却，然后回油箱。冷却器有风冷和水冷两种，分别称为强油风冷和强油水冷。这种方式，油的流速快，散热效果好，但结构复杂。

6. 变压器冷却器运行中的检查与维护有哪些项目？

答：检查与维护的项目有：

（1）各路电源供电正常。

（2）油泵及风扇运行正常。

（3）控制箱内各部分元件无过热现象。

（4）每组冷却器的运行方式正确。

（5）指示灯正常，发现损坏应及时更换。

（6）根据变压器运行温度，随时投入或退出部分冷却器运行。

7. 变压器的冷却装置的操作有哪些？

答：冷却装置的操作有：

（1）冷却器的投入运行，应先检查变压器风扇的运行情况，将冷却器的风扇投入运转，检查其转向是否正确，有无明显的振动和杂音，以及叶轮有无碰擦风筒等现象。冷却器油门都应开启，并且要求单台启动，不允许同时多台同时启动，防止油流造成的静电放电。

（2）每年要在油泵运行情况下，检查一次电动机的绝缘电阻、温度温升、负载电流。

（3）变压器在投运时，应先将冷却器开启，反之应先切断变压器负荷再停冷却器。

（4）每月定期对冷却器进行启动试验一次，并记录。

8. 为什么要规定变压器的允许温升？

答：当周围环境温度下降很多时，变压器的外壳散热能力大大增加，而变压器内部的散热能力却提高很少。当变压器带大负荷或超负荷运行时，有时尽管变压器上层油温尚未超过规定值，但温升却超过规定值很多，绕组有过热现象，因此要规定变压器的允许温升。

9. 为什么规定油浸式变压器上层油温不许超过95℃？

答：一般油浸变压器的绝缘，如电缆纸或纸板等属于A级绝缘材料，其耐热温度为105℃。在国标中规定的变压器使用条件最高气温为40℃，因此，绕组的温升限值为105－40＝65（℃）。非强油循环冷却方式的变压器，油顶层温度与绕组的平均温度约差10℃，故油顶层温升允许值为55℃，油顶层温度最高限值为55＋40＝95（℃）。强油循环冷却的变压器，油顶层温升不超过40℃为宜。

10. 变压器里的油起什么作用？判断油质好坏，有哪几项主要指标？这些指标在运行中变动说明什么问题？

答：变压器里的油也称变压器油，是起绝缘和冷却作用的。

变压器油是从石油制取的，它是各种烃、树脂、酸和其他杂质（如氧化合物、硫化合物、氮化合物和灰分等）的混合物，其成分与石油的来源及其净化程度有关。在空气中的氧、高温和其他因素作用下，油内不断进行着氧化过程，或所谓“老化”过程。油的性质在运行中经常改变，所以要对能体现其质量特征的性质规定一些原始标准，运行中就拿这些标准做为参考，若离开这些标准一定范围就说明油质有问题。

变压器油分为新鲜油和运行油两种。对其要求标准也不一样。按规程规定，变压器油的标准有十几项，这里选几项主要的加以解释。

（1）黏度。黏度说明油的流动性好坏，是油的重要特性之一。黏度越低，流动性越大，变压器的冷却越好。当油老化时，黏度就增高。运行中常用安氏度计量变压器油的黏度，并称它为条件黏度。条件黏度为在给定温度（50℃）下油的流出时间与在温度20℃时同一体积的水的流出时间之比。规程规定：在50℃时，变压器油的黏度不应超过1.8（新油）。黏度和温度关系很大，所以表示黏度值时总是说明相当于什么温度。

（2）闪光点。在一定条件下油被加热到某一温度，其蒸气与空气形成混合物，若将小火苗移近，该混合物着火，这温度就叫闪光点。闪光点也是油的主要特性之一。它标志着油的蒸发量。当油蒸发时，体积缩小，黏度增大，并出现有爆炸性的气体。闪光点不能低于135℃。如果检验运行中的油，发现闪光点比初始值降低超过5℃，就说明有问题。油的劣化（由于线匝短路、铁芯起火等局部高温引起老化）会使闪光点剧烈降低。

（3）溶解于水的酸和碱。由于油在加工过程中清洗得不够，可能残留一部分矿物酸和碱，另外，油的氧化也会形成一部分酸，这些都可能溶于水。这些溶于水的酸和碱，会促使油又早又快地老化，腐蚀金属部分和绝缘材料，还会使电气绝缘强度降低，所以，不论是新鲜油或是运行油，都不应含有溶于水的酸和碱。

（4）酸价。为了中和1g油中所含自由酸性化合物所必需的氢氧化钾的毫克数称为酸价。酸价增大，说明油已处于氧化初始阶段，这时油的其他特性尚未改变。所以酸价的变化说明油氧化的开始，根据酸价大小，可以判断油的老化程度。运行油的酸价不应大于0.4。

（5）机械混合物。加油过程中落入的脏物，运行中由于油被电弧烧煳留下的炭末，以及从绝缘部分掉落的纤维等，都叫机械混合物。这些东西的存在，既可能造成导电的路径影响绝缘强度，又可能沉积于绝缘表面或堵塞油道影响散热，所以必须在大修时或运行中用滤油机或真空分离机加以净化。

（6）电气绝缘强度（抗电强度）。油的抗电强度是以击穿1cm的油层所需的电压（千伏）计量。规程规定，用于35kV及以上的变压器油，1cm厚的油的击穿电压应在35kV以上（运行油）或40kV以上（新鲜油），用于6～35kV的变压器，击穿电压应在25kV（运行油）或30kV（新鲜油）以上，用于6kV以下的变压器，击穿电压应在20kV（运行油）或25kV（新鲜油）以上。击穿电压与油中含有水分和机械混合物的多少很有关系，故它很能反应油中是否存在水分等杂物。

（7）水分。运行中油与空气接触常从空气中吸收潮气，使油中有了水分。水分的存在有两个害处：①使有机械混合物的油耐压水平更加降低；②水分易和别的元素化合成低分子酸，腐蚀绝缘。但是，油的吸潮也是容易饱和的。试验中还发现，随着水分含量的增大，水分对击穿电压的影响反而减少。

（8）油的颜色。新鲜油通常是亮黄色或天蓝色透明的。运行中由于油在老化时形成的沥青和污物的影响，油色会变暗，严重时可能呈棕色。炭末对油的颜色有很大的影响。两种牌号的油最好不要混合使用，因为油的添加成分不同，混合后可能影响油质。如要混合使用，必须将混合油做抗氧化安定性试验，并检查混合油的其他油质标准是否合格。

11. 油浸风冷式的变压器停了风扇为什么要降低容量运行？强迫油循环的变压器停了油泵为什么不准继续运行？

答：油浸变压器的吹风冷却是为了提高油箱及散热表面的冷却效率。装了风扇后较之自然冷却，油箱散热率可提高50%～60%。

一般采用吹风冷却的油浸电力变压器较自冷时可提高容量30%以上。因此，如果开启风扇情况下变压器允许带额定负荷，那么，停了风扇的情况下，变压器只能带额定负荷的70%（即降低30%）。否则，因散热效率降低，会使变压器的温升超出允许值。

规程规定，如果上层油温不超过55℃时，可以在不开风扇的情况下带额定负荷运行。这是因为，在断开风扇情况下，若上层油温不超过55℃即使带额定负荷，由于额定负荷的温升是一定的，线圈的最热点温度不会超过85～95℃，这是允许的。

强迫油循环水冷和风冷的变压器一般是不允许不开动冷却装置就带负荷运行的。即使是空载也不允许不开动冷却装置运行，除非制造厂有特殊规定。其原因是这种变压器外壳是平滑的，其冷却面积很小，甚至不能将变压器无载损耗所产生的热量散出去。如一台31500kVA的变压器，其无载损耗为110kW，外壳冷却面积为45m^2，因而1m^{2}的热负荷为2450W/m^2，这是完全不允许的一个数值，因为平滑外壳的最大允许热负荷不应超过550W/m^2。因此，强迫油循环的变压器完全停止冷却系统运行是很危险的。但是，当发生事故切除冷却系统时，在额定负荷下，对变压器容量为125MVA及以下的允许运行20min，125MVA以上的允许运行10min，且上层油温不得超过75℃。

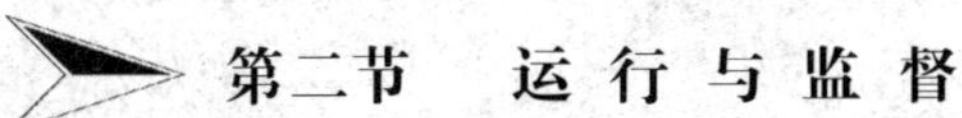

第二节　运行与监督

1. 运行中的变压器检查项目有哪些？

答：运行中的变压器检查项目有：

（1）储油柜及充油套管内油位高度正常，油色透明。

（2）上层油温不超过允许温度。

（3）变压器声音正常。

（4）变压器套管清洁无裂纹，无放电现象。引线接头接触良好，无过热现象。

（5）冷却装置运行正常。

（6）呼吸器畅通，硅胶受潮不能至饱和状态。

（7）防爆隔膜完整无破损。

（8）变压器的主附设备不漏油、渗油，外壳接地良好。

（9）气体继电器内充满油，无气体。

2. 什么是变压器分级绝缘？

答：分级绝缘是指变压器绕组整体绝缘的水平等级不一样，靠近中性点部位的主绝缘水平比绕组端部的绝缘水平低。

3. 分级绝缘的变压器在运行中要注意什么？

答：一般对分级绝缘的变压器有如下规定：只许在中性点直接接地的情况下投入运行，如果几台变压器并联运行，投入运行后，若需将中性点断开时，必须投入零序过压保护，且投入跳闸位置。

4. 变压器的绝缘是怎样划分的？

答：变压器的绝缘可分为内绝缘和外绝缘。内绝缘是油箱内的各部分绝缘，外绝缘是套管上部对地和彼此之间的绝缘。

内绝缘又可分为主绝缘和纵绝缘两部分。主绝缘是绕组和接地部分之间，以及绕组之间的绝缘。在油浸式变压器中，主绝缘以油纸屏障绝缘结构最为常用。纵绝缘是同一绕组各部分之间的绝缘，如不同线段间、层间、匝间的绝缘等。通常以冲击电压在绕组上的分布作为绕组纵绝缘设计的依据，但匝间绝缘还应考虑长时期工频工作电压的影响。

5. 变压器套管脏污有什么危害？

答：变压器套管脏污容易引起套管闪络。当供电回路有一定幅值的过电压波浸入或遇有雨雪潮湿天气，可能导致闪络而使断路器跳闸，降低了供电的可靠性。另外由于脏物吸收水分后，导电性提高，不仅容易引起表面放电，还可能使泄漏电流增加，引起绝缘套管发热，最后导致击穿。

6. 变压器的寿命是由什么决定的？

答：变压器的寿命是由线圈绝缘材料的老化程度决定的。

7. 变压器遇有什么情况应紧急停止运行？

答：变压器遇下列情况应紧停：

（1）套管爆炸或破裂，大量漏油，油面突然降低。

（2）套管端头熔断。

（3）变压器冒烟、着火。

（4）变压器铁壳破裂。

（5）变压器漏油，油面下降到气体继电器以下。

（6）防爆薄膜、释压阀破裂，且向外喷油、喷烟火。

（7）变压器内部有异音，且有不均匀的爆破声。

（8）变压器无保护运行（直流系统瞬时选接地点和直流熔断器熔断、接触不良等能立即恢复正常者除外）。

（9）变压器保护或开关拒动。

（10）变压器轻瓦斯信号动作，放气检查为黄色或可燃气体。

（11）在正常冷却条件下，变压器温度不正常，并不断上升。

（12）发生直接威胁人身安全的危急情况。

8. 变压器投运前的检查项目是什么？

答：变压器投运前的检查项目有：

（1）变压器储油柜及充油套管的油色清亮透明，储油柜的油面高度应在油标上下指示线中。

（2）变压器储油柜继电器应无漏油，内部无气体，各部接线良好，放气阀门关闭，联通储油柜的截门开启。

（3）套管清洁完整、无放电痕迹，封闭母线完整，温度计完好。

（4）变压器顶部无遗留物；电压分接头位置正确，与规定记录相符；有载调压操作灵活，操作箱分头位置指示和返回屏分头位置指示应一致。

（5）变压器外壳接地良好，防爆管的隔膜完整，硅胶颜色正常。

（6）变压器本体清洁，各部无破损漏油、渗油现象，释压阀指示正确。

（7）储油柜、散热器、气体继电器各阀门均打开，冷却器电源投入，潜油泵、风扇电动机正常，随时可以投入运行。

（8）室内变压器周围及间隔内清洁无杂物、油垢及漏气、漏水现象，门窗完好，照明充足，通风装置良好，消防器材齐全；变压器室门及干式变压器柜门锁好。

（9）继电保护、测量仪表及自动装置完整，接线牢靠，端子排无受潮结露现象。

9. 变压器油为什么要进行过滤？

答：过滤的目的是除去油中的水分和杂质，提高油的耐电强度，保护油中的纸绝缘；过渡可以在一定程度上提高油的物理、化学性能。

10. 在变压器油中添加抗氧化剂的作用是什么？

答：变压器油中添加抗氧化剂的作用是减缓油的劣化速度，延长油的使用寿命。

11. 在低温度的环境中，变压器油牌号使用不当会产生什么后果？

答：在低温度的环境中，如变压器油牌号使用不当，当变压器停用时，油发生凝固，失去流动性，如果立即投入运行，热量散发不出去，会威胁变压器安全运行。

12. 变压器采用薄膜保护的作用是什么？

答：可以密封变压器使其不与空气接触，从而消除油的氧化和受潮条件，延长油的使用寿命。

13. 大型变压器运输时为什么要充氮气？对充氮的变压器要注意什么？

答：大型变压器由于重量过大，不能带油运输，因此要充入氮气，使器身不与空气接触，避免绝缘受潮。充氮的变压器要经常保持氮气压力为正压，防止密封破坏。氮气放出后，要立即注满合格的变压器油。放出氮气时，要注意人身安全。

14. 油纸电容式套管为什么要高真空浸油？

答：油纸电容式套管芯子是由多层电缆纸和铝箔卷制的整体，如按常规注油，屏间容易残存空气，在高电场作用下会发生局部放电，甚至导致绝缘层击穿，造成事故，因而必须高真空浸油，以除去残存的空气。

15. 为什么铁芯只允许一点接地？

答：铁芯如果有两点或两点以上接地，各接地点之间会形成闭合回路，当交变磁通穿过此闭合回路时，会产生循环电流，使铁芯局部过热，使损耗增大甚至烧断接地片使铁芯产生悬浮电位。不稳定的多点接地还会引起放电。因此，铁芯只能有一点接地。

16. 为什么变压器铁芯及其他所有金属构件要可靠接地？

答：变压器在试验或运行中，由于静电感应，铁芯和不接地金属件会产生悬浮电位。由于在电场中所处的位置不同，产生的电位也不同。当金属件之间或金属件对其他部件的电位差超过其绝缘强度时，就会放电。因此，金属构件及铁芯要可靠接地。

17. 怎样在运行中更换变压器的潜油泵？

答：在运行中更换变压器的潜油泵，应按以下方法进行：

（1）更换潜油泵前，气体继电器跳闸回路应停运。

（2）拆下损坏的潜油泵电源线，关好潜油泵两端的蝶阀，放出潜油泵中的存油。确认碟阀关好后，拆下潜油泵。

（3）用500V绝缘电阻表测量检查新潜油泵，绝缘应不低于0.5MΩ。试转上端口叶轮是否灵活，有无刮壳现象。若潜油泵底部无视窗，可先接电源线，短时通电检查转向。

（4）安装潜油泵时，要放好密封垫。法兰及管道偏差较大时，要仔细纠正，防止密封不均匀。

（5）稍微打开潜油泵出口蝶阀及泵上放气堵，对潜油泵进行充油放气，然后将两侧蝶阀打开。

（6）接通电源，启动潜油泵，检查转向是否正确、声音是否正常、油流继电器是否正确

动作。

（7）检查外壳有无漏油点。

（8）冷却器经过 1～2h 运行后，气体继电器投入运行。

18. 怎样更换气体继电器？

答：更换气体继电器，应退出保护并按以下方法进行：

（1）首先将气体继电器管道上的蝶阀关严。如蝶阀关不严或有其他情况，必要时可放掉储油柜中的油，以防在工作中大量溢油。

（2）新气体继电器安装前，应检查有无检验合格证明，口径、流速是否正确，内外各部件有无损坏，内部如有临时绑扎要拆开，最后检查浮筒、挡板信号和跳阀触点的动作是否正确可靠。关好放气小截门。

（3）安装气体继电器时，应注意油流方向，箭头方向指向储油柜。

（4）打开蝶阀向气体继电器充油，充满油后从放气小截门放气。如储油柜带有胶囊，应注意充油放气的方法，尽量减少和避免气体进入储油柜。

（5）进行保护接线时，应防止接错和短路，避免带电操作，同时要防止使导电杆转动和小瓷头漏油。

（6）投入运行前，应进行绝缘测量及传动试验。

19. 变压器储油柜和防爆管之间为什么要用小管连接？

答：通气式防爆管如不与大气相通或用小管与储油柜连接，则防爆管将是密封的，因此，当油箱内的油因油温变化而膨胀或收缩时，可能造成防爆膜破裂或气体继电器误动作。

20. 变压器呼吸器堵塞会出现什么后果？

答：呼吸器堵塞，变压器不能进行呼吸，可能造成防爆膜破裂、漏油、进水或假油面。

21. 如何检查变压器无励磁分接开关？

答：（1）无励磁分接开关触头应无伤痕、接触严密，绝缘件无变形及损伤。

（2）各部零件紧固、清洁，操作灵活。

（3）指示位置正确。

（4）定位螺钉固定后，动触头应处于定触头的中间。

22. 变压器分接开关触头接触不良或有油垢有何后果？

答：分接开关触头接触不良或有油垢，会造成直流电阻增大、触头发热，严重的可导致开关烧毁。

23. 变压器在运行中温度不正常升高，可能由哪几种原因造成？

答：变压器在运行中温度不正常升高可能由于分接开关接触不良、线圈匝间短路、铁芯有局部短路、冷却系统有故障等原因造成的。

24. 测量变压器的绝缘电阻有哪些注意事项？

答：测量变压器的绝缘电阻应注意以下事项：

（1）测量前应将绝缘子、套管清扫干净，拆除全部接地线，将中性点接地隔离开关拉开。

（2）使用合格绝缘电阻表，测量时将绝缘电阻表放平，当转速达到120r/min时，读$R15''$、$R60''$两个数值，以测出吸收比。

（3）测量时应记录当时变压器的油温及温度。

（4）不允许在测量时用手摸带电导体或拆接线，测量后应将变压器的绕组放电，防止触电。

（5）测量项目：对三绕组变压器应测量一次对二、三次及地，二次对一、三次及地，三次对一、二次及地的绝缘电阻。

（6）在潮湿或污染地区应加屏蔽线。

25. 变压器合闸时为什么会有励磁涌流？

答：变压器绕组中，励磁电流和磁通的关系由磁化特性决定，铁芯越饱和，产生一定的磁通所需要的励磁电流越大。由于在正常情况下，铁芯中的磁通就已饱和，如在不利条件下合闸，铁芯中磁通密度最大值可达正常值的2倍，铁芯饱和将非常严重，使其磁导率减小。磁导与电抗成正比，因此，励磁电抗也大大减小，因而励磁电流数值大增，由磁化特性决定的电流波形很尖，这个冲击电流可超过变压器额定电流的6～8倍，为空载电流的50～100倍，但衰减很快。因此，由于变压器电、磁能量的转换，合闸瞬间电压的相角、铁芯的饱和程度等，决定了变压器合闸时有励磁涌流。励磁涌流的大小，将受到铁芯剩磁、铁芯材料、电压的幅值和相位的影响。

26. 为什么变压器过载运行只会烧坏线圈，铁芯不会彻底损坏？

答：变压器过载运行，一、二次侧电流增大，线圈温升提高，可能造成线圈绝缘损坏而烧损线圈。因为外加电源电压始终不变，主磁通也不会改变，铁芯损耗不大，故铁芯不会彻底损坏。

27. 水分对变压器油有什么危害？

答：水分能使油中混入的固体杂质更容易形成导电路径而影响油耐压，水分容易与别的

元素化合成低分子酸而腐蚀绝缘，使油加速氧化。

28. 运行中的变压器油在什么情况下会氧化、分解而析出固体游离碳？

答： 在高温和电弧作用下，变压器油会氧化、分解而析出固体游离碳。

29. 变压器发生穿越性故障时，气体保护会不会发生误动作？

答： 当变压器发生穿越性故障时，气体保护可能会发生误动作。其原因是：

（1）在穿越性故障电流作用下，绕组或多或少产生辐向位移，将使一次和二次绕组间的油隙增大，油隙内和绕组外侧产生一定的压力差，加速油的流动。当压力差变化大时，气体继电器就可能误动。

（2）穿越性故障电流使绕组发热。虽然短路时间很短，但当短路电流倍数很大时，绕组温度上升很快，使油的体积膨胀，造成气体继电器误动。

30. 变压器二次侧突然短路对变压器有什么危害？

答： 变压器二次侧突然短路，会有一个很大的短路电流通过变压器的高压和低压侧绕组，使高、低压绕组受到很大的径向力和轴向力，如果绕组的机械强度不足以承受此力的作用，就会使绕组导线崩断、变形以至绝缘损坏而烧毁变压器。另外在短路时间内，大电流使绕组温度上升很快，若继电保护不及时切断电源，变压器就有可能烧毁。同时，短路电流还可能将分接开关触头或套管引线等载流元件烧坏而使变压器发生故障。

31. 变压器并列运行的条件是什么？

答： 变压器并列运行应满足下列条件：

（1）变比相同。

（2）短路电压（或短路阻抗标幺值）相等。

（3）接线组别相同。

（4）新安装或大修后的变压器必须核对相序相同。

变比不同和短路电压不同的变压器，在任何一台都不会过负荷时，可以并列运行。

32. 不符合并列条件的变压器并列运行会产生什么后果？

答： 如果变比不相同，将会产生环流，影响变压器出力。如果短路电压（短路阻抗标幺值）不相等，并列运行的变压器就不能按容量比例合理分配负荷，影响变压器的出力，甚至可能造成短路电压小的变压器过负荷。如果接线组别不相同，会使并列运行的变压器的副绕组中产生很大的循环电流，可能使变压器绕组烧损。

33. 为什么变压器短路试验所测得的损耗可以认为就是线圈的电阻损耗？

答：由于短路试验所加的电压很低，铁芯中的磁通密度很小，这时铁芯中的损耗与线圈中的电阻损耗相比可以忽略不计。因此，变压器短路试验时所测得的数值可以认为就是线圈的电阻损耗。

34. 为什么变压器内部发生故障时会产生气体？

答：在变压器油、纸等绝缘材料的化学结构中，原子间的化学键一般有四种，即碳—氢、碳—碳、碳—氧和氢—氧，其中碳—碳的化学键又有单键、双键和三键三种。这些化学键各具有不同的键能，要使碳键断裂或烃类化合物脱氢需要一定的能量。变压器在正常运行条件下，产生的热量是不足以使碳键断裂或烃类化合物脱氢的，但是当变压器内部发生故障，产生的能量会使烃类化合物的键断裂而产生低分子烃类气体或氢气，以及碳的氧化物等气体。在正常情况下，烃类气体含量极少，发生故障时各种气体成分则变化很大，从而为故障判断提供了依据。

35. 变压器油为什么不能随意混用？

答：不同的变压器油的油基和工艺过程不一定相同。变压器油的化学成分为饱和碳氢化合物，其油基有石蜡基、芳香基、环烷基、混合基等几种，不同的油基有不同的老化程度，因此不能混用。同一油基不同油号的油可以混用，但混用后理化性能有所降低。不同工艺过程的油混合使用也会影响绝缘电阻。因此，混用前应经混油试验合格后方可使用。

36. 为什么小容量的变压器一般都接成 Yy0 或 Yy 接线？有何优缺点？

答：小容量的变压器采用 Yy0 或 Yy 连接，主要在制造方面可降低成本，节约材料；在运行中当三相负荷对称时，受三次谐波的影响并不严重，三次谐波电压通常不超过基波的 5%。

（1）优点：

1）星形（Y）连接和三角形连接比较，在承受同样线电压的情况下，星形连接绕组电压等于 $1/\sqrt{3}$ 线电压，因此，匝数和绝缘用量少，导线的填充系数大，且可做成分级绝缘。

2）星形连接绕组电流等于线电流，所用导线截面较粗，故绕组机械强度较高。

3）中性点可引出接地，也可用于三相四线制供电。如分接抽头放在中性点，三相抽头间正常工作电压很小，分接开关结构简单。

4）在额定运行状态下，每相的最大对地电压仅为线电压的 $1/\sqrt{3}$，中性点的电压实际上等于零，因此绕组绝缘所承受的电压强度较低。

5）由于导线填充系数大，匝间静电电容较高，冲击电压分布较均匀。

（2）缺点：

1）在芯式变压器中，Yy 接线因磁通中有三次谐波存在，它们在铁芯柱里都朝着同一方向，这就迫使三相的三次谐波磁通经过空气及油箱、螺杆等闭合，将在这些部件中产生涡

流引起发热，并降低了变压器的效率。因此，Yy 接线组合常用于三相芯式小容量变压器，三相芯式大容量变压器不宜采用。

2）为限制中性点位移电压及零序磁通在油箱壁引起发热，规定三相四线制的变压器二次侧中线电流不得超过 25%的额定电流。

3）三相壳式变压器和三相变压器组，三次谐波磁通完全可在铁芯中流通，因此三次谐波电压较大，可达基波的 30%～60%，这对绕组绝缘极为不利，如中性点接地也将对通信产生干扰。因此，三相壳式变压器和三相变压器组不能采用 Y，y 或 Yy0 接线组合。

4）当有一相发生事故时，不可能改接成 V 形接线使用。

37. 鉴别瓦斯的方法有哪些?

答：（1）瓦斯中不含可燃性成分，且是无色无嗅的，说明聚集的气体为空气，此时变压器仍可运行，继续观察。

（2）如果气体有可燃性，则说明变压器内部有故障，应停止变压器运行。并根据气体性质来鉴定变压器内部故障的性质。如气体颜色为黄色可燃的，即为木质故障；若为淡灰色强烈臭味可燃性气体，即为绝缘纸或纸板故障；若为灰色和黑色易燃的气体，即为短路后油被烧灼分解的气体。

轻瓦斯信号动作后，经上述查找，还不能做出正确判断时，应对油进行色谱分析，并结合电气试验做出综合判断。

38. 变压器投运有何规定?

答：（1）变压器投入运行时，应由装有保护装置的电源侧充电。变压器断开时，装有保护装置的电源侧开关应最后断开。

（2）长期备用的变压器应定期充电，变压器充电时中性点接地隔离开关必须合闸。

（3）大修后的变压器投入运行时，气体保护必须加入“跳闸”位置。

（4）不允许用刀闸拉合空载电流超过 2A 的空载变压器。

（5）变压器大修后投入前必须进行相位测定。

39. 变压器的停运操作原则是什么?

答：（1）切换运行方式，为所停变压器创造条件。

（2）停用操作时，变压器保护装置应在加入位置。

（3）如有断路器时，必须使用断路器切断。

（4）如没有断路器时，可用隔离开关拉开空载电流不超过 2A 和 320kVA 以下的空载变压器。

40. 什么叫变压器的接线组别?

答：单相变压器的两个绕组间有极性关系。而三相变压器两侧都有三个绕组，它们之间有个

如何连接的问题，如连成星形或三角形。所以，对于三相变压器来说，除了三相间可有不同的连接方法之外，每相的一、二次绕组相别也可互换，如原来的A相，可人为地把它改标为B相，B相可标为C相等，这样就使三相变压器一、二次侧可有不同的组合，使一、二次侧电压、电流各量的相位和大小的关系就有很多种情况。在使用一台变压器时，首先要了解这台变压器的一、二次侧各量的相位关系。说明这种关系的通用术语，就是所谓变压器的接线组别。简单地说，三相变压器的一次绕组和二次绕组间电压或电流的相位关系，就叫变压器的组别。相位关系就是角度关系，而变压器一、二次侧各量的相位差都是30°的倍数，于是就用同样有30°倍数关系的时钟指针关系来形象说明变压器的接线组别，用时钟表示组别，叫时钟表示法。

变压器的接线组别变化受如下因素的影响：

（1）首、尾标号改变（如A改成X，X改成A等）会改变接线组别。

（2）相别的改变（如原来的A相改为C相，C相改为A相等）会改变组别。

（3）接线方式的改变如星形接线改成三角形接线，三角形接线改成星形接线会改变组别。

41. 变压器的阻抗电压在运行中有什么作用？

答： 阻抗电压是涉及变压器成本、效率及运行的重要经济技术指标。同容量变压器，阻抗电压小的成本低，效率高，价格便宜，另外运行时的压降及电压变化率也小，电压质量容易得到控制和保证。从变压器运行条件出发，希望阻抗电压小一些较好。从限制变压器短路电流条件出发，希望阻抗电压大一些较好，以免电气设备（如断路器、隔离开关、电缆等）在运行中经受不住短路电流的作用而损坏，所以在制造变压器时，必须根据满足设备运行条件来设计阻抗电压，且应尽量小一些。

42. 为什么变压器的低压绕组在里边，而高压绕组在外边？

答： 这主要是从绝缘方面考虑的，因为变压器的铁芯是接地的，低压绕组靠近铁芯，容易满足绝缘要求。若将高压绕组靠近铁芯，由于高压绕组的电压很高，要达到绝缘要求就需要很多绝缘材料和较大的绝缘距离，既增加了绕组的体积，也浪费了绝缘材料。另外，把高压绕组安置在外面也便于引出到分接开关。

43. 变压器中性点在什么情况下应装设保护装置？

答： 直接接地系统中的中性点不接地变压器，如中性点绝缘未按线电压设计，为了防止因断路器非同期操作，线路非全相运行或断线，或因继电保护的原因造成中性点不接地的孤立系统带单相接地运行，引起中性点的避雷器爆炸和变压器绝缘损坏，应在变压器中性点装设棒型保护间隙或将保护间隙与避雷器并接。保护间隙的距离应按电网的具体情况确定。如中性点的绝缘按线电压设计，非直接接地系统中的变压器中性点一般不装设保护装置，但多雷区进线变电站应装设保护装置，中性点接有消弧绕组的变压器，如有单进线运行的可能，也应在中性点装设保护装置。

44. 三绕组变压器倒一次分接开关与倒二次分接开关的作用和区别是什么？

答：三绕组变压器一般都在高、中压侧装有分接开关，改变高压侧分接开关的位置能改变中、低压两侧的电压，若改变中压侧分接开关位置，只能改变中压侧的电压。例如：因系统电压波动或因负荷变化需要调整电压时，只改变高压侧分接开关位置即可达到中、低压侧需要的电压。如果只是低压侧需要调整电压，而中压侧仍需维持原来的电压，此时除改变高压侧分接开关外，中压侧也需改变。

45. 有载调压变压器与无载调压变压器有什么不同？各有何优缺点？

答：有载调压变压器与无载调压变压器不同点在于前者装有带负荷调压装置，可以带负荷调整电压；后者只能在停电的情况下改变分接开关位置来调整电压。

有载调压变压器用于电压质量要求较严的地方，还可加装自动调压检测控制部分，在电压超出规定范围时自动调整电压。其主要优点是能在额定容量范围内带负荷随时调整电压，且调压范围大，可以减少或避免电压大幅度波动，母线电压质量高，但其体积大，结构复杂，造价高，检修维护要求高。

无载调压变压器改变分接开关位置时必须停电，且调整的幅度较小（每变一个抽头，改变电压2.5%或5%），输出电压质量差，但比较便宜，体积较小。

46. 三绕组变压器停一侧其他两侧能否继续运行？应注意什么？

答：三绕组变压器任何一侧停止运行，其他两侧均可继续运行，但应注意的是：

（1）若低压侧为三角形接线，停止运行后应投入避雷器。

（2）高压侧停止运行，中性点接地隔离开关必须投入。

（3）应根据运行方式考虑继电保护的运行方式和整定值，此外还应注意容量比，运行中监视负荷情况。

47. 为什么新安装或大修后的变压器在投入运行前要做冲击合闸试验？

答：切除电网中运行的空载变压器，会产生操作过电压。在小电流接地系统中，操作过电压的幅值可达3～4倍的额定相电压；在大电流接地系统中，操作过电压的幅值也可达3倍的额定相电压。所以，为了检验变压器的绝缘能否承受额定电压和运行中的操作过电压，要在变压器投运前进行数次冲击合闸试验。另外投入空载变压器时会产生励磁涌流，其值可达额定电流的6～8倍。由于励磁涌流会产生很大的电动力，所以做冲击合闸试验也是考虑变压器机械强度和继电保护是否会误动作的有效措施。

48. 为什么要从变压器的高压侧引出分接头？

答：通常变压器都是从高压侧引出分接头，这是因为考虑到高压绕组在低压绕组外面，焊接分接头比较方便；又因为高压侧流过的电流小，可以使引出线和分接开关载流部分的截面小一些，发热的问题也较容易解决。

49. 影响变压器油位及油温的因素有哪些？哪些原因使变压器缺油？缺油对运行有什么危害？

答：变压器的油位在正常情况下随着油温的变化而变化，因为油温的变化直接影响变压器油的体积，使油位上升或下降。影响油温变化的因素有负荷的变化、环境温度的变化、内部故障及冷却装置的运行状况等。

变压器长期渗油或大量漏油，在检修变压器时，放油后没有及时补油，储油柜的容量小，不能满足运行要求，气温过低，储油柜的储油量不足等都会使变压器缺油。变压器油位过低会使轻瓦斯动作，而严重缺油时，铁芯暴露在空气中容易受潮，并可能造成导线过热，绝缘击穿，发生事故。

50. Yd11 接线的变压器对差动保护用的电流互感器有什么要求？

答：Yd11 接线的变压器其两侧电流相位相差 330°，若两组电流互感器二次电流大小相等，但由于相位不同，会有一定的差额电流流入差动继电器。为了消除这种不平衡电流，应将变压器星形绕组侧的电流互感器的二次侧接成三角形，而将三角形绕组侧的电流互感器的二次侧接成星形，以补偿变压器两侧二次电流的相位差。

51. 有载调压变压器大修后应重点验收什么项目？运行中为什么要重点检查油面和动作记录？

答：（1）有载调压变压器大修后应重点验收的项目如下：

1）测定变压器每个可调绕组的电压比，必须证实操动机构中所指示的分接开关位置及操作盘上所指示的分接开关位置和铭牌数据完全相符。

2）按照使用说明书所述方法测绘工作序图，以确定该装置动作的正确性，在测绘工作前应手动操作调整装置，使其达到上下极限位置，以检查极限开关动作是否正确。

（2）运行中应重点监视附加油箱的油位，因为它的油面受外部温度影响较大，其调压开关带运行电压，操作时又要切断并联分支电流，故要求附加油箱油位经常达到标示的要求，调整装置每动作 5000 次以后，应对它进行检修，因而要有动作记录。

52. 主变压器新投入或大修后投入运行前应验收哪些项目？

答：（1）变压器本体无缺陷、无漏油，油面正常，各阀门的开闭位置正确，油化验和绝缘强度试验合格，变压器绝缘试验合格。外壳有接地装置，接地电阻应合格。分接开关位置三相一致，抽头数符合电网运行要求。有载调压装置良好，电动手动操作正常。基础牢固，变压器本体有可靠的止动装置。

(2) 保护测量回路接线正确，动作正确，定值符合要求，连接片投入在规定位置。

(3) 风扇、油泵运行良好，自启装置动作正确，呼吸器装有合格的干燥剂，主变压器引线对地和线间距离合格，导线坚固良好，防雷保护符合要求。

(4) 变压器坡度合格，测温回路良好，放油小阀门和气体放气阀门无堵住现象。在变压器上无大修遗留物，临时设施拆除。

(5) 相位和接线组别满足运行要求，核相工作完毕并有明确的结论。

53. 变压器新装或大修后为什么要测定变压器大盖和储油柜连接管的坡度？

答：变压器的气体继电器有两个坡度，一是气体继电器方向变压器大盖的坡度，应为1%～1.5%；另一是油箱到储油柜连接管的坡度，应为2%～4%。这两个坡度一是为了防止在变压器内贮存空气，二是为了在故障时便于使气体迅速可靠地冲入气体断电器，保证继电器正确动作。

54. 怎样测量变压器的绝缘？如何判断好坏？

答：变压器在安装或检修后、投入运行前以及长时期停用后，均应测量绕组的绝缘电阻。变压器绕组额定电压在6kV以上，使用2500V绝缘电阻表；变压器绕组额定电压在500V以下，用1000V或500V绝缘电阻表；变压器的高、中、低压绕组之间，使用2500V绝缘电阻表。

变压器绕组绝缘电阻的允许值不予规定。在变压器使用期间所测得的绝缘电阻值与变压器安装或大修干燥后投入运行前测得的数值相比是判断变压器运行中绝缘状态的主要依据。如在相同条件下变压器的绝缘电阻剧烈降低至初次值的1/3～1/5或更低，吸收比$R_{60''}/R_{15''}<1.3$，应进行分析，查明原因。

55. 35kV等级纯瓷套管与10kV等级纯瓷套管有什么区别？

答：35kV及10kV等级的纯瓷套管结构基本相同，但10kV的瓷裙数为2～3，35kV的瓷裙数不少于4，且尺寸较大。

56. 为什么有的电力变压器采用有载调压？有载调压分接开关的原理怎样？

答：采用无励磁调压，要变压器停电才能调电压，且调压级数又少，往往满足不了用户的要求，故有些场合要采用有载调压。有载调压变压器主要有以下几个作用：

(1) 稳定电力网在各负载中心的电压，以提高供电质量。

(2) 作为两个电网之间的联络变压器，利用有载调压变压器来分配网络之间的无功负载。

(3) 可适应各种紧急供电需要。

(4) 用于必须严格控制电压的场合和为了提高生产效率而需调节电流的场合。

分级有载调压的基本原理，就是从变压器绕组中抽出若干抽头，通过一套有载分接开关，在保证不断电的情况下，从一个分接头倒换到另一个分接头，从而改变绕组的匝数，改变变压器的变比，达到调压的目的。

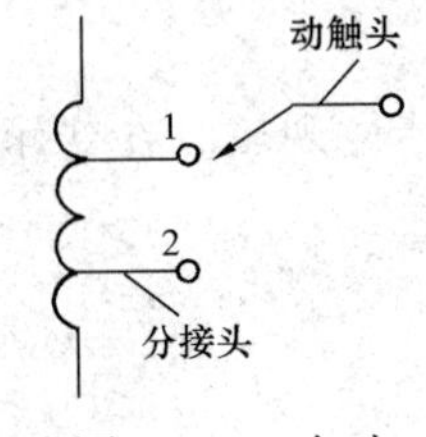

图 7-1　一个动触头切换

这里存在一个主要问题，即怎样做到不断电流，而在切换过程中弧光又不太大。

图 7-1 所示为只用一个动触头切换。只用一个动触头在连接着各抽头的固定触头之间来回切换，必然会引起弧光，弧光熄灭后会造成瞬间断电。因此，要做到不断电，最少要有两个动触头倒换着动作，如图 7-2 所示。开始，动触头 a 和 b 都在 1 分接头上，如图 7-2（a）所示。切换时，把 b 先转到 2 分接头上，如图 7-2（b）所示，再让 a 和 1 分接头断开，如图 7-2（c）所示，此时不会造成停电，因 b 已和 2 分接头接上，最后，a 也转到 2 分接头上，如图 7-2（d）所示，等待下一次的切换。

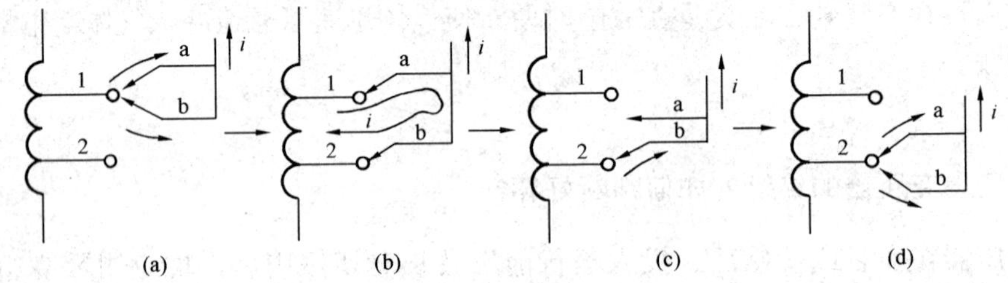

图 7-2　两个动触头的切换

（a）～（d）切换顺序

这个切换过程，做到了不断电，但还有问题。当处在图 7-2（b）所示位置时，1 分接头和 2 分接头之间的部分线匝被短路，在 1—a—b—2 组成的回路中将产生相当大的环流 i。当 a 从 1 分接头断开时，仍然会有很大的弧光。因此，必须采取限制这个电流的措施。限流既可采用电阻，也可采用电抗（感抗）。采用电阻对灭弧比较有利，而且在正常运行情况下电阻退出运行，可做得比较轻便，使装置尺寸减小。采用单个电阻如图 7-3 所示，在 b 触头处串个电阻即成。这样，当切换至图 7-2（b）所示的位置时，回路中有了电阻，环流就减少了。

不过，实际上应用的，常是双阻式和四阻式（如图 7-4 所示），动触头呈扇形，电阻的一端并在分头一侧。这些电阻叫过渡电阻。采用多阻式的优点是使开断容量减小，对熄弧更有利。由于存在着切换过程中触头烧蚀问题，让所有与分接头相连的触头都担负断开弧光的任务，将使更换触头的维护工作很繁重。为此，实际上是将倒换分接头和切断弧光的任务分开，由两套开关担负，担负前一任务的叫选择开关，担负后一任务的叫切换开关。

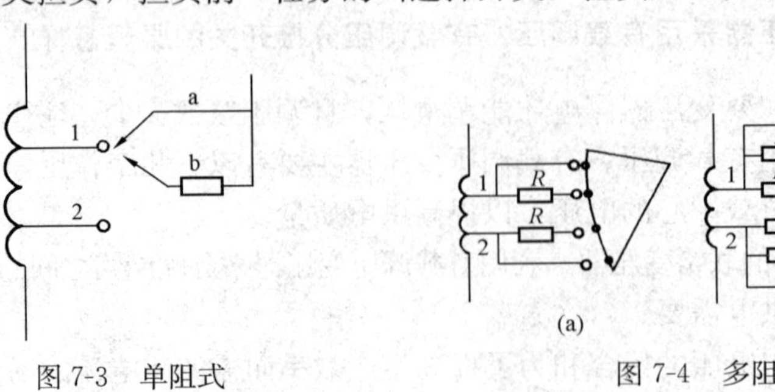

图 7-3　单阻式

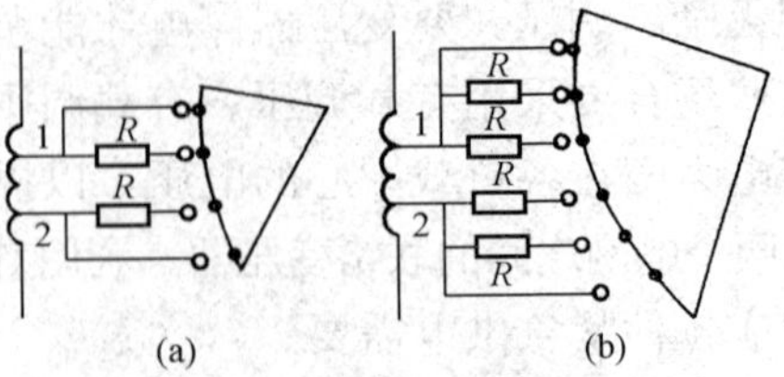

图 7-4　多阻式

（a）双阻式；（b）四阻式

电阻式有载分接开关的结构一般应包括下述五部分：

（1）切换开关（又名调换开关、转换开关、接触器、开断开关、负荷开关）。其作用是专门承担切断电流、消灭弧光。

（2）选择开关（又名无励磁开关，在多范围调压方式中又称细调开关或细选开关）。其作用是按分接顺序，随着换接过程将即刻要换接的分接头预先接通。

（3）范围开关（又名倒换开关、预选开关、极性开关、换向开关，在多范围调压方式中称粗调开关、粗选开关）。其作用是根据调压的需要，扩大选择开关的调压范围，以形成正反调、粗细调或多范围调。

（4）操动机构（传动机构）。它是上述几部分的动力来源，是驱动机构，可以电动，也可手动。操动机构装有限动、安全联锁、位置指示、计数、信号等附属装置。

（5）快速机构（弹簧快速机构和弹簧释放机构）。它是使切换开关按照预定速度和程序进行快速切换的特殊机构。

上述各部分（除操动机构外）都装配在一起，然后整体安装在变压器器身的一侧，操动机构一般用小铁箱安装于变压器油箱外。

有载分接开关根据结构种类可分复合型有载分接开关、埋入型有载分接开关和套管型有载分接开关。有载分接开关的型号意义举例说明如下：

如 SYXZ-10-35/400-2.13：S—三相；Y—有载；X—中性点；Z—电阻式；10—工厂序号；35—电压等级，400—额定电流；2—有范围开关；13—选择开关级数。

57. 为什么变压器的二次电流增加时，一次电流也自动增加？

答：当变压器的二次空载时，一次侧仅流过产生主磁通的电流，这个电流可称它为变压器的励磁电流，或空载电流。外加的一次侧电压不变，可以认为励磁电流不变，铁芯中的主磁通不变。当二次侧加负载流过电流后，该电流也在铁芯中产生磁通，这个磁通必然改变铁芯中原主磁通的分布状况。但由于电磁的惯性原理，主磁通的变化影响到一次侧。一次侧要保持主磁通不变，必将流过一部分电流，这部分电流产生磁通专门用来抵消二次侧磁通的影响。这样，一次侧绕组就流过两部分电流，一部分是用来励磁的，另一部分是用来平衡二次电流的。用来励磁的电流随二次电流的增减而增减，所以，二次电流增加，一次电流也自动增加。

因为电流乘上匝数就是磁通势，所以上述这个过程就叫变压器的磁通势平衡作用。变压器就是通过这种平衡作用，实现从一次到二次能量传递的。

上述一次电流的自动变化过程也可从电路的角度去理解，即当二次电流产生的磁通改变了一次电流所产生的磁通时，相当于使一次绕组的感抗起变化，即阻抗变小了。这样，在外加电压不变的前提下，由于电路中阻抗变小，一次电流当然要增加，这增加的部分即是一次电流中用来平衡二次电流的部分。

58. 变压器中性点为什么有的接地有的不接地，有的又经消弧线圈接地？哪种好？中性点套管头上平常有电压吗？

答：变压器中性点的接地方式是整个电力系统的问题。电力系统的中性点接地方式有：

①不接地；②经电阻接地；③经电抗接地；④经消弧线圈（消弧电抗器）接地；⑤直接接地。

平常常说的大电流接地系统和小电流接地系统是根据接地电流的大小，把几种接地方式归类。其划分标准通常以系统的零序电抗 x_0 和正序电抗 x_1 的比值 x_0/x_1 来定。按规定，凡是 $x_0/x_1 \leqslant 4\sim5$ 的系统，属大电流接地系统；$x_0/x_1 > 4\sim5$ 的系统则属小电流接地系统。

电力系统的中性点是否接地，怎样接地，要综合考虑以下多方面因素后选定：

（1）供电可靠性与故障范围。在中性点不接地系统中，发生单相接地时可不掉闸，而直接接地系统则需掉闸。

（2）内过电压的倍数。在中性点直接接地系统中，内过电压是在相电压的基础上产生和发展的；在小电流接地系统中，则在线电压的基础上产生和发展，因而内过电压数值必然较大。

（3）大气过电压的防护。发电厂与变电站中电气设备绝缘上所受到的大气过电压数值，取决于阀型避雷器的保护特性。由于大电流接地系统所用避雷器具有较少的火花间隙与阀片，它们的冲击放电电压与残压均比小电流接地系统所用的避雷器低20%左右，故大电流接地系统的绝缘冲击耐压水平也可相应地降低。

（4）电力系统的绝缘水平与绝缘配合。电气设备的绝缘水平主要决定于大气过电压和内部过电压。中性点直接接地，可使内部过电压降低20%～30%，因而这种系统的绝缘工频耐压水平，也可相应降低20%左右。绝缘配合与绝缘水平有直接关系。从过电压与绝缘水平的观点来看，中性点直接接地比经消弧线圈接地好，而消弧线圈接地又比不接地好。

（5）继电保护的要求。系统中性点接地方式，对继电保护的动作方式（即作用于掉闸或信号）和所应用的接线方式（即两相式或三相式接线）有决定性的影响。从简化接地保护和提高其灵敏度的要求来说，大电流接地系统较容易达到。

（6）对通信与信号系统的干扰影响。每一条交流线路的周围空间都建立起交变电磁场，而交变电磁场会在邻近的通信线路或信号系统内感应出电压，这将造成严重的干扰，甚至危及工作人员的安全或引起信号装置的误动作。造成干扰具体途径有两种：①电磁感应；②静电感应。电力系统三相电流对称时，不管中性点接地方式如何，输电线周围空间电磁场因彼此抵消不会对通信系统产生干扰。当发生单相接地时，零序电流是强大的干扰源，也就是说周围空间有了电磁场，能对通信和信号起干扰作用。小电流接地系统中，起主要作用的是静电感应；大电流接地系统中，则以电磁感应为主。静电感应可以用简单的方法加以限制，而电磁感应的消除就困难得多。由此可见，采用中性点直接接地方式将使干扰问题的解决较为复杂。

（7）系统稳定的要求。在中性点直接接地系统中发生一相接地时，短路电流很大，此时电压的剧烈下降和输电线路的切断，可能导致系统动态稳定的破坏；而中性点不接地或经消弧线圈接地，就没有这个问题。

（8）断路器（开关）的工作条件。如：直接接地的系统中，发生单相接地时断路器要掉闸，因动作频繁，故增加了断路器的检修次数。且有时单相接地电流还会超过三相短路电流，因而接地方式也要影响到断路器遮断容量的选择。

除上述因素需要考虑外，在选择电力系统中性点接地方式时，还要考虑运行上的便利、原有的接地方式、系统发展的可能性、单相接地转变为多相短路故障的可能性、接地电流所引起的跨步电压、变压器与电动机的绕组的机械强度、接地设备的投资等。

从电力系统的发展来看，初期大多数系统是以中性点不接地的方式运行的，其明显的优点是单相接地时，由于并不破坏三相线电压的对称性，允许运行相当长时间，这样可以减少停电次数。随着系统的扩大，线路长度的增加和额定电压的提高，中性点不接地运行的缺点显得严重起来。因电容电流的增大，使越来越多的瞬时接地故障不能自动消除，而断续电弧接地会在系统中引起很高的过电压，绝缘遭到严重的威胁。为了解决这个问题，逐渐采用了直接接地或经消弧线圈接地的方式。

中性点不接地系统的首要优点在于当系统发生单相接地时，它能自动熄弧而无需切断线路。这可大大减少停电次数，提高供电可靠性。而主要缺点是最大长期工作电压和过电压均较高，特别是存在电弧接地过电压的危险，整个系统绝缘水平要求较高。此外，实现灵敏而有选择性的接地保护比较困难。中性点直接接地系统最重要的优点是，过电压和绝缘水平较低。从继电保护角度来看，对于大电流接地系统用一般简单的零序过流保护就可以，选择性和灵敏度都易解决。从经济观点来看，中性点直接接地是一种投资最少的接地方式。但这种系统的缺点是，切除故障，尤其是最可能发生的单相接地故障，将引起断路器掉闸，这样增加了停电的次数。另外，接地短路电流过大，有时会烧坏设备和妨碍通信系统的工作。中性点经消弧线圈接地的优点是，解决了中性点不接地时可能因电容电流大，接地电弧不能自动熄灭的问题，不但使单相接地故障所引起的停电事故大大减少，而且还能减少系统中发生多相短路故障的次数。中性点经消弧线圈接地有以下几个作用：

（1）单相接地故障时，由于接地点电流被减小，可以自动熄弧，保证继续供电。

（2）减小了故障点电弧重燃的可能性，或降低电弧接地过电压的数值。

（3）减小故障点接地电流的数值及持续时间，从而减轻了对设备的损坏程度。

（4）减少了因单相接地故障而引起多相短路的可能性。

采用消弧线圈接地也存在如系统的运行比较复杂，实现有选择性的接地保护比较困难，费用大等缺点。

变压器的中性点正常运行时是否有电压，应具体情况具体分析。当电力系统正常运行时，如果三相对称，则无论中性点接地方式如何，中性点的电压等于零。但是，实际上三相输电线对地电容不可能完全相等，如果不换位或换位不当，特别是在导线垂直排列的情况下，由于三相不对称使变压器的中性点在正常运行时会有对地电压。对于不接地系统，其中性点对地电压不会是固定的，可能等于各种数值。对于直接接地的系统，中性点电位当然就固定为地电位，对地电压应为零。对于经消弧线圈接地系统，一般正常运行时，中性点对地是有电压的，其大小与三相对地电容的不对称程度有关，与补偿程度也有关。一般情况下要采取措施，使正常运行时中性点对地电压不大于相电压的20%。

59. 变压器在运行中哪些部位可能会发生高热？什么原因？如何判断？

答：对变压器造成严重威胁的是主要部件可能发生的局部高热，各发热原因及判断如下：

（1）分接开关接触不良。分接开关的发热主要是由于接触不良，使接触电阻增大引起的。因损耗等于 I^2R，R 大，损耗大，发热大。当倒分接头后和变压器过负荷运行时，易发生这情况。接触不良的原因可能是：

1）接触点压力不够。

2）开关接触处有油泥堆积，使动、静触点间有一层油泥膜。

3）接触面小使接触点熔伤。

4）定位指示与开关的接触位置不太对应（定位点已指示正确，而开关紧密接触点反而已移开）。

5）分接开关的几个接触环与接触柱不同时接触。

在运行中判断分接开关是否接触不良时，首先要注意，这种故障在大修后或切换分接头后最易发生，穿越性故障后也可能烧伤接触面。在运行中，特别要注意轻瓦斯动作情况。往往这种故障也可从轻瓦斯频繁动作察觉，然后取油样化验，其明显的特征是分接开关高热使油的闪点迅速下降。还要做色谱分析。最后，可以把变压器停下，测三相分接头的直流电阻来确定分接开关接触情况。当分接开关接触不良的情况严重到了断相程度时，从表计指示就能发现。

(2) 绕组匝间短路。所谓匝间短路就是相邻几个线匝之间的绝缘损坏。这将造成一个闭合的短路环路，同时，使该相的绕组减少了匝数。短路环路内流着由交变磁通感应出来的短路电流，将产生高热，并可能导致变压器的烧毁。

造成匝间短路的原因很多，如：

1）在绕组制造时因敲打、弯头、压紧等工艺过程造成绝缘的机械损伤，或某些铜刺、铁刺刺伤绝缘留下隐患。

2）运行日久，绝缘老化、变松脆，使导线连通。

3）运行中局部高温使绝缘迅速老化（这些局部高温如油流的“死角”、油道堵塞等）。

4）穿越性短路时，在电动力作用下使某些线匝发生轴向或辐向位移将绝缘磨损。

5）变压器油面下降，使绕组露出失掉冷却。

6）长期过负荷运行，温度控制又不好，使铜线温度太高，绝缘很快变脆。

当然，真正发展成匝间短路，往往发生在过电压、过电流之后。

不严重的匝间短路，较难发现，甚至做常规的绝缘试验都难以发现。但较严重的匝间短路，在运行中也能发现。因发热厉害，油温上升，且电源侧电流有某种程度的增加，轻瓦斯可能动作。特别值得一提的是，短路匝处发生高热时，油像沸腾一样，在变压器旁能听见“咕噜咕噜”的声音。在发展到重瓦斯动作之前，取油样化验，油质一定变坏，取气体继电器的气体分析也会发现问题。

停下来的变压器，有时可从变比及直流电阻试验发现匝间短路。

(3) 铁芯硅钢片间存在短路回路。铁芯是由相互绝缘的硅钢片叠成的。由于外力损伤或绝缘老化等原因使硅钢片间漆皮绝缘损坏，会增大涡流，造成局部过热，严重时还会熔伤，这就是所谓“铁芯起火”。

另外，穿心螺杆绝缘损坏也是造成环流的原因之一。穿心螺杆一般有绝缘套筒使其与硅钢片绝缘，两端还有绝缘垫圈使其与夹件绝缘。可能由于拧紧螺帽时损伤绝缘或因螺杆本身中涡流发热使绝缘经常处于高温下变脆等原因，常使上述的绝缘损坏。如果有几根螺杆的绝缘损坏，就会在螺杆和铁芯间形成短路回路，流过环流，使铁芯局部过热而损坏。

类似上述的短路回路，若变压器铁芯钢片的接地装得不正确（如人为的有数个接地点，或因某种原因造成铁芯数点接地）也可能发生。这将造成环流、局部过热而导致严重事故。

铁芯局部发热在运行中会有轻微的局部发热，甚至观察不出变压器油温的上升，保护也不会动作。因为此时由油分解而生成的气体溶解于其他未分解的油里面去了。较严重的铁芯局部过热，就会使油温上升，轻瓦斯频繁动作，析出可燃性气体，油的闪光点下降（这是变压器油内有裂化过程存在的特有征象），油色变深，并可能闻到焦糊气味。更严重时，重瓦斯会动作。铁芯中的短路现象，可从色谱分析发现。变压器停下来后也可以用测空载损耗（有短路存在时空载损牦会比原来增加）、绝缘电阻（如穿心螺杆对铁芯）等试验初步发现后再吊芯找故障点。

对于变压器中发生高热的部位及原因，上面仅说了主要的和可能遇到的几点，当然还有其他一些部位和原因，如接头发热（引线和线圈焊接处、引线与套管中导杆的螺母连接处、线圈内部焊头等），压环螺钉绝缘损坏或压环碰接铁芯造成环流，某螺钉或铁件通过漏磁多、涡流大造成过热等。

高热，油的裂化，这是上述故障共同的特点，其反映出来的气体继电器动作或油温上升也是共有的现象。对于运行人员来说，直接判断是哪个部位故障比较困难，只能根据该变压器的历史及当时的运行现状进行综合分析。但是，从上述现象分析可知，经常监视变压器油温、听变压器声音、轻瓦斯动作后及时引起注意，这几点还是比较重要的。

60. 变压器允许短时过负荷的依据是什么？

答：变压器是可以过负荷（即高出额定容量）运行的。

额定容量是变压器在经济合理的效率下，在整个正常使用期限内所能经常连续不断输出的容量。而变压器的过负荷能力则指的是仅在所认定的相当短的间隔时间内所能输出的容量，这个容量的数值由变压器在该时间内的运行条件决定，或者说由是否损害其正常使用期限、是否增加其绝缘的自然损坏决定的。

正常过负荷的必须条件是，不损害变压器的正常使用期限。

变压器的寿命是由绝缘材料的老化程度决定的。而绝缘材料的老化，主要取决于温度、氧气、含潮率（绝缘材料中的水分）。温度是引起绝缘老化的最主要因素，因此，在变压器的寿命问题上，温度起着决定作用。

实践证明，温度和绝缘材料的寿命（也就是变压器的寿命）存在一定的关系，可以用一条绝缘材料寿命曲线来表示。从绝缘材料的曲线，可以得出一个八度定则：温度每增加8℃，变压器的寿命就要减少一半。这个结论，适用于A级绝缘的油浸变压器。要注意，上述讨论寿命问题时是假定变压器绝缘材料的工作温度经常维持在98℃，仅在很少的时间内达到A级绝缘材料的最高允许温度105℃，而实际上变压器的运行温度是受季节和负荷变动的影响的。从变压器发热角度来看，在其运行的任何时间里，只要绝缘材料的温度不超出98℃，变压器可以带任何负荷。由这里就引出了变压器的“过负荷能力”的概念来。所谓过负荷能力，就是指在用电曲线和冷却介质所决定的运行条件下，能够经常维持本身的正常寿命而变压器不受损坏的最大负荷。当负荷轻时，温升较低，绝缘老化速度较正常速度慢，这就有可能使变压器使用寿命延长。为了保持正常的寿命，变压器可以带比它额定值还大的负荷运行一段时间，把延长的那段时间补偿回来（因负荷高于额定值，加速老化速度，寿命缩短），这就是允许过负荷的缘由。

所以，根据一定条件计算出来的在规程上已经规定的正常的过负荷，不会缩短变压器的寿命。

61. 什么情况下变压器出现不对称运行？变压器不对称运行时，有哪些问题需要考虑？

答：造成变压器的不对称运行的原因如下：

(1) 三相负载不一样，会造成不对称运行。例如小变压器供电给照明、电焊等负载，或有的变压器供给电气机车用电及炼钢炉等具有单相性质的负载等。这种负载不对称，使流过变压器的三相电流不对称，由于三相电流不对称，使三相阻抗压降不对称，造成二次侧三相电压不对称。电压不对称，对三相感应电动机和照明设备的运行是不利的。但一般说来，由于变压器本身阻抗所造成的电压不对称程度是不大的。这种不对称运行，主要需要考虑的是，在运行中要监视按 Yy0～Yy11 接线的变压器的中线电流不得超过低压绕组额定电流的 25%。

(2) 由三台单相变压器组成三相变压器组，当组中一相损坏而用不同参数（如有不同阻抗电压或不同变比）的一相来代替时，会造成电流和电压的不对称。

这种变压器组，在运行时不仅本组的电流不对称，还会使其他与之连接的有接地中性线的变压器产生零序电流，且其本身的可用容量（所谓可用容量就是变压器在不对称时相当于正序电流的负荷）小于三个单相变压器容量的总和。

可用容量和不对称程度决定于变压器参数的配合情况。

(3) 由于不对称接线造成变压器的不对称运行。这时又可分下述几种情况：

1) 两相线一地制。变压器仍旧是三相接线，线路中有一相由大地来充当输电线叫做两相线一地制。

用这种接线法运行，变压器容量可不降低。只是由于输电线和大地的电阻不一样，使电压不对称。但当线路中电压损失小于 10%时，电压不对称不超过重 1%～2%，这是允许的。如果超出这个范围，只要降低线路输送功率，就可得到改善。

这种不对称运行有几个问题须注意：①如果未接地相的导线中某一条对地短路时，接地装置因通过短路电流会产生危险的接触电压和跨步电压，故事故处理时要穿绝缘鞋、戴绝缘手套；②对邻近通过的通信线路上能感应出危险的电压和产生干扰杂音。

2) 变压器的两相运行。在某些情况下需要变压器两相运行也会造成变压器的不对称运行。这些情况如：中性点接地的系统中一相线路故障，以中性线代替该相暂时运行；三相变压器组中一台变压器故障暂以两相变压器运行；三相变压器一相绕组故障暂时以两相运行等。

这种不对称运行的共同特点是变压器的容量要降低，即可用容量小于仍在运行的两相变压器的额定容量之和。可用容量的大小和电流的不对称程度有关。

造成变压器两相运行的原因还有：如变压器某一侧的断路器某一相断开和变压器的分接头接触不良等。

变压器不对称运行时，对于变压器本身危害性不是太大，因此不需要像发电机那样对三相不对称电流的大小做出限制（Yy0～Yy11接线的变压器除外），主要需考虑的是因电流、电压的不对称对用户的影响，还有对沿路通信线路的干扰，以及对电力系统继电保护工作条件的影响（如负序保护整定值须提高等）。

62. 打雷对变压器有危险吗？

答：变压器直接遭雷击，或雷电冲击波直入变压器，对变压器是有危险的。因此一般都采取了各种措施防止变压器遭雷害，以大大减少变压器的损坏率。

雷电冲击波是一种幅值很大而持续时间很短的非周期电压脉冲，这个冲击波从雷击的地方沿输电线以光速向两头运动。当这种波到达变压器时，变压器引线上电压上升很快，相当于加上一个频率和幅值都很高的电压。这个电压加在变压器纵绝缘上，其值比平常加的工频电压可能大十几倍或几十倍。在最初瞬间，靠近绕组首端的几个线匝的匝间电压升得很高，甚至高达在额定电压下运行时的50～200倍，所以，绕组首端的纵绝缘很易击穿。

变压器是变电站中最重要的设备，必须采取保护措施，免受雷害。但是变压器和其他电气设备都一起放在变电站中，并连在母线上，因此，对变压器的防雷保护总是和对整个变电站的防雷保护统一考虑的。

变电站的防雷是从以下几方面采取措施的：

（1）安装避雷针，使变压器和其他电气设备都置于避雷针的保护区内，使电气设备免遭直击雷的破坏。

（2）在靠近变电站的进线线路上悬挂避雷线或两侧避雷针，并装设管型避雷器，加强进线保护以限制沿线路侵入变电站的雷电冲击波的幅值及陡度。

（3）用阀型避雷器进一步保护，把侵入波电压限制在避雷器的残压值，使变压器和其他电气设备免受危险过电压的作用。

变压器就是在上述保护条件下工作的，它的绝缘应当承受得住避雷器的放电电压及残压的作用。

63. 阀型避雷器是怎样保护变压器的？

答：阀型避雷器由火花间隙和非线性电阻两部分组成。当外加的侵入波电压超过避雷器的冲击击穿电压时，火花间隙击穿，大部分雷电流经非线性电阻入地。因为电阻的存在，阀型避雷器动作后导线对地的电压并不降至零，而是由非线性电阻的伏安特性即电压和电流的关系曲线来决定。雷电流流过电阻时产生电压降的最大值叫残压。另外，由于绝缘在冲击电压作用下，放电要有个过程，即从开始加冲击电压到绝缘击穿为止需要一个时间，冲击电压越高，击穿时间越短。表示冲击放电电压和放电时间的关系曲线，叫伏秒特性。要阀型避雷器能对电气设备起保护作用，首先应使避雷器的伏秒特性比变压器绝缘的伏秒特性低。意思是说；在同一个雷电冲击波作用下，避雷器应先放电。实际上，在避雷器放电后，很大的雷电流流过非线性电阻将产生残压。这个残压也加在与避雷器并着的变压器上，如果避雷器直接和变压器绕组端头连在一起，那么变压器上承受的电压完全等于避雷器的残压。可是一般避雷器和变压器间都有一段距离，由于导线电感和变压器入口电容构成振荡回路，有可能使变压器上出现比残压还大的振荡电压。如果这个电压超过变压器的耐压水平，变压器仍有绝缘击穿的可能。所以还必须使变压器的耐压水平大于避雷器的残压，避雷器才能起保护作用。

从分析可知，避雷器和变压器的连接距离，对保护作用是有影响的，距离越远，避雷器对变压器绝缘的保护作用越差。所以，当变电站母线上安排接避雷器时，应尽可能把避雷器布置在至各被保护设备较近的中心位置。避雷器至主变压器之间的距离超过最大允许值时，应在变压器附近增装一组避雷器。有的变压器进线处装一组避雷器专门用来保护变压器就是这个道理。

有些变压器的中性点一般要接避雷器，是因为110kV及以上的系统是中性点接地系统。当然，变压器中性点直接接地运行，不需装避雷器，但在这些系统中，为了防止在单相接地事故时短路电流过大，调度通信中心要求系统中有15%～30%容量的变压器的中性点断开运行。在这种情况下，那些中性点绝缘不是按照线电压设计的，即分级绝缘变压器的中性点，就应安装避雷器。原因是，当三相来雷电波时，由于入射波和反射波的叠加，在中性点上出现的最大电压可以达到避雷器放电电压的1.8倍左右。这个电压作用在中性点上会使中性点绝缘损坏，所以必须接一个避雷器保护。不过，这个避雷器的额定电压不需要像变压器出线所接的避雷器的那样高，只要求避雷器的冲击击穿电压和残压能与变压器中性点绝缘的冲击强度可靠的配合。如110kV变压器的中性点可用35kV的阀型避雷器保护。

当变压器中性点绝缘按线电压设计时，则不考虑中性点上装避雷器。

对接于变压器中性点的消弧线圈，为消除消弧线圈端部可能出现的过电压，应该与消弧线圈并联安装一个阀型避雷器。

64. 如何使变压器经济运行？

答：火电厂的厂用电设备中，耗电量最多的是电动机，约占全厂厂用电量的98%。但由于整个厂用电系统的设备运行中互相影响，如果变压器运行方式不合理，不单变压器自身要多消耗电能，而且还会影响到电动机及其他用电设备的经济运行，所以变压器的经济运行不可忽视。

能否使变压器处于经济运行状态，主要应从两方面入手：第一要使变压器处在效率高的区间运行；第二要使变压器运行方式合理，确实保证其所带电气设备既经济又安全。

（1）变压器本身运行的经济区间。根据变压器损耗与负荷关系的分析得出如下结论：在不变损耗和可变损耗相等的条件下，变压器效率最高。如此看来，变压器带这样的负荷最为经济，即在这个负荷下，其产生的铜耗等于铁耗。在变压器制造上，一般保证负荷系数$K=0.5\sim0.6$时的效率最高。因此对变压器本身来说，若能调整负荷在此负荷系数附近运行，则变压器效率最高。

（2）采用合理的运行方式。发电厂内的变压器分为两种：一种负责把所发功率送入电网，使用了大型升压变压器；另一种把功率送到厂内各种机电设备而使用降压变压器。随着单机容量不断扩大，表现出来的是升压变压器的容量越来越大，因为它要与机组相匹配；厂用降压变压器的台数越来越多，因为大型机组的厂用电系统庞大复杂。因此，采用和调整变压器的运行方式是降低厂用电率、保证经济运行的重要环节。通常根据具体情况调整变压器的负荷，改变运行方式，以获得变压器运行的经济性。

发电厂内的变压器不论是升压或是降压，由于在一昼夜或一年内变压器的负荷有很大的变化，因此设法在负荷小时将一台或几台变压器停用，负荷增大时再投入，这样就将大大降低变压器总的功率损耗，使它处于经济运行状态。

在按经济观点确定投入几台变压器并联运行时，必须考虑到变压器内的有功损耗和无功损耗。因为变压器的无功损耗是由发电厂中的发电机、同步补偿器或静止电容器发出，并经过输电线路送到变压器的。发出和输送无功功率时，电源绕组和输电导线内都要产生有功损耗。显然，变压器内无功损耗的任何变动，会使有功损耗对应地变化，因而也使送电线内的能量损耗变动，所以在选择最有利的工作状态时，必须考虑无功损耗。

并联变压器的经济运行时，常采用无功经济当量系数来衡量，把无功损耗折算成有功损耗。无功经济当量系数 K 表示发出和输送 1kvar 无功功率，要耗费多少有功功率。例如若 $K=0.1$，就表示发出和输送 1kvar 无功功率所消耗的有功功率是 0.1kW。无功经济当量系数的值，随变压器安装的地点而不同。如果变压器安装在发电厂内，则 K 值很小；如果变压器安装的地点距离发电厂很远，则 K 值就较大，因为此时无功功率经过长距离电网输送，有较大的有功损耗。

（3）合理选择变压器分接头位置。为了保证发电厂各电压级母线有正常的电压水平，变压器分接头调整是其中的一个重要手段。现在大型机组的厂用电系统，多用带负荷调整分接头，这样可以做到使厂用电厂用母线电压很容易在最佳状态下运行。为大量的厂用电动机提供了一个良好的工作状态和经济运行的条件。

（4）备用变压器备用时不应带电压。为了避免备用变压器的空载损耗，备用变压器备用时不应带电压，而应通过备用电源自动投入装置保证厂用电系统的可靠运行。

第八章 电动机运行基础

第一节　特种电动机

1. 直流电动机的构造和工作原理是什么？

答：直流电动机的构造分为定子与转子两部分。直流电动机静止部分称作定子，其作用是产生磁场，由主磁极、换向极、机座和电刷装置等组成。直流电动机转动部分称作转子（通常也叫电枢），其作用是产生电磁转矩和感应电动势，由电枢铁芯和电枢绕组、换向器、轴和风扇等组成。

直流电动机的工作原理大致应用了“通电导体在磁场中受力的作用”的原理，励磁绕组的两个端线通有相反方向的电流，使整个绕组产生绕轴的扭力，使绕组转动。要使电枢受到一个方向不变的电磁转矩，关键在于：当绕组边在不同极性的磁极下，如何将流过绕组中的电流方向及时地加以变换，即进行所谓“换向”。为此必须增添一个叫做换向器的装置，换向器配合电刷可保证每个磁极下绕组边中的电流始终是一个方向，就可以使电动机能连续地旋转。

2. 电厂中为什么有些地方用直流电动机？

答：在大多数场合，直流电动机已被构造简单、投资较少、维护方便、运行可靠的交流感应电动机代替了，可是电厂中有些地方也还用直流电动机，这是因为：

（1）直流电动机有良好的调节平滑性，有较大的调速范围。

（2）对于控制用的电动机来说，在有同样输出功率的前提下，直流电动机比交流电动机质量轻、效率高，而且有比较大的启动力矩和反转力矩。

（3）为了安全的目的，特殊场合采用直流电动机较可靠，也方便。如汽轮机的备用润滑油泵，采用直流电动机作为驱动后，即使在全厂停电的情况下，它仍能由蓄电池供电转动而使汽轮机的润滑油不中断。

直流电动机的主要缺点是维护麻烦，价格较贵，且需要一套直流电源。

3. 为什么直流电动机换向片之间的绝缘多采用云母材料？

答：对直流电动机换向片之间的绝缘要求有：

（1）耐热、耐火花。

（2）防潮、吸湿性小。

（3）有柔韧性，且有足够的机械强度。

（4）热膨胀系数小，绝缘性能好。

因为云母能较好地满足以上要求，所以多采用云母作为换向片间的绝缘材料。

4. 电磁调速异步电动机是怎样调节转速的？

答：电磁调速异步电动机的平滑调速是通过电磁转差离合器来实现的，其工作原理如下：笼型异步电动机拖动电枢旋转，若励磁绕组没有通入电流，此时输出轴不会转动。当离合器的励磁绕组通以直流电时，则沿气隙圆周面的各爪极将形成若干对N、S极性交替的磁极，其磁路经爪极N—气隙—电枢—气隙—爪极S形成闭合磁路，此时电枢切割磁通而产生感应电动势，从而在电枢中产生涡流，此涡流与磁场相互作用，产生电磁转矩，带动输出轴与电枢同一方向旋转，但其转速恒低于电枢的转速，励磁电流越大，电枢与磁极间作用力越大，则转速升高，反之则转速降低。因此，只要改变离合器的励磁电流的大小，就可调节输出轴的转速，从而达到调速的目的。

5. 什么是测速发电机？它有哪些种类？

答：能够把机械转速式回转角变成相应电信号的旋转发电机叫测速发电机。它的输出电压与转速成正比。测速发电机一般用在自动控制系统中作检测和计算元件。主要分为交流与直流测速发电机两大类。

（1）交流测速发电机又分为交流同步测速发电机和交流异步测速发电机。

1）交流同步测速发电机有永磁式、感应式和脉冲式。由于频率随转速变化，所以前两种只作指示用。脉冲式测速发电机是以脉冲频率作为输出信号，多用于鉴频锁相稳速系统。

2）交流异步测速发电机，有鼠笼转子和杯形转子两种。前者线性度差，相位误差大，一般用在精度要求不高的系统中，后者精度较高，是目前应用最广的一种测速发电机。

（2）直流测速发电机，按励磁方式可分为他励式和永励式两种。

6. 什么是伺服电动机？它有哪些种类？

答：能够把输入电信号转换成轴上的角位移或角速度的旋转电动机，叫伺服电动机。在自动控制系统中一般用作执行元件，它具有良好的可控性，而且响应快，运行稳定。

伺服电动机主要分为交流和直流两大类。其中交流伺服电动机按转子形成分为笼形和非磁性杯形两种，直流伺服电动机按励磁方式分为他励式和永励式两种。

7. 交流伺服电动机怎样接线才能正常运转？

答：交流伺服电动机实际上是一台两相异步电动机，为了产生旋转磁场，励磁绕组和

控制绕组要分别通过相位差为 90°电角度的电流，通常都在励磁绕组中串联一个电容器，使其产生相位超前的电流，因此，交流伺服电动机的工作原理和单相电容式异步电动机相同。

8. 直流伺服电动机怎样接线才能正常运转？

答：直流伺服电动机的接线和普通直流电动机相同，励磁绕组接在励磁电压上，而电枢绕组接在控制电压上。由于直流伺服电动机的工作原理和普通直流电动机一样，故改变励磁电压或控制电压，都能控制直流伺服电动机的转速。使用时应先接通励磁电压，再接电枢电压，运行中不允许励磁绕组断路，否则，电动机将飞车而损坏。

9. 什么是步进电动机？为什么在许多装置上使用它？有何优点？

答：步进电动机是一种把电脉冲信号变换成直线位移或角位移的执行元件。由于转轴的转动是每输入一个脉冲，步进电动机前进一步，所以叫步进电动机或脉冲电动机。

步进电动机广泛地用于数控机床、电子计算机外围设备、自动仪表、电子钟以及飞机、导弹、潜艇等导航装置上。除了能把电脉冲变成机械的角位移外，步进电动机还具有以下优点：

（1）每步位移值不受电压、电流的波动与温度的影响，电动机转速只和脉冲频率有关。

（2）误差不积累，每一步虽然有误差，但转过一周时，积累误差为零。

（3）控制性能好、精度高、快速性好，且灵敏、准确、可靠。

10. 步进电动机有哪些种类？

答：步进电动机的种类很多，有旋转运动的、直线运动的和平面运动的。主要有反应式、永磁式、永磁感应式旋转步进电动机，此外，还有机械谐振式和混合式等。目前应用最多的是反应式步进电动机。

11. 单相串励电动机工作原理和机械特性是什么？

答：单相串励电动机属于单相交流异步电动机，是交直流两用的，所以又称为交直流两用串励电动机。由于它转速高、体积小、启动转矩大、转速可调，既可在直流电源上使用，又可在单相交流电源上使用，因而在电动工具中得到广泛的应用。电动机主要由定子、转子及支架三部分组成，定子由凸极铁芯和励磁绕组组成，转子由隐极铁芯、电枢绕组、换向器及转轴等组成。励磁绕组与电枢绕组之间通过电刷和换向器形成串联回路。

（1）工作原理。单相串励电动机的工作原理是建立在直流串励电动机的基础上的。原理如图 8-1 所示，励磁绕组和电枢绕组串联后接到直流电源上，根据主磁通 Φ 和电枢电流 I_a 的方向，按照左手定则，可以决定转子旋转的方向，在图 8-1（a）中是按逆时针方向旋转；

如果把电源的极性反过来，如图 8-1（b）所示，由于是串励电动机，主磁通 Φ 和电枢电流 I_a 也都同时改变了方向，按照左手定则，转子转向不变，仍为按逆时针方向旋转。因此，串励电动机加上单相交流电压后，如图 8-1（c）所示，虽然电源极性在周期性变化，但转子始终维持一恒定的转向，所以，串励电动机可以应用在交、直流两种电源上。

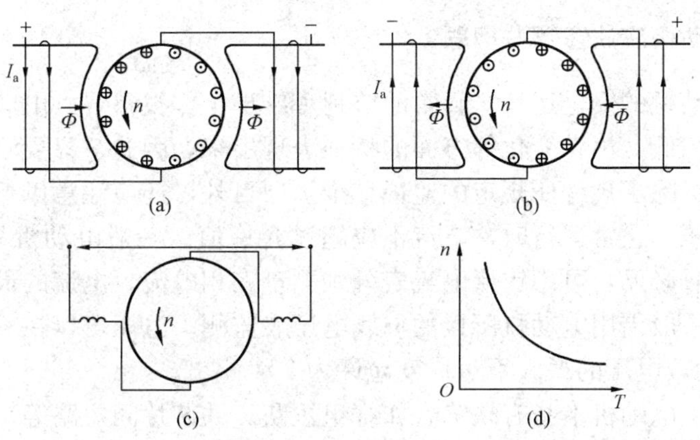

图 8-1 单相串励电动机的工作原理和机械特性

（a）、（b）加直流电旋转方向；（c）加交流电旋转方向；（d）机械特性曲线

（2）机械特性。无论是采用直流电源还是交流电源，单相串励电动机的机械特性都与普通串励直流电动机的机械特性类似。单相串励电动机有很大的启动转矩和软的机械特性，如图 8-1（d）所示。当电动机负载增加时，电枢电流 I_a 增大，因为励磁绕组与电枢绕组串联，故励磁绕组也是 I_a，因而使主磁通 Φ 也加大。由于电动机的电磁转矩 $T=CT\Phi I_a$，在电动机正常运行时，其磁路未饱和，Φ 与 I_a 成正比变化，故电磁转矩可写成 $T=CT\Phi I_a=C'TI_{2a}$。随着负载的加大，即 I_a 加大，就极大地增加了电动机的电磁转矩 T（与 I_{2a}成正比）；另一方面由于负载反力矩增加，使电动机的转速降低。这种机械特性，对电钻等电动工具的要求极为适用，如钻直径较大的孔时（负载大），要求力矩大，转速低些；钻较小直径的孔时（负载小），则要求力矩小些，但转速高些。由于单相串励电动机的空载转速非常高，可达 20000r/min，所以，电钻等使用串励电动机的电动工具，在修理后，一般不可拆下减速机构等进行校车，以防止飞车而损坏电枢绕组。

12. 什么是永磁同步电动机？

答：对于转子直流励磁的同步电动机，若采用永磁体取代其转子直流绕组，则相应的同步电动机就成为永磁同步电动机。永磁同步电动机的组成部分有定子、永久磁钢转子等。永磁同步电动机具有结构简单，体积小、质量轻、损耗小、效率高、功率因数高等优点。

永磁同步电动机启动时，因转子静止，定、转子磁场不能保持相对静止，因而不能产生定向的稳定转矩。故从理论上说，永磁同步电动机无自启动转矩，需在转子上附加笼式绕组（导条）或磁滞环来产生启动转矩。为防止永磁体漏磁过大，笼式绕组不装在一个整体圆环上，而是装在极靴上；磁滞环则装于磁极外圈。当电动机的极数很多、转子惯量很小时，在定子磁场建立的第一个半波之内，由于转子的轻微抖动即可跃入同步。这类电动机无需附加装置，称为自启动永磁同步电动机。

第二节 运行与维护

1. 运行中的电动机应注意哪些问题?

答：为保证电动机的安全运行，日常的监视、维护工作很重要。电动机的运行状况会通过表计指示、温度高低、声音变化等方面的特征表现出来，因此，只要注意监视，异常情况是可以及时发现的。除了规程所规定的监视、维护项目外，还应注意以下几点：

（1）电流、电压。正常运行时，电流不应超过允许值。一般电动机只在单相装电流表，对低压电动机，如有必要，可用钳形电流表分别测量三相电流。电流的最大不对称度允许为10%。检查电压，一般借用电动机所接的母线电压表监测。电压可以在额定电压的+10%～−5%的范围内变动，电压的最大不对称度允许为5%。

（2）温度。除了电动机本身有缺陷（如绕组短路、铁芯片间短路等）可能引起局部高温之外，由于负载过大，通风不良、环境温度过高等原因也会引起电动机各部分温度升高。绕组的温度可以用电阻测温法或用电动机制造时预先埋入的热电偶来测定。铁芯、轴承和滑环等部分的温度可以用酒精温度计测量。运行中有必要时，可在电动机外壳贴酒精温度计监视温度，但控制温度应低于电动机的最高温度允许值。

（3）音响、振动和气味。电动机正常运转时，声音应该是均匀的，无杂音。振动应根据电动机转速控制在规程规定的允许值之内。凡用手触摸轴承部位觉得发麻，说明振动已很厉害，应进一步用振动表测量。如电动机附近有焦臭味或冒烟，则应立即查明原因，采取措施。

（4）轴承工作情况。主要是注意轴承的润滑情况、温度是否过高、是否有杂音。大型电动机要特别注意润滑油系统和冷却水系统的正常运行。

（5）其他情况。绕线式电动机还应注意滑环上电刷的运行情况。

2. 新安装或大修后的异步电动机启动前应检查哪些项目?

答：（1）测量电动机定子回路绝缘电阻是否合格。

（2）检查电动机接地线是否良好。

（3）检查电动机各部螺栓是否紧固，轴承是否缺油。

（4）根据电动机铭牌，检查电源电压是否相符，绕组接线方法是否正确。

（5）用手盘动电动机转子，转动应灵活，无卡涩、摩擦现象。

（6）检查传动装置、冷却系统联轴器及外罩、启动装置是否完好。

（7）检查控制元件的容量、保护及熔断器定值，灯光指示信号、仪表等是否符合要求。

（8）电动机本体及周围是否整洁，无影响启动和检查的杂物等。

3. 异步电动机在运行中，维护工作应注意什么?

答：运行维护应注意以下各项：

（1）保持电动机及其周围的清洁。在清扫时注意防止杂物被吸进电动机内。

（2）监视电源电压和电动机电流的变化情况。注意各导电接头不发热，防止缺相运行。

（3）电动机冷却通风系统正常，定期检查电动机的温度和温升不得超过允许值。

（4）监听电动机轴承有无杂音，密封良好，轴承油色、油位正常，油环带油良好，必要时补油或更换相同牌号的润滑油。

（5）注意电动机运行中振动情况，有无异常气味等。

电刷在运行中有哪些异常现象？会造成什么不良后果？

答：（1）电刷在运行中存在的异常现象如下：

1）励磁机的换向器严重磨损。换向器正常磨损情况应该是每年消耗换向器直径 1mm 以内，约 2 年挠一次云母沟，四五年车一次换向器。可是有的机组换向器每年需车削一次，有的平均每年要车去直径 3.5～4mm 以上，仅 4 年就使换向器直径磨损到小于厂家规定的最小值。

2）换向器表面不正常。有的换向器表面无氧化膜，还有被硬物擦伤的亮纹；有的换向器表面凹凸不平，有的在电刷磨道上钢片严重变形，有的换向器不圆，使电刷跳动并振裂，严重的甚至引起环火。

3）滑环温度高，工作表面无光泽。滑环上的电刷过热、剧烈跳动、碎裂等，严重的甚至使刷辫和刷握发热变色，刷辫熔断、弹簧退火失去弹性。

4）电刷损磨太快。一般电刷的使用寿命应在 1 年以上，也即平均每千小时的磨耗应小于 2.5mm。可是有的电刷本身磨损很快，仅能使用 3～4 个月，个别的甚至仅能使用几个小时。

5）电刷磨面上呈现硬粒及一道道刻纹。

（2）产生的不良后果如下：

1）增加了维护工作量。从运行方面说，需经常更换电刷，增加清扫、检查次数。从检修方面说，励磁机吹扫次数频繁，换向器挠沟、车旋次数也增多。

2）换向器的正常工作被破坏。换向器表面形不成氧化膜，云母片凸出，都易引起火花，另外也会增加电刷的磨损。换向器表面出现凹凸不平的条痕后，当换向器稍有轴向窜动时，就可能失去其与所有电刷间的良好接触。换向器不圆又会引起电刷的剧烈跳动，以至火花逐渐加大而形成环火。

（3）换向器寿命降低。电动机的寿命一般在 20～30 年，因此，要求换向器直径每年磨损量在 1mm 以内。有的机组换向器直径每年磨损达 3mm 以上，极大地缩短了其寿命。

（4）严重影响安全运行。换向器的严重磨损，会使碳粉中混有大量铜屑。这些导电的粉末一旦填塞云母沟，会使电刷冒火，甚至构成环火，也可能使励磁系统接地、短路。对于氢冷发电机来说，火花有造成爆炸的危险。此外，这些粉末还会堵塞通风系统的风沟，影响冷却。所以，因为换向器的问题迫使停机，也是常有的事。换向器磨损的原因很多，如：电刷制造和装配质量不佳，电刷在刷握中安装不当，刷架位置不对，对电刷的维护不正确，换向器表面修整不完善；机械方面的如电动机振动较大，轴向窜动，偏心运行，周围环境不良（如有尘埃和有害的化学气体）等。但最主要的原因是电刷质量不佳或电刷型号不合适。即使同一型号的电刷，由于制造时性能不稳定，批次不同，运行效果也不一样。

电刷和换向器（或滑环）间的磨损，是通流时的磨损大还是无电流时的磨损大？是正极大还是负极大？

答：电刷和换向器（或滑环）间工作面的磨损有两种：①纯机械磨损；②在电流作用下的电气磨损和机械磨损。

（1）纯机械磨损。电刷和换向器（或滑环）表面相接触，由于弹簧压力作用和材料弹性变形的缘故，使直接接触部分互相嵌入。当相对滑动时，因摩擦作用而形成磨损。如果电刷颗粒细软，则碳粉易被沾在换向器表面，使后者成为具有亮滑的石墨镜面，电刷的磨面也很光滑，两者的机械磨损都较小。但如果电刷质量不佳，颗粒粗硬，或甚至含有少数如金刚砂之类的硬质颗粒，则必然会对换向器表面进行刮割，使后者出现金属光泽或纹路，电刷本身磨面也会出现硬粒脱落后而划出的纹道，这就使机械磨损大大增加。

（2）在电流作用下的电气磨损和机械磨损。在电流作用下，不仅有机械磨损，还有电气磨损。所谓电气磨损，指的是由于电弧高温和放电等因素的作用，使极面材料受到损坏的情况。而由于电气磨损影响极面，所以也会对机械磨损的程度产生影响。由于电流通过电刷和换向器的接触面，且其直接传导的部位不断变动，电流密度又很大，使一些点温度很高；又由于电弧的高温作用，会使两侧极面局部熔化、脱落，金属会变成金属蒸气，则电刷结构松化，受氧化腐蚀而脱落，此即电气磨损的表现。但是，极性不同，磨损情况也不一样。在电弧作用下，阳极（正极）表面局部灼热而蒸发出金属蒸气，使阳极表面损蚀，这叫阳极蒸发，阴极（负极）因受正离子撞击和高温作用发射电子，使阴极表面也遭到破坏，这叫“阴极粉化”。由于阳极蒸发和阴极粉化的作用，电刷和换向器由于电流方向不同会出现极性差别。当电流由电刷流向换向器时，此时电刷为正极，换向器为负极，结果是：电刷面上发生微小程度的阳极蒸发，碳粒、石墨离子迁移到换向器表面，电刷有电气磨损。换向器表面有轻微的阴极粉化，并附着碳粒、石墨，成润滑、光泽的镜面。由于换向器表面平滑，则机械磨损较小。当电流由换向器流向电刷时，此时电刷为负极，换向器为正极，结果是电刷面上发生阴极粉化，电气磨损小。换向器表面发生阳极蒸发时，大量金属蒸发，使其表面损蚀严重，同时，这些金属粒子也易附于电刷磨面上，反过来会使换向器表面严重磨损，出现条痕。这情况下，换向器表面粗糙，呈金属光亮，面间机械磨损大。

总起来说，当电刷为正极时，电刷电气磨损大，机械磨损轻微，换向器的电气磨损和机械磨损都很小；当电刷为负极时，电刷电气磨损小，机械磨损大，换向器的电气磨损、机械磨损都大。如果换向器代之以滑环，情况一样。

为了使磨损均匀一些，对于励磁机来说，必须在换向器工作面的同一磨道上安置数量相等的正、负电刷；对于滑环，因为正环电流由电刷流向滑环，电刷正极性，滑环负极性，和换向器处于负极性情况相似，故正环磨损小。同理，负环磨损大，故两环极性应经常调换。各电厂电动机大修时常倒换正、负环的连接电缆，就是这个道理。当没有电流时，电刷磨面上的粗硬粒子易嵌入换向器（或滑环）表面，引起较大的机械磨损，甚至引起摩擦振动。当流过电流时，电刷磨面上的粗硬粒子被炸裂、粉化，沾在表面，减小摩擦，使机械磨损减小，并使电刷运行十分平静。所以，在正常电流情况下，电流对减小机械磨损还有好处。但是，如果电流密度过大，则阳极蒸发严重，会使电气磨损加剧。而电气磨损加剧后，使换向器（或滑环）表面粗糙化，电刷表面附着金属粉，机械损耗又会增加，所以通过电刷的电流密度应有一个限度。至于弹簧压力对磨损也有影响。压力过小，电刷和换向器（或滑环）表面接触不稳定，容易引起电弧，使电气磨损增大。压力过大，刷面的硬粒对换向器（或滑环）表面刮割严重，又会使机械磨损增加。因此，弹簧压力要适中。

6. 对换向器、滑环和电刷的运行维护有哪些需要特别注意的地方？

答：（1）要特别注意保护换向器上的氧化膜。氧化膜有改善整流和减小磨损及振动的重要作用，保护它的完好是保证电刷和换向器安全运行的一个重要方面。

为了保护氧化膜，应经常细心检查，发现有刻痕，应立即检查该磨道上所有电刷的磨面，凡查出有硬粒或细纹者，应刮去一层或更换电刷。此外，还应经常用干净白布擦拭换向器表面的脏污。

在不得已的情况下，才对换向器进行车旋及打磨，因氧化膜建立起来不容易，有的需要几天，甚至几星期。而每车一次，会使氧化膜彻底破坏，因此在换向器车削或打磨后必须对通过的电流有所限制，待建立氧化膜后再逐步加到额定值。

（2）经常检查并及时处理电刷运行中的缺陷。主要是检查电刷冒火情况，过热现象，是否在刷握中卡住、晃摆、挤紧等现象，是否过短、掉角以及磨面含有硬质，是否有弹簧压力不足及压偏等情况。更换电刷时，要用专用弧形板和 00 号玻璃砂纸研磨好。并联的电刷应严格采用同一型号，并对其压力调整到均匀。

（3）定期对换向器，滑环、刷握、刷架及其他静止部分进行吹灰清扫，以防止碳粉、油污、尘埃沉积。吹灰所使用的压缩空气要干燥、不含油质、水滴或其他杂质。

7. 换向器维修各道工序的作用是什么？

答：（1）车削。换向器表面凹凸不平超过 1.5～2mm，致使云母突出，换向器不圆，直径差超过 0.05mm，引起电刷振动；由于整流不良，使换向器表面严重损坏时，可将换向器进行车削。车平后，必须进行挠沟、去棱角、表面研磨和精磨光的工作。

（2）挠沟。换向器车削后或发现云母沟太浅时，均需挠沟。一般沟深应为 1～1.5mm。沟太浅时，云母片很快便突出，妨碍电刷接触；沟太深也不好，易积塞尘埃、碳粉、铜末。挠沟时，应把紧贴铜片侧边的云母刮干净，因为铜片边缘留有云母，会使电刷跳动，引起冒火，并使磨损增大。

（3）去棱角。挠沟后的换向片必须去棱角，以除去其边缘的毛刺。去棱角有利于电刷光滑镜面的形成，避免铜片边缘留有云母和运行中沟中积塞碳粉，对减小磨损、保证正常整流也有好处。

（4）表面研磨。研磨的目的是为了除掉车削过程中组织发生变化的铜表层，磨去挠沟和去棱角时形成的毛刺、硬化边缘和换向器表面的划印、凹痕等。

（5）精磨光。此道工序的作用是去掉研磨后的浅细痕迹和嵌入铜内的磨料，使表面光亮，帮助建立氧化膜。

第九章 配电装置基础知识

第一节 熔 断 器

1. 熔断器的作用及其应用有哪些?

答：熔断器是最简单和最早使用的一种保护电器，用来保护电路中的电气设备，使其在短路或过负荷时免受损坏。

在功率较小和对保护性能要求不高的地方，可以与闸刀开关配合代替自动空气断路器，与负荷开关配合代替高压断路器。熔断器多用于电压为1000V及以下的装置中。电压为3～35kV的高压装置中，熔断器主要用作小功率辐射形电网和小容量变电站等电路的保护电器，也常用来保护电压互感器。

2. 熔断器的优点及其主要构成?

答：熔断器的优点是结构简单，体积小，质量轻，使用和维护方便。

熔断器主要由金属熔件、支持熔件的触头和外壳（熔管）构成，有的熔断器内还装有特种灭弧物质，如产气纤维管、石英砂等，用来熄灭熔件熔断时形成的电弧。

3. 熔断器有哪些技术参数?

答：（1）熔断器的额定电流。熔断器壳体的载流部分和接触部分所允许的长期工作电流。当长期通过额定电流时，不致损坏熔断器。

（2）熔件的额定电流。长期通过熔件，而熔件不会熔断的最大电流。熔断器的额定电流与熔件的额定电流不一定相同，但熔件的额定电流不能大于熔断器的额定电流。

（3）熔断器的极限断路电流。熔断器所能切断的最大电流。若切断大于此电流值的电流，可能使熔断器损坏，或由于电弧而引起相间短路。

4. 熔断器如何分类?

答：熔断器的分类如下：

（1）按电压等级可分为高压、低压熔断器。

（2）按有无填充料可分为有填充料式和无填充料式熔断器。

（3）按结构形式可分为螺旋式、插入式、管式以及开敞式、半封闭式、封闭式熔断器。

（4）按使用环境分为户内式和户外式熔断器。

（5）按熔体的更换情况可分为易拆换式和不易拆换式熔断器。

（6）按是否有限电作用可分为限流式和不限流式熔断器。

5. 限流熔断器及不限流熔断器各有何特点？

答：限流熔断器在熔件熔化后，其电流在未达到最大值之前，就立即减小到零。

不限流的熔断器在熔件熔化后，电流几乎不减小，仍继续达到最大值，在第一次过零或经过几个半周期之后电弧才熄灭。

6. 如何正确选择熔件？

答：熔断器的选择必须保证熔断特性上能躲过设备正常启动时的最大启动电流，防止启动过程熔断。具体如下：

（1）对单一旋转电动机：10kW 以下按其 3 倍的额定电流选择；10kW 以上按其 2.5 倍额定电流选择。

（2）一组电动机（包括专用盘）时按式（9-1）计算选择

$$I=(2.5\sim 3)I_{\mathrm{Nmax}}+\sum I_{\mathrm{N}} \tag{9-1}$$

式中 I——熔体的选择容量；

I_{Nmax}——一组电动机中容量最大的电动机额定电流；

$\sum I_{\mathrm{N}}$——一组电动机中除最大容量之外的其他电动机额定电流总和。

（3）照明及电热负荷按式（9-2）选择

$$I=1.1I_{\mathrm{h}} \tag{9-2}$$

式中 I_{h}——按负荷计算出的负荷总电流。

为保证熔断器的选择性、可靠性，熔体也不可选得过大，以保证熔断器开断的可靠性。

7. 熔断器更换时需要注意的事项有哪些？

答：（1）更换熔断器，应检查熔断器的额定电流后进行。

（2）对可更换熔件的，更换熔件时，应使用相同额定电流、相同保护特性的熔件，以免引起非选择性熔断，且熔件的额定电流应小于熔管的额定电流。更换熔件时不应任意采用自制的熔件。

（3）对快速一次性熔断器，更换时必须采用同一型号的熔断器。

（4）熔件更换时不得拉、砸、扭折，应进行必要的打磨，检查接触面要严密，连接牢固，以免影响熔断器的选择性。

8. 为什么低压大容量熔断器的熔体常采用宽窄相间的截面？

答：在被保护回路内发生短路故障时要求熔断器可靠熔断。由于在大电流的作用下，熔

片窄处的温度迅速上升，很快达到熔点而熔断。使电弧按熔体狭窄处的个数分成几段，此时每一段电弧电压较低，电弧容易熄灭。而且，几处狭窄部分同时熔断后，阔部下坠，可造成较大的空间间隙，更有利于灭弧。故制成变截面结构的熔体，可以提高熔断器的断流能力。熔体上窄截面的数目与工作电压有关。

9. 熔断器的结构和灭弧方式有哪些？

答：熔断器的结构及灭弧方式主要有三种：

（1）开启式。在结构上没有限制熔体熔化时电弧和金属微粒喷出的装置，仅适用于短路电流不大的回路中。

（2）半封闭式。在结构上把熔体装入管内，管的一端或两端开启，熔体熔断时电弧和金属气体按一定方向喷出管外，从而避免了相间弧光短路和对附近人员的伤害。

（3）封闭式。在结构上把熔体封闭在熔管内，限制了电弧和金属气体的外喷，管内压力增高有利于灭弧，使用比较安全可靠。

10. 动力用的熔断器为什么都装在隔离开关的负荷侧而不装在电源侧？

答：若熔断器装在隔离开关的电源侧，当隔离开关拉开后，熔断器未与电源断开，如果要检查或更换熔丝，则须带电工作，容易造成触电事故。为了安全，必须将熔断器装在隔离开关的负荷侧。

11. 熔丝是否到达其额定电流时即熔断？

答：熔丝在接触良好正常散热时，通过额定电流时不熔断。35A 以上的熔丝要超过额定电流的 1.3 倍才熔断。但在实际使用时，因接触、散热不好，并可能有振动，因此在额定电流左右时也可能熔断。

12. 熔断器能否作异步电动机的过载保护？

答：不能。为了在电动机启动时不使熔断器熔断，所以选用的熔断器的额定电流要比电动机额定电流大 1.5～2.5 倍，这样即使电动机过负荷 50%，熔断器也不会熔断，但若电动机在这样的电流值运行，不到 1h 就烧坏了。所以熔断器只能作电动机、导线、开关设备的短路保护，而不能起过载保护的作用。只有加装热继电器等设备才能作电动机的过载保护。

第二节　导线及绝缘子

1. 绝缘子的结构是怎样的？它的作用是什么？

答：绝缘子又称瓷瓶，它由瓷质部分和金具两部分组成，中间用水泥粘合剂胶合。瓷质

部分是保证绝缘子有良好的电气绝缘强度，金具是固定瓷质部分用的。

绝缘子的作用有两方面：①牢固地支持和固定载流导体；②将载流导体与地之间形成良好的绝缘。

2. 为什么绝缘子表面做成波纹形？

答：绝缘子表面做成波纹形能起到如下作用：

（1）将绝缘子做成凹凸的波纹形，延长了爬弧长度，所以在同样有效高度下，增加了电弧爬弧距离。而且每一个波纹又能起到阻断电弧的作用。

（2）在雨天能起到阻止水流的作用，污水不能直接由绝缘子上部流到下部，形成水柱引起接地短路。

（3）污尘降落到绝缘子上时，其凸凹部分使污尘分布不均匀，因此在一定程度上保证了耐压强度。

3. 什么是不良绝缘子（指盘形悬式瓷绝缘子）？现场如何检测不良绝缘子？

答：（1）不良绝缘子的定义：

1）用5000V绝缘电阻表测量，绝缘电阻小于500MΩ；或用2500V绝缘电阻表测量，绝缘电阻小于300MΩ的绝缘子。

2）实测每片绝缘子的分布电压低于其正常分布电压的50%的绝缘子。

（2）现场检测不良绝缘子的方法：

1）在线路停电状态下检出：①用5000V或2500V绝缘电阻表逐片测量（尽量不用2500V绝缘电阻表）；②用专用不良绝缘子测试仪逐片检出。

2）在线路带电状态下检出：①用固定火花间隙检出零值绝缘子。②用可变火花间隙检出不良绝缘子。③用专用电压表测量分布电压值。

4. 绝缘子在运行中，值班人员应检查哪些项目？

答：（1）表面检查：

1）表面应清洁。

2）瓷质部分无破损和裂纹现象。

3）瓷质部分是否有闪络现象。

4）金具是否有生锈、损坏、缺少开口销和弹簧销的情况。

5）检查支持绝缘子铁脚螺栓有无松动或丢失。

（2）支持绝缘子沿面放电检查，检查其易放电部位有无放电现象。

5. 如何防止绝缘子发生闪络事故？

答：（1）定期清扫绝缘子，清扫周期一般为每年1次，但应根据地区污秽实际情况增加

清扫次数。

（2）提高绝缘水平，增加爬弧距离。

（3）采用防污绝缘子。

6. 运行中导线接头的允许温度是多少？

答：裸导线的接头长期允许工作温度一般不得超过 70℃。当其接触面处有锡的可靠覆盖层时，允许提高到 85℃；有银的可靠覆盖层时允许提高到 95℃；闪光焊接时，允许提高到 100℃。

7. 两根导线的载流量是不是一根导线安全载流量的 2 倍？

答：由于供电负荷的增加，超过导线容量时，可以每相并上几根，但要保持一定距离，使得散热条件良好。当每相内导线根数增加时，允许负载的增加不与每相增加条数成正比，而是要打一个减少系数。因为增加条数后，导线的散热变差，另外，在交流磁场作用下邻近效应很大，并上的导线条数越多，它的电流分布越不均匀，中间导线电流小，边缘导线电流大，所以导线并上使用后，不如单根导线的利用率高，其载流量也不是单根的倍数关系。

8. 导线的电晕是怎么产生的？

答：在不均匀电场中曲率半径小的电极附近，当电压升高到电晕起始电压后，由于空气游离可能会产生电晕放电。此时在电极附近出现一层被游离了的气体。在电晕的外围区域由于电场很弱，不会发生碰撞游离，外围区域带电粒子基本上都是离子，这些离子形成了电晕放电电流。

当电压小于 110kV 时，所用的导体截面总是足够避免电晕的产生，因此只是在电压等级在 110kV 及以上的设备上，以及在恶劣天气或经过高山区的线路，电晕的损失才有实际意义。

9. 检查和巡视接头的项目有哪些？

答：（1）正常巡视检查的项目是导线带电部分的接头是否发热。

（2）特殊检查项目有：

1）降雪时，各接头及导线导电部分有无冰溜及发热现象。

2）大风天气检查有无杂物及导线摆动情况。

10. 什么是分裂导线？

答：分裂导线就是每相导线由两根或两根以上同型号的导线组成。它是超高压输电中的一种布线方式。

11. 架空线路由哪些部件组成？

答：架空线路由架空地线、导线、绝缘子、杆塔、接地装置、金具和基础构成。

12. 对运行中的架空线路应如何进行巡视和检查？

答：架空线路在运行时，应采取定期巡视和检查的方法来监视线路的运行状况及周围环境的变化，以便及时发现和消除设备缺陷，确定检修内容，防止事故的发生，从而确保线路的安全运行。

架空线路的巡视，根据工作性质和任务以及规定的时间和参加人员的不同，分为定时巡线和不定时巡线；不定时巡线又分为特殊巡线、夜间巡线及故障巡线。

定时巡线由专责巡线员按照计划在一定日期内进行，高压线路一般每月巡线一次，但根据线路周围环境、设备情况及季节的变化，必要时可以增加巡线次数。巡视内容是线路各部件情况及沿线周围环境对线路的影响。

不定时巡线是为了在线路上查明可能引起的各种事故的隐患，预防事故发生，特别是气候恶劣的情况下，检查线路各部件的运行情况。如有不正常情况，应及时处理。

13. 如何预防导线的断股、损伤和闪络烧伤事故？

答：刮风会使导线、架空地线产生振动或摆动而造成断股，甚至发生导线之间互相碰撞而形成相间短路，烧伤导线造成跳闸而使线路停电，因此，应采取一些预防性措施。

（1）风吹摆动较大的导线，应进行调整，松的应调紧，或在两杆塔中间加装杆塔，以缩短档距，使导线稳定。

（2）在线夹附近的导线上加装防振锤、护线条，以防止导线振动。

（3）对耐张塔上的跳线，应注意其摆动的情况，在最大摆幅时应不至于对杆塔、横担或拉线发生放电。如有这种可能，一般可用绝缘子串来固定，也可在跳线上附加一根铁棍，这样就能有效地解决线路受风摆动的问题。

14. 为什么不允许导线过负荷运行？

答：目前，输电线大部采用钢芯铝线，而钢芯铝线的允许温度为70℃，导线在正常运行时，不应超过允许温度，即应监视导线的实际负荷电流不应超过安全电流。因为导线的过负荷运行，会使导线温度超过允许值，从而引起导线剧烈氧化，使铝导线表面起泡或发白、钢导线发红或出现红斑，损坏导线。另外，导线温度升高，其抗拉强度也会下降，从而降低了导线的机械强度，在故障的电动力影响下，使导线变形或断裂。因此，发现导线过负荷运行，应降低负荷，使负荷电流在安全电流内，确保输电安全。

第三节 母线及电缆

1. 为什么母线要涂有色漆？

答：配电装置中的母线涂漆有利于母线散热，可使容许负荷提高12%～15%，也便于值班人员、检修人员识别直流的极性和交流的相别。铜母线涂漆还可起到防锈作用。

2. 如何判断运行中母线接头发热？

答：判断的方法主要有：

（1）采用变色漆判断。

（2）采用测温蜡片判断。

（3）用半导体点温计带电测量判断。

（4）用红外线测温仪测量判断。

（5）利用下雪、下雨天观察接头处是否有雪融化和冒热气现象进行判断。

矩形母线平装与竖装时额定电流为什么不同？

答：电流通过母线时，就要发热。发热损耗的功率用 P 来表示，$P=I^2R$，其中，R 是母线电阻。由公式可知，电阻 R 越大，损耗的功率 P 就越大，而电阻 R 是与导线的横截面积成反比的。在正常运行时，母线一方面发热，一方面把热量散给周围空气。当母线发热等于向周围空气散出的热量时，母线温度不再上升，达到稳定状态，所以，母线温度和散热条件有极大关系。满足一定的温升要求，散热条件不同，额定电流就不同，竖放母线的散热条件较好，平装母线散热条件较差，所以平装母线比竖装母线的额定电流少 5%～8%，但竖装母线受电动力的机械稳定性差些。

电缆有何作用？它与一般导线相比有何优缺点？

答：在发电厂和变电站中，由于要引出很多的架空线路，往往因出线走廊不够而受到限制。同时在建筑物与居民密集的地区、交通道路两侧，均因地理位置的限制不允许架设架空线路，因此，只能采用电缆来输送电能。

（1）电缆与架空线相比，有下列优点：

1）供电可靠，不受雷击、风害等外部干扰的影响，也不会发生架空线路常见的断线、倒杆等引起的短路或接地现象。

2）对公共场所比较安全。

3）不需在路面架设杆塔和导线，使市容整齐美观。

4）不受地面建筑物的影响，易于在城市内轻工业地区供电。

5）运行简单方便，维护工作减少，费用低。

6）电缆的电容有助于提高功率因数。

（2）电缆也存在下列缺点：

1）成本昂贵，投资费用大，约为架空线的 10 倍。

2）敷设后不易变动，不适宜扩建。

3）线路接分支较困难。

4）易受外力破坏，寻找故障困难。

5）修理较困难，时间长，且费用大。

5. 电缆的构造是怎样的？有哪些种类？

答：电缆由电缆芯、绝缘层和铅包三个主要部分组成。电缆芯是传导电流的通路，绝缘层用来把带电体彼此隔开，并且将电缆芯与地隔开，铅包是用来保护绝缘层的，它具有一定的机械强度，使在运输、敷设和运行中不受外力损伤，并防止水分侵入，在油浸纸绝缘电缆中还防止绝缘油外流。

电缆的种类，一般可分为单芯、双芯、三芯和四芯四种。电缆除芯数不同外，导体的形状也是不同的，它的主要作用是使电缆直径减小，节省制造材料和减轻电缆的重量。导体的形状有圆形、腰子形、半圆形、扇形、空心形及同心圆形几种。电缆除芯数及导体形状不同外，还可分为统包型、屏蔽型和分相铅包型等，这类电缆充实了油浸纸绝缘，因而统称为实心浸渍纸绝缘电缆。

6. 电力电缆型号标记如何表示？

答：电力电缆型号标记一般由两部分组成。第一部分是产品系列代号和各组成部分代号；第二部分是产品规格（额定电压、芯数、标称截面）和标准号。其形式及标记如图 9-1 所示。

其含义如下：

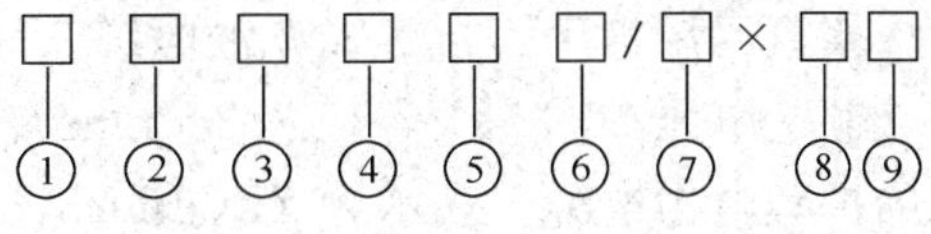

图 9-1　电力电缆的型号标记方式

①产品系列代号。油浸纸绝缘电缆为 Z，交联聚乙烯电缆为 YJ，自容式充油电缆为 CY，橡皮绝缘电缆为 X。

②导线种类代号。铜芯不表示，铝芯为 L。

③绝缘层代号。纸绝缘为 Z。

④金属和非金属护套代号。金属护套：铅护套为 Q，铝护套为 L，铜护套为 T，皱纹铝护套为 LW，皱纹钢护套为 GW，皱纹铜护套为 TW。非金属护套：聚氯乙烯护套为 V，聚乙烯护套为 Y，氯丁橡胶护套为 F。

⑤外护层代号（见表 9-1）。

表 9-1　　**外护层代号**

代号	加强层	代号	铠　装	代号	外被层或外护层
0	—	0	无铠装	0	—
1	径向铜带加强	1	连锁钢带	1	纤维层
2	径向不锈钢带加强	2	双钢带	2	聚氯乙烯护套
3	径向铜带、纵向窄铜带加强	3	细圆钢丝	3	聚乙烯护套
4	径向不锈钢带、纵向窄不锈钢带加强	4	粗圆钢丝		
		5	皱纹钢带		
		6	双铝带或铝合金带		

个别电缆增加了特征代号，主要有：分相铅包—F，不滴流—D，有防水层—W，阻燃型—ZRA、ZRC。

⑥额定电压。额定电压是电缆及附件设计和电性能试验用的基准电压，用 U_0/U 表示。

U_0 为电缆及附件设计的导体与绝缘屏蔽或金属套之间的额定工频电压有效值，单位为 kV；U 为电缆及附件设计的各相导体间的额定工频电压有效值，单位为kV。各级电压电缆的 U_0/U 值见表 9-2。

表 9-2　　电力电缆的额定电压

U_0（kV）	21	26	48	64	129	190	290
U（kV）	35		66	110	220	330	500

表 9-2 中，35kV 电压等级 U_0 有两个，适用于不同场合。$U_0=21$kV，用于单相接地故障时间每次不大于 1mim 的系统，也可用于最长不超过 8h、每年累计不超过 125h 的系统；$U_0=26$kV，用于接地故障时间更长的系统，以及对电缆绝缘要求较高的场合。在电缆型号标记时，35kV 电压等级电缆有 2 个 U_0，故必须具体标明 U_0/U 值，其余电压等级只有 1 个 U_0，故只标 U，不标 U_0。

⑦芯数。分单芯和三芯两种，分别用数字“1”和“3”表示。

⑧标称截面。用单根芯线标称截面（mm^2）表示。

⑨标准号。具体标明国标、行标或企标的标准号。

例如：额定电压 110kV，单芯 400mm^2 铜芯、纸绝缘、铅包、径向铜带纵向窄铜带加强、聚氯乙烯护套、自容式充油电缆。表示为 CYZQ302，110/1×400 GB9326.2。

额定电压 26/35kV，三芯 240mm^2 铝芯、不滴流油浸纸绝缘、分相铅包、钢带铠装、聚乙烯护套电力电缆。表示为 ZLQFD23，26/35/3×240 GB12976.2—91。

电缆中间接头盒和终端盒的作用是什么？有哪些种类？

答：电缆经过敷设后，各段必须连接起来，使其成为一个连续的线路，这些连接点，一般叫接头。在一条电缆线路上，中间有若干接头，这些都需要封在盒子里。另外，电缆线路的末端，还需要用一个盒子来保护电缆芯的绝缘。在这些盒子内填充填料，以增强它的耐压强度和机械强度，增加供电的可靠性。

电缆终端盒有户外和户内两种，装在户外的由于气温变化大，湿度大，因而需要可靠的密封。户内一般不考虑防水问题，因而在形状上就有区别。户外有鼎足式、扇式和倒挂式以及环氧树脂（分户外Ⅰ型和Ⅱ型）、塑料、橡皮电缆终端盒五种，户内有漏斗型、干封型、塑料干封型、尼龙终端盒及环氧树脂终端盒（分户内Ⅰ型和Ⅱ型）五种。

电缆接头盒有铅（铜）接头盒、环氧树脂接头盒及塑料、橡皮接头盒三种。

充油电缆头为什么会漏油？有何危害？

答：电缆头漏油主要是由于电缆在运行中，内部绝缘油存在一定压力，压力使绝缘油沿着芯线或铅皮内壁流到电缆外部。内部压力的来源有：①电缆两端高低落差大（垂直部分），产生静压；②电缆过负荷发热，绝缘温度升高而膨胀；③电缆发生短路故障，产生冲击油压。

电缆头漏油会破坏电缆头绝缘的密封性，使绝缘干枯、绝缘强度下降，导致受潮。潮气侵入还会进一步降低绝缘强度。

9. 为什么要用电力电缆？

答：（1）在火力发电厂中，厂用动力设备很多，为了保障供电可靠和人身安全以及因空间不够而受到限制，需使用电力电缆。

（2）在某些城市建筑群和居民密集的地区、道路两侧空间有限，为了保证人身安全，高压供电不允许架设架空线路，需要使用电力电缆供电。

（3）对过江、过河输电线路，由于跨度太大，不宜架设架空线路或影响通航时，应采用电力电缆。

（4）为了避免电力架空线路对通信产生干扰，应采用电力电缆。

（5）大型工厂、电网交叉区也应采用电力电缆。

10. 低压四芯电缆的中性线起什么作用？

答：四芯电缆的中性线除作为保护接地外，还要通过三相不平衡电流及单相负荷电流。

11. 什么叫电缆终端头？

答：电缆与其他电气设备相连接时，需要有一个能满足一定绝缘与密封要求的连接装置，该装置叫做电缆终端头。

12. 什么叫电缆中间头？

答：由于制造、运输和敷设施工等原因，对每盘电缆的长度有一定的限制，但在实际工作中，有时需要将若干条电缆在现场把它们连接起来，构成一条连接的输配电线路，这种电缆的中间连接附件，叫电缆中间接头。

13. 为什么单芯交流电缆不采用钢带铠装？

答：采用钢带铠装的单芯电缆，当导体通过电流时，钢带中通过较多的磁力线，引起钢带发热，同时 50Hz 的交变电流在其中感应出一个电压。当钢带在电缆线路两端接地形成一个闭合回路时，便有感应电流流过，其大小与负荷电流成正比，数值相当大。这个感应电流会使电缆发热。为避免这种情况，单芯交流电缆不采用钢带铠装。

14. 为什么塑料电缆不允许进水？

答：塑料电缆被水侵入后，会发生老化现象，这是由于水分呈树枝状渗透而引起的。在导体内及绝缘外都有水存在时，产生老化现象最严重。当导体的温度较高时，导体内有水分比绝缘外有水分所引起的水分渗透老化更快。

15. 为什么测量电缆绝缘前，先要对电缆进行放电？

答：因为电缆线路相当于一个电容器，电缆运行时被充电，电缆停电后，电缆芯上积聚的电荷短时间内不能完全释放，此时，若用手触及，则触电，若接绝缘电阻表，会使绝缘电阻表损坏，所以测量电缆绝缘前，要先对地放电。

16. 对电缆终端头有哪些基本要求？

答：（1）导体连接良好。电缆线芯和出线鼻子有良好的连接。电阻不大于电缆线芯本身（同截面、同长度）电阻的1.2倍。

（2）绝缘可靠。

（3）密封良好。电缆外的水分及导电杂质不致侵入，绝缘剂不流失。

（4）有足够的机械强度，能适应各种运行条件。

17. 电缆的弯曲半径是怎样规定的？

答：在电缆线路转弯的地方和敷设电缆过程中，为了不使电缆弯伤，规定电缆弯曲半径不得小于下列数值：

（1）油浸纸绝缘多芯电力电缆（铅包，铠装）应不小于15倍电缆外径。

（2）油浸纸绝缘多芯电力电缆（铅包，无铠装）应不小于20倍电缆外径。

（3）油浸纸绝缘单芯电力电缆（铅包、铠装）应不小于20倍电缆外径。

（4）交联聚乙烯绝缘电力电缆，单芯应不小于20倍电缆外径，多芯应不小于15倍电缆外径。

（5）自容式充油电缆（铅包），单芯应不小于20倍电缆外径。

18. 允许电缆线路运行的条件有哪些？

答：

（1）电缆的绝缘电阻值不应小于允许最低值。

（2）电缆的运行电压不得超过电缆额定电压的15%。

（3）电缆的运行温度不得超过允许温度，而且要注意周围环境温度的数值。因为周围环境温度对电缆的温度有很大的影响，而且直接影响其所能带的最大负荷。

（4）电缆长期运行，负荷不得超过长期允许负荷。

（5）电缆的短时过负荷应在允许时间段内，否则会引起电缆故障。

19. 电缆运行中的维护工作有哪些？

答：电缆运行中的维护工作包括线路巡视、进行预防耐压试验、负荷测量、温度检查、接地电阻的检查及防止腐蚀等项目。

(1) 线路巡视是为了防止外界破坏性事故及电缆头等缺陷等引起事故。巡视应按规定周期进行，必要时缩短巡视周期。在检查中若发现缺陷，应及时采取措施进行处理。

(2) 预防耐压试验是鉴定绝缘情况和发掘隐形事故的有效措施。耐压试验采用直流电压，它对良好的绝缘不会造成损坏，而且需要的设备容量不大，接线方法是一芯接高压，其他几芯及铅包接地。为了鉴定绝缘情况，在耐压前后分别读取泄漏电流，如果泄漏电流不稳定或耐压后泄漏电流较耐压前大，说明绝缘不良。

(3) 电缆负荷测量。电缆的允许负荷决定于导体的截面积和最高允许温度、热阻系数、结构、环境温度等，原则上电缆不允许过负荷运行，但在紧急事故情况下可在过负荷15%的情况下运行1h、过负荷10%的情况下运行2h，因而必须经常进行负荷测量，使电缆在安全的负荷下运行。

(4) 温度检查很重要，因为仅仅检查负荷不能保证不过热。实际情况下，往往设计值与实际环境很难匹配恰当，实际的影响量比设计时考虑的因素更为复杂。

(5) 电缆接地电阻的检查。每年测量一次电缆金属护层对地电阻值，应不大于2Ω；单芯电缆金属护层一端接地时，另一端护层对地电压值应每季至少测量一次，测量应在最大负荷时进行，对地电压不应超过65V。

(6) 电缆要防止被腐蚀。被腐蚀的电缆很容易发生事故，因而要经常对敷设区进行化学分析，以保证电缆的安全。对这一点，要做的维护工作相当多，端头的清扫维护，壕沟及隧道等的清扫维护等都包括在内。

20. 10kV的电力电缆最高温度不允许超过多少？为什么？

答： 10kV油渍纸绝缘电缆芯的最高允许温度为60℃，10kV直接敷设于地下的电缆表面最高允许温度为45℃，接近这个温度时，应按当时的实际负荷，按下列公式计算缆芯的温度

$$t = t_1 + 6.18 \times (I/100)^2 \times S_k/A \quad \text{（铜导体）} \tag{9-3}$$

$$t = t_1 + 10.5 \times (I/100)^2 \times S_k/A \quad \text{（铝导体）} \tag{9-4}$$

式中 t_1——表面温度；

I——电缆负荷电流；

S_k——绝缘保护层的热阻；

A——导体面积。

当电缆超过其允许温度后，将加速纸绝缘的老化。另外由于高温使电缆中的油膨胀，产生很大的热膨胀油压，致使铅包伸展，使电缆内部产生孔隙，这些空隙在电场作用下极易发生游离，使电缆的绝缘性能降低，导致电缆的损坏。

21. 全线敷设电缆的配电线路为什么一般不装设重合闸？跳闸后为什么不能试送？

答： 全线敷设电缆的配电线路，线路的故障多为永久性故障，因而不装设重合闸，跳闸后也不试送，否则会扩大故障。

22. 电缆线路停电后进行验电时为什么短时间内还有电？是否不经放电就可以用手接触？

答： 电缆线路相当于一个电容器，停电后线路还存在剩余电荷，对地仍有电位差，因此必须经过充分放电后，才可用手接触，否则危险性很大。

23. 在正常情况下，对电力电缆巡视检查内容有哪些？

答：（1）对敷设在地下的每一电缆线路，应查看路面是否正常。

（2）电缆线路上不应堆置杂物和化学物质等。

（3）进入房屋的电缆沟口处不得有渗水，隧道内不应积水或堆积杂物。

（4）隧道或沟内支架必须牢固，无松动或锈烂现象，接地应良好。

（5）端头应完整清洁，引出线的连接线夹应紧固而无发热现象。

（6）端头应无漏油、溢胶、放电、发热等现象。

（7）端头接地必须良好，无松动、断股和锈蚀。

24. 电缆线路常见的故障有哪些？应怎样处理？

答： 电缆线路常见的故障有机械损伤、绝缘受潮、绝缘老化变质、过电压、电缆过热故障等。

当线路发生上述故障时，应切断故障电缆的电源，寻找故障点，对故障进行检查及分析，然后进行修理和试验，待故障消除后，方可恢复供电。

第十章 电力系统稳定及防雷设备

第一节 静态、暂态稳定

1. 什么叫电力系统的静态稳定？

答： 电力系统运行的静态稳定性也称微变稳定性，它是指电力系统在正常运行状态下，突然受到某种小干扰后，能够恢复到原来（或与原来很接近）运行状态的能力。这里指的小干扰，如个别电动机的接入或切除、负荷的随机涨落、汽轮机蒸汽压力的波动、发电机端电压发生小的偏移、架空线路因风吹摆动引起线间距离（影响线路电抗）的微小变化等。

2. 在受到小扰动以后，功角是如何变化的？简单电力系统的静态稳定判据是什么？

答： 发电机输出的电磁功率为 $P_E=(E_qU/X_{d\Sigma})\sin\delta$，如不考虑励磁调节器的作用，则认为空载电动势 E_q恒定，则发电机的功角特性为如图 10-1 所示的正弦曲线。

在稳态运行情况下，若不计原动机调速器的作用，则原动机的机械功率 P_T不变，当不计及发电机的功率损耗时，则 P_T与发电机向系统输送的功率 P_0相平衡。由图 10-1 可见，当输送 P_0时，可能有两个运行点 a 和 b（即有两个点满足 $P_E=P_T=P_0$）。

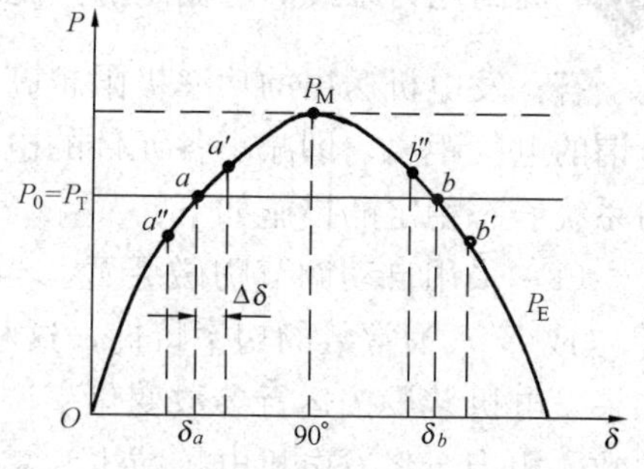

图 10-1 简单系统的功角特性

设发电机运行在 a 点，若一小的扰动使 δ_a获得一个正增量 $\Delta\delta$，于是 P_E达到 a'对应的值，而 P_T未变化，则 $P_E>P_T$，破坏了原有的转矩平衡，转子减速，当 δ 减小到时 δ_a，原动机转矩与电磁转矩相平衡，但由于转子的惯性作用，δ 将继续减小，直到 a''点时才停止减小。在 a''点，$P_T>P_E$，使转子过剩转矩为正，转子又加速，δ 增大，由于转子运动过程中的阻尼作用，经过一系列微小振荡后，又回到 a 点。如果在 a 点运行时小的扰动使 δ_a获得一个负增量 $-\Delta\delta$，同样经过一系列振荡后，又会回到 a 点，因此是静态稳定的。

发电机运行在 b 点的情况则不同。在小干扰作用下使功角 δ 增加 $\Delta\delta$ 后，P_E将减小到 b'点对应的值，小于机械功率，发电机转子将加速，功角 δ 将进一步增大，功角增大又进一步使电磁功率减小，这样下去，再也回不到 b 点，发电机与系统间将失去同步。如果开始受到的扰动使功角 δ 减小 $\Delta\delta$，则经过一系列振荡由 b 点过渡到 a 点。由于电力系统小扰动经常存在，所以 b 点实际不可能是静态稳定的。

分析 a 点和 b 点的异同，可以发现一些规律来判断系统是否稳定。在 a 点，两变量 ΔP_E

和 $\Delta\delta$ 符号相同，即 $\Delta P_E/\Delta\delta>0$ 或 $dP_E/d\delta>0$；在 b 点，两变量 ΔP_E 和 $\Delta\delta$ 符号相反，即 $\Delta P_E/\Delta\delta<0$ 或 $dP_E/d\delta<0$。因此，得出静态稳定的判据：$dP_E/d\delta>0$。$dP_E/d\delta$ 称为整步功率系数。对多机系统的静态稳定，工程上常用实用判据 $dP/d\delta\geqslant0$ 来近似的分析系统的稳定性及稳定极限。

3. 什么是静态稳定极限和储备系数？

答：当 $\delta=90°$ 时，$dP/d\delta=0$，是静态稳定的临界点，称为静态稳定极限。对简单电力系统，静态稳定极限所对应的功角正好与功角特性的最大值即发电机的功率极限的功角一致。显然，欲使系统保持稳定，运行点应在 $\delta<90°$ 的范围内。

电力系统不应经常运行在接近稳定极限的状态下，而应保持一定的储备，其储备系数为

$$K_P=\frac{P_M-P_0}{P_0}\times100\%$$

式中 P_M——最大功率；

P_0——运行点对应的输送功率。

系统在正常运行方式下 K_P 应不小于 15%～20%；在事故后的运行方式下，应不小于 10%。

提高电力系统静态稳定的措施有哪些？

答：发电机送出的功率极限越高，则电力系统的静态稳定性越高。加强电气联系，缩短所谓的电气距离，即减小各元件的电抗从而减小总电抗是提高功率极限的主要途径。提高电力系统静态稳定的措施如下：

（1）采用自动调节励磁装置。当发电机装设比例式励磁调节器时，可近似认为其具有 E'_q（或 E'）为常数的功率特性，这相当于将发电机电抗由同步电抗 x_d 减小为暂态电抗 x'_d。如果发电机装设按运行参数变化率调节励磁的励磁调节装置，则可近似认为能维持端电压为常数，相当于将发电机电抗减少为零。所以装设先进的自动励磁调节装置，可以显著地提高系统的静态稳定。

（2）减小元件的电抗。减小元件电抗主要是指减少线路的电抗，具体有：

1）采用分裂导线。输电线路采用分裂导线的目的主要是为了避免电晕。同时，分裂导线的采用还可以减小线路电抗。

2）提高线路额定电压等级。发电机送出功率的功率极限与电压的平方成正比，因而提高线路额定电压等级可以大大提高功率极限。换个角度来看，提高线路额定电压等级可以等效地看作减小线路电抗。但线路电压等级越高，投资越大，一般对一定的输送距离和输送功率，总有一个合理的电压等级。

3）串联电容补偿。所谓串联电容补偿，是指在线路中串联电容器用以补偿线路电抗。串联电容器在低压线路中主要用于调压，而在高压线路中则主要是用来提高系统的静态稳定性。电容器的容抗 x_c 与线路电抗 x_1 的比值 $K_c=x_c/x_1$ 称为补偿度，K_c 越大对系统静态稳定

性的提高越有利；但补偿度也不能太大，太大会使系统短路电流增大，还可能产生低频自发振荡和自励磁，或引起保护装置的误动作。一般K_c的值不宜超过 0.5。

（3）改善系统结构。如增加输电线路回数，长距离输电线路跨过原有电力系统的地区时，将其与原有电力系统相连，使长线路中间点电压得到维持，相当于将线路分成两段，缩小了电气距离。同时还可与该系统交换有功功率，起到互为备用的作用。

（4）采用中间补偿设备。在输电线路中间的降压变电站内装设同期调相机，同期调相机一般配有先进的自动调节励磁装置，从而可以维持调相机端点甚至高压母线电压恒定，使输电线路等值地分为两段，系统的静态稳定性得到提高。

5. 什么叫电力系统的暂态稳定？

答：电力系统的暂态稳定性是指电力系统在正常运行状态下，突然受到某种大干扰后，能够过渡到一个新的稳定运行状态或恢复到原来的运行状态的能力。所谓大干扰，是指如系统发生短路故障、突然断开线路和发电机等。

6. 当系统受到大扰动以后，暂态过程是怎样的？

答：对简单电力系统，正常时发电机向系统输送的功率为P_0，原动机输出的机械功率P_T等于P_0。假定不计故障后几秒内调速器的作用，则认为机械功率始终保持P_0。

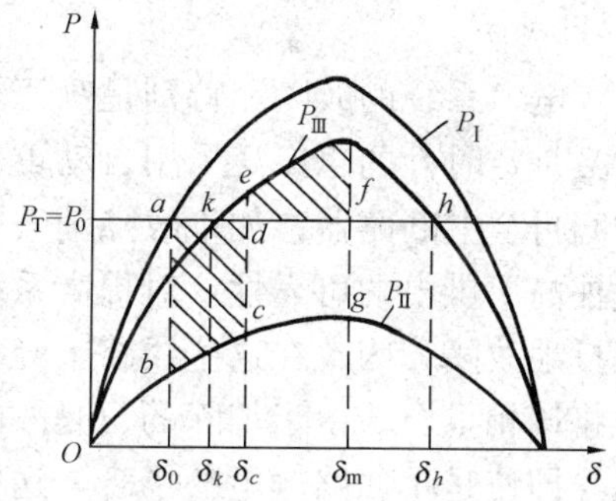

图 10-2　简单系统正常运行、故障和故障切除后的功率特性曲线

如图 10-2 所示，a 点表示正常运行时发电机的运行点。发生短路后功率特性立即降为P_{II}，但由于转子的惯性，转子角速度不会立即变化，其相对于无限大系统母线电压的角度δ_0仍保持不变。因此运行点由 a 点跃变到b 点，输出功率突然显著减少，而原动机机械功率P_T不变，产生较大的过剩功率。故障越严重，P_{II}曲线幅值越低（三相短路时为零），过剩功率越大。此时，发电机转子将加速，其相对速度和相对角度 δ 逐渐增大，使运行点沿 P_{II} 由 b 点向 c 点移动，如果故障永久存在，则始终存在过剩转矩，发电机转子将不断加速，直至失步。但实际中短路后保护装置将迅速动作切除故障线路。设在 c 点切除故障，则功率特性立即变为 P_{III}，运行点由 c 点突然跃变到 e 点（同样由于 δ 不能突变）。这时发电机的输出功率比原动机的机械功率大，转子受到制动，其加速逐渐减慢。但由于此时的速度已经大于同步转速，所以 δ 还要继续增大。假设制动过程延续到 f 点时转子转速回到同步转速，δ 角不再增大。这时机械功率小于电磁功率，转子在制动的剩余转矩作用下，转速将降低，δ 角开始减小，运行点沿 P_{III} 由 f 点向e、k 点移动。到k 点时，虽然机械功率与电磁功率平衡，但转子速度低于同步转速，δ 将继续减小。但越过k 点后，机械功率大于电磁功率，又使转子减速变缓并重新加速，因而 δ 一直减小到转子速度回到同步转速后又开始增大。此后，开始第二次振荡。振荡过程中总有能量损耗，因而振荡逐渐衰减，最后停留在一个新的运行点 k 上继续运行。

如果故障切除的比较晚，这时故障切除前转子加速已比较严重，因此，当故障线路切除后，在到达 f 点时转子转速仍大于同步速度。甚至在到达 h 点时转速还未降至同步转速，因此 δ 就越过 h 点对应的角度 δ_h，此时转子又加速，而且速度越来越大，δ 将不断增大，发电机与系统失去同步。

可见，系统暂态稳定与否是和正常运行情况以及扰动形式直接相关。为了保持稳定，必须在到达 h 点以前使转子恢复到同步转速，等面积定则可以决定极限切除角度。如果切除角大于极限切除角，就会造成加速面积大于减速面积，运行点越过 h 点而失步。相反，只要切除角小于极限切除角，系统总是稳定的。

7. 提高电力系统暂态稳定的措施有哪些?

答： 提高电力系统暂态稳定性的措施，一般首先考虑的是减少扰动后功率差额的临时措施，因为大扰动后发电机机械功率和电磁功率的差额是导致暂态稳定破坏的根本原因。提高暂态稳定的常用措施有：

（1）快速切除短路故障和自动重合闸装置的应用。这两项措施可以较大地减少功率差额，也比较经济。

快速切除故障对于提高系统的暂态稳定性有决定性作用，因为快速切除故障减小了加速面积，增加了减速面积，提高了发电机之间并列运行的稳定性。另一方面，快速切除故障也可使负荷中的电动机端电压迅速回升，减少了电动机失速和停顿的危险，提高了负荷稳定性。

电力系统的故障，特别是高压输电线路的故障，大多是短路故障，而这些短路故障大多数又是暂时性的。广泛采用自动重合闸装置，在发生故障的线路上，先切除线路，经过一定时间再合上断路器，如果故障消失则重合闸成功，重合闸的成功率是很高的。这个措施有效地提高了供电的可靠性，对提高系统的暂态稳定也十分明显。对超高压线路，其故障多是单相接地故障，因此在这些线路上经常使用单相重合闸，装置在切除故障相后，经过一段时间再将该相重合。由于切除的只是故障相而不是三相，从切除故障相后到重合闸前的一段时间里，即使是单回路输电的场合，送电端的发电厂和受端系统也没有完全失去联系，故可提高系统的暂态稳定。

（2）提高发电机输出的电磁功率。

1）对发电机施行强行励磁。发电机都装有强励装置，以保证当系统发生故障而使发电机端电压大幅降低时迅速而大幅度地增加励磁，从而提高发电机电动势，增加发电机输出的电磁功率。强励对提高发电机并列运行稳定性和负荷的暂态稳定性都是有利的。

2）采用电气制动。电气制动就是当系统中发生故障后迅速投入电阻消耗发电机的有功（增大电磁功率），从而减少功率差额。运用电气制动提高暂态稳定时，制动电阻的大小及其投切时间要选择适当。否则，或者会发生欠制动，即制动作用过小，发电机仍要失步；或者会发生过制动，即制动作用过大，发电机虽在第一次振荡中没有失步，却在切除故障和切除制动电阻后的第二次振荡中失步。

3）变压器中性点经小电阻接地。变压器中性点经小电阻接地就是接地短路故障时的电气制动。

（3）减少原动机输出的机械功率。减少原动机输出的机械功率，相当于减少过剩功率，从而提高系统的暂态稳定。

对于汽轮机可以采用快速的自动调速系统或者快速关闭进汽门的措施。水轮机由于水锤效应不能快速关闭进水门，因此有时采用在故障时从送端发电厂中切掉一台发电机的方法，这等于减少原动机功率。但这种方法使系统中电源减少了，也是不利的。

（4）采用强行串联电容补偿。对于已装有串联补偿电容的线路，可考虑为提高系统的暂态稳定性和故障后的静态稳定性而采用强行串联电容补偿。也就是当在切除故障线路的同时切除部分并联的电容器组时，强行增大串联补偿电容的容抗，部分地甚至全部地抵偿由于切除故障线路而增加的线路感抗。

8. 系统失去稳定后的处理措施有哪些？

答：（1）设置解列点。如果所有提高稳定的措施均不能保持系统稳定，可有计划地手动或靠解列装置自动断开系统某些断路器，将系统分解成几个独立的部分。这些解列点是预先设置的，应尽量做到解列后的每个独立部分的电源和负荷基本平衡，从而使各部分频率和电压接近正常值。这种把系统分解成几个独立部分的解列措施是不得已的临时措施，一旦将各部分的运行参数调整好后，就要尽快将各部分重新并列运行。

（2）短时异步运行和再同步。电力系统若失去稳定，一些发电机处于不同步的运行状态。异步运行可能给系统带来严重危害，如：

1）异步运行的发电机从系统吸收无功，如系统无功储备不足，系统电压将降低，甚至使系统陷入“电压崩溃”。

2）系统中有些地方电压极低，这些地方将丧失大量负荷。

3）异步运行时电压、电流变化复杂，可能引起保护装置的误动作。

但若系统无功储备充足，异步运行的发电机能提供相当的异步功率，承受短时的异步运行，并有可能再次拉入同步，这样可以缩短系统恢复正常运行所需的时间。再同步的措施分两方面：

1）调整调速器改变原动机的功率特性，以减少平均转差率，造成瞬时转差率过零的条件。

2）调节励磁增大电动势，即提高同步功率，以便使机组进入持续同步状态。

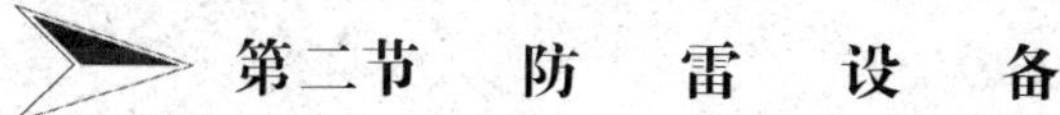

第二节　防　雷　设　备

1. 防雷设备有哪些？

答：雷电放电作为一种强大的自然力爆发，是难以制止的，只能是设法躲避和限制它的破坏性。防雷的基本措施就是设置防雷设备，它包括避雷针、避雷线、避雷器和接地装置。避雷针、避雷线可以防止雷电直接击中被保护物体，因此也称作直击雷保护；避雷器可以防止沿输电线侵入的雷电冲击波，因此也称作侵入波保护；接地装置的作用是减小避雷针（线）或避雷器与大地（零电位）之间的电阻值，以达到降低雷电冲击电压幅值的目的。

2. 避雷针（线）的保护原理是什么？

答：避雷针（线）能使雷云电场发生突变，使雷电先导的发展沿着避雷针的方向发展，直击于其上，雷电流通过避雷针（线）及接地装置泄入大地，从而保护电气设备和其他设施免遭雷击。

3. 避雷线与避雷针有什么不同？

答：避雷线的接闪器不像避雷针采用金属杆，一般采用截面积不小于 $25mm^2$ 的镀锌钢绞线架空于线路之上，以保护架空线路免受直接雷击。由于避雷线既要架空又要接地，所以它又称为架空地线。

避雷线的防雷作用与原理和避雷针相同。由于避雷针是一个尖端，电场比较集中，雷云对它易放电，因而保护范围较大。单针时其保护范围像一个帐篷，保护角（空间立面内的边缘线与铅垂线之间的夹角）为 45°，多针时互相配合可适用于保护一块占地一定面积的发电厂或变电站。而避雷线是水平悬挂的狭长线，因而用于保护狭长的电气设备（如架空线路）较为妥当，其保护角为 25°，保护范围为有一定宽度的长带状。

4. 常用的避雷器有哪些类型？

答：避雷器有以下几种类型：

（1）保护间隙。

（2）排气式避雷器。

（3）阀式避雷器。阀式避雷器又分为普通型和磁吹型两大类：普通型有 FS 和 FZ 型；磁吹型有 FCZ 和 FDZ 型。

（4）金属氧化物避雷器等。

保护间隙和排气式避雷器主要用于配电系统、线路和发电厂、变电站进线段的保护，以限制入侵的大气过电压；阀式避雷器和金属氧化物避雷器用于变电站和发电厂的保护，在 220kV 及以下系统主要用于限制大气过电压，在超高压系统中还将用来限制内过电压或作为内过电压的后备保护。

5. 对避雷器的基本要求有哪些？

答：为了使避雷器达到预期的保护效果，必须正确使用和选择避雷器，一般有如下要求：

（1）雷电击于输电线路时，过电压波会沿着导线入侵发电厂或变电站，在危及被保护设备绝缘时，要求避雷器能瞬时动作。

（2）避雷器一旦在冲击电压作用下放电，就造成对地短路，此时瞬时的雷电过电压虽然

已经消失，但工频电压却相继作用在避雷器上，此时流经间隙的工频电弧电流，称为工频续流，此电流将是间隙安装处的短路电流，为了不造成断路器跳闸，避雷器应当具有自行迅速截断工频电流、恢复绝缘强度的能力，使电力系统得以继续正常工作。

（3）应具有平直的伏秒特性曲线，并与被保护设备的伏秒特性曲线之间有合理的配合。这样，在被保护物可能击穿以前，避雷器便动作，将过电压波截断，从而起着可靠的保护。

（4）具有一定的通流容量，且在避雷器上造成的压降—残压（冲击电压通过阀式避雷器时，在避雷器上产生的最大压降）应低于被保护物的冲击耐压。避雷器动作以后，在规定的雷电流通过时，不应损坏避雷器。

6. 保护间隙有哪几种形式？它的作用原理是什么？

答：保护间隙是一种最简单的避雷器。按其形状分有棒形、角形、环形、球形等。

在正常情况下，保护间隙对地是绝缘的。当电气设备遭雷击过电压或在设备上产生正常绝缘所不能承受的内部过电压时，由于保护间隙的绝缘距离低于设备的绝缘水平，在过电压的作用下，首先被击穿放电，产生大电流泄入大地，避免了被保护设备上的电压升高，从而保护了线路绝缘子和电气设备的绝缘，不致发生闪络或击穿事故。过电压消失后，由于工频电压的作用，间隙中仍有工频续流，通过间隙而形成工频电弧。然后根据间隙的熄弧能力决定在电流过零时，或自行熄弧，恢复正常运行，或不能自行熄弧，将引起断路器跳闸。

保护间隙应满足在绝缘配合条件下，选用最大容许值，以防不必要的误动作。一般保护间隙除了主间隙外，在接地引线上还串联一个辅助间隙，即使主间隙由于意外原因短路，也不会引起导线接地。

7. 保护间隙有哪些优缺点？

答：保护间隙的优点是结构简单、制造方便。然而由于一般保护间隙的电场属于极不均匀电场，因此它的伏秒特性曲线比较陡，与被保护设备的绝缘配合不理想，并且动作后会形成截波。保护间隙还具有另一个重要的缺点，就是熄弧能力低。在中性点有效接地系统中，一相间隙动作或在中性点非有效接地系统中两相间隙动作后，流过的工频续流就是电网的短路电流。对于这种续流电弧，保护间隙一般是不能自行熄灭的。因此保护间隙多用于低压配电系统中。

8. 排气式避雷器的结构是怎样的？

答：排气式避雷器实质上是一个具有较高熄弧能力的保护间隙。它有两个间隙相互串联：一个在大气中称外间隙，其作用是隔离工作电压以避免产气管被工频电流烧坏；另一个间隙装在管内称为内间隙或灭弧间隙，其电极一端为棒形，另一端为环形，管由纤维、塑料或橡胶等产气材料制成。

9. 排气式避雷器的作用原理是什么？

答：当排气式避雷器受到雷电波入侵时，内外间隙同时击穿，雷电流经间隙流入大地，过电压消失后，内外间隙的击穿状态将由导线的工作电压所维持，此时流经间隙的工频续流就是排气式避雷器安装处的短路电流，工频续流电弧的高温使管内产气材料分解出大量气体，管内压力升高，气体在高压力作用下由环形电极的开口孔喷出，形成强烈的纵吹作用，从而使工频续流在第一次经过零值时就熄灭。排气式避雷器的熄弧能力与工频续流大小有关，续流太大产气过多，管内气压太高将造成管子炸裂；续流太小产气过少，管内气压太低不足以熄弧。故排气式避雷器熄灭工频续流有上下限的规定，通常在型号中表明。排气式避雷器的上下限熄弧电流应分别大于和小于短路电流的最大值和最小值。

排气式避雷器的熄弧能力还与管子材料、内径和内间隙大小有关。管的内径越小，电弧和管壁就越容易接触，便于产生气体。所以缩小管的内径可以使管型避雷器的下限电流降低，但此时上限电流也随之降低。

10. 排气式避雷器有哪些优缺点？

答：排气式避雷器的熄弧能力比保护间隙要强，但它具有一些和保护间隙同样的缺点，那就是伏秒特性较陡且放电分散性较大，不易与被保护电气设备实现合理的绝缘配合。同时，排气式避雷器动作后工作导线直接接地形成截波，对变压器纵绝缘不利。此外，其放电特性受大气条件影响较大，因此，排气式避雷器目前只用于线路保护和发电厂、变电站的进线段保护。

11. 普通型阀式避雷器结构组成是怎样的？

答：阀式避雷器是由火花间隙和非线性电阻这两个基本部件组成。

（1）火花间隙。普通型阀式避雷器的火花间隙由许多单个间隙串联而成，单个间隙的电极由黄铜冲压而成，两个电极间以云母垫圈隔开形成间隙，间隙距离为0.5～1.0mm。由于电极之间的电场接近均匀电场，而且在过电压的作用下云母垫圈与电极之间的空气缝隙中还会发生局部放电，对间隙提供了光辐射使间隙的放电时间缩短。因此火花间隙的伏秒特性比较平缓，放电分散性也较小，有利于实现绝缘配合。单个间隙的工频放电电压约为2.7～3.0kV（有效值）。

一般由若干个火花间隙形成一个标准组合件，然后再把几个标准组合件串联在一起，就构成了阀式避雷器的全部火花间隙。这种结构方式的火花间隙除了伏秒特性较平缓外，还有另一方面的好处，就是易于切断工频续流。在避雷器动作后，工频续流被许多单个间隙分割成许多短弧，利用短间隙的自然熄弧能力使电弧熄灭。短弧还具有工频电流过零后不易重燃的特性，所以提高了避雷器间隙绝缘强度的恢复能力。

阀式避雷器的间隙是由许多单个间隙串联而成的，间隙串联后将形成一等值电容链，由于间隙各电极对地和对高压端有寄生电容存在，故电压在间隙上的分布是不均匀的，这会使每个火花间隙的作用得不到充分发挥，减弱了避雷器的熄弧能力，它的工频放电电压也会降

低。为了解决这个问题，可在每组间隙上并联一个分路电阻，在工频电压和恢复电压作用下，间隙电容的阻抗很大，而分路电阻阻值较小，故间隙上的电压分布将主要由分路电阻决定，因分路电阻阻值相等，故间隙上的电压分布均匀，从而提高了熄弧电压和工频放电电压。在冲击电压作用下，由于冲击电压的等值频率很高，电容的阻抗小于分路电阻，间隙上的电压分布主要取决于电容分布，由于间隙对地和瓷套寄生电容的存在，使电压分布很不均匀，因此其冲击放电电压较低，避雷器的冲击放电电压低于单个间隙放电电压的总和，从而改善了避雷器的保护性能。

采用分路电阻均压后，在系统工作电压作用下，分路电阻中长期有电流流过，因此，分路电阻必须有足够的热容量，通常采用非线性电阻。FS型的配电系统用避雷器的间隙并无并联电阻。

（2）非线性电阻。非线性电阻通常称为阀片电阻，它由金刚砂（SiC）和结合剂烧结而成，呈圆盘状。阀片电阻的作用主要是利用它的阀性来限制雷电流下的残压。如果避雷器只有火花间隙，当截断冲击电压波以后，将会出现对绝缘不利的截波，而且工频续流就是导致直接接地的短路电流，难以自行熄灭。在火花间隙中串入电阻以后可限制工频续流以利熄弧。但如果电阻过大，当雷电流通过时其端部残压会很高，数值过高的残压作用在被保护的电气设备上，同样会破坏绝缘，采用非线性阀片电阻有助于解决这一矛盾。在雷电流的作用下，由于电流甚大，阀片工作在低阻值区域，因而使残压降低；当工频续流流过时，由于电压相对较低，阀片工作在阻值高的区域，因而限制了电流。由此可见，阀片电阻具有使雷电流顺利地流过而又阻止工频续流，特性如阀门般起自动节流的作用，这就是阀式避雷器的名称由来。阀片电阻的非线性程度越高，其保护性能越好。

由于普通型阀式避雷器阀片的通流容量与直击雷雷电流相差甚远，因此不宜用作线路防雷保护，一般只用于发电厂和变电站中。

12. 普通型阀式避雷器的工作原理是怎样的？

答：在系统正常工作时，间隙将电阻阀片与工作母线隔离，以免工作电压在阀片电阻中产生电流使阀片烧坏。由于采用电场比较均匀的间隙，因此其伏秒特性曲线较平，放电分散性较小，能与变压器绝缘的冲击放电特性很好地配合。当系统中出现过电压且其幅值超过间隙放电电压时，间隙击穿，冲击电流通过阀片流入大地，从而使设备得到保护。由于阀片的非线性特性，其电阻在流过大的冲击电流时变得很小，故在阀片上产生的残压将得到限制，使其低于被保护设备的冲击耐压，设备就得到了保护；当过电压消失后，间隙中由工作电压产生的工频续流仍将继续流过避雷器，此续流是在工频恢复电压作用下，其值远较冲击电流为小，使间隙能在工频续流第一次经过零值时就将电弧切断。以后，间隙的绝缘强度能够耐受电网恢复电压的作用而不会发生重燃。这样，避雷器从间隙击穿到工频续流的切断不超过半个周期，而且工频续流数值也不大，继电保护来不及动作系统就已恢复正常。

13. 阀式避雷器的主要电气参数有哪些？

答：（1）额定电压。避雷器两端子间允许的最大工频电压的有效值。

（2）灭弧电压。指避雷器保证能够在工频续流第一次经过零值时灭弧的条件下允许加在避雷器上的最高工频电压。灭弧电压应当大于避雷器工作母线上可能出现的最高工频电压，否则将不能保证续流灭弧而使阀片烧坏。工作母线上可能出现的最高电压与系统运行方式有关，考虑系统中会出现已经存在单相接地故障、非故障相的避雷器又发生放电的情况。因此单相接地时非故障相电压就成为可能出现的最高工频电压，避雷器的灭弧电压应当高于这个数值。

（3）工频放电电压。指在工频电压作用下，避雷器将发生放电的电压值。由于间隙击穿的分散性，它都是给出一个上、下限范围以供选择使用。指明避雷器工频放电电压的上限值，如工频电压超过这一数值时此避雷器将会击穿放电；指明下限值，在低于它的工频电压作用下，避雷器不会击穿放电。

避雷器的工频放电电压不能太高，因为避雷器间隙的冲击系数是一定的。工频放电电压太高意味着冲击放电电压也高，将使避雷器的保护性能变坏；工频放电电压也不能太低，这是因为工频放电电压太低就意味着灭弧电压太低，将不能可靠地切断工频续流。普通型阀式避雷器不允许在内过电压下动作，工频放电电压太低还意味着有可能在内过电压下动作，导致避雷器爆炸。

（4）冲击放电电压。指预放电时间为1.5～20μs的冲击放电电压，它应当低于被保护设备绝缘的冲击击穿电压才能起到保护作用。

（5）残压。指雷电流通过避雷器时在阀片电阻上产生的压降。在防雷计算中以5kA下的残压作为避雷器的最大残压。残压对于出现在被保护设备上的过电压有着直接影响，根据阀式避雷器的工作原理可知，避雷器放电以后就相当于以残压突然作用到被保护设备上，因此避雷器残压越低则保护性能就越好。为了降低被保护设备的冲击绝缘水平，必须同时降低避雷器的冲击放电电压和残压。

（6）保护比。指避雷器残压与灭弧电压（幅值）之比。保护比越小，说明残压越低或灭弧电压越高，这样的避雷器显然保护性能越好。普通型阀式避雷器的保护比约为2.3～2.5，磁吹型阀式避雷器约为1.7～1.8。

（7）直流电压下电导电流。指避雷器在直流电压作用下测得的电导电流，它可以判断间隙分路电阻的性能。电导电流太小，意味着分路电阻值太大，均压效果减弱；电导电流太大，意味着分路电阻太小，在工作电压作用下流经分路电阻的电流增大，发热较多易烧毁，故电导电流也必须在一定范围之内。

14. 磁吹型阀式避雷器（磁吹避雷器）与普通型阀式避雷器相比有哪些不同？有何特点？

答：磁吹避雷器与普通型相比较，它具有更高的熄弧能力和较低的残压，因此它适用于电压等级较高的变电站电气设备的保护以及绝缘水平较弱的旋转电动机的保护。

磁吹避雷器的原理和基本结构与普通型避雷器相同，主要区别在于采用了磁吹式火花间隙。它也是由许多单个间隙串联而成，但它是利用磁场对电弧的电动力，迫使间隙中的电弧加快运动并延伸，使间隙的去游离作用加强，从而提高了灭弧能力。

由于电弧被拉长，电弧电阻明显增大，因此还可以起到限制工频续流的作用，因而这种火花间隙又称为限流间隙。计入电弧电阻的限流作用就可以适当减少阀片电阻的数目，这样

又能降低避雷器的残压。

间隙中电弧受到的外加磁场是依靠工频续流自身产生的。办法就是在间隙串联回路中增加磁吹线圈，以工频电流作用下产生磁场，其原理如图 10-3 所示。增加磁吹线圈以后，在冲击电流作用下，线圈上会产生压降，此压降增大了避雷器残压，为了避免这种情况，又将磁吹线圈并联一个辅助间隙（如图 10-3 中间隙），当冲击电流流过时，由于频率高，线圈两端的电压降会使辅助间隙击穿，使磁吹线圈短路，放电电流经过辅助间隙、主间隙和阀片电阻而进入大地，从而使避雷器仍保持有较低的残压；对于工频续流，磁吹线圈的压降不足以维持辅助间隙放电，电流仍自线圈中流过并发挥磁吹作用。

磁吹避雷器的阀片电阻也是用碳化硅原料烧结而成，与普通阀片电阻相比较，它是在高温下焙烧的，通流容量大，但非线性系数较高。

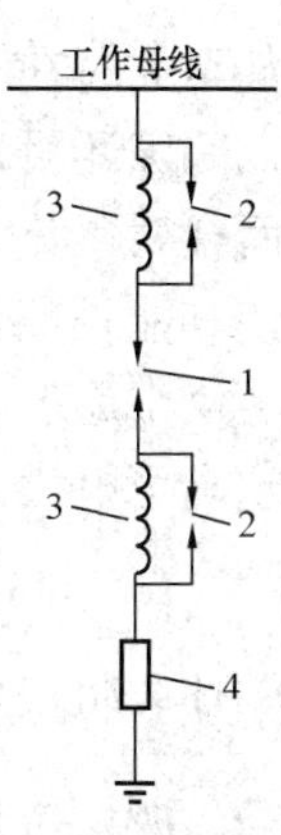

图 10-3　磁吹避雷器结构原理

1—主间隙；2—辅助间隙；3—磁吹线圈；4—分路电阻

15. 金属氧化物避雷器与碳化硅阀型避雷器相比有什么特点？

答：金属氧化物避雷器也称为氧化锌避雷器，它的非线性电阻阀片主要成分是氧化锌，另外还有氧化铋及一些其他的金属氧化物，经过煅烧混料、造粒、成型、表面处理等工艺过程而制成。它的结构非常简单，仅由相应数量的氧化锌阀片密封在瓷套内组成。

与碳化硅阀型避雷器相比，金属氧化物避雷器有其明显的特点：

（1）保护性能好。虽然 10kA 雷电流下残压仍与碳化硅阀型避雷器相同，但后者串联间隙要等到电压升至较高的冲击放电电压时才可将电流泄放，而金属氧化物避雷器在整个过电压过程中都有电流流过，在电压还未升至很高数值之前不断泄放过电压的能量，这对抑制过电压的发展是有利的。

由于没有间隙，金属氧化物避雷器在陡波头下伏秒特性上翘要比碳化硅阀型避雷器小得多，这样在陡波头下的冲击放电电压的升高也小得多。金属氧化物避雷器的这种优越的陡波响应特性（伏秒特性），对于具有平坦伏秒特性的 SF_6 气体绝缘变电站的过电压保护尤为合适，易于绝缘配合，增加安全裕度。

（2）无续流和通流容量大。金属氧化物避雷器在过电压作用之后，流过的续流为微安级，可视为无续流，它只吸收过电压能量，不吸收工频续流能量，这不仅减轻了其本身的负载，而且对系统的影响甚微。再加上阀片通流能力要比碳化硅阀片大 4～4.5 倍，又没有工频续流引起串联间隙绕伤的制约，金属氧化物避雷器的通流能力很大，所以金属氧化物避雷器具有耐受重复雷和重复动作的操作过电压或一定持续时间短时过电压的能力。并且进一步可通过并联阀片或整只避雷器并联的方法来提高避雷器的通流能力，制成特殊用途的重载避雷器，用于长电缆系统或大电容器组的过电压保护。

（3）无间隙。无间隙可以大大改善陡度响应，提高吸收过电压能力，并且可采用阀片并联以进一步提高通流容量，大大缩减避雷器尺寸和重量，使运行维护简化，使避雷器有较好的耐污秽和带电水冲洗的性能。有间隙的阀式避雷器瓷套在严重污秽或在带电水冲洗时，由于瓷套表面电位分布的不均匀或发生局部闪络，通过电容耦合，使瓷套内部间隙放电电压降

低，甚至此时在工作电压下动作，不能熄弧而爆炸。

无间隙还可以使避雷器易于制成直流避雷器。因为直流续流不像工频续流那样会自然过零，而金属氧化物避雷器当电压恢复到正常时，其电流非常小，所以只要改进阀片电阻的配方以使其能长期承受直流电压作用，就可以制成直流避雷器。

由于金属氧化物避雷器具有这些碳化硅阀型避雷器所没有的优点，使得其应用广泛，特别是超高压电力设备的过电压保护和绝缘配合已完全取决于金属氧化物避雷器的性能。

16. 什么叫接地？它有哪些种类？

答：所谓接地，就是把设备与电位参照点的地作电气上的连接，使其对地保持一个低的电位差。在大地表面土层中埋设金属电极，这种埋入地中并直接与大地接触的金属导体，叫做接地体，有时也称为接地装置。

按其目的接地可分为四种：

（1）工作接地。电力系统为了运行的需要，将电网某一点接地，其目的是为了稳定对地电位与继电保护上的需要。

（2）保护接地。为了保护人身安全，防止因电气设备绝缘劣化，外壳可能带电而危及工作人员安全所做的接地。

（3）静电接地。在可燃物场所的金属物体，蓄有静电后，往往爆发火花，以致造成火灾，因此要对这些金属物体（如贮油罐等）接地。

（4）防雷接地。导泄雷电流，以消除过电压对设备的危害。防雷接地装置的主要作用用于防雷保护中，防雷接地装置性能好坏将直接影响到被保护设备的耐雷水平和防雷保护的可靠性。

17. 防雷接地装置有哪些形式？

答：防雷接地装置一般可分为人工接地装置和自然接地装置。人工接地装置有水平接地、垂直接地以及既有水平又有垂直的复合接地装置，水平接地一般是作为变电站和输电线路防雷接地的主要方式；垂直接地一般作为集中接地方式，如避雷针、避雷线的集中接地；在变电站和输电线路防雷接地中有时还采用复合接地装置。对钢筋混凝土杆、铁塔基础、发电厂、变电站的构架基础等称之为自然接地装置。

第十一章 保安及直流系统运行基础

第一节 直流系统接线与运行方式

1. 蓄电池运行方式有哪几种？

答：蓄电池的充电方式有浮充、带负荷直充、不带负荷直充、低压均衡充电。各种电压等级的直流系统正常时均采用浮充方式。

2. 直流系统是如何划分的？各采用何方式？

答：直流母线按其所带负荷作用不同分为动力母线和控制母线两种；按其电压等级不同分为220V系统、110V系统、48V系统、24V系统。

220V和110V直流系统应采用蓄电池组。48V及以下的直流系统，可采用蓄电池组，也可采用由220V或110V蓄电池组供电的电力用直流电源变换（DC/DC变换器）。

3. 直流系统的运行方式有什么重要性？

答：蓄电池的运行方式关系到它的使用寿命，按蓄电池的维护规定，定期的充放电可以大大提高蓄电池的使用寿命，但若维护不当，不按时做充放电工作，会使其容量下降，发生极板弯曲、硫化等现象。因此正确选择蓄电池的运行方式是很重要的。蓄电池采用充电、放电方式运行时，首先将蓄电池充足电荷，停止充电设备运行，蓄电池处于放电运行状态，蓄电池电压随时间的推移而降低，当电压降到规定值时启动充电设备，一方面向蓄电池充电，以补充蓄电池能量，同时供给经常性的直流负荷，直到蓄电池充足容量，停止充电设备。发电厂所用蓄电池组一般采用浮充电方式的直流系统，是将蓄电池与充电设备长期并联运行，由蓄电池担负冲击负荷，充电设备担负自放电、稳定负荷和在冲击负荷以后蓄电池的电能补充。实践证明，采用浮充方式可提高蓄电池的使用寿命。同时，直流负荷的供电可靠性也得到提高。特别是在大的冲击负荷或发电厂设备事故情况下，蓄电池可以提供稳定可靠的保安电源。采用浮充电方式的蓄电池，要定期进行核对性放电试验，其目的是促使蓄电池内有效物质起化学反应，及时发现蓄电池是否有维护不当的问题，选择合理的充放电周期。

4. 什么是蓄电池浮充电运行方式？

答：主要由充电设备供给正常的直流负载，同时还以不大的电流来补充蓄电池的自放

电，蓄电池平时不供电，只有在负载突然增大（如断路器合闸等），充电设备满足不了时，蓄电池才少量放电。这种运行方式称为浮充电方式。

5. 直流系统（包括 220V 系统、110V 系统、48V 系统、24V 系统）的作用、接线及运行方式如何？

答：220V 或 110V 控制母线主要是作为发供电设备和机、炉附属设备的控制、调整、保护以及自动装置的电源。该电源母线一般接带固定负荷。硅整流装置除提供蓄电池浮充电外，还要提供全部固定负荷电流。

220V 动力母线主要是接带大的动力负荷，如直流润滑油泵、直流密封油泵、断路器合闸电源、计算机 UPS 的直流电源及事故照明等。该系统正常情况下不带负荷或接带瞬时负荷，因此只保留浮充电电流。事故情况下靠蓄电池放电维持直流母线电压。

48V 直流系统是热机保护、自动、程控装置的独立电源，一般采用双母线供电方式。48V 的直流系统，可采用蓄电池组，也可采用由 220V 或 110V 蓄电池组供电的电力用直流电源变换（DC/DC 变换器）。由于热机控制负荷较大，采用蓄电池组时，一般采用两套蓄电池，配以硅整流、备用硅整流，母线接带负荷一般为稳定负荷，不配尾部端电池。在双母线运行时，两条母线分别配有各自的母线绝缘监视系统，在线监测母线及系统的对地绝缘情况。但是，当系统发生接地时，接地选择较为困难，往往只能在热工设备许可的情况下采用拉路选择的办法。

24V 直流系统是机组集控的操作、信号电源，可采用蓄电池组供电，也可采用由 220V 或 110V 蓄电池组供电的电力用直流电源变换（DC/DC 变换器）供电。

直流系统若采用蓄电池组时，通常其接线及运行方式如下：

（1）直流系统正常运行方式一般为单母线分段运行，各由一组蓄电池和一台硅整流装置供电，备用硅整流分别为两段做备用，各段备用硅整流出口隔离开关、母线联络隔离开关应断开，各自硅整流器接带母线上的负荷，同时供给蓄电池浮充电流（有的 220V 动力直流系统还配有尾部蓄电池组，由各端电池硅整流器浮充电，以补偿其自放电）。

（2）当工作硅整流器故障时，可手动启动备用硅整流器，当任一段工作、备用硅整流器均故障或该组蓄电池需要不带负荷直充时，可由另一组硅整流器、蓄电池组供两段负荷，直充组出口隔离开关断开，合入该段侧的母线联络隔离开关。浮充组出口隔离开关合入，供两段负荷同时运行，备用硅整流器出口隔离开关不能同时合入带两段运行。

（3）充电方式有浮充、不带负荷直充、低充。

6. 直流环路隔离开关的运行方式怎样确定？运行操作应注意哪些事项？

答：直流环路隔离开关要根据网络的长短、电流的大小和电压降的大小确定其运行方式，一般在正常时都是开环运行。

运行操作注意事项如下：

（1）解环操作前必须查明没有给网络造成电源中断的可能性。

（2）当直流系统发生不同极接地时，在原因未查明消除前不准合环路隔离开关。

第二节　硅整流器、蓄电池运行维护

1. 直流系统在发电厂中起什么作用？

答： 直流系统是一个独立的电源，它不受发电机、厂用电及系统运行方式的影响，运行稳定，供电可靠性高。在发电厂中为控制、信号、继电保护、自动装置及其他一些重要的直流负荷（如事故油泵、事故照明和不停电电源等）等提供可靠的直流电源，它还为操作提供可靠的操作电源。直流系统的可靠与否，对发电厂的安全运行起着至关重要的作用，是发电厂安全运行的保证。

2. 直流系统一般包括哪些设备？

答： 直流系统一般有蓄电池组、充放电装置、端充电装置、端电池调整器、绝缘监察装置、闪光装置、电压监察装置、直流母线、直流负荷等。

3. 硅整流装置如何检查？

答：（1）检查各开关把手位置正确，设备内无异常，紧固件无松动，导线连接部分无松动，焊接处无脱焊，闸刀、开关接触良好等。

（2）各部元件、接头无发热现象，无异味、无异音和放电现象。

（3）各表计指示正常，指示数值符合运行要求。

（4）熔丝无熔断现象，运行指示灯应正常。

（5）环境温度在－10～＋40℃。

（6）各元件无过热现象。

（7）备用硅整流器处于备用状态且完好，具备启动条件。

4. 正常巡视蓄电池应检查哪些项目？

答：（1）直流母线电压应正常，浮充电流应适当，无过充或欠充情况。

（2）测量电池的电压、密度及液温。

（3）检查极板颜色应正常，无断裂、弯曲、短路、生盐和有效物脱落等现象。

（4）木隔板、铅卡子应完整，无脱落现象。

（5）电解液颜色正常，液面应高于极板 10～20mm。

（6）电池缸应完整无倾斜，表面应清洁。

（7）各接头连接应紧固，无腐蚀现象，并涂有凡士林。

（8）室内无强烈气味，通风及其他附属设备应完好。

（9）浮充设备运行正常无异音，旋转电动机绕组及轴承不发热，电刷无严重打火现象。

（10）直流绝缘应良好。

（11）对于碱性电池，由于设备本身结构属半封闭式，所以正常巡视除按铅酸电池有关检查项目外，还应重点检查缸盖应拧好，出气孔应畅通。

（12）蓄电池室温在10～30℃之间，室内照明充足。

（13）蓄电池室内严禁烟火，易燃易爆物品不得携带进入蓄电池室内。

（14）蓄电池室内禁止明火、吸烟以及可能产生火花的作业，如必须动火，要有动火工作票。

5. 维护蓄电池应注意哪些安全事项？

答：（1）电池的玻璃盖除工作需要外不应挪开，以免杂物落入电解液内，特别要注意金属物不能落入电池内。

（2）在调配电解液时，应将硫酸慢慢注入蒸馏水内，严禁将水快速注入硫酸内。

（3）定期清扫电池和电池室，严禁将水洒入电池。

（4）维护人员应戴防护眼镜。

（5）如有溶液溅到皮肤或衣物上，应立即用5%苏打水擦洗，然后再用清水冲洗。

（6）室内严禁烟火。

（7）注意电池室内门窗应密封，防止尘土入内，也不要使日光直射电池。

（8）维护电池时，要防止触电、电池短路或断路。

（9）当直流系统接地未消除（隔离）前，在电池上的工作一般应立即停止，以免人为引起两点接地，造成事故。

6. 什么叫蓄电池的容量及额定容量？

答：蓄电池的容量是蓄电池蓄电能力的标志，用安培小时数（Ah）来表示。放电电流的安培数和放电时间的乘积即为蓄电池的容量。蓄电池的额定容量，是指蓄电池在充满电的情况下以10h放电率放电的容量。

7. 铅酸电池在定期充放电时为什么不能用小电流放电？

答：因为小电流放电时，在放电过程中，酸与水的置换过程进行比较慢，正负极板深层的物质将有可能参与反应而变为硫酸铅。放电时的电流越小，这一反应就越深。再次充电时，用较大电流进行，其充电的化学反应就比较剧烈，极板深层的硫酸铅就不能还原为二氧化铅和铅绵，这样在正负极板的内部就留有硫酸铅晶块，时间越久，越不易还原，经常以这样方式进行充放电，极板深层的硫酸铅晶块就会逐渐加大，造成极板有效物质脱落。

另外，定期放电还有检查落后电池的作用，用小电流放电达不到这一目的，所以定期充放电时一定要用10h放电率电流进行，不能用小电流，尤其不能用小电流放电和用大电流充电。

8. 电池串、并联使用时，总容量和总电压怎样确定？

答：电池串联使用时，总容量等于单个电池的容量，总电压等于单个电池电压相加。

电池并联使用时，总容量等于并联电池容量相加，总电压等于单个电池的电压。

9. 电池的浮充电、定期充放电、均衡充电、个别电池补充电的目的和方法是什么？

答：（1）浮充电。充电后的电池，由于电解液及极板中有杂质存在，会在极板上形成局部放电，因此，为使电池能在饱满的容量下处于备用状态，电池常采用与充电机并联，接于直流母线上，充电机除负担正常的直流负荷外，还给电池一适当的充电电流，以补充电池的自放电，这种运行方式叫浮充电。

电池使用寿命的长短，与电池质量优劣和初充电是否适当有很大关系，但这都是属于制作、运输及安装过程的工作。对运行维护来说，能否管理好浮充电是决定电池寿命的关键问题。

浮充电流大，会使电池过充电，反之将造成欠充电，这对电池都是不利的。

判断浮充电流大小的因素很多，其中最主要的是电池的电压，对铅酸电池来说，应该在2.1～2.2V之间，对碱性电池来说，应该在1.35～1.45V之间。电池的电压比上述高是过充电，反之就是欠充电。硅整流器随一次系统电压的变化，其输出也变化，这就影响了浮充电流，应该设法使浮充电流随系统电压的波动变化最小，一般说来在24h内平均值适当就可以了。

（2）定期充放电。以浮充电运行的电池，经过一定时间要使其极板的物质进行一次比较大量的充放电反应，以检查电池容量，并发现落后电池，及时维护处理，以保证电池的正常运行。定期充放电一般是一年不少于一次。具体方法是：

1）铅酸电池先用10h放电率电流进行放电，当电池电压降为1.8V，电解液相对密度降到1.18或放出容量达到额定值的50％～60％时进行充电。充电的电流先以10h放电率电流进行，待电池电压升至2.45V后即将电流降为额定值的2/3，以后随电池电压的上升及电池内气泡的大量出现，可将电流降为1/2或1/3。原则是电池的气泡不能很大，3h以上相对密度不变化，相对密度的绝对值不能低于放电前的水平，充进的容量不少于放出容量的120％，表示电池已经充足电。

2）碱性电池放出的容量及使用电流按8h放电率计算，当放出额定值的60％时，或电压达到1V时，即进行充电。充电电流以8h充电率电流进行，当电池电压升到1.8V以上，且3h不变即可结束。充入的容量应不低于放出容量的150％。

（3）均衡充电。以浮充电方式运行的电池，在长期的运行中，由于每个电池的自放电不是相等的，但浮充电流是一致的，结果就会出现部分电池处于欠充状态。为使电池能在健康的水平下工作，每月须对电池进行一次均衡充电。具体方法是将浮充电流增大，使电池电压保持在2.35V（铅酸电池）或1.5V（碱性电池），持续一定时间（不少于5h）。铅酸电池是待比重较低的电池电压升起后，即恢复正常浮充方式运行。碱性电池是观测每个电池的电压均接近后，即转为正常浮充。

（4）个别电池补充电。运行中的电池会出现个别电池落后，其原因一般是自放电较大，因为这样一个或几个电池对整组电池进行均衡充电或过充电是不合适的。为使这种电池能及早恢复正常，要以低电压的整流器对个别电池在不退出运行的情况下进行过充电处理。选用的电流以使电池电压保持在2.35～2.45V为宜，待电池恢复正常时为止。

10. 过充电与欠充电对电池有什么影响？怎样判断？

答：碱性电池对过充电与欠充电耐性较大，只要不太严重，发现后及时处理，对其寿命影响不大。

在铅酸电池中过充电会造成正极板提前损坏，欠充电将使负极板硫化，容量降低。

电池过充电的现象是正负极板的颜色较鲜艳，电池室酸味较大，电池的气泡较多，电池的电压高于 2.2V，电池脱落物大部是正极的。

电池的欠充电现象是正负极板的颜色不鲜明，电池室的酸味不明显，电池内的气泡极少，电池的电压低于 2.1V，脱落物大部是负极的。

11. 电池液面过低时在什么情况下允许补水？

答：在以下情况下允许补水：

（1）对于蓄电池的正常加水应一次进行，加水至标准液面的上限，然后进行充电，将充电电流调至约 10h 放电率的 1/2 至绝大部分电池冒气泡为止。

（2）对无人值班变电站，在巡回检查中发现电池液面过低时，应先少量加水，使其液面稍高于极板，即以 10h 放电率的 1/2 电流进行充电，待电池大部冒气泡后，再进行普遍加水至标准液面，再充电 2h 即可。

（3）在一般情况下进行定期充放电过程中，不允许加水，以免影响电解液比重的测量结果，因为测量比重的方法是作为判断电池是否充好的依据（不低于放电前的比重），如果中间加水就无法比较了。所以应在充电结束再普遍加水，然后再充电 2h 即可。

12. 铅酸电池极板短路或弯曲是什么原因？如何处理？

答：（1）极板短路原因有：

1）有效物严重脱落引起，应清除脱落物。

2）隔板损坏引起，应更换隔板。

3）极板弯曲使极耳短路，用绝缘物隔开。

4）由于金属物掉入引起，应将其清除。

（2）极板弯曲原因有：

1）充电和放电电流过大，应严格按规定进行充放电。

2）安装不当，应进行调整。

3）电解液混入有害杂质，应对电解液进行化验有无硝酸盐、醋酸盐、氧化物等存在。如有杂质存在，应用蒸馏水清洗极板，并更换电解液。

13. 端电池调压器使用中的注意事项是什么？

答：端电池调压器有充电柄与放电柄，充电柄用于充电时将已充好的端电池提前停止充电，放电柄用于电池电压变化时调整母线电压。两个手柄在同一轴上，因此在调整其中一个

手柄时，不能使另一手柄随之转动。

为使调整过程中直流母线不断电及被调电池不短路，调整柄由主副两个刷子组成通过一个过渡电阻片连在一起。因此，调节过程中除使刷子与滑片紧密接触外，还应使刷子跨接两个端电池时间越短越好。严禁使主副刷子跨接在端子头上，因为这会使被跨接的电池通过电阻片放电，如主刷未接通或接触不良，在通过大负荷时将使过渡电阻烧坏，而使直流母线无电。在调节过程中还应注意两柄间不要碰接，以免造成接地或断路。

14. 应如何安排双源无端电池不带任何调压装置的直流系统运行？

答：安排双源无端电池不带任何调压装置的直流系统运行时，应注意：

（1）选择同一厂家、同一型号、相同容量的两组蓄电池，并且只数应相同。

（2）直流系统的接线为双源互联单母线分段接线，即两组蓄电池和两台整流器分别接于各自的一段母线上，两段母线通过联络切换开关进行转换。正常时，单母分段运行。

（3）两台整流器正常时应按稳压方式运行。

（4）蓄电池组正常以浮充方式运行，直流系统母线电压为直流系统额定电压的105%，即220V系统母线电压为230V左右，110V系统母线电压为115V左右。

（5）蓄电池组均衡充电时，两段母线电压应先调整平衡，而后将两段母线并联，退出需均衡充电的电池组。两段母线负荷由一组蓄电池、一台整流装置供电。

15. 无端电池直流系统采用什么调压装置？

答：无端电池直流系统在各种运行方式下，电压均有可能造成波动。对负荷来说：控制负荷采用串联硅二极管的调压措施，由于硅二极管有稳定的管压降，从而实现了电压调节。对于要求较高的直流系统，可装设多级硅降压装置，实现自动控制。对动力负荷，因为短时间使用，母线电压波动不影响断路器跳合闸。为防止蓄电池均衡充电时直流母线电压偏高，也可采用充电回路装设硅降压装置，正常时被接触器短接，当均衡充电时，将接触器断开，接入硅降压装置。

16. 蓄电池的内阻与哪些因素有关？

答：蓄电池的内电路主要由电解液构成。电解液有电阻，而极栅、活性物质、连接物、隔离物等也都有一定电阻，这些电阻之和就是蓄电池的内阻。影响内阻大小的因素很多，主要有各部分的构成材料、组装工艺、电解液的密度和温度等。因此，蓄电池内阻不是固定值，在充、放电过程中，随电解液的密度、温度和活性物质的变化而变化。

17. 铅蓄电池产生自放电的原因是什么？

答：产生自放电的原因很多，主要有：

（1）电解液中或极板本身含有有害物质，这些杂质沉附在极板上，使杂质与极板之间、

极板上各杂质之间产生电位差。

（2）极板本身各部分处于不同浓度的电解液层而使极板各部分之间存在电位差。这些电位差相当于小的局部电池，通过电解液形成电流，使极板上的活性物质溶解或起电化作用，转变为硫酸铅，导致蓄电池容量损失。

18. 为什么蓄电池不宜过度放电？

答：因为在蓄电池放电过程中，二氧化铅和海绵铅在化学反应中形成硫酸铅小晶块，在过度放电后，硫酸铅将结成许多体积较大的晶块。当晶块分布不均匀时，会使极板发生不能恢复的翘曲，同时增大极板内阻。在充电时，硫酸铅大晶块很难还原，会妨碍充电的进行。

19. 在何种情况下，蓄电池室内易引起爆炸？如何防止？

答：蓄电池在充电过程中，水被分解产生大量的氢气和氧气。如果这些混合的气体，不能及时排出室外，一遇火花，就会引起爆炸。

预防的方法是：

（1）密封式蓄电池的加液孔上盖的通气孔，经常保持畅通，便于气体逸出。

（2）蓄电池内部连接和电极连接要牢固，防止松动打火。

（3）室内保持良好的通风。

（4）蓄电池室内严禁烟火。

（5）室内应装设防爆照明灯具，且控制开关应装在室外。

20. 蓄电池为什么负极板比正极板多一片？

答：在充放电时，两极板和电解液发生化学反应而发热，极板膨胀，但两极板发热程度不同，正极板发热量大，膨胀较严重，而负极板则很轻微，为了使正极板两面均发生同样的化学变化，膨胀程度均衡，防止极板发生弯曲和折断现象，要多一片负极板。外层负极板虽仅一面发生化学变化，但因其发热量很小不致引起变形和断裂。

21. 在以三相整流器为电源的装置中，直流母线电压降至额定电压70%左右是什么原因？有什么影响？怎样检查处理？

答：产生这种情况的原因有：

（1）交流电源电压过低。

（2）硅整流器交流熔断器一相熔断或一相硅元件损坏断路、接触不良。

当直流母线电压降至额定电压70%左右时，可能影响继电器的可靠动作，某些保护灵敏度下降，甚至使有的断路器不能跳闸和合闸。

处理时，应先检查三相交流电压是否正常，以判别熔断器是否熔断，若熔断器熔断，可换上同容量的熔断器，试送一次，若再断，应停止硅整流检查处理。若属变压器输出电压过

低，可适当调节变压器分头位置。

22. 什么叫复式整流装置？常用的有几种？工作原理是什么？

答： 复式整流装置是由接于电压系统的整流电源和接于电流系统的整流电源，用串联或并联的方式，合理配合组成。能在一次系统各种运行方式下和故障时保证可靠的、质量合格的控制电源。

复式整流装置一般常用的有单相和三相两种，在电力系统中大多采用单相复式整流方式。

在正常情况下，复式整流装置由电压源供电，当电网发生故障时，电压源输出电压下降或消失，此时一次系统的电源侧断路器将流过较大的短路电流，利用短路电流，通过磁饱和稳压器或速饱和变压器后，再加以整流，就得到具有稳定电压输出的直流电压，用电流源来补偿电压源电压的衰减，使控制母线电压保持在合格的范围内，以保证继电保护和断路器跳闸回路的可靠动作。

23. 复式整流装置有哪些优缺点？

答：（1）复式整流装置的优点：有较可靠的能源，不受一次电压限制，只要有故障电流存在，就可以保证正常工作。对单电源变电站采用较为合适，运行维护工作量少。

（2）复试整流装置的缺点：电流源要占用一次设备，有些情况还要设置专用电流互感器，制作调试复杂，对一次系统依附性很强。当运行方式改变时，电流源与电压的供电电源要相互调整，因此在多电源（3个电源以上）或系统容量、运行方式变化较大时，不宜采用

24. 单相复式整流装置中电压源和电流源为什么接在同一系统电源上，而且必须是同相的电压和电流？

答： 如果电压源和电流源不接在同一系统电源上，就会破坏它们之间的配合关系。在并联接线中，故障发生在电源系统，可能造成直流无输出；在串联接线中，故障发生在电流源系统上，将造成直流电压叠加，发生在电压源系统上将会直流无输出，因此必须接在同一电源上。单相复式整流只有用同相的电压源与电流源配合使用，才能保证一次系统发生故障时满足直流负荷的需要。例如一次系统发生三相短路故障时，一相的残压与该相的故障电流是按一定关系相互联系的，整流装置将按设计与调试的配合关系，提供可靠的输出能量。因此必须装于同相上，否则就不能保证在故障情况下有可靠的输出功率，或造成直流电压叠加现象。

25. 复式整流电压源和电流源采用串联和并联各有什么特点？

答：（1）并联复式整流。电压源和电流源是采用磁饱和稳压器，所以输出电压平稳，交流分量小，适用于直流电源要求较严格的系统。但与串联式比较，制作调试复杂，运行中稳

压器易发热，有噪声，工作效率低。

（2）串联复式整流。电压源采用普通变压器，电流源采用速饱和变压器，所以制作比较简单，运行中不易发热，无噪声。由于直流输出是串联，所以残压也得到充分利用。但输出电压随一次电流变化而变化，且交流分量大，适用于对直流电源无特殊要求的变电站，电池充放电循环可达750次以上。

26. 复式整流装置运行时应注意什么？常见异常情况怎样判断处理？

答：（1）并联复式整流装置在运行时应注意以下几点：

1）对电压源稳压器的温度应注意监视，铁芯温度不得超过95℃。

2）按照电压源与电流源匹配原则，当运行方式改变时，及时倒换整流器的供电电源。

3）注意监视直流电压是否正常，特别是电流源电压是随一次负荷变化而变化的，正常情况下变化指数不大。若直流电压指示为额定电压，则说明谐振电容或止回阀可能有故障，应迅速查明处理。

4）不是按正常负荷谐振工作的稳压器，当负荷突变而谐振时，应及时用短接电流互感器方法使其消振，并及时检查谐振电容是否有损坏或开焊情况，核对选配的谐振电容是否适当。

5）当在电流互感器回路上进行工作时，应将该电流互感器连接片取下，防止短路造成复式整流退出运行。

6）正常情况下发现直流电压过低，应检查交流熔断器是否熔断，硅元件是否损坏，并及时查明并处理。

7）复式整流直流输出仅能供给控制回路使用，不能供给较大负荷使用，以免故障时不能跳闸。

8）磁饱和稳压器的谐振电容起振后端电压可达1000V，工作时应注意安全。

9）复式整流所用电流互感器的二次电缆应具备合格的绝缘强度。

10）电流互感器试变比时，工作中应注意采取措施，防止电流源误振和有关保护误动。

11）巡视检查电容器是否有鼓肚、流油现象，磁饱和稳压器应无异音、过热现象。

（2）串联复式整流还应注意以下两点：

1）对电压的监视。在正常情况下，电压源与电流源所指示的电压之和接近直流母线电压，电流源电压随负荷变化而变化。若电压过低或回零，可能是电流源系统故障；若电流源电压过高，可能是逆止阀保护动作。

2）在整流器上工作应注意电压源与电流源输出电流的极性，若接错将造成电压过低，破坏配合关系。

27. 为什么要装设绝缘监察装置？它是如何工作的？

答：发电厂直流系统的供电网络比较复杂，分布范围也较广，发生接地的机会也较多。直流系统发生一点接地时影响不大，仍可继续进行。但是一点接地长期存在是非常危险的，若发生另一点接地时，就有可能引起信号回路、控制回路、继电保护装置和自动装置的误动

作或造成直流电源短路。为防止直流系统出现一点接地的运行，必须装设直流绝缘监察装置。目前，发电厂中广泛采用的直流绝缘监察装置的原理如图 11-1 所示。

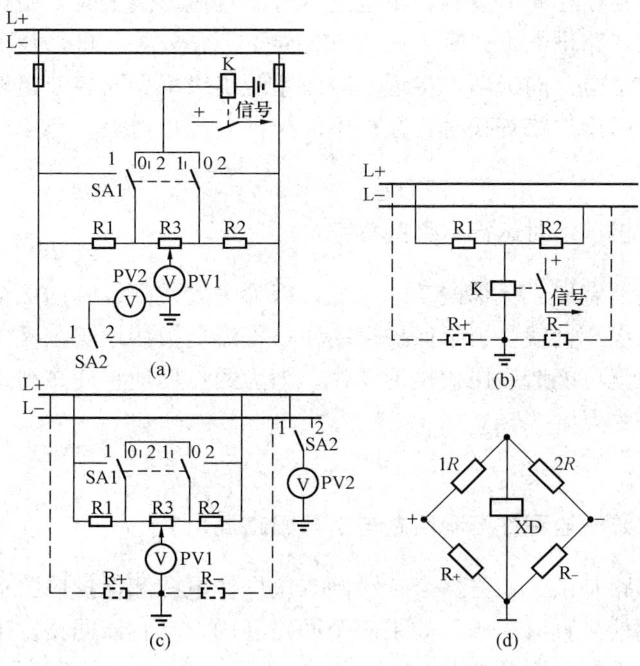

图 11-1　直流绝缘监察装置原理图

（a）原理图；（b）信号部分；（c）测量部分；（d）接地信号等值电桥

K—信号继电器；SA1、SA2—转换开关

这种装置分为信号和测量两部分，且均是按直流电桥的工作原理进行工作的。它能在任一极的绝缘电阻降低时，自动发出灯光和音响信号，并且可利用它判断出接地极和正、负极的绝缘电阻值。

 28. 查找直流接地的操作步骤和注意事项有哪些？

答： 根据运行方式、操作情况、气候影响判断可能接地时，采取拉路寻找分段处理的办法，以先信号和照明部分后操作部分，先负荷后电源，先室外部分后室内部分为原则，在切断各直流回路时，切断时间不超过 3s，不论回路是否接地均应合上。当发现某一直流回路接地时，应及时找出接地点，尽快消除。

注意事项如下：

（1）寻找接地点禁止停用绝缘监视装置，禁止使用灯泡寻找的办法。

（2）用仪表检查时，所用仪表内阻不应低于 2000Ω/V。

（3）直流发生接地时禁止在二次回路上工作。

（4）处理时不得造成直流短路和另一点接地。

（5）查找和处理必须由两人及以上进行。

（6）拉路前应采取必要措施，防止直流失电可能引起保护、自动装置误动。

29. **用试停方法找不到接地点在哪个系统的原因是什么?**

答: 当直流接地发生在充电设备、蓄电池本身或直流母线上时，用拉路方法是找不到接地点的。当直流采取环路供电方式时，如不首先停下环路开关，也是找不到接地点的。除上述情况外，还有直流串电、同极两点接地、直流系统绝缘不良而多处出现虚接地点，形成很高的接地电压等。所以用拉路查找时，往往不能拉掉全部接地点。

30. **直流正极、负极接地对运行有哪些危害?**

答: 直流正极接地有造成保护误动的可能，因为一般跳闸线圈均接在负极电源，若这些回路再发生接地或绝缘不良就会引起保护误动作；直流负极接地与正极接地是同一道理，如回路中再有一点接地就可能造成保护拒绝动作。因为两点接地将使跳闸或合闸回路短接，这时还可能烧坏继电器触点。

31. **为什么直流系统一般不许控制回路与信号回路混用?**

答: 直流控制回路是供给断路器合、跳闸二次操作电源和保护回路动作电源，而信号回路是供给全部声、光信号直流电源，如果两个回路混用，在直流回路发生故障时，不便于查找接地故障，工作时不便于断开电源。

第三节　直流系统故障诊断及对策

1. **直流系统接地故障诊断装置的原理是什么?**

答: 采用给直流系统加多频小信号，其信号的变化取决于该支路的绝缘破坏程度，装在该支路馈线上的传感器二次端便有相应的低频信号输出。该信号经高密度的滤波放大电路，经 A/D 转换后进行数字滤波，并通过内设微机，经过计算，即可测出接地电阻值的大小。

2. **直流接地故障诊断装置应有的功能有哪些?**

答: 直流接地故障诊断装置应有以下功能:

(1) 监测直流系统母线电压，测量正、负母线对地电压；过压、欠压自动报警。

(2) 多路测量或巡检各支路及分支路绝缘状况及判断接地故障。

(3) 显示各支路及分支路绝缘状况及接地故障。

(4) 采用大屏幕图形液晶显示器，可显示各支路及分支路一周内绝缘渐变趋势，以便准确判断接地情况。

(5) 直流系统发生接地故障自动报警。

(6) 开机即自检，后进入巡检状态。

3. 说出直流接地故障诊断装置常见故障的现象、原因及排除方法?

答:（1）开机无显示。原因有交流电源开关未合上和熔丝熔断。排除方法为合上交流电源开关和更换熔丝。

（2）模拟接地或实际接地测量显示无或“H”。故障原因为直流正负极接反、信号源损坏和信号未送到直流系统。排除方法为换信号源板和检测诊断装置的信号及电源回路。

（3）测量值部分偏大或偏小。故障原因为常数丢失，排除方法为重新装载常数。

（4）某几路模拟接地或实际接地测量显示为 30kΩ。故障原因为这几路检测头损坏和检测头信号线路断。排除方法为换检测头和接通信号线。

4. 电动机微机保护直流电源失电如何处理?

答: 检查电动机微机保护直流电源熔断器是否良好，电源侧是否有故障，若有故障，应尽快恢复。在电源恢复送电前，应做好防止微机保护误动措施，待送电检查保护没有动作后，再给予恢复。如为多台电动机保护电源同时失电，在恢复时应逐一进行，防止多台设备跳闸。

5. “直流系统故障”信号发出的原因可能有哪些?

答:（1）母线失电。

（2）蓄电池出口熔丝熔断。

（3）母线电压过高、过低。

（4）负荷绝缘降低。

6. 发电厂运行设备红灯不亮的原因有哪些?

答:（1）红灯坏。

（2）操作电源故障或熔丝松动。

（3）断路器辅助触点松脱，接触不好或切换不到位。

（4）跳闸线圈烧坏。

（5）控制回路断线。

遇有这种情况，应及时检查控制回路是否正常。如该设备已处于无保护运行状态，必须及时处理。否则发生故障时断路器无法跳闸，将使事故扩大。为此，应及时联系倒换备用设备，转移负荷或切换系统运行方式，尽快将该设备停运后处理。

7. 为防止枢纽变电站全停事故，对直流系统有何要求?

答:（1）220kV 及以上枢纽变电站直流系统应采用两组蓄电池、三台充电装置的方案，每组蓄电池和充电装置应分别接于一段直流母线上，第三台充电装置（备用充电装置）可在两段母线之间切换，任一工作充电装置退出运行时，手动投入第三台充电装置，避免全站失去全部直流供电。

(2) 直流母线应采用分段运行方式，每段母线应分别采用独立的蓄电池组供电，并在两段直流母线之间设置联络断路器，正常运行时断路器处于断开位置。

(3) 为防止因直流空气开关（直流熔断器）不正确动作（熔断）而扩大事故，应注意做到：

1) 直流总输出回路、直流分路均装设熔断器时，熔断器应分级配置，逐级配合；直流总输出回路装设熔断器、直流分路装设小空气开关时，必须确保熔断器和小空气开关有选择性地配合。

2) 直流总输出回路、直流分路装设空气开关时，必须确保上、下级空气开关有选择性地配合；应避免上一级直流空气开关与下一级熔断器配合；为防止因直流熔断器（空气开关）不正常熔断（或空气开关失灵）而扩大事故，对已投运的熔断器和空气开关应定期检查，严禁质量不合格的熔断器和小空气开关投入运行；直流回路的空气开关只应选择直流特性的空气开关。

(4) 新建和扩建的220kV及以上的输电线路保护设备，应选用具有独立选相功能的双重化保护装置，至少应配置两组直流熔断器；有条件时，断路器的操作回路应由专用直流熔断器供电。应尽可能采用直流空气断路器取代线路保护屏原有的直流熔断器，但在线路保护屏的上一级电源若使用空气开关，必须确保上、下级空气开关有选择性地配合；直流空气断路器的额定工作电流按最大动态负荷电流（即保护三相同时跳闸和收发信机在满功率发信的状态下）的1.5倍选用。不允许采用交流电压切换箱经全站一组TV回路公用的直流熔断器的供电接线方式，防止公用直流熔断器熔断造成同一母线的所有电气元件交流电压回路的电压消失，从而导致距离保护误动及方向型保护和断路器失灵保护拒动的严重后果。采用直流中间继电器控制的TV交流电压切换回路也应注意此问题。严禁采用失压自动切换直流电源的供电回路，以防止公共回路部分由短路而引起两组直流熔断器熔断。

(5) 新建及扩建工程中的220kV及以上的断路器应选用双跳闸线圈机构；断路器的压力闭锁触点及相关回路均应双重化。跳、合闸回路应配置具有两组跳闸回路的分相操作箱，并分别经由各自独立的两组直流熔断器供电，这两组直流熔断器必须接在不同的直流母线段上。

第四节　柴油发电机组

1. 柴油发电机组的作用是什么？

答：发电厂中的柴油发电机组，是专门为大型单元机组配置的交流事故保安电源。当电网发生事故或由于其他原因使发电厂厂用电失电时，柴油发电机组可以给机组提供安全停机所必须的交流电源，如汽轮机的交流润滑油泵、盘车电动机、顶轴油泵、密封油泵等，从而保证了机组在停机过程中不受损坏。

2. 柴油发电机组有哪些特点？

答：(1) 柴油发电机组的运行不受电力系统运行状态的影响，是独立可靠的电源。

（2）柴油发电机组自启动迅速。当保安段母线失电后，柴油发电机组能够迅速启动，满足发电厂中允许短时间中断供电的交流事故保安负荷供电要求。

（3）柴油发电机组可以长期运行，以满足长时间事故停电的供电要求。

（4）柴油发电机组结构紧凑，辅助设备较为简单，热效率高，经济性好。

3. 柴油发电机组有哪些功能？

答：（1）自启动功能。柴油发电机组可以在全厂停电事故中，快速自启动带负荷运行。

（2）带负荷稳定运行功能。柴油发电机组自启动成功后，无论是在接带负荷过程中，还是在长期运行中，都可以做到稳定运行。柴油发电机组有一定的承受过负荷能力和承受全电压直接启动异步电动机能力。

（3）自动调节功能。柴油发电机组无论是在机组启动过程中，还是在运行中，当负荷发生变化时，都可以自动调节电压和频率，以满足负荷对供电质量的要求。

（4）自动控制功能。柴油发电机组自动控制功能很多，可满足无人值守要求，主要有：

1）电压自动连续监测功能。

2）自动程序启动、远方启动、就地手动启动功能。

3）机组在运行状态下的自动检测、监视、报警、保护功能。

4）自动远方、就地手动、机房紧急手动停机功能。

5）蓄电池自动充电功能。

（5）模拟试验功能。

（6）并列运行功能。多台柴油发电机组之间的并列运行，程序启动指令的转移，或单台柴油发电机组与保安段工作电源之间的并列运行及负荷转移（断路器能满足条件时），以及柴油发电机组正常和事故解列的功能。

4. 柴油发电机组一次电源接线形式是怎样的？

答：柴油发电机组的出线通过配电母线（也可以不设母线）与相应的交流事故保安母线连接。机组配置数与汽轮发电机组相对应。一般情况下，200MW 机组是每两台机组配置一套柴油发电机组，300MW 及以上的汽轮发电机组是每一台机组配置一套柴油发电机组。图 11-2 及 11-3 所示是两机一组和一机一组两种基本接线方式。

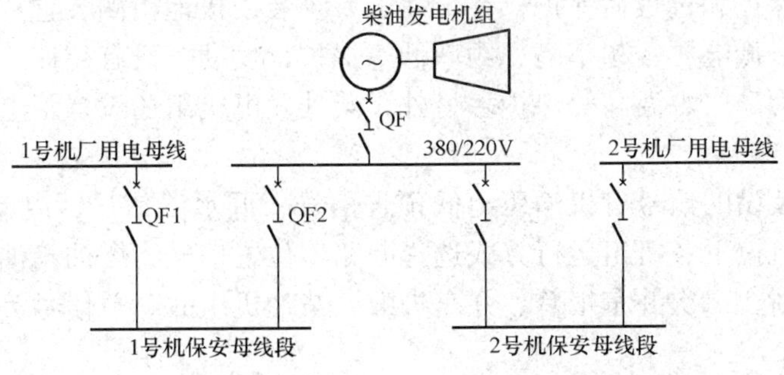

图 11-2　两机一组的交流事故保安电源系统接线

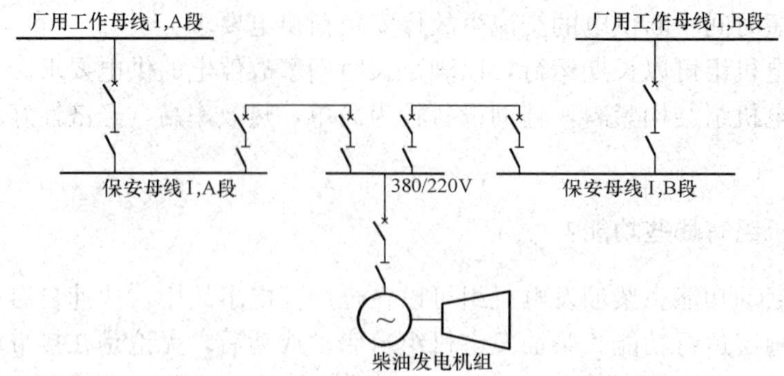

图 11-3　一机一组的交流事故保安电源系统接线

5. 柴油发电机组控制回路是如何设置的？

答： 柴油发电机组馈线断路器与保安段母线工作电源断路器通过辅助触点互相闭锁。当保安段工作电源断路器跳闸或保安段上级母线失电引起保安段母线失电时，通过测量，如保安段母线工作电源断路器位置触点已切换（跳工作电源可通过外部回路实现，也可通过柴油机低压保护回路实现），并且电压已降低至设定值，经延时（躲开继电保护和备用电源自动投入时间），启动柴油发电机组。当频率和电压满足要求时，联动柴油发电机组馈线断路器合闸，向保安段母线供电。当保安段上级母线恢复时，停机工作可以按程序自动停机或手动操作停机。合工作电源断路器可以是在柴油发电机组馈线断路器断开以后进行，也可以采用解除柴油发电机组馈线断路器与保安段母线工作电源断路器之间的闭锁后，经同期装置检测并列倒换，但并列倒换的前提是断路器本身合闸时间与动作特性应满足技术要求。

6. 柴油发电机组设有哪些保护和信号？

答： 随柴油发电机组型号不同，其保护和信号会有所不同。

柴油发电机组装设的保护有：1000kW 及以上的柴油发电机组装设内部相间短路保护和过负荷保护；1000kW 以下的柴油发电机组装设过流保护和速断保护；发电机总馈线及分支馈线装设相间短路保护和过负荷保护；整个馈电系统装设接地检测装置；发电机还设有逆功率、失磁、过电压、低电压、频率高、频率低等保护；发动机设有超速、发动机温度高、机油压力低、机油压力高、水温高等保护。另外，柴油发电机组还设置了电池电压低和电池电压高保护。

柴油发电机组装设的信号有机油压力低预告信号、低水温信号、启动失败（三次）、柴油机运行、紧急停机按下、机组运行方式选择断路器位置信号、燃油箱油位低信号、控制电源故障、熔断器熔断、二次并车报警、并车失败、柴油机组故障总信号等。

7. 柴油发电机组设有哪些表计？

答：柴油发电机组装设有以下表计：

（1）发电机设有定子线（相）电压、定子线（相）电流、频率、有功、无功、功率因数、励磁电流（无刷励磁时没有）、同期（频率、相位、电压）表等。

（2）发动机设有冷却水温度、机油压力、机油温度、转速、累计运行时间表等。

（3）分支回路设有电压、电流表。

（4）其他包括蓄电池电压、燃油箱油位、计时表等。

8. 备用状态下的柴油发电机组检查和维护项目有哪些？

答：保安母线工作电源正常情况下，柴油发电机组应处于良好的备用状态。备用状态下的柴油发电机组可不设专人值班，但应对其进行定期检查和维护。检查和维护项目有：

（1）机组的运行方式选择开关应在“自动”位置。

（2）各信号指示正确。

（3）蓄电池电压正常。

（4）柴油机机油在上下限之间。

（5）柴油机燃油箱油位指示正常，备用油箱油位正常，供油阀门位置正确。

（6）柴油机冷却水箱水位、冷却水温度正常。

（7）各断路器、隔离开关及连片的位置应正确。

（8）空气滤清器无堵塞报警。

（9）燃油系统、冷却系统、启动系统、润滑系统等无跑、冒、滴、漏现象。

（10）压缩空气罐（若有）内空气压力应能满足启动要求。

（11）柴油机房通风机、灭火器、暖气等设备正常。

另外，对备用中的机组，应采取必要的措施，防止设备受潮、受冻，定期进行启动试验，发现问题及时处理。

9. 运行中的柴油发电机组检查和维护项目有哪些？

答：运行中的柴油发电机组检查除了包括备用状态下的检查项目外，还有：

（1）机组的运转声音和振动应正常。

（2）检查柴油发电机组各表计指示正常。

如果发电机励磁系统没有使用无刷励磁装置，则还应对滑环、整流子和电刷进行检查，发现有火花时要及时处理。

对长期运行的机组要经常检查燃油箱油位，当油位下降到油位中线以下时要及时补油。

柴油机运行中排气管温度很高，检查时不应碰触，以防烫伤。

10. 哪些情况应紧急停止柴油机组运行？

答：遇下列情况，应紧急停止柴油机组：

(1) 机组超速，并已达到超速保护动作值。

(2) 机组内部有摩擦、撞击声。

(3) 机组着火。

(4) 发电机内部故障，而保护或开关拒动。

(5) 发生直接威胁人身安全的危急情况。

高 级 工

第三篇

第十二章 发电机并列运行与励磁

第一节 同期系统

1. 发电机并列有哪几种方法？各有什么优缺点？

答：发电机的并列方法有准同期法和自同期法两种。

火电厂一般采用准同期法并列，水电厂一般采用自同期法并列。满足同期条件的并列方法叫准同期法。先将转速调到额定值，接着合上主开关，然后再合励磁开关的并列方法，即在不给励磁的情况下将发电机接入电网的并列方法，叫自同期法。

准同期法又分自动准同期、半自动准同期、手动准同期三种。调频率、电压及合主开关全部是由运行人员操作的，称为手动准同期；而由自动装置来完成时，称为自动准同期；当上述三项中有任一项由自动装置来完成，其余仍由手动来完成时，称为半自动准同期。自同期法也分自动、半自动和手动三种。

准同期法并列的优点是发电机没有冲击电流，对电力系统也没有什么影响。但如果因某种原因造成非同期并列时，则冲击电流很大，甚至比机端三相短路电流还大一倍，这是准同期法并列的缺点。另外，当采用手动准同期并列时，并列操作的超前时间运行人员也不易掌握。

自同期法并列的优点是操作方法比较简单，合闸过程的自动化也简单，在事故状况下，合闸迅速。缺点是有冲击电流，而且，对系统有影响，即在合闸瞬间系统的电压降低。

2. 准同期并列有哪几个条件？

答：发电机和系统进行准同期并列时必须满足以下三个条件：

（1）电压相等（电压差小于5%）。

（2）电压相位一致。

（3）频率相等（频率差小于0.1Hz）。

另外，相序相同也是准同期并列时必须满足的条件，不过这已在安装和检修时解决。

3. 什么叫非同期并列？非同期并列有什么危害？

答：同步发电机在不符合准同期并列条件时与系统并列，称为非同期并列。

非同期并列是发电厂的一种严重事故，它对有关设备如发电机及其与之相连的变压器、断路器等，破坏力极大，严重时，会将发电机绕组烧毁，端部严重变形，即使当时没有立即将设备损坏，也可能造成严重的隐患。就整个电力系统来讲，如果一台大型机组发生非同期并列，则影响很大，有可能使这台发电机与系统间产生功率振荡，严重地扰乱整个系统的正常运行，甚至造成系统崩溃。

造成这样严重后果的原因，可从准同期并列的三个条件来逐一分析。

首先，当电压不等时，在并列后，将在发电机与系统间出现无功性质的环流，这个冲击电流可表达为发电机与系统间的电压差和发电机次暂态电抗的比值，由于发电机次暂态电抗数值较小，所以冲击电流较大，这个无功性质的电流落后发电机电压90°，当发电机电压大于系统电压时，环流对发电机起去磁作用，使发电机电压降低到等于系统电压，即发电机并网后立即送出无功；发电机电压小于系统电压时，环流对发电机起助磁作用，即发电机并网后立即吸收无功。

当电压相位不一致时，发电机与系统间出现电压相量差，两个电压相差180°时，电压差达到最大，这时如果并列，所产生的冲击电流甚至等于机端三相短路电流的2倍。另外，发电机环流里具有相当大的有功成分，这会在发电机轴上产生冲击力矩。因此，当电压相位不一致时，其后果是产生很大的冲击电流，使发电机烧毁，或使端部受巨大电动力的作用而损坏。

当频率不等时，从电压相量来看，就相当于两个电压相量旋转速度不一样，它们之间有相对运行，其相量差时大时小，产生的电流也时大时小，并出现有功分量，电流的有功分量对发电机来说，有时是正的，有时是负的，它产生的力矩也变换着方向，使发电机轴产生很大的振动。另外，如果频率相差很大，转子磁极和定子磁极间相对速度过大，相互间也就不易拉住，不能保持同步。

若相序不同，则发电机永远也不能进入同步，并产生冲击电流，可能使发电机损坏。

以上各种后果仅是某一个同期条件不符合要求时所发生的情况，而非同期并列时，可能几个同期条件都不符合要求，这时冲击电流很大，会使发电机、变压器受到巨大的电动力作用并引起强烈发热。当在既有相角偏移、频率又不相等的情况下合闸时，还将产生相当大的功率振荡，即功角δ时大时小、时正时负，发电机有时送出功率有时吸收功率。特别是当功率振荡频率和转子的固有频率相接近时，功率振荡的幅值就更大。同时，发电机还可能产生强烈的机械振动。

4. 如何防止非同期并列？

答：非同期并列事故，一般发生的主要原因是：①一次系统不符合并列条件，误合闸；②同期用的电压互感器或同期装置电压回路接线错误，没有定相；③人员误操作，误并列。非同期并列不但危及发电机、变压器，还严重影响电网及供电系统，造成振荡和甩负荷。就电气设备本身而言，非同期并列的危害甚至超过短路故障。防止非同期并列的具体措施是：

（1）设备变更时要坚持定相。发电机、变压器、电压互感器、线路新投入（大修后投入），或一次回路有改变、接线有更动，并列前均应定相。

（2）防止并列时人为发生误操作。

1）值班人员应熟知全厂（站）的同期回路及同期点。

2）在同一时间里不允许投入两个同期电源开关，以免在同期回路发生非同期并列。

3）手动同期并列时，要经过同期继电器闭锁，在允许相位差合闸。严禁将同期短接开关合入，失去闭锁，在任意相位差合闸。

4）工作厂用变压器、备用厂用变压器，分别接自不同频率的电源系统时，不准直接并列。此时，倒换变压器要鉴定同期否则采取“拉联”的办法，即手动拉开工作厂用变压器的电源断路器，使备用厂用变压器的断路器联动投入。

5）电网电源联络线跳闸，未经检查同期或调度下令许可，严禁强送或合环。

（3）保证同期回路接线正确、同期装置动作良好。

1）同期（电压）回路接线如有变更，应通过定相试验检查无误、正确可靠，同期装置方可使用。

2）同期装置的闭锁角不可整定过大。

3）自动（半自动）准同期装置，应通过假同期试验、录波检查特性（导前时间、频差Δf、压差ΔU）正常，方可正式投入使用。

4）采用自动准同期装置并列时，同时也可将手动同期装置投入。通过同期表的运转，来监视自动准同期装置的工作情况。特别注意观察是否在同期表的同期点并列合闸。

（4）在机组运行中及停机后均应认真检查直流系统的接地情况，并及时进行选择，一旦发现主断路器二次回路有接地，必须消除。

（5）断路器的同期回路或合闸回路有工作时，对应一次回路的隔离开关应拉开，以防断路器误合入、误并列。

（6）并网操作应使用同期装置，投入精侧（可发合闸脉冲）前应在粗侧（只检测，不发合闸脉冲）位置进行一次检测并与整步表相互印证，以检查同期装置动作的正确性。

（7）为防止主断路器自合造成的非同期事故，建议运行操作采取如下顺序：

1）在机组未冲转前，先投入主断路器储能及强、弱电回路，检查断路器二次回路无接地等异常，断路器不自合，再退出以上回路。

2）待机组冲转定速以后，再合入主隔离开关，然后投入主断路器二次回路，进行并网操作。

3）机组解列以后，应尽快取下主断路器强、弱电熔断器，并断开发电机各侧隔离开关。

（8）进行并网和解列操作时应使用操作票，并做好监护工作，杜绝麻痹思想，严格遵守规章制度。

（9）在事故状态下处理几个电源的关系时，一定要冷静，当倒厂用电电源以及合某个母线的联络断路器时，要注意主系统的同期情况，有条件时均应检查压差在规定范围内。

第二节　励　磁　系　统

1. 发电机对励磁系统有什么要求？

答：励磁系统对于发电机和电力系统运行的可靠性有很重要的意义，它直接影响发电机在事故情况下的变化状态，因此发电机（也可以说整个电力系统）对励磁系统有三个基本要求：

（1）励磁系统应不受外部电网的影响，否则事故情况下会发生恶性循环，电网影响励

磁，励磁又影响电网，情况越来越坏。

（2）励磁系统本身的调整应该是稳定的，若不稳定，即励磁电压变化较大，则会使发电机电压波动很大。

（3）电力系统故障，发电机端电压下降时，励磁系统应能迅速提高励磁到顶值，且励磁上升速度和励磁顶值都希望很大，因为强励时电动势上升越快、越大，对维持系统稳定或继电保护装置动作越有利。

2. 发电机励磁方式有哪几种？有何特点？

答：发电机的励磁有五种方式，即他励方式、自励方式、混合式励磁方式、转子绕组双轴励磁方式及定子绕组励磁方式。

（1）他励方式。这种励磁方式，发电机的励磁不是由同步发电机本身供给，而是由其他电源供给。根据电源形式的不同，通常有如下几种：

1）同轴直流励磁机供电的励磁方式。这是小容量发电机普遍使用的一种励磁方式，其优点是励磁可靠，调节方便，但换向器和电刷设备的维护量大。

2）不同轴直流励磁机供电的励磁方式。如采用单独供电的感应电动机拖动或经减速齿轮与发电动机大轴连接的低速直流发电机，当转速在1000r/min以下时，可应用在大容量的机组上，但结构复杂，应用不多。

对水轮发电机，因转速低，故直流发电机的换向不是主要问题，但在过低转速下，容量太大的直流发电机也存在着结构上的困难。

3）同轴交流励磁机-静止整流器供电的励磁方式（可控或不可控）。这是交流发电机和整流装置的组合，适用在较大容量的发电机上。

4）同轴交流励磁机-旋转整流器供电的励磁方式。无刷励磁系统主要由同轴交流励磁机与主轴一起旋转的硅整流装置组成。同轴交流励磁机的三相交流绕组装在转子上，而直流励磁绕组则装在定子上，这样励磁机发出的交流经旋转硅整流装置整流后，通入主发电机的励磁绕组，不需要换向器、电刷和滑环等设备。它解决了大容量机组励磁系统中大电流滑动接触的滑环制造和维护的问题，结构简单、维护方便、因而可靠性高。但也存在一些问题：①装在高速旋转大轴上的硅整流元件和附属设备在运行中承受很大的离心力，因而存在机械强度上的问题；②发电机励磁回路的监测问题；③快速灭磁问题；④整流元件的保护问题，当励磁回路元件故障时，无法使用备用励磁机。

5）不同轴交流励磁机供电的励磁方式。如采用经齿轮减速器与发电机轴连接的静止可控整流。

6）单独供电的硅整流励磁方式（可控或不可控）。

（2）自励方式。这种励磁方式，发电机的励磁由同步发电机本身发出的交流经整流后供给。一般有如下两种：

1）自励静止半导体供电的励磁方式。将同步发电机本身发出的工频电压降压隔离后，经晶闸管整流桥供给发电机励磁绕组。这种励磁方式在发电机启动时，需借助外部直流电源供给少量励磁，使发电机建起少量电压，而后再自励到额定电压，因此需要启励设备。在外部短路时，因电压下降，为保证发电机有较大的励磁，需另设电流互感器，将二次电流整流后供给励磁。这种励磁方式没有励磁机，所以经济、简单。其主要问题是大容量晶闸管元件的工作可靠性问题，因而应用不多。

2）谐波供电的励磁方式。在发电机的定子上附加一组独立的谐波绕组，引出三次谐波电压，经晶闸管整流后供给本发电机励磁。优点：①具有自调节作用，这是由于谐波电压随转子励磁电流的变化而变化的缘故；②系统短路时有自动强励的作用，反应速度快；③不用励磁机，经济，维护简单；④运行可靠。但也存在一些问题：①在大容量机组上，由于定子槽数多，电压波形好，谐波电压较小，难于满足励磁需要；②负载功率因数改变较大时，对谐波电压有较大影响；③不同发电机的三次谐波电压差异较大。因此，这种励磁方式应用很少。

（3）混合式励磁方式。分为同轴直流励磁机他励加串联变压器自串联、同轴直流励磁机他励加励磁变压器自并励、同轴交流励磁机他励加串联变压器自串联。

（4）转子绕组双轴励磁方式（正、负励磁；两轴正交或成一定夹角）。其特点是：稳定性高；有功、无功可相互独立调节；引入滑差频率的交流信号加入励磁，可以控制具有转子滑差的运行；事故停机时间短；励磁绕组短路下失磁运行，对转子起了屏蔽作用，使转子涡流产生的损耗减少了约 3/4；可承受短时间的冲击负载；但是该励磁方式造价高。

（5）定子绕组励磁方式。转子型式有光滑转子、有齿的转子、有契形导体短路结构转子、有大功率短路绕组的转子。特点是结构简单、可靠性高、成本低。为解决大容量超高压输电系统出现的无功引起过电压的问题提供了有效的解决办法。

3. 主励磁机的作用是什么？

答：主励磁机的作用是在正常运行时，发出大小随自动励磁调节柜的输出大小变化而改变的 100Hz 三相交流电，经整流柜整流后供给发电机的励磁电流。

4. 晶闸管整流柜的作用是什么？

答：晶闸管整流柜是一种大功率直流输出装置，可以用在给发电机的转子提供励磁电压和电流，其输出的直流电压和直流电流是可以调节的。其内部基本原理是将输入的交流电源经过由晶闸管组成的全波桥式整流电路，通过移相触发改变晶闸管导通角大小的方式控制输出的直流电的大小。

5. 自动励磁调节器的任务和要求是什么？

答：（1）自动励磁调节器的任务：

1）在电力系统正常运行情况下，维持发电机或系统某点电压水平。

2）合理分配发电机间的无功负荷。

3）提高电力系统的静态稳定。

4）提高电力系统的动态稳定。

5）提高带时限继电保护装置动作的灵敏度。

6）在暂态过程中（如故障切除后、自同步并列、失磁时），能加速电网电压的恢复，提高电能质量，改善系统的工作条件。

（2）自动励磁调节器的要求：

1）在正常运行时，能按照负荷电流和电压的变化，自动改变励磁电流，以维持电压在给定值水平，并稳定分配机组间的无功负荷。

2）应有足够的功率输出，在电力系统发生事故电压降低时，能迅速将发电机的励磁加大到最大值，以实现强励作用。

3）装置本身应无失灵区以利于提高系统静态稳定，并且动作应迅速、工作要可靠、调节过程要稳定。

自动励磁调节柜在正常运行时是怎样工作的？

答：自动励磁调节柜的工作原理为：将经过电压反馈单元测量的正比于发电机母线电压的直流电压与基准（给定）电压进行比较，然后将比较结果进行比例-积分-微分运算，再将所得的信号电压进行综合放大后，送到移相触发器，去控制晶闸管的导通角，以调节主励磁机的励磁，达到自动维持发电机电压恒定的目的。

何谓强励顶值电压倍数？

答：强励顶值电压倍数指的是在同步发电机事故情况下，励磁系统强行励磁时的励磁电压和额定励磁电压之比。此值可视机组和系统的运行要求而定。

何谓励磁电压上升速度？

答：励磁电压上升速度是指励磁电压在强励发生后最初0.5s内由正常电压开始的平均上升速度，常用1s内升高的励磁电压对额定电压的倍数来表示。此值一般要求在0.8～1.2之间，即1s内励磁电压升高80%～120%。

9. **强行励磁起什么作用？强励动作后应注意什么问题？**

答：当系统电压大幅度下降，例如突然短路时，发电机的励磁电源会自动迅速增加励磁电流，这种作用叫强行励磁，简称强励。

（1）强励有以下几方面的作用：

1）增加电力系统的稳定度。从功角特性上看，如图12-1所示，正常时，在曲线1的a点运行。当电压下降后，由$P_m=\frac{UE_0}{x_d}$知P_m减少，功角特性就变低，例如变为曲线2。电压开始下降的瞬间，由a点落到b点，到b点后可能有两种后果，一种是经过几次振荡后，稳定在新的平衡点c点运行，维持了动态稳定；另一种是可能滑向不稳定区，最后导致失步，失去了动态稳定。根据研究得知，当加速面积abc大于减速面积ced，则不能保持稳定，若

加速面积 abc 小于减速面积 ced，就能保持稳定，而抬高曲线，就能增大 ced 的面积。只要增加励磁，也即增加电动势 E_0，也就能达到抬高曲线的目的。

强励的这点作用还可以这样理解：当短路时，发电机流过很大的感性电流，因电枢反应的去磁作用，使发电机的气隙磁通大大减小，磁力线根数减少，定、转子磁极就不容易拉住，不能保持同步。为了增加磁力线，使定、转子磁极保持同步，只有增加励磁，也就是需要强行励磁。

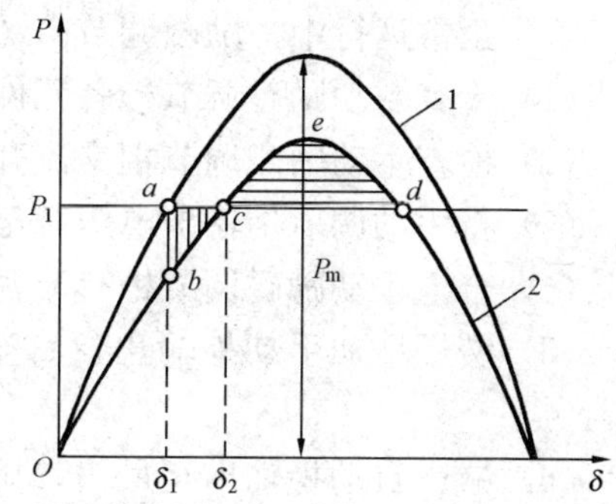

图 12-1　功角特性曲线（解析动稳定）

2）在短路切除后，能使电压迅速恢复。因为强励用的继电器是在短路切除后，电压恢复到某一定值后才返回，因此在短路切除后电压达到继电器返回值之前的一段时间内，强励对迅速恢复电压能起一定的作用。

3）提高带时限的过流保护动作的可靠性。如果需要故障发电机的带时限的过流保护动作，由于强励作用会使短路电流增大，也就等于增加保护装置的灵敏度，故可使其动作更可靠。

4）改善系统事故时电动机的自启动条件。系统电压下降时，电动机力矩减小，转速下降，当有了强励后，由于事故后电压迅速恢复，可使电动机自启动恢复至原来的转速。并且由于强励能保证迅速恢复电压，因而可能增加系统中不被切断的电动机的台数和容量。

强励倍数，即强行励磁电压与励磁机额定电压 U_N 之比，对于水轮发电机应不小于 $1.8U_N$；对汽轮发电机应不小于 $2U_N$。

（2）强励动作后，应对励磁机的整流子、电刷进行一次检查，看有无烧伤痕迹。另外要注意电压恢复后短路磁场电阻的继电器触点是否已打开。

10. 手动励磁调节柜与自动励磁调节柜有何区别？

答：（1）自动柜采用晶闸管整流而手动柜采用硅整流。

（2）自动柜输出随发电机端电压及无功的变化而变化，而手动柜的输出需通过运行人员调节感应调压器的输出的大小来决定。

（3）自动柜具有强励、欠励等功能，而手动柜则没有。

11. 发电机励磁调节回路的运行方式是如何规定的？

答：发电机的励磁调节回路由两套晶闸管整流的自动励磁调节柜和一套备用式手动励磁调节柜组成。正常运行中，两台自动励磁调节柜并列运行，备用式手动励磁调节柜处于热备用，即电压跟踪状态。

当一台自动励磁调节柜故障时，另一台自动励磁调节柜能自动承担全部工作，而当两台自动励磁装置均故障时，可改为备用或手动调节励磁运行。

12. 运行中，励磁调节由“自动”切至“手动”怎样进行？

答：正常运行中，励磁调节由“自动”切至“手动”的操作原则如下：

（1）检查手动励磁调节柜各元件是否完好。

（2）检查手动励磁调节柜交流开关是否合上。

（3）将手动调节柜输出电压调至最低位置。

（4）合上手动励磁调节柜直流开关。

（5）缓慢增加手动柜输出，直至无功表、主励转子电流表略升高，确认手动柜已接带负荷。

（6）减少自动柜输出至最小，拉开自动励磁调节柜直流开关。

13. 由主励磁机倒至备用励磁机时应注意什么问题？

答：主励磁机和备用励磁机的并列倒换，有两个条件：①电压相等；②极性相同。但如果要长期稳定地并列运行，则还需具备另一个条件，即两台机的外特性（端电压和该机的负载电流之间的关系曲线）须向下倾斜，即负载电流增大时，端电压应降低。如果外特性不同，并列运行时会发生抢负荷的现象，结果会导致一台机严重过负荷，而另一台机却可能变为电动机运行。

由主励磁机倒至备用励磁机时，前两个条件容易满足，只需用电压表检查就可以。但要并列较长时间的话，必须具备第三个条件，而这第三个条件，往往不易达到，因为备用励磁机是全厂各机组公用的，它与各台机组的主励磁机的特性不一定相同。如果特性不同而并列，会造成以下不良后果：

（1）两台励磁机抢负荷，造成发电机励磁电流不稳定，影响发电机甚至电力系统的正常运行。

（2）如果主励磁机原来已有故障，未及时消除，而并列后若再遇上过负荷时会使主励磁机损坏得更加厉害。

（3）因主励磁机已存在故障，并列后还可能影响备用励磁机的正常运行。所以，这种倒换，必须使备用励磁机电压比主励电压略高5%～10%，然后并列，并立即拉开有故障的主励磁机，这样备用励磁机并上后可立即带上负荷，不会因主励磁机拉开而影响发电机的励磁。严禁用调节励磁机励磁以逐步转移负荷的方法把主励磁机上的负荷转移到备用励磁机上去。

电压高一点就能带上负荷是因为当备用励磁机未并到励磁小母线上时，备用励磁机有个空载电动势E，小母线上有个母线电压U，此时即为主励磁机的端电压。空载电动势与母线电压待备用励磁机并上之后在电路里方向是相反的，电动势只有比电压大，克服电压造成的“阻力”才能把电流“顶”出去。

哪台发电机采用哪种倒换方法要根据具体情况而定。例如对于不允许失磁运行的发电机，若主励磁机和备用励磁机外特性都具有下降的特点，则可并列倒换；若主励磁机和备用励磁机的外特性有上升的特点，一般就采用解列同步发电机后再倒换的方法。对于允许失磁运行的发电机，则主励磁机和备用励磁机的倒换方法可以采用先拉（主励磁机）后合（备用励磁机）或先并（备用励磁机）后拉（主励磁机）的方法。

14. 为什么测正极和负极的对地电压就能监视励磁系统的绝缘？

答： 由于转子的转速很高，离心力也大，承受的电负荷又重，所以绝缘容易受损，此外灰尘的积聚也会使绝缘降低。为了发现转子绕组的接地故障，发电机上装有转子一点接地保护，当转子一点接地时便发信号。但平时检查时也利用切换电压表法来检查绝缘，如图 12-2 所示，这种方法能在绝缘未降至严重程度时就能及时发现绝缘降低的情况。

若绝缘良好时，测正极对地电压时应为零（图 12-2 中 1、4 点接通）；负对地电压也应为零（图 12-2 中 2、3 点接通）。因为转子回路本身没接地点时电压表构不成回路，所以没有指示。

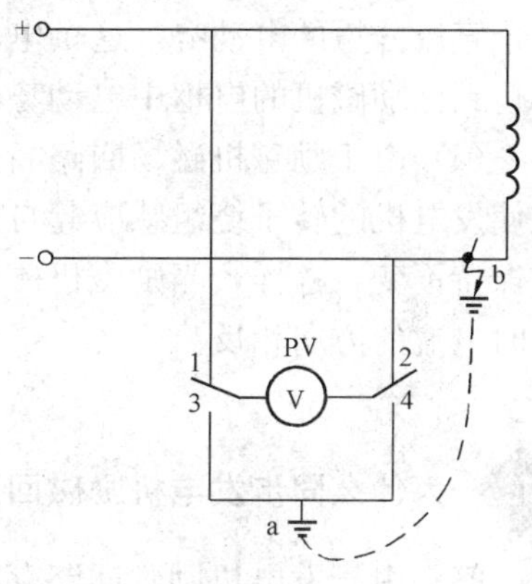

图 12-2　转子绝缘监视

如测得正极对地为全电压，则说明负极接地，因为这时电压表有了通路（图中+—1—PV—4—a—b—−），能测出电压来。若负极完全接地，电压表等于跨接两极，量出的正好是全电压。若测得负极对地电压为全电压时，则说明正极接地。

如果测得的对地电压在 0 与全电压之间，可根据式 (12-1) 计算出绝缘电阻值

$$R_{jy}=R\left(\frac{U}{U_1+U_2}-1\right)\times 10^{-6} \qquad (12\text{-}1)$$

式中：R_{jy}为励磁回路对地绝缘电阻，MΩ；R 为电压表内阻，Ω；U 为正、负极间全电压，V；U_1为正极对地电压，V；U_2为负极对地电压，V。

判断绝缘情况好坏，应将绝缘电阻值与以往测量的结果相比较，如有较大的差别，就应查找原因。

15. 励磁机的正、负极性反了对发电机的运行有没有影响？什么情况下励磁机的极性可能变反？

答： 励磁机的极性变反（逆励磁现象），使发电机原来的负滑环变为正的，正滑环变为负的，这在极性变反的过渡过程中对发电机是有一些影响的，因为励磁电流突然减小时，发电机相当于失磁，要从系统吸收很大的无功电流，且在励磁电流消失和变反一段时间里，发电机必有一个瞬间失去同步和立即自同步的过程，只不过这个过程很快，常常没等值班人员处理就过去了。由于汽轮机的转向没有变，发电机的相序在这种情况下是不会变的，至于表计的指示，除转子电压、电流表的指示反向外，交流表计的指示都不会变，因此只要把转子电压、电流表的两个端头倒换一下即可。但是若采用的励磁开关是磁吹灭弧型开关，此时还要停机处理，使磁场与正、负极的接线保持正确关系，否则就不能消弧，因为这种开关借电流产生的径向磁场使电弧拉长，并沿一定的路径快速地运动，电弧被铜片冷却后熄灭，电流方向一反，电弧不能按原定路径运动，不能迅速地被拉长和冷却，也就不能熄灭而损坏开关。

励磁机极性变反的原因如下：

（1）检修后试验时，如测电阻或进行电压调整器试验等，没断开励磁回路，这样当加入反向直流电时便将剩磁抵消并使磁通方向改变。

（2）励磁机经一次突然短路，由于电枢反应很强，当电刷不放在几何中性线上时，其去磁作用超过主磁场，有可能使极性改变。

（3）由于整流子片间云母凸出，使电刷和整流子运行中接触不良，有可能造成短时失磁并使极性变反。

（4）当电力系统发生突然短路时，由于发电机定子侧突增电流，会在转子绕组中感应出一个直流分量的电动势，这个电动势的方向是会使励磁机磁场绕组中的电流反向，只要其大小达到比励磁机的电枢中电动势的数值还大，就有可能出现极性变反的现象。

（5）由于励磁机磁场回路断开重又接通，也可能引起极性变反的现象。此时，因短时失磁使发电机的转子绕组感应起自感电动势，自感电动势的方向是要使流过转子绕组的电流方向保持不变，这样，当励磁机磁场回路重又接通时，流过磁场绕组的电流方向恰好和正常运行时电流的方向相反。

16. 为什么同步发电机励磁回路的灭磁开关不能改成动作迅速的断路器？

答：由于发电机励磁回路存在电感，而直流电流又没有过零的时刻，当电流一定时突然断路，电弧熄灭瞬间会产生过电压，电弧熄灭的越快，电流变化速度越大，过电压值就越高，这可能造成励磁回路绝缘被击穿而损坏。因此，同步发电机励磁回路的灭磁开关不能改成动作迅速的断路器。

17. 发电机的自动灭磁装置有什么作用？

答：自动灭磁装置是在发电机主断路器和励磁开关掉闸后，用来消灭发电机磁场和励磁机磁场的自动装置，为的是在发电机切除之后尽快地去掉发电机电压，以便在下列几种情况下不导致危险的后果：

（1）发电机内部故障时，只有去掉电压才能使故障电流停止。

（2）发电机甩负荷时，只有自动灭磁起作用才不致使发电机电压大幅度地升高。

（3）转子两点接地引起掉闸时，只有尽快灭磁才能消除发电机的振动。

总之在事故情况下，尽快灭磁可以减轻故障的后果。因此，对灭磁装置的要求是动作应迅速，但转子绕组两端滑环间的过电压不要超出转子绝缘允许值。

18. 用整流器励磁的同步发电机，什么时候、何种故障会产生转子过电压？

答：当用整流器励磁的同步发电机出现故障时，在过渡过程中励磁电流变负时，由于整流器不能使励磁电流反向流动，励磁回路与开路相似，这能导致转子绕组两端产生过电压。该过电压的数值，据测量得知，可达转子额定电压值的 10 倍以上。

上面所说的故障，包括三相短路、两相短路、异相合闸、异步运行等。

当发生三相短路时，水轮发电机不会出现转子过电压，汽轮发电机虽会出现过电压，但其值较小。而两相短路时，所产生的转子过电压值，则比三相短路时大得多，且该值同发电机的运行方式和类型有关，电动机运行方式时比发电机运行方式时要大，水轮发电机的又比大型汽轮发电机的要大。

异相合闸常发生在同步设备检修后，因电压互感器一相错误连接而造成。当发电机电压与系统电压之间的相角差$\delta=\pm 60^{\circ}$合闸时，会导致很高的转子过电压。该电压出现在第一个周期内。转子结构的差异，如是实心磁极还是叠片磁极，有阻尼绕组还是无阻尼绕组等，在一定程度上会影响转子过电压值的大小。

发电机失磁导致异步运行时，由于转子对定子磁场有相对运动，在整流器闭锁期间，转子绕组两端也会出现感应电压，对于大型汽轮发电机来说，此电压值不会很高，但对水轮发电机，特别是有叠片磁极的水轮发电机，该电压值可能很大。

最坏的情况是当两相短路随着电网电压恢复时，此时出现的转子过电压值比发电机端部两相短路时所出现的值更大。

为了保护转子绕组的绝缘，可采用在其两端并联灭磁电阻的方法，该电阻的值可选为1～15倍于转子绕组的阻值，且有非线性的特性。灭磁电阻可永久地接入励磁回路（旋转整流器励磁），或当达到某一电压值时自动投入。

19. 直流励磁机的电刷冒火可能是什么原因？

答：引起直流励磁机电刷冒火的原因很多，有电磁方面的、机械方面的以及化学方面的原因。

（1）电磁方面的原因。主要是换向不良引起火花。所谓换向，就是指直流励磁机的电枢绕组的元件，从一个支路经过电刷进入另一个支路，其中电流从一个方向变到相反方向的过程。

任一个线圈和电刷相连时，就进入了换向过程，其电流从$+I_s$变到$-I_s$时有三种可能性：①随着电刷在整流片上的移动，电流均匀地变过来，正好到半个周期时电流变到零，然后反过方向来，叫直线换向，如图12-3中的直线1所示；②开始变化很快，提前到达O点，然后，较慢地变到$-I_s$，叫加速换向，如图12-3中的曲线2所示；③开始变化很慢，比直线换向较晚到达O点，然后很快地变到$-I_s$，叫延迟换向，如图12-3中的曲线3所示。

三种换向过程，直线换向最好，不会产生火花，而加速换向和延迟换向都有可能产生火花。对一台直流发电机来说，采取一些措施之后，才能做到接近于直线换向，这些措施有加换向极、适当地移动电刷位置、选择合适的电刷型号等。这里需要指出，整流子表面一层氧化亚铜的存在，能使换向回路中具备足够的电阻，使换向接近于直线换向，所以保护整流子表面很重要。

（2）机械方面的原因。

1）整流子（换向器）不是正圆。

2）整流片间云母凸出。

3）电刷接触面磨得不光滑，接触不良。

4）电刷上弹簧压力不均或压力过大。

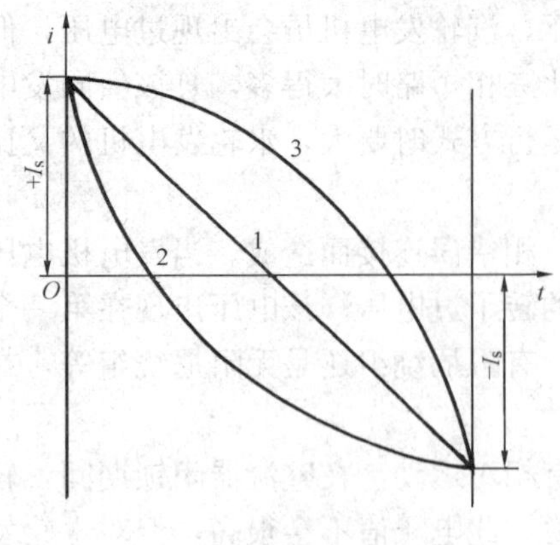

图 12-3　三种换向过程

5）电刷在刷握里跳动或卡住。

6）整流子表面不清洁。

7）各换向极（中间极）的气隙调整的不相等。

造成电刷冒火，可能是某一个原因造成，也可能是好几个原因共同造成，因此必须查明原因，采取相应的措施。有些因素必须在检修时解决，也有的因素可在运行中解决，如调整弹簧压力，更换电刷，经常用干净的白布擦拭整流子的表面等。

（3）化学方面的原因。整流子表面有一层氧化亚铜薄膜是有利于换向的。由于某些有害气体，如四氯化碳、丙酮、硫磺等的化学作用使薄膜破坏，也会引起电刷冒火。

20. 为什么直流励磁机整流子表面脏污时不允许用含钢砂纸或粗玻璃砂纸进行研磨？

答：要获得满意的换向，必须使整流子表面与电刷之间形成一层薄膜，由于这层薄膜电阻较大，使得换向能接近于直线换向。

这层薄膜是四层构成的，如图 12-4 所示。

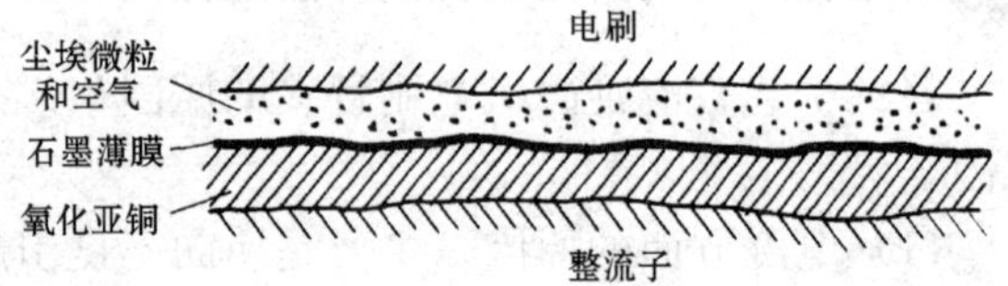

图 12-4　电刷与整流子间的薄膜

第一层是整流子的铜表面上的氧化亚铜。在旋转的整流子表面上，由于电刷的摩擦，使接触面间温度上升，且使铜表面受轻微的裂损而造成铜质的鳍状物。这些鳍状物在热状态下很快被氧化，成为一层磨光的棕褐色的氧化亚铜。它不断被磨损，又不断产生，它的存在，使整流子和电刷间具有一定的电阻，因而使换向接近于直线换向。另外它还可使电刷和铜片表面的损蚀减少。

第二层是氧化亚铜上的石墨薄膜，这是从电刷上磨下来的碳粉，它起减小接触面间摩擦的作用。

第三层是石墨薄膜上吸附着的氧气和潮气，它起着润滑作用。

第四层是电刷和整流子表面间的所有剩余空间充满着的尘埃微粒和空气。这些微粒对于摩擦面来说相当于起了滚珠轴承上滚珠的作用，使接触面间的相对滑动摩擦减少，而且当空气电离时，还可成为导电途径。

根据上述的情况，如果氧化亚铜层遭到破坏，就会使换向发生困难，导致冒火，因此不允许用金刚砂纸或玻璃砂纸进行研磨，就是怕破坏氧化亚铜层，影响换向。在整流子表面涂铬既能解决冒火的问题，又能减轻了整流子的磨损。

21. 运行中直流励磁机整流子发黑是什么原因？怎么处理？

答：整流子发黑容易引起换向困难，还会造成其他事故，因此必须及时查明原因。造成

整流子发黑的原因及处理方法如下：

（1）电刷电流密度过高。因电刷的压力不均，个别电刷或某一电刷的电流密度大，造成过热，使电刷接触面上的胶合剂被高温熔解，微粒分离，附粘在整流子表面上使整流子发黑。遇此情况，可适当调整电刷的压力，或更换能够耐受高温的难于熔化的电刷。

（2）整流子灼伤。由于电刷冒火严重，整流子被火花灼伤，也会使整流子发黑，而且当整流子灼伤后，由于其表面粗糙不平，有麻点，经电刷接触面的摩擦，更会使整流子发黑。这时需找出冒火的原因，并可换上合适的电化石墨电刷。

（3）云母夹片突出。云母夹片突出会使电刷跳离整流子，增加接触电阻而发热，并破坏电刷间电流密度的均匀分配。由于局部电流密度增加，又会促使局部过热而造成电刷接触面分离出微粒，造成整流子发黑。这种情况需利用检修机会锯刮片间云母。

（4）脏污。空气中的灰尘、油烟等脏东西都可能导致整流子发黑，因为它们落入接触面后会将电刷与整流子隔离开从而造成局部电流密度过高，或引起火花而使整流子发黑，故经常用白布擦拭整流子表面。保持环境清洁，也是非常重要的。

22. 为何要在滑环表面上铣出沟槽？

答：运行中，当滑环与电刷滑动接触时，会由于摩擦而发热。为此，在滑环表面车出螺旋状的沟槽，这一方面可以增加散热面积，加强冷却，另一方面是可以改善同电刷的接触。而且也容易让电刷的粉末沿螺旋状沟槽排出。滑环上还可以钻一些斜孔，或让边缘呈齿状，这也可以加强冷却效果，因为转子转动时这些斜孔和齿可起风扇的作用。

23. 什么是电刷的负温度特性？

答：电刷的负温度特性是指即随着电刷温度的增高，它的接触电阻反而降低，在80～100℃时最低，当温度超过100℃时，接触电阻又急剧增加。这对接触面的稳定和各电刷间的均流极为不利。当某一块电刷进入不正常状态，并开始发热，由于负温度效应，电刷的接触电阻反而减少，这样，流过此电刷的电流将增加，则该块电刷会更加发热，直至接触电阻降至最低点，流过的电流最大为止。如此恶性循环，会使电刷劣化加速。这种“崩溃”式的变化，使原流经此电刷上的电流进行“雪崩”式的重新分配，可能会使电刷上的电流负荷差达10倍以上。接触电阻小的电刷将得到大部分的电流，很可能使它们也发生“雪崩”。这种连锁反应的后果是非常严重的。

24. 为什么有些型号的电刷在纵横向开孔？

答：对大容量发电机，由于容量大，励磁电流高，故增加了转子本身的物理尺寸。圆周速度提高，给集电环电刷接触的稳定性带来不利因素。集电环表面开有螺旋沟，电刷与集电环在滑动接触时对电刷产生浮力，电刷下气流有抬起电刷的趋势，拉大了接触电阻，破坏了集电环与电刷接触的稳定性。使并联电刷间的电流分布难以均匀，这样就对电刷的性能要求也相应提高。如：经过石墨化处理的高密度电刷，材料密度大，开口气孔率低，在高速汽轮发电机集电环上运行时，由于气垫作用不能排气，会造成电刷接触不良，使电刷与滑环之间电阻率波动大，电刷电流分布不均匀，密度大的电刷，弹性模量大，电刷容易跳动，对电刷弹簧压力要求也相对较大，这样就使电刷与集电环摩擦增大，而使电刷与集电环温升提高。使部分电刷严重发热，甚至使过流电刷烧伤或进而烧断刷辫。为此可将电刷纵横向钻 $\phi3$ 孔，以排除运转中对电刷的浮力气流。

25. 一块合格的电刷应具备哪些特性?

答：在选用电刷时应详细了解其各项性能指标，一块合格的电刷应具备以下特性：

（1）有良好的润滑性能。

（2）有较低的电阻率。

（3）有良好的均流性。

（4）有良好的透气性。

（5）电刷本身耐磨，对集电环磨损也小。

（6）能建立良好的氧化膜。

26. 怎样分析电刷的允许圆周速度及额定电流密度是否能够满足机组的要求?

答：制造厂提供的技术特性数据中有电刷的允许圆周速度和额定电流密度两项，它们是否能够满足本机组的运行要求，可根据公式来确定。

（1）滑环表面线速度

$$v = \pi Dn \tag{12-2}$$

式中：D 为机组滑环直径；n 为转速。

（2）电刷的电流密度（A/cm^2）

$$\rho = I_{fN}/(NS) \tag{12-3}$$

式中：I_{fN} 为转子额定电流；S 为电刷接触面面积；N 为每极电刷个数。

例如：一台机组滑环直径 $\phi450$、转速 3000r/min，转子的额定电流 1844A，每极电刷个数 40 个，每个电刷的尺寸为 25×32×65，则滑环表面线速度为

$$v=\pi Dn=3.14\times0.45\times3000/60=70.69\ (m/s)$$

电刷的电流密度为

$$\rho=I_{fN}/(NS)=1844/(40\times2.5\times3.2)=5.76\ (A/cm^2)$$

考虑电刷与滑环的实际接触面积，假设为 60%，则电流密度就达到 9.6A/cm²。若制造厂提供的技术特性数据中电刷的允许圆周速度大于 70.69m/s，则能满足机组线速度的要求，否则就不能满足。若制造厂提供的技术特性数据中电刷的额定电流密度正好为 9.6A/cm²，则若实际运行中，电刷与滑环的接触面积小于 60%时，电刷的电流密度将超过额定电流密度。

27. 运行中，维护电刷时的安全注意事项有哪些?

答：机组运行中，进行电刷维护的工作时，应由一人维护，一人监护。工作人员应穿绝

缘鞋或站在绝缘垫上，使用绝缘良好的工具，单手操作，做好防止短路及接地的措施。当励磁回路有一点接地时，应特别注意。禁止两手同时碰触励磁回路和接地部分，或两个不同极的带电部分。工作时应穿工作服，禁止穿短袖衣服或把衣袖卷起来，袖口应扣紧。女工长发应盘在帽内。

28. 运行中，对滑环应定期检查哪些项目？

答： 运行中，应定期对滑环进行下列检查：

（1）整流子和滑环上电刷的冒火情况。

（2）电刷在刷盒内有无跳动或卡涩的情况，弹簧压力是否正常。

（3）电刷连接软线是否完整，接触是否良好，有无发热，有无碰触机壳的情况。

（4）电刷边缘有无剥落的情况。

（5）电刷是否过短，若超过现场规定，则应给予更换。

（6）各电刷的电流、温度分布是否均匀，有无过热。

（7）滑环表面的温度是否超过规定。

（8）刷盒和刷架上有无积垢。

29. 运行中如何维护电刷？

答： 在电刷型号及配套设备选定的前提下，运行维护手段就至关重要。为防止电刷大面积发热，从而造成难于恢复的局面，确立早期维护的思想是非常重要的。在规定定期维护电刷的同时，还应辅以特殊要求，如：机组大负荷期间应注意加强对电刷的检查维护，当转子电流增加较多时应增加测试发电机、励磁机电刷一次，发现电流或温度不平衡时应及时维护，将电刷隐患控制在早期萌芽状态。定期维护可按以下原则进行：

（1）因电刷损坏的最直接的原因是温度过高，而造成温度高的原因有：①摩擦和压力；②冷却通风的效果；③电流分布；④脏污。因此，监测电刷的温度可采用红外线测温仪监测电刷运行温度和监测电刷电流相配合的方法进行，当测试电流较小或温度差较大时（电流和温度差的数值应根据不同机组的具体实际制定）则必须进行调整，调整后各电刷电流、温度应均衡，最高温度不应超过100℃。调整步骤如下：

1）对电流较小或温度差较大的低温（流）电刷以电工刀或0号砂布轻轻刮（磨）电刷表膜，刮（磨）应适度，原则是只需除去原有表膜即可，不能损坏原有电刷弧度。

2）对电流较小或温度差较大的低温电刷刮（磨）之后，还应将原测试电流大或温度高的电刷逐块按照1）的原则进行维护。

（2）当电刷高度低于刷盒或出现电刷温度超过100℃及刷辫变色以及出现达到现场规程规定更换电刷的项目时，应更换电刷，并对新更换电刷四周进行轻轻刮（磨），原则上以一次更换每极不超过10%为宜，电刷在刷握的间隙应保持0.1mm，并能上下自由活动。电刷接触面应达到75%以上。在打磨或刮电刷时，尽可能保持原有弧面平滑。在打磨电刷时应避免将电刷磨的上大下小，否则电刷运行一段时间就会卡住或摇晃。新更换的电刷运行30min后应进行第二次检查。

（3）当有电刷温度超过100℃或刷辫变色及烧断时，相应的压簧也应更换，但新更换的电刷应倒换配置旧压簧。

（4）用压缩空气吹扫整流子和滑环表面上的灰尘，使用的压缩空气应无水分和油，压力应不超过0.3MPa。用毛刷清扫绝缘隔板，如有油污应用白布小心擦拭。

（5）对配有专用滑环风机的机组应对滑环风机滤网进行定期清扫。

（6）发现电刷大面积发热难于处理时，应及时限制励磁电流（含限制有功），并做好记录。

（7）电刷冒火严重应注意氢压，防止漏氢，扩大事故。

（8）对测量及维护结果记录于表报内，并应记录发电机转子电流及无功数值。

30. 运行中，若发电机机端自动调节励磁电压互感器二次小开关跳闸，有何现象？应做如何处理？

答：正常运行中，若发电机机端自动励磁电压互感器二次小开关跳闸，则相应电压互感器回路断线信号发出，发电机转子电压、转子电流、定子电压、无功表计指示上升，上升幅度各异。这种现象发生时，一般强励和强励限制不会动作，运行人员在判明故障调节柜后，将其直流开关退出，但此时应防止另一台自动柜一时不能跟上而出现失磁及无功进相的可能性，如果发生这样的现象，手动励磁调节柜在发生欠励时会自动投入，否则，应手动合上，观察发电机的运行工况，然后再作进一步调整。对故障电压互感器的二次回路进行检查，找出原因并做相应处理。

31. 反事故措施中关于防止励磁系统故障引起发电机损坏的要求是什么？

答：（1）对有进相运行或长期高功率因数运行要求的发电机应进行专门的进相运行试验，按电网稳定运行的要求、发电机定子边段铁芯和结构件发热情况及厂用电压的要求来确定进相运行深度。进相运行的发电机励磁调节器应放自动挡，低励限制器必须投入，并根据进相试验的结果进行整定，自动励磁调节器应定期校核。

（2）自动励磁调节器的过励磁限制和过励磁保护的定值应在制造厂给定的允许值内，并定期校验。

（3）励磁调节器的自动通道发生故障时，应及时修复并投入运行。严禁发电机在手动励磁调节（含按发电机或交流励磁机的磁场电流的闭环调节）下长期运行。在手动励磁调节运行期间，在调节发电机的有功负荷时必须先适当调节发电机的无功负荷，以防止发电机失去静态稳定性。

（4）在电源电压偏差为＋10%～－15%、频率偏差为＋4%～－6%时，励磁控制系统及其继电器、开关等操作系统均能正常工作。

（5）在机组启动、停机和其他试验过程中，应有机组低转速时切断发电机励磁的措施。

32. 什么是发电机静止励磁系统？其主要组成有哪几部分？

答：发电机静止励磁系统采用自励方式，电源取自发电机本身，经静止的励磁变压器接

至晶闸管整流桥，通过控制励磁电流达到调节同步发电机电压和无功功率的目的。

其主要组成分为励磁变压器、晶闸管整流器、启励和灭磁单元四个主要部分。

33. 自并励静止励磁系统的主要优缺点有哪些？

答：（1）自并励静止励磁系统的主要优点：

1）无旋转部件，结构简单，轴系短，稳定性好。

2）励磁变压器的二次电压和容量可以根据电力系统稳定的要求而单独设计。

3）响应速度快，调节性能好，有利于提高电力系统的静态稳定性和暂态稳定性。

（2）自并励静止励磁系统的主要缺点。它的电压调节通道容易产生负阻尼作用，导致电力系统低频振荡的发生，降低了电力系统的动态稳定性。通过引入附加励磁控制（即采用电力系统稳定器-PSS），完全可以克服这一缺点。电力系统稳定器的正阻尼作用完全可以超过电压调节通道的负阻尼作用，从而提高电力系统的动态稳定性。这点，已经为国内外电力系统的实践所证明。

34. 什么是发电机电压的调节？

答：自动调节励磁系统可以看成一个以电压为被调量的负反馈控制系统。无功负荷电流是造成发电机端电压下降的主要原因，当励磁电流不变时，发电机的端电压将随无功电流的增大而降低。但是为了满足用户对电能质量的要求，发电机的端电压应基本保持不变，实现这一要求的办法是随无功电流的变化调节发电机的励磁电流。

35. 什么是发电机无功功率的调节？

答：发电机与系统并联运行时，可以认为是与无限大容量电源的母线并联运行，要改变发电机的励磁电流，感应电动势和定子电流也跟着变化，此时发电机的无功电流也跟着变化。当发电机与无限大容量系统并联运行时，为了改变发电机的无功功率，必须调节发电机的励磁电流。此时改变的发电机励磁电流并不是通常所说的调压，而只是改变了送入系统的无功功率。

36. 励磁控制系统的限制器有哪些？

答：励磁控制系统的限制器主要包括欠励限制器（Under excitation limiter）、过励限制器（Over excitation limiter or Slow field current limiter）、强励限制器（ Fast field current limiter）、定子电流限制器（ Stator current limiter）、V/Hz 限制器（ V/Hz limiter）。

37. 励磁系统限制器的作用是什么？

答：当机组运行在一些不稳定的区域（深度进相等），或者机端母线发生短路等故障，

或者由于系统的波动（系统电压、频率的变化）造成机组运行工况很恶劣时，为了保护发电机组及主变压器的安全，励磁系统针对不同的工况设计了不同的限制器。

38. 什么是欠励限制？

答： 发电机欠励运行期间，其定、转子间磁场联系减弱，发电机易失去静态稳定。为了确保一定的静态稳定裕度，励磁控制系统（AVR）在设计上均配置了欠励限制回路，即发电机输出一定的有功功率时，受到定子端部铁芯发热的限制，以及功角不能越过稳定极限的限制，为保证发电机设备的安全，必须保证发电机运行在功率限制圆和热稳定限制线以内，具体设置以试验的数据和机组提供的进相能力极限数据为参考，同时必须与发电机失磁保护配合。

39. 强励限制与过励限制的区别是什么？

答： 对于发电机的转子，除长期通流的额定限制外，还具有一定的短时过载能力。当转子过载时，根据转子电流的不同，其过载时间也不同，转子电流越大，允许的过载时间越小。强励限制实际上就是发电机转子过励磁限制，是根据转子的热效应反时限特性整定的，而过励限制是控制发电机的无功输出上限的。强励限制保护短时出现的工况，过励限制保护机组长期运行工况。

40. 发电机最大励磁限制有哪几种？

答： 发电机最大励磁限制分为两种：一种为防止发电机过电压的空载最大励磁电流限制；另一种为防止励磁绕组侧过电流的负载最大励磁电流限制。

41. 什么是压频（V/F）限制？

答： 励磁调节器一般设有压频（V/F）限制，实质就是最大磁通限制，由于发电机-变压器组的主磁通与V/F成正比，而主磁通过大势必引起发电机-变压器组过热，因而设置压频（V/F）限制。V/F限制就是过励磁保护。

42. 什么是电力系统稳定器（PSS）？

答： 电力系统稳定器（power system stabilization）是为抑制低频振荡而研究的一种附加励磁控制技术。它在励磁电压调节器中，引入领先于轴速度的附加信号，产生一个正阻尼转矩，去克服原励磁电压调节器中产生的负阻尼转矩作用。用于提高电力系统阻尼、解决低频振荡问题，是提高电力系统动态稳定性的重要措施之一。它采集与此振荡有关的信号，如发电机有功功率、转速或频率，加以处理，产生的附加信号加到励磁调节器中，使发电机产生阻尼低频振荡的附加力矩。

43. 电力系统稳定器（PSS）的运行有哪些规定？

答：发电机有功功率达到设定值即可投入 PSS，PSS 投入后发电机电压被限制在一定范围内。当有功功率、电压超出设定值或机组解列后，PSS 自动退出。

（1）PSS 性能试验正常，有调度下达或确认的整定单并整定正确，PSS 整定值更改后应进行相应的 PSS 试验，合格后才能再次投运。

（2）正常情况下，运行机组的 PSS 必须投入，退出应根据调度批准。

（3）PSS 投入时若发现无功调节振荡且不能在短时间内稳定，应立即退出 PSS。

（4）PSS 投入时若调节器机端电压波动超过 3%额定电压值，应立即撤出。

（5）PSS 采用有功功率自动投入方式时，应注意在有功功率进行调节或机组异常情况下的 PSS 运行情况。

44. 发电机自动电压控制系统 AVC 装置的功能是什么？运行中有哪些限制条件？

答：（1）AVC 装置的功能。AVC 装置作为电网电压无功优化系统中分级控制的电压控制实现手段，是针对负荷波动和偶然事故造成的电压变化迅速动作来控制调节发电机励磁实现电厂侧的电压控制，保证向电网输送合格的电压和满足系统需求的无功。同时接受来自省调度通信中心的上级电压控制命令和电压整定值，通过电压无功优化算法计算并输出以控制发电机励磁调节器的整定点来实现远方调度控制。

（2）AVC 运行中的限制条件为：

1）发电机电压最高、最低限制。

2）厂用电压的限制。

3）系统电压的限制。

4）发电机功率因数的限制。

5）受发电机进相能力的限制等。

45. 发电机自动电压控制系统 AVC 装置的使用规定有哪些？

答：正常运行中，AVC 装置投入运行，该装置严格按照调度中心的指令进行调整，正常运行中不准将该装置退出运行，该装置的投入或退出必须按照中调命令执行。

运行值班人员在 AVC 装置退出的情况下，必须按调度员下达的季度电压曲线和中枢点电压正常范围进行调整。使控制点电压在高峰负荷期间维持电压曲线的上限运行，低谷负荷期间维持下限运行。

第十三章 特种变压器及变压器故障处理

第一节 特种变压器

1. 什么是自耦变压器？它有什么优点？

答：自耦变压器是只有一个绕组的变压器。当作为降压变压器使用时，从绕组中抽出一部分出线匝作为二次绕组；当作为升压变压器使用时，外施电压只加在绕组的一部分线匝上。通常把同时属于一次和二次的那部分绕组称为公共绕组，其余部分称为串联绕组。

由于电力生产的增长和输电电压的增高，自耦变压器应用得越来越多，因为在传输相同容量的情况下，自耦变压器与普通变压器相比，不但尺寸小，而且效率高。容量越大，电压越高，这个优点就尤为突出，有时只有采用自耦变压器才能满足整体传输的要求。

2. 自耦变压器与普通变压器的区别？

答：自耦变压器与普通变压器的区别在于自耦变压器的一、二次侧绕组不仅有磁的联系，还有电的联系，而普通变压器一、二次侧绕组仅有磁的联系。

3. 电压互感器的作用是什么？

答：（1）变压。按一定比例把高电压变成适合二次设备应用的低电压（一般为100V），便于二次设备标准化。

（2）隔离。将高电压系统与低电压系统实行电气隔离，以保证工作人员和二次设备的安全。

（3）用于特殊用途。

4. 零序电流互感器是如何工作的？

答：零序电流互感器的一次绕组是三相星形接线的中性线，在正常情况下，三相电流之和等于零，中性线（一次绕组）无电流，互感器的铁芯中不产生磁通，二次绕组中没有感应电流。当被保护设备或系统上发生单相接地故障时，三相电流之和不再等于零，一次绕组将流过电流，此电流等于每相零序电流的3倍，此时铁芯中产生磁通，二次绕组将感应出电流。

5. 电压互感器的一、二次侧装设熔断器是怎样考虑的？什么情况下可不装设熔断器？其选择原则是什么？

答：（1）为防止高压系统受电压互感器本身或其引出线上故障的影响和对电压互感器自身的保护，所以在一次侧装设熔断器。110kV 及以上的配电装置中，电压互感器高压侧不装熔断器。电压互感器二次侧出口是否装熔断器有几个特殊情况：

1）二次接线为开口三角的出线除供零序过电压保护用以外，一般不装熔断器。

2）中性线上不装熔断器。

3）接自动电压调整器的电压互感器二次侧不装熔断器。

4）110kV 及以上的配电装置中的电压互感器二次侧装空气小开关而不用熔断器。

（2）二次侧熔断器选择的原则是熔件的熔断时间必须保证在二次回路发生短路时小于保护装置动作时间。熔件额定电流应大于最大负荷电流，且取可靠系数为 1.5。

6. 为什么 110kV 以上电压互感器一次侧不装熔断器？

答：110kV 以上电压互感器的结构采用单相串接绝缘，裕度大；110kV 引线为硬连接，相间距离较大，引起相间故障的可能性小，再加上 110kV 系统为中性点直接接地系统，每相电压互感器不可能长期承受线电压运行，另外，满足系统短路容量的高压熔断器制造上还有困难，无法提供合适的设备，因此 110kV 以上的电压互感器一次侧不装设熔断器。

7. 自耦变压器和双绕组变压器有什么区别？

答：双绕组变压器的高、低压绕组是分开绕制的，虽然每相高、低压绕组都装在同一个铁芯柱上，但相互之间是绝缘的。高、低压绕组之间只有磁的耦合，没有电的联系。电功率的传送全是由两个绕组之间的电磁感应完成的。

自耦变压器的高、低压绕组实际上是一个绕组，低压绕组接线是从高压绕组抽出来的，因此，高、低压绕组之间既有磁的联系，又有电的联系。电功率的传送，一部分是由电磁感应传送的，另一部分是由电路连接直接传送的。

8. 有的电磁式电压互感器的中性点不接地系统，当变压器向母线充电或发生单相接地时，为什么可能发生铁磁共振？

答：在中性点不接地系统中，当变压器向母线充电或发生单相接地时，电压互感器的电感、母线和线路的电容会构成振荡回路，当感抗与容抗的数值接近相等时，就会产生铁磁共振。

9. 与双绕组变压器比较，自耦变压器有何优缺点？

答：双绕组变压器传送电功率全部是由两个绕组之间的电磁感应传送，而自耦变压器传送电功率一部分是由电磁感应传送，另一部分是通过电路连接直接传送的。因此，当变压器容量相等时，自耦变压器所用线材及硅钢片均比双绕组变压器少，与此相应短路损耗和铁损

也小。

缺点是自耦变压器一、二次侧的电路直接连在一起，只要有一侧发生故障，会直接影响到另一侧。

10. 电压互感器空载试验的目的是什么？

答：（1）通过空载试验可以检查电压互感器是否存在匝间短路或磁路缺陷。

（2）在感应耐压试验前后进行空载试验，可以确定电压互感器试验后匝间是否击穿。

11. 自耦变压器有何特点？

答：和普通双绕组变压器相比，自耦变压器有以下主要特点：

（1）自耦变压器的计算容量小于额定容量，因此在同样的额定容量下，自耦变压器的主要尺寸较小，有效材料（硅钢片和导线）和结构材料（钢材）都相应减少，从而降低了成本。有效材料的减少使得铜耗和铁耗也相应减少，故自耦变压器的效率较高。同时由于主要尺寸的缩小和重量的减轻，可以在容许的运输条件下制造单台容量更大的变压器。但通常在自耦变压器中只有变压比 $K_a \leqslant 2$ 时，上述优点才明显。

（2）自耦变压器的短路阻抗标幺值比双绕组变压器小，故电压变化率较小，但短路电流较大。

（3）自耦变压器一、二次之间有电的直接联系，当高压侧过电压时会引起低压侧严重过电压。为了避免这种危险，一、二次都必须装设避雷器。不能认为一、二次绕组是串联的，一次已装、二次就可省略。

（4）在一般变压器中有载调压装置往往连接在接地的中性点上，这样调压装置的电压等级可以比在线端调压时低。而自耦变压器中性点调压侧会带来所谓的相关调压问题。因此，要求自耦变压器有载调压时，只能采用线端调压方式。

12. 自耦变压器中性点为什么必须接地？

答：自耦变压器的中性点必须直接接地，这样中性点电位永远等于地电位，当高压电网内发生单相接地故障时，在其中压绕组上就不会出现过电压。

13. 分裂变压器在什么情况下使用？

答：随着变压器单台容量的增大，两台发电机共用一台变压器输出电能的方案也随之提出。但为了减小短路电流，要求两台发电机之间有较大的阻抗。此外，大型机组的厂用变压器要向两段独立的母线供电，因此要求两段母线之间有较大的阻抗，以减少一段母线短路时，由另一段母线所接的电动机而来的反馈电流。为了达到上述限制短路电流的要求，可用分裂变压器代替普通变压器。

14. 分裂变压器有哪些特殊参数？它有什么意义？

答：分裂变压器的特殊参数及意义如下：

（1）当低压分裂绕组的两个分支并联成一个绕组对高压绕组运行时，叫做穿越运行。此时变压器的短路阻抗叫做穿越阻抗，用 Z_k 表示。

（2）当分裂绕组的一个分支对高压绕组运行时，叫做半穿越运行，此时变压器的阻抗叫做半穿越阻抗，用 Z_b 表示。

（3）当分裂变压器的一个分支对另一个分支运行时，叫做分裂运行，这时变压器的短路阻抗叫做分裂阻抗，用 Z_f 表示。

（4）分裂阻抗与穿越阻抗之比称为分裂系数，用 K_f 表示。

15. 分裂变压器有何优缺点？

答：当分裂变压器用作大容量机组的厂用变压器时，与双绕组变压器相比，它有以下优缺点：

（1）限制短路电流显著。当分裂绕组一个支路短路时，由电网供给的短路电流经过分裂变压器的半穿越阻抗比穿越阻抗大，故供给的短路电流要比用双绕组变压器为小。同时分裂绕组另一支路由电动机供给短路点的反馈电流，因受分裂阻抗的限制，也减少很多。

（2）当分裂绕组的一个支路发生故障时，另一支路母线电压降低比较小。同样，当分裂变压器一个支路的电动机自启动，另一个支路的电压几乎不受影响。

（3）分裂变压器的缺点是价格较贵，一般分裂变压器的价格约为同容量的普通变压器的 1.3 倍。

16. 互感器投入运行前的检查项目有哪些？

答：（1）电压互感器一、二次熔断器完好，安装牢固，容量适当。

（2）电流互感器二次侧接地线良好。

（3）互感器一、二次侧接地线牢固完整，无松动和油浸现象，引线绝缘无破损。

（4）电压互感器隔离开关辅助触点切换正确、良好，油浸式电压互感器无渗油、漏油、缺油现象，油位在正常范围内。

（5）互感器绝缘子（套管）清洁、无破损、周围无杂物。

17. 互感器运行中的检查项目有哪些？

答：（1）互感器外壳无膨胀、放电、发热现象。

（2）互感器无异常短路、开路现象。

（3）电压互感器一、二次熔断器接触严密，无弹出危险，隔离开关辅助触点接触良好。

（4）互感器无渗油、漏油现象，油位正常。

（5）套管清洁、无裂纹、放电现象。

（6）接地线完整良好。

（7）互感器内部无振动，无异常声音及变压器声。

18. 电流互感器和普通变压器比较，在原理上有何特点？

答：（1）电流互感器二次回路所串的负载是电流表和继电器的电流线圈，阻抗很小，因此，电流互感器的正常运行情况相当于二次短路的变压器的状态。

（2）变压器的一次电流随二次电流的增减而增减，可以说是二次起主导作用，而电流互感器的一次电流由主电路负载决定而不由二次电流决定，故是一次电流起主导作用。

（3）变压器的一次电压决定了铁芯中的主磁通又决定了二次电动势，因此，一次电压不变，二次电动势也基本不变。而电流互感器则不然，当二次回路的阻抗变化时，也会影响二次电动势，这是因为电流互感器的二次回路经常是闭合的，在某一定值的一次电流作用下，感应二次电流的大小决定于二次闭路中的阻抗，当二次阻抗大时，二次电流小，用于平衡二次电流的一次电流就小，用于励磁的电流就多，则二次电动势就高；反之，当二次阻抗小时，感应的二次电流大，一次电流中用于平衡二次电流的电流就大，用于励磁的电流就小，则二次电动势就低。所以，这几个量是互成因果关系的。

（4）电流互感器之所以能用来测量电流，即二次侧即使串上几个电流表，其电流值也不减小，是因为它是一个恒流源，且电流表的电流线圈阻抗小，串进回路对回路电流影响不大。它不像变压器，二次侧加负载时，对各个电量的影响都很大。但这一点只适用于电流互感器在额定负载范围内运行，一旦负载增大超过允许值，也会影响二次电流，且会使误差增加到超过允许的程度。

19. 电流互感器的启动、停用操作应注意什么问题？

答：电流互感器的启动与停用，一般是在被测量电路的断路器断开后进行的，以防止电流互感器二次侧开路。但被测电路的断路器不允许断开时，只能在带电情况下进行。在停电情况下，停用电流互感器时，应将纵向连接端子板取下，用它将标有“进”侧的端子横向短接。在启动互感器时应将横向短接端子板取下，并用取下的端子板，将电流互感器纵向端子接通。在运行中停用电流互感器时，应先用备用端子板将标有“进”侧的端子横向短接，然后取下纵向端子板。运行中启动电流互感器时，应用备用端子板将纵向端子接通，然后取下横向端子板。

在电流互感器启动、停用中，应注意在取下端子板时是否出现火花，如发现火花，应立即将端子板装上并旋紧，再查明原因。另外，工作人员应站在橡皮绝缘垫上，不得碰到接地物体。

20. 电流互感器为什么不许开路？开路以后会有什么现象？怎样处理？

答：（1）电流互感器一次电路大小与二次负载的电流大小无关，互感器正常工作时，由于阻抗很小，接近于短路状态，一次电流所产生的磁通势大部分被二次电流的磁通势所抵

消，总磁通密度不大，二次绕组电动势也不大。当电流互感器开路时，阻抗无限大，二次电流为零，其磁通势也为零，总磁通势等于一次绕组磁通势，也就是一次电流完全变成了励磁电流，在二次绕组产生很高的电动势，其峰值可达几千伏，威胁人身安全，或造成仪表、保护装置、互感器二次绝缘损坏，也可能使铁芯过热而损坏。

（2）电流互感器开路时，产生的电动势大小与一次电流大小、二次绕组匝数及铁芯截面有关。在处理电流互感器开路时，一定将负荷减小或使负荷为零，然后使用绝缘工具进行处理，处理时应停用相应的保护装置。

21. 电流互感器为什么不允许长时间过负荷？过负荷运行有什么影响？

答：电流互感器过负荷会使铁芯磁通达到过饱和，使其误差增大，表计指示不正确，不容易掌握实际负荷。另一方面由于磁通密度增大，使铁芯和二次绕组过热，绝缘老化快，甚至损坏导线。

22. 更换电流互感器应注意哪些问题？

答：（1）运行中的电流互感器损坏时，需选用变比相同、容量相同、使用电压等级相符、伏安特性相近、经过试验合格的电流互感器去更换。

（2）更换需停电进行。

（3）更换时还应注意保护的定值以及仪表的倍率符合要求。

23. 短路电流互感器为什么不允许用熔丝？

答：熔丝是易熔的金属，在电流超过一定限值时，温度增高，致使熔丝熔断。如果用熔丝短路电流互感器，一旦发生故障，故障电流很大，容易造成熔丝熔断，使电流互感器开路。

24. 电流互感器与电压互感器二次侧为什么不许相互连接，否则会造成什么后果？

答：电压互感器连接的是高阻抗回路，称为电压回路；电流互感器连接的是低阻抗回路，称为电流回路。如果电流回路接于电压互感器二次侧会使电压互感器短路，造成电压互感器熔断器熔断或电压互感器烧坏及保护误动等事故。如电压回路接于电流互感器二次侧，则会造成电流互感器二次侧近似开路，出现高电压，对人身和设备的安全造成威胁。

25. 电压互感器允许运行方式如何？

答：电压互感器在额定容量下可长期运行，但在任何情况下，都不允许超过最大容量运行。电压互感器二次绕组的负载是高阻抗仪表，二次侧电流很小，接近于磁化电流，一、二次绕组中的漏抗压降也很小，所以它在运行时接近于空载情况，因此，二次绕组绝不能短路，如果短路，二次侧的阻抗大大减小，会出现很大的短路电流，使绕组严重发热甚至烧毁，因此值班人员要特别注意。

26. 电压互感器二次 b 相接地的接地点一般放在熔断器之后，为什么 b 相也配置二次熔断器？

答：这是为了防止当电压互感器一、二次间击穿时，经 b 相接地点和一次侧中性点形成回路，使 b 相二次绕组短接以致烧坏。

凡采用 b 相接地的电压互感器，二次侧中性点都接一个击穿熔断器，这是考虑到在 b 相二次熔断器熔断的情况下，即使高压窜入低压，仍能击穿熔断器而使互感器二次有保护接地，击穿熔断器电压约 500V。对于装有距离保护的电压互感器二次回路，均要求零相接地，因为要接断线闭锁装置，要求有零线。故一般发电厂与变电站的 110kV 及以上系统的电压互感器是零相接地。

27. 电压互感器停用时应注意哪些问题？

答：在双母线制中，如一台电压互感器出口设隔离开关，电压互感器本体或电压互感器低压侧电路需要检修时，则需停用电压互感器；在其他接线方式中，电压互感器随母线一起停用。

在双母线制中停用互感器，方法有两种：一是双母线改单母线，然后停用互感器；二是合上两母线隔离开关，使电压互感器并列，再停其中一组。通常采用第一种。

电压互感器停用操作顺序：

（1）先停用电压互感器所带的保护及自动装置，如装有自动切换装置或手动切换装置时，其所带的保护及自动装置可不停用。

（2）取下低压熔断器，以防止反充电使高压侧充电。

（3）拉开电压互感器出口隔离开关，取下高压侧熔断器。

（4）进行验电，用电压等级合适而且合格的验电器，在电压互感器各相分别验电。验明无误后，装设好接地线，悬挂标示牌，经过工作许可手续，便可进行检修工作。

28. 装设电压互感器时，熔断器的容量怎样选择？

答：电压互感器二次回路中，除接有保护装置的电压线圈外，还接有测量表计的电压线圈。为防止二次回路和测量表计的电压回路短路，在电压互感器的二次主回路和表计回路中，需加装熔断器。

电压互感器二次熔断器按其最大容量的额定电流的 1.1～1.2 倍选取。一般容量的电压互感器，多选 5A。双母线情况下，应考虑一组母线运行时，所有电压回路负载全部切换在一组电压互感器上。同时还应考虑设在电压二次回路的熔断器与表计回路熔断器在动作时间和灵敏度上相配合，即表计回路熔断器的动作时间，应小于保护装置的动作时间，这样二次表计回路短路时，不会引起保护误动作。如熔断器的动作时间不能满足联动要求，则应选用自动开关。

一般认为110kV系统装有阻抗保护时，应在110kV电压互感器二次侧加装快速自动开关，110kV以上电压等级的电压互感器，一次侧不装熔断器，35kV屋外电压互感器一次侧装设带限流电阻的角形可熔熔断器，35、10kV屋内电压互感器一次侧均装充填石英砂的瓷管熔断器，以上熔断器的额定电流均为0.5A，熔断电流为0.6～1.8A。

电压互感器一、二次熔断器的保护范围是怎么规定的?

答：电压互感器一次熔断器的保护范围：电压互感器内部故障，或在电压互感器与电网连接线上的短路故障。

电压互感器二次熔断器的保护范围：电压互感器二次熔断器以下回路的短路所引起的持续短路故障。

110kV电压互感器一相二次熔断器为什么要并联一个电容器?

答：电压回路断线闭锁装置是防止保护误动的重要部件之一。例如阻抗保护在电压回路故障时，失压可能误动，如果断线闭锁装置动作断开保护的直流电源，误动就可以避免。

110kV中性点接地的电网中，断线闭锁装置一般用零序电压滤过器原理制成。当电压回路一相或两相断开时，过滤器上出现零序电压，电压继电器动作，它的动断触点断开保护装置的直流电源，防止保护动作。但当三相断电时，滤过器的电压为零，断线闭锁装置将拒动，为此在一相熔断器或自动开关上并联一个电容器，三相失电时，可通过电容器人为给断线闭锁装置引进一相电压，以保证可靠动作。

电压互感器断线有哪些现象？怎样处理?

答：当电压互感器电压断线时，发出“电压互感器断线”信号及光字牌，频率监视灯熄灭，表计指示不正常，同期鉴定继电器可能有响声。

处理时，电压互感器所带的保护与自动装置，如可能误动，应先停用，然后检查熔断器是否熔断。一次熔断器熔断，应查明原因进行更换。如二次熔断器熔断，应立即更换。若再次熔断，应查明原因，且不能将熔断器容量加大，如熔断器完好，应检查电压互感器接头有无松动、断头，切换回路有无接触不良。检查时应采取安全措施，保证人身安全，防止保护误动。

电压互感器高压侧或低压侧一相熔断器熔断，值班人员应如何处理?

答：电压互感器由于过负荷运行、低压电路发生短路、高压电路相间短路、产生铁磁谐振以及熔断器日久磨损等原因，均能造成高压或低压侧一相熔断器熔断。若高压或低压侧熔断器一相熔断，则熔断相的相电压表指示值降低，未熔断相的电压表指示值不会升高。

发生上述故障时，值班人员应进行如下处理：

(1) 若低压侧熔断器一相熔断，应立即更换。若再次熔断，则不应再更换，待查明原因

后处理。

（2）若高压侧熔断器一相熔断，应拉开电压互感器出口隔离开关，取下低压侧熔断器，并采取相应的安全措施，在保证人身安全及防止保护误动作的情况下，更换熔断器。

33. 电压互感器铁磁谐振有哪些现象？

答：电压互感器发生基波谐振的现象是两相对地电压升高，一相降低，或是两相对地电压降低，一相升高。电压互感器发生分频谐振的现象是三相电压同时或依次轮流升高，电压表指针在同范围内低频（每秒一次左右）摆动。电压互感器发生谐振时其线电压指示不变，但可能引起其高压侧熔断器熔断，造成继电保护和自动装置的误动作。

34. 电压互感器发生铁磁谐振的危害是什么？

答：（1）由于谐振时，电压互感器一次绕组通过相当大的电流，在一次熔断器尚未熔断时，可能使电压互感器烧坏。

（2）造成电压互感器一次熔断器熔断。

电压互感器发生铁磁谐振的间接危害是当电压互感器一次熔断器熔断后，将造成部分继电保护和自动装置的误动作，从而扩大了事故，有时可能会造成被迫停机、停炉事故。

35. 当发现电压互感器铁磁谐振时，应如何处理？

答：当发现电压互感器铁磁谐振时，应区别情况进行如下处理：

（1）当只带电压互感器空载母线产生电压互感器基波谐振时，应立即投入一个备用设备，改变电网参数，消除谐振。

（2）当发生单相接地产生电压互感器分频谐振时，应立即投入一个单相负荷。由于分频谐振具有零序性质，故此时投三相对称负荷不起作用。

（3）谐振造成电压互感器一次熔断器熔断时，谐振可自行消除，但可能带来继电保护和自动装置的误动作，此时应迅速处理，如：检查备用电源开关的联投情况，如没联投应立即手投，然后迅速更换一次熔断器，恢复电压互感器的正常运行。

（4）发生谐振尚未造成一次熔断器熔断时，应立即停用有关失压容易误动的继电保护和自动装置。母线有备用电源时，应切换到备用电源，以改变系统参数消除谐振。如果改用备用电源后谐振仍未消除，应拉开备用电源开关，将母线停电或等电压互感器一次熔断器熔断后谐振便会消除。

（5）谐振时电压互感器一次绕组电流很大，应禁止用拉开电压互感器或直接取下一次侧熔断器的方法来消除谐振。

36. 什么是电流互感器的极性？极性弄错有何影响？

答：电流互感器的一、二次绕组端子都标有极性的符号，如“+”“*”“·”等，有同一符号或同名的一端叫做同极性端。同理，二者另一头没有标号的一端（或有别的同样标号的一端）也为同极性端。极性的意思是在铁芯中同一磁通作用下，两个绕组中感应出电动势，其中两个同时达到电位高的一端或同时为电位低的那端都为同极性端。电流互感器往往以一、二次电流方向关系来定同极性端或异极性端。继电保护人员确定同极性端的方法为：对一次绕组的端子，可先任意选定一个端头作为始端（另一个作为终端），当一次绕组电流 i_1 瞬时由始端流向终端时，二次绕组内电流 i_2 流出的那一端就标示二次绕组的始端（另一端为终端），用“*”或“·”等记号来表示同极性端。这样定同极性端，在本质上和前面所说的一样，测极性的方法与测变压器的极性法相同。

电流互感器也有所谓加极性和减极性的标示方法。从电流互感器一次绕组和二次绕组所标的同极性端来看，电流 i_1 和 i_2 的流向是相反的，即一个流进，另一个流出，这样的极性关系，称为减极性，反之为加极性。一般采用减极性标示方法。

如果继电器线圈与电流互感器二次绕组的连接适合于减极性的标示方法，则流过继电器线圈的电流方向，与将电流互感器二次回路断开，并把继电器线圈直接串连在一次回路中时流过继电器线圈的电流方向相同。由此，以后分析电流方向时就可以这样想象，当一次电流自始端流入电流互感器时，就是自始端流入继电器。这种标示方法直观，故电流互感器都用减极性标示方法。

在连接继电保护装置时，必须要注意电流互感器的极性。只有电流互感器的极性连接得正确，保护装置才能正确动作，如差动保护，内部故障时，差动保护装置由各电流互感器来的电流应该是相加流入差动继电器，如果电流互感器极性错了，此时的各电流不是相加，而是相减，就不动作。

37. 电流互感器的配置原则如何？

答：电流互感器的配置，应满足测量表计、继电保护和自动装置的要求。

保护用的电流互感器的配置应尽量消除主保护装置的不保护区。对于大电流接地系统，电流互感器应三相配置，对于小电流接地系统，根据具体情况可用两相或三相配置。

自动调整励磁装置用的电流互感器，应布置在发电机定子绕组的出线侧。测量表计、保护装置和自动装置一般都希望由单独的电流互感器供电，这样可分别满足不同的要求，而且又不会互相影响。当测量表计和保护共用一组电流互感器时，为了防止测量表计回路开路而引起事故，应按下述原则处理：凡在正常运行情况下电流二次回路开路能引起保护不正确动作且无闭锁装置时，则通过中间变流器来连接测量表计。

若不装中间变流器而保护和测量又共用一组电流互感器时，保护装置一般接在测量表计之前，以便测量表计校验时仍能投入保护。当好几种表计接于同一组电流互感器时，其接线顺序应先接指示和计算仪表，后接记录仪表，最后接发送仪表。

接地保护，一般采用特殊的零序电流互感器。

断路器上有套管电流互感器能满足要求的，一般就不另配置，不能满足要求的则需另加配置。

由于差动保护动作原理上的特点，对电流互感器提出了特殊要求，即要求采用不易饱和的铁芯，这样可减少不平衡电流。为此，专门用于差动保护的电流互感器一般用特种硅钢片制造，或制成铁芯截面较大，籍此达到在通过大短路电流时铁芯不致饱和的目的。

38. 电流互感器的二次接线方式不同，对流到继电器去的电流有何影响？

答：电流互感器的二次接线方式随继电保护的要求不同有几种，如星形接线、两相星接、两相差接和三角形接线等。

（1）星形接线。图 13-1 所示为三个电流互感器和三个继电器的星形接线。采用这种接线，继电器能在各种相间故障及单相或两相接地短路时动作。

1）在图 13-1 所示的三相短路时，二次回路中每相都流着相应于短路电流的二次电流，三个继电器都能动作。图中的箭头示出三相短路时的电流情况。

2）在两相短路时，故障电流流过一次回路的两相，在二次回路中，故障两相的电流互感器和继电器中有电流流过，两个继电器动作。

3）在小电流接地系统发生单相接地短路时，故障电流只流过接在故障相电流互感器上的一个继电器，并使之动作。在两相接地短路时，视接地点位置故障电流可能流过一个继电器，也可能流过两个继电器，使之动作。

（2）两相星形接线。图 13-2 所示为两个电流互感器的两相星形接线。这种接线可以减少电流互感器及继电器数目，一般在小电流接地系统采用，如 6～10kV 的线路保护装置，具有单相接地保护装置的大电流接地系统也可采用。

这种接线方式，保护装置能在各种相间短路故障情况下动作，但在小电流系统中，单相接地不动作，而在大电流接地系统中，只有 A、C 相发生单相接地时能动作。

在正常和三相短路时，两个继电器都有电流通过，其公用线也有电流，为两个电流的相量和（如图中箭头所示）。在两相故障时，若故障发生在接有电流互感器的两相上，两继电器都有电流通过，但如果 A—B 或 B—C 两相故障时，故障电流仅通过一个继电器。当两相接地短路而一个接地点在 B 相上，另一个接地点在 A 或 C 相的非保护区时，故障电流不流过继电器，保护不能动作。

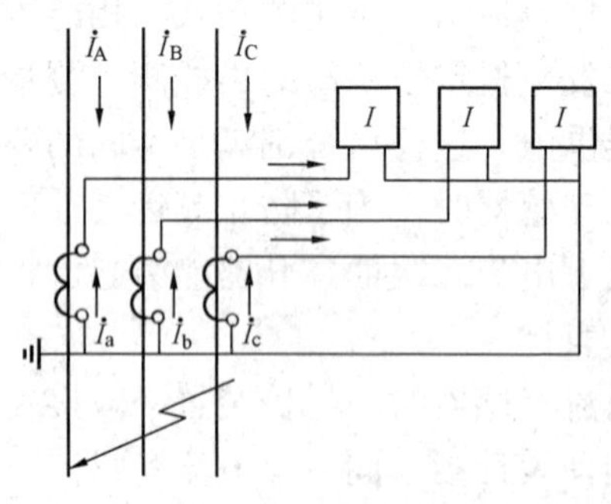

图 13-1　星形接线

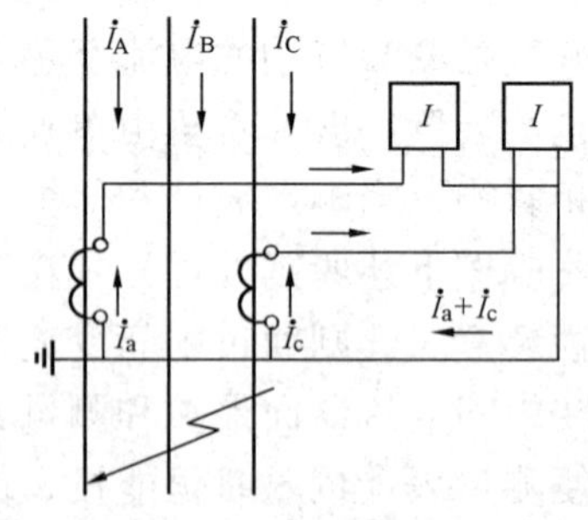

图 13-2　两相星形接线

（3）两相差接。图 13-3 所示为两电流互感器采用差接线。这种接线方式与两相星形接线相同，所有各种相间短路故障保护都能动作，而单相接地及两相接地短路不一定动作，并且各种故障时的电流值与故障种类有关，因而保护装置的灵敏度也不同。

在正常和三相短路时，通过继电器的电流为两相电流之差。图 13-3 中的箭头示出三相

短路时电流情况。在接有电流互感器的两相短路时，继电器中的电流为两故障电流之和。当仅其中一相有互感器的两相短路时，继电器中流的电流等于故障相电流。

在大电流接地系统中，当装有互感器的两相发生单相接地时，在继电器中也流过相应相的故障电流。当没有电流互感器的相上发生单相接地，以及某些情况下的两相接地短路时，保护装置不动作。

这种接线也用在小电流接地系统及装有接地保护的中性点直接接地系统，如电动机的保护装置或电压低于 10kV 的线路保护装置，其优点是简单、便宜。

（4）三角形接线。图 13-4 所示为三个电流互感器接成三角形的接线方式。这种接线和星接一样，能在各种短路故障情况下使保护装置动作。

在正常和三相短路时，流过继电器的电流等于其中两相电流之差，即 I_a-I_b、I_b-I_c、I_c-I_a，如图 13-4 中箭头所示，继电器中的电流是电流互感器中电流值的 3 倍，且相位差 30°。

在两相短路时，电流也流过 3 个继电器，其中一相的电流为其他两相电流的 2 倍。

在单相接地短路时，或两相接地短路（接地点分别在电流互感器两侧）时，其中两个继电器将流过故障电流。

这种接线一般在变压器差动保护及线路距离保护中采用。

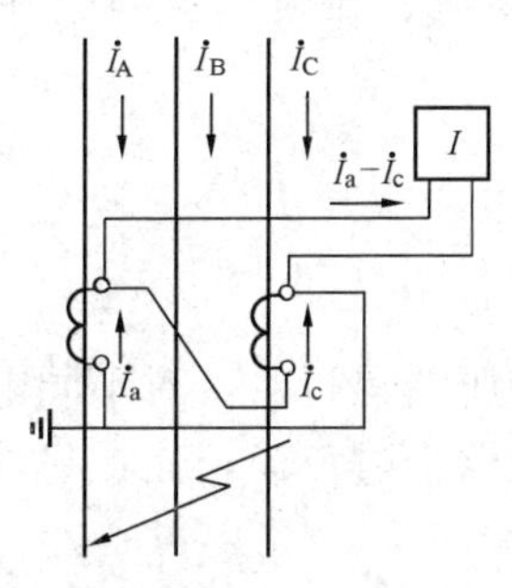

图 13-3　两相差接

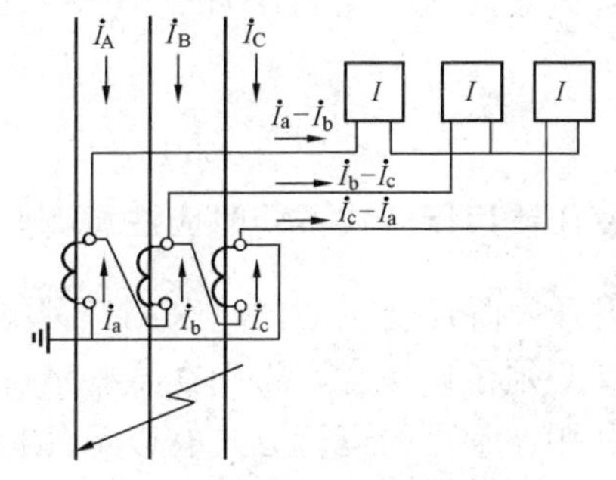

图 13-4　三角形接线

39. 为什么有的场合两组电流互感器串联使用？

答： 如果验算的结果电流互感器不能满足 10％误差的要求，则要采取措施，其中之一就是将两个型号及变比相同的电流互感器串联起来使用，这样，可使允许二次阻抗增大。

在相同的二次负载阻抗 Z 和二次电流 I_2 的情况下，二次端电压 U_2 不变（端电压等于电流乘阻抗），让一个电流互感器来负担，这端电压就是一个互感器的端电压，若让两个电流互感器来负担，这端电压是两个互感器串联后总的端电压，此时，每个互感器只分到 1/2 的端电压。端电压和二次电动势有直接关系，它们间只差一个内阻抗压降，显然，端电压大，电动势大，需要的励磁电流也大。励磁电流大，互感器误差就大。所以，两个电流互感器串联使用时，每个互感器的端电压小，电动势小，因而励磁电流占的比例小，电流互感器的误差也小。由此看来，两个电流互感器串联使用，可以承担大一点的二次负载阻抗。

40. 整流变压器的功能有哪些？

答：整流变压器是专供整流系统的变压器。整流变压器的功能为：

（1）供给整流系统适当的电压。

（2）减小因整流系统造成的波形畸变对电网的污染。

41. 整流变压器的主要用途有哪些？

答：（1）电化学工业。这是应用整流变最多的行业，电解有色金属化合物以制取铝、镁、铜及其他金属，电解食盐以制取氯碱，电解水以制取氢和氧。

（2）牵引用直流电源。用于矿山或城市电力机车的直流电网。由于阀侧接架空线，短路故障较多，直流负载变化辐度大，电机车经常启动，造成不同程度的短时过载。为此这类变压器的温升限值和电流密度均取得较低。阻抗比相应的电力变压器大30%左右。

（3）传动用直流电源。主要用来为电力传动中的直流电机供电，如轧钢机的电枢和励磁。

（4）直流输电用。这类整流变压器的电压一般在110kV以上，容量在数万千伏安。需特别注意对地绝缘的交、直流叠加问题。

此外还有电镀用或电加工用直流电源、励磁用直流电源、充电用及静电除尘用直流电源等。

42. 自耦变压器运行方式不同时应注意哪些问题？

答：在升压及降压变电站内，采用三种电压的自耦变压器运行时，对不同电压侧的负荷送、受电情况必须予以注意，否则在某些情况下自耦变压器会过负荷，而在另外一些情况下又不能充分利用。常见的运行方式有以下几种。

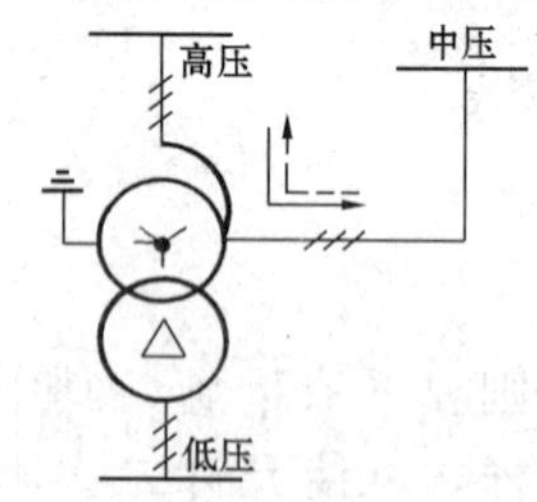

图13-5　高压侧向中压侧（或相反）送电

（1）高压侧向中压侧（或相反）送电。在如图13-5所示的运行方式下，对于降压自耦变压器，经它传送的最大传输功率可以等于变压器的额定容量；对于升压自耦变压器，有时可能低一些。后面这种情况出现在当低压绕组布置在高、中压绕组之间时，由于这时连接的发电机停止运行，自耦变压器高、中压间的漏磁通增加，引起大量的附加损失，故把传输功率限制在额定容量的70%～80%。

（2）高压侧向低压侧（或相反）送电。在如图13-6所示的情况下，自耦变压器的最大传输功率只要不超过低压绕组的额定容量即可，它小于自耦变压器的额定容量。

（3）中压侧向低压侧（或相反）送电。在如图13-7所示的送电方式与图13-6所示的方式相似，其最大传输功率不超过低压绕组的额定容量。

（4）高压侧同时向中压侧和低压侧（或相反）送电。在如图13-8所示的情况下，最大传输功率不能超过自耦变压器高压绕组（即串联绕组）的额定容量。这个容量也就是自耦变压器铭牌上所标的额定容量。应该指出：在此种情况下，由高压侧向中压侧送的传输功率和

由高压侧向低压侧送的传输功率，和中压侧及低压侧负荷的功率因数有关。如中压和低压侧负荷的功率因数都为1，则当自耦变压器高压向低压侧传输一半额定容量时，也可以向中压侧传输另一半额定容量。但若中压侧电流和低压侧电流之间有相角差时，如低压侧负荷的功率因数为0.6时，则当高压侧向低压侧传输一半额定容量时，高压向中压侧传输的功率可以大于自耦变额定容量的一半，甚至可达额定容量的62%。

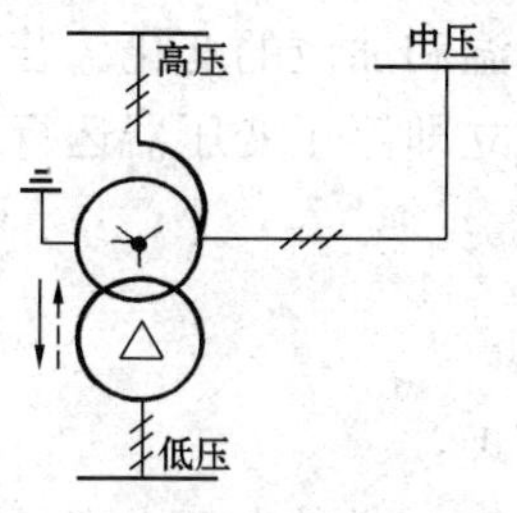

图 13-6　高压侧向低压侧（或相反）送电

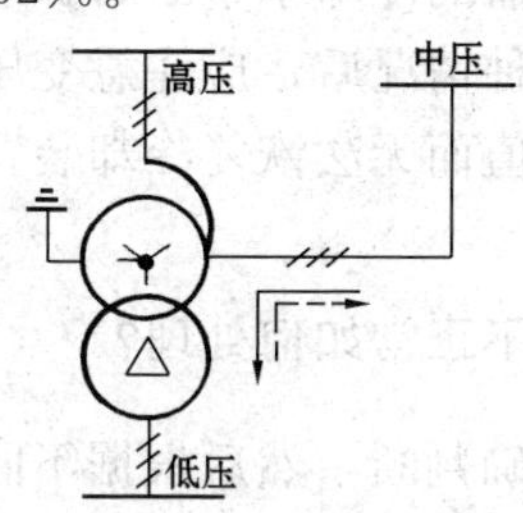

图 13-7　中压侧向低压侧（或相反）送电

（5）中压侧同时向高压侧和低压侧（或相反）送电。在如图13-9所示的运行方式下，自耦变压器的中压绕组（公共绕组）是一次绕组，其他高、低两侧为二次绕组。中压绕组内最大允许流过的电流不能超过该绕组本身的额定电流。向两侧送电的传输功率的大小也与负荷的功率因数有关。若低压侧负荷的功率因数为1，当自耦变压器中压侧向低压侧传输功率达到自耦变压器的额定标准容量时（对于220/110kV的自耦变压器，额定标准容量等于额定容量的一半），中压就不能再向高压侧传输任何功率。不过，如果中压向低压侧传输的功率低于标准容量，则中压仍可向高压侧传输一部分功率，并且这部分传输功率可以大于标准容量与传输到低压侧的功率之差。

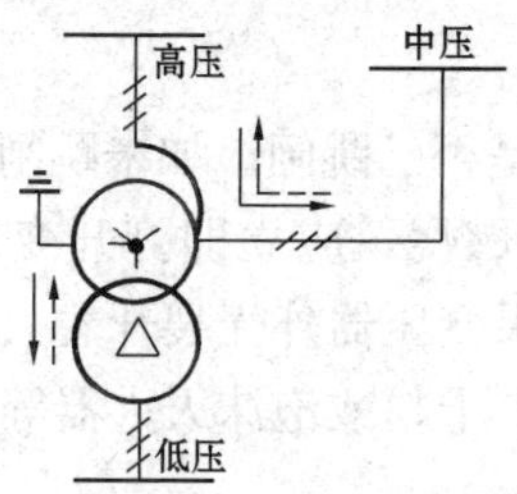

图 13-8　高压侧同时向中压侧和低压侧（或相反）送电

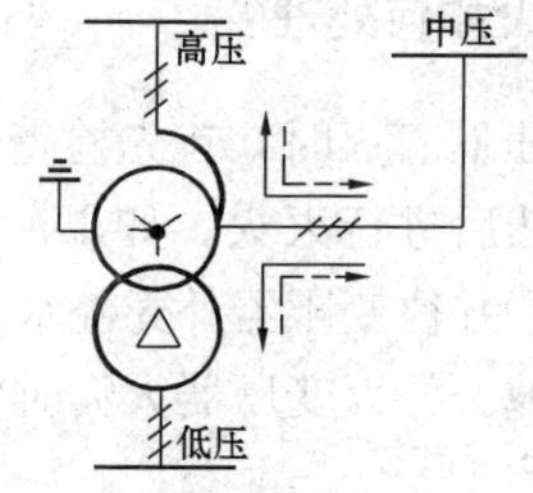

图 13-9　中压侧同时向高压侧和低压侧（或相反）送电

第二节　异常状态及故障处理

1. 变压器正常过负荷如何确定？

答：在不损坏变压器绕组绝缘和不减少变压器使用寿命的前提下，变压器可以在负荷高峰及冬季过负荷运行。变压器允许的正常过负荷数值及允许的持续时间与昼夜负荷率有关，可以根据变压器的负荷曲线、冷却介质温度以及过负荷前变压器已带负荷的情况按运行规程确定。

2. 变压器冷却系统发生故障如何处理?

答:(1)变压器运行时,如果发出“冷却系统故障”光字牌,应立即检查原因,并在允许的时间内尽快恢复。

(2)出现冷却器的冷却水中断时,应检查原因,迅速恢复供水。

在出现上述两种情况后,应注意变压器的上层油温和油位的变化。若在规定时间内且上层油温已达到允许值而无法恢复冷却装置运行时,应立即停止变压器运行。

3. 变压器声音不正常如何处理?

答:首先要正确判断,然后根据不同情况进行处理:

(1)变压器内部突然发出不正常声音,但很快消失。这是由于大容量动力设备启动或外部发生短路事故造成的。此时,只需对变压器及外部系统详细检查即可。

(2)变压器内连续不断地发出不正常声音时,应报告有关领导并增加巡视检查次数或派专人监视。如杂音增加,应经批准停用变压器,进行内部检查。变压器内部有强烈的杂音或内部有放电声和爆裂声时,应迅速投入备用变压器或倒换运行方式,停用故障变压器。

4. 变压器油色不正常时,应如何处理?

答:在运行中,如果发现变压器油位计内油的颜色发生变化,应取样进行分析化验。若油位骤然变化,油中出现碳质,并有其他不正常现象时,应立即将变压器停止运行。

5. 变压器着火如何处理?

答:发现变压器着火时,首先检查变压器的断路器是否已跳闸。如未跳闸应立即断开各侧电源的断路器,然后进行灭火。如果油在变压器顶盖上燃烧,应立即打开变压器底部放油阀门,将油面降低,并往变压器外壳浇水,使油冷却。如果变压器外壳裂开着火时,则应将变压器内的油全部放掉。扑灭变压器火灾时应使用二氧化碳、干粉或泡沫灭火器等灭火器材。

6. 变压器油位不正常时如何处理?

答:变压器油位在20℃时,油面高于+20℃的油位线,此时应通知检修人员放油。若在同一油温下油面低于+20℃的油位线时,应通知检修人员加油。若因大量漏油,油位迅速下降低至气体继电器以下时,应立即停用变压器,但要注意出现假油面,如果变压器的负荷、冷却条件及环境温度均正常,但储油柜油位异常升高时,可能是变压器呼吸系统堵塞引起的假油面。检查处理时先将气体保护退出,然后再排除堵塞。

7. 变压器过负荷时如何处理?

答:变压器过负荷的信号发出后,应进行如下处理:

（1）复归报警信号，汇报，做好记录。

（2）倒换运行方式，调整转移负荷。

（3）若属正常过负荷，可根据正常过负荷倍数确定允许时间，并加强对变压器的温度监视。

（4）若属于事故过负荷，则过负荷的倍数和时间依照制造厂的规定或运行规程的规定执行。

8. 运行中的变压器能否根据发出的声音判断运行情况？

答：正常运行的变压器，发出的是均匀的“嗡嗡”声，当有其他杂音时，就应认真查找原因。产生杂音的因素较多又复杂，发生的部位也不尽同：

（1）仍是“嗡嗡”声，但比原来大，无杂音；也可能随着负荷的急剧变化，呈现“割割割”突出的间歇响声，这时变压器指示仪表的指针同时晃动。这种声音可能是过电压（如中性点不接地系统单相接地、铁磁谐振等）或过电流（如过负荷、大动力负荷启动、穿越性短路等）引起的。

（2）“叮叮当当”的金属撞击声，但仪表指示、油位及油温均正常。这种声音可能是夹紧铁芯的螺钉松动或内部有些零件松动引起的。

（3）连续时间较长、间歇的“沙沙沙”声，变压器各部无异常，指示仪表指示正常。这种声音可能是变压器外部部件振动引起的，可寻找声源，在最响的一侧用手或木棒按住再听声音有无变化。

（4）套管处出现“嘶嘶”“嗤嗤”响声，夜间可见蓝色小火花。可能是空气湿度大，例如大雾天、雪天造成套管处电晕放电或辉光放电。

（5）放电的劈裂声。变压器内部出现这种声音应引起重视，可能是变压器内部绝缘有局部放电或铁芯接地片断开。

（6）“咕噜咕噜”像水开了似的响声。变压器内部出现这种声音应特别重视，可能是绕组匝间短路、引线接触不良或分接开关接触不良所引起。

9. 变压器气体保护动作跳闸的原因有哪些？

答：（1）变压器内部发生严重故障。

（2）保护装置二次回路有故障（如直流接地等）。

（3）在某种情况下，如变压器检修后油中气体分离出来得太快，也可能使气体继电器动作跳闸等。

10. 变压器二次侧突然短路时有什么危害？

答：变压器二次侧突然短路时，在绕组中将产生巨大的短路电流，其值可达额定电流的20～30倍，这样大的电流，对变压器的危害主要有：

（1）在巨大的短路电流作用下，绕组中将产生很大的电磁力，其值可达额定电磁力的

1000倍，使绕组的机械强度受到破坏。

（2）巨大的短路电流会在绕组中产生高温，可能使绕组烧毁。

11. 无载调压的变压器切换分接头后，测量直流电阻不合格是什么原因？

答：切换分接头后，测量三相电阻应平衡。若不平衡，其差值不得超过三相平均值的2%，并参考历次测量数据。若经过来回多次切换后，三相电阻仍不平衡，可能是由下列原因造成的：

（1）分接开关接触不良，如触点烧伤、不清洁、电镀层脱落、弹簧压力不够等。

（2）分接开关引出导线在运行中开焊，多股导线有部分断股。

（3）三角形接线一相断线，此时未断线的两相电阻值为正常值的1.5倍，断线相的电阻值为正常值的3倍。

（4）变压器套管的导杆与引线接触不良。

12. 变压器在运行中铁芯局部发热有什么表现？

答：轻微的局部发热，对变压器的油温影响较小，保护也不会动作。因为油分解而生成的少量气体溶解于未分解的油中。较严重的局部过热，会使油温上升，轻瓦斯频繁动作，析出可燃性气体，油的闪点下降，油色变深，还可能闻到烧焦的气味。严重时重瓦斯可能动作跳闸。

13. 允许联系停用互感器的故障有哪些？

答：（1）高压熔断器接连熔断两次以上。

（2）内部有严重放电声或其他噪声。

（3）有严重漏油、流胶且发出焦臭味，冒烟。

（4）绕组与外壳之间，或引线间有放电火花。

（5）互感器套管破裂、漏油。

14. 必须立即停用互感器的故障有哪些？

答：（1）互感器冒烟着火。

（2）发生人身触电事故。

15. 电压互感器着火的现象是什么？如何处理？

答：（1）现象：

1）有关表计（电压表及功率表）摆动或失去指示，可能引起电源切换和部分反映电压的保护和自动装置误动。

2）可能出现相应的“电压回路故障”信号。

3）互感器间隔冒出烟火。

（2）处理：

1）停用有关保护及自动装置，或改变保护及自动装置运行方式。

2）立即切断电压互感器的一次电源。

3）用干式灭火器进行灭火。

4）按事故处理原则进行相关系统处理。

5）根据正常表计，维持供电，并尽量不进行调整。

16. 电流互感器着火如何处理？

答：电流互感器着火，应将其所属设备紧急停用，然后按电气设备着火处理。

17. 电压互感器二次或一次熔丝熔断有何现象？如何处理？

答：（1）现象：

1）有关表计（电压表、功率表等）指示降低或到零。

2）出现“×系统接地”或“电压回路故障”信号。低电压保护可能动作。

（2）处理：

1）停用有关保护及自动装置。

2）根据其他表计判断是系统接地还是电压回路故障，监视有关设备的运行，并尽量不进行调整，以免发生误调、过调现象。

3）检查更换熔丝，若需更换高压熔丝时，应先停用有关保护及自动装置，之后将电压互感器停电后，方可进行。若更换后熔丝再次熔断，则应查明原因，进行处理后才能再更换熔丝。

4）将处理情况记录在运行异常记事本上。

18. 电流互感器二次回路开路的现象是什么？如何处理？

答：（1）现象：

1）电流表指示为零。

2）功率表指示降低或为零。

3）电能表转动变慢或停转。

4）电流互感器内部有响声。

5）可能出现“差动断线”信号。

（2）处理：

1）按规定停用该电流互感器所带的保护。

2）确认电流互感器内部故障时，应进行汇报，要求停电。

3）联系检修处理。

4）将上述情况记入运行异常记事本上。

19. 引起电压互感器的高压熔断器熔丝熔断的原因是什么？

答：（1）系统发生单相间歇电弧接地。

（2）系统发生铁磁谐振。

（3）电压互感器内部发生单相接地或层间、相间短路故障。

（4）电压互感器二次回路发生短路而二次侧熔丝选择太粗而未熔断时，可能造成高压侧熔丝熔断。

20. 电流互感器为什么不允许长时间过负荷？

答：电流互感器是利用电磁感应原理工作的，因此过负荷会使铁芯磁通密度达到饱和或过饱和，则电流比误差增大，使表针指示不正确。电流互感器过负荷时，磁通密度增大，会使铁芯和二次绕组过热，加快绝缘老化。

21. 对电流互感器的巡视检查项目有哪些？

答：巡视检查项目有检查触点是否良好；有无过热；运行声音是否正常；有无异味；瓷套部位应清洁完整无破损和放电现象。

22. 运行中的电流互感器可能出现哪些异常现象？

答：可能出现的异常现象有二次侧开路、过热、螺栓松动、有放电声或其他噪声、套管破裂、严重漏油、流胶且发出焦臭味、冒烟或着火等。

23. 变压器油质劣化与哪些因素有关？

答：影响变压器油质劣化的主要因素是高温、空气中的氧和潮气水分。

（1）高温加速油质劣化速度，当油温在70℃以上，每升高10℃油的氧化速度增加1.5～2倍。

（2）变压器油长期和空气中氧接触受热，会产生酸、树脂、沉淀物，使绝缘材料严重劣化。

（3）油中进入水分、潮气，电气绝缘性明显下降，易击穿。

24. 用经验法怎样简易判别油质的优劣？

答：用经验法直观，可简易进行判别。主要根据：

（1）油的颜色。新油、良好油为淡黄色，劣质油为深棕色。

（2）油的透明度。优质油为透明的，劣质油浑浊，含机械杂质、游离碳等。

（3）油的气味。新油、优质的无气味或略有火油味，劣质油带有焦味（过热）、酸味、乙炔味（电弧作用过）等其他异味。

25. 变压器油位过低，对运行有何危害？

答：变压器油位过低会使轻瓦斯保护动作，严重缺油时，变压器内部铁芯绕组暴露在空气中，容易绝缘受潮（并且影响带负荷散热）发生引线放电与绝缘击穿事故。

26. 变压器长时间在极限温度下运行有何危害？

答：油浸变压器多为A级绝缘，其耐热最高温度允许105℃，变压器运行中绕组温度要比上层油的平均温度高出10～15℃，就是当运行中上层油温达85～95℃时，实际上绕组已达105℃左右，如果长时间运行在这一极限温度下，绕组绝缘严重老化，并加速绝缘油的劣化，影响使用寿命。

27. 主变冷却器故障如何处理？

答：（1）当冷却器Ⅰ、Ⅱ段工作电源失去时，发出“1、2号电源故障”信号，主变冷却器全停跳闸回路接通，应立即汇报调度，停用该套保护。

（2）运行中发生Ⅰ、Ⅱ段工作电源切换失败时，“冷却器全停”光字牌亮，这时主变压器冷却器全停跳闸回路接通，应立即汇报调度停用该套保护，并迅速进行手动切换，如是KM1、KM2故障，不能强励磁。

（3）当冷却器回路其中任何一路故障，将故障一路冷却器回路隔离。

28. 变压器常见的事故类型有哪些？

答：（1）油箱内部故障。内部故障主要有变压器绕组相间短路、变压器绕组匝间短路、变压器绕组接地短路、铁芯故障。

（2）油箱外部故障。外部故障主要有绝缘套管的相间短路与接地短路。

（3）套管故障常见的是炸毁、闪络和漏油，引出线上发生的相间短路和接地短路。

（4）辅助设备故障。辅助设备故障主要是冷却器组故障和冷却器全停故障。

29. 变压器不正常的工作状态有哪些？

答：（1）由外部故障、负荷引起的过电流。

（2）中性点直接接地电网中，外部接地短路引起的过电流和中性点过电压。

（3）有外加电压过高或频率降低引起的过励磁。

（4）冷却器系统故障，变压器温度上升。

（5）油箱的油位升高或降低。

变压器事故处理的原则是什么？

答：（1）有备用变压器或备用电源的变电站或发电厂，当运行变压器跳闸时，应先起用备用变压器或备用电源，然后再检查跳闸变压器。

（2）当运行中的一台变压器跳闸时，首先应监视其他运行变压器过载情况，并及时调整，在规定的允许时间内降低所带的负荷。

（3）当变压器跳闸后不能马上送电时，应对系统中变压器中性点进行重新安排，以满足保护的要求。

（4）凡变压器的主保护（瓦斯、差动等）动作，或虽未动作但跳闸时有明显的事故现象（爆炸声、火光、烟等），未查明原因消除故障前不得送电。

（5）若只是后备保护动作，厂、站内没有事故现象，排除故障元件后则可迅速恢复送电。

（6）如因线路故障，保护越级动作引起变压器跳闸，可不必检查变压器，将故障线路断路器断开后，可立即恢复变压器运行。

变压器上层油温超过规定时怎么办？

答：变压器油温的升高超过许可限度时，值班人员应判明原因，采取措施使其降低，因此必须进行下列工作：

（1）检查变压器的负荷和冷却介质的温度，并与在同一负荷和冷却介质温度下应有的油温核对。

（2）核对温度表。

（3）检查变压器机械冷却装置或变压器室的通风情况。

若温度升高的原因是由于冷却系统的故障，且在运行中无法修理，应立即将变压器停运修理；若不需停下可检修时（如油浸风冷变压器的部分风扇故障、强油循环变压器的部分冷却器故障等），则值班人员应根据现场规程的规定，调整变压器的负荷至相应的容量。

若发现油温较平时同一负荷和冷却温度下高出10℃以上，或变压器负荷不变，油温不断上升，而检查结果证明冷却装置正常、变压器室通风良好、温度计正常，则认为变压器内部已发生故障（如铁芯严重短路、绕组匝间短路等），而变压器的保护装置因故不起作用。在这种情况下应立即将变压器停运检修。

第十四章 电动机运行及故障处理

第一节　启动与调速

1. 感应电动机启动时为什么电流大？

答：当感应电动机处在停转状态时，从电磁的角度来看，就像变压器。接电源的定子绕组相当于变压器的一次绕组，成闭路的转子绕组相当于变压器被短路的二次绕组。定子绕组和转子绕组间无电的联系，只有磁的联系，磁通经定子、气隙、转子铁芯构成闭路。合闸瞬间，转子因惯性还未转起来，旋转磁场以最大的切割速度—同步转速切割转子绕组，使转子绕组感应出可能达到的最高的电动势，因而，在转子导体中流过很大的电流。这个电流产生抵消定子磁场的磁通；就像变压器二次磁通要抵消一次磁通的作用一样。定子方面为了维持与电源电压相适应的原有磁通，便自动增加电流。因此时转子的电流很大，故定子电流也增得很大，甚至高达额定电流的4～7倍。

2. 电动机启动后为什么电流会小下来呢？

答：随着电动机转速增高，定子磁场切割转子导体的速度减小，转子导体中感应电动势减小，转子导体中的电流也减小，于是，定子电流中用来抵消转子电流所产生的磁通的影响的那部分电流也减小，所以，定子电流就从大到小，直至正常。

3. 电动机启动电流大有无危险？为什么有的感应电动机需用启动设备？

答：一般说来，由于启动过程不长，短时间流过大电流，发热不太厉害，电动机是能承受的。但如果正常启动条件被破坏，例如规定轻载启动的电动机作重载启动，不能正常升速，或电压低，电动机长时间达不到额定转速，以及电动机连续多次启动等，都将有可能使电动机绕组过热而烧毁。电动机启动电流大，这对并在同一电源母线上的其他用电设备是有影响的。这是因为供给电动机大的启动电流，供电线路电压降很大，致使电动机所接母线的电压大大降低，影响其他用电设备的正常运行，如电灯不亮、其他电动机启动不了、电磁铁自动释放等。

就感应电动机本身来说，都允许直接启动，即可加额定电压启动。由于电动机的容量和其所接的电源容量大小不相配合，感应电动机有可能在启动时因线端电压降得太低、启动力矩不够而启动不了。为了解决这个问题和减少对其他同母线用电设备的影响，有的容量较大的电动机必须采用启动设备，以限制启动电流及其影响。

是否需要启动设备，关键在于电源容量和电动机容量大小的比较。发电厂或电网容量越大，允许直接启动的电动机容量也越大。

4. 笼型异步电动机降压启动方法有哪几种？

答：有三种：

（1）在定子电路中串入电抗器启动。

（2）用自耦变压器降压启动。

（3）星形—三角形换接启动。

5. 异步电动机的调速方法有哪几种？

答：异步电动机的调速方法有以下四种：

（1）改变电动机的极对数。利用定子的两套或单套绕组，改变其连接方法，达到改变极对数的目的。这种调速是分级的，不是平滑的。

（2）改变电源的频率。为此要有一套专用的变频电源。

（3）改变外施电压，以改变转差率。这种方法实用价值不大。

（4）在转子回路中串入附加电阻。这种方法只适用于绕线式异步电动机，可得到平滑调速。

6. 根据什么情况决定异步电动机可以全压启动还是应该采取降压措施？

答：一般对于经常启动的电动机来说，如果它的容量不大于供电变压器容量的20%都可以直接启动。否则应采取降压措施。

7. 电动机启动有什么特点？

答：（1）启动转矩较大，能够带负载甚至重载启动。

（2）启动电流较大，引起电动机本身发热。

（3）使母线电压降低，会影响到其他设备的正常运行。

8. 电动机启动方式有哪些？

答：（1）全压启动（直接启动）。优点：设备简单，操作方便，启动时间短。缺点：启动电流大，将使线路电压下降，影响负载正常工作。

（2）降压启动。优点：启动较平稳，设备较简单。缺点：不能频繁启动。

（3）自耦变压器降压启动。优点：不论电动机定子绕组采用哪种接线方式都可以使用；启动电压可以根据需要选择，使用灵活，使用不同的负载。缺点：设备体积大，笨重，成

本高。

9. 绕线式感应电动机的调速原理是什么?

答:绕线式感应电动机调速的物理过程是增加电阻,转子电流便减小,尽管此时转子回路的功率因数有所提高,但转子电流的减少大于功率因数的提高。从式 $M=C_m\Phi_m I\cos\varphi$ 可以看出,由于转子电流的减少,电磁力矩 M 随之减小了,于是电动机因阻力矩大于驱动力矩而减速。若减小电阻,转子电流增加,电磁力矩也随之增加,由于负载不变,电动机阻力矩不变,在驱动力矩大于阻力矩的情况下,电动机开始加速。

因此,改变转子回路的电阻,能实现对电动机转速的控制,但是这种方法也有其缺点,那就是损耗太大,一部分功率会消耗在调节电阻上,而且,调速的范围也较小。

第二节 异常运行状态及故障处理

1. 如果电动机六极引出线接错一相,会产生什么现象?

答:(1)转速低,噪声大。

(2)启动电流大而且三相电流不平衡。

(3)因电动机过热而引起保护动作切断电源,使电动机不能启动。

2. 造成电动机绝缘下降的原因有哪些?

答:(1)电动机绕组受潮。

(2)绕组上灰尘及碳化物质太多。

(3)引出线及接线盒内绝缘不良。

(4)电动机绕组长期过热老化。

3. 笼型感应电动机在启动时出风口冒火星是怎么回事?

答:启动时冒火星可能有以下几个原因:

(1)机械摩擦引起。当转子有“扫膛”或转动部分和静止部分凸起处相撞时,由于机械摩擦,可能爆发火星。这往往在电动机轴承损坏或大修后容易发生。

(2)笼条断条引起。转子笼条的焊头或笼条离槽口不远处,容易断裂或脱焊。若断裂处虚接,启动后两端受离心力作用,因受力不均使断头错开,切断启动过程中转子笼条中产生的大电流,就会产生弧光而向外冒出火星。当断裂口变大,两端不接触时,或在启动完后断裂处两端又对接好时,火星又会消失。

(3)引线绝缘不良引起。380V 的电动机,有时因某一相引线虚接,也会因切断接地电流而产生火花,从出风口冒出火星。

无论何种原因引起火星,都应先切断电源,将电动机停下来找出原因,消除隐患后再行

启动，以免造成更大的损失。但是，如果笼条脱焊不严重，启动后能运转正常，不继续冒火星，且电流也正常时，为了避免影响生产，可以继续运行，但需避免开、停机，待准备好备用电动机后，再将有问题的电动机停运检修。

4. 直流电动机不能正常启动的原因有哪些？

答：（1）电刷不在中性线上。

（2）电源电压过低。

（3）励磁回路断线。

（4）换向极线圈接反。

（5）电刷接触不良。

（6）电动机严重过载等。

5. 直流电动机不能启动时如何处理？

答：根据检查结果进行以下处理：

（1）用感应法调整电刷位置。

（2）检查励磁绕组和变阻器是否断线。

（3）检查绕组是否完好，熔断器是否接通。

（4）调换换向极线圈端子的位置。

（5）检查电刷与换向器接触面，刷握弹簧是否松动。

（6）减轻负载或更换较大容量的电动机。

6. 为什么异步电动机在拉闸瞬间会产生过电压？

答：因为在拉闸瞬间电感线圈（绕组）中的电流被截断，该电流产生的磁通发生急剧变化，因此产生过电压。这种过电压在绕线式电动机的定、转子绕组的端头都有可能发生。

7. 造成电动机单相接地的原因是什么？

答：（1）绕组受潮。

（2）绕组长期过载或局部高温，使绝缘焦脆、脱落。

（3）铁芯硅钢片松动或有尖刺、割伤绝缘。

（4）绕组引线绝缘损坏或与机壳相碰。

（5）制造时留下隐患。如下线擦伤、槽绝缘位移、掉进金属物等。

8. 电动机在运行中电流表指针摆动是什么原因？

答：（1）笼型转子断条或由带动的机械引起的。

（2）绕线式电动机电刷接触不良。

（3）绕线式转子有一相断路。

9. 异步电动机启动电流过大对厂用系统运行有何影响？

答：可能造成厂用系统电压严重下降，不但使该电动机启动困难，而且厂用母线上所带的其他电动机，因电压过低而转矩过小，影响电动机的效率，甚至可能使电动机自动停止运转。同时也会使电动机及供电回路能量损耗增大。

10. 三相电源缺相时对异步电动机启动和运行有何危害？

答：三相异步电动机缺一相电源时，电动机将无法启动，且有强烈的“嗡嗡”声。若在运行中的电动机缺一相电源，虽然电动机能继续转动，但转速下降，如果负载不降低，电动机定子电流将增大，引起过热。此时必须立即停止运行，否则将烧毁电动机。

11. 异步电动机启动不了的原因有哪些？

答：（1）电源。如电源开关未合上、控制回路断线、三相电源缺相以及电源电压过低等。

（2）电动机。如转子绕组开路，定子绕组断线或接线错误，定、转子绕组有短路故障，定、转子相碰等。

（3）负载。如负载超载过重、机械部分卡涩等。

（4）保护误动作。

12. 异步电动机在运行中轴承温度过高是什么原因造成的？

答：（1）轴承长期缺油运行，摩擦损耗加剧，使轴承过热。另外，电动机正常运行时，加油过多或过稠，也会引起轴承过热。

（2）在更换润滑油时，油的种类不对或油中混入了杂质，使润滑效果下降，摩擦力加剧而过热，甚至损坏轴承。

（3）固定端盖装配不当、螺栓松紧程度不一，造成两轴承孔中心不在一条直线上，轴承转动不灵活，带负荷后摩擦加剧而过热。

（4）电动机与被带动机械轴中心不在一条直线上，使轴承负载加大而过热。

（5）轴承选用不当或质量低劣（如内外套锈蚀、钢珠不圆等），运行中轴承损坏，引起轴承过热等。

13. 造成电动机单相接地的原因是什么？

答：造成单相接地的原因主要有：

（1）绕组受潮。

（2）绕组长期过载或局部高温，使绝缘焦脆、脱落。

（3）制造时留下隐患，如下线时擦伤、槽绝缘位移、掉进金属末等。

（4）铁芯硅钢片松动，有尖刺，割伤绝缘。

（5）绕组引线绝缘损坏或与机壳相碰。

由于单相接地易发展成两相短路，造成电动机严重烧毁，故要及时消除。

14. 直流电动机空载时电压低可能是哪些原因造成的？

答：（1）转速不够，较额定值低。

（2）并励磁场绕组回路中调节电阻阻值太大（可查是否为接触不良）。因为励磁电流小，影响磁通，使磁通减小。

（3）电枢绕组有匝间短路。

（4）磁场绕组有匝间短路或连接错误。

（5）电刷不在中线上。

15. 怎样改变直流电动机的旋转方向？

答：要改变直流电动机的旋转方向，可有两种办法：

（1）改变电枢电流方向。

（2）改变励磁电流方向，即改变磁场方向。

16. 直流电机的电枢绕组有断路故障时有何现象？

答：（1）对于直流发电机来说，当线圈和换向片连接处开焊时，每当该换向片转到电刷底下时，回路就要断开，时断时续，引出的直流电压就很小。磁场受到削弱后，电压就更小。

（2）直流电动机难于启动。如果是线圈和换向片连接处开焊，每当电刷和该换向片接触时，电流不通，没有力矩，转动困难。只靠时断时续的电流，很难使电动机启动，多数只能作冲击式动作。如果是某一个线圈断线，由于该线圈所在的支路无电流，电动机失去正常力矩的 1/2 或 1/4，总力矩大大减小，启动也很困难。

（3）换向片有的因烧焦而发黑。当直流电动机接入负载时，由于断路线圈从第一支路经电刷进入第二支路，第二支路在极短时间内被强制拉断，电刷边缘会发出强烈的火花。由于线圈不断旋转，在各电刷下都有火花，这就使得连接断路线圈的换向片很快被烧焦而发黑。

（4）电动机内部飞出火花。可能是内部各引线连接点有虚接的情况造成。

17. 电动机合闸后立即跳闸，有何现象？原因是什么？

答：（1）现象：

1）合上操作开关后，电流表骤起后复零，红灯亮后熄灭。

2）喇叭鸣叫，绿灯闪光或黄灯亮。

（2）原因：

1）电源消失（如熔丝熔断，电压不正常）。

2）开关及控制回路故障。

3）操作不当。

4）因有故障，保护动作等。

5）闭锁开关投入不正确。

18. 电动机合闸后转子不转的现象及原因是什么？如何处理？

答：（1）现象：

1）启动后电流表指示最大或超红线，不返回。

2）电动机不转，并发出鸣声。

（2）原因：

1）定子回路中一相断线。

2）转子回路断线。

3）电动机及其所带机械部分犯卡。

（3）处理：

1）通常过负荷保护装置动作（或熔断器熔断），切断开关，此时应恢复警报，将控制开关恢复到断开位置。

2）保护装置未动作时，应立即手动切断电动机。

3）检查电源情况（开关及熔断器）。

4）停电，用绝缘电阻表测定子、转子回路绝缘电阻。

5）查明故障原因，若不能处理时，及时通知检修处理。

6）将处理情况进行记录。

19. 电动机启动后达不到正常转速的现象及原因是什么？如何处理？

答：（1）现象：

1）电动机启动后达不到正常转速。

2）电流超过额定值并摆动，或停在最大指示降不下来。

3）机组可能振动。

（2）原因：

1）定子一相接触不良或断开。

2）转子部分接触不良或断裂。

3）同步电动机未进入同期。

4）机械负荷过大或阻滞。

5）直流电枢开路，引线、电刷接触不良或电刷位置不正常。

6）直流电机磁场开路，电阻器接触不良或断线。
7）交流电动机定子绕组接线错误。
8）系统电压过低或三相电压不正常。
（3）处理：
1）停止电动机运行，检查机械部分有无阻塞等异状。
2）停电检查，根据故障设法消除。
3）将处理情况进行记录。

20. 电动机启动时冒出烟火的现象、原因是什么？如何处理？

答：（1）现象：启动时或启动后，从铁芯间隙中或出风口喷出烟与火花。
（2）原因：可能由于转子笼条断裂或转子与定子相碰引起。
（3）处理：
1）立即停止电动机运行。
2）切断电源。
3）盘车检查。
4）测定绝缘。
5）查明原因，通知有关检修人员处理。
6）将处理情况进行记录。

21. 在安装或检修后启动电动机时，过流保护动作跳闸的现象、原因是什么？如何处理？

答：（1）现象：
1）启动后，电流指示降不下来。
2）电动机自动跳闸。
3）可能有冲击及烟火。
（2）原因：
1）被带动机械有故障或机械反转。
2）电动机或电缆发生短路（或未拆除接地线，短路线）。
3）绕线式电动机滑环短路，或启动变阻器不在启动位置。
4）过流保护整定值不对或熔断器容量过小，躲不开启动电流。
5）系统电压过低。
（3）处理：
1）恢复警报，立即断开控制开关，提起掉牌。
2）断开电源。
3）用绝缘电阻表测量定子绕组及转子回路绝缘电阻。
4）查明跳闸原因，通知有关检修人员处理。

22. 电动机过负荷的现象、原因是什么？如何处理？

答：(1) 现象：

1) 电流超过允许值。

2) 电动机可能过热，热偶可能动作。

(2) 原因：

1) 机械负荷增大。

2) 电动机与所带动机械不配套。

(3) 处理：

1) 汇报，要求卸减负苛。

2) 查明是机械原因还是电动机原因，通知有关检修人员处理。

3) 将处理情况作好记录。

23. 电动机过热的现象、原因是什么？如何处理？

答：(1) 现象：

1) 电动机温度上升，可能超过规定值。

2) 电动机电流可能超越红线。

(2) 原因：

1) 机械负载大。

2) 电动机内部故障或电源一相熔断器熔断，以致缺相运转。

3) 通风不良。

(3) 处理：

1) 汇报，卸减负荷或倒换备用机组运行。

2) 检查电动机是否振动，判断是否两相运行；如属两相运行，应立即停机更换熔断器。

3) 检查通风口有无堵塞，冷却水是否中断，并设法处理。

4) 用钳形电流表测量电动机的电流是否平衡，三相电压是否平衡。

5) 将检查处理情况进行记录。

24. 定子电流周期性摆动的现象、原因是什么？如何处理？

答：(1) 现象：定子电流周期性摆动。

(2) 原因：

1) 定子绕组内部故障。

2) 变阻器或电刷接触不良。

3) 绕线电动机滑环短路或有关附件接触不良。

4) 机械负荷周期性摆动。

5) 笼条断。

（3）处理：
1）排除机械部分故障。
2）查明原因，设法消除。
3）若运行中无法处理，应停机处理。
4）将异常现象及处理情况进行记录。

25. 电动机两相运行的现象、原因是什么？如何处理？

答：（1）现象：
1）电流指示增大或为零。
2）定子绕组发热。
3）振动加剧，声音不正常。
4）三相电流不平衡。
（2）原因：
1）一相熔断器熔断。
2）一相断线或中性点接触不良。
（3）处理：
1）有备用机组时，启动备用机组，无备用时，迅速切除故障电动机。
2）汇报，进行停电操作。
3）查明原因，进行处理。

26. 电动机声音不正常的现象、原因是什么？如何处理？

答：（1）现象：
1）电动机声音异常，振动增大。
2）电流表指示上升或摆动，可能到零。
（2）原因：
1）厂用母线频率剧烈变化。
2）厂用母线电压降低。
3）定子回路一相断线或绕组匝间短路。
4）轴承损坏。
（3）处理：
1）保护装置动作时，恢复警报，断开控制开关，启动备用机组。
2）如保护装置未动作时，应进行检查分析。

27. 电动机振动的原因是什么？如何处理？

答：（1）原因：
1）电动机所带动机械中心不正。

2）机组失掉平衡。

3）转动部分碰到固定部分。

4）轴承损坏或地脚松动。

5）电动机两相运行。

（2）处理：

1）振动在规定范围内时，尚可继续运行，但需要查明原因，并加强监视。

2）强烈振动时，应立即停止运行，通知检修人员处理。

28. 异步电动机降压启动的目的是什么？为何此时不能带较大的负载启动？

答：异步电动机降压启动的目的是为了降低启动电流。

因为电动机的启动转矩正比于电压的平方，电压降低，启动转矩也降低，所以不能带较大的负载启动。

29. 电动机常见电气故障有哪些？

答：（1）电动机接通电源启动时，电动机不转但有“嗡嗡”声。

（2）电动机启动后发热超过温升标准或冒烟。

（3）电动机绝缘电阻低。

（4）电动机外壳带电。

（5）电动机运行时声音不正常。

（6）电动机振动。

30. 电动机常见机械故障有哪些？

答：（1）定、转子铁芯故障。

（2）电动机轴承故障。

（3）转轴故障。

（4）机壳和端盖故障。

31. 运行中电动机自动跳闸的现象、原因是什么？如何处理？

答：（1）现象：

1）有保护信号。

2）系统可能有不同程度的冲击。

3）电流表到零，电能表停转。

4）电动机及所带机械停转。

（2）原因：

1）电动机及其电气部分或带动的机械部分故障。

2）直流两点接地（属此原因时，系统无冲击）。

3）保护误动，联锁误投（属此原因时，系统无冲击）。

4）电源故障。

（3）处理：

1）如果备用机组自动投入，应恢复警报，将各开关恢复正常位置。

2）如备用机组未自动投入，应迅速合上备用电动机开关，并应检查电动机跳闸原因，进行相应处理。

第十五章 配电设备运行及故障处理

第一节 断路器及隔离开关

1. 高压断路器铭牌上标有哪些参数？各代表什么意义？

答：在高压断路器上通常标有产品型号、额定电压、额定电流、额定短路开断电流、额定操作顺序、额定短时耐受电流、额定峰值耐受电流等参数。另外，对于63～220kV电压等级，还要标注额定雷电冲击电压；对于330kV及以上电压等级，要进一步标注额定操作冲击耐压水平；对有特殊要求的，应标明额定线路充电开断电流、额定电缆充电开断电流、额定电容器组开断电流等参数。

（1）型号。

1）高压断路器的全部型号包括以下几部分：

a）第一个拼音文字表示断路器的种类，即：S—少油，D—多油，K—压缩空气，Z—真空，L—六氟化硫，Q—自产气，C—磁吹。

b）第二个拼音文字表示使用场合，即：N—户内，W—户外。

c）拼音文字后数字依次表示设计序列、额定电压、额定电流和额定开断电流。

d）在额定电压后面有时增加一个拼音文字，用来表示某种特殊性能，如：G—改进型，D—增容，W—防污，Q—耐振。

2）高压断路器的机构型号表示如下：

a）第一位字母代表操动机构的拼音（即C）。

b）第二位字母代表机构的类型，如：S—手动，D—电磁，J—电动机，T—弹簧，Q—气动，Z—重锤，Y—液压。

c）第三位数字表示设计序列。

d）第四部分的数字代表最大合闸力矩以及其他特征标志。

（2）额定电压。指断路器在运行中所承受的正常工作电压。它与断路器的最高工作电压所代表的意义是不同的，最高工作电压是指断路器在运行中应能承受的最高电压。当额定电压小于330kV电压等级时，最高工作电压的大小为额定电压的1.10～1.15倍；当额定电压在330～500kV的电压等级时，最高工作电压的大小为额定电压的1.10倍。

（3）额定电流。指在规定的环境温度下，断路器长时间允许通过的最大工作电流。当长期通过额定电流时，断路器导电回路各部分发热不超过规定的温升标准。

（4）额定短路开断电流。指在规定条件下，断路器能保证正常开断的最大短路电流。规定条件（包括恢复电压、非周期分量、短路功率因数等）都应符合标准规定。通常断路器开断短路电流时还包括非周期分量，所以一般情况下，额定短路开断电流是用触头分离瞬间电

流交流分量有效值和直流分量百分数来表示。若直流分量不超过 20%，则额定开断电流仅以交流分量有效值来表示，并简称为额定短路电流。

（5）额定操作顺序。额定操作顺序分为两种，一是自动重合闸操作顺序，即：分—θ—合分—t—合分；另一种为非自动重合闸操作顺序，即：分—t—合分—t—合分（或合分—t—合分）。对于第一种顺序，θ 为无电流时间（指从断路器所有极的电弧最终熄灭起到随后重新合闸时任一极首先通过电流是为止的时间间隔），取值为 0.3s 或 0.5s；t 为 180s（有时可称为强送时间）；合分时间（又称金属短接时间）为合闸操作过程中从首合相触头接触瞬间起到随后的分闸操作时所有相中弧触头都分离瞬间为止的时间间隔。对于第二种顺序，通常 t 取 15s。如有必要，断路器可分别标出不同操作顺序下对应的开断能力。由此可见，操作顺序是指在规定时间间隔的一连串规定的操作，它与操作循环的含义是不同的。

操作循环是指从一个位置转换到另一个位置，并再返回到初始位置的连续操作，具体就是指合分或分合的操作，如机械试验时应包括主回路不带电时所进行的数千次的操作循环。

（6）额定短时耐受电流（额定热稳定电流）。在规定的额定短路持续时间内，流过机械式断路器使其各部分发热不超过短时容许温度的最大短路电流，以有效值表示。额定短路持续时间最长不得超过 5s。

（7）额定峰值耐受电流（额定动稳定电流）。在规定的使用和性能条件下，机械式断路器能够承受的额定短时耐受电流的第一个半波峰值电流，它所产生的电动力应不致使断路器损坏。规定额定峰值耐受电流标准为 2.5 倍额定短时耐受电流，并且等于额定短路关合电流。进行动稳定电流试验时，其流通时间不得小于 0.3s。

2. 高压断路器的用途、分类及基本结构是怎样的？

答：高压断路器是电力系统最重要的控制和保护设备，它在电网中起两方面的作用。在正常运行时，根据电网的需要，接通或断开电路的空载电流和负载电流，这时起控制作用。而当电网发生故障时，高压断路器和保护装置及自动装置相配合，迅速、自动地切断故障电流，将故障部分从电网中断开，保证电网无故障部分的安全运行，以减少停电范围，防止事故扩大，这时起保护作用。

断路器可按灭弧介质进行分类分为液体介质断路器、气体介质断路器、真空断路器及磁吹断路器。

在液体介质断路器中，有多油断路器和少油断路器。所谓多油断路器，就是其中的变压器油不但是灭弧介质，而且还担负着相间、相对地的绝缘作用。所谓少油断路器就是其中的油仅作灭弧介质，而相间、相对地的绝缘一般由空气等其他介质承担。

气体介质断路器有压缩空气断路器和 SF_6 气体断路器。真空断路器是利用真空作为绝缘和灭弧手段的断路器。

磁吹断路器是在外加磁场力作用下将电弧吹入灭弧室进行灭弧的。高压断路器的结构由基座、绝缘支柱、开断元件及操动机构组成。开断元件是断路器用来进行接通或断开电路的执行元件，包括触头、导电部分及灭弧室等。触头的分合动作是靠操动机构来带动的。开断元件放在绝缘支柱上，使处于高电位的触头及导电部分与地电位部分绝缘。绝缘支柱则安装在基座上。

3. 高压断路器的主要类型有哪些？

答：高压断路器按介质可分为：

（1）油断路器。

（2）压缩空气断路器。

（3）磁吹断路器。

（4）真空断路器。

（5）六氟化硫断路器。

（6）自产气断路器。

4. 对高压断路器的主要要求是什么？

答：（1）绝缘部分能长期承受最大工作电压，还能承受过电压。

（2）长期通过额定电流时，各部分温度不超过允许值。

（3）断路器的跳闸时间要短，灭弧速度要快。

（4）能满足快速重合闸。

（5）断路器遮断容量大于系统的短路容量。

（6）在通过短路电流时，有足够的动稳定性和热稳定性。

5. 高压油断路器中的油起什么作用？

答：高压油断路器中的油主要是用来熄灭电弧的。当断路器切断电流时，动触头与静触头之间产生电弧，由于电弧的高温作用，使油剧烈分解成气体，该气体中氢占7%左右，它能够迅速地降低弧柱温度并提高极间的绝缘强度。

6. 油断路器的灭弧原理和灭弧方式是什么？

答：高压断路器的任务就是保证在断路器分闸时产生的电弧能尽快地熄灭，使其不再重燃，这样才能可靠地完成切断电路的任务。

油断路器的灭弧方式大体分为横吹灭弧、纵吹灭弧、横纵吹灭弧以及去离子栅灭弧等。

（1）横吹灭弧。分闸时动静触头分开，产生电弧，电弧热量将油汽化并分解，使消弧室中的压力急剧增高，此时气体收缩，储存压力。当动触头继续运行，喷口打开时，高压油和气自喷口喷出，横吹电弧，使电弧拉长、冷却而熄灭。

（2）纵吹灭弧。纵吹灭弧室有动触头、中间触头、定触头三个触头。分闸时，中间触头与定触头先分断，动触头、中间触头再分断。中间触头、定触头分断时，“激发弧”首先形成，上半室中的压力大大增加，使灭弧室上部的活塞压紧，动触头继续向下移动，这时“被吹弧”就会形成。“激发弧”所形成的压力，使室内的油以很高的速度自管中喷出，把“被吹弧”劈裂成很多细弧，从而使之冷却熄灭。

（3）横纵吹灭弧：它是横纵吹结合进行灭弧的。

（4）去离子栅灭弧。当断路器断开时，电弧的马蹄形钢片形成强大的磁场。磁场又把电弧吸引到狭缝的各个纵槽缝里。在电弧的通道上，各个纵槽缝中的油都被蒸发分解。蒸发分解出来的气体向外喷出，结果把弧切成许多细弧，使之冷却熄灭。

7. 高压断路器掉、合闸缓冲器的作用和一般构成原理是什么？

答：断路器在分合闸过程中，由于惯性而产生冲击和振动，破坏断路器强度。因此，为了减少惯性冲击而加装缓冲器。分闸缓冲器在合闸时，压缩其弹簧，弹簧储能，断路器减速，分闸时弹簧缓冲器释放，增加断路器初分速度。掉闸缓冲器即油缓冲器，分闸时顶杆受到压力，推动活塞，活塞向下运动，迫使下部油从活塞与筒之间的狭缝向下部运动，从而产生阻力，起到分闸缓冲的作用。

8. 什么叫断路器自由脱扣？其作用是什么？怎样检查？

答：断路器在合闸过程中如被接通的回路存在短路等故障，保护动作接通跳闸回路，能可靠地断开断路器，叫做自由脱扣。

带有自由脱扣的断路器，可以保证断路器合于短路故障时，能够迅速断开，避免事故范围的扩大。

脱扣检查方法：用合闸压把将断路器合到某一位置，用手托动跳闸顶杆，此时若能跳闸，说明自由脱扣无问题，否则应查找原因，进行处理。

9. 如何根据断路器的合闸电流来选合闸熔断器？

答：合闸熔断器的选择和断路器的型式有关。由于断路器的型式不同，合闸的时间也不一样，合闸时间短的选用较小的熔断器。又因断路器的合闸线圈是按瞬间通过额定合闸电流设计的，根据熔断器特性，合闸熔断器电流可按额定电流的 1/3～1/4 左右来选择，或通过试验来准确地选择合闸熔断器大小。

10. 为什么断路器不允许在带电的情况下慢合闸？

答：因为断路器慢合闸时，在高电压的作用下，动触头缓慢地接近静触头，到达一定的距离时，就会将油击穿放电，造成触头严重烧伤。特别是在线路有故障的情况下就更加严重。如遇自由脱扣失灵和断路器的跳闸辅助触点未接通，将导致断路器起火爆炸，所以不允许断路器在带电情况下慢合闸。

11. 为什么要对断路器进行低电压跳闸、合闸试验？其标准是什么？

答：在正常的直流电压下，断路器均能可靠地跳、合闸。但当厂（站）用电发生事故，或直流电源容量降低较多或回路电缆截面过小时，电源电压的降低将使跳、合闸线圈及接触

器线圈不能正确动作。在多路断路器跳、合闸时，更会如此。若线圈动作电压过低，就会误动作，或烧坏合闸线圈，因此要进行低电压跳、合闸试验。

其试验标准为：跳闸线圈最低动作电压应不低于额定电压的 30%，不高于 65%。接触器线圈最低动作电压应不低于额定电压的 30%，不高于 65%；合闸线圈最低动作电压应不低于额定电压的 80%。

12. 为什么断路器跳闸辅助触点要先投入、后切开？

答：串在跳闸回路中的断路器触点，叫做跳闸辅助触点。

先投入：是指断路器在合闸过程中，动触头与静触头未接通之前，跳闸辅助触点就已经接通，做好跳闸的准备，一旦断路器合入故障时能迅速断开。

后切开：是指断路器在跳闸过程中，动触头离开静触头之后，跳闸辅助触点再断开，以保证断路器可靠地跳闸。

13. 更换接触器合闸线圈和跳闸线圈时应注意什么？

答：（1）探测线圈绝缘应合格，低电压试验应符合标准。

（2）测量线圈极性，注意串、并联关系，接线应正确。

（3）应根据运行直流电压值选择接触器合闸线圈的额定电压和跳闸线圈的额定电流。

（4）注意保证控制回路的配合问题：

1）接触器合闸线圈电阻数值应与重合闸继电器电流线圈和重合闸信号继电器线圈的动作电流相配合，使接触器合闸线圈上的分压降小于 15%，保证可靠返回。

2）跳闸线圈动作电流应与保护出口信号继电器动作电流相配合。装有防跳跃闭锁继电器时，还应和该继电器电流线圈动作电流配合。当跳闸线圈接入红灯监视回路时，其正常流过跳闸线圈的电流值以及当红灯或其附加电阻任一短路时的电流值，均不应使跳闸线圈误动作。

（5）无机械卡涩现象。

14. 断路器的故障跳闸次数和检修周期的关系如何考虑？

答：对于高压断路器连续遮断系统短路故障的能力和允许的次数，限于各种因素和条件，应具体情况具体分析。因为即使同一类型设备在同一地点使用，也往往由于操作电压降低或操动机构的调整误差以及遮断故障负荷的性质不同，遮断的能力和效果也不同。但是可根据现场具体情况，以及不断积累的运行经验等因素来考虑断路器允许遮断故障的次数和进行检修的周期之间的关系。例如：

系统短路容量比断路器的实际遮断容量小或相差较多，则故障次数可以适当增加。

当断路器的合分速度不能达到铭牌规定，或者断路器操作电压降低偏大，影响了合闸功率，这样，断路器的实际遮断容量将受到限制，允许遮断故障的次数应减少。

断路器所带负荷性质不同，虽然故障跳闸机会少，但操动机构动作次数频繁，可能受

损，应及时进行检修。

15. 怎样分析油断路器的绝缘状况？

答： 按下列各项分析油断路器的绝缘状况：

（1）绝缘值分析。绝缘值分析是指每个单项试验结果值是否合格。

（2）为了全面地分析设备的绝缘情况，除绝缘值外，还要从以下几个方面进行分析：

1）历次检修与异常运行的结果。

2）设备正常与异常运行情况。

3）自然气候对设备的影响。

4）倒闸操作中发现的问题。

5）巡视中发现的问题。

6）污秽情况及日常负荷情况等。

7）必要时做解体试验，找出原因。

（3）分析时应注意的问题：

1）试验时温度应在+5℃以上，如低于+5℃时，测验结果仅作参考。

2）当试验数据变化太大时，应注意当时的天气、使用的仪表和人员等情况。

3）分析套管绝缘，应以试验相位为准。

4）断路器绝缘的换算也要注意，介质损失角应以20℃系数为准进行分析。

5）大修后的试验结果，有时比原来值低些，这是由于检修中受潮的影响，是正常现象，过一段时间会好转。

16. 断路器大修后怎样进行验收？重点验收哪些项目？

答： 验收时，根据检修前提出的检修要求，向检修人员了解检修结果，了解发现和解决了哪些缺陷，检修后尚遗留哪些问题，记录下来。

重点验收的项目有：

（1）检修和试验的各项数据是否符合规程要求。

（2）检查各个密封和防潮处理情况。

（3）升降器灵活，钢丝无锈、无断股。

（4）导线松紧程度和距离合格，相位正确，各部螺栓紧固，设备上无临时短路线及遗留物。

（5）瓷质清洁无破损，套管铁帽应涂相位漆，且与实际相符。

（6）油箱及套筒油色、油位正常，外壳及油标清洁，无渗油现象。

（7）外壳应去锈喷漆，并应接地良好。

（8）机构箱内清洁，销子完整劈开，箱门应严密，开和关应灵活。

（9）合断指示字迹清楚，指示正确。

（10）二次接线头接触良好，接线正确，绝缘良好，接触器动作良好，消弧罩齐全。

（11）手动慢合闸、电动拉合及保护传动正确，信号指示正确。

17. 断路器的运行总则是什么？

答：（1）在正常运行时，断路器的工作电流、最大工作电压和断流容量不得超过额定值。

（2）断路器绝对不允许在带有工作电压时使用手动合闸，或手动就地操作按钮合闸，以避免合于故障时引起断路器爆炸和危及人身安全。

（3）远方和电动操作的断路器禁止使用手动分闸。

（4）明确断路器的允许分、合闸次数。

（5）禁止将有拒绝分闸缺陷或严重缺油、漏油、漏气等异常情况的断路器投入运行。

（6）对采用空气操作的断路器，其气压应保持在允许的范围内。

（7）所有断路器均应有分、合闸机械指示器。

（8）在检查断路器时，运行人员应注意辅助触点的状态。

（9）检查断路器合闸的同时性。

（10）多油式断路器的油箱或外壳应有可靠的接地。

（11）少油式断路器外壳均带有工作电压，故运行中值班人员不得任意打开断路器室的门或网状遮栏。

18. 断路器送电前应检查哪些项目？

答：（1）断路器检修工作完毕后，在送电前，应收回所有工作票，拆除安全措施，恢复常设遮栏，并对断路器进行全面检查。

（2）检查断路器两侧隔离开关均应在断开位置。

（3）测量断路器的绝缘电阻值。

（4）油断路器本体清洁，无遗留工具，并且断路器三相均应在断开位置。

（5）油断路器本身及充油套管油位应在正常位置，油色应透明，不发黑且无漏油现象。

（6）油断路器的套管应清洁，无裂纹及放电痕迹。

（7）操动机构应清洁完整，连杆、拉杆绝缘子、弹簧及油缓冲器等应完整无损。

（8）断路器排气管及隔板应完整，装置应牢固。

（9）分合闸机械位置指示器应指示在“分”位置。

（10）二次回路的导线和端子排完好。

（11）断路器的接地装置应紧固不松动，断路器周围的照明及围栏应良好。

（12）对断路器进行拉、合闸和重合闸试验一次，以检查断路器动作的灵活性。

19. 配电系统断路器的送电操作和停电操作是怎样的？

答：（1）送电操作。

1）检查分、合闸机械位置指示在“分”位置，投入保护及操作电源熔断器。

2）先合电源侧隔离开关，后合负荷侧隔离开关。

3）投入合闸熔断器。

4）核对断路器的编号及名称无误后，操作人员将操作把手向顺时针方向扭转 90°至“预合闸”位置。

5）待绿色指示灯发亮后，再将操作把手向顺时针方向扭转 45°至“合闸”位置，此时绿灯熄灭、红灯亮，检查断路器已合上。

（2）停电操作。

1）核对断路器的编号及名称无误后，操作人员将操作把手逆时针方向扭转 90°至“预分闸”位置。

2）待红灯发亮后，将操作把手逆时针方向扭转 45°至“分闸”位置，此时，红灯熄灭、绿灯亮。

3）取下合闸熔断器。

4）根据分、合闸机械位置指示器的指示，确认断路器已在断开位置。

5）先拉开负荷侧隔离开关，后拉开电源侧隔离开关。

6）取下保护及操作电源熔断器。

20. 如何维护和检查运行中的油断路器？

答：运行中的油断路器维护和检查的项目有：

（1）油位的检查。油位对断路器的温度和灭弧性能有很大的关系，应当经常检查油箱中的油位。当油位过高时，通过放油阀放油；当油位过低时，设法加油，保持正常油位。

（2）对油位计应进行仔细检查，防止油位计的油孔流动不畅，或出现假油位。

（3）油色的外貌检查。油位计中的油，运行中的颜色应当鲜明，不变质。

（4）断路器渗、漏油和进水情况的检查。

21. 油断路器反事故措施内容是什么？

答：（1）消弧室和动触头应抹角，防止卡紧。

（2）各相上加装附加定位，防止强度不够。

（3）三相传动机械连板之间加管，防止连板位移。

（4）油箱必须找正，防止内部距离不够而放电。

（5）应注意检查消弧室绝缘围屏的锡箔纸，有断裂的应进行处理。

（6）同相断口间应加装隔弧板。

22. “五防”的内容是什么？

答：（1）防止误拉、误合断路器。

（2）防止带负荷误拉、误合隔离开关。

（3）防止带电合接地隔离开关。

（4）防止带接地线合闸。

（5）防止误入带电间隔。

23. 高压断路器的试验类别、项目是什么？

答：（1）高压断路器的试验类别为：

1）新设备投入运行前的交接试验。

2）大修后的试验。

3）运行中的预防性试验。

4）根据断路器存在的问题，临时增加的鉴定性试验。

（2）高压断路器大修后及预防性的试验项目有：

1）测量套管介质损失角。

2）测量绝缘电阻。

3）交流耐压。

4）绝缘油的试验（包括绝缘电阻，介质损失角和油耐压）。

24. 为什么 SF_6 气体具有良好的灭弧性能？

答：SF_6 气体的灭弧性能主要表现在以下几个方面：

（1）优良的热化学特性。其电弧结构近似于温度为径向矩形分布的弧芯。弧芯部分温度高、导电性好，弧芯外围部分温度下降非常陡峭，外焰温度低，散热性好。因此，电弧电压低，电弧输入功率小，对熄弧有利。而弧芯导电性好又不宜造成电流折断，不会出现过高的载流过电压。在电流过零时，弧芯的热体积小，残余弧柱细，过零后的介质恢复特性也好。

（2）SF_6 气体分子负电性（即正离子直接吸附电子形成中性质点的特性）强，而其正负离子由于运动速度较慢，从而加速了电弧间隙介质强度的恢复速度，因此有良好的灭弧性能。

（3）SF_6 气体的电弧时间常数小，电弧电流过零后，介质性能的恢复远比空气和油介质为快。

25. 如何看待 SF_6 气体的毒性问题？

答：纯 SF_6 气体是一种十分稳定的气体，本身没有毒性。它对人体的危害主要表现在以下几个方面：

（1）SF_6 是重气体，特别在室内有可能引起窒息。

（2）新气体由于制备过程中含有各种杂质，可能混有一些有毒物质。

（3）在电弧高温作用下，SF_6 气体分解物与水、空气等杂质反应可能产生一些有毒物质，如氟化亚硫酸、氢氟酸等。

26. 真空灭弧室中的波纹管起什么作用？

答：波纹管是真空灭弧室不可缺少的元件，可用来实现动触头的运动而又不破坏灭弧室的密封状态。真空断路器的每次合分操作，都会使波纹管产生一次机械变形。因此，它是最

易损坏的部件。波纹管的疲劳寿命就决定了真空灭弧室的机械寿命。

27. 什么是高压断路器的合闸时间、分闸时间和全开断时间？

答： 合闸时间是指从合闸回路接到合闸指令开始到最后一极弧触头接触瞬间为止的时间间隔，又称为固合时间。

分闸时间是指从接到分闸指令开始到所有极的弧触头都分离瞬间为止的时间间隔，又称为固分时间。

根据脱扣方法的不同，具体定义如下：对于任何形式辅助动力脱扣的断路器，分闸时间是指处于合闸位置的断路器从分闸脱扣器带电瞬间起到所有极的弧触头均分离瞬间为止的时间间隔。对用主回路电流而不借助任何形式的辅助动力脱扣的断路器，分闸时间是指处于合闸位置的断路器从主回路电流达到过电流脱扣器动作电流的瞬间起到所有极的弧触头均分离瞬间为止的时间间隔。

全开断时间是指从断路器接到分闸指令瞬间起到各极电弧最终熄灭时为止的时间间隔。实际上，全开断时间等于断路器的分闸时间和燃弧时间之和。

28. 压缩空气断路器在开断时比油断路器灭弧快，开断能力也大，为什么？

答： 油断路器分闸时动触头向下运动产生电弧，电弧接触油，使油分解形成高压气泡对电弧吹弧，从而使电弧冷却并熄灭。但油断路器分闸速度慢，油有较大惯性，动触头向下运动让出的空间充油及产生油气吹弧都需要一个过程。

压缩空气断路器是依靠外界能源所产生的压缩空气气流来吹弧的。压缩空气压力高，其流动性比油好得多，可使气体的流动与电弧柱的膨胀和收缩紧密相随。此外，压缩空气吹弧，不仅带走了弧隙中的热量，降低弧隙温度，而且直接带走弧隙中的游离气体，补充新鲜的压缩空气，使弧隙绝缘性能很快恢复。因此压缩空气断路器比油断路器灭弧速度快，具有较大的开断能力。

29. 压缩空气断路器每个断口并联一个电阻有什么作用？

答： 压缩空气断路器是用压缩空气吹弧的，因压缩空气绝缘性能好，流动快，熄弧能力很强，可使小电流的电弧在自燃过零点前被强行切断。但在开断空载变压器时，因电流降低速度快，产生很高的自感电动势，造成过电压，因此在每个断口上并联一个电阻，使主触头断开后，电流仍可沿电阻流通，电路中的电流不突变到零，从而限制过电压，最后断开辅助触头时，因有电阻起限流和阻尼作用，过电压不会太大。

30. 空气断路器为什么要采用压缩空气，而压缩空气的压力一般不能超过 2MPa（20 个大气压）？

答： 空气断路器的灭弧性能与空气压力有关。在一定范围内，空气压力越高，绝缘性能

越好，灭弧性能也越好。这是因为压力增大时，空气的密度随之增大，电子在运动过程中极易与空气粒子碰撞，碰撞时由于电子积聚的动能不足以使气体粒子游离，所以击穿电压升高，绝缘性能也就提高。但压缩空气超过 2MPa 后，空气绝缘性能不随气压升高而增大，会出现饱和现象。因为过高气压下气体产生游离时，带电粒子不易扩散，空间电荷密集在阳极前面，使电场显著畸变，绝缘性能出现饱和现象，故一般空气断路器的空气压力采用 2MPa 较合适。

31. 为什么真空断路器的体积小而使用寿命长？

答：真空断路器的结构非常简单，在一只抽真空的玻璃泡中放一对触头，由于真空的绝缘性，灭弧性能特别好，可使动、静触头的开距非常小（10kV 的约 10mm，而油断路器触头开距约为 160mm），所以真空断路器的体积和质量都很小。由于真空断路器的触头不会氧化，并且熄弧快，触头不易烧损，因此适用于频繁操作的场合，使用寿命比油断路器约高 10 倍。

32. 真空断路器与其他高压断路器灭弧方式有何不同？

答：各种交流断路器主要都是利用电流过零这个有利条件来熄灭电弧的。一般的高压断路器如油、压缩空气、SF_6等断路器，当出现电弧后，利用电弧能量将液体、固体介质分解成气体，或者靠外来能源（如压缩空气、SF_6）通过喷口形成高速气流。当电流过零时，使电弧迅速熄灭，同时弧隙依靠上述介质使绝缘强度迅速恢复，而真空断路器的灭弧室真空度为 $1.33\times10^{-6}\sim1.33\times10^{-2}$ Pa，当出现电弧后，由于周围真空而导致弧柱区的气体与周围有极大的压力差，致使弧柱等离子体迅速向四周扩散，有利于触头间隙绝缘强度迅速恢复，加上弧柱的截面不仅随电流大小而变化，而且在时间上几乎同步，因此电流过零时弧柱也随之迅速消失，再加上触头结构常带磁吹，强迫弧根在触头表面迅速运动，因此当电流过零时利用真空可使电弧迅速的熄灭，灭弧效果更好。

33. 真空灭弧室的屏蔽罩有什么作用？

答：屏蔽罩是真空灭弧室中不可缺少的部件，并且有围绕触头的主屏蔽罩、波纹管屏蔽罩和均压用屏蔽罩等多种。

主屏蔽罩的主要作用如下：

（1）防止燃弧过程中电弧生成物喷溅到绝缘外壳的内壁，从而降低外壳的绝缘强度。

（2）改善灭弧室内内部电场分布的均匀性，有利于降低局部场强，促进真空灭弧室小型化。

（3）冷凝电弧生成物，吸收一部分电弧能量，有助于弧后间隙介质强度的恢复。

34. 线路停、送电的操作顺序是怎样规定的？为什么？

答：线路送电的操作顺序：先合上母线侧隔离开关，后合上线路侧隔离开关，最后合断路器。按照这样的顺序如果断路器误在合闸位置，等于用线路侧隔离开关带负荷合闸。一旦

发生弧光短路，故障点在线路上，断路器保护动作，可以跳闸切除故障，缩小事故范围，所以线路侧送电时应按上述原则进行。

线路停电的操作顺序与此相反。

35. 什么是自动空气断路器？其作用是什么？

答： 自动空气断路器集隔离开关、熔断器、热继电器和低电压继电器的功能于一体，用于保护低压交直流电路内的电气设备免受过电流、短路或低电压等不正常情况的危害，同时也可用于不频繁地启动电动机以及操作或转换电器。

36. 自动空气断路器的动作原理是什么？

答： 自动空气断路器的种类很多，构造各异，主要由触头及灭弧装置、操动机构、保护系统三部分组成，工作原理基本相同，动作原理如图 15-1 所示。

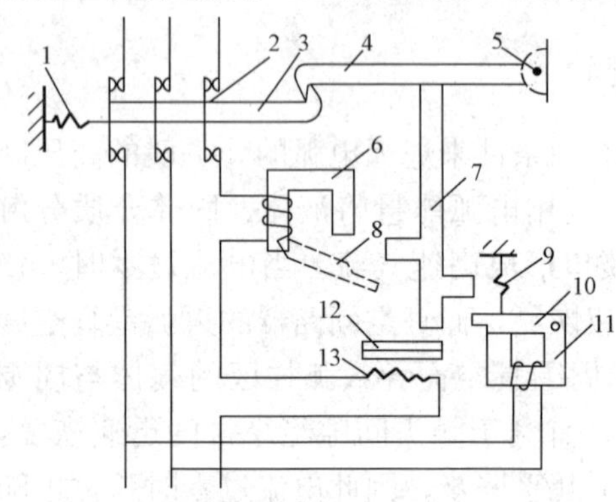

图 15-1　自动空气断路器动作原理图

1、9—弹簧；2—主触头；3—锁扣；4—搭钩；5—转轴；6—电磁脱扣器；7—杠杆；8、10—衔铁；11—欠电压脱扣器；12—双金属片；13—发热元件

图 15-1 中主触头串联在被保护的三相电路中，由它来接通和分断回路。正常运行时，由搭钩 4 实现自保持，电磁脱扣器线圈所产生的吸力不能将它的衔铁吸合。如果线路发生短路或产生很大的过电流时，电磁脱扣器的吸力增强，将衔铁 8 吸合，并撞击杠杆 7，把搭钩 4 顶上去，断开主触头，从而将主电路分断。欠电压脱扣器的线圈并联在电路上，当电路电压正常时，欠电压脱扣器产生的电磁吸力能够克服弹簧的拉力而将衔铁 10 吸合。如果线路电压下降，欠电压脱扣器的吸力减小，衔铁 10 被弹簧拉开，撞击杠杆 7，把搭钩 4 顶开，断开主触头。

当电路过载时，过载电流通过热脱扣器的发热元件而使双金属片受热弯曲，于是撞杠杆 7 顶开搭钩 4，使主触头断开主电路，从而启动过载保护作用。

37. 交流接触器由哪几部分组成？

答： 交流接触器由以下几部分组成：

（1）电磁系统。包括吸引线圈、上铁芯（动铁芯）和下铁芯（静铁芯）。

（2）触头系统。包括三副主触头和两个动合、两个动断辅助触头，它和动铁芯是连在一起互相联动的。主触头的作用是接通和切断主回路。而辅助触头则接在控制回路中，以满足各种控制方式的要求。

（3）灭弧装置。接触器在接通和切断负荷电流时，主触头会产生较大的电弧，容易烧坏触头，为了迅速切断开电弧，一般容量较大的交流接触器有灭弧装置。

（4）其他部件还有支撑各导体部分的绝缘外壳、弹簧、传动机构、短路环、接线柱等。

38. 交流接触器的工作原理和用途是什么？

答：（1）交流接触器的工作原理。

吸引线圈和静铁芯在绝缘外壳内固定不动，当线圈通电时，铁芯线圈产生电磁吸力，将动铁芯吸合。由于触头系统是与动铁芯联动的，因此动铁芯带动三条动触片同时运动，触点闭合，从而接通电源。当线圈断电时，吸力消失，动铁芯联动部分依靠弹簧的反作用而分离，使主触头断开，切断电源。

（2）交流接触器的用途。可以通断启动电流，但不能切断短路电流，即不能用来保护电气设备。适用于电压为1kV及以下的电动机或其他操作频繁的电路，作为远距离操作和自动控制，使电路接通或断开。不宜安装在有导电性灰尘、腐蚀性和爆炸性气体的场所。

39. 交、直流接触器是否能互换使用？为什么？

答：不能互换使用。

因为交流接触器铁芯一般用硅钢片叠压铆成，以减少交变磁场在铁芯中产生的涡流及磁滞损耗，避免铁芯过热。而直流接触器线圈中的铁芯不会产生涡流，不存在发热的问题，故铁芯可用整块铸钢或铸铁制成。直流电路的线圈，没有感抗，所以线圈匝数较多，电阻大，铜损大，线圈本身发热是主要的，为使线圈散热良好，通常将线圈做成长而薄的圆筒状。交流接触器线圈匝数少，电阻小，但铁芯发热，线圈一般做成粗而短的圆筒形，并与铁芯之间有一定间隙，以利于散热，同时又能避免线圈受热烧坏。交流接触器为了消除电磁铁产生的振动和噪声，在静铁芯的端面上嵌有短路环，而直流接触器不需要短路环。

鉴于交、直流接触器的区别，如把交流接触器当作直流接触器使用，则会因其匝数少，电阻小，流过线圈的电流大，使线圈发热，严重时将线圈烧毁。反之，若将直流接触器当作交流接触器使用，也会使铁芯过热，烧毁线圈，亦或剧烈振动，噪声大，不能正常工作。

40. 接触器或其他电器的触头为什么采用银合金？

答：对触头材料的要求是耐电磨损和机械磨损、抗熔焊、耐腐蚀、接触电阻小而稳定，并具有良好的导电、导热性。其他金属材料在电弧高温下容易氧化，从而增大接触电阻，引起触头温度升高，促使触点更加氧化，最终将导致触头烧坏。触头材料如采用银合金，由于银不易氧化，即使有氧化层仍能保持良好的导电性，不致使触点烧损，能延长触点的使用寿命，所以接触器和其他电器的触点多采用银合金制成。

41. 交流接触器工作时常发生噪声的原因是什么？

答：产生噪声可能有以下几种原因：

（1）动、静铁芯接触面有脏物，造成铁芯吸合不紧。

（2）电源电压过低，线圈吸力不足。

（3）铁芯磁路的短路环断裂，造成极大振动，不能正常工作。

42. 隔离开关的基本构造是什么？

答：隔离开关主要由闸刀片、闸刀嘴、支持绝缘子、底盘及其附件等构成。

43. 少油断路器的基本构造是什么？

答：少油断路器主要由绝缘部分（相间绝缘和对地绝缘）、导电部分（灭弧触头、导电杆、接线端头）、传动部分和支座、油箱等组成。

44. 少油断路器的作用原理是什么？

答：少油断路器合闸后，导电杆与静触头接触，整个油箱带电。绝缘油仅作为灭弧介质用，分闸后，导电杆与静触头分断，导电杆借助瓷套管与油箱绝缘。

45. 为什么高压断路器与隔离开关之间要加装闭锁装置？

答：因为隔离开关没有灭弧装置，只能接通和断开空载电路，所以在断路器断开的情况下，才能拉、合隔离开关，否则将发生带负荷拉、合隔离开关，严重影响人身和设备安全，为此在断路器与隔离开关之间要加装闭锁装置，使断路器在合闸状态时，隔离开关拉不开、合不上，有效防止带负荷拉、合隔离开关。

46. 断路器的驱动机构有什么作用？

答：断路器的驱动机构是用来使断路器合闸、维持合闸和分闸的设备。不同类型的断路器可以配用各种不同类型的驱动机构。

47. 高压隔离开关的动触头一般用两个刀片有什么好处？

答：当隔离开关操作的电路发生故障时，刀片中流过很大的电流，使两个刀片紧紧地夹住固定触头，这样刀片就不会因振动而脱离原位造成事故扩大的危险。同时使刀片与固定触头之间接触得更紧密，电阻减小，不至于因故障电流流过而造成触头熔焊现象。

正常操作时，因隔离开关刀片中只有较小的电流通过，只需克服由于弹簧压力而造成的刀片与固定触头之间的摩擦力即可，拉、合隔离开关并不费力。

48. 选择高压断路器应符合哪些条件？

答：（1）装设地点：户内或户外。

（2）额定电压。

（3）额定电流。

（4）额定断流容量。

（5）操作方式：分手动、电动、液压、弹簧等。

（6）应按短路条件验算机械稳定度（即动稳定）和热稳定度。

（7）切断时间尽可能短。

49. 为什么高压断路器采用多断口结构？

答：（1）有多个断口可使加在每个断口上的电压降低，从而使每段的弧隙恢复电压降低。

（2）多个断口把电弧分割成多个小电弧段串联，在相等的触头行程下多断口比单断口的电弧拉伸更长，从而增大了弧隙电阻。

（3）多断口相当于总的分闸速度加快了，介质恢复速度增大。

50. 隔离开关的用途是什么？用隔离开关可以进行哪些操作？

答：隔离开关的作用是在设备检修时，形成明显的断开点，使检修设备和系统隔离。原则上隔离开关不能用于开断负荷电流，但是在电流很小和容量很低的情况下，可视为例外。隔离开关能开断电流或容量的大小，不仅与隔离开关的型号有关，也与操作人员的操作方法有关。

用隔离开关可以进行以下操作：

（1）接通或断开电压互感器。

（2）接通或断开阀型避雷器。

（3）拉合励磁电流不超过 2A 的空载变压器。

（4）拉、合电容电流不超过 5A 的空载线路，但在 20kV 及以下者应使用三联隔离开关。

（5）屋外三联隔离开关可以拉、合电压在 10kV 以下、电流在 15A 以下的负荷。

（6）拉合 10kV 以下、70A 以下的环流。

（7）拉、合闭路断路器的旁路电流。

（8）接通或断开电力变压器中性点的接地线（系统中有接地故障不允许操作）。

（9）接通或断开连接在母线上设备的电容电流。

51. 操作隔离开关的注意事项是什么？

答：操作隔离开关前，首先注意检查开关确在断开位置。

（1）合隔离开关时的操作要领：

1）不论是用手还是用传动装置或绝缘操作杆操作，均须迅速而果断，但在合闸终了时用力不可太猛，以避免发生冲击。

2）隔离开关操作完毕后，应检查是否合上，隔离开关刀片应完全进入固定触头，并检查接触良好。

（2）拉开隔离开关时的操作要领：

1）开始时应慢而谨慎，当刀片离开固定触头时应迅速，特别是切断变压器的空载电流、架空线路及电缆的充电电流、架空线路的小负荷电流以及切断环路电流时，拉闸应迅速果断，以便消弧。

2）拉开隔离开关后，应检查隔离开关三相均在断开位置，并应使刀片尽量拉到头。

52. 断路器、负荷开关、隔离开关在作用上有什么区别？

答： 断路器、负荷开关、隔离开关都是用来闭合和切断电路的电器，但它们在电路中所起的作用是不同的。断路器可以切断负荷电流和短路电流、负荷开关只可切断负荷电流，短路电流是由熔断器来切断的；隔离开关不能切断负荷电流，更不能切断短路电流，只用来切断电压或允许的小电流。

53. 为什么隔离开关要用操动机构操作？

答： 用操动机构操作隔离开关可以提高操作的可靠性和安全性。

（1）操动机构可使操作人员和隔离开关保持一定距离。

（2）可使隔离开关操作简化和省力。

（3）可实现隔离开关与断路器的相互闭锁，防止误操作。

（4）可实现隔离开关远方电动操作。

54. 如何提高真空断路器灭弧室触头间隙的耐压性能？

答： 具体的方法是：

（1）选择熔点或沸点高、热传导率小、机械强度和硬度大的触头材料。

（2）预先向触头间隙施加高电压，使其反复放电，使触头表面附着的金属或绝缘微粒熔化、蒸发，即所谓“老练处理”。

（3）清除吸附在触头或灭弧室表面上的气体，即进行加热脱气处理。

（4）选择合适的触头形式，改善触头的电场分布。

55. 真空断路器大修时或者大修后的实验项目（定期试验时做过的项目除外）有哪些？

答：（1）操动机构合闸接触器和分、合闸电磁铁的最低动作电压测量。

（2）真空灭弧室真空度的测量。

（3）触头导航的软连接片有无松动检查。

56. 断路器“拒跳”故障的原因是什么？

答：（1）跳闸电源的电压过低。

（2）跳闸回路是否完好，如跳闸铁芯动作良好断路器拒跳，则说明是机械故障。

（3）如果电源良好，若铁芯动作无力，铁芯卡涩或线圈故障造成拒跳，往往可能是电气和机械方面同时存在故障。

（4）如果操作电压正常，操作后铁芯不动，则多半是电气故障引起的“拒跳”。

57. 做 GIS 交流耐压试验时应特别注意什么？

答：（1）规定的试验电压应施加在每一相导体和金属外壳之间，每次只能一相加压，其他相导体和接地金属外壳相连接。

（2）当试验电源容量有限时，可将 GIS 用其内部的断路器或隔离分断开关分断成几个部分，分别进行试验，同时不试验的部分应接地，并保证断路器断口、断口电容器或隔离开关断口上承受的电压不超过允许值。

（3）GIS 内部的避雷器在进行耐压试验时，应与被试回路断开。GIS 内部的电压互感器、电流互感器的耐压试验应参照相应的试验标准执行。

58. 断路器的技术监督项目有哪些？

答：（1）断路器的运行监督。

（2）断路器的绝缘监督。

（3）断路器的检修监督。

（4）断路器的绝缘油油质监督。

（5）断路器用压缩空气气质监督。

（6）断路器 SF_6 气体气质监督。

59. 断路器 SF_6 气体气质监督的内容是什么？

答：（1）新装 SF_6 断路器投运前必须复测断路器本体内部气体的含水量和漏气率。灭弧室气室的含水量应小于 150×10^{-6}（体积比），其他气室应小于 250×10^{-6}（体积比）；断路器年漏气率小于 1%。

（2）运行中的 SF_6 断路器应定期测量 SF_6 气体含水量，新装或大修后，每三个月一次，待含水量稳定后可每年一次。灭弧室气室含水量应小于 300×10^{-6}（体积比），其他气室小于 500×10^{-6}（体积比）。

（3）新气及库存 SF_6 气应按 SF_6 管理导则定期检验，进口 SF_6 新气也应复检后验收入库，检验时按批号做抽样检验，分析复核主要技术指标，凡未经分析证明符合技术指标的气体（不论是新气还是回收的气体）均应贴上“严禁使用”标志。

（4）新装或投运的断路器内的 SF_6 气体严禁向大气排放，必须使用 SF_6 气体回收装置回收。

（5）SF_6 断路器需补气时，应使用检验合格的 SF_6 气体。

60. 隔离开关有哪些正常巡视检查项目？

答：（1）瓷质部分应完好无破损。

（2）各接头应无发热、松动。

（3）刀口应完全合入并接触良好。

（4）传动机构应完好，销子应无脱落。

（5）联锁装置应完好。

（6）液压机构隔离开关的液压装置应无漏油，机构外壳应接地良好。

第二节　消弧线圈及电抗器

1. 什么是消弧线圈？它的结构及工作原理是怎样的？

答：在中性点不接地的电网中，当电网发生单相接地时，补偿电网总电容电流的电感线圈，称为消弧线圈。一般接于发电机或变压器的中性点上。

当电网正常运行时，中性点位移电压很小，故作用于消弧线圈上的电压也小，因而流过中性点的电流也很小。但当电网发生单相接地或相对地电容发生事故性不平衡时，电网中的电容电流增大，作用于消弧线圈上的电压也增大，产生感性电流。电压越大，感性电流也越大。这个感性电流用来补偿电网内产生的电容电流，以限制故障点的电流在较小值，防止间歇性接地或电弧稳定性接地的产生，起到熄灭电弧的作用。

消弧线圈的外形与单相变压器相似，而内部结构实际上是一个铁芯带有间隙的电感线圈。间隙是沿着整个铁芯分布的，采用带间隙铁芯是为了避免磁路的饱和，能得到较大的电感电流，并使电感电流和所加的电压成正比，以便减少高次谐波的分量，获得一个比较稳定的电抗值。在铁芯上设有主线圈和电压测量线圈。主线圈一般采用层式结构，每个芯体上的线圈分成几个部分，不同芯体的线圈连接处的电压，不应达到危及绝缘的数值；测量线圈的电压是随不同分接头位置而变化的，它和主线圈都有分接头接在分接开关上，以便在一定的范围内分级调节电感的大小。为了测量消弧线圈动作时的补偿电流，在主线圈回路上还设有电流互感器。

2. 消弧线圈的补偿方式有哪几种？

答：消弧线圈可通过调节其分接头，以满足各种补偿方式。一般有三种补偿方式，即欠补偿、过补偿及全补偿。

（1）当消弧线圈的抽头满足 $I_L<I_C$，则流过故障点的消弧线圈的电感电流小于网络的全电容电流，称为欠补偿。电网以欠补偿方式运行时，其灭弧能力与过补偿方式差不多，但因网络故障或其他原因使其线路断开后，可能构成串联谐振，产生危险的过电压，所以，在正常情况下，不宜采用欠补偿方式运行，只有在消弧线圈容量不足时，才采用欠补偿方式运行。

（2）当消弧线圈的抽头满足 $I_L>I_C$，则流过故障点的电感电流大于网络的电容电流，称为过补偿。当电网以过补偿方式运行时，中性点位移电位较小，过补偿越大，中性点位移

电压就越小。但在实际中，过补偿不能选得太大，否则会影响熄灭电弧的效果。

（3）当消弧线圈的抽头满足 $I_L=I_C$ 时，称为全补偿。这种方式很不利，如果三相不对称，则出现串联谐振，使中性点位移电位达到最高，危害网络的正常绝缘。因此，应尽量避免这种方式。

3. 消弧线圈的运行原则有哪些？

答：（1）电网在正常运行时，不对称度应不超过1%～5%，长时间中性点位移电压不超过相电压的15%。

（2）当消弧线圈的端电压超过相电压15%时，且消弧线圈已经动作，则应作接地故障处理，寻找接地点。

（3）电网正常运行时，消弧线圈必须投入运行。

（4）在电网中有操作或接地故障时，不得停用消弧线圈。由于找寻故障及其他原因，使消弧线圈带负荷运行时，应对消弧线圈上层油温加强监视，其油温最高不超过95℃，并注意允许运行时间，否则应切除故障线路。

（5）在进行消弧线圈启、停用和调节分接头操作时，应注意在操作隔离开关前，查明电网内确无单相接地，或接地电流不超过允许值时，方可操作。

（6）不许将两台变压器的中性点同时并于一台消弧线圈上运行。

（7）消弧线圈内部产生异响或放电声等异常现象后，应首先将接地线路停电，然后停用消弧线圈。

（8）消弧线圈动作或发生异常现象，应记录好动作时间、中性点位移电压、电流及三相对地电压，并及时向调度员汇报。

（9）电网发生单相短路接地后，有关消弧线圈和配电盘上的一切操作均应由调度允许后方可进行。

4. 投运消弧线圈的操作程序如何？

答：消弧线圈检验后，检查试验合格，一切良好，便可进行投运。操作程序如下：

（1）起用连接消弧线圈的主变压器。

（2）检查消弧线圈分接头确在要求的位置上。

（3）操作人员根据接地信号灯的指示情况，证明电网内确无接地存在时，合上消弧线圈隔离开关。

（4）检查仪表与信号装置应工作正常，补偿电流表指示在规定值内。

5. 消弧线圈停用的操作程序如何？

答：在消弧线圈检修及故障或改分接头时，需要停用消弧线圈。在电网正常运行时停用消弧线圈，只需拉开消弧线圈的隔离开关即可。若消弧线圈本身有故障，则应先拉开连接消弧线圈的变压器两侧的断路器，然后再拉开消弧线圈的隔离开关。

6. 消弧线圈调整分接头的操作程序如何？操作过程中应注意什么？

答： 图 15-2 所示是接在变压器中性点的消弧线圈的示意图，正常运行时变压器 T1 投入运行，QS5 处于闭合位置，QS6 处于断开位置。当需要调整消弧线圈分接头时，操作程序如下：

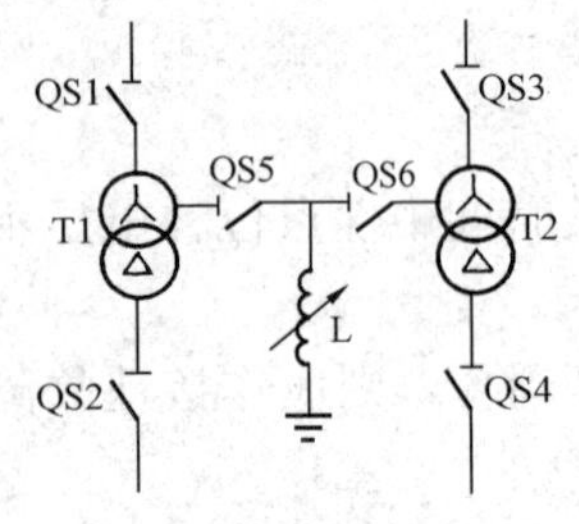

图 15-2　运行中消弧线圈的简单示意图

（1）检查系统无接地，消弧电抗电压表指示接近于零。

（2）拉开消弧线圈工作隔离开关。

（3）检查消弧线圈备用隔离开关在断开位置。

（4）将分接头调至需要位置，并左右转动，使其接触良好。

（5）用万用表测量检查其分接头接触是否良好，然后合上隔离开关，使消弧线圈投入运行。

调节分接头时，应注意：

（1）使用过补偿时：增加线路长度，应先调整分接头，使之适合线路增加后的过补偿，然后投入运行；减少线路长度，应先将线路断开，再调分接头，使之适合线路减少后的补偿度。

（2）使用欠补偿时：增加线路长度，应先投入线路，再调分接头；减少线路长度，应先调整分接头，再停用线路。

（3）在网络存在接地时，决不可更改消弧线圈的分接头位置，因为将消弧线圈断开将产生带负荷拉隔离开关，并使系统失去补偿，扩大事故。

7. 在什么系统上应装设消弧线圈？

答： 在 3～60kV 的电网中，当接地电流大于下列数值时，变压器中性点经消弧线圈接地：3～6kV 的电网中接地电流大于 30A；10kV 的电网中接地电流大于 20A；20kV 的电网中接地电流大于 15A；35kV 及以上电网中接地电流大于 10A。对于重要的 60kV 电网，即使接地电流较上述规定值稍小，变压器中性点也宜经消弧线圈接地运行。110kV 的电网中性点一般采用直接接地方式，但在雷电活动较多的山地丘陵地区，线路雷击跳闸频繁，电网结构简单，不能满足安全供电的要求，而且对联网影响不大时，110～154kV 电网中性点可采用消弧线圈接地方式。

8. 针对消弧线圈动作的故障，值班人员应做何处理？

答： 当系统内发生单相接地、串联谐振及中性点位移电压超过整定值时，消弧线圈将动作，此时，消弧线圈动作光字发出信号及警铃响，中性点位移电压表及补偿电流表指示值增大，消弧线圈本体指示灯亮。若为单相接地故障，则绝缘监视电压表指示接地相电压为零，非接地相电压升高至线电压。

当发生上述故障时，值班人员应进行如下处理：

（1）确认消弧线圈信号动作正确无误后，立即将接地相接地性质、仪表指示值、继电保护和信号装置及消弧线圈的动作情况向电网值班调度员汇报，并尽快消除故障。

（2）派人巡视母线、配电设备、消弧线圈所连接的变压器，若接地故障持续时间长（按本厂、站规程规定），应立即派人检查消弧线圈本体。

（3）在消弧线圈动作时间内，不得对其隔离开关进行任何操作。

（4）电网发生单相接地时，消弧线圈可继续运行 2h，以便运行人员采取措施，查出故障并及时处理。

（5）如消弧线圈本身发生故障，应先断开连接消弧线圈的变压器，然后拉开消弧线圈隔离开关。

（6）值班人员应监视各种仪表指示值的变动情况，并做好详细记录。

9. 在欠补偿运行时为什么会产生串联谐振过电压？发生该故障时有何现象？

答：消弧线圈在欠补偿运行时，当线路发生一相导线断线、两相导线同一处断线、线路故障跳闸或断路器分相操作时不同期时，均可能产生串联谐振过电压。

发生故障时，“消弧线圈动作”光字牌亮，警铃响，中性点位移电压表及补偿电流表指示值增大并到尽头，消弧线圈本体指示灯亮，绝缘监视电压表各相指示值升高且不同，消弧线圈铁芯发出强烈的“吱吱”声，上层油温急剧上升。

10. 电抗器的基本结构是怎样的？

答：在发电厂和降压变电站的 6～10kV 配电装置中，常采用一种电抗器，这种电抗器一般为水泥电抗器。它是一个无导磁材料的空芯电感线圈，电抗器的绕组是由导线在同一个平面上绕成螺旋形的饼式线圈叠在一起构成，在沿线圈周围均匀对称的地方，设有支架，在支架上浇筑水泥成为水泥支柱，作用于电抗器的骨架，并把线圈固定在骨架上。电抗器有普通电抗器和分裂电抗器两种。

11. 电抗器的作用是什么？

答：在大容量发电厂的配电装置中，电抗器的作用是限制电网发生短路故障时的短路电流，使短路电流不超过一定的限值，以减轻相应输配电设备的负担，从而可以选择轻型电气设备，节省投资。此外，在母线上装设电抗器后，当发生短路故障时，电压降主要产生在电抗器上，这样便保持了母线一定的电压水平，从而使用户电动机的工作保持稳定。

12. 电抗器的分类有哪些？

答：按照用途电抗器可分为以下七大类：

（1）限流电抗器。

（2）并联电抗器。

（3）通信电抗器。

（4）消弧电抗器。

（5）滤波电抗器。

（6）电炉电抗器。

（7）启动电抗器。

13. 电抗器的正常巡视项目有哪些？

答：（1）电抗器接头应接触良好且无发热。

（2）电抗器周围应整洁无杂物。

（3）电抗器支持绝缘子清洁并安装牢固。

（4）垂直分布的电抗器应无倾斜。

（5）电抗器门窗应严密，以防小动物进入。

14. 采用分裂电抗器有什么好处？

答：普通电抗器装设在电路中是为了限制短路电流和维持母线残压，因而要求电抗器的电抗要大。但在正常工作中又希望电抗器的电抗要小，以使电压损失减小。采用分裂电抗器就可能解决这个矛盾。

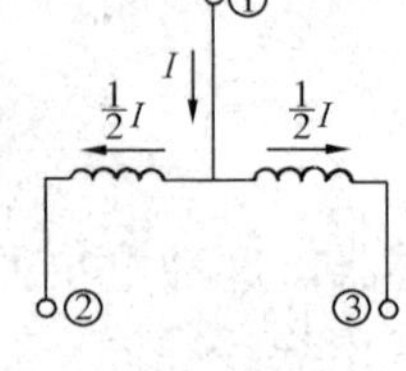

图 15-3　电抗器原理示意图

分裂电抗器是有中间抽头的空芯线圈，它的绕组是由同轴的导线缠绕方向相同的两个分段所组成。如图 15-3 所示，两个分段接线②、③接负荷，中间抽头①接电源。分裂电抗器两分段通过电流时，每一分段内有自感作用，两分段之间有互感作用，在正常状态下，每个分段相当于 1/4 普通电抗器的电抗，短路时，分裂电抗等于原普通电抗器的电抗，因而在短路故障情况下，其各分段的电抗较正常运行值增大 4 倍，可见分裂电抗器限流效果好。

15. 电抗器的旁路断路器与配电断路器相互间如何配合？

答：如图 15-4 所示的配电网络，当出线上发生短路故障时，首先切除断路器 QF2，使电抗器 L 投入，降低短路电流值，使短路容量降至断路器 QF3 的最大遮断容量范围以内，然后切除断路器 QF3 以消除故障，最后重新合上 QF2，恢复系统正常供电。当使用快速重合闸时，断路器 QF3 在切除后立即重合，最后再合断路器 QF2。很明显，采用了电抗器以后，遮断容量小的配电断路器可以满足故障要求，同时采用自动重合闸相配合，避免了大量的瞬时性事故，提高供电可靠性。在正常时，投入旁路断路器 QF2 还可以减少电压损失，提高母线电压水平。

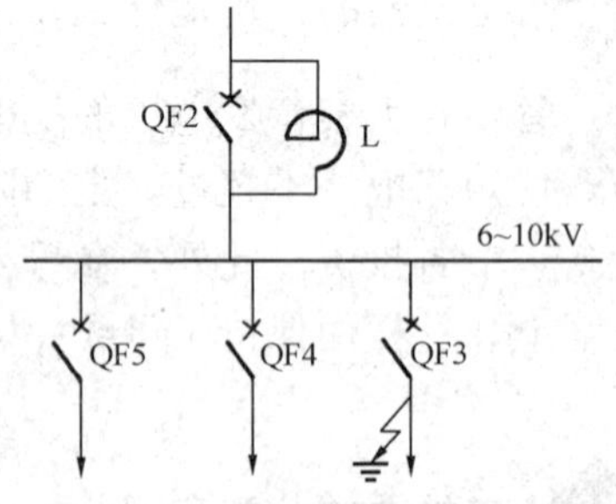

图 15-4　具有电抗器的配电网络

16. 电抗器及消弧线圈的实验项目包括哪些内容？

答：（1）测量绕组连同套管的直流电阻。

（2）测量绕组连同套管的绝缘电阻、吸收比货极化指数。

（3）测量绕组连同套管的介质损耗角正切值 tanδ。

（4）测量绕组连同套管的直流泄漏电流。

（5）绕组连同套管的交流耐压试验。

（6）测量与贴芯绝缘的各紧固件的绝缘电阻。

（7）绝缘油的试验。

（8）非纯瓷套管的试验。

（9）额定电压下冲击合闸试验。

（10）测量噪声。

（11）测量箱壳的振动。

（12）测量箱壳表面的温度。

第三节　异常运行状态及故障处理

1. 少油断路器漏油严重将产生哪些后果？

答：少油断路器漏油严重造成油量不足，使断弧时间延长或难于灭弧，将会使触头和灭弧室遭到损坏。由于电弧不易熄灭，电弧甚至会冲出油面进入箱体的缓冲空间，这个空间的气体与被电弧高温分解出来的游离气体（氢、氮、甲烷、乙炔等）混合后，再与电弧相遇即可引起燃烧、爆炸。

2. 少油断路器漏油严重时怎样处理？

答：漏油严重的油断路器，不允许切断负荷，而应将负荷经备用断路器或旁路断路器移出。如没有备用断路器或旁路断路器，则采取措施使断路器不跳闸，如取下操作熔断器或切断跳闸回路等。

3. 少油断路器喷油是什么原因造成的？

答：当少油断路器油位过高、缓冲空间减少，箱体承受压力过大时，就会发生喷油。切断电动机的启动电流或短路电流时，电弧不易熄灭，也会发生喷油。

4. 运行中的隔离开关，可能出现什么异常情况？怎样处理？

答：（1）运行中的隔离开关可能出现下列异常现象：

1）接触部分过热。

2）绝缘子外伤、硬伤。

3）针式绝缘子胶合部因质量不良和自然老化而造成绝缘子掉盖。

4）在污秽严重时产生闪络、放电、击穿放电，严重时产生短路、绝缘子爆炸、断路器

跳闸等。

（2）针对以上情况，应分别进行如下处理：

1）立即设法减少负荷，如通知用户限负荷或拉开部分变压器。

2）与母线连接的隔离开关，应尽可能停止使用。

3）发热剧烈时，应用适当的断路器（如利用倒母线或以备用断路器等方法）转移负荷。

4）如停用发热隔离开关会引起停用损失较大时，应采用带电作业的方法进行检修。如未消除，应临时将隔离开关短接。

5）不严重的放电痕迹可暂不停电，经过停电手续再行处理。

6）绝缘子外伤严重时，应立即停电或带电作业处理。

5. 运行中隔离开关刀口过热，触头熔化粘连时，应如何处理？

答：（1）立即向调度汇报申请将负荷倒出，然后停电处理。如不能倒负荷，则应设法减负荷，并加强监视。

（2）如果是双母线侧隔离开关发生熔化粘连，应使用倒母线的方法将负荷倒出，然后停电处理。

6. 操作中发生带负荷错拉、错合隔离开关时怎么办？

答：（1）错合隔离开关时，即使合错，甚至在合闸时发生电弧，也不准将隔离开关再拉开。因为带负荷拉隔离开关，将造成三相弧光短路事故。

（2）错拉隔离开关时，在刀片刚离开固定触头时，便发生电弧，这时应立即合上，可以熄灭电弧，避免事故。但如隔离开关已全部拉开，则不许将误拉的隔离开关再合上。如果是单极隔离开关，操作一相后发现错拉，对其他两相则不应继续操作。

7. 断路器越级跳闸应如何检查处理？

答：断路器越级跳闸后，应首先检查保护及断路器的动作情况。如果是保护动作断路器拒绝跳闸造成越级，应在拉开拒跳断路器两侧的隔离开关后，给其他非故障线路送电。如果是因为保护未动作造成越级，应将各线路断路器断开，合上越级跳闸的断路器，再逐条线路试送电（或其他方式），发现故障线路后，将该线路停电，拉开断路器两侧的隔离开关，再给其他非故障线路送电，最后再查找断路器拒绝跳闸或保护拒动的原因。

8. 操作隔离开关时拉不开怎么办？

答：隔离开关拉不开闸时，操作人员不可用力过猛，强行操作，应来回轻摇操作把手，检查故障原因。一般机构卡涩，轻摇把手几次即可以拉闸。如主接触部分有阻力，不得强行拉闸，以免损坏传动杆、绝缘子，造成接地短路，此时应配合检修用绝缘棒进行辅助拉闸或停电处理。用电动操动机构操作拉不开时，应立即停止操作，检查电动机及连杆。用液压操

动机构操作拉不开时，应检查液压泵是否有油或油是否凝结，如果油压降低不能操作，应断开油泵电源，改用手动操作。因隔离开关本身传动机械故障而不能操作时，应向上级汇报申请倒负荷后停电处理。户外隔离开关冬季因冰冻不能拉闸时，应设法除掉冰冻。若属于闭锁装置故障，值班人员不得随意解除闭锁装置。

9. 隔离开关合不上闸如何处理？

答：隔离开关合不上闸，操作人员不可用力过猛，强行操作，应来回轻摇操作把手，检查故障原因。一般机构卡涩，轻摇把手几次即可以合闸。隔离开关冬季因冰冻不能合闸时，应设法除掉冰冻。若主接触部分有阻力，不得强行合闸，以防损坏传动杆、绝缘子，造成接地短路。此时应配合检修人员，用绝缘棒进行辅助合闸或停电处理。若属于闭锁装置故障，值班人员不得随意解除闭锁装置。

10. 断路器遇到哪些情形时，应禁止遮断，但要尽快停电处理？

答：（1）套管有严重破损和放电现象。

（2）多油断路器内部有爆裂声。

（3）少油断路器灭弧室冒烟或内部有异常声响。

（4）油断路器严重漏油，油位过低。

（5）空气断路器内部有异常声响或严重漏气，压力下降，橡胶垫被吹出。

（6）SF_6气室严重漏气，发出操作闭锁信号

（7）真空断路器出现真空破坏的“咝咝”声。

（8）液压机构突然失压到零。

11. 分相操作的断路器发生非全相分、合闸时，应如何处理？

答：断路器非全相分合时，处理的原则是尽快使断路器恢复对称状态（三相全断或全合）。

在分闸操作发生非全相分闸时，应立即切断控制电源，手动操作将拒动相分闸；在合闸操作发生非全相合闸时，应立即将已合上的断路器断开，重新合闸操作一次，如仍不正常，则不应再次合闸。以上两种情况只有在查明原因后才能操作。

如果有旁路断路器，则将故障断路器切除，用旁路断路器并联该环路，用母联或分段断路器与其串联。

12. 液压开关在运行中液压降到零应如何处理？

答：液压开关在运行中由于某种故障液压会降到零，此时机构闭锁，不进行分合闸，也不进行自动打压。处理时，首先应用卡板将开关卡在合闸位置，再找原因。当故障排除以后，短接零压微动开关动断触点、电动断触点和压力表所控制的继电器动断触点，泵可以重新启动。打压完成以后，先进行一次合闸操作，再打开卡板，进行正常操作。若不卡住开关

就打压，则可能造成开关慢分闸，触头产生电弧不易熄灭，有可能使开关爆炸。

13. 断路器合闸失灵有哪些原因？怎么查找？

答：（1）断路器合闸失灵可能是电气回路故障、机械部分故障或操动机构部分引起的。

1）电气回路故障：①直流电压过低；②合闸熔断器及回路元件接触不良或断线；③接触器线圈断线、极性接反或电压不合格；④用电动机合闸的断路器，合闸回路电阻断线和掉闸后未回轮；⑤合闸线圈层间短路。

2）机械部分故障，可能由于断路器本体和接触器卡住或大轴窜动和销子脱落。

3）操动机构部分故障：①合闸托子卡住、托架坡度大、不正或吃度小；②三点过高，分闸锁钩啮合不牢；③机械卡住，未复归到预合闸位置；④合闸铁芯超越行程小；⑤合闸缓冲间隙小。

（2）查找方法。当电动合闸失灵时，应先判断是电气回路故障还是机械部分故障。如接触器不动，则为控制回路故障。如接触器动作，合闸铁芯不动，则是主合闸回路故障。如主合闸铁芯动作，则一般是机械故障。由初步分析、逐步缩小查找故障的范围，直至查到故障部分，及时进行消除。

14. 断路器误跳闸有哪些原因？

答：（1）断路器机构误动作。原因有保护不动作或电网无故障造成的电流、电压波动等。

（2）继电保护误动作。原因有定值不正确、保护错接线以及电流互感器、电压互感器回路故障等。

（3）二次回路问题。原因有一般有两点接地、振动造成的继电器触点抖动以及二次线错接线。

（4）直流电源问题。在电网中有故障或操作时，硅整流直流电源有时会出现电压波动、干扰脉冲等现象，使晶体管保护误动作。

15. 在什么情况下断路器要退出重合闸或延长重合闸的动作时间？为什么？

答：运行中的断路器遇有下述情况时，应退出重合闸或延长重合闸动作时间。

断路器的实际遮断容量小于母线短路容量时，由于电弧能力大，放出热量多，电弧温度高，在电流过零熄弧后，介质温度还会较高，加上触头严重烧伤产生大量金属蒸气降低了介质热游离温度，油分解时产生的游离碳也会降低介质绝缘，这些因素使断路器的灭弧条件严重恶化，尤其是当断路器重合至永久故障上再次断弧时，情况就更为严重，此时介质尚有余温，金属蒸气和粉末仍积聚在弧道周围，断弧使介质温度更高，游离温度更低，消弧能力也就更差，很容易使断路器不能断弧引起爆炸。

断路器切断故障电流的次数超过运行规程中规定的数值，或虽未超过但断路器有严重喷油冒烟现象和其他严重问题时，例如断路器桶支持绝缘子断裂等。当断路器遮断次数过多

时，绝缘油中混入大量金属粉末，在电弧的高温作用下，重又变成金属蒸气而降低介质热游离温度，使消弧能力降低。

在上述两种情况下，将断路器重合闸退出运行，避免断路器在恶劣的消弧条件下二次断弧，或延长重合闸时间使介质充分冷却，使金属蒸气扩散和凝固，都能提高断路器的遮断容量。

16. 接触器保持有何现象？怎样处理？

答： 接触器保持主合闸线圈长时间带电，会烧毁主合闸线圈，所以发现接触器保持时，应迅速断开操作电源或合闸电源，然后再查找原因。

接触器保持原因较多，主要有以下几种：

(1) 接触器本身卡住或接点粘连。

(2) 断路器合闸触点断不开。

(3) 遥控拉闸时，重合闸辅助启动。

(4) 防跳跃闭锁继电器失灵。

(5) 保护传动时，时间过长。

(6) 跳闸回路电源断不开。

(7) 接触器回路电源断不开等。

当发现合闸线圈冒烟时，不应再次进行操作，等温度下降后，测量线圈是否合格，否则不能继续使用。

17. 电抗器局部发热应如何处理？

答： 运行人员在巡视电抗器装置时，若发现电抗器有局部过热现象，则应减少该电抗器的负荷，并加强通风。必要时可采用临时措施，采用强力风扇，待有机会停电时，再进行处理。

18. 在电抗器支持绝缘子破裂等故障情况下如何处理？

答： 运行人员在巡视配电装置时，若发现水泥支柱损伤、支持绝缘子有裂纹、线圈凸出或接地时，则应停用电抗器、或断开线路断路器，将故障电抗器停用，进行修理，待缺陷消除后再投入运行。

19. 真空断路器真空泡真空度降低时的现象、原因、危害及处理是什么？

答： (1) 故障现象。真空断路器在真空泡内断开电流并进行灭弧，而真空断路器本身没有定性、定量检测真空度特性的装置，所以真空度降低故障为隐形故障，其危险程度远远大于显性故障。

(2) 原因。真空度降低的主要原因如下：

1）真空泡的材质或制作工艺存在问题，真空泡本身存在微小漏点。

2）真空泡内波行管的材质或制作工艺存在问题，多次操作后出现漏点。

3）分体式真空断路器，如使用电磁式操动机构的真空断路器，在操作时，由于操作连杆的距离比较大，直接影响开关的同期、弹跳、超行程等特性，使真空度降低的速度加快。

（3）故障危害。真空度降低将严重影响真空断路器过电流的能力，并导致断路器的使用寿命急剧下降，严重时会引起断路器的爆炸.

（4）处理方法。

1）在进行断路器定期停电检修时，必须使用真空测试仪对真空度进行定性测试，确保真空泡具有一定的真空度。

2）当真空减低时，必须更换真空泡，并做好行程、同期、弹跳等特性试验。

20. 常见的真空断路器不正常的运行状态有哪些?

答：（1）断路器拒合、拒分。表现为在断路器得到合闸（分闸）命令后，合闸（分闸）电磁铁动作，铁芯顶杆将合闸（分闸）掣子顶开，合闸（分闸）弹簧释放能量，带动断路器合闸（分闸），但断路器灭弧室不能合闸（分闸）。

（2）断路器误分。表现为断路器在正常运行状态，在不明原因情况下动作跳闸。

（3）断路器机构储能后，储能电动机不停。表现为断路器在合闸后，操动机构储能电动机开始工作，但弹簧能量储满后，电动机仍在不停运转。

（4）断路器直流电阻增大。表现为断路器在运行一定时间后，灭弧室触头的接触电阻不断增大。

（5）断路器合闸弹跳时间增大。表现为断路器在运行一定时间后，合闸弹跳时间不断增大。

（6）断路器中间箱电流互感器表面对支架放电。表现为断路器在运行过程中，电流互感器表面对中间箱支架放电。

（7）断路器灭弧室不能断开。表现为断路器在进行分闸操作后，断路器不能断开或非全相断开。

21. 水泥电抗器烧坏时应该如何处理?

答：运行人员在巡视配电装置过程中，如发现某电抗器水泥支柱和引线支持绝缘子断裂以及电抗器部分线圈烧坏等现象时，应首先检查继电保护是否动作。如保护未动作，则应立即手动断开电抗器电源，停用故障电抗器，此时，如有备用电抗器，则将备用投入运行；如无备用，应通知检修人员进行抢修，待修缮后再投入运行。

第十六章 补偿设备运行及电力系统故障处理

第一节　补偿设备与过电压

1. 电力系统中为什么要采用补偿设备？

答： 在电力系统中，由于无功功率不足，会使系统电压降低，从而损坏用电设备，严重时会造成电压崩溃，使系统瓦解，从而造成大面积停电。另外，电压的降低，还会使电气设备得不到充分利用，造成电能损耗增加，效率降低，从而限制了线路的送电能力，影响电网的安全运行及用户的正常用电。

为了解决电网无功电源容量的不足，应充分利用现有设备改善电压水平，以保证电网的安全经济运行和用户的正常用电。在电力系统中除发电机是无功功率的电源外，线路的电容也产生部分无功功率。在无功电源不能满足电网无功功率的要求时，需要加装无功补偿设备，例如加装同步调相机、移相电容器等，以补偿电网无功功率的不足。

2. 调相机的结构是怎样的？

答： 调相机由定子、转子及励磁系统组成，转子分为隐极式和凸极式两种。大容量调相机采用隐极式转子，它没有外露磁极，转子绕组放在铁芯的槽里，为了固定端部绕组，两端用钢箍压紧，并在钢箍外侧装有风扇。转子转速为3000r/min。中小型容量调相机采用凸极式转子，它有外露磁极。在磁极的极掌上装有启动绕组、阻尼绕组。启动绕组是用黄铜条组成，两端用导体短接，以便于异步启动。它的转速一般为600～1000r/min。定子由铁芯和绕组组成，铁芯整个圆周上有槽，放定子线棒用。大中型机组定子导线有全部使用实心导线的，也有空心导线与实心导线并用的。

中小型机组采用空气冷却。对大型机组，为了缩小体积，多采用氢外冷及水内冷方式。

调相机的励磁系统与发电机的励磁系统一样，一般装有与主机同轴的主励磁机和副励磁机，且装有自动调节励磁装置。大型机组有的还采用半导体励磁系统。

3. 同步调相机的工作原理是什么？

答： 当调相机的定子接入额定电压后，在定子腔内产生一个旋转磁场，这个旋转磁场的转速由定子磁极对数和系统频率来决定，即

$$n=60f/p \tag{16-1}$$

式中　n——磁场转数；

f——系统频率；

p——极对数。

系统频率为50Hz，如 $p=1$，则转速就为3000r/min。定子腔内这一旋转磁场与转子磁极相互作用，使转子旋转，并保持与定子旋转磁场相同转速。

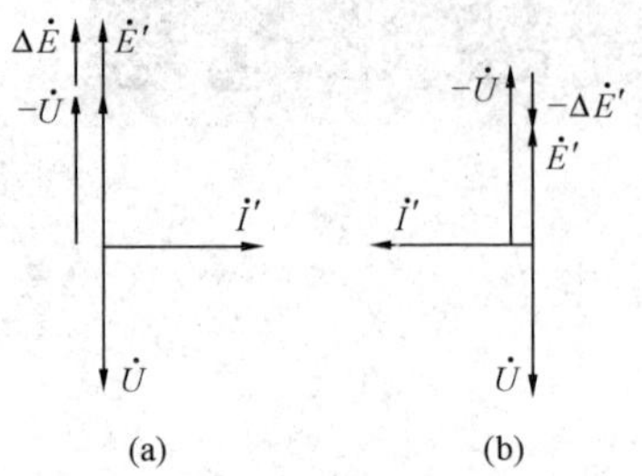

图16-1 调相机原理分析图

(a) 增加励磁电流；(b) 减小励磁电流

调相机由交流励磁与直流励磁建立合成气隙磁场。一台调相机接在电网上，系统电压、频率不变，其磁场也是守恒的。当直流励磁增加时，定子磁场起去磁作用；如直流励磁减少时，定子磁场起助磁作用。调相机原理分析如图16-1所示。

当增加调相机励磁电流时，它的电动势便增加到 E'，它和电网电压的差 $\Delta\dot{E}=\dot{E}'-\dot{U}$，将在调相机回路内产生电流 $I'=\Delta E/x_{\mathrm{d}}$，$x_{\mathrm{d}}$是调相机的同步电抗，在相位上较 $\Delta\dot{E}$ 滞后90°，对调相机起去磁作用，抵消直流励磁，换言之，就是把过多的励磁送回到系统中去。这一电流对调相机而言输出的是感性的，对电网而言则是吸收了容性的。因为电流 I' 与系统电压的相位差为90°，所以有功功率的增量为0。同样，减少励磁作用时，$E'<U$，$\Delta E'$ 是负值，在调相机内部产生电流，它的相位较调相机的电动势超前90°。就是说，这一电流对调相机输出的是容性的，起助磁作用，而对电网是吸收了感性的，其有功增量也为0。由此可见，改变励磁电流不能使调相机供给有功功率，它只能改变无功功率，起到补偿作用。

4. 调相机对水系统及油系统有什么要求？

答： 调相机运转时有一定能量损失，这些能量损失要消耗系统的一部分电能。调相机能量损失，分为基本损失和附加损失。基本损失有机械损失、定子有效铁芯中的损失、定子绕组铜损以及励磁回路损失；附加损失有定子漏磁、定子齿脉动磁通空气隙高次谐波磁通损失等。由于能量损失的存在，而导致调相机及励磁机内部发热。为了保持温度不超过允许值，需通过热风与冷水的热交换、热油与冷水的热交换将热量带走。因此必须使水系统运行畅通，才不致使温度持续上升。

调相机的油系统主要是为了在转子旋转过程中，削弱它与轴瓦间产生的摩擦，一方面降低损耗，另一方面还可保护转子与轴瓦。在氢冷情况下，一定压力的油还能起防止漏氢的作用。因此调相机对油系统的要求也相当严格，除要保证油能起润滑及密封作用外，还要保证油量充足。油量太小，不能及时散热，容易导致轴瓦烧损。

由此可见，水系统及油系统对调相机能否正常运行有相当重要的作用，因而也要求这两个系统能运行完好。

5. 调相机强行励磁的作用与原理是什么？对装有强行励磁装置的主励磁机有什么要求？

答： 调相机在运行中由于系统发生故障，电压大大下降，而电压校正器的输出电流受容

量的限制且具有很大的电磁惯性，因而在短路故障时不能很快地反应电压的降低。调相机除装有复励校正器外，还采用了强行励磁装置，它的作用是当系统发生故障，使母线电压降低超过定值的15%～20%时，低电压继电器动作，启动直流接触器，将主励磁的磁场电阻短接，保证励磁机在顶值电压下工作，大大提高励磁回路的电流，使调相机在系统故障情况下迅速提高端电压，系统不致失去稳定。

对装有强行励磁装置的主励磁机的要求，在很大程度上决定于励磁机的顶值电压，对汽轮发电机来说，其励磁顶值不小于两倍，调相机也是这样。

6. 调相机应装有什么保护？

答： 调相机装设的保护有动作于跳闸和动作于信号两种。

（1）动作于跳闸的保护装置有：

1）三相纵差保护。为防止定子绕组由于多相短路造成损坏，在任何情况下，只要定子绕组中性点侧有各相引出线，就需装设这种无时限保护。

2）横差保护。为防止定子绕组中由于单相层间短路造成损坏。

3）低电压保护。当较长时间失去电源造成电压降低时，为防止再次出现电压后直接启动造成系统电压波动大，需装设有时限低压保护。

4）低频解列保护。在单电源且装有自动重合闸的情况下，当电源失去后，为防止非同期并列和造成地区低频减载装置动作。

5）定子接地保护。为防止定子铁芯由于接地故障造成损坏。

6）轴承油断流保护。为防止润滑油中断造成轴瓦烧毁事故。

7）轴瓦过热保护。为防止轴瓦由于过热或其他原因使轴瓦温度过高，造成轴瓦烧毁。

（2）动作于信号的保护装置有：

1）过负荷保护。为防止由于过负荷而引起定子绕组过热。

2）转子一点接地。绝缘一点损坏时动作。

3）轴瓦过热。提醒运行人员防止轴瓦过热而烧毁。

4）热风温度过高。防止本体温度过高。

5）冷却水中断。防止冷却水断流而影响冷却效果。

6）油箱油位过低信号。防止油位过低而能及时处理。

7）油箱油位过高信号。防止油箱进水或其他原因使油位过高。

7. 调相机的启动方式有哪几种？

答： 调相机的启动方式有四种，即工频异步启动、启动电动机启动、用同轴励磁机启动（再准同期并列）、低频启动。

（1）工频异步启动。工频异步启动分全压启动和降压启动。全压启动一般用于小型调相机。将电网的电源直接加到调相机的出线端，在工频电压作用下，便产生异步转矩而转动起来。当接近 n_N 转速后，加上转子励磁，使调相机尽快进入同步正常运行。降压启动用在大型调相机上，串电抗器启动，接近 n_N 转速，加励磁，短接电抗器。

（2）启动电动机启动。采用绕线式感应电动机作为启动电动机，然后联轴器自动脱扣。

（3）用同轴励磁机启动，准同期并列。根据直流励磁机的可逆性原理，同轴励磁机在容量足够的情况下，允许作为直流电动机拖动转子启动。

（4）低频启动。首先启动汽轮机，带动发电机转动，待发电机转速达到15%～30%额定转速时，加100%空载额定励磁电流，然后合上调相机主断路器，此时调相机开始转动，与发电机一起升到额定转速，此时，再加励磁，完成启动过程，并与电网并列。

8. 调相机哪些准备工作结束后方可启动？

答：（1）启动前的检查工作完毕后，还要做以下工作：

1）收回所有工作票，拆除安全措施。

2）对各部分进行外观检查。

3）对调相机的励磁及启动回路进行仔细检查。

4）对水系统、油系统进行周密检查。

5）对润滑油油位进行检查。

6）检查继电保护、自动装置、操作及表计、信号回路是否完整。

（2）各设备绝缘电阻的测量工作完毕。

（3）联动试验完毕。

（4）启动辅助设备后，辅助设备包括工作油泵、循环水泵、冷却水泵、风机、高压油泵等。

这些工作全部完毕后，方可启动调相机。

9. 调相机在运行中，监视项目有哪些？

答：调相机在运行时，运行人员应密切监视以下内容：

（1）监视电压，使电压在允许范围内变动。

（2）监视各部分温度，使温度在所带负荷下的允许温度范围内。

10. 调相机的巡视检查项目有哪些？

答：（1）记录调相机的电气参数，同时记录各种温度，不应超过各允许值。

（2）检查调相机、励磁机运转声音应正常。

（3）检查整流子和滑环应无放电火花声。

（4）检查轴承油流应畅通，油环转动灵活，轴承无甩油现象。

（5）检查轴承进口油压和水压不超过规定值。

（6）检查水泵、油泵声音正常，轴承无发热现象。

（7）必要时应检查风室内空气冷却器无漏水现象，在低温时无凝结水珠。

（8）检查调相机一次引线及设备无异常声音。

（9）检查深井泵的运行应正常。

（10）检查冷却水池的水面应正常，不应过低，应接近于溢水管上口。

（11）检查各轴承的振动应正常。

（12）检查油泵应不漏油。

（13）检查上、下油箱应正常。

11. 调相机的停机操作和停机中的注意事项是什么？

答：（1）调相机需要停机时，应首先拉开调相机的断路器，再拉开调相机侧隔离开关，最后再拉开电源侧隔离开关。具体操作如下：

1）停用强行励磁装置和电压自动调整器。

2）调节磁场变阻器，将调相机无功降为0。

3）拉开调相机—变压器组的断路器，联跳灭磁开关，若用同轴主励磁机启动调相机时，应联跳同轴主励磁机自动开关，如不联跳，均应迅速采用手动操作。

4）检查启动断路器确在断开位置，拉调相机主隔离开关。

5）检查断路器确在断开位置，拉开电源侧隔离开关。

（2）在停机过程中应注意以下几点：

1）记录调相机的惰走时间，测量调相机转子在高、低速或停止三种状态下的转子回路绝缘电阻。

2）对水内冷电机，在停机过程中，由于转子进水压力会逐渐上升，应不断调节进水压力。

3）油系统必须在调相机停止转动后停用。

4）对水内冷调相机的冷却水系统，必须停止转动后才能停用。

5）水内冷调相机大修或停机时间较长时，应将定子、转子绕组内的存水排掉，以防锈蚀和冻裂。

12. 调相机失磁时如何处理？

答：调相机在正常运行中，如遇励磁回路断线或磁场变阻器接触不良，便会造成调相机失磁。当调相机失磁后，转子电流表、电压表指示值近似为零，无功表指示为负值，母线电压表指示值降低，因为这时调相机从系统中吸收无功，成为异步电动机。

处理方法如下：

（1）失磁后，若电网电压允许且不损坏设备时，则不应立即停机，但应停用电压自动调整器。

（2）查明失磁原因，并及时消除，如误跳灭磁开关时，应迅速合上。

（3）若励磁机故障且暂时无法消除时，应启动备用励磁机向调相机供励磁。

（4）若不能在短时间内恢复励磁，应停机处理。失磁时间应遵循制造厂规定，或由试验确定。

13. 调相机定子单相接地时如何处理？

答：定子单相接地，在接地点便有电流通过，有可能产生电弧。若电弧是持续的，会导

致定子铁芯烧损。此时值班人员应测量定子各相电压及线电压，如相电压彼此不等，一相相电压为零，其他两相升高到原来相电压的 $\sqrt{3}$ 倍，则说明是调相机内部发生接地，此时应迅速降低负荷，然后停机处理。

14. 调相机转子发生轴向窜动应怎样处理？

答： 双水内冷调相机在启动中，有时会发生肉眼能看到的转子轴向来回运动，这就是轴向窜动现象。产生这种现象的原因是定、转子磁中心位置不对称以及转子挠度不适宜，使转子位置倾斜所致。

当发生轴向窜动时，调相机转子的滑环会冒火花、油环磨损、转子进水盘根甩水等，威胁安全运行，因此，值班人员发现转子轴向窜动时，应迅速调节转子进水压力，改变励磁电流的大小，消除轴向窜动故障。

15. 调相机发生振动应如何进行处理？

答： 调相机发生振动，其原因基本有 4 个：①转子质量不平衡；②机组中心不正；③定子和端盖引起振动；④润滑油温度不正常而引起机组振动。

针对以上原因，应进行如下处理：

（1）判明振动是属于机械性的还是电磁性的，若在相同的出力下，转子电流没有加大，轴承上无磁性，变更负荷后，振动无变化，可认为是机械性振动，否则为电磁性振动。

（2）将调相机轴承进油温度及压力调整在允许值内，防止油膜不稳定。

（3）若调相机振动略超过标准，则应加强监视，观察振动发展趋向，查明振动原因；若调相机振动过大，或发展成强烈振动时，应紧急停机处理。

16. 电力电容器的功用是什么？

答： 电力电容器在正弦电压作用下能“发”无功，如果把电容器并接在负荷或供电设备上运行，叫并联补偿，即负荷或供电设备要吸收的无功，正好由电容器供给。这样，线路上就避免了无功的输送，减少线路能量的损耗，减少线路电压降，改善电压质量，提高系统供电能力。

如果把电力电容器与线路串联，补偿线路电抗，即为串联补偿。串联补偿可以改善电压质量，提高系统稳定性和增加输电能力。

17. 什么叫移相电容器？它有什么作用？

答： 把电容器与负荷或供电设备并联运行，能够补偿电网的无功功率不足，该电容器称为移相电容器，又叫并联补偿。

它的功用是减少线路的无功输出，提高电网的输送能力，改善电网的功率因数，降低电能损耗，从而改善电网和用户的电压质量。

18. 并联电容补偿及串联电容补偿的作用原理是什么？

答：（1）并联电容补偿的原理。电力系统中的负荷大部分是电感性的，总电流相量 $\dot{I}$ 滞后电压相量 $\dot{U}$ 一个角度 φ，可以分为有功电流和无功电流两个分量，其中无功分量滞后电压 90°。如图 16-2 所示，将一电容器连接于电网上时，在外加交变电压作用下，电容器回路将同时产生一按正弦变化的电流 $\dot{I}_C$，其电流超前电压 90°。

当电流的无功分量不变时，把电容器并接于感性负荷回路中时，容性电流 $\dot{I}_C$与感性电流分量 $\dot{I}_L$恰好相反，从而可以抵消一部分感性电流，或者说补偿一部分无功电流，如图 16-2 所示。相角由 φ 变为 φ'，变小了，功率因数也就提高了，起到补偿的作用。

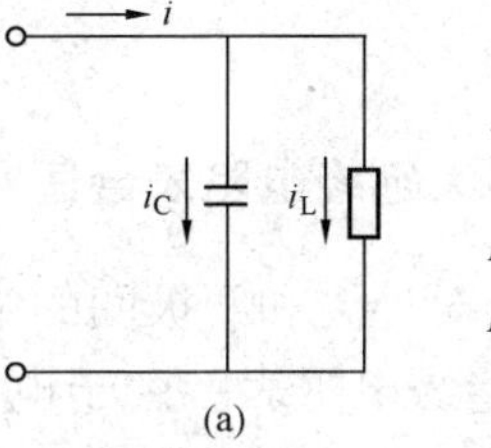

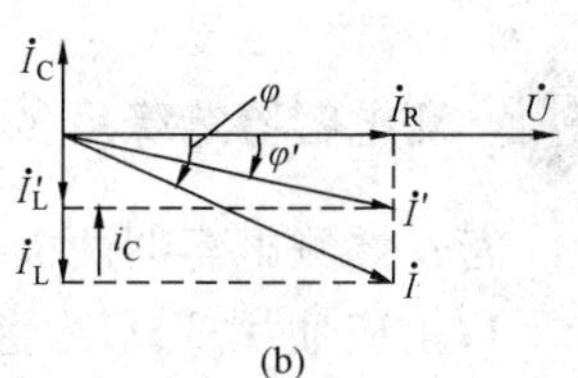

图 16-2 并联补偿接线及相量图

(a) 接线图；(b) 相量图

（2）串联电容补偿的原理。网络的电压损失可近似地按下式计算

$$\Delta U = \frac{PR + QX}{U}$$

从式中可以看出，影响电压损失的有 P、Q、R、X 四个因数，串联电容器是从补偿电抗的角度来改善系统电压。由于系统电抗呈电感性，而串联电容器的容抗可以补偿一部分系统电抗，补偿后的电压损失可按下式计算

$$\Delta U = \frac{PR + Q(X_L - X_C)}{U}$$

电压损耗减小的程度随电容器电抗 X_L的改变而改变。由于系统电压水平的提高，也相应减少了系统的功率损失，采用串联补偿对于发展特高压、大功率、长距离输电，改善系统参数，减小线路电抗及提高系统稳定有一定作用。

从串联电容补偿线路的电压损耗计算公式来看，当负荷功率因数较低，导线截面较粗的架空线，采用串联补偿较为合适。

19. 并联电容器在运行中电压过高有什么后果？

答：电网负荷的变化会引起电压过低或过高。当电网负荷大时，电压降低，此时应投入电容器，以补偿电网无功不足。当电网负荷小时，则电压会升高，如果电压超过额定电压 1.1 倍时，应将电容器退出运行。另外电容器的操作也会引起操作过电压。当电容器电压过高时会引起电容器因过载而发热，造成热击穿。

20. 采用零序电流平衡保护的电容器组为什么每相容量要相等？

答：零序电流平衡保护是在两组星形接线的电容器组中性点连线上，安装一组零序电流

互感器。正常情况下因为两组电容器每相台数相等、容抗相等，中性线上不应有零序电流流过。实际因三相电压不平衡，每相台数虽然相等，但电容不一定完全相等，所以，在正常情况下，中线上仍有一个不平衡电流 I_{bp} 存在，当电容器内部发生故障，例如某一相中某一台电容器部分元件击穿，三相容抗不相等，中性点出现电压，中线上就有零序电流 I_O 流过。为了保证保护装置在正常的不平衡电流作用下不动作，而在故障情况下又能可靠地启动，并有足够的灵敏度，因此，采用零序保护的电容器组，每相的个数要相等，以减少正常情况下中线上的不平衡电流。

21. 测电容器绝缘用多大绝缘电阻表合适？怎样摇测？

答： 摇测电容器两极对外壳和两极间的绝缘电阻时，1kV 以下使用 1000V 绝缘电阻表，1kV 以上应使用 2500V 绝缘电阻表。由于电容器的极间及两极对地电容的存在，故摇测绝缘电阻时，方法应正确，否则易损坏绝缘电阻表。摇测时应由两人进行，首先用短接线将电容器放电。摇测极间绝缘电阻时，因极间电容值较大，因此应将绝缘电阻表摇至规定转速，待指针稳定后，再将绝缘电阻表线接到被测电容器的两极上，注意此时不得停转绝缘电阻表。由于对电容器的充电，指针开始下降，然后重新上升，待稳定后指针所示的读数，即为被测的电容器绝缘电阻值。读完表后，在接至被测电容器的导线未撤离以前，不准停转绝缘电阻表，否则电容器会对停转的绝缘电阻表放电，损坏表头。摇测完毕应将电容器上的电荷放尽，以防触电。

22. 当变电站全站无电后，为什么必须将电容器油断路器拉开？

答： 全站无电后，一般情况下应将所有馈线断路器切开，因为来电后，母线负荷为零，电压较高，电容器如不先切开，在较高的电压下突然充电，有可能造成电容器严重喷油或鼓肚。同时因为母线没有负荷，电容器充电后，大量无功向系统倒送，致使母线电压更高。即使是将各级负荷送出，负荷恢复到停电前还需一段时间，母线仍可能维持在较高的电压水平上，超过了电容器允许连续运行的电压值。此外，当空载变压器投入运行时，其充电电流在大多数情况下以三次谐波电流为主，这时如电容器电路和电源侧的阻抗接近于共振条件，其电流可达电容器额定电流的 2～5 倍，持续时间为 1～30s，可能引起过流保护动作。

因此，当全所停电后，必须将电容器油断路器拉开。来电时当各路馈线送出负荷后，再根据电压及无功情况投入电容器。

23. 电容器投入或退出运行有哪些规定？新装电容器投入运行前应做哪些检查？

答：（1）正常情况下电容器的投入与退出，必须根据系统的无功分布以及电压情况来决定，并按当地调度规程执行。

1）当母线电压超过电容器额定电压的 1.1 倍、电流超过额定电流的 1.3 倍，一般根据厂家规定，应将电容器退出运行。

2）事故情况下，当发生下列情况之一时，应立即将电容器退出并报告调度：电容器爆

炸；接头严重过热或熔化；套管发生严重放电闪络；电容器喷油或起火；环境温度超过40℃。

3）电容器断路器禁止加装重合闸。

（2）新装电容器在投入运行前应做如下检查：

1）电容器完好，试验合格。

2）电容器布线正确，安装合格，三相电容之间的差值不超过一相总电容的50%。

3）各部件连接严密可靠，电容器外壳和架构均应有可靠的接地。

4）电容器的各部附件及电缆试验合格。

5）电容器组的保护与监视回路完整并全部投入。

6）电容器的开关状态符合要求。

24. 在正常巡视时，对电力电容器应检查哪些项目？

答：（1）电容器箱体有无鼓肚、喷油、渗漏油等现象。

（2）电容器、套管的瓷质部分有无松动和发热。

（3）接地线是否牢固。

（4）放电变压器或放电互感器是否完好，三相指示灯是否熄灭。

（5）电容器安装在室内时，冬季室温不得低于−25℃，夏季不得超过40℃，且通风良好。

25. 耦合电容器有什么作用？

答：目前电力系统的调度通信、高频保护以及遥控、遥测等高频弱电系统，广泛使用高压输电线路作为电力载波通道，从而避免架设专用的线路作为通道。耦合电容器是使强电和弱电两个系统通过电容耦合，给高频信号构成通路，并且阻止高压工频电流进入弱电系统，使强电与弱电系统隔离，保证人身和弱电系统设备的安全。另外带有电能抽取装置的耦合电容器，还可抽取50Hz的功率和电压，供继电保护及重合闸用，起到电压互感器的作用。

26. 正常巡视耦合电容器应注意什么？

答：（1）电容器瓷套部分有无破损或放电痕迹。

（2）上、下引线是否牢固，接地线是否良好，接地隔离开关是否在指定状态。

（3）引线及各部分有无放电响声。

（4）有无渗漏油现象。

（5）放电灯泡不应发亮。

27. 电容器断路器跳闸如何处理？查不出故障怎么办？

答：电容器断路器跳闸不准强行试送，值班员必须检查保护动作情况。应根据保护动作情况进行分析判断，顺序检查电容器断路器、电流互感器、电力电缆、电容器有无爆炸或严重过热鼓肚及喷油，检查接头是否过热或熔化、套管有无放电痕迹。若无以上情况，则电容器断路器跳闸是由于外部故障造成母线电压波动所致，经检查后方可试送，否则应进一步对保护做全面通电试验，对电流互感器做特性试验。如果仍查不出故障原因，就需要拆开电容器组，逐台进行试验，未查明原因之前不得试送。

28. 处理故障电容器时要注意哪些安全事项？

答：处理故障电容器应在切开电容器断路器、拉开断路器两侧隔离开关、电容器组经放电电阻放电后进行。电容器组经放电电阻放电以后，由于部分残存电荷一时放不尽，仍应进行一次人工放电。放电时先将接地端固定好，再用接地棒多次对电容器放电，直至无火花及放电声为止，最后再将接地卡子固定好。由于故障电容可能发生引线接触不良、内部断线或熔断器熔断等，因此有部分电荷可能仍没放出来，所以检修人员在接触故障电容器时，还应戴绝缘手套，用短路线将故障电容器两极短接，然后才可动手拆卸。对于双星形接线的中线以及多个电容器的串联线，还应单独进行放电。

29. 什么叫过电压？

答：在电力系统正常运行时，电气设备的绝缘处于电网的额定电压下，但是，由于雷击、操作、故障或参数配合不当等原因，电力系统中某些部分的电压可能升高，以致远远超过正常的额定电压，对绝缘产生有危险的影响，超过额定的最高运行电压称为过电压。

30. 过电压有哪几种类型？对电力系统有何危害？

答：过电压分为外部过电压（又叫大气过电压）和内部过电压两种类型。外部过电压又分为直击雷和雷电感应两类；内部过电压分为暂时过电压和操作过电压两类，暂时过电压包括工频过电压和谐振过电压。

数值较高有一定危害的过电压，均可能使输配电设备的绝缘弱点发生击穿或闪络，从而破坏电力系统的正常运行。

31. 什么是大气过电压？它有何特点？

答：大气过电压是由于雷击或雷电感应而引起的，这种现象在电力系统过电压中所占比例极大。

大气过电压的幅值取决于雷电参数和防雷措施，与电网额定电压无直接关系，此类过电压具有脉冲特性，其持续时间一般只有数十微秒左右。

32. 什么叫内部过电压？它有何特点？

答：电力系统中某些内部的原因引起的过电压称为内部过电压。由于系统中存在储能元

件的电感和电容，所以出现内过电压的实质是电力系统内部电感磁场能量与电容电场能量的振荡、互换与重新分布，在此过程中，系统中出现高于系统正常运行条件下最高电压的各种内过电压。内部过电压可分为两大类：一类是由于开关操作和故障所引起，称为操作过电压；另一类是由于电力系统中电感和电容参数在特定条件配合下发生谐振而引起的，称为谐振过电压。

内部过电压的能量来源于电网本身，它的幅值与电网的工频电压大致上有一定的倍数关系。一般将内过电压的幅值表示成系统的最高运行相电压幅值的倍数。

33. 什么叫工频过电压？它有什么危害？引起工频过电压的原因有哪些？如何限制？

答：（1）在正常或故障时，电力系统中所出现的幅值超过最大工作相电压、频率为工频（50Hz）的过电压称为工频过电压。

（2）工频过电压对220kV及以下电网的电气设备一般是不构成危险的，但对330kV及以上的超高压电网，应予以重视，因为：

1）工频电压升高的大小将直接影响操作过电压的实际幅值。若同时出现操作过电压，则操作过电压的高频分量将叠加在升高的工频电压之上，从而使操作过电压的幅值达到很高的数值。

2）工频暂态过电压决定了避雷器的灭弧电压或额定电压，因而影响避雷器的工作条件和保护效果，影响电气设备和配电装置的绝缘水平。

3）工频暂态过电压会提高断路器开断时的恢复电压，恶化开断条件。

4）工频稳态过电压持续时间较长，对电气设备绝缘及运行性能有影响。例如：油纸绝缘内部游离，污秽绝缘子闪络，铁芯过热、振动及其噪声，电晕及其干扰等。

（3）引起工频过电压的原因有：

1）空载长线路的电容效应。线路的电容（对地和相间）电流在线路感抗和电源系统的综合感抗上的压降，与电源电动势相叠加，使线路电压高于电源电动势。此时线路末端电压高于线路首端电压，且线路越长，电压升高就越大。

2）不对称短路引起的工频过电压。中性点非直接接地系统发生单相或两相接地时均引起健全相稳态工频过电压。中性点直接接地系统在单相或两相接地瞬间，也能引起健全相电压稳态升高，其升高程度决定于系统中零序阻抗与正序阻抗的比值。

3）电力系统突然甩负荷引起的工频过电压。引起过电压的因素有两个：一是线路故障、断路器跳闸甩负荷时，发电机在暂态电抗 x'_d 之后的暂态电动势 E'_d 保持不变，引起工频过电压；另一种情况是甩负荷后发电机转速增加，使得发电机的励磁电动势和电源电动势的频率成正比地上升，增加了长线路的电容效应，引起系统工频过电压。

（4）过电压的限制措施：一般采用在线路上安装并联电抗器的方法来限制工频过电压。

34. 什么叫谐振过电压？有哪几种类型？有何特点？如何限制？

答：电网中的电感、电容元件，在一定电源的作用下，受到操作或故障的激发，使得某一自由振荡频率与外加强迫频率相等，形成周期性或准周期性的剧烈振荡，电压振幅急剧上升所形成的过电压叫谐振过电压。

谐振过电压的持续时间较长，甚至可以稳定存在，直到破坏谐振条件为止。谐振过电压可在各级电网中发生，危及绝缘，烧毁设备，破坏保护设备的保护性能，它有线性谐振、铁磁谐振和参数谐振三种类型。

谐振过电压的特点及其限制措施如下：

（1）线性谐振过电压的特点及其限制。

1）特点。参与谐振的各电参量均为线性，电感元件不带铁芯或带有气隙的铁芯，并与电容元件组成串联回路；谐振发生在电网自振频率与电源频率相等或附近时，多为空载线路不对称接地故障的谐振、消弧线圈补偿网络的谐振和某些传递过电压的谐振等。

2）限制措施：

a）消弧线圈补偿网络的消谐。消弧线圈补偿网络在全补偿运行状态，当发生单相接地、网络中出现零序电压时，便发生消弧线圈与导线对地电容的串联线性谐振。消除方法是采用欠补偿或过补偿运行方式。一般在电网变压器中性点的消弧线圈以及具有直配线的发电机中性点的消弧线圈采用过补偿方式，这样可以保证在线路进行切除操作时或发生线路断线时，使容抗更大，不会产生谐振。对于采用单元接线的发电机中性点消弧线圈，一般采用欠补偿方式，这是因为单元接线的网络容抗比较固定，也不宜发生断线。采用欠补偿方式时，发电机回路电容较大，对于限制电容耦合传递过电压有利。

b）变压器传递过电压的限制。变压器的高压侧发生不对称接地故障、断路器非全相或不同期动作而出现零序电压时，将通过电容耦合传递至低压侧。低压侧的传递过电压 U_2 为

$$U_2 = U_0 \frac{C_{12}}{C_{12} + 3C_0} \tag{16-2}$$

式中：U_0 为高压侧出现的零序电压，kV；C_{12} 为高低压绕组之间的电容，μF；C_0 为低压侧相对地电容，μF。

这种过电压具有工频性质，将会危及绝缘或损坏设备。避免产生零序过电压是防止变压器传递过电压的根本措施，这就要求尽量使断路器三相同期动作、避免在高压侧采用熔断器设备等。在低压侧每相加装 0.1μF 以上的对地电容，加大式（16-2）中的 C_0，是一种可靠的限制措施。

c）超高压线路谐振过电压的限制。在线路断路器出现非全相操作时，合上相的电压将通过相间电容传递至未合相上。超高压输电线路上往往装有并联电抗器，当参数适当时，传递回路将构成谐振回路，在未合相上出现较高的基频谐振过电压。工程设计中要适当选择电抗器的容量，避开谐振区域。

（2）铁磁谐振过电压的特点及其限制。

1）特点。谐振回路由带铁芯的电感元件（如空载变压器、电压互感器）和系统的电容元件组成，因铁芯电感元件的饱和现象，使回路的电感参数呈非线性；共振频率可以等于电源频率（基波共振），也可为其分数（分次谐波共振）或倍数（高次谐波共振）。在一定情况下可自激产生，但大多需要有外部激发条件，回路中事先经历过足够强烈的过渡过程的冲击扰动，可突然产生或消失，当激发消除后，常能自保持；在一定的回路损耗电阻的情况下，其幅值主要受到非线性电感本身严重饱和的限制。

2）限制措施。

a）断线引起的铁磁谐振过电压的限制。电网因断线、断路器非全相动作、熔断器一相或两相熔断造成非全相运行时，电网电容与空载或轻载运行的变压器的励磁电感可能组成多种多样的串联谐振回路，产生基频、分频或高频谐振，它可使电网中性点位移、负载变压器相序反倾、绕组电流剧增、铁芯发生响声、导线发生声响等现象，严重时将发生绝缘闪络、避雷器爆炸和电气设备损坏。限制措施：在线路保护中不使用熔断器，而使用性能良好的断路器；提高断路器的检修质量，保证断路器不发生非全相拒动，或发生拒动时，保护作用于上一级跳闸；在中性点接地电网中，操作中性点不接地的负载变压器时，将变压器中性点临时接地；加强线路巡视和维护，预防线路导线断线。

b）电磁式电压互感器引起的铁磁谐振过电压的限制。中性点不接地系统中，由于电压互感器突然合闸一相或两相绕组出现涌流，线路单相弧光接地时出现暂态涌流以及发生传递过电压时，可能使电磁式电压互感器三相电感程度不同地产生严重饱和，形成三相或单相共振回路，激发各次谐波谐振过电压，其中以分次谐波过电压危害最大，严重时可使电压互感器过热爆炸。限制措施：选用励磁特性较好的电磁式电压互感器或只选用电容式电压互感器；在零序回路中加非线性阻尼绕组（35kV电网可接220V、500W灯泡，6～10kV电网可接220V、200W灯泡）；增大对地电容；在电压互感器一次绕组的中性点与地之间或开口三角绕组两端装设专用消谐器（消谐器种类很多，如RXQ消谐器、基于开关元件的分频消谐装置、基于无触点开关元件晶闸管的消谐装置、微机多功能消谐装置等）。

c）串联补偿电网中铁磁谐振过电压的限制。线路接有串联电容C和并联电抗L，即形成LC串联回路。当关合线路首端断路器或在线路末端故障跳闸以及投入串联补偿C时，都会引起回路的过渡过程和铁芯电感的涌流现象，从而激发谐振。由于C和L均较大，共振总是具有低频（1/3次或更低次谐波）性质。限制措施：利用串联补偿装置的主保护间隙，在串补两端出现较高过电压时，瞬时击穿，将阻尼电阻接入回路中；并联电抗器的中性点经100Ω左右的电阻接地，可以阻止谐振的产生。

（3）参数谐振过电压的特点及其限制。

1）特点。与电容组成谐振回路的电感参数作周期性变化，变化频率一般为电源频率的偶数倍；谐振所需能量由改变电感参数的原动机供给，它不仅可补偿回路中电阻的损耗，并且使回路的储能越积越多，保证了谐振的发展；谐振电压与电流理论上能趋于无穷大，但实际中常受电感铁芯磁饱和的影响，使回路自动偏离谐振条件。

2）自励磁过电压的限制。电网中的发电机在不同情况下运行，同步电抗在$x_d \sim x_q$或$x'_d \sim x'_q$之间周期性变化。如果发电机的外电路具有电容性质（例如仅带有空载线路），而且参数配合适当，即使励磁电流很小，也可激发工频参数谐振，引起发电机端电压和电流急剧上升，产生自励磁过电压。它是参数谐振过电压的一种，由于变压器和发电机的磁饱和限制，这种过电压一般不大，但其作用时间长。限制措施：采用快速自动励磁调节装置，一般能消除过电压和过电流上升速度很慢（以秒计）的同步自励磁，但不能消除上升速度极快的异步自励磁；设置必要的自动装置或保护装置，保证对空载线路的充电合闸在大容量系统侧进行，不在孤立发电机侧进行；增加投入发电机的容量，使其大于空载线路的充电功率，破坏产生自励磁的条件；在超高压电网中，可利用装在线路侧的并联电抗器，来消除自励磁过电压。

35. 为什么电力系统中会产生内部过电压？

答：电力系统内部过电压是由系统内部电磁能量的变换、传递和积聚而引起的，当系统内进行操作或发生故障时，就会引起电磁能量的变化，产生内部过电压。

36. 电力系统内部过电压的高低与哪些因素有关？数值有多大？

答：系统内部过电压的高低，不仅取决于系统参数及其配合，而且与电网结构、系统容量、中性点接地方式、断路器性能、母线出线回路数量以及电网的运行方式、操作方式等因素有关。

内部过电压的能量来自电网本身，它的幅值基本上与电网工频电压成正比，所以常用内部过电压倍数来衡量它的大小。内部过电压倍数就是内部过电压的幅值与电网工频相电压的有效值的比值。

37. 什么是操作过电压？什么情况下容易产生操作过电压？有何特点？

答：电网中的电容、电感等储能元件，在发生故障或操作时，由于其工作状态发生突变，将产生充电再充电或能量转换的过渡过程，电压的强制分量叠加以暂态分量所形成的过电压称为操作过电压。主要有：

（1）切、合（重合）空载长线路的过电压。

（2）切空载电缆线路产生的过电压。

（3）切、合电容器组产生的过电压。

（4）切、合空载变压器产生的过电压。

（5）切并联电抗器产生的过电压

（6）切高压感应电动机产生的过电压。

（7）隔离开关投、切容性小电流产生的过电压。

（8）间隙性电弧接地过电压。

操作过电压有以下特点：

（1）持续时间比较短。操作过电压的持续时间虽比雷电过电压长，但比工频过电压短得多，一般在几毫秒至几十毫秒。操作过电压存在于暂态过渡过程中，当同时又存在工频电压升高时，操作过电压表现为在工频过电压基础上叠加暂态的振荡过程，可使操作过电压的幅值达到更高的数值。

（2）由于电感中磁场能量与电容中电场能量都来源于系统本身，所以操作过电压幅值与系统相电压幅值有一定的倍数关系。

（3）操作过电压的幅值与系统的各种因素有关，且具有强烈的统计性。

（4）在电压等级较低的中性点绝缘系统中，单相间隙电弧接地过电压较重要；对于电压等级较高的系统，随着中性点的直接接地，切空载变压器与空载线路分闸过电压较突出；在超高压系统中，空载线路合闸过电压成为重要的过电压。

（5）操作过电压是决定电力系统绝缘水平的依据之一。

38. 各种操作过电压产生的原因是什么？

答：（1）切除空载线路时的过电压的根源是电弧重燃，重燃矛盾的两个方面是开关的灭弧能力和触头间的恢复电压。另一个影响过电压的重要因素是线路上的残余电压。

（2）空载线路的合闸过电压是由于在合闸瞬间的暂态过程中，回路中发生高频振荡过程而产生的。

（3）在中性点绝缘的电网中发生单相金属接地将引起健全相的电压升高到线电压。如果单相通过不稳定的电弧接地，即接地点的电弧间歇性地熄灭和重燃，则在电网健全相和故障相上都会产生过电压，一般把这种过电压称为电弧接地过电压，它的产生实质上也是一个高频振荡的过程。

（4）切除空载变压器引起的过电压的原因是当变压器空载电流 i_0（电感电流）突然“切断”时，变压器绕组电感中的贮能 $1/2Li_0^2$就将全部转化为电能 $1/2CU^2$，它将对变压器等值电容充电，L_T（di/dt）可能达到很高的数值，这就是切除空载变压器引起过电压的实质。截流过电压$U=i_0\times\sqrt{L/C}$。同样，切除电感负载如电动机、电抗器等时，有可能在初切除的电器和开关上出现过电压。

39. 电气设备的绝缘水平一般是由什么决定的？

答：在 220kV 以下的系统中，要求把大气过电压限制到比内部过电压还低是不经济的，因此，这些系统中电气设备的绝缘水平主要由大气过电压决定，也就是说，对于 220kV 以下具有正常绝缘水平的电气设备而言，应能承受内部过电压的作用。

在超高压系统中，绝缘水平很高，在现有防雷措施下大气过电压一般不如内部过电压的危险大，因此系统绝缘水平主要由内部过电压决定。

40. 什么叫接触电压和跨步电压？怎样减小这两种电压？

答：人站在发生接地故障的电气设备旁边，手触及设备外壳，则人所接触的两点（手与脚）之间所呈现的电位差，叫做接触电压。

人在接地故障点周围行走，两脚之间（跨距约为 0.8m）的电位差，叫做跨步电压。

为了减小接触电压和跨步电压，接地装置的布置原则是尽量减小接地电阻且使电位分布均匀。

41. 什么叫接地体的屏蔽效应？

答：当多根接地体互相靠拢时，入地电流的流散相互受到排挤，影响各接地体的电流向大地成半球形状散开，使得接地装置的利用率下降，这种现象叫做接地体的屏蔽效应。因此垂直接地体的间距一般不宜小于接地体长度的 2 倍，水平接地体的间距一般也不宜小于 5m。

42. 为什么要进行绝缘预防性试验?

答: 高压电气设备在制造厂生产出来以后，要进行出厂试验，检查产品是否达到设计的绝缘水平。电气设备运到发电厂后，要进行交接试验。电气设备投入运行以后，由于电、热、机械和化学等作用，产生局部缺陷，或者在制造生产过程中或在安装过程中可能遗留一些潜伏性的局部缺陷。这些缺陷如不及时发现，发展到一定程度就会造成电气设备的绝缘损坏引起事故。因此，通过电气设备定期绝缘预防性试验，可及时发现缺陷，处理掉这些缺陷，使电力系统运行中的电气设备始终保持较高的绝缘水平。

43. 绝缘预防性试验可分为几类? 各有什么特点?

答: 绝缘预防性试验分为两类:

(1) 非破坏性试验，是在较低电压下通过一些绝缘特性试验，综合判断其绝缘状态，如绝缘电阻和吸收比试验、泄漏试验、介质损失角试验、局部放电试验、色谱试验等都属非破坏性试验。

(2) 破坏性试验，如交流耐压试验等。破坏性试验是模仿设备的实际运行中可能遇到的危险过电压而对设备施加相当高的试验电压进行试验的。破坏性试验能有效地发现设备缺陷，但这种试验易造成绝缘的损伤。

44. 在中性点非直接接地的系统中如何防止谐振过电压?

答: (1) 选用励磁特性较好的电磁式电压互感器或电容式电压互感器。

(2) 在电磁式电压互感器的开口三角绕组内 (35kV 以下系统) 装设 10～100Ω 的阻尼电阻。

(3) 在 10kV 及以下电压的母线上，装设中性点接地的星形接线电容器组等。

45. 什么是沿面放电?

答: 电力系统中有很多悬式和针式绝缘子、变压器套管和穿墙套管等，它们很多是处在空气中，当这些设备的电压达到一定值时，这些瓷质设备表面的空气发生放电，叫做沿固体介质表面的沿面放电，简称沿面放电。当沿面放电贯穿两极间时，形成沿面闪络。沿面放电比在空气中的放电电压低。沿面放电电压和电场的均匀程度、固体介质的表面状态及气象条件有关。

46. 引起污闪的原因是什么?

答: 在脏污地区的瓷质绝缘表面落有很多工业污秽颗粒，这些污秽颗粒遇湿会在瓷表面形成导电液膜，使瓷质绝缘的耐压显著下降，闪络电压变得很低，这是瓷质绝缘在污湿条件下极易闪络的原因。污和湿是污闪的必要条件，瓷绝缘只脏不湿不会引起闪络。

防止瓷质绝缘污闪有哪些措施？

答：（1）增加基本绝缘（如增加绝缘子的片数、增大沿面放电距离）。

（2）加强清扫。

（3）采用防尘涂料。

（4）采用半导体釉绝缘子。

感应过电压是怎样产生的？

答：雷雨季节空中出现雷云时，雷云带有电荷，对大地及地面上的一些导电物体都有静电感应，地面和附近输电线路都会感应出异种电荷。雷云电荷束缚着被感应的异种电荷，当雷云对地面或其他物体放电时，雷云的电荷迅速流入地中，输电线上的感应电荷不再受束缚而迅速流动，电荷的迅速流动产生感应雷电波，其电压很高，这种情况下产生的过电压就是感应过电压。

常见雷有哪几种？哪种雷危害最大？

答：平时常见的雷，大多数是线状雷。其放电痕迹呈线形树枝状，有时也会出现带形雷、链形雷和球形雷等。云团与云团之间的放电叫空中雷，云团与大地之间的放电叫落地雷。

实践证明，对电气设备经常造成危害的就是落地雷。

什么叫直击雷过电压？

答：雷电放电时，不是击中地面，而是击中输配电线路、杆塔或其建筑物。大量雷电流通过被击物体，经被击物体的阻抗接地，在阻抗上产生压降，使被击点出现很高的电位，这种高电位又叫直击雷过电压。

什么叫反击？

答：当避雷针（或避雷线）受到雷击后，如果接地装置的冲击接地电阻很大，雷电流通过时会出现很高的电位，因此与该接地装置相连的杆塔、构架、电气设备外壳等都将处于很高的电位。高电位作用在线路或设备上，会使绝缘发生击穿，这种由于接地部分电位升高而向附近其他设备放电的现象，叫做逆闪络，又叫反击。

52. 防雷装置有哪些？

答：常见的防雷装置有避雷针、避雷线、避雷带、避雷网、避雷器等。

53. 避雷器有哪几种类型？

答：避雷器有四种类型，即保护间隙、管型避雷器、阀型避雷器、氧化锌避雷器。

54. 绝缘油的主要性能指标有哪些？

答：绝缘油的主要性能指标有酸值和酸碱反应、闪点、机械杂质、油的强度试验；油的介质损耗角正切值。

55. 输电线路的防雷措施有哪些？

答：(1) 架设避雷线。

(2) 降低杆塔接地电阻。

(3) 架设耦合地线。

(4) 采用不平衡耦合方式。

(5) 装设自动重合闸。

(6) 采用消弧线圈接地方式。

(7) 装设管型避雷器。

(8) 加强绝缘。

第二节　发电厂及电力系统故障处理

1. 发电厂和电力系统事故处理的主要任务是什么？

答：(1) 尽快限制事故的发展，消除事故的根源并解除对人身和设备的威胁。用一切可能的方法保持运行系统即非故障系统设备的继续运行，发电厂特别要保证厂用电系统的安全运行，保持对用户的正常供电，必要时在未直接受到事故损害的机组上动用过负荷能力增加负荷。

(2) 尽快对已停电的用户恢复供电。

(3) 调整电力系统的运行方式，使其恢复正常。

2. 进行电气事故处理时，哪些情况可以不经请示批准就自行处理？

答：在事故发生时，事故单位应立即清楚、准确地向各自有关上级调度部门报告。内容包括事故发生的时间及现象，哪些断路器跳闸，继电保护动作情况及频率，电压、潮流的变化等。以下情况，为了加速事故处理，防止事故扩大，可以自行处理：

(1) 将直接对人员生命有威胁的设备停电。

(2) 将已损坏的设备隔离。

(3) 母线停电事故时，将该母线上的断路器拉开。

(4) 当发电厂的厂用电系统部分或全部停电时，恢复其电源。

(5) 整个发电厂或部分机组与系统解列，在具备同步并列条件时与系统同步并列。

(6) 低频率或低电压事故时解列厂用电、紧急切断线路等。

3. 电气事故处理的一般程序是什么?

答: (1) 根据信号、表计指示、继电保护动作情况及现场的外部象征，正确判断事故的性质。

(2) 当事故对人身和设备造成严重威胁时，迅速解除事故；当发生火灾事故时，应通知消防人员，并进行必要的现场配合。

(3) 迅速切除故障点（继电保护未动作者应手动执行）。

(4) 优先调整和处理厂用电源的正常供电，同时对未直接受到事故影响的系统和机组及时调节。

(5) 对继电保护的动作情况和其他信号进行详细检查和分析，并对事故现场进行检查，以便进一步判断故障的性质和确定处理程序。

(6) 进行针对性处理，逐步恢复设备运行。但应优先考虑对重要用户供电的恢复和对故障设备应进行隔离操作，并通知检修人员。

(7) 恢复正常运行方式和设备的正常运行工况。

(8) 进行善后处理。包括事故情况及处理过程的记录，断路器故障跳闸的记录，继电保护动作情况的记录，低电压跳闸设备的位置恢复及直流系统电压的调节等。

系统频率降低如何处理?

答: 在发生系统频率降低事故时，电力系统和发电厂内的运行人员应采取一切措施恢复系统频率。处理办法如下：

(1) 投入旋转储备容量。通常，各电网内部都备有一定容量的旋转备用机组（即未带足可调出力的机组），当系统频率降至 49.5Hz 以下时，各厂应不待调度员的命令，立即在 15min 内自动增加出力，直至频率恢复至 49.5Hz 以上或增至本厂机组的最大可能出力。同时，应向值班调度员报告。

火力发电厂内少汽运行的汽轮发电机组也应迅速改至发电状态增加出力。

(2) 迅速启动备用机组。水轮发电机组由于启动迅速，且可利用自同期并列方式，所以它往往担任电网内的备用机组。有的水轮发电机组装设了低频率自启动装置，能在 40s 内用自同期法将机组与系统并列。

启动较快的燃气轮发电机也应立即启动投入系统。

对火力发电厂来说，全压力状态下的锅炉应采取措施将其恢复以提高出力。

采取上述措施后仍不能恢复电网频率时，应采取切除负荷措施。

(3) 切除负荷。按规定：当系统频率超出(50±0.2)Hz 为不合格频率，超出(50±0.5)Hz 为事故频率。事故频率允许的持续时间为：超出(50±0.5)Hz 时的持续时间不超过 60min；超出(50±1)Hz 时的持续时间不超过 15min。

切除负荷有下列几种方式：

1）限电。即由电网各级调度员下令变电站和大用户切除部分负荷。

2）拉电。由电网调度员命令发电厂或变电站直接拉去配电线路。

3）发电厂自行拉电（即紧急拉路）。当系统频率降至47Hz以下时，对有“紧急拉路程序表”的发电厂，运行值班人员可不经联系调度，立即按“紧急拉路程序表”的顺序紧急拉路，使频率回升到47Hz以上。当频率降至46Hz以下时，运行人员可不经联系调度并不受“紧急拉路程序表”的限制，直接进行紧急拉路，使频率回至47Hz以上。

在发电厂自行拉电过程中，应注意不可将发电厂与主系统的联络线拉开，以免使发电厂与主系统解列。另外，如果由于事故造成系统解列时，只可拉开事故低频率限电的线路。

当频率下降到危及本厂厂用电的安全时，应将全部或部分厂用电系统与主系统解列，解列时的频率应按各厂具体情况或经过试验确定。解列点的选择应视各厂的具体接线确定。有的发电厂装有专供厂用电的发电机组，则装设了厂用电自动解列装置，当系统频率降至46.5～47Hz时经0.6s左右时限解列。没有厂用发电机的电厂可解列一台或数台发电机，单供厂用电或同时带一部分负荷运行。

在进行厂用电解列操作时，必须全面分析，要控制解列点的潮流，特别是有功功率越小越好，以免解列后的厂用系统频率变动太大而发生新的事故。

没有厂用电解列手段的发电厂（例如20万kW以上机组由本身接带厂用电的电厂），则应做好监视工作，必要时启动备用辅机以满足机组的需要。

如果频率的降低仅限于一个小的范围内，例如本厂与主系统解列后造成本厂低频率时，应首先设法恢复与主系统的并列或采取拉路措施，而不应随意手动解列厂用电。

系统电压降低如何处理？

答：发电厂正常运行时的母线电压是按调度给定的电压曲线控制的。当发生电压降低并超过曲线要求时，电气运行值班人员应向调度汇报，由调度员投入系统内的备用机组。同时，电气运行人员应区别情况进行下列相应处理：

（1）电压降低与频率降低同时发生时，应按频率降低的处理方法进行处理，同时，视电压降低程度及情况按下述方法处理：

1）发电机组的运行电压降低时，发电厂电气运行人员应按规程自行使用发电机的过负荷能力，制止电压继续降低到额定电压的90％以下。

2）个别地区电压降低并导致发电机组过负荷时，应报告值班调度员，并采取相应措施。如在系统频率允许时（指送端电厂）可适当降低发电机有功并增加无功，或拉掉部分负荷，以消除发电机的过负荷。处于受端电厂的发电机不允许采用降低有功增加无功的办法，因随着频率的降低，发电机电动势也要降低，将使电压进一步下降。如果发电机过负荷严重并已达规定时间或强行励磁装置动作已达允许时间（如规程规定空冷机组1min内运行人员不得干预强行励磁装置的动作），则应按紧急拉断线路程序进行拉断线路。

（2）当发电厂母线电压降低至最低运行电压时，为防止电压崩溃，应立即采取紧急拉断线路措施。使母线电压恢复至最低运行电压以上，并向调度报告。

（3）当系统电压降低导致发电厂厂用母线电压降低时，如厂用母线电压低至额定值的95%，应采取降低某些发电机有功，增加无功来制止电压继续下降。调节哪些发电机视本厂厂用电接线方式而定。如果厂用母线电压低至额定值的90%时，则应采取解列厂用电措施。解列的方法和注意事项与频率降低事故时的处理办法相同。

6. 发电厂与系统解列如何处理?

答：在系统正常运行时，对某一发电厂来说，出力和地区负荷一般是不平衡的，往往通过联络线输出或送入。在系统解列后，常常使系统的一部分呈现功率不足，引起频率或电压下降，并且由于解列后系统接线格局的变化，上述现象可能更明显。因此，必须根据不同情况迅速进行下列处理：

（1）迅速恢复发电厂与主系统并列。

（2）在与主系统重新并列之前，应首先恢复解列电厂的频率、电压至正常数值。

（3）发电厂与主系统并列以后，恢复停电设备的供电。

7. 发电厂热力系统故障引起的停机如何处理?

答：汽轮机打闸后，应分两种情况分别进行处理：

（1）汽轮机打闸后，发电机已从系统解列。此时有功、无功功率表指示到零，电气值班员应首先检查发电机是否已经灭磁。如果灭磁开关尚未跳闸，应立即手动拉闸，否则发电机将严重过电压而损坏设备。同时应注意厂用电备用电源是否因母线失电而自切成功，如果因备用电源合闸失灵或者母线残压使备用电源合闸尚未启动，应立即手动拉开厂用电源断路器、合上备用电源断路器，保证厂用电源的正常供电。此外还应尽量提高正常运行机组的有功、无功出力，保证系统频率、电压不致下降过多。监视有关联络线、联络变压器，不致因机组故障跳闸而过负荷。如果热机故障能迅速排除，应做好马上启动并列的准备。

（2）汽轮机打闸后，发电机尚未从系统解列。此时发电机有功负荷表已经反向，发电机变为电动机运行。对于这种情况，电气值班员应迅速切换厂用电源，确认主汽门、调节汽门已关闭后，进行解列操作。考虑到机组无蒸汽运行时间受到汽轮机尾部叶片鼓风发热排汽缸温度要升高的限制，所以厂用电源切换操作要迅速。进行该项操作应注意两个问题。

1）要注意确实有功负荷到零（或者已到负值），确认主汽门、调节汽门关闭信号已返回。否则发电机从系统解列后如主汽门卡涩、调速系统失灵将有可能引起汽轮机“飞车”事故。

2）要将发电机无功负荷降至零后断主断路器，否则将使发电机发生过电压。

8. 全厂停电事故的起因是什么？有什么影响？处理原则是什么?

答：（1）发电厂全厂停电事故的起因。

1）由于发电厂内部的厂用电、热力系统或其他主要设备的故障，处理不当导致机炉全停，全厂出力降至零，造成全厂停电。

2）由于发电厂和系统间的联络线故障跳闸，使地区负荷很大的发电厂发出的功率远远小于负荷，引起发电厂严重低频率、低电压，若处理不果断或发生错误，可能造成机组全停，以致全厂停电。

3）发电厂主要母线发生故障，使大部分机组被迫停机，并波及厂用电系统的正常供电时，也可能发展为全厂停电。

4）发电厂运行人员发生误操作，致使保护装置的一、二次方式不对应，或者造成某些主要设备（如主变压器、厂用电母线等）失电，在某些情况下，可能扩大为全厂停电。

（2）对于大容量发电厂来说，发生全厂停电事故后，对电力系统将带来很大影响，如低频率、低电压、甚至电压崩溃或频率崩溃等。另外，对电厂内部发电设备的危害也很大，如汽轮机组，全厂停电后，机组转速将逐步惰走至停转，为了防止汽轮机大轴在冷却过程中由于受热不均而弯曲变形，在正常情况下应使用盘车装置使汽轮机转子慢速转动，但全厂停电后，盘车电动机由于失去电源而不能使用，这样就对汽轮机转子大轴构成威胁。对锅炉设备，在停炉过程中，很多电动阀门仍需进行操作以安全疏导工质，特别是一些用电源控制的安全门，失去电源后将不会动作或返回，影响锅炉的事故处理等。

（3）发生全厂停电事故以后，应遵循下列原则进行处理：

1）尽快限制发电厂内部的事故发展，消除事故根源并解除对人身和设备的威胁。

2）优先恢复厂用电系统的供电。

3）尽量使失去电源的重要辅机（如循环水泵、给水泵、凝结水泵等）首先恢复供电。

4）积极与调度联系，尽快恢复外来电源（如利用系统联络线送电等），电源一旦恢复后，即可安排机炉的重新启动。

5）当发电厂容量较小时，可以考虑并有效合理地利用锅炉提供的剩汽作为动力逐步恢复发电。

为了防止全厂停电事故的发生，应及时地将厂用电系统与电网解列，特别是当系统发生低频率、低电压事故时，是一项较为有效的措施。厂用电系统解列运行后，如果能保证其可靠地连续供电，这对尽快恢复全厂正常生产将会起到非常重要的作用。

厂用电系统与电网解列后，由于失去了与系统的联络，而且容量较小，任何微小的干扰都将引起频率和电压的变化。特别是频率较高时，稍有不慎就会引起电源机组因超速脱扣而使厂用电源中断，因此在厂用电系统解列期间，必须安排值班人员专门负责监视及调整工作。

9. 电力系统发生谐振过电压如何处理？

答：发生谐振过电压时，值班人员应根据系统情况、操作情况做出判断处理。

（1）处理谐振过电压事故的关键，是破坏谐振的条件。

（2）由于操作产生的谐振过电压，一般可以立即恢复操作前的运行方式。

（3）对母线充电时产生谐振过电压，可立即送上一条线路，破坏谐振的条件，消除

谐振。

(4) 如果在运行中，突然发生谐振过电压，可以试断开一个不重要负荷的线路，改变运行参数，破坏谐振。

(5) 如果在开关断口上有并联电容，当母线停电操作时，母线断开电源后，母线电压表有很高的读数并有抖动，发生谐振过电压，可以迅速将电源开关再合上。先将电压互感器的二次断开，并将互感器一次隔离开关拉开后，再停母线。当母线恢复送电操作时，电源开关未合上之前，若母线电压表已有较高的指示，发生谐振过电压，可合上开关，对母线充电，消除谐振。为避免此情况，可在母线停电时，先停电压互感器，再将母线电源断开；母线送电时，母线带电后，再合电压互感器一次隔离开关。

10. 常见的电力系统事故有哪些？

答：(1) 主要电气设备的绝缘损坏，如由于绝缘损坏造成发电机、变压器烧毁事故。严重时将扩大为系统失去稳定及大面积停电事故。

(2) 电气误操作，如带负荷拉隔离开关、带电合接地线、带地线合闸等恶性事故。

(3) 继电保护及自动装置拒动或误动。

(4) 自然灾害，包括大雾、暴风、大雪、冰雹、雷电等恶劣天气引起线路倒杆、断线、引起放电等事故。

(5) 绝缘子或绝缘套管损坏引起事故。

(6) 高压断路器、隔离开关机构问题引起高压开关柜及隔离开关带负荷自分。

(7) 系统失稳，大面积停电。

(8) 现场不能正确汇报，造成事故或使事故扩大。

11. 电力系统振荡和短路的区别是什么？

答：电力系统振荡和短路的区别是：振荡是系统各点电压和电流值均作往复性摆动；短路是电流、电压值是突变的。此时，振荡时电流、电压值的变化速度较慢，而短路时的电流、电压值突然变化量很大。振荡时系统任何一点电流与电压之间的相位都随功角的变化而改变；而短路时电流和电压之间的角度基本不变的。

12. 电力系统非同步振荡事故如何处理？

答：电力系统非同步振荡的事故处理，一般采用人工再同步和系统解列法。

(1) 人工再同步。发生系统振荡后，如果失去同步的系统之间在某一瞬间频率相等，即滑差为零，这就说明该瞬间两系统内发电机是同步的。如果这时还能满足其他一些条件，例如发电机的相对角度相等，系统就不会再失步。

人工再同步的关键，就是使得滑差为零，这一般有两个办法：

1) 等化频率。使失去同步的系统频率相等，即设法减少滑差的平均值。使频率相等的措施很多，通常采用的有：

a）减少频率升高的送端电厂的出力，增加频率降低的受端电厂的出力。送端电厂在减出力的过程中，要注意频率不应低于48～49Hz，否则系统内的自动低频减载装置将动作。频率一般应限制的数值，各系统在现场事故处理规程中都有具体规定，若系统容量大，电网结构紧密的可适当提高一些，如49.5Hz等。

b）增加频率升高的送端系统的负荷，减少频率降低的受端系统的负荷。

c）将频率升高的送端系统中的部分机组解列，并入频率降低的受端系统中。

d）按值班调度员的命令，启动若干备用机组并入到频率降低的受端系统中。一般当受端系统有旋转备用容量时，应首先投入，否则应采取限制部分负荷的办法，直至按照事先编制的拉路程序进行紧急拉路。

2）增加滑差的脉动振幅，使滑差瞬时值经过零。这部分的措施是增加发电机的励磁电流和提高系统电压，由 $P_{\mathrm{N}}=\dfrac{EU}{X}\sin\delta$ 可知，当发电机的励磁电流增加时，发电机电动势相应增加，或者系统电压增高，使同步功率幅值增大，转子加速和减速的幅度增大，即加速度的范围变大了。最后导致滑差瞬时值的幅值增加，即滑差瞬时值的上限增加，下限降低，当下限降低到零时，就能恢复同步了。

一般来讲，处理非同步振荡时，大都采用人工再同步的办法，并以等化频率为主，辅以增加励磁电流的办法。

（2）系统解列法。系统预先在某个适当的地点选择一个解列点，当发生系统振荡时，在该点将系统解列，使振荡的系统分成两部分。这两部分能够保证各自运行的独立性，然后切除故障并经过并列操作使系统恢复正常运行。

解列的地点（即系统中的某个断路器）必须事先安排妥当，选择的原则如下：

1）应尽量保持解列后各部分系统的功率平衡，以防止频率、电压的大幅度变化。这样大幅度的变化有时会导致解列后系统内部的电厂间的失步和联络线过负荷跳闸事故。因此，解列点往往选择在易于振荡的系统部分之间潮流分界点上，或者在交换功率最小处。

2）应使解列后的系统容量足够大，即尽量使系统分为两部分或者三部分，而不是四分五裂，所以只在系统之间设置少量的解列点，但发电机出口主断路器不能作为解列点。

3）适当考虑操作方便，不仅解列操作方便，而且在恢复并列操作时也应如此。尽量选择通信方便，远动技术先进的处所。

（3）在系统振荡事故处理中，人工再同步和系统解列法二者相辅相成，交替使用。根据系统的运行经验，总结如下：

1）电厂和大容量受端系统失步引起振荡时，宜采用人工再同步法，因为水电厂出力增加快。

2）系统中无恰当的解列点或解列点不止一个，而且分布在不同的变电站时，采用人工再同步，这样可以减少不必要的甩负荷，且可简化操作。

3）系统内容易发生失步的电厂较多时，宜采用人工再同步。因为这种情况下的电厂故障率较高，判断较困难，现场值班人员无法判断是哪部分引起，不知该解列哪部分系统。

4）当出现“大容量送端—小容量受端”的运行方式时，在系统振荡过程中，人工再同步将很困难，因为大容量送端出力不能很快降下来，小系统备用容量不足，并且振荡中心在小容量受端，宜采用系统解列法。

5）当采用人工再同步后，如果再辅之以系统解列的方法来协同处理，往往效果较好。

6）人工再同步的目的是保证负荷的供电，当失步后已甩去大量负荷时，则意义不大。

（4）在某些场合还要掌握距离保护在系统振荡时及断路器操作中所产生的负序电压、电流会解除振荡闭锁作用而发生误动作。在进行系统解列操作时要考虑这一点，现场值班人员在发现断路器跳闸后应迅速汇报调度，以利于事故处理。

第十七章 保护及自动装置

第一节 电动机保护

1. 常用低压电动机的保护元件有哪些？

答：（1）熔断器。

（2）热继电器。

（3）带有失压脱扣、过流脱扣功能的控制设备。

（4）继电保护装置。

2. 热继电器的工作原理是什么？

答：热继电器又称热偶。当负载电流流过发热元件（一种合金电阻片，通过电流时产生并发散热量）时，使它附近的膨胀元件受热。膨胀元件是由两种膨胀性能不同的金属片沿全表面焊接而合成，称为双金属片。双金属片的下层金属片具有较大的膨胀系数，当通过超过特定电流时，发热元件的热量使双金属片向上弯曲，于是带动机构偏转，断开控制电路内的触点，从而使接触器的主触点断开，负载电路被切断。

3. 电动机一般应装设哪些保护？

答：（1）电流速断保护。

（2）正序过流保护。

（3）负序过流保护。

（4）过热保护。

（5）过负荷保护。

（6）断相保护。

（7）欠压保护。

（8）接地保护。

（9）长启动保护。

（10）堵转保护。

（11）特大型电动机（2000kW 及以上）需加装差动保护。

4. 在电动机保护中熔断器和热继电器是如何配合的？

答：熔断器的熔断时间与通过的电流大小有关。当通过电流为熔体额定电流的 2 倍以下

时，必须经过相当长的时间熔体才能熔断，如果通过电流为熔体额定电流的许多倍，则熔体在很短的时间内就会熔断。因此，在一般电路里，熔断器既可以是短路保护，也可以是过载保护。但对三相异步电动机来说，熔断器主要用作短路保护。笼型异步电动机的启动电流很大，为额定电流的4～7倍，如果用熔断器作电动机的过载保护，则熔断器熔体的额定电流应略大于电动机的额定电流，为其1.2～1.3倍，在电动机的工作电流超过其额定电流时，经过一段时间熔体就会熔断。但由于电动机的启动电流大大超过其额定电流，即大大超过熔断器熔体的额定电流，熔体将在很短的时间内熔断，为此，通常按1.5～2.5倍电动机额定电流选择熔体的额定电流（当电动机轻载启动时取低值，重载启动时取高值）。在日常运行中，应通过实践掌握熔断器熔体的额定电流选择规律，定期检查与更换熔体，使其有效地作为电动机的短路保护。由于作为电动机短路保护的熔断器熔体的额定电流大大超过电动机的额定电流，所以不能对电动机起过载保护的作用。

通常热继电器用于笼型异步电动机的过载保护。热继电器的热惯性大，即使通过发热元件的电流超过其额定电流好几倍，热继电器也不会瞬时动作，所以，它能承受异步电动机启动过程中的大电流，适于保护电动机的过载，而不适于保护短路故障。

熔断器和热继电器的发热元件串接在电动机的电源电路中，主回路短路故障时，熔断器熔体熔断，切断故障相电源；过载时，热继电器的动断触点断开，接触器线圈失电，电动机电源被切断，这样就构成完整的控制与保护电路。

5. 电动机的过载运行一般有哪几种情况？

答：电动机的过载运行一般有两种情况。

（1）电动机轴上的负荷过大，因此使负载电流超过了电动机的额定电流，这种情况下，三相电源提供的电流是对称的，即每相电流都有几乎相同的增长。保护这种过载运行，只需在三相电源电路的任何一相中串接一只热继电器的发热元件即可。

（2）运行中电动机三相电源线中有一相断线，或者一相熔断器熔体熔断，这时电动机仍维持运行，称为电动机缺相运行，显然轴上的负载并没有超过额定负载，但电动机定子绕组中通过电流却超过其额定电流。这种方式持续时间稍长，电动机会因过热而损坏。为了保护这种过载情况，不能只在某一相串接发热元件。如果只在一相中串接发热元件，而这一相恰好又是断线的一相，这时热继器发热元件无电流通过，不能反映另两相的过电流情况，起不到保护作用。因此，要保护电动机由于缺相运行而造成的过载，必须在两相电源电路中串接热继电器的发热元件。这样，任何一相发生断线故障时，至少有一个发热元件能够反映电流的增长而起过载保护作用。

6. 电动机接地保护装设的原则是什么？

答：高压厂用电动机运行于在中性点不接地的系统中。对于单相接地故障，当接地电容电流大于5A时，应装设单相接地保护。单相接地电容电流达到10A及以上时，保护装置一般动作于跳闸；单相接地电容电流不足10A时，保护装置可动作于跳闸或信号。

中性点直接接地系统中的低压厂用电动机，当低压电动机发生单相接地故障时，流过故

障点的电流为单相短路电流。由于低压厂用变压器的零序阻抗较大，单相接地短路电流较小，对于容量较大的低压电动机（如100kW左右），相间短路保护的整定值比较大，兼作单相接地保护的灵敏度往往不能满足要求，而且相间保护多采用两相式接线，如果在未装设继电器的一相发生接地短路时，就将失去保护。因此，通常对容量在100kW及以上的低压电动机要求装设单相接地保护。

7. 零序电流互感器安装有何注意事项?

答：（1）电缆头和零序电流互感器的支架应用绝缘物可靠隔离。

（2）发生单相接地时，接地电流不仅在地中流过，也可能沿着电缆外皮流过。为了防止区外单相接地故障时装置误动作，电缆头接地线应穿过零序电流互感器再接地。

8. 电动机接地保护应如何整定?

答：（1）对于小电流接地系统的高压厂用电动机，单相接地保护的动作电流按大于被保护回路的电容电流整定为

$$I_{op} = K_{rel} \times 3I_{ec,max} \tag{17-1}$$

式中：K_{rel}为可靠系数，一般为4～5；$3I_{ec.max}$是指当外部发生接地故障时，流过被保护回路的最大接地电容电流。

（2）对于大电流接地系统的低压厂用电动机，动作电流的整定值应满足以下两点要求：

1）发生单相接地时能正确动作，并有足够的灵敏度，灵敏系数不小于1.5。

2）躲过电动机启动和自启动时的不平衡电流。

根据运行经验，一次动作电流的数值为电动机额定电流的10%～20%（反应到二次侧一般小于2A）。在不平衡电流较大的场合，二次动作电流可整定为2A。

9. 高压厂用电动机的电流速断保护常采用哪些接线形式？各有何优缺点?

答：高压厂用电动机一般都是在小电流接地系统中运行，保护装置按照两相式接线构成。

一种接线为两相电流差的方式，流入继电器的电流是两相电流之差，该保护方式能反应各种相间短路，具有接线简单和设备少等优点。在正常运行以及不同短路类型时，实际通过继电器的电流与电流互感器二次电流的比值是不相等的，在保护装置的整定计算中，必须引入接线系数，对于不同类型的相间短路，接线系数是不相同的。但在实际整定时，选取三相短路时的接线系数。在三相短路和装设有电流互感器的两相短路时，流入继电器的电流将比其他两相短路时的电流要大，因此保护对三相短路和各种两相短路的灵敏度是不同的。采用两相电流差的接线方式，虽然能反应各种类型的两相短路，但当A、B或B、C相短路时，其灵敏系数仅为三相短路时的一半。所以，只有当灵敏度能够满足要求时，才可以采用两相电流差接线方式。

厂用高压电动机的电流速断保护装置，一般多采用不完全星形接线。这种接线方式，不

论哪种类型相间短路，流入继电器的电流均为所接电流互感器的二次电流，因此灵敏度相同。与两相电流差接线比较，可以降低保护的整定值，提高保护的灵敏度。

10. 怎样整定电动机的电流速断保护？继电器动作电流的计算公式是怎样的？

答：因为电流速断保护是无时限跳闸的，所以保护装置的动作电流应该躲过电动机在全电压下启动时的启动电流，其继电器动作电流为

$$I_{op}=\frac{K_{rel}K_{j}}{n_{ba}}I_{st} \tag{17-2}$$

式中：K_{rel}为可靠系数，对 DL 型继电器取 1.4～1.6，对 GL 型继电器取 1.8～2.0；K_{j}为电流互感器的接线系数，当采用不完全星形接线时取 1，当采用两相电流差接线时取$\sqrt{3}$；n_{ba}为电流互感器的变比；I_{st}为电动机的最大启动电流。

11. 电动机装设纵联差动保护的物质条件是什么？装设纵联差动保护的必要性是什么？

答：电流速断保护的动作电流是按躲过电动机的启动电流来整定的，而电动机的启动电流比额定电流大得多，这就必然降低了保护的灵敏度，因而对电动机定子绕组的保护范围很小。因此，大容量的电动机应装设纵联差动保护，来弥补电流速断保护的不足。实际上，容量为 2000kW 及以上的电动机在火电厂中为数不多，但都属重要设备，电动机定子绕组有 6 个引出端，为装设纵联差动保护提供了物质条件。对于容量在 2000kW 以下，但具有 6 个引出端的重要电动机，当电流速断保护灵敏度不满足要求时，均应考虑装设纵联差动保护。

12. 低电压保护的作用是什么？

答：（1）保证重要电动机自启动效果。当电压消失或降低时，电动机的转速下降，当电压恢复时，在电动机绕组内开始流过比额定电流大几倍的自启动电流，如果是一段厂用母线上所有的电动机成组自启动，将使厂用电网的电压降加大，从而使电压恢复过程延长，也增加了电动机升速的困难，严重时甚至可能导致自启动不能成功。为了保证重要电动机的自启动成功，必须切除一部分不重要的电动机，使厂用电网的电压降减小。因此，在不重要和次重要的电动机上可装设低电压保护，当电压消失或降低时动作，将其从厂用电网上切除，从而减少了参加自启动的电动机容量。

（2）保证技术安全及工艺流程的特点。某些情况下，当电压长期消失时（如 10s 以上）根据技术安全的条件及生产工艺流程的特点，需将某些电动机切除。例如锅炉已经熄灭，自启动已没有必要时，为了保证工艺联锁动作，应装设低电压保护动作于跳闸。另外，还有一些带恒定阻力矩机械的电动机，如磨煤机、碎煤机等，在电压下降时不可能自启动，这些电动机也应在电压下降时迅速切除。

13. 装设低电压保护时应考虑哪些问题？

答：（1）对能自启动的部分重要电动机，不装设低电压保护。但是，当有备用设备自动投入时，为了保证重要电动机的自启动，在其他电动机上应装设低电压保护，动作于跳闸。

（2）当电源短时消失或电压降低时，为了保证重要电动机的自启动，在其他电动机上应装设低电压保护，动作于跳闸。

（3）当电压长期消失或降低时，根据生产过程和技术保安等的要求，不允许自启动的电动机应装设低电压保护，动作于跳闸。

14. 对低电压保护装置接线有何要求？

答：当厂用母线电压完全消失，或由于电网内的短路故障引起电动机制动时，低电压保护装置的首要任务是可靠地保证将被保护电动机断开。为此，低电压保护的接线应满足以下要求：

（1）灵敏反应对称的和不对称的电压下降。因为在不对称短路时，电动机也可能被制动，但当电压恢复时也会出现自启动问题。

（2）如果电压互感器一次侧一相或两相断线或二次侧各相断线（包括其熔断器熔断）时，保护装置不应误动作，并应发出断线信号。但在二次回路断线故障期间，如果遇到厂用电母线真正失去电压（包括电压下降到规定值）时，低电压保护装置仍应能正确动作。

（3）因误操作而断开厂用母线电压互感器一次侧隔离开关（或隔离触头）时，低电压保护不应该误动作，但应发出信号。

（4）0.5s 与 10s 的低电压保护的动作电压应根据不同原则分别整定。

当电压完全消失时，用接于线电压的一个电压继电器构成的保护就能可靠地反应三相短路。但在两相短路时，用一个电压继电器构成的保护，只有在接继电器的两相间发生两相短路时才能起作用，可见它不能完全反应不对称的电压下降。为了保证所有两相短路情况下保护都能动作，应采用三相三继电器接线方式。

通常，一段厂用母线供电的若干台电动机，共同装一套低电压保护装置。电压继电器接于厂用母线的电压互感器上。

15. 厂用 6kV 电动机低电压保护装置的接线图是怎样的？如何动作？

答：厂用 6kV 电动机低电压保护装置的接线图如图 17-1 所示。其中，KV1、KV2、KV3 为低电压继电器，用来构成重要而不参加自启动的电动机的低电压保护，以 0.5s 时限跳闸，并兼作电压互感器二次回路断线保护而发出信号。低电压继电器 KV4 构成参加自启动的重要电动机的低电压保护，以 9～10s 时限动作于跳闸。

当 KV1、KV2、KV3 同时动作时，才能启动低电压保护装置中的时间继电器 KT1，当 KV1、KV2、KV3 和 KV4 同时动作时，才能启动 KT2。该接线图对于电压消失和三相短路是能正确动作的。假如，只有 KV1、KV2 两个电压继电器动作，其动断触点闭合，而 KV3 没有动作，其动合触点闭合，于是中间继电器 KM 励磁，其动断触点打开，断开了时间继电器回

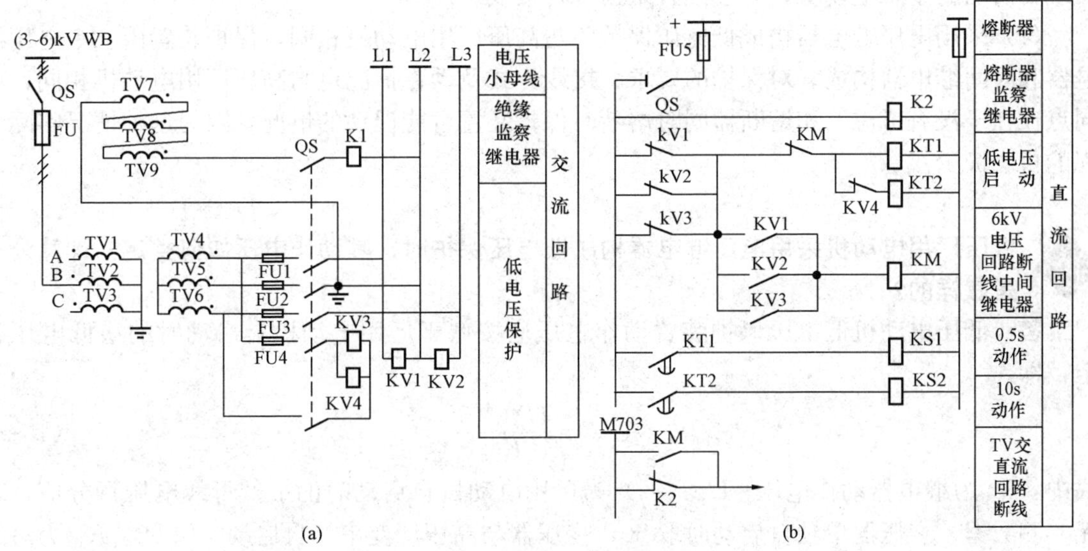

图 17-1　厂用 6kV 电动机低电压保护接线图

（a）交流回路；（b）直流回路

路，低电压保护不能动作于跳闸，从而保证了当电压互感器一相或两相断线或其二次回路断线时，保护装置不会误动作，并通过 KM 中间继电器常闭触点发出交流回路断线信号。

如果在电压回路断线故障期间，电压继电器 KV1、KV2 动作，厂用母线又失去电压（或电压降低到规定值以下）时，非断线相的电压继电器 KV3 则因母线失去电压（或电压急剧降低）而动作，其动合触点打开，切断了中间继电器 KM 的供电回路，KM 的动断触点立即闭合，启动时间继电器 KT1，使保护装置仍能正常动作。低电压继电器 KV3、KV4 通过专用熔断器 FU4 接在电压互感器二次侧的 U、W 相，且接于 FU1、FU3 的电源侧，其额定电流较 FU1～FU3 大两级，这就防止了由于某种原因使 FU1～FU3 全部熔断时，低电压保护也不会误动作。因为这种情况下，KV3、KV4 仍在带电状态，不会动作。

保护装置的直流电源经电压互感器隔离开关辅助触点 QS 闭锁。在交流回路中，电压互感器隔离开关辅助触点 QS 的引入是为了防止电压互感器停用后由二次侧反充电而造成事故。

16. 低压厂用电动机如何实现低电压保护？

答：（1）采用接触器或磁力启动器构成低电压保护装置。当电动机的操作设备采用接触器或磁力启动器时，它们的电磁铁线圈当电压降低时能自动释放，可以起到低电压保护的作用。

磁力启动器是利用电磁铁的作用来保持合闸位置的，电磁铁线圈接于电源电压侧。当厂用低压电网的电压降低到一定程度时，电磁铁的吸力不足，触头断开，切断了电动机的电源，实现了低电压保护。但是，当电压恢复时，磁力启动器不能自动投入，所以不能实现自启动。虽然可在控制回路实现自启功能，但同时也增加了控制回路的复杂性，除有特殊要求实现自启动的重要电动机，一般不宜采用这种接线。

（2）采用电压继电器构成低电压保护。与高压厂用电动机相同，保护装置由三个电压继电器和时间继电器构成。对保护的要求、接线方式及动作情况也与高压厂用电动机相同，不同点仅在于没有考虑两相熔断器同时熔断时保护装置可能误动的情况，因为这种情况实际出现的机会极少。

17. 低压厂用电动机采用电压继电器构成低电压保护时，其动作电压如何整定？计算公式是怎样的？

答：低压电动机低电压保护装置动作电压应按低于厂用电动机自启动时的最低电压整定，即

$$U_{op}=\frac{U_{w}(\%)}{K_{rel}} \tag{17-3}$$

式中：U_{op}为继电器动作电压；U_{w}（%）为厂用电动机自启动时的最低母线电压百分值，若无实测数据，变压器单独自启动时取 60，变压器与高压厂变串接自启动时取 55。K_{rel}为可靠系数，通常取 1.2～1.3。

18. 高压同步电动机应装设哪些保护？

答：高压同步电动机应装设相间短路保护、单相接地保护、低电压保护、过负荷保护、非同期冲击保护、失步保护。

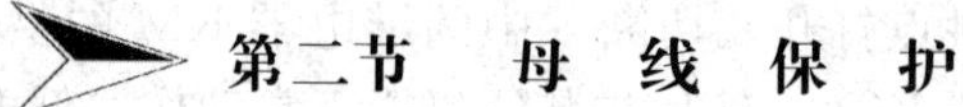

第二节　母线保护

1. 什么是母线完全差动保护？什么是母线不完全差动保护？

答：（1）母线完全差动保护是将母线上所有的各连接元件的电流互感器按同名相、同极性连接到差动回路，电流互感器的特性与变比均应相同，若变比不相同时，可采用补偿变流器进行补偿，满足$\sum i=0$。电流互感器的二次绕组在母线侧的端子相互连接。差动继电器线圈与电流互感器二次绕组并联。各电流互感器之间的一次电气设备，就是母线差动保护的保护区。

（2）母线不完全差动保护只需将连接于母线的各有电源元件上的电流互感器接入差动回路，在无电源元件上的电流互感器不接入差动回路，因此在无电源元件上发生故障，它将动作。电流互感器不接入差动回路的无电源元件是电抗器或变压器。母线不完全差动保护通常采用两相式，由两段保护构成，二次绕组按环流法原理连接。电流互感器和电流继电器的二次线圈并联。由于这种保护的电流互感器不是在所有与母线连接的元件上装设，故称不完全差动电流保护。

2. 什么是固定连接方式的母线完全差动保护？什么是母联电流相位比较式母线差动保护？

答：双母线同时运行方式，按照一定的要求，将引出线和有电源的支路固定连接于两条

母线上，这种母线称为固定连接母线。这种母线的差动保护称为固定连接方式的母线完全差动保护，对它的要求是任一母线故障时，只切除接于该母线的元件，另一母线可以继续运行，即母线差动保护有选择故障母线的能力。当运行的双母线的固定连接方式被破坏时，该保护将无选择故障母线的能力，而将双母线上所有连接的元件切除。

母联电流相位比较式母线差动保护主要是在母联断路器上使用比较两电流相量的方向元件，引入的一个电流量是母线上各连接元件的相量和即差电流，引入的另一个电流量是流过母联断路器的电流。在正常运行和区外短路时，差电流很小，方向元件不动作；当母线故障，不仅差电流很大且母联断路器的故障电流由非故障母线流向故障母线，具有方向性，因此方向元件动作且具有选择故障母线的能力。母联断路器断开，将失去方向性。

3. 母线差动保护的保护范围是什么？当保护动作后应怎样检查、判断和处理？

答：母线差动保护的范围是母线各段所有出线断路器、母线差动电流互感器之间的电气部分。母线差动保护动作后应进行以下详细的检查：

（1）检查停电母线及其相连的设备是否正常，有无短路、接地和闪络故障痕迹。若发现故障点，应及时隔离，并尽快恢复供电。

（2）母线差动动作前，系统正常，无故障冲击，现场查不出故障点，判断母线差动保护是否误动作，并查明原因，同时，退出母线差动保护，对停电母线恢复送电（条件允许时，先由零升压）。

（3）对直流绝缘情况进行检查，排除短路点。

（4）检查母线差动保护装置的继电器是否损坏，若损坏，及时更换。

4. PMH型快速母线保护的特点是什么？

答：快速母线保护是带制动特性的中阻抗型母线差动保护，其选择元件是一个具有比率制动特性的中阻抗型电流差动继电器，解决了电流互感器饱和引起母线差动保护在区外故障时的误动问题。保护装置是以电流瞬时值测量、比较为基础的，母线内部故障时，保护装置的启动元件、选择元件能先于电流互感器饱和前动作，因此动作速度很快。

保护装置的特点如下：

（1）双母线并列运行，一组母线发生故障，在任何情况下保护装置均具有高度的选择性。

（2）双母线并列运行，两组母线相继故障，保护装置能相继跳开两组母线上所有连接元件。

（3）母线内部故障，保护装置整组动作时间不大于10ms。

（4）双母线运行正常倒闸操作，保护装置可靠运行。

（5）双母线倒闸操作过程中母线发生内部故障：若一条线路两组隔离开关同时跨接两组母线时，母线发生故障，保护装置能快速切除两组母线上所有连接元件，若一条线路两组隔离开关非同时跨接两组母线时，母线发生故障，保护装置仍具有高度的选择性。

（6）母线外部故障，不管线路电流互感器饱和与否，保护装置均可靠不误动作。

(7) 正常运行或倒闸操作时，若母线保护交流电流回路发生断线，保护装置经整定延时闭锁整套保护，并发出交流电流回路断线告警信号。

(8) 在采用同类断路器或断路器跳闸时间差异不大的变电站，保护装置能保证母线故障时母联断路器先跳开。

(9) 母联断路器的电流互感器与母联断路器之间的故障，由母线保护与断路器失灵保护相继跳开两组母线所有连接元件。

(10) 在500kV母线上，使用暂态型电流互感器，当隔离开关双跨时，启动元件可不带制动特性。在220kV母线上，为防止隔离开关双跨时保护误动，因此启动元件和选择元件一样均有比率制动特性。

5. 母线倒闸时，电流相位比较式母线差动保护应如何操作？

答：(1) 倒闸过程中不退出母线差动保护。

(2) 对于出口回路不自动切换的装置，倒闸后将被操作元件的跳闸连接片及重合闸放电连接片切换至与所接母线对应的比相出口回路。

(3) 母联断路器兼旁路断路器作旁路断路器带线路运行时，倒闸后将停用母线的比相出口连接片和跳母联断路器连接片断开，因为此时所带线路的穿越性故障即相当于停用母线的内部故障。

6. 双母线完全电流差动保护在母线倒闸操作过程中应怎样操作？

答：在母线配出元件倒闸操作过程中，配出元件的两组隔离开关双跨两组母线，配出元件和母联断路器的一部分电流将通过新合上的隔离开关流入（或流出）该隔离开关所在母线，破坏了母线差动保护选择元件差流回路的平衡，而流过新合上的隔离开关的这一部分电流，正是它们共同的差电流。此时，如果发生区外故障，两组选择元件都将失去选择性，全靠总差流启动元件来防止整套母线保护的误动作。

在母线倒闸操作过程中，为了保证在发生母线故障时，母线差动保护能可靠发挥作用，需将保护切换成由启动元件直接切除双母线的方式。但对隔离开关为就地操作的变电站，为了确保人身安全，一般需将母联断路器的跳闸回路断开。

7. 双母线完全电流差动保护的主要优缺点是什么？

答：(1) 双母线完全电流差动保护的优点。

1) 各组成元件和接线比较简单，调试方便，运行人员易于掌握。

2) 采用速饱和变流器，可以较有效地防止由于区外故障一次电流中的直流分量导致电流互感器饱和引起的保护误动作。

3) 当元件固定连接时，母线差动保护有很好的选择性。

4) 当母联断路器断开时，母线差动保护仍有选择能力。

5) 在两组母线先后发生短路时，母线差动保护仍能可靠地动作。

（2）双母线完全电流差动保护的缺点。

1）当元件固定连接方式破坏时，若任一母线上发生短路故障，就会将两组母线上的连接元件全部切除，因此，适应运行方式变化的能力较差。

2）由于采用了带速饱和变流器的电流差动继电器，其动作时间较慢（约有 1.5～2 个周期的动作延时），不能快速切除故障。

3）如果启动元件和选择元件的动作电流按躲避外部短路时的最大不平衡电流整定，灵敏度较低。

8. 母联电流相位比较式母线差动保护的主要优缺点是什么？

答：（1）主要优点。这种母线差动保护不要求元件固定连接于母线，可大大地提高母线运行方式的灵活性。

（2）主要缺点。

1）正常运行时，母联断路器必须投入运行。

2）当母线故障，母线差动保护动作时，如果母联断路器拒动，连接元件通过母联断路器供给短路电流，使故障不能切除。

3）当母联断路器和母联断路器的电流互感器之间发生故障时，将会切除非故障母线，故障母线反而不能切除。

4）两组母线相继发生故障时，只能切除先发生故障的母线，后发生故障的母线因这时母联断路器已跳闸，选择元件无法进行相位比较而不能动作，因而不能切除。

9. 在母线电流差动保护中，为什么要采用电压闭锁元件？怎样闭锁？

答：为了防止差动继电器误动作或误碰出口中间继电器造成母线保护误动作，故采用电压闭锁元件。它利用接在每组母线电压互感器二次侧上的低电压继电器和零序过电压继电器实现，三只低电压继电器反应各种相间短路故障，零序过电压继电器反应各种接地故障。

利用电压元件对母线保护进行闭锁，接线简单。防止母线保护误动接线是将电压重动继电器的触点串接在各个跳闸回路中。这种方式如误碰出口中间继电器不会引起母线保护误动作，因此被广泛采用。

10. 母线差动保护在哪些情况下应停用？

答：（1）当 220kV 母联断路器或 110kV 旁路断路器把 220kV 工作母线、备用母线或 110kV 工作母线、备用母线分成不同期的独立系统时，母线差动保护应停用。

（2）当利用发电机-变压器组对母线电气设备零起升压或用电源开关向空母线冲击合闸时，母线差动保护应停用。

（3）当母线差动保护交流电流回路操作时应短时停用母线差动保护。

（4）当母线差动回路有工作或校验时，应停用母线差动保护。

（5）当母线差动保护装置故障或母线电流互感器回路出现异常时，应停用母线差动

保护。

（6）新线路第一次送电前或线路充电电流超过允许值，应停用母线差动保护。

220kV母线差动保护运行时应注意什么？

答：（1）电流互感器回路正常，检查毫安表指示应与平时无大的变化。

（2）电压互感器回路各连接片应投断正确，无电压断线信号。

（3）直流回路正常，无断线信号。

（4）双母线及母联断路器运行时，两组母线上均应有电源断路器，母联断路器母线差动电流互感器端子应在“正常”位置，母联断路器的母线差动跳闸选择连接片投“母联运行”位置，投入母联的母线差动跳闸出口连接片。

（5）无论哪种运行方式，母线所接元件（线路、主变压器及发电机断路器的跳闸连接片）均要与所连接的母线位置相对应。

220kV母差保护运行时若用母联断路器代路，母线差动保护怎样考虑？

答：应按下列方式考虑：

（1）投入非选择性隔离开关。

（2）母联断路器的母线差动电流互感器端子应放在“代路”位置。

（3）母联断路器的母线差动跳闸选择连接片投在断路器相对应的母线位置上。

（4）投入母联断路器的母线差动跳闸出口连接片。

（5）将被代线路的母线差动电流互感器回路从运行的母线差动电流回路上短接、甩开，以免线路故障时，母线差动保护误动。

母线差动保护停用时应注意哪些事项？

答：（1）母线差动保护校验工作尽可能与母线检修配合进行。

（2）母线差动停用时间尽量缩短，并在天气好的条件下停用。

（3）对侧厂站缩短保护（距离、零序三段）时限，故障切除时间为0.6s。

（4）母线差动保护停用期间，不安排系统操作。

14. 母线差动保护在哪些情况下应将其由“双母”切换至“单母”运行？

答：（1）单母线运行时。

（2）母联断路器不作母联运行时。

（3）母联断路器虽作母联运行，但任一母线上少于两个电源时。

（4）任一母线上电压互感器退出运行时。

（5）倒母线操作时。

15. 母线差动保护怎样投入与停用？

答：（1）母线差动保护投入应按以下步骤操作：

1）投入母线差动直流熔丝。

2）检查母线差动保护电压回路小开关合上，装置无异常信号发出。

3）测量不平衡电流正常。

4）投入母线差动保护下列连接片：①工作母线、备用母线电压闭锁连接片；②各元件跳闸连接片；③母联断路器跳闸连接片；④线路闭锁重合闸连接片。

5）下列连接片应停用：①母线充电保护连接片；②不平衡电流短接连接片；③旁路断路器作母联运行时，旁路断路器闭锁重合闸连接片。

（2）母线差动保护停用按以下步骤操作：

1）停用母联或旁路断路器跳闸连接片。

2）停用各元件跳闸连接片。

3）停用线路闭锁重合闸连接片。

4）取下母线差动保护直流熔丝。

（3）母线差动保护校验时，必须按上述停用操作步骤执行，不能只断开直流电源。

16. 母线差动保护遇哪些情况应立即检查装置并进行处理？

答：（1）"交流电流回路断线""直流电源消失"光字同时发出时，应立即退出母线差动保护，并通知继电保护人员处理。

（2）发生直流电源消失时，应检查直流熔丝、有关端子排、直流回路监视继电器、动断触点等有关回路。

（3）"交流电压回路断线"光字牌发出后，应检查母线电压互感器二次空气小开关是否跳闸等。

（4）"母线差动保护动作"和有关信号发出后，应立即检查有关元件是否跳闸，并根据情况作出相应的处理。

17. 双母线接线方式断路器失灵保护的设计原则是什么？

答：（1）对带有母联断路器和分段断路器的母线，要求断路器失灵保护应首先动作于断开母联断路器或分段断路器，然后动作于断开与拒动断路器连接在同一母线上的所有电源支路的断路器，同时还应考虑运行方式来选定跳闸方式。

（2）断路器失灵保护由故障元件的继电保护启动，手动跳开断路器时不可启动失灵保护。

（3）在启动失灵保护的回路中，除故障元件保护的触点外，还应包括断路器失灵判别元件的触点，利用失灵分相判别元件来检测断路器失灵故障的存在。

（4）为从时间上判别断路器失灵故障的存在，失灵保护的动作时间应大于故障元件断路器跳闸时间和继电保护返回时间之和。

（5）为防止失灵保护的误动作，失灵保护回路中任一对触点闭合时，应使失灵保护不被误启动或引起误跳闸。

（6）断路器失灵保护应有负序、零序和低电压闭锁元件。对于变压器、发电机-变压器组采用分相操作的断路器，允许只考虑单相拒动，应用零序电流代替相电流判别元件和电压闭锁元件。

（7）当变压器发生故障或不采用母线重合闸时，失灵保护动作后应闭锁各连接元件的重合闸回路，以防止对故障元件进行重合。

（8）当以旁路断路器代替某一连接元件的断路器时，失灵保护的启动回路可作相应的切换。

（9）当某一连接元件退出运行时，它的启动失灵保护的回路应同时退出工作，以防止试验时引起失灵保护的误动作。

（10）失灵保护动作应有专用信号表示。

18. 断路器失灵保护时间定值如何整定？

答：断路器失灵保护所需动作延时，必须保证让故障线路或设备的保护装置先可靠动作跳闸，应为断路器跳闸时间和保护返回时间之和再加裕度时间。以较短时间动作于断开母联断路器或分段断路器，再经一时限动作于连接在同一母线上的所有有电源支路的断路器。一般使用精度高的时间元件，两段时限分别整定为 0.15s 和 0.3s。

19. 对 3/2 断路器接线方式或多角形接线方式的断路器失灵保护有哪些要求？

答：（1）鉴别元件采用反应断路器位置状态的相电流元件，应分别检查每台断路器的电流，以判别哪台断路器拒动。

（2）当 3/2 断路器接线方式的一串中的中间断路器拒动，或多角形接线方式相邻两台断路器中的一台断路器拒动时，应采取远方跳闸装置，使线路对端断路器跳闸并闭锁其重合闸的措施。

（3）断路器失灵保护按断路器设置。

20. 为什么设置母线充电保护？

答：母线差动保护应保证在一组母线或某一段母线合闸充电时，快速而有选择地断开有故障的母线。为了更可靠地切除被充电母线上的故障，在母联断路器或母线分段断路器上设置相电流或零序电流保护，作为母线充电保护。母线充电保护接线简单，在定值上可保证高的灵敏度。在有条件的地方，该保护可以作为专用母线单独带新建线路充电的临时保护。母线充电保护只在母线充电时投入，当充电良好后，应及时停用。

21. 短引线保护起什么作用？

答：主接线采用 3/2 断路器接线方式的一串断路器，当一串断路器中一条线路停用，则该线路侧的隔离开关将断开，此时保护用电压互感器也停电，线路主保护停用，因此该范围

短引线故障，将没有快速保护切除故障。为此需设置短引线保护，即短引线纵联差动保护。在上述故障情况下，该保护可快速动作切除故障。

当线路运行线路侧隔离开关投入时，该短引线保护在线路侧故障时，将无选择地动作，因此必须将该短引线保护停用。一般可由隔离开关的辅助触点控制，在合闸时使短引线保护停用。

22. 母线保护的运行规定有哪些？

答：（1）当站内一次系统有工作或操作时，不允许母线保护退出运行。

（2）当出现下列情况之一时，应立即退出母线保护，并汇报相应调度尽快处理：

1）差动回路二次差电流大于现场规程规定的数值时。

2）差回路出现 TV 断线信号时。

3）其他影响保护装置安全运行的情况发生时，或母线保护不正常运行时。

（3）固定连接式母线差动保护：

1）破坏了固定连接方式时，必须合上非选择性 P 隔离开关。

2）在双母以固定连接方式运行且仅母联断路器断开时，不需停用母线差动保护。

3）在破坏了固定连接方式下，双母分列运行时，应停用母线差动保护。

4）当母联断路器串带其他断路器运行时，除需合上非选择性 P 隔离开关外，还必须按照现场具体规定，对母线差动电流回路作相应的切换。

5）母线元件进行倒闸操作时，必须合上非选择性 P 隔离开关。操作完毕后应立即将 P 隔离开关断开。

6）用母联断路器给一条母线充电时，母线差动保护瞬时自动停用，被充电母线故障时仅跳母联断路器。

（4）电流相位比较式母线差动保护：

1）正常情况下，每条母线上至少有一个有源元件（母联或分段断路器除外），该有源元件在母线上发生短路故障时提供的故障电流能保证比相元件有足够灵敏度时，母线保护投“选择”方式。

2）在下列方式下应投入“非选择”方式（合 P 隔离开关）：

a）单母线运行时。

b）母线进行倒闸操作期间。

c）比相元件退出工作时。

d）当一条母线无电源或小电源时。

e）母联兼旁路（旁路兼母联）断路器带路时，母线差动保护投“非选择”方式，同时该断路器 TV 回路切换至差动回路。

3）用母联断路器给一条母线充电时，母线差动保护投入，P 隔离开关合。此时，由手合继电器自动切换为被充电母线故障只掉母联断路器，且投入母联断路器电流保护。

4）对于设有切除母线相继故障附加回路的母线差动保护，当运行中出现下列情况时，断开该附加回路控制连接片：

a）母线保护动作使对侧线路断路器瞬时跳闸的功能未能投入（或出线双套纵联保护退出运行）时。

b）出现非计算指定母线运行方式时。

5）双母线分列运行时应退出母线差动保护。

（5）比率制动式母线差动保护：

1）母线分列运行时，母线差动保护可不退出运行。

2）PMH-40 型母线保护在母线分列运行时要投入辅助启动连接片，进行母线倒闸操作时，要连上“退Ⅰ母选择”和“退Ⅱ母选择”连接片，倒闸完毕，立即断开该两连接片。

3）RADSS 型母线保护，在母联（或分段）断路器合闸前，必须注意用于封锁母联 TV 的继电器状态，避免母联（或分段）断路器 TV 的回路被封锁。

4）进行倒闸操作时，对于有互联连接片的母线保护应将互联连接片投入，并注意监视母线保护的双位置继电器切换状态是否正确。

23. 失灵保护的运行规定有哪些？

答：（1）失灵保护的退出要区分两种情况：

1）失灵保护退出，需退出该套失灵保护出口跳各开关的连接片。

2）启动失灵保护回路的退出，指将该断路器所有保护或某保护的启动失灵回路断开。一般情况下，只要保护有工作，都应注意将其启动失灵保护的回路断开。

（2）双母线接线方式下，电压闭锁回路不正常时，一般应将失灵保护退出运行。

（3）若失灵保护与母线保护共用出口，当母线保护或失灵保护退出时，母线及失灵保护同时退出运行。

24. 远跳及 3/2 接线的保护的运行规定有哪些？

答：（1）当某一启动远方跳闸的保护停运时，需同时解除其启动远方跳闸的回路；而当恢复该停运保护时，也应同时恢复其启动远方跳闸的回路。

（2）通道异常时，远跳保护退出运行。

（3）短引线保护。3/2 接线方式断路器的短引线保护，正常运行时不投；线路、变压器或发电机-变压器组停电但断路器成串运行时，短引线保护投入运行。

（4）3/2 接线的厂（站），只要线路运行，即投入该断路器的远跳保护，同时投入对侧的辅助保护，以满足断路器失灵保护的要求。

（5）3/2 接线的厂（站）的线路，一般边断路器为先重合断路器，中断路器为后重合断路器。当某线路边断路器因故断开时，应将其中断路器改为先重合方式，同时须将同串另一边断路器的重合闸改为后重合方式。

第三节　变压器保护

1. 电力变压器一般应装设哪些保护？

答：（1）防御变压器油箱内部各种短路故障和油面降低的气体保护。

（2）防御变压器绕组和引出线多相短路、大接地电流系统侧绕组和引出线的单相接地短路及绕组匝间短路的（纵联）差动保护或电流速断保护。

（3）防御变压器外部相间短路并作为气体保护和差动保护（或电流速断保护）后备的过电流保护（或复合电压启动的过电流保护、负序过电流保护）。

（4）防御大接地电流系统中变压器外部接地短路的零序电流保护。

（5）防御变压器对称过负荷的过负荷保护。

（6）防御变压器过励磁的过励磁保护。

（7）防止变压器过热的温度及冷却器全停保护。

2. 变压器气体保护的基本工作原理是什么？

答： 气体保护是变压器的主要保护，能有效地反应变压器内部故障。轻瓦斯保护的气体继电器由开口杯、干簧触点等组成，作用于信号。重瓦斯保护的气体继电器由挡板、弹簧、干簧触点等组成，作用于跳闸。

正常运行时，气体继电器充满油，开口杯浸在油内，处于上浮位置，干簧触点断开。当变压器内部故障时，故障点局部发生高热，引起附近的变压器油膨胀，油内溶解的空气被逐出，形成气泡上升，同时油和其他材料在电弧和放电等的作用下电离而产生气体。当故障轻微时，排出的气体缓慢地上升而进入气体继电器，使油面下降，开口杯产生以支点为轴的逆时针方向转动，使干簧触点接通，发出信号。

当变压器内部故障严重时，将产生强烈的气体，使变压器内部压力突增，产生很大的油流向储油柜方向冲击，因油流冲击挡板，挡板克服弹簧的阻力，带动磁铁向干簧触点方向移动，使干簧触点接通，作用于跳闸。

3. 为什么差动保护不能代替气体保护？差动与气体保护有何区别？

答： 气体保护能反应变压器油箱内的任何故障，如铁芯过热烧伤、油面降低等，但差动保护对此无反应。又如变压器绕组发生少数线匝的匝间短路，虽然短路匝内短路电流很大会造成局部绕组严重过热，产生强烈的油流向储油柜方向冲击，但表现在相电流上其量值却并不大，因此差动保护没有反应，但气体保护对此却能灵敏地加以反应，这就是差动保护不能代替气体保护的原因。

主变压器差动保护是按环流法原理设计的，而气体保护是根据变压器内部故障时产生油气流的特点设置的，它们的原理不同，保护的范围也不尽相同。差动保护为变压器及其系统的主保护，引出线上也是差动保护的范围；气体保护为变压器内部故障时的主保护。

4. 气体保护的保护范围有哪些？

答：（1）变压器内部多相短路。

（2）匝间短路、匝间与铁芯或外部短路。

（3）铁芯故障。

（4）油位下降或漏油。

（5）分接头开关接触不良或导线焊接不良等。

5. 运行中的变压器气体保护，当现场进行什么工作时，重瓦斯保护应由“跳闸”位置改为“信号”位置运行？

答：当现场进行下述工作时，重瓦斯保护应由“跳闸”位置改为“信号”位置运行：

（1）进行注油和滤油时。

（2）进行呼吸器畅通工作或更换硅胶时。

（3）除采油样和气体继电器上部放气阀放气外，在其他所有地方打开放气、放油和进油阀门时。

（4）开、闭气体继电器连接管上的阀门时。

（5）在气体保护及其二次回路上进行工作时。

（6）对于充氮变压器，当储油柜抽真空或补充氮气时，变压器注油、滤油、充氮（抽真空）、更换硅胶及处理呼吸器时，在上述工作完毕后，经 1h 试运行后，方可将重瓦斯保护投入跳闸。

6. 变压器轻瓦斯保护动作后应如何处理？

答：轻瓦斯保护信号动作后，值班人员应密切注视变压器的电流、电压和温度的变化，并对变压器进行外部检查，倾听音响有无变化、油位有无降低，检查防爆管、套管等有无破裂和喷油现象，检查释压阀是否动作以及直流系统绝缘有无接地、二次回路有无故障等。如气体继电器内存在气体，则应鉴定其颜色，判断是否可燃，并取气样和油样做色谱分析，以判断变压器的故障性质。

（1）如气体是无色无嗅而不可燃的，则变压器仍可继续运行，值班人员应放出气体继电器内积聚的空气，密切监视，此时重瓦斯保护不得退出运行。同时应准确记录轻瓦斯信号动作时间，如相邻间隔动作时间缩短应及时汇报有关人员。如气体是可燃的，必须停电处理。在检查气体继电器时应注意安全距离，如外部检查已发现不正常声音、温度异常升高等现象应停止检查。

（2）若轻瓦斯动作不是由于空气侵入变压器所致，应检查油的闪点，若闪点比过去记录降低 5℃以上，则说明变压器内部已有故障，必须停电做内部检查。

（3）若轻瓦斯动作是因变压器油位低或漏油造成，则必须加油，并立即采取阻止漏油的措施（如停运水冷变压器漏油的冷却器），一时难以处理应停电处理。

7. 变压器重瓦斯保护动作后应如何处理？

答：变压器重瓦斯保护动作后，值班人员应进行下列检查：

（1）变压器差动保护是否掉牌。

（2）重瓦斯保护动作前，电压、电流有无波动。

（3）防爆管和吸湿器是否破裂，释压阀是否动作。

(4) 气体继电器内部有无气体，收集的气体是否可燃。

(5) 重瓦斯保护掉牌能否复归，直流系统是否接地。

通过上述检查，未发现任何故障象征，可初步判定重瓦斯保护误动。在变压器停电后，应联系检修人员测量变压器绕组的直流电阻及绝缘电阻，并对变压器油做色谱分析，以确认是否为变压器内部故障。在未查明原因并进行处理前，变压器不允许再投入运行。

8. 对新安装的差动保护在投入运行前应做哪些试验?

答：(1) 必须进行带负荷测相位和差电压（或差电流），以检查电流回路接线的正确性。

1) 在变压器充电时，将差动保护投入。

2) 带负荷前将差动保护停用，测量各侧各相电流的有效值和相位。

3) 测各相差电压（或差电流）。

(2) 变压器充电合闸 5 次，以检查差动保护躲励磁涌流的性能。

9. 主变压器差动保护投入运行前为什么要用负荷电流测量相量?

答：主变压器差动保护装置按环流法原理构成，继电器及各侧电流互感器有严格的极性要求，所以在差动保护投入前为了避免二次接线错误，要（利用负荷电流）做最后一次接线检查，测量一下相量和继电器三相差压或差电流，用来判别变压器及继电器本身接线是否正确，使变压器投入后，保证安全可靠运行，在故障情况下，差动可正确地动作。在正常情况下，差动回路的电流应平衡，相量相反时高低压侧二次电流应相差 180°。

10. 谐波制动的变压器差动保护中为什么要设置差动速断元件?

答：设置差动速断元件的主要原因是为防止在较高的短路电流水平时，由于电流互感器饱和时高次谐波量增加，产生极大的制动力矩而使差动元件拒动，因此设置差动速断元件，当短路电流达到 4～10 倍额定电流时，速断元件快速动作出口。

11. 主变压器差动保护动作如何判断、检查和处理?

答：(1) 主变压器差动保护动作的原因有以下几种：

1) 主变压器内部及其套管引出线故障。变压器差动保护主要保护变压器内部发生的严重匝间短路、单相短路、相间短路等故障。差动保护动作，变压器跳闸，变压器通常有明显的故障象征（如安全气道或储油柜喷油，气体保护同时动作），则故障变压器不准投入运行，应进行检查、处理。

2) 保护二次线故障。

3) 电流互感器开路或短路。

当差动保护动作后，首先根据主变压器及其套管和引出线有无故障痕迹和异常现象进行判断。如没有发现，就应检查直流部分；如果有所发现，可再看差动保护动作后，继电器触

点是否打开。如触点均打开，这时可用万用表直流电压挡检查出口中间继电器线圈两端是否有电压，如有电压，就是直流两点双重接地引起的误动；如果直流绝缘良好，而出口中间继电器线圈两端有电压，同时差动触点均已返回，则为差动跳闸回路和保护二次线短路造成差动误动。另外，高、低压电流互感器开路或端子接触不良也可能造成保护误动。若查明确属主变压器内部故障，需进行高压试验和对油进行分析化验。

（2）处理。

1）在故障明显可见的情况下，如引出线故障，应及时处理。

2）故障不明显时，检查出口继电器线圈两端电压，测后如没有电压，则可能是变压器内部故障，停运待试。

3）如有直流系统问题，应及时消除。

4）如保护二次线短路造成误动，应及时消除短路点。

12. 何谓复合电压过电流保护？

答：复合电压过电流保护是由一个负序电压继电器和一个接在相间电压上的低电压继电器共同组成的电压复合元件，两个继电器只要有一个动作，同时过电流继电器也动作，整套装置即能启动。

该保护较低电压闭锁过电流保护有下列优点：

（1）在后备保护范围内发生不对称短路时，有较高的灵敏度。

（2）在变压器后发生不对称短路时，电压启动元件的灵敏度与变压器的接线方式无关。

（3）由于电压启动元件只接在变压器的一侧，故接线比较简单。

13. 为防止变压器后备阻抗保护电压断线误动应采取什么措施？

答：（1）装设电压断线闭锁装置。

（2）装设电流突变量元件或负序电流突变量元件作为启动元件。

14. 变压器中性点间隙接地保护是怎样构成的？

答：变压器中性点间隙接地保护采用零序电压继电器与零序电流继电器并联方式，带有0.5s的时限构成。当系统发生接地故障时，在放电间隙放电时有零序电流，则使设在放电间隙接地一端的专用电流互感器的零序电流继电器动作；若放电间隙不放电，则利用零序电压继电器动作。当发生间歇性弧光接地时，间隙保护共用的时间元件不得中途返回，以保证间隙接地保护的可靠动作。

15. 半级绝缘的电力变压器，两台以上并列运行时，对其接地保护有何要求？

答：要求接地保护动作时，先跳开中性点不接地的变压器。如果故障未切除，再跳开中性点接地的变压器，以防止因过电压而损坏中性点不接地的变压器。

16. 何谓变压器的过励磁保护？

答：根据变压器的电压表达式$U=4.44fNBS\times10^{-8}$，可以写出变压器的工作磁通密度B的表达式

$$B=\frac{10^8}{4.44NS}\times\frac{U}{f}=K\frac{U}{f} \tag{17-4}$$

$$K=\frac{10^8}{4.44NS}$$

式中：N为绕组匝数；S为铁芯截面积，m^2；f为频率，Hz；K为对于给定的变压器，K为常数。

由式（17-4）可以看出，工作磁通密度B与电压、频率之比成正比，即电压升高或频率下降都会使工作磁通密度增加。大型变压器，额定工作磁通密度与饱和工作磁通密度两者相差不大。当U/f增加时，工作磁通密度增加，使变压器励磁电流增加，特别是在铁芯饱和之后，励磁电流要急剧增大，造成变压器过励磁。过励磁会使铁损增加，铁芯温度升高；同时还会使漏磁场增强，使靠近铁芯的绕组导线、油箱壁和其他金属构件产生涡流损耗、发热，引起高温，严重时要造成局部变形和损伤周围的绝缘介质。因此，对于大型变压器，应装设过励磁保护，反应U/f比值的过励磁继电器已得到应用。

17. 自耦变压器过负荷保护有什么特点？

答：由于三绕组自耦变压器各侧绕组的容量关系不一样，即为$S_1:S_2:S_3=1:1:\left(1-\frac{1}{K_{12}}\right)$，这就和功率传送的方向有关系了，否则可能出现一侧、两侧不过负荷，而另一侧已经过负荷了。因此不能以一侧不过负荷来判定其他侧也不过负荷，一般各侧都应设过负荷保护，至少要在送电侧和低压侧各装设过负荷保护。

18. 变压器微机保护装置有什么特点？其设计要求是什么？

答：（1）微机保护装置较常规保护有下述特点：

1）性能稳定，技术指标先进，功能全，体积小。

2）可靠性高，自检功能强。

3）灵活性高，硬件规范化、模块化，互换性好，软件编制可标准化、模块化，便于扩充。

4）调试、整定、运行维护简便。

5）具有可靠的通信接口，接入厂、站的微机，可使信息分析处理后集中显示和打印。

（2）变压器微机保护装置的设计要求：

1）220kV及以上电压等级变压器配置两套独立完整的保护（主保护及后备保护），以满足双重化的原则。

2）变压器微机保护所用的电流互感器二次侧采用星形接线，其相位补偿和电流补偿系数由软件实现，在正常运行中显示差流值，防止极性、变比、相别等错误接线，并具有差流超限报警功能。

3）气体继电器保护跳闸回路不进入微机保护装置，直接作用于跳闸，以保证可靠性，但用触点向微机保护装置输入动作信息显示和打印。

4）设有液晶显示，便于整定、调试、运行监视和故障异常显示。

5）具备高速数据通信网接口及打印功能。

19. 500kV 自耦变压器微机保护装置的配置有什么？

答：500kV 自耦变压器微机保护装置的配置如下：

（1）启动方式。主要包括以下三种：

1）主保护启动量。各侧相电流突变量及零序电流稳态量。

2）后备保护启动量。各侧相电流突变量及零序电流稳态量。

3）过励磁和低压侧零序过电压保护启动量。

（2）主保护。主要包括两种：

1）差流速断。

2）比率差动。具有电流回路断线闭锁（控制字）、二次谐波制动（高、中压侧），五次谐波制动（高、中压侧，控制字）。

（3）高压侧后备保护。主要包括四种：

1）相间阻抗保护，具有电压回路断线闭锁，方向阻抗元件略带偏移特性，偏移度不大于3%。一段阻抗保护设二段时限，方向指向变压器，第一时限切中压侧断路器，第二时限切各侧断路器。

2）接地保护，设二段零序电流保护。第一段零序方向电流保护，方向指向本侧母线，零序电流取自零序变送器，零序电压取软件自产，设一段时限，切本侧断路器。第二段零序电流保护，设一段时限，切各侧断路器。

3）反时限过励磁保护，高值切各侧断路器，低值发信号。

4）过负荷发信号。

（4）中压侧后备保护。主要包括五种：

1）相间阻抗保护，具有电压回路断线闭锁，方向阻抗元件略带偏移特性，偏移度不大于3%。一段阻抗保护设二段时限，方向指向变压器。第一时限切高压侧断路器，第二时限切各侧断路器。

2）接地保护，设二段零序电流保护。第一段零序方向电流保护，方向指向本侧母线，零序电流取自零序变送器，零序电压取软件自产，设一段时限，切本侧断路器。第二段零序电流保护，设一段时限，切各侧断路器。

3）公共绕组零序过电流保护，设一段时限，切各侧断路器。

4）过负荷发信号。

5）公共绕组过负荷发信号。

（5）低压侧后备保护。主要有两种：

1）过电流保护设二段时限，第一时限切本侧断路器，第二时限切各侧断路器。

2）零序过电压保护，作用于信号，必要时也可切本侧断路器。

20. 主变压器低压侧过流保护为什么要联跳本侧分段断路器？

答： 两台主变压器并列运行时，当低压侧一段母线有故障或线路有故障且本身断路器拒动时，两台主变压器侧过流保护同时动作。当主变压器过电流保护动作后，首先断开本侧分段断路器，保证非故障段母线的正常运行，缩小停电面积。

21. 有些主变压器为什么三侧都安装过电流保护装置？它们的保护范围是什么？

答： 三侧都装设了过电流保护，可有选择性的切除故障。各侧的过电流保护可作为本侧母线、线路、变压器的主保护或后备保护。例如对降压变压器，若中、低压侧拒动时，高压过电流保护应动作，以切除故障。

22. 主变压器零序保护在什么情况下投入运行？

答： 主变压器零序保护是变压器中性点直接接地侧用来保护该侧绕组的内部及引出线上接地短路的，可作为防止相应母线和线路接地短路的后备保护，因此在主变压器中性点接地时，应投入零序保护。

23. 变压器中性点接地运行方式的安排应考虑哪些因素？

答： 变压器中性点接地运行方式的安排，应尽量保持变电站零序阻抗基本不变，并综合考虑变压器中性点绝缘、系统过电压、保护整定配合及各地调对其调度管辖范围内接地点安排的要求。变压器中性点接地方式应书面通知到各相关单位。

24. 发电厂变压器中性点接地方式是如何规定的？

答：（1）500kV 变压器中性点均接地运行。

（2）自耦变压器和绝缘有要求的变压器中性点必须直接接地运行。

（3）110kV 及以上发电厂只有一台主变压器时，变压器中性点直接接地运行，当变压器停运时，按特殊方式处理。有两台及以上主变压器接于母线时，宜保持一台变压器中性点直接接地运行。

（4）110kV 及以上升压变电站主接线为双母线接线方式时，若同一电压等级的母线上有两台变压器中性点接地运行，一般应保持一条母线上有一台接地变压器。

25. 变电站变压器中性点接地方式是如何规定的？

答：（1）500kV 变压器中性点均接地运行。

（2）大电流接地系统中，自耦变压器和绝缘有要求的变压器中性点必须直接接地运行。

（3）220kV 环网内的变电站，当同一电压等级的母线上仅有一台普通变压器时，其高、中压侧中性点均接地运行。当有两台及以上普通变压器时，应保持一台变压器高、中压侧中性点接地运行。

（4）正常运行时，中性点接地变压器应优先考虑薄绝缘、过电压保护配置不完善的变压器。

26. 变压器接地保护的方式有哪些？各有何作用？

答：中性点直接接地的变压器一般设有零序电流保护，主要作为母线接地故障的后备保护，并起尽可能启动变压器和线路接地故障的后备保护作用。中性点不接地变压器，一般设有零序电压保护和与中性点放电间隙配合使用的放电间隙零序电流保护，作为接地故障时变压器一次过电压保护的后备保护。

27. 变压器保护的运行规定有哪些？

答：（1）运行中的变压器差动保护与重瓦斯保护不允许同时退出。其中之一退出时，允许变压器短时运行。

（2）变压器差动保护的运行，应做到：

1）未进行相量检查的差动保护，在对主变压器充电时应投入跳闸。

2）若变压器配有两套及以上差动保护，必要时只允许退出一套。

3）遇下列情况之一时，差动保护应退出：

a）发现差回路差电压或差电流不合格时。

b）装置发异常信号或装置故障时。

c）差动保护任何一侧 TV 回路有工作时。

d）TV 断线时。

e）变压器断路器进行旁代倒闸操作，可能引起差动保护出现差流时。

f）其他影响保护装置安全运行的情况发生时。

（3）变压器重瓦斯保护正常投跳闸，遇下列情况之一改投信号：

1）变压器带电滤油或注油时。

2）在变压器油循环回路上进行操作或更换设备，有可能造成保护误动时。

3）其他影响保护装置安全运行的情况发生时。

（4）变压器后备保护的运行。

1）变压器中性点接地运行时，应投入其零序过流保护并可靠退出其间隙零序过流保护；中性点不接地运行时，应投入其间隙零序过流保护及零序过电压保护，退出其零序过流保护。当未装间隙零序过流保护的变压器不接地运行时，其零序过电压保护不得退出。当该保护因故必须停用时，可先将该变压器中性点隔离开关合上，再按有关规定断开已接地变压器中性点接地隔离开关。

2）系统变压器中性点接地方式不满足规程规定时，应按特殊方式通知所属继电保护管理部门处理。

3）发电厂或变电站母线上有两台及以上变压器同时运行时，对中性点不接地的变压器

必须投入防止工频过电压的保护（间隙零序过流保护及零序过电压保护）。

4）在检修变压器保护时，对设有联跳回路的变压器后备保护，应注意解除联跳回路的连接片。

5）若后备过流的复合电压闭锁回路采用各侧并联的接线方式，当一侧 TV 停运时，应解除该侧复合电压闭锁元件的开放作用。

第四节　发 电 机 保 护

1. 发电机可能发生的故障和不正常工作状态有哪些类型？

答：在电力系统中运行的发电机，由于发电机的容量相差悬殊，在设计、结构、工艺、励磁乃至运行等方面都有很大差异，这就使发电机及其励磁回路可能发生的故障、故障概率和不正常工作状态有所不同。

（1）可能发生的主要故障有定子绕组相间短路、定子绕组一相匝间短路、定子绕组一相绝缘破坏引起的单相接地、转子绕组（励磁回路）接地、转子励磁回路低励磁（励磁电流低于静稳极限所对应的励磁电流）、失去励磁。

（2）主要的不正常工作状态有过负荷、定子绕组过电流、定子绕组过电压（水轮发电机、大型汽轮发电机）、三相电流不对称、失步（大型发电机）、逆功率、过励磁、断路器断口闪络、非全相运行等。

2. 发电机应装设哪些保护？它们的作用是什么？

答：对于发电机可能发生的故障和不正常工作状态，应根据发电机的容量有选择地装设以下保护：

（1）纵联差动保护。为定子绕组及其引出线的相间短路保护。

（2）横联差动保护。为定子绕组一相匝间短路保护。只有当一相定子绕组有两个及以上并联分支而构成两个或三个中性点引出端时，才装设该保护。

（3）单相接地保护。为发电机定子绕组的单相接地保护。

（4）励磁回路接地保护。为励磁回路的接地故障保护，分为一点接地保护和两点接地保护两种。中小型汽轮发电机，当检查出励磁回路一点接地后再投入两点接地保护；大型汽轮发电机应装设一点接地保护。

（5）低励磁、失去励磁保护。为防止大型发电机低励磁（励磁电流低于静稳极限所对应的励磁电流）或失去励磁（励磁电流为零）后，从系统中吸收大量无功功率而对系统产生不利影响，100MW 及以上容量的发电机都装设这种保护。

（6）过负荷保护。发电机长时间超过额定负荷运行时作用于信号的保护。中、小型发电机只装设定子过负荷保护，大型发电机应分别装设定子过负荷和励磁绕组过负荷保护。

（7）定子绕组过电流保护。当发电机纵差保护范围外发生短路而短路元件的保护或断路器拒绝动作时，为了可靠切除故障，应装设反应外部短路的过电流保护。这种保护兼作纵差保护的后备保护。

（8）定子绕组过电压保护。中、小型汽轮发电机通常不装设过电压保护。水轮发电机和大型汽轮发电机都装设过电压保护，以切除突然甩去全部负荷后引起定子绕组过电压。

（9）负序电流保护。电力系统发生不对称短路或者三相负荷不对称（如电气机车、电弧炉等单相负荷的比重太大）时，发电机定子绕组中就有负序电流。该负序电流产生反向旋转磁场，相对于转子为2倍同步转速，因此在转子中出现100Hz的倍频电流，它会使转子端部、护环内表面等电流密度很大的部位过热，造成转子的局部灼伤，因此应装设负序电流保护。中、小型发电机多装设负序定时限电流保护；大型发电机多装设负序反时限电流保护，其动作时限完全由发电机转子承受负序发热的能力决定，不考虑与系统保护配合。

（10）失步保护。大型发电机应装设反应系统振荡过程的失步保护。中、小型发电机都不装设失步保护，当系统发生振荡时，由运行人员判断，根据情况用人工增加励磁电流、增加或减少原动机出力、局部解列等方法来处理。

（11）逆功率保护。当汽轮机主汽门误关闭，或机炉保护动作关闭主汽门而发电机出口断路器未跳闸时，发电机失去原动力变成电动机运行，从电力系统吸收有功功率。这种工况对发电机并无危险，但由于鼓风损失，汽轮机尾部叶片有可能过热而造成汽轮机事故，故大型机组要装设用逆功率继电器构成的逆功率保护，用于保护汽轮机。

3. 发电机纵差保护的工作原理是怎样的？

答：发电机纵差保护是根据差流法的原理来装设的。其原理原接线如图17-2所示。

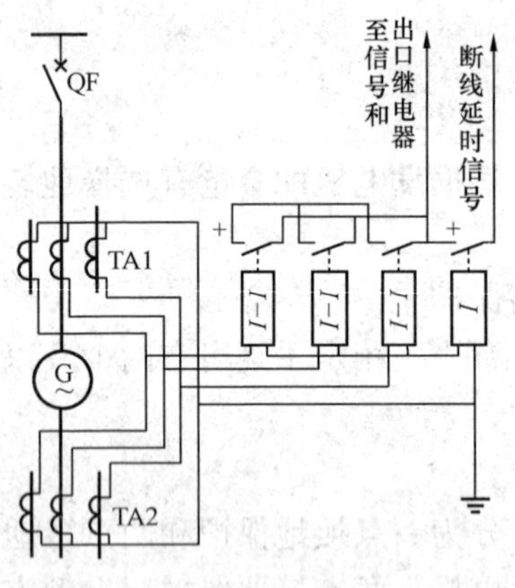

图17-2　发电机纵差保护原理图

在发电机中性点侧与靠近发电机出口断路器QF处，装设性能、型号相同的两组电流互感器TA1、TA2，来比较定子绕组首尾端的电流值和相位，两组电流互感器按环流法连接，差流回路接入电流继电器*I-I*。

正常时，中性点与出口侧的电流数值和相位都相同，差流回路没有电流，继电器*I-I*不会动作。

在保护范围外发生短路故障，与正常运行时相似，差流回路也没有电流，保护也不会动作。在保护范围内发生短路故障，流经电流继电器*I-I*的电流，为TA1、TA2电流互感器二次电流之差，继电器*I-I*启动，保护装置将动作。这就是发电机纵差保护的基本工作原理。

4. 什么是发电机的不完全纵差保护？它有哪些保护功能？

答：如图17-3所示，发电机纵差（或发电机-变压器组纵差）保护在发电机中性点侧的电流互感器TA1仅接在每相的部分分支中，电流互感器TA1的变比减小为机端电流互感器TA2的1/2，在正常运行或外部短路时仍有不平衡电流（理论上为零）。在内部相间短路、匝间短路时，不管短路发生在电流互感器所在分支或没有电流互感器的分支，不完全纵差保护均能动作，这主要依靠定子绕组之间的互感作用。TA3与TA4组成发电机-变压器组不完全纵差，不

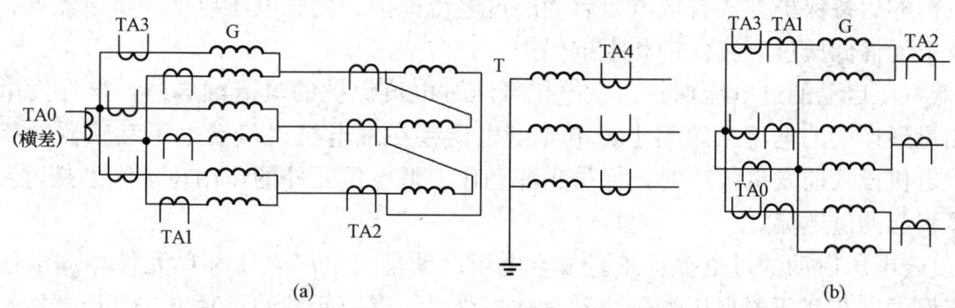

图 17-3　中性点引出端子

(a) 引出 6 个端子；(b) 引出 4 个端子

完全纵差保护对定子绕组相间短路和匝间短路有保护作用，并能兼顾分支开焊故障。

5. 纵向零序电压发电机内部短路保护的适用范围及其基本原理是什么？其 $3U_0$ 原理接线图是怎样的？

答：零序电压匝间短路保护可用于各种发电机，尤其是中性点没有引出三相 6 端子的发电机（此时不能用横差保护）。零序电压匝间短路保护 $3U_0$ 原理接线图如图 17-4 所示。

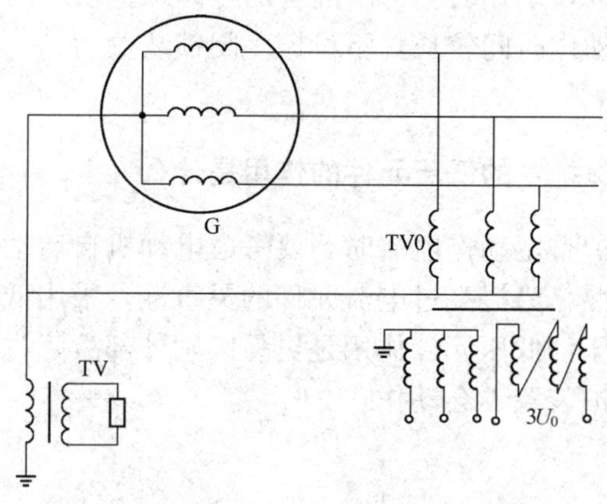

图 17-4　零序电压匝间短路保护 $3U_0$ 原理接线图

发电机定子绕组发生内部短路时，其三相绕组的对称性遭到破坏，机端三相对发电机中性点出现基波零序电压 $3U_0$，因此 TV0 有 $3U_0$ 输出。发电机正常运行和外部相间短路时，$3U_0=0$。发电机内部或外部发生单相接地故障时，一次系统出现对地零序电压 $3U_0$，发电机中性点电位升高 $3U_0$，因 TV0 一次侧中性点接在发电机中性点上，因此开口三角绕组输出的 $3U_0$ 仍为零。

6. 发电机相间短路的后备保护应如何配置？

答：发电机相间短路的后备保护在下述情况下应动作：

(1) 发电机内部故障，而纵联差动保护或其他主要保护拒动时。

(2) 发电机、发电机-变压器组的母线故障，而该母线没有母线差动保护或保护拒动时。

(3) 当连接在母线上的电气元件（如变压器、线路）故障而相应的保护或断路器拒动

时。发电机的后备保护方式有低电压启动的过电流保护、复合电压启动的过电流保护、负序电流以及单元件低压过电流保护和阻抗保护。

1）低电压启动的过电流保护。发电机低压过电流保护的电流继电器，接在发电机中性点侧三相星形连接的电流互感器上，电压继电器接在发电机出口端电压互感器的相间电压上，在发电机投入前发生故障时，保护也能动作。低电压元件的作用在于区别是过负荷还是由于故障引起的过电流。

2）复合电压启动的过电流保护。复合电压启动是指负序电压和单元件相间电压共同启动过电流保护。在变压器高压侧母线不对称短路时，电压元件的灵敏度与变压器绕组的接线方式无关，有较高的灵敏度。

3）负序电流和单元件低压过电流保护。发电机负序电流保护采用两段式定时限负序电流保护，由于不能反应三相对称短路，故加设单元件低压过电流保护作为三相短路的保护；对于发电机-变压器组，宜在变压器两侧均设低压元件。两段式定时限负序保护的灵敏段作为发电机不对称过负荷保护，经延时作用于信号。定时限负序电流保护作为发电机不对称短路的后备保护，它和单元件电压过流共用时间元件。

4）阻抗保护。发电机-变压器组的阻抗保护一般接在发电机端部，阻抗元件一般为全阻抗继电器。但阻抗元件易受系统振荡及发电机失励磁等的影响。阻抗元件的阻抗值整定应与线路距离保护的定值相配合，动作时间与所配合的距离保护段时间相配合。阻抗保护应有可靠的失压闭锁装置。由于动作时间较长，不设振荡闭锁装置。

7. 发电机低压过电流保护中的低压元件的作用是什么？

答：发电机过电流保护整定动作电流时，要考虑电动机自启动的影响，将使过电流元件整定值提高，降低了灵敏性，为提高过电流元件的灵敏性，采用低电压元件，应躲开电动机的自启动方式下的最低电压。低压元件作用是更易区别外部故障时的故障电流和正常过负荷电流，正常过负荷时，保护装置不会动作。

8. 发电机为什么应装设负序电流保护？

答：发电机正常运行时发出的是三相对称的正序电流。发电机转子的旋转方向和旋转速度与三相正序对称电流所形成的正向旋转磁场的转向和转速一致，即转子的转动与正序旋转磁场之间无相对运动，此即“同步”的概念。当电力系统发生不对称短路或负荷三相不对称时，在发电机定子绕组中就流有负序电流，该负序电流在发电机气隙中产生反向（与正序电流产生的正向旋转磁场方向相反）旋转磁场，它相对于转子来说为 2 倍的同步转速，因此在转子中就会感应出 100Hz 的电流，即所谓的倍频电流。该倍频电流的主要部分流经转子本体、槽楔和阻尼条，而在转子端部附近沿周界方向形成闭合回路，这就使得转子端部、护环内表面、槽楔和小齿接触面等部位局部灼伤，严重时会使护环受热松脱，给发电机造成灾难性的破坏，即通常所说的“负序电流烧机”，这是负序电流对发电机的危害之一。另外，负序（反向）气隙旋转磁场与转子电流之间，正序（正向）气隙旋转磁场与定子负序电流之间所产生的频率为 100Hz 交变电磁力矩，将同时作用于转子大轴和定子机座上，引起频率为

100Hz 的振动，此为负序电流危害之二。汽轮发电机承受负序电流的能力，一般取决于转子的负序电流发热条件，而不是发生的振动。

鉴于以上原因，发电机应装设负序电流保护。负序电流保护按其动作时限又分为定时限和反时限两种。前者用于中型发电机，后者用于大型发电机。

9. 发电机反应不对称过负荷的反时限负序电流保护的作用是什么？

答：大容量发电机的特点在于采用内冷却绕组，允许绕组导体上有较大的电流密度，提高了发电机的利用系数。但过热性能差，允许过热的时间常数值小，因此承受不对称运行的能力低，需要采用能与发电机允许的负序电流相适应的反时限负序电流保护。当负序电流数值较大时，保护能以较短的时限跳闸；较小时，以较长的时限跳闸。

10. 发电机为什么要装设定子绕组单相接地保护？

答：发电机的外壳都进行安全接地，若其定子绕组与铁芯间的绝缘破坏，就形成了定子单相接地故障，这是一种最常见的发电机故障。发生定子单相接地后，接地电流经故障点、三相对地电容、三相定子绕组而构成通路。当接地电流较大，能在故障点引起电弧时，将使定子绕组的绝缘和定子铁芯烧坏，也容易发展成危害更大的定子绕组相间或匝间短路，因此，应装设发电机定子绕组单相接地保护。当发电机单相接地电流不超过允许值时，单相接地保护可带时限动作于信号。

11. 利用基波零序电压的发电机定子单相接地保护的特点及不足之处是什么？

答：（1）利用基波零序电压的发电机定子单相接地保护的特点有：

1）简单、可靠。

2）设有三次谐波滤过器以降低不平衡电压。

3）由于与发电机有电联系的元件少，接地电流不大，适用于发电机-变压器组。

（2）利用基波零序电压的发电机定子单相接地保护的不足之处是不能作为 100%定子接地保护，有死区，但一般小于 15%。

12. 为什么现代大型发电机应装设 100%的定子接地保护？

答：100MW 以下发电机，应装设保护区不小于 90%的定子接地保护；100MW 及以上的发电机，应装设保护区为 100%的定子接地保护。其原因如下：

如果发电机定子绕组绝缘的破坏是由于机械的原因，例如水内冷发电机的漏水、冷却风扇的叶片断裂飞出，则在发电机中性点附近可能发生接地故障。另外，如果中性点附近的绝缘水平已经下降，但尚未到达能为定子接地继电器检测出来的程度，这种情况具有很大的潜在危险性。因为一旦在机端又发生另一点接地故障，使中性点电位骤增至相电压，则中性点附近绝缘水平已经下降的部位，有可能在这个电压作用下发生击穿，故障立即转为严重的相间或匝间短路故障，巨大的短路电流会造成发电机严重损坏。鉴于现代大型发电机在电力系统中的重要地位及其制造工艺复杂、铁芯检修困难等情况，故要求装设100%的定子接地保护，而且要求在中性点附近绝缘水平下降到一定程度时，保护就能动作。

13. 利用三次谐波电压构成的100%发电机定子绕组接地保护的工作原理是什么？

答： 由于发电机气隙磁通密度的非正弦分布和铁芯饱和的影响，其定子绕组中的感应电动势除基波外，还含有三、五、七次等高次谐波。因为三次谐波具有零序分量的性质，在线电动势中它们虽然不存在，但在相电动势中依然存在，设以 E_3 表示。

为便于分析，假定：

(1) 把发电机每相绕组对地电容 C_G 分成相等的两部分，每部分 $C_G/2$ 等效地分别集中在发电机的中性点 N 和机端 S。

(2) 将发电机端部引出线、升压变压器、厂用变压器以及电压互感器等设备的每相对地电容 C_S 也等效地集中放在机端。

根据理论分析，在上述假设条件下，可得出下列结论：

(1) 当发电机中性点绝缘时，发电机在正常运行情况下，机端 S 和中性点 N 处三次谐波电压之比为

$$\frac{U_{S3}}{U_{N3}}=\frac{C_G}{C_G+2C_S}<1$$

(2) 当发电机中性点经消弧线圈接地时，若基波电容电流被完全补偿，发电机在正常运行情况下，机端 S 和中性点 N 处三次谐波电压之比为

$$\frac{U_{S3}}{U_{N3}}=\frac{7C_G-2C_S}{9(C_G+2C_S)}<1$$

(3) 不论发电机中性点是否接有消弧线圈，当在距发电机中性点 α（中性点到故障点的匝数占每相一分支总匝数的百分比）处发生定子绕组金属性单相接地时，中性点 N 和机端 S 处的三次谐波电压分别恒为

$$U_{N3}=\alpha E_3$$

$$U_{S3}=(1-\alpha)E_3$$

按上式可作出 $U_{N3}=f(\alpha)$、$U_{S3}=f(\alpha)$ 的关系曲线，如图 17-5 所示。

从图 17-5 可以看出：$U_{N3}=f(\alpha)$、$U_{S3}=f(\alpha)$ 皆为线性关系，它们相交于 $\alpha=0.5$ 处；当发电机中性点接地时，$\alpha=0$，$U_{N3}=0$，$U_{S3}=E_3$；当机端接地时，$\alpha=1$，$U_{N3}=E_3$，$U_{S3}=0$；当 $\alpha<0.5$ 时，恒有 $U_{S3}>U_{N3}$；当 $\alpha>0.5$ 时，恒有 $U_{N3}>U_{S3}$。

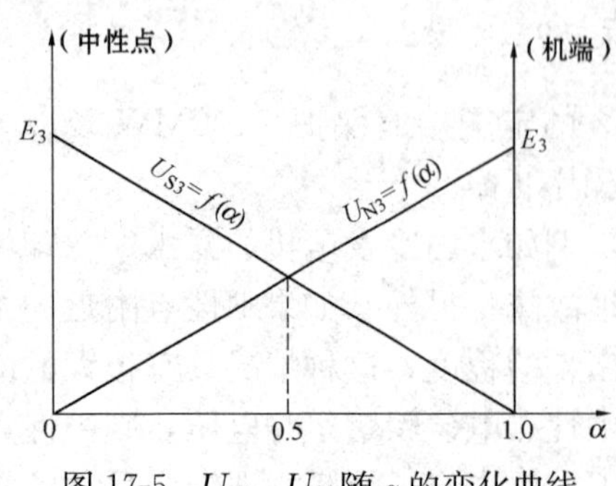

图 17-5 U_{N3}、U_{S3} 随 α 的变化曲线

综上所述，用 U_{S3} 作为动作量，U_{N3} 作为制动量构成发电机定子绕组单相接地保护，且当 $U_{S3}>U_{N3}$ 时保护动作，则在发电机正常运行时保护不会误动作，而在中性点附近发生接地时，保护具有很高的灵敏度。用这种原理构成的发电机定子绕组单相接地保护，可以保护定子绕组中性点及其附近范围内

的接地故障，对其余范围则可用反映基波零序电压的保护，从而构成了 100%发电机定子绕组接地保护。

14. 反应基波零序电压和利用三次谐波电压构成的 100%定子接地保护是怎样的？

答：（1）反应基波零序电压的定子接地保护。零序电压取自发电机中性点电压互感器的电压或消弧线圈的二次电压或机端三相电压互感器的开口三角绕组。正常运行时，不平衡电压有基波和三次谐波，其中三次谐波是主要的。当高压侧发生接地故障时，高压系统中的零序电压通过变压器高、低压绕组间的电容耦合会传给发电机，可能超过定子接地保护的动作电压。

1）反应零序电压的定子接地保护。保护装置的动作电压一般取 15V（发电机母线接地的开口三角电压为 100V），保护范围可达 85%，死区为 15%。

2）反应基波零序电压的定子接地保护。带有三次谐波滤过器，反应基波零序电压的定子接地保护动作电压取 5～10V，保护范围可达 90%～95%，死区为 5%～10%。

3）带有制动量的反应基波零序电压的定子接地保护。高压系统中性点不直接接地，为防止高压侧发生接地故障而误动，可装设以高压侧零序电压为制动量、以发电机零序电压为动作量的基波零序电压型定子接地保护，也可采用高压侧零序电压闭锁的方式。

4）保护装置的动作时间。动作时间一般取 1.5s，作用于信号。当高压系统中性点为直接接地方式时，保护装置的动作时间应大于变压器高压侧接地保护动作时间。一般高压侧保证灵敏系数的接地保护的动作时间小于 1.5s，故保护装置动作时间取 2.0s。

200MW 发电机未装设匝间短路保护，考虑到匝间故障极大部分伴随接地故障，或由接地故障发展所致，为保证发电机设备的安全，将带有三次谐波滤过器的反应基波零序电压保护作用于跳闸。此时，为防止电压互感器一次侧断开或二次侧接地短路而引起三次侧零序电压误动，故必须用发电机中性点电压互感器或消弧线圈二次电压。动作电压按发电机端单相接地时零序电压的 15%整定，其时限取 2.0s。

（2）利用三次谐波电压构成 100%定子接地保护。利用三次谐波电压构成 100%定子接地保护，由两部分组成：第一部分是基波零序电压元件，其保护范围不少于定子绕组的 85%（从发电机机端开始）；第二部分是利用三次谐波电动势构成的定子接地保护，用以消除基波零序电压元件保护不到的死区。为保证保护动作的可靠性，这两部分保护装置的保护区应有一段重叠区，因此第二部分的保护范围应不小于定子绕组的 20%（从发电机中性点端开始）。

三次谐波电压构成的 100%定子接地保护，可利用机端三次谐波电压作为动作量，而中性点三次谐波电压作为制动量。这样，当中性点附近发生接地故障时，能可靠动作于信号。总之，三次谐波定子接地保护的动作值按厂家说明书的规定在现场调试，要求发电机中性点经 3000Ω 电阻接地，保护可靠动作。

15. 按直流电桥原理构成的励磁绕组两点接地保护的工作原理是什么？

答：按直流电桥原理构成的励磁绕组两点接地保护如图 17-6 所示。

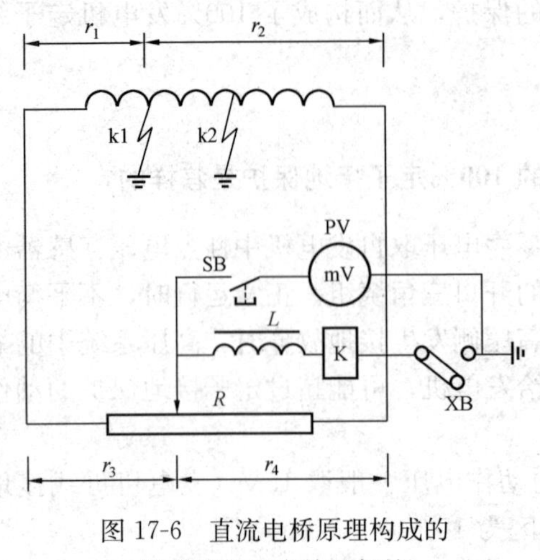

图 17-6 直流电桥原理构成的励磁绕组两点接地保护

可调电阻 R 接于励磁绕组的两端。当发现励磁绕组一点（例如 k1 点）接地后，励磁绕组的直流电阻被分成 r_1 和 r_2 两部分，这时运行人员接通按钮 SB，并调节电阻 R，以改变 r_3 和 r_4，使电桥平衡（$r_1/r_2=r_3/r_4$），此时毫伏表 PV 的指示最小（理论上为零）。然后，断开 SB 而将连接片 XB 接通，投入励磁绕组两点接地保护。这时由于电桥平衡，故继电器 K 内因无电流或流有很小的不平衡电流而不动作。当励磁绕组再有一点（例如 k2 点）接地时，已调整好的电桥平衡关系被破坏，继电器 K 内将有电流流过，其大小与 k2 点离 k1 点的距离有关。k2 与 k1 间的距离越大，电桥越不平衡，继电器 K 中的电流越大，只要这个电流大于 K 的整定电流，继电器就动作，跳开发电机。在继电器 K 的线圈回路中串接电感 L 的目的，是阻止交流电流分量对保护动作的影响。

16. 按电桥原理构成的发电机励磁回路两点接地保护结构简单，但存在什么缺点？

答： 按电桥原理构成的发电机励磁回路两点接地保护存在以下缺点：

（1）若第二接地点距第一接地点较近，两点接地保护不会动作，即有死区。

（2）若第一接地点发生在转子滑环附近，则不论第二个接地点在何处，保护都不会动作（因无法投保护）。

（3）对于具有直流励磁机的发电机，如第一个接地点发生在励磁机励磁回路时，保护也不能使用。因为当调节磁场变阻器时，会破坏电桥的平衡，使保护误动作。

（4）本保护装置只能在转子一点接地后投入，如果第二点接地发生得很快，保护则来不及投入。

17. 测量转子绕组对地导纳的励磁回路一点接地保护动作原理是什么？

答： 测量转子绕组对地导纳的励磁回路一点接地保护，可以反应励磁回路任一点接地故障，没有死区，且灵敏系数理论上不受对地电容 C_y 的影响，但实际由于回路中存在感性电抗或由于整定调试不精确，而受对地电容的影响。

导纳继电器原理接线如图 17-7 所示。外加电压 $\dot{U}$，如取 TA1、TA2 变比为 1，则动作量为 $\dot{I}_n-\dot{I}_{wn}$，制动量为 $\dot{I}-\dot{I}_{wn}$，其边界条件为

$$|\dot{I}-\dot{I}_{wn}|=|\dot{I}_n-\dot{I}_{wn}|$$

对于同一电压，则

$$|Y-g_{wm}|=|g_n-g_{wm}|$$

$$g_n = \frac{1}{R_n}$$

$$g_{wn} = \frac{1}{R_{wn}}$$

式中：Y 为从 GE 两端看到的导纳。

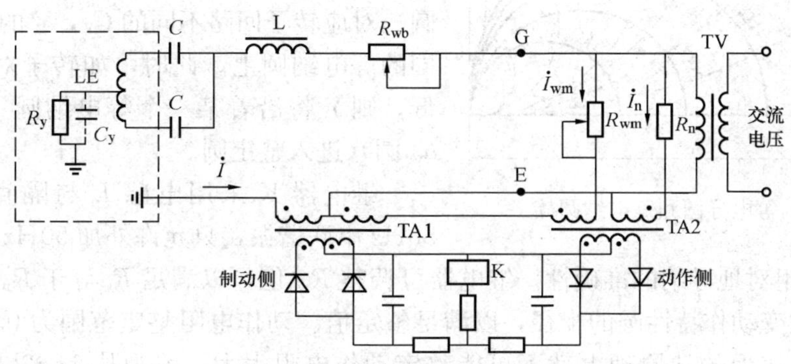

图 17-7　导纳继电器原理接线图

上式在导纳复平面上为一个圆，即导纳继电器动作特性如图 17-8 所示，圆心坐标为 g_{wm}，圆半径为 $|g_n - g_{wm}|$。

在圆内，$|Y - g_{wm}| < |g_n - g_{wm}|$，则继电器动作。

在圆外，$|Y - g_{wm}| > |g_n - g_{wm}|$，则继电器制动。

转子绕组对地测量导纳 Y 包括：

转子绕组对地绝缘电阻R_Y，$g_Y = \frac{1}{R_Y}$；

转子绕组对地分布电容C_Y，$b_Y = \omega C_Y$；

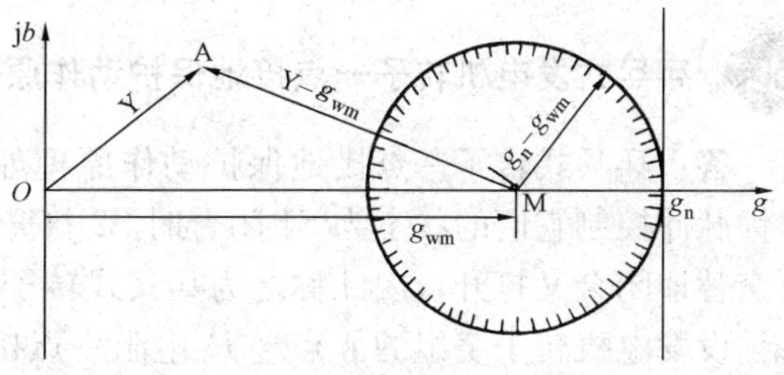

图 17-8　导纳继电器动作特性

测量回路附加电阻 R_C（忽略电抗 X_C）包括可调电阻 R_{wb}、滤波器电阻及 TA 电阻之和，$g_C = \frac{1}{R_C}$，则

$$\frac{1}{Y} = \frac{1}{g_C} + \frac{1}{g_Y + \mathrm{j}\, b_Y}$$

$$Y = g_C - \frac{g_C^2}{g_C + g_Y + \mathrm{j}\, b_Y}$$

式中，g_C 为常数。若令g_Y 等于定值，b_Y 可变，即对地电容 C_Y 变化，则所对应的测量导纳 Y 在导纳复平面上的轨迹是圆，其圆心为 $\left[g_C - \frac{g_C^2}{2(g_C + g_Y)}, 0\right]$，半径为 $\frac{g_C^2}{2(g_C + g_Y)}$。

对应一系列g_Y，可得一组圆族，如图 17-9 所示的实线圆称为等电导圆。这些圆代表发电机转子回路对地不同电阻。

图 17-9 中g_{Y5} 作为整定圆。正常运行时转子回路绝缘电阻很大，g_Y 很小，Y 在整定圆外；当绝缘降低时，Y 进入整定圆，使继电器动作。

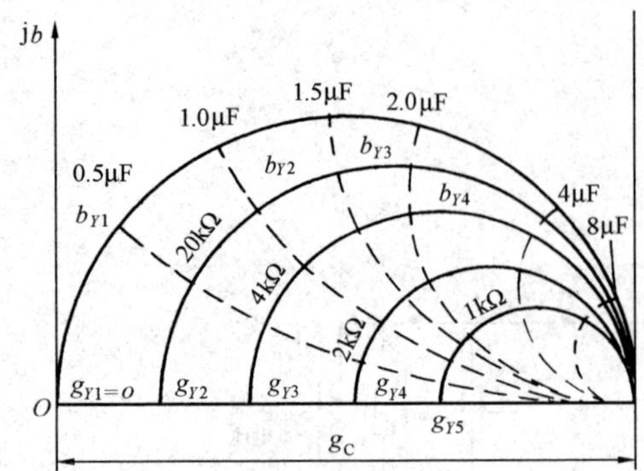

图 17-9　等电导圆和等电纳圆族

同样，令b_Y 等于常数，g_Y 可变，则所对应的测量导纳 Y 的轨迹是圆，其圆心为$\left[g_C, \dfrac{g_C^2}{2b_Y}\right]$，半径为$\dfrac{g_C^2}{2b_Y}$。对应一系列$b_Y$，可得另一组圆族，如图 17-9 中的虚线圆，称为等电纳圆。对应转子回路不同的C_Y，Y 的轨迹将落在不同的等电纳圆上。此时，如转子对地绝缘R_Y降低，则Y 将沿着某一个等电纳圆（如图 17-9 中b_{Y2}圆）进入整定圆。

继电器 K 采用电感 L 与隔直电容 C 组成 50Hz 串联谐振，只允许外加 50Hz 电压通过，保证测量转子绕组对地导纳的准确性。继电器可调整R_{wb}值，以满足R_C等于R_n的要求。调整R_{wb}值，使之改变动作特性圆的半径，以满足整定值。动作电阻整定范围为 0.5～10kΩ。由图 17-9 可知，该保护从原理上就不可能整定动作电阻太大，因为从 1～2kΩ 的间距与从 20kΩ～∞的间距差不多，若整定动作电阻超过 10kΩ，将出现动作电阻定值不稳定现象。这种保护原理必须做到电刷与大轴之间的接触电阻较小，即要加大电刷压力，以有利于定值稳定。

18. 乒乓式发电机转子一点接地保护动作原理是什么?

答：乒乓式转子一点接地保护动作原理如图 17-10 所示，S1、S2 是两个电子开关，由时钟脉冲控制它们的状态为 S1 闭合时 S2 打开、S1 打开时 S2 闭合，两者像打乒乓球一样循环交替地闭合又打开，因此称之为乒乓式转子一点接地保护。

设发电机转子绕组的 k 点经 R_0电阻一点接地，U_N为励磁电压，U_1为转子正极与 k 点之间的电压，U_2为 k 点与转子负极之间的电压。

S1 闭合 S2 打开时，直流稳态电流为

$$I_1 = \frac{U_1}{R_0 + R_e}$$

S2 闭合 S1 打开时，直流稳态电流为

$$I_2 = \frac{U_2}{R_0 + R_e}$$

电导为

$$G_1 = \frac{I_1}{U_N} = \frac{\dfrac{U_1}{U_N}}{R_0 + R_e} = \frac{K_1}{R_0 + R_e}$$

$$G_2 = \frac{I_2}{U_N} = \frac{\dfrac{U_2}{U_N}}{R_0 + R_e} = \frac{K_2}{R_0 + R_e}$$

$$K_1 = \frac{U_1}{U_N}$$

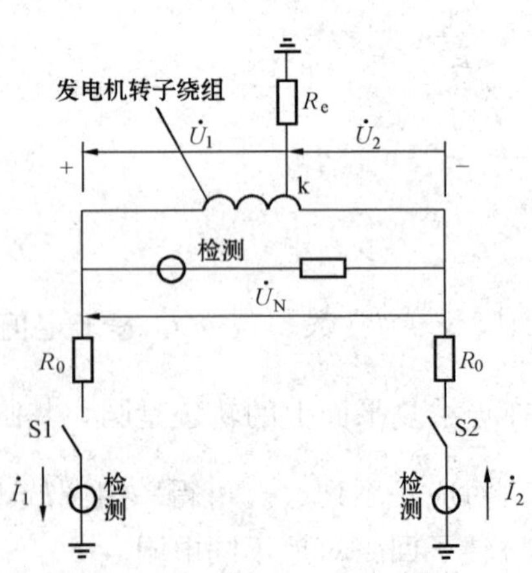

图 17-10　乒乓式发电机转子一点接地保护原理分析图

$$K_2 = \frac{U_2}{U_N}$$

上面各式中，I_1、U_1、U_N、G_1、K_1为第一个采样时刻（S1 闭合 S2 打开）的值；I_2、U_2、U_N、G_2、K_2为第二个采样时刻（S2 闭合 S1 打开）的值。系数 K_1（或 K_2）之值正比于接地点 k 与转子正极（或负极）之间的绕组匝数，而不管 U_N是否变化。由于第一个采样时刻与第二个采样时刻是同一个接地点 k，k 点的位置未变，所以

$$K_1 + K_2 = 1$$

$$G_1 + G_2 = \frac{K_1 + K_2}{R_0 + R_e} = \frac{1}{R_0 + R_e}$$

式中：R_0为保护装置中的固定电阻，为常数；R_e为接地电阻，跟随发电机励磁回路对地绝缘水平而变化。

设

$$G'_{set} = \frac{1}{R_0 + R'_{set}}$$

$$G''_{set} = \frac{1}{R_0 + R''_{set}}$$

式中：R'_{set}为保护第一段的整定电阻；G'_{set}为保护第一段的整定电导；R''_{set}为保护第二段的整定电阻；G''_{set}为保护第二段的整定电导。

因为$R'_{set}>R''_{set}$，所以又称第一段为高定值段，第二段为低定值段。该保护的动作判据为：

当 $R_e \leqslant R'_{set}$，即当 $G_1+G_2 \geqslant G'_{set}$时，保护的高定值段动作。

当 $R_e \leqslant R''_{set}$，即当 $G_1+G_2 \geqslant G''_{set}$时，保护的低定值段动作。

19. 发电机的失磁保护装置的组成原则是什么？

答：（1）发电机长距离重负荷输电时，采用阻抗继电器作为定子判据，则进入阻抗圆时限较长而造成稳定破坏。为加速切除失磁的发电机，可采用三相低压元件作为判据，并加转子低压元件闭锁的方式组成发电机跳闸回路。三相低压元件取自高压母线，一般取额定电压的 80％～85％，取自发电机母线，一般取额定电压的 75％～80％。

（2）为防止失磁保护装置误动，应在外部短路、系统振荡及电压回路断线等情况下闭锁，并将母线低压元件用于监视母线电压，保障系统安全。闭锁元件采用转子判据，转子判据一般是测量转子电压，当发电机失磁开始，转子电压第一个负向半波的持续时间，不论是转子开路故障（持续时间最短）还是转子短路故障（持续时间最长），一般均大于 1.5s，故作用跳闸是允许的。转子电压闭锁元件一般按空载励磁电压的 80％整定。为此要求自动励磁调整装置和手动切换的跟踪励磁电阻的位置，都需防止因励磁电压降到空载励磁电压的 80％，而造成转子电压闭锁元件失去闭锁作用。当发电机重载运行时，为快速切除部分失磁而要求跳闸的发电机，转子电压的动作值还可适当提高，以满足低负荷时励磁电压的灵敏度即可。失磁保护装置作用解列的动作时间一般取 0.5～1s。

（3）苹果圆特性的阻抗继电器适用于大型汽轮发电机（$X_d \neq X_q$）的失磁保护，作用于

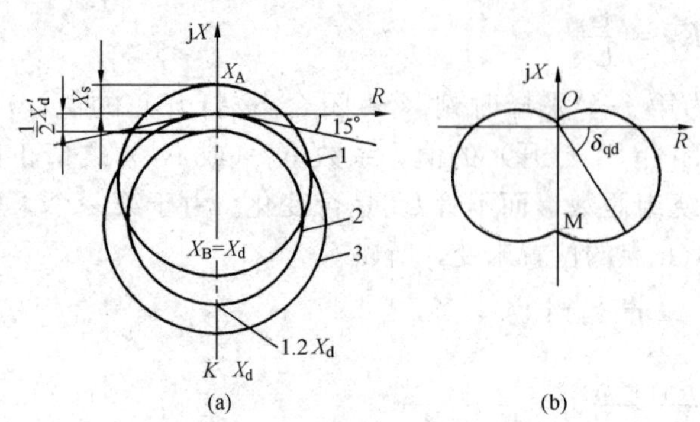

图 17-11　阻抗继电器动作特性

(a) 圆特性；(b) 苹果圆特性

1—下偏移特性；2—下抛圆式特性；3—90°方向阻抗圆特性

跳闸。

(4) 阻抗继电器动作特性如图 17-11 所示。

1) 下抛圆式特性的阻抗继电器定子判据按稳态异步边界条件整定，即

$$X_A = -\frac{X'_d}{2},\ X_B = -1.2X_d$$

2) 下偏移特性的阻抗继电器定子判据按静稳定边界（静稳边界圆）条件整定，即

$$X_A = X_s,\ X_B = -X_d$$

动作区较大并包括第一、二象限部分。为防止系统振荡及短路误动，需设方向元件控制，使动作区在第三、四象限阻抗平面上，并具有扇形动作区特性。

20. 由阻抗继电器构成的失磁保护的工作原理是什么？

答：由阻抗继电器构成的失磁保护的工作原理框图如图 17-12 所示。其中 KI 为阻抗继电器，KL 为闭锁继电器，用以防止相间短路时保护装置误动作。可以采用不同的闭锁方式，在图 17-12 中采用励磁电压作为闭锁量。KT 为时间继电器，用于防止系统振荡时保护装置误动作。

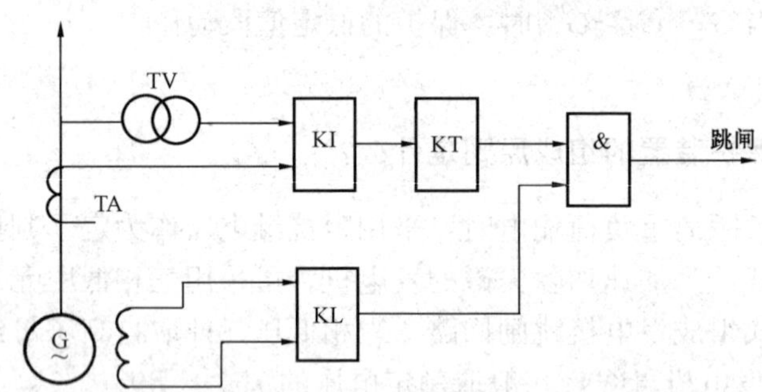

图 17-12　由阻抗元件构成的失磁保护原理框图

下抛圆式特性阻抗继电器 KI 按稳态异步边界条件整定

$$X_A = -\frac{X'_d}{2}, X_B = -1.2X_d$$

发电机失磁后，其机端测量阻抗由失磁前的感性变为失磁后异步运行的容性，即测量阻抗的轨迹由第一象限进入第四象限，待进入整定圆内时，阻抗继电器 KI 动作。发电机失磁前所带的有功功率 P 和失磁后的转差率 s 都会影响到测量阻抗的变化轨迹。

21. 具有自动减负荷的失磁保护装置的组成原则是什么？

答： 根据电网的特点，在发电机失磁后异步运行，若无功功率尚能满足，系统电压不致降低到失去稳定的严重程度，则发电机可以不解列，而采用自动减负荷到40%～50%的额定负荷，失磁运行15～30min，运行人员可以及时处理恢复励磁。因此，设置具有下述功能的失磁保护：

（1）定、转子判据元件同时判定失磁后，系统电压元件判定系统电压下降到危害程度，则经过0.5s作用于解列。

（2）定、转子判据元件同时判定失磁后，系统电压元件判定系统不会失去稳定，则作用于自动减负荷，直到减至40%～50%额定负荷。

（3）定、转子判据元件同时判定失磁后，发电机电压元件判定其电压低到对厂用电有危害程度，则自动切换厂用电源，使之投入备用电源。

大型发电机在较重负荷运行时，发生部分失磁也常易导致失步。因此，若能及早自动减负荷，则较易拉入同步。失磁保护的定子判据，也可采用经过原点的下抛圆特性的阻抗继电器，将动作圆适当放大使之及早自动减负荷，系统电压降低时及早解列。在减负荷过程中，转子电压可能返回，为此需要短时测量自保持的方式，根据失磁试验，经过10s即可减至发电机额定功率的60%。自动减负荷回路由有功功率继电器控制，当有功功率降低到触点返回时，自动减负荷继电器返回，但由于机炉的惯性，负荷又经0.5s后才稳定，还需继续减一些负荷才停止，因此触点返回值应大于40%～50%额定负荷，并要求返回系数大于0.9。

22. 为什么大型汽轮发电机应装设过电压保护？

答： 中小型汽轮发电机上都装有危急保安器，当转速超过额定转速的10%以后，汽轮发电机危急保安器会立即动作，关闭主汽门，能够有效防止由于机组转速升高而引起的过电压。对于大型汽轮发电机，即使调速系统和自动调整励磁装置都正常运行，当满负荷运行时突然甩去全部负荷，电枢反应突然消失时，由于调速系统和自动调整励磁装置都是由惯性环节组成，转速仍将升高，励磁电流不能突变，使得发电机电压在短时间内也要上升，其值可能达1.3倍的额定值。持续时间可能达几秒。

大型发电机定子铁芯背部存在漏磁场，在这一交变漏磁场中的定位筋（与定子绕组的线棒类似）将感应出电动势。相邻定位筋中的感应电动势存在相位差，并通过定子铁芯构成闭路，流过电流。正常情况下，定子铁芯背部漏磁少，定位筋中的感应电动势也很小，通过定位筋和铁芯的电流也比较小。但是当过电压时，定子铁芯背部漏磁急剧增加，从而使定位筋和铁芯中的电流急剧增加，在定位筋附近的硅钢片中的电流密度很大，引起定子铁芯局部发热，甚至会烧伤定子铁芯。过电压越高，时间越长，烧伤就越严重。

发电机出现过电压不仅对定子绕组绝缘带来威胁，同时将使变压器（升压主变压器和厂用变压器）励磁电流剧增，引起变压器的过励磁和过磁通。过励磁可使绝缘因发热而降级，过磁通将使变压器铁芯饱和并在铁芯相邻的导磁体内产生巨大的涡流损失，严重时可因涡流发热使绝缘材料遭永久性损坏。

鉴于以上种种原因，对于200MW及以上的大型汽轮发电机，应装设过电压保护。已经装设过励磁保护的大型汽轮发电机可不再装设过电压保护。

23. 为什么现代大型发电机应装设过励磁保护？在配置和整定该保护时应考虑哪些原则？

答：大容量发电机无论在设计和用材方面裕度都比较小，其工作磁通密度很接近饱和磁通密度。当由于调压器故障或手动调压时甩负荷或频率下降等原因，使发电机产生过励磁时，其后果非常严重，有可能造成发电机金属部分的严重过热，在极端情况下，能使局部硅钢片很快熔化。因此，对大容量发电机应装设过励磁保护。

对于发电机-变压器组，其过励磁保护装于机端。如果发电机与变压器的过励磁特性相近，当变压器的低压侧额定电压比发电机额定电压低时，则过励磁保护的动作值应按变压器的磁通密度整定，这样既保护了变压器，又对发电机是安全的；若变压器低压侧额定电压等于或大于发电机的额定电压，则过励磁保护的动作值应按发电机的磁通密度整定，对发电机和变压器都能起到保护作用。

24. 发电机-变压器组运行中，造成过励磁的原因有哪些？

答：变压器的电压是由铁芯上的绕组通过电流后而产生的。其关系为 $U=4.44fNBS$。其中绕组匝数 N 和铁芯截面积 S 都是常数，令 $K=\frac{1}{4.44NS}$，则工作磁通密度 $B=KU/f$，即电压升高或频率降低都会引起过励磁。另一方面大型变压器的工作磁通密度 $B=1.7\sim1.8\text{T/m}^2$，饱和磁密为 $B=1.9\sim2.0\text{T/m}^2$，非常接近。而对发电机来说，当其电压与频率比 $U^*/f^*>1$ 时，也要遭受过励磁的危害，且它的允许过励磁倍数还要低于升压变压器的允许过励磁倍数。所以都容易饱和，对发电机和变压器都不利。造成过励磁的原因有以下几方面：

(1) 发电机-变压器组与系统并列前，由于误操作，误加大励磁电流引起。

(2) 发电机启动中，转子在低速预热时，误将电压升至额定值，则因发电机变压器低频运行而造成过励磁。

(3) 切除发电机过程中，发电机解列减速，若灭磁开关拒动，使发电机遭受低频引起过励磁。

(4) 发电机-变压器组出口断路器跳开后，若自动励磁调节器退出或失灵，则电压与频率均会升高，但因频率升高慢而引起过励磁。即使正常甩负荷，由于电压上升快，频率上升慢（惯性不一样），也可能使变压器过励磁。

(5) 系统正常运行时，频率降低也会引起过励磁。

25. 大型汽轮发电机为什么要配置逆功率保护？

答：在汽轮发电机机组上，当机炉保护动作关闭主汽门或由于调整控制回路故障而误关主汽门，在发电机断路器跳开前发电机将转为电动机运行。此时逆功率对发电机本身无害，但会使汽轮机转子尾部的叶片因鼓风损失而过热，所以需装设逆功率保护。

26. 发电机为何要装设频率异常保护？

答：汽轮机的叶片都有一个自然振荡频率，如果发电机运行频率低于或高于额定值，在接近或等于叶片自振频率时，将导致共振，使材料疲劳。达到材料不允许的程度时，叶片就有可能断裂，造成严重事故。材料的疲劳是一个不可逆的积累过程，所以汽轮机给出了在规定频率下允许的累计运行时间。低频运行多发生在重负荷下，对汽轮机的威胁将更为严重。另外对极低频工况，还将威胁到厂用电的安全，因此发电机应装设频率异常运行保护。

27. 对发电机频率异常运行保护有何要求？

答：（1）具有高精度的测量频率的回路。

（2）具有频率分段启动回路，自动累积各频率段异常运行时间，并能显示各段累计时间，启动频率可调。

（3）分段允许运行时间可整定，在每段累计时间超过该段允许运行时间时，经出口发出信号。

（4）能监视当前频率。

28. 大型发电机组为何要装设失步保护？

答：发电机与系统发生失步时，将出现发电机的机械量和电气量与系统之间的振荡，这种持续的振荡将对发电机组和电力系统产生有破坏力的影响。

（1）单元接线的大型发电机-变压器组电抗较大，而系统规模的增大使系统等效电抗减小，因此振荡中心往往落在发电机端附近或升压变压器范围内，使振荡过程对机组的影响大为加重。由于机端电压周期性的严重下降，使厂用辅机工作稳定性遭到破坏，甚至导致全厂停机、停炉、停电的重大事故。

（2）失步运行时，当发电机电动势与系统等效电动势的相位差为180°的瞬间，振荡电流的幅值接近机端三相短路时流经发电机的电流。对于三相短路故障均有快速保护切除，而振荡电流则要在较长时间内反复出现，若无相应保护会使定子绕组遭受热损伤或端部遭受机械损伤。

（3）振荡过程中产生对轴系的周期性扭力，可能造成大轴严重机械损伤。

（4）振荡过程中由于周期性转差变化在转子绕组中引起感应电流，引起转子绕组发热。

（5）大型机组与系统失步，还可能导致电力系统解列甚至崩溃事故。

因此，大型发电机组需装设失步保护，以保障机组和电力系统的安全。失步保护一般由比较简单的双阻抗元件组成，在短路故障、系统稳定（同步）振荡、电压回路断线等情况下不应误动作。失步保护一般动作于信号，当振荡中心在发电机变压器内部，失步运行时间超过整定值，振荡次数超过规定值，对发电机有危害时，才动作于解列。

29. 为什么现代大型发电机应装设非全相运行保护？

答：发电机-变压器组高压侧的断路器多为分相操作的断路器，常由于误操作或机械方面的原因使三相不能同时合闸或跳闸，或在正常运行中突然一相跳闸。这种异常工况，将在发电机-变压器组的发电机中流过负序电流，如果靠反应负序电流的反时限保护动作（对于联络变压器，要靠反应短路故障的后备保护动作），则会由于动作时间较长而导致相邻线路对侧的保护动作，使故障范围扩大，甚至造成系统瓦解事故。因此，对于大型发电机-变压器组，在220kV及以上电压侧为分相操作的断路器时，要求装设非全相运行保护。

30. 发电机非全相运行保护的构成原理是什么？

答： 非全相运行保护一般由灵敏的负序电流元件或零序电流元件和非全相判别回路组成，其保护原理接线如图17-13所示。

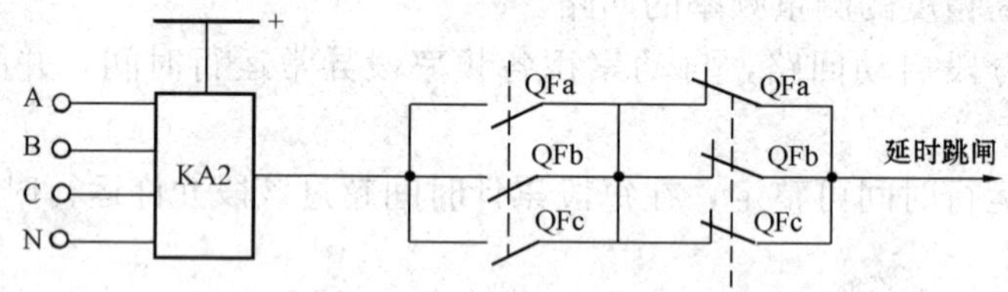

图17-13　非全相运行保护原理接线图

图中KA2为负序电流继电器，QFa，QFb、QFc为被保护回路A、B、C相的断路器辅助触点。保护经延时0.5s动作于解列（即断开健全相）。如果是操动机构故障，解列不成功，则应动作于断路器失灵保护，切断与本回路有关的母线段上的其他有源回路。负序电流元件的动作电流按发电机允许的持续负序电流下能可靠返回的条件整定，零序电流元件按躲过正常不平衡电流整定。变压器和母线联络（分段）断路器的非全相运行保护应使用零序电流元件。

31. 为何装设发电机意外加电压、断路器断口闪络、发电机启动和停机保护？

答：（1）发电机意外加电压保护。发电机在盘车过程中，由于出口断路器误合闸，突然加电压而使发电机异步启动，会给机组造成损伤。因此需要有相应的保护，迅速切除电源。一般设置专用的意外加电压保护，可用低频元件和过电流元件共同存在为判据。瞬时动作，延时0.2～0.3s返回，以保证完成跳闸过程。该保护正常运行时停用，机组停用后才投入。在异步启动时，逆功率保护、失磁保护、阻抗保护也可能动作，但时限较长，设置专用的误合闸保护比较好。

（2）断路器断口闪络保护。接在220kV以上电压系统中的大型发电机—变压器组，在进行同期并列的过程中，断路器合闸之前，作用于断口上的电压随待并发电机与系统等效发电机电动势之间角度差δ的变化而不断变化，当$\delta=180°$时其值最大，为两者电动势之和。当两电动势相等时，则有2倍的运行电压作用于断口上，有时要造成断口闪络事故。断口闪络给断路器本身造成损坏，并且可能由此引起事故扩大，破坏系统的稳定运行。一般是一相或两相闪络，产生负序电流，威胁发电机的安全。为了尽快排除断口闪络故障，在大机组上可装设断口闪络保护。断口闪络保护动作的条件是断路器三相断开位置时有负序电流出现。

断口闪络保护首先动作于灭磁，失效时动作于断路器失灵保护。

（3）发电机启动和停机保护。对于在低转速启动过程中可能加励磁电压的发电机，如果原有保护在这种方式下不能正确工作时，需加装发电机启停机保护，该保护应能在低频情况下正确工作。例如作为发电机-变压器组启动和停机过程的保护，可装设相间短路保护和定子接地保护各一套，将整定值降低，只作为低频工况下的辅助保护，在正常工频运行时应退出，以免发生误动作。为此辅助保护的出口受断路器的辅助触点或低频继电器触点控制。

32. 什么是空负荷保护？为何要设置空负荷保护？

答：采用单元式接线的机组主断路器误跳闸或线路侧相关断路器跳闸引起机组失去全部负荷（除厂用电）的情况称之为空负荷。当机组出现空负荷情况，特别是在满负荷情况下发生空负荷时，机组的转速迅速上升，机端电压会有大幅提高，严重威胁着机组，特别是汽轮机的安全，如不及时关闭主汽门（或调节汽门）、切断励磁电流，机组的转速将上升到危险值，虽然热工及汽轮机侧均配有超速保护，但它们毕竟是在机组已经超速的情况才能动作，即使是超速保护正确动作也会给机组造成不必要的危害。而当超速保护失灵时，机组必将发生飞车事故，这对汽轮机乃至整个机组都是一个极大的损坏。所以，机组出现空负荷后，必然导致机组的转速上升、电压升高，那么，从电气角度出发，为避免转速升高以及当自动励磁调节器失灵时机端电压的大幅上升，装设一套空负荷保护瞬时动作于关闭主汽门以及灭磁是非常必要的，这样，可从根本上限制了机组的转速和电压的突升，使机组免遭空负荷的冲击。

造成空负荷的可能原因主要有：

（1）运行人员误操作将主断路器断开。

（2）检修人员检修误碰出口继电器使主断路器跳闸。

（3）升压站母线故障或母线保护误动使主断路器跳闸。

机组空负荷保护动作的条件一般有：①发电机-变压器组主断路器在合位；②线路侧相关断路器断开；③线路电流减少到定值。同时满足以上三点时，作用于发电机-变压器组主断路器跳闸。为防止超速，一般应同时作用于关闭主汽门并联跳厂用电。

33. 一般大型汽轮发电机-变压器组采用哪些保护？其作用对象是什么？

答：一般大型汽轮发电机-变压器组可根据容量大小配置的保护及其作用对象如下：

发电机差动保护	全停
升压变压器差动保护	全停
高压厂用变压器差动保护	全停
发电机-变压器组差动保护	全停
变压器气体保护	全停
全阻抗保护（负序过电流和单元件低压过电流）	t_1解列，t_2全停
高压侧零序电流保护	t_1解列，t_2全停

定子匝间保护	全停
定子一点接地保护基波段	发信号（解列灭磁）
定子一点接地保护 3 次谐波段	发信号
发电机励磁回路一点接地保护	发信号
发电机励磁回路两点接地保护	全停
定时限定子过负荷保护	发信号
反时限定子过负荷保护	解列灭磁
转子表层过负荷保护（定子不对称过负荷保护）	定时限段发信号，反时限段解列灭磁
定时限励磁回路过负荷保护	发信号
反时限励磁回路过负荷保护	解列灭磁
频率异常保护	发信号
失磁保护	t_1发信号，t_2减出力，t_3解列灭磁
过电压保护	解列灭磁
逆功率保护	t_1发信号，t_2解列灭磁
失步保护	发信号（解列）
过励磁保护（可不再设过电压保护）	解列灭磁
断路器失灵保护	解列灭磁
非全相运行保护	解列
空负荷保护	解列

34. 发电机及发电机-变压器组保护的运行规定有哪些？

答：（1）发电机-变压器组配有发电机、变压器差动保护并配有发电机-变压器组大差保护时，必要情况下只允许其中之一短时退出。

（2）发电厂为 3/2 主接线方式的，发电机及主变压器停运、但断路器仍运行时，应将短引线保护投入，并将该发电机-变压器组及其厂用变压器跳主断路器的保护全部退出。

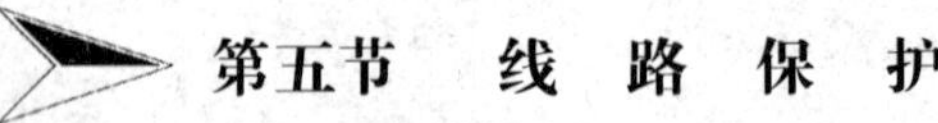

第五节　线　路　保　护

1. 纵联保护在电网中的重要作用是什么？

答：由于纵联保护在电网中可实现全线速动，因此它可保证电力系统并列运行的稳定性，提高输送功率，缩小故障造成的损坏程度，改善与后备保护的配合性能。

2. 纵联保护的信号有哪几种？

答：纵联保护的信号有以下三种：

（1）闭锁信号。它是阻止保护动作于跳闸的信号。无闭锁信号作用于跳闸的必要条件。

只有同时满足本端保护元件动作和无闭锁信号两个条件时才作用于跳闸。

（2）允许信号。它是允许保护动作于跳闸的信号。有允许信号是保护动作于跳闸的必要条件。只有同时满足本端保护元件动作和有允许信号两个条件时才动作于跳闸。

（3）跳闸信号。它是直接引起跳闸的信号。此时与保护元件是否动作无关，只要收到信号，保护就作用于跳闸。远方跳闸式保护就是利用跳闸信号。

3. 线路纵差保护的工作原理是什么？

答：线路纵差保护是按比较被保护线路始端和末端电流大小与相位的原理来实现的。为此，在线路两端要装设相同型号和变比的电流互感器，并用辅助导线将它们连接起来。其连接方式是在正常运行和外部故障时，使测量元件中没有电流；在被保护线路内部短路时，流入测量元件的电流等于流经该侧的故障电流，当故障电流大于测量元件的动作电流时，保护动作，瞬时将故障线路两侧断路器跳开。

4. 纵联保护的通道可分为哪几种类型？

答：（1）电力线载波纵联保护（简称高频保护）。

（2）微波纵联保护（简称微波保护）。

（3）光纤纵联保护（简称光纤保护）。

（4）导引线纵联保护（简称导引线保护）。

5. 什么是超范围式与欠范围式纵联保护？

答：按各端参与比较的故障判别元件保护范围的不同，可分为两种方向比较式纵联保护。

（1）超范围式纵联保护。当本线路内部故障时，各端的超范围方向元件均判定为正方向故障，各端保护同时动作；外部故障时，靠近故障点一端的超范围方向元件判定为反方向故障，各端保护均不能动作。超范围式纵联保护的动作判据为各端保护均指示为正方向故障，为“与”输出方式。超范围式纵联保护只在本线路两端的超范围方向元件同时动作时方能发出断路器跳闸指令。对于超范围式纵联保护，当本线路内部故障时，各端超范围方向元件动作快速并具有良好的保护电阻性故障的能力，动作可靠性高，但是也增加了外部故障时不必要动作的概率，故安全性较差。

（2）欠范围式纵联保护。各端方向判别元件的动作区均不及对端母线，故本线路外部故障时各端欠范围方向元件均不动作；当任一端的欠范围方向元件动作时即可判定为内部故障，令各端保护同时动作。欠范围式纵联保护的各端除有欠范围方向元件外，还增设了灵敏的故障判别元件，监控对端欠范围方向元件发来的动作命令，以提高纵联保护工作的安全性。在欠范围式纵联保护中，各端增设的故障判别元件不要求判定故障的方向或区间，而要求本线路任一端保护带方向的欠范围元件动作为判据的“或”输出方式。欠范围式纵联保护在本线路外部故障时，各端的欠范围方向元件不动作，并且与增设的故障判别元件无需协调工作，故装置结构简单、安全性较高；但当线路末端附近出现故障时，必须在收到确证为对

侧送来的内部故障信息后才能发出断路器跳闸命令，因而延迟了切除故障的动作时间；对内部故障，判别元件保护范围的稳定性要求高，因其保护范围小，故相应的保护电阻性故障的能力也较差。欠范围式纵联保护各端的判定本线路故障元件的保护范围，必须大于线路全长的 50%而小于 100%。

6. 线路纵联保护的运行规定有哪些?

答：（1）专用载波收发信机的纵联保护（正常无监频），应每天定时进行通道检测并填写记录表（即使保护装置投信号位置，此例行测试也不得中断），发现异常应立即报告相应的调度值班人员。

（2）复用载波通道的线路纵联保护，其运行维护事项应遵守继电保护及安全自动装置复用通信设备的有关管理规定。

（3）闭锁式线路纵联保护投入运行前或本线路故障切除后，必须交换一次高频信号。

（4）联络线两侧保护的纵联功能必须同时投入或退出。有关厂、站运行人员应密切配合当值调度员，尽量缩短两侧投、停收发信机以及投、退保护连接片的操作时差。

（5）线路短时（48h）停运而两侧纵联保护无工作时，纵联保护不必退出。但充电时应保证仅投电源侧纵联保护，对侧闭锁式高频收发信机直流电源应暂时断开，合环前方可恢复（允许式保护不作处理）。合环后应立即进行一次通道检测。长期充电运行时应保证仅投电源侧纵联保护，对侧闭锁式高频收发信机直流电源应断开（允许式保护不作处理）。

（6）纵联保护装置出现故障信号时，运行人员应立即报告所属调度，由调度下令停用两侧纵联保护功能并通知有关部门。

（7）线路断路器被旁代运行时，如纵联保护功能不能切换到旁路断路器，则停用两侧纵联保护功能。

（8）对于切换收发信机（或复用载波机）的纵联保护，在进行旁代操作时，纵联功能可不退出运行。但应注意，在旁代和恢复本断路器的操作中，都应首先检查后合断路器是否流经电流；有电流流过时，方可切换收发信机（或复用载波机），此时后合断路器的纵联功能在投入位置。切换后，对于闭锁式保护，应立即进行高频通道试验，通道正常，再进行后面的操作；通道不正常，应退出两侧有问题的纵联保护，待查明原因后方可继续进行操作。

（9）对于切换高频电缆的闭锁式纵联保护，应在合旁路断路器之前先退出线路两侧纵联功能；断开被代断路器后，进行纵联功能切换，通道测试正常之后，方可投入两侧纵联功能。恢复本线路断路器运行时，纵联功能亦应先退后投，原则同上。

7. 为什么有的配电线路只装过电流保护而不装速断保护?

答：如果线路首末端短路时，二者短路电流差值很小，或者随运行方式的改变安装处的综合阻抗变化范围大，装速断保护后，保护范围很小，甚至没有保护范围，同时该处短路电流较小，用过电流保护作为该配电线路的主保护足以满足稳定等要求，就不再装速断保护。

8. 什么叫高频保护？

答：高频保护就是将线路两端的电流相位或方向转化为高频信号，然后利用输电线路本身构成一高频电流通道，将此信号送至对端，以比较两端电流相位或功率方向的一种保护。高频保护用在远距离高压输电线路上，对被保护线路上任一点的各类故障均能瞬时由两侧切除，从而提高电力系统运行的稳定性和重合闸的成功率。

9. 相差高频保护有何特点？

答：（1）在被保护线路两侧各装半套高频保护，通过高频信号的传送和比较，以实现保护的目的。它的保护区只限于本线路，其动作的时限不需与相邻元件保护相配合，在被保护线路全长范围内发生各类故障，均能无时限切除。

（2）因高频保护不反应被保护线路以外的故障，不能作下一段线路的后备保护，所以线路上还需装设其他保护作本段及下一段线路的后备保护。

（3）能反应全相状态下的各种对称和不对称故障，装置继电部分较简单。

（4）当一相断线接地或非全相运行过程中发生区内故障时，灵敏度变坏，甚至可能拒动。

（5）不反应系统振荡。在非全相运行状态下和单相重合闸过程中，保护能继续运行。

（6）保护的工作情况与是否有串联补偿电容及其保护间隙是否不对称击穿基本无关。

（7）重负荷线路，负荷电流改变了线路两端电流的相位，对内部故障保护动作不利。

（8）不受电压二次回路断线的影响。

（9）对通道要求较高，占用频带较宽。在运行中，线路两端保护需联合调整。

（10）线路分布电容严重影响线路两端电流的相位，限制了其使用线路长度。

（11）相差高频保护选择性好，灵敏度高，应广泛应用于 110～220kV 及以上高压输电线路上做主保护。

10. 相差高频保护的工作原理是什么？

答：相差高频保护直接比较被保护线路两侧电流的相位。如果规定每一侧电流的正方向都是由母线流向线路，则在正常和外部短路故障时，两侧电流的相位差为 180°。在内部故障时，如果忽略两端电动势相量之间的相位差，则两端电流的相位差为零，所以应用高频信号将工频电流的相位关系传送到对侧，装在线路两侧的保护装置，根据所接收到的代表两侧电流相位的高频信号，当相位角为零时，保护装置动作，使两侧断路器同时跳闸，从而达到快速切除故障的目的。

11. 相差高频保护装置可分为哪几个主要部分？

答：相差高频保护装置可分为 9 个主要部分：①启动回路；②操作回路；③比相回路；④跳闸出口回路；⑤停信控制回路；⑥装置异常闭锁回路；⑦通道检测回路；⑧接口继电器；⑨信号回路。

12. 高频通道由哪些部分组成？

答：高频通道主要由高频收发信机、高频电缆、高频阻波器、结合滤波器、耦合电容器、输电线路及大地组成。

13. 高频保护通道的总衰耗包括哪些？哪项衰耗最大？

答：高频保护通道总衰耗包括输出线衰耗、阻波器分流衰耗、结合滤波器衰耗、结合电容器衰耗以及高频电缆衰耗等。

一般输电线衰耗所占比例最大。

14. 相差高频保护启动发信方式有哪几种？

答：相差高频保护启动发信方式有保护启动、远方启动、手动启动三种方式。

15. 相差高频保护停信方式有哪几种？

答：相差高频保护停信方式有断路器三相跳闸停信、手动停信、其他保护停信及高频保护停信四种方式。

16. 在具有远方启动的高频保护中为什么要装设断路器三相跳闸停信回路？

答：（1）在发生区内故障时，一侧断路器先跳闸，如果不立即停信，由于无操作电流，发信机将发生连续的高频信号，对侧收信机也收到连续的高频信号，则闭锁保护出口，不能跳闸。

（2）当手动自动重合于永久性故障时，由于对侧没有合闸，于是经远方启动回路，发出高频连续波，使先合闸的一侧被闭锁，保护拒动。

为了保证在上述情况下两侧装置可靠动作，必须设置断路器三相跳闸停信回路。

17. 相差高频保护三相跳闸停信回路断路或接触不良将会引起什么后果？

答：会引起下列后果：

（1）空投故障线路。若对侧装置停信回路断线，本侧高频保护将拒动。

（2）运行线路发生故障。若先跳闸侧装置停信回路断线，则后跳闸侧高频保护可能拒动。

18. 相差高频保护为什么设置定值不同的两个启动元件？

答：启动元件是在电力系统发生故障时启动发信机而实现比相的。为了防止外部故障时由于两侧保护装置的启动元件可能不同时动作，先启动一侧的比相元件，而后动作一侧的发信机还未发信就开放比相将造成保护误动作，因而必须设置定值不同的两个启动元件。高定值启动元件启动比相元件，低定值的启动发信机。由于低定值启动元件先于高定值启动元件动作，这样就可以保证在外部短路时，高定值启动元件启动比相元件时，保护一定能收到闭锁信号，不会发生误动作。

19. 什么是相位比较元件的闭锁角？其大小是如何确定的？

答：相位比较元件起着正确判断被保护线路内、外部短路的重要作用。当外部短路时，它不应动作；当内部短路时，它应可靠动作。在外部短路时，由于电流互感器的角误差，保护装置包括滤过器和操作回路等引起的相位误差，高频信号电流沿输电线路传送的延时等，使得线路两端操作电流的相位差并非为180°；而在内部短路时，除上述误差外，由于被保护线路两侧系统等值电源电动势之间有相位差和短路点两侧系统阻抗角的不同，两侧短路电流并非同相位，两端的操作电流更不会同相位。这就有必要研究相位比较元件的动作情况，以及两端操作电流之间相位差角 φ 的关系。这个关系称为相位比较元件的相位特性曲线 $I_0=f(\varphi)$，I_0为其输出电流，曲线如图17-14所示。

相位比较元件的动作电流与 $I_0=f(\varphi)$ 两个交点之间的区域称为闭锁区。当 φ 处在该区域内时，保护装置不动作。取闭锁区的一半称为闭锁角 β。

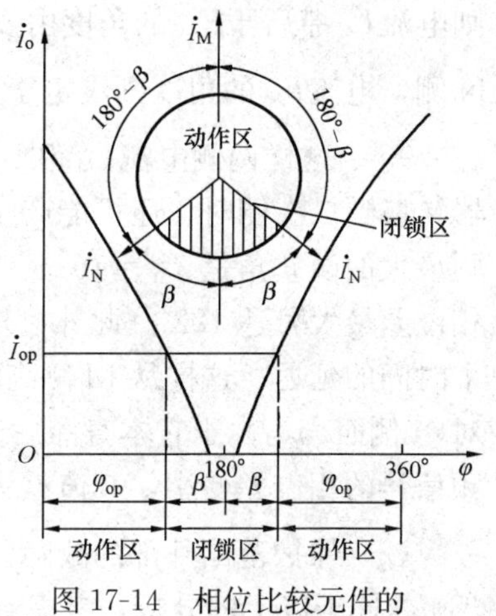

图17-14 相位比较元件的相位特性曲线

闭锁角 β 的整定是根据外部短路时保护的选择性确定的，因此，它应包括：

（1）电流互感器的角误差，一般按7°考虑。

（2）保护装置包括 $\dot{I}_1+K\dot{I}_2$ 滤过器和操作回路等的误差，其值可根据具体装置的试验结果确定，一般可按15°考虑。

（3）高频信号电流沿输电线传送的延时，折算到工频电流的相位为6°/100km。

（4）考虑最不利的情况，取裕度角为15°。

闭锁角的含义是如以被保护线路M端的电流 $\dot{I}_M$ 为基准，$\dot{I}_M$ 与N端的电流 $\dot{I}_N$ 间的相位角为 φ，则当 $\dot{I}_N$ 落入由闭锁角 β 所规定的闭锁区内时，相位比较元件不动作。由此可得出相位比较元件的动作条件为 $|\varphi|\leqslant180°-\beta$。

若取 $\beta=60°$（相当于被保护线路380km长），即表示当两端操作电流间的相位差角小于120°时，相位比较元件能够动作。

20. 相差高频保护中为什么要延时比相？

答：（1）由于超高压长线路的分布电容不能忽略，在短路瞬间线路电感和分布电容之间便可能产生振荡，出现高次谐波。这种高次谐波在短路电流的第一个半周期内比较严重，可能使比相回路不正确动作，所以用延时比相来躲过它的影响。

（2）超高压长线路的电容电流比较大，线路空载充电时，由于断路器三相不同时合闸，将产生较大的不平衡负序电容电流。如果用提高启动元件整定值的办法躲过不平衡负序电容电流，将使保护装置的灵敏度大大降低，所以用延时比相的办法来解决。

（3）延时比相有利于抗干扰。

21. 相差高频保护中为什么会发生相继动作？

答：在电力系统的运行中，由于线路两侧电动势的相位差、系统阻抗角的不同，电流互感器和保护装置的误差，以及高频信号从一端送到对端的时间延迟等因素的影响，在内部故障时收信机所收到的两个高频信号并不能完全重叠，而在外部故障时也不会正好互相填满，因此需要从下述几个方面作进一步分析。

（1）在最不利的情况下保护范围内部故障。在内部对称短路时，复合滤过器输出的只有正序电流，即三相短路电流。由于在短路前两侧电动势$\dot{E}_M$和$\dot{E}_N$具有相角差δ，根据系统稳定运行的要求，δ一般不超过70°。在此取$\dot{E}_N$滞后$\dot{E}_M$的角度$\delta=70°$。设短路点靠近于N侧，则电流$\dot{I}_M$滞后于$\dot{E}_M$的角度由发电机、变压器以及线路的总阻抗决定，一般取$\varphi_k=60°$。在N侧，电流$\dot{I}_N$的角度则决定于发电机、变压器的总阻抗，一般由于它们的电阻很小，故取$\varphi_k=90°$。这样两侧电流$\dot{I}_M$和$\dot{I}_N$相差的角度总共可达到100°。当一次侧电流经过电流互感器转换到二次侧时，还可能产生角度误差，如果互感器的负载是按照10%误差曲线选择的，则最大的误差角是$\delta_{AP}=15°$。考虑到上述各个因素的影响，则M侧和N侧高频信号之间的相位差最大可达122°。此外，对M侧而言，N侧发出的信号经输电线路传送时，还要有一个时间的延迟。这样从M侧高频收信机中所收到的信号就可能具有$122°+\delta_L$的相位差；但对N侧而言，由于它本身滞后于M侧，因此这个传送信号的延迟，反而能使收信机所收高频信号的相位差变小，其值最大可能为$122°-\delta_L$。

（2）保护范围外部的故障。当保护范围外部故障时，从一次侧来看，电流$\dot{I}_M$和$\dot{I}_N$相差180°。同于以上的分析，考虑到电流互感器和保护装置的误差，以及传送信号的时间延迟，则两侧高频信号也不会相差180°，在最不利的情况下可能达到$180°\pm(22°+\delta_L)$。因此，收信机所收到的高频信号就不是连续的，这样在相位比较回路中也就有一个较小的电流输出，由于是保护范围外部的故障，因此要求保护装置应可靠不动作。

确定保护闭锁角的原则是必须在外部故障时保证保护动作的选择性。因此，当外部故障时，需将一切不利的因素考虑在内，此时两端高频信号的相位差可达

$$\varphi=180°\pm(\delta_{TA}+\delta_{AP}+\delta_L)=180°\pm\left(\frac{l}{100}\times6°+22°\right)$$

因为此时保护不应动作，所以必须选择保护的闭锁角$\varphi_b>22°+\frac{l}{100}\times6°$，即

$$\varphi_b=22°+\frac{l}{100}\times6°+\varphi_{ma}$$

式中：φ_{ma}为裕度角，可取15°。

上式表明，线路越长，闭锁角的整定值就越大。

（3）保护的相继动作区。由以上分析可见，当线路长度增加以后，闭锁角的整定值必然加大，因此，动作角 φ_{op} 就要随之减小；而另一方面，当保护范围内部故障时，M 端高频信号的相位差 φ_{M} 也要随线路长度而增大，因此，当输电线路的长度超过一定距离以后，就可能出现 $\varphi_{M}>\varphi_{op}$ 的情况，此时 M 端的保护将不能动作。但在上述情况下，由于 N 端所收到的高频信号的相位差 φ_{N} 是随着线路长度的增加而减小的，因此 N 端的相位差必然小于 φ_{op}，N 端的保护仍然能够可靠动作。

为了解决 M 端保护在内部故障时不能跳闸的问题，在保护的接线中采用了当 N 端保护动作跳闸的同时，也使它停止自己发信机所发送的高频信号，在 N 端停信以后，M 端的收信机就只收到它自己所发的信号。由于这个信号是间断的，因此，M 端的保护即可立即动作跳闸。保护装置的这种工作情况，即必须一端的保护先动作跳闸以后，另一端的保护才能再动作跳闸，称之为相继动作。影响相继动作的因素有故障类型、线路长度、两侧电源电动势相角差、故障点两侧短路回路阻抗相角差、电流互感器和装置本身角误差、计算时所取裕度角的大小等，其中较为主要的是故障类型、两侧电源电动势间相角差以及线路长度。

22. 运行中的高频保护出现哪些情况时应同时退出两侧高频保护？

答：当运行中出现下列情况之一时应同时退出两侧高频保护。

（1）检查通道中发现严重异常（如通道余量不足，测量表计指示反常）时。

（2）任何一侧高频保护的直流电源中断或出现异常而不能立即恢复时。

（3）本保护装置电流互感器回路故障时。

（4）高频通道中元件损坏时。

（5）一侧高频保护定期检验时。

（6）当查找直流系统接地需要断开高频保护电源时。

23. 高频保护的投入和停用有何规定？

答：（1）高频保护投入和停用必须根据调度命令执行。

（2）高频保护投入和停用只操作跳闸连接片，一般不允许断开装置直流电源。保护断开跳闸连接片时，仅不能跳闸，而保持保护其他功能一切正常运行。只有按调度命令才能同时断开线路两端的高频保护装置的直流电源。

（3）高频保护投入前，应检查连接滤过器旁的接地隔离开关确已断开，其装置直流电源正常，并进行一次通道测试，正常后报告调度，然后根据调度命令方可投入运行。

（4）当用断路器对线路进行充电时，充电侧先将高频保护单独投入使用，临时作为线路的快速保护。当线路充电良好后，应立即停用，待线路恢复正常并进行一次通道测试合格后，方可按调度命令启用保护。

（5）运行中高频保护装置发生异常情况，如通道测试不正常、TA 回路异常等，需退出运行时，必须汇报调度，按调度命令执行。

24. 何谓高频闭锁方向保护？

答：高频闭锁方向保护的基本原理是基于比较被保护线路两侧的功率方向。当两侧的短路功率方向都是由母线流向线路时，保护就动作跳闸。由于高频通道正常无电流，而当外部发生故障时，由功率方向为负的一侧发送高频闭锁信号去闭锁两侧保护，因此称为高频闭锁方向保护。

25. 为什么选用负序功率方向作为高频闭锁方向保护的特征量？

答：选用的特征量应达到下列要求：①能反应所有类型故障；②在首端短路时无死区；③在正常负荷状态下不应启动；④不受振荡影响；⑤线路两端方向元件在灵敏度上容易配合；⑥两相运行时仍能工作。

接于全电流全电压 90°接线方式的功率方向继电器很难满足上述要求，因而不被采用。

零序功率方向继电器能满足上述②～⑥的要求，但是它只能反应接地短路而不反应相间短路。另外，还应注意到两平行输电线之间的零序互感作用，当一回线路发生接地故障时，另一健全线路可能因零序互感而使零序方向继电器误动作。

负序功率方向元件不仅能反应所有不对称短路，而且增设短时记忆回路后也能反应三相对称短路。在首端短路时，负序电压很高，因而不会出现死区。在正常负荷状态下，没有或很少有负序功率，因此不会启动。系统振荡时没有负序分量，也不会误动。在外部短路时，忽略线路分布电容的影响，两端负序电流大小相同，但近故障侧的负序电压高、负序功率大，负序功率方向继电器的灵敏度也就高。基于这些有利因素，高频闭锁方向保护选用负序功率方向作为判据特征量。

26. 高频闭锁负序方向保护有何优缺点？

答：(1) 原理比较简单。在全相运行条件下能正确反应各种不对称短路。在三相短路时，只要不对称时间大于 5～7ms，保护可以动作。

(2) 不反应系统振荡，但也不反应稳定的三相短路。

(3) 当负序电压和电流为启动值的 3 倍时，保护动作时间为 10～15ms。

(4) 负序方向元件一般有较满意的灵敏度。

(5) 在两相运行条件下（包括单相重合闸过程中）发生故障，保护可能拒动。

(6) 线路分布电容的存在，使线路在空载合闸时，由于三相不同时合闸，保护可能误动。当分布电容足够大时，外部短路也将误动，应采取补偿措施。

(7) 在串联补偿线路上，只要串联补偿电容无不对称击穿，则全相运行条件下的短路保护能正确动作。当串联补偿电容在保护区内时，发生系统振荡或外部三相短路、且电容器保护间隙不对称击穿，保护将误动。当串联补偿电容位于保护区外，区内短路且有电容器的不对称击穿，也可能发生保护拒动。

(8) 电压二次回路断线时，保护应退出运行。

(9) 对高频收发信机要求较低。

27. 非全相运行对高频闭锁负序功率方向保护有什么影响？

答：当被保护线路上出现非全相运行，如图 17-15（a）所示，在保护 1 处有一相断开时，将在断相处产生一个纵向的负序电压 $\Delta\dot{U}_2$，并由此产生负序电流 $\dot{I}_2$，其方向如图 17-15（b）所示，此时负序电压的分布如图 17-15（c）所示。

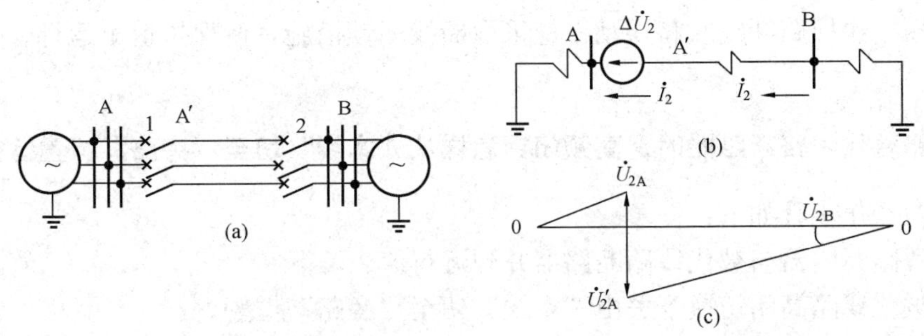

图 17-15　高频闭锁负序功率方向保护在一侧断开的非全相状态下工作的分析

（a）接线示意图；（b）负序等效网络；（c）负序电压分布

根据图 17-15，可以定性地分析出 A、A′和 B 点的负序功率方向，见表 17-1。

表 17-1　　在一侧断开的非全相状态下各点的实际负序功率方向

参数	A	A′	B
U_2	+	−	−
I_2	−	−	+
KPD2 双向动作的负序功率方向继电器	−	+	−

由表 17-1 可见，在输电线路的 A、B 两端，负序功率的方向同时为负，这和内部故障时的情况完全一样。因此，在一侧断开的非全相运行状态下，高频闭锁负序功率方向保护将误动作。为了克服上述缺点，如果将保护安装地点移到断相点的里侧，即 A′点，则两端负序功率的方向为一正一负，与外部故障时的情况一样，这时保护将处于启动状态，但由于受到高频信号的闭锁而不会误动作。

针对上述两种情况可知，当电压互感器接于线路侧时，保护装置不会误动作，而当电压互感器接于变电站母线侧时，则保护装置将误动作，此时需采取措施将保护闭锁。

28. 什么叫高频闭锁距离保护？

答：高频保护是实现全线路速动的保护，但不能作为母线及相邻线路的后备保护。而距离保护虽能对母线及相邻线路起到后备保护的作用，但只能在线路的 80%左右内发生故障时才能实现快速切除。高频闭锁距离保护就是把高频和阻抗两种保护结合起来的一种保护，即当内部发生故障时，利用距离保护的启动元件和距离方向元件控制收发信机发出高频闭锁信号，闭锁两侧保护，既能实现全线快速切除，又能对母线和相邻线路起到后备保护的作用。

29. 高频闭锁距离保护有何优缺点？

答：（1）能足够灵敏和快速地反应各种对称和不对称故障。

（2）仍能保持远后备保护的作用（当有灵敏度时）。

（3）串联补偿电容可使高频闭锁距离保护误动或拒动。

（4）不受线路分布电容的影响。

（5）电压二次回路断线时将误动。应采取断线闭锁措施，使保护退出运行。

30. 当旁路替代线路断路器时，高频闭锁怎样从“本线”切至“旁路”位置运行？

答：切换操作步骤如下：

（1）将旁路断路器与被代线路断路器并列运行。

（2）将被代线路高闭切换开关由“本线”切至“旁路”位置。

（3）测试高频通道正常。

（4）根据运行方式要求，投入综合重合闸或直跳旁路断路器连接片（事先应测量连接片两端无电压）。

（5）停用高频闭锁跳本线路断路器连接片。

（6）拉开被代线路断路器。

31. 快速方向高频保护有哪些优点？突变量方向元件的原理是什么？

答：快速方向高频保护利用相电流差突变量启动元件和突变量方向元件构成，具有下述优点：

（1）不受过渡电阻的影响。

（2）不受系统振荡的影响。

（3）不受负荷电流的影响。

（4）不受非全相的影响。

（5）解决了弱电源端（无电源）保护的问题。

（6）灵敏度高且无电压死区。

突变量方向元件的原理：突变量方向元件利用保护安装处电流、电压的故障分量的极性来判别故障的方向。由叠加原理可知：故障状态由负荷分量和故障分量两部分组成，正向故障时故障分量电压与电流极性相反；反方向故障时，故障分量电压与电流极性相同。突变量方向是反映故障分量的方向，当故障分量电压与电流的极性相反时，正方向元件动作，具有明确的方向性且动作迅速。

32. 何谓远方发信？为什么要采用远方发信？

答：远方发信是指每一侧的发信机不但可以由本侧的发信元件将它投入工作，而且还可以由对侧的发信元件借助于高频通道将它投入工作，以保证发信的可靠性。

这样做的目的是考虑到当发生故障时，如果只采用本侧发信元件将发信机投入工作，再由停信元件的动作状态来决定它是否应该发信，实践证明这种发信方式是不可靠的。例如，当区外故障时，由于某种原因，靠近反方向侧发信元件拒动，这时该侧的发信机就不能发信，导致正方向侧收信机收不到高频闭锁信号，从而使正方向侧高频保护误动作。为了消除上述缺陷，就采用了远方发信的办法。

33. 高频保护中母差跳闸和跳闸位置停信的作用是什么?

答：当母线故障发生在电流互感器与断路器之间时，母线保护虽然正确动作，但故障点依然存在，依靠母线保护出口继电器动作停止该线路高频保护发信，让对侧断路器跳闸切除故障。

跳闸位置继电器停信，是考虑当故障发生在本侧出口时，由接地或距离保护快速动作跳闸，而高频保护还未来得及动作，故障已被切除，并发出连续高频信号，闭锁了对侧高频保护，只能由二段带延时跳闸。为了克服此缺点，采用由跳闸位置继电器停信，使对侧自发自收，实现无延时跳闸。

34. 怎样检验相差高频保护在区外故障时的工作安全性?

答：本项检验可在两侧轮流进行，但需要两侧的结果都符合要求之后才算通过；当某侧的检验不符合要求时，需要两侧相互配合来查找原因。

检验时，两侧保护收发信机均需投入直流电源，收发信机的输出接至高频通道。如被保护线路的断路器处于断开状态时，还需要暂时断开跳闸位置继电器，控制停止发信机启动发信的连线（本项检验结束后立即恢复）。

进行检验的一侧（主试侧）先在高频通道中串接入可变衰耗器，使本侧的收信裕量降低至只有 3.0dB，然后由保护 B—C 相回路突然通入 5.0A 的试验电流，通入电流后该侧保护的高、低定值元件应立即动作，收发信机启动发信，对侧立即返回连续的高频信号，保护的比相输出回路及出口继电器都不应动作。假若此时出口继电器动作（误动），则可将串在通道中的衰耗器减少 1.0～2.0dB，即本侧收信裕量改为 4.0～5.0dB 后再检验（考虑两侧通道衰耗可能相差 3.0dB，因此当本侧收信裕量为 4.0～5.0dB 时，对侧收发信机的收信裕量可能只有 1.0～2.0dB），此时应保证不再误动，否则要停止检验查找原因。

一侧检验通过后，另一侧必须做同样的检验。假若先检验一侧的收信裕量在超过 3.0dB 才能保证不会误动时，后检验的一侧必须保证收信裕量为 3.0dB 时不会误动，即两侧必须有一侧在收信裕量不大于 3.0dB 时，保护才能够保证不误动。

检验结束后，立即拆除所有检验接线，并恢复端子排的所有对外连接的电缆线，准备进行保护投入前线路的带电试验。

35. 怎样核对收信监测告警回路启动电平整定的正确性?

答：在收发信机入口处接选频电压表，在接高频电缆处串入可调衰耗器，先由对侧发送

连续的高频信号（先拔出本侧发信机振荡回路插件），监测本侧的收信电平，逐步投入衰耗器使收信电平下降 3.0～4.0dB，然后对侧停止发信并插入本侧的振荡回路插件。本侧按下发信启动按钮使本侧先发信，对侧应有远方启动发信，此时本侧的通道告警回路应动作发出告警信号。将通道衰耗器减少 1.0dB，重复以上试验时应不再发出告警信号。如果新安装投运之后，经运行实践验证由于气候因素的影响，通道传输衰耗的波动范围会超过 3.0dB 时，该监视回路的信号下降，告警起始值可以适当增大一些，但此时对最低收信裕度的要求也要随之增大。必须保证正常的收信电平在扣除监视告警所整定的衰耗量后，仍然较收信启动电平高 8.68dB 以上。

36. 使用载波通道的闭锁式纵联保护需要注意哪些问题？

答：（1）载波通道的闭锁式纵联保护的传送通道，在正常运行状态下其通道裕量不应少于 10dB，运行人员每天都应进行检查，遇有裕量较正常情况降低 3dB，应及时查找原因，要特别注意及时发现阻波器失调的不正常现象。

（2）直流电源在运行中允许波动范围应符合高频保护运行规程的规定，对用晶闸管浮充电的电源，需特别注意电源的纹波系数不致影响保护的正常运行，必要时要增设电容器滤波。若为寻找直流电源接地点需要中断高频保护的直流电源时，必须先经调度同意，在断开保护的跳闸连接片后方允许进行工作，事后按规程履行投入运行的手续。

（3）保护装置三相跳闸时应设有停止发信机发信（简称停信）的回路，以保证内部故障时对侧纵联保护装置可靠跳闸。使用停信回路应注意：

1）线路为单重方式的相差高频保护，只有在被保护线路三相均断开时才停信。对于方向比较式纵联保护，若在非全相运行期中不再起作用时，则单相跳闸也可停信。

2）对方向比较式保护应注意在双方均停止发信后，保护能保证可靠地切除故障。

3）发信机的停信回路，不能采用外部电位变化（须经空触点转换）的控制方式，要注意防止干扰信号由停信回路引进发信机，造成保护误动。

（4）用母线侧电压互感器的零序、负序方向比较式保护，在断路器手动合闸时应将停信回路略带延时，以避免由于断路器三相合闸不同时，而造成两侧保护误动跳闸。

（5）零序、负序方向比较式纵联保护，只有在两侧均采用线路电压互感器，并满足下列要求时，其跳闸回路才允许接到综合重合闸装置的“N33”端子（非全相运行不误动保护的专用端子）。

1）两侧选相元件相继动作的情况下，后跳闸一侧的保护能保证可靠跳闸。

2）在非全相运行中，在考虑线路电容电流的影响及两侧方向元件动作特性存在误差等因素后，保护不致误动作。

3）满足第（6）项的规定。

（6）各种纵联保护若本身的最长动作时间大于 80ms，对于装设单相重合闸的线路应注意防止出现一侧由于零序电流保护先跳闸致使后跳闸侧的高频保护不能跳闸的问题。

（7）若继电保护装置和收发信机均有远方启动回路时，只能投入一套远方启动回路。

37. 纵联保护电力载波高频通道由哪些部件组成？

答：“相-地”制电力载波高频通道由下列几部分组成。

（1）输电线路。三相线路都用，以传送高频信号。

（2）高频阻波器。高频阻波器是由电感线圈和可调电容组成的并联谐振回路。当其谐振频率为选用的载波频率时，对载波电流呈现很大的阻抗（在1000Ω以上），从而使高频电流限制在被保护的输电线路以内（即两侧高频阻波器之内），而不致流到相邻的线路上去。对50Hz工频电流而言，高频阻波器的阻抗仅是电感线圈的阻抗，其值约为0.04Ω，因而工频电流可畅通无阻。

（3）耦合电容器。耦合电容器的电容量很小，对工频电流具有很大的阻抗，可防止工频高压侵入高频收发信机。对高频电流则阻抗很小，高频电流可顺利通过。耦合电容器与结合滤波器共同组成带通滤波器，只允许此通带频率内的高频电流通过。

（4）结合滤波器。结合滤波器与耦合电容器共同组成带通滤波器。由于电力架空线路的波阻抗约为400Ω，电力电缆的波阻抗约为100Ω或75Ω，因此利用结合滤波器与它们起阻抗匹配作用，以减小高频信号的衰耗，使高频收信机收到的高频功率最大。同时还利用结合滤波器进一步使高频收发信机与高压线路隔离，以保证高频收发信机及人身的安全。

（5）高频电缆。高频电缆的作用是将户内的高频收发信机和户外的结合滤波器连接起来。

（6）保护间隙。保护间隙是高频通道的辅助设备。用它保护高频收发信机和高频电缆免受过电压的袭击。

（7）接地隔离开关。接地隔离开关也是高频通道的辅助设备。在调整或检修高频收发信机和结合滤波器时，将它接地，以保证人身安全。

（8）高频收发信机。高频收发信机用来发出和接收高频信号。

38. 电力载波高频通道有哪几种构成方式？各有什么特点？

答：目前广泛采用输电线路构成的高频通道。它有两种构成方式：

（1）相-相制通道。利用输电线路的两相导线作为高频通道。虽然采用这种构成方式高频电流衰耗较小，但由于需要两套构成高频通道的设备，因而投资大、不经济，所以很少采用。

（2）相-地制通道。即在输电线路的同一相两端装设高频耦合和分离设备，将高频收发信机接在该相导线和大地之间，利用输电线路的一相（该相称加工相）和大地作为高频通道。这种接线方式的缺点是高频电流的衰减和受到的干扰都比较大，但由于只需装设一套构成高频通道的设备，比较经济，因此在我国得到了广泛的应用。

39. 高频电流如何在高频通道上传输？

答：相-地制的高频通道是由本侧及对侧的高频收发信机、结合滤波器、耦合电容器和输电线路及大地组成的回路。实际上，发信机发送的高频载波电流，并不完全沿着加工相的高频通道传输，这是因为输电线路各相导线之间以及导线对地之间存在电容耦合，由于容抗$1/(\omega C)$和频率成反比，故对于高频载波频率来说，这些容抗很小，因此，由本侧高频发信机发出的高频电流，在沿线传输的过程中，有一部分电流会通过相导线和大地的耦合电容及泄漏电阻流回来。其余高频电流经高频通道流至对端入地后，也不是全部经大地流回，而是分成三路流回。经大地流回发信端的高频电流i_1，称地返波。其余两路，一路高频电流i_2是经未加工的两相对地电容流上两相导线，再经这两相的对地电容流回发信端。另一路高频电流i_3则是经对侧未加工的两相母线对地电容，流过两相输电线路，再经本侧该两相母线的对地电容流回发信端。后两路高频电流称相返波。

40. 对高频通道传输衰耗的检验有什么规定？

答：（1）测定高频通道传输衰耗，进行部分检验时，可以简单地以测量接收电平的方法代替（对侧发信机发出满功率的连续高频信号），当接收电平与最近一次通道传输衰耗试验中所测量到的接收电子相比较，其差不大于2.5dB时，则不必进行细致的检验。

（2）对于专用高频通道，在新投入运行及在通道中更换了（或增加了）个别加工设备后，所进行的传输衰耗试验的结果，应保证收发信机接收对端信号时的通道裕量不低于8.686dB，否则，不允许将保护投入运行。

41. 高频保护运行时，为什么运行人员每天要交换信号以检查高频通道？

答：我国常采用电力系统正常时高频通道无高频电流的工作方式。由于高频通道涉及两个厂站的设备，其中输电线路跨越几千米至几百千米的地区，经受着自然界气候的变化和风、霜、雨、雪、雷电的考验，以及高频通道上各加工设备和收发信机元件的老化和故障，都会引起衰耗的增加。高频通道上任何一个环节出问题，都会影响高频保护的正常运行。系统正常运行时，高频通道无高频电流，高频通道上的设备有问题也不易发现，因此每日由运行人员用启动按钮启动高频发信机向对侧发送高频信号，通过检测相应的电流、电压和收发信机上相应的指示灯来检查高频通道，以确保故障时保护装置的高频部分能可靠工作。

42. 通道设计时，其工作频率的选择原则是什么？

答：（1）保护工作频率范围在40～400kHz时，由设计管理部门兼顾通信、保护两方面进行统一安排。

（2）选择通道工作频率时，应保证工作可靠，即要求通道之间的干扰不超过规定值，对架空通信线的，其他通道及无线电广播没有干扰；同时，在保护通道中没有来自电台的干扰。

（3）能保持通道工作最可靠的频率应该分给最重要的通道，如高频保护及重要的调度通信等。

（4）根据线路长度分配频率。短线路可分配较高的频率；长线路因衰耗大，应分配较低

的频率。但高频相差的工作频率又不宜选得太低。

(5) 分配频率时要考虑气候条件等情况。对通过多雾地区、严重覆冰地区的线路，要尽量分配较低频率，使它平时有较大的通道裕度。

43. 何谓电力线路载波保护专用收发信机？按其原理可分为哪几种工作方式？

答：电力线路载波保护专用收发信机是指连接纵联保护装置与电力线路载波通道，专用于发送与接收线路纵联保护指令信号的通信设备。

依其收信机的工作原理可分为直收式与外差接收式两种。

44. BSF-6A（B）高频收发信机装置面板指示灯、小开关、按钮、表计各有何意义？其功能如何？

答：(1) 指示灯。

－30V、－24V、＋15V、－15V：四灯正常亮且亮度一致，表示各级电压工作正常。

测量盘"切换"灯：量程切换指示灯。该灯亮，表头指示为接收信号电平。

触发盘红灯：3dB 告警灯。正常灭，当接收信号低落了 3dB 后，灯亮。

控制盘绿灯：正常灭，当启动发信时该灯亮。

振荡（或频率合成）盘"告警"灯：正常灭，该灯亮时表示晶振失锁故障。

逻辑盘"H3"灯：用收发信机本身逻辑功能发信时，该灯亮。

接口"TXB"灯：正常灭，其他保护停信时，该灯亮。

接口"TXW"灯：正常灭，断路器跳闸位置停信时，该灯亮。

接口"TX"灯：正常灭，本保护停信时，该灯亮。

接口"FX"灯：正常灭，本保护发信时，该灯亮。

接口"BG"灯：正常灭，保护故障时，该灯亮。

(2) 小开关。

电源开关：控制装置直流电源。

控制盘"常发"开关：调试中需要发长信时，将此开关置"常发"位置；正常运行时该开关应处于与"常发"相反的位置。

逻辑盘"远方启动"开关：置于"投"位，用本装置逻辑；置于"退"位，用保护逻辑。

(3) 按钮。该装置"触发"盘及"控制"盘小"按钮"均为信号复归按钮。

(4) 表计。

触发盘表：正常运行时，指示值为 15V。收到对侧信号或本侧发信时，指示值为 0V。

测量盘表：正常指示为 0V。本侧发信时，指针在发信蓝色区域内；收对侧信号时，指针在收信蓝色区域内。

45. YBX-1 高频收发信机装置面板指示灯、小开关、插头各有何意义？其功能如何？

答：(1) 指示灯。

电平正常：正常运行灭。通道交换时，正常接收对侧高频信号时（前 5s）该灯亮；该灯不亮，说明通道耗已超过 3dB（不保持）。

接收信号：收信回路收到本侧或对侧的高频信号时灯亮（不保持）。

发信启动：正常运行灭，保护启动发信后灯亮。

发信监视：发信启动，功率放大器有大功率信号输出时该灯亮。

收信输出：正常运行灭，收信回路收到本侧或对侧发来的高频信号时该灯亮。

保护故障：正常运行灭。保护装置本身发生故障时该灯亮，启动发信机长发信，闭锁两侧保护。

停信 1：正常运行灭，保护装置停止发信时该灯亮。

停信 2：正常运行灭，其他保护停信时该灯亮。

停信 3：正常运行灭，断路器跳闸位置停信时该灯亮。

合成：正常运行此灯亮，当频率合成器晶振失锁或停振时灯灭。

（2）小按钮开关。

启动：按下此按钮，启动电源，装置投入工作；弹起此按钮，装置退出工作。

关闭：此按钮不用。

切换按钮：正常时表头指示发信，按此按钮，改指示收信。

试验：按此按钮可进行交换通道试验。

复归：按下此按钮，所有自保持信号复归。

衰耗：交换通道时，按下此钮，收信回路即投入 8dB 衰耗，可检查通道裕度。

（3）插头。

远方启动投入：插上此插头，装置的远方启动功能即投入。当装置与 WXB-11 及 CSL-160 系列微机保护配合时，应插上此插头，用本装置逻辑；当装置与其他保护配合时，应拔掉此插头，用保护逻辑。

46. YBX-1K 高频收发信机装置面板指示灯、开关、表计各有何意义？其功能如何？

答：（1）指示灯。

发信控制：正常不亮，本侧保护装置启动发信机发信时亮。

保护故障：正常不亮，保护装置本身故障启动发信机发信亮。

停信 1：正常不亮，保护停信时亮。

停信 2：正常不亮，其他保护停信时亮。

停信 3：正常不亮，断路器跳闸停信时亮。

功率下降：正常不亮，本侧发信功率低落或发不出功率时亮。

中央信号：正常不亮，当有输入输出信号时亮。

报警信号：正常不亮，当装置异常（电源故障，晶振失锁，3dB 告警或功率下降）时亮。

试验投入：试验逻辑盘投入时亮，退出时不亮。

收信输出：正常不亮，当接收到高频信号时亮。

电平正常：正常或接收信号高于 3dB 告警整定电平时亮，接收本侧信号时灯亮，当收到信号但信号低落了 3dB 后灯灭。

衰减退出：退出时亮，投入时不亮。

合成：正常亮，晶振失锁时灭。

(2) 小按钮开关。

投退：位于试验逻辑盘，按下时投入，弹出时退出。当装置与 WXB-11 及 CSL-160 系列微机保护配合时，应按下此按钮，用本装置逻辑；当装置与其他保护配合时，应弹出此按钮，用保护逻辑。

SB：位于逆变电源盘，按下启动电源，弹出关闭电源，

衰减选择：按下时退出，弹出时为投入，平时投入。该开关为 SC 盘 Z2 组衰减器投入或退出选择开关。

复归：按下此按钮，复归所有自保持信号。

(3) 表计。

发信指示：指示发信电平。

收信裕度：指示收信裕度。

收信输出：指示收信输出电平表，正常为 0V，收到信号为 24V。

47. 高频收发信装置投停及旁代如何操作？

答：(1) 投入应进行下列操作：

1) 接通收发信机电源，给上电源开关。

2) 各种指示灯显示正确，小开关、小按钮、屏上旁代切换把手在规定位置。

3) 进行通道交换，检查表计指示及灯光显示是否正确。

以上检查正确无误后，装置即投入运行。

(2) 退出。不论高频保护投入与否，没有调度命令，任何情况不得中断收发信机电源。

(3) 旁代操作应注意：

1) 旁代操作时，在旁路断路器合上之前，线路高频保护退出后，将屏上切换把手切至旁路位置。

2) 对试通道。

48. 高频收发信装置保护动作及装置异常时应如何处理？

答：(1) 保护动作后，应有两人在场，详细记录各种信号灯，然后复归信号。

(2) 待系统故障平息，信号复归，保护正常运行后，应立即对试一次通道。

(3) 收发信机本身异常（直流消失、晶振失锁等）应立即向调度汇报，根据调度命令，退出保护。

(4) 当通道对试出现异常（表计指示不正确，3dB 告警灯亮，收发信逻辑过程异常），应立即汇报主管调度，根据调度命令，退出高频保护，然后通知保护部门处理。

(5) 保护装置异常引起收发信机长时发信，应立即汇报调度，退出两侧纵联保护后，关闭收发信机。

49. 什么是距离保护？距离保护的特点是什么？

答：距离保护又叫阻抗保护，是以距离测量元件为基础构成的保护装置。其动作和选择性取决于本地测量参数（阻抗、电抗、方向）与设定的被保护区段参数的比较结果，而阻抗、电抗又与输电线的长度成正比，故名距离保护。距离保护的动作是当测量到保护安装处至故障点的阻抗值等于或小于继电器的整定值时动作，与运行方式变化时短路电流的大小无关。

距离保护是主要用于输电线的保护，一般是三段式或四段式。第一、二段带方向性，作本线段的主保护。其中第一段保护线路的80%～90%，第二段保护余下的10%～20%并作相邻母线的后备保护。第三段带方向或不带方向，有的还设有不带方向的第四段，作本线及相邻线段的后备保护。

整套距离保护包括故障启动、故障距离测量、相应的时间逻辑回路与电压回路断线闭锁，有的还配有振荡闭锁等基本环节以及对整套保护的连续监视等装置。有的接地距离保护还配备单独的选相元件。

50. 距离保护装置一般由哪几部分组成？

答：为使距离保护装置动作可靠，距离保护装置应由以下五部分组成：

（1）测量部分。用于对短路点的距离测量和判别短路故障的方向。

（2）启动部分。用来判别系统是否处在故障状态。当短路故障发生时，瞬时启动保护装置。有的距离保护装置的启动部分还兼起后备保护的作用。

（3）振荡闭锁部分。用来防止系统振荡时距离保护误动作。

（4）二次电压回路断线失压闭锁部分。用来防止电压互感器二次回路断线失压时，由于阻抗继电器动作而引起的保护误动作。

（5）逻辑部分。用来实现保护装置应具有的性能和建立保护各段的时限。

51. 什么叫测量阻抗、整定阻抗和动作阻抗？

答：阻抗继电器的测量阻抗是指它所测量（感受）到的阻抗，即加入到继电器的电压、电流的比值。例如，在正常运行时，它的测量阻抗就是通过被保护线路负荷的阻抗。

整定阻抗是指编制整定方案时根据保护范围给出的阻抗。发生短路时，当测量阻抗等于或小于整定阻抗时，阻抗继电器动作。

动作阻抗是指能使阻抗继电器动作的最大测量阻抗。

52. 什么是距离保护的时限特性？

答：距离保护一般都做成三段式：第Ⅰ段的保护范围一般为被保护线路全长的80%～85%，动作时间为保护装置的固有动作时间；第Ⅱ段的保护范围需与下一线路的保护定值相配合，一般为被保护线路的全长及下一线路全长的30%～40%，其动作时限要与下一线路

距离保护第Ⅰ段的动作时限相配合，一般为0.5s左右；第Ⅲ段为后备保护，其保护范围较长，包括本线路和下一线路的全长乃至更远，其动作时限按阶梯原则整定。

53. 为什么距离保护的Ⅰ段保护范围通常选择为被保护线路全长的80%～85%？

答： 距离保护第Ⅰ段的动作时限为保护装置本身的固有动作时间，为了和相邻的下一线路的距离保护第Ⅰ段有选择性地配合，两者的保护范围不能有重叠的部分，否则，本线路第Ⅰ段的保护范围会延伸到下一线路，造成无选择性动作。再者，保护定值计算用的线路参数有误差，电压互感器和电流互感器的测量也有误差。考虑最不利的情况，若这些误差为正值相加，如果第Ⅰ段的保护范围为被保护线路的全长，就不可避免地要延伸到下一线路。此时，若下一线路出口故障，则相邻的两条线路的第Ⅰ段会同时动作，造成无选择性地切断故障。为消除以上弊病，第Ⅰ段保护范围通常取被保护线路全长的80%～85%。

54. 目前距离保护装置中广泛采用的振荡闭锁装置是按什么原理构成的？有哪几种？

答： 目前距离保护装置中广泛采用的振荡闭锁装置，是按系统振荡和故障时电流变化的速度及各序分量的区别而构成的。

常用的有利用负序分量或分序增量构成的振荡闭锁装置。

55. 距离保护为何需装设电压回路断线闭锁装置？

答： 目前的距离保护，启动回路经负序电流元件闭锁。当发生电压互感器二次回路断线时，尽管阻抗元件会误动，但因负序电流元件不启动，保护装置不会立即引起误动作。但当电压互感器二次回路断线而又遇到穿越性故障时仍会出现误动，所以还要装设断线闭锁装置，在发生电压互感器二次回路断线时发出信号，并经大于第Ⅲ段延时的时间启动闭锁保护。

56. 什么是方向阻抗继电器？

答： 所谓方向阻抗继电器，是指它不但能测量阻抗的大小，而且能判断故障方向。换句话说，这种阻抗继电器不但能反应输入到继电器的工作电流（测量电流）和工作电压（测量电压）的大小，而且能反应它们之间的相角关系。由于在多电源的复杂电网中，要求测量元件应能反应短路故障点的方向，所以方向阻抗继电器就成为距离保护装置中的一种最常用的测量元件。从原理上讲，不管继电器在阻抗复平面上是何种动作特性，只要能判断出短路阻抗的大小和短路故障点的方向，都可称之为方向阻抗继电器。但是，习惯上则是指在阻抗复平面上过坐标原点并具有圆形特性的阻抗继电器。

57. 方向阻抗继电器为什么要接入第三相电压？

答： 在保护安装处发生反方向两相金属性短路时，电压互感器二次侧的故障相与非故障

相间的负载中仍有电流流过。由于三相负载不对称等原因，可能导致阻抗继电器端子上的两故障相电位不相等而形成电位差，使电压回路流过干扰电流。当继电器记忆作用消失后，在干扰电流作用下，有可能失去方向性而误动作。引入第三相电压（非故障相电压）就可避免阻抗继电器的误动作。

在保护安装处发生正方向两相金属性短路时，两相间电压降为 0，但由于第三相电压的作用，使保护安装处故障相与非故障相间的电压为 1.5 倍相电压。该电压使记忆回路中电阻上的压降正好与短路前的电压同相位，这就是说继电器端子上仍保留有与短路前电压同相位的电压，能保证继电器动作，消除死区。

58. 距离保护装置所设的总闭锁回路起什么作用？

答：总闭锁回路的作用是当距离保护装置失压或装置内阻抗元件失压以及因过负荷使阻抗元件误动作时，由电压断相闭锁装置或阻抗元件经过一段延时后去启动总闭锁回路，使整套距离保护装置退出工作，同时发出信号。只有当工作人员处理完毕后，才能复归保护，解除总闭锁。

59. 大短路电流接地系统中输电线路接地保护方式主要有哪几种？

答：大短路电流接地系统中输电线路接地保护方式主要有纵联保护（相差高频、方向高频等）、零序电流保护和接地距离保护等。

60. 采用接地距离保护有什么优点？

答：接地距离保护的最大优点，是瞬时段的保护范围固定，还可以比较容易获得有较短延时和足够灵敏度的第二段接地保护，特别适合于短线路的一、二段保护。对短线路来说，一种可行的接地保护方式，是用接地距离保护一、二段再辅之以完整的零序电流保护。两种保护各自配合整定，各司其职：接地距离保护用以取得本线路的瞬时保护段和有较短时限与足够灵敏度的全线第二段保护；零序电流保护则以保护高电阻故障为主要任务，保证与相邻线路的零序电流保护间有可靠的选择性。

61. 常规接地距离继电器有什么特点？

答：（1）在单相接地故障时，能正确测量距离。增加领前相电压作辅助极化量和极化回路实现记忆作用，都十分有利于消除电压死区，增强允许接地电阻能力和保证反方向故障的方向性。在这种故障时的基本性能，和相间方向距离元件在相间短路时的情况相似。

（2）在单相接地故障时，能够选相，可以用作选相元件。

（3）受端母线经电阻三相短路时，要失去方向性。

（4）在重负荷、长线路情况下，如果整定值较大，送端母线两相短路时要失去方向性。

（5）发生两相短路经电阻接地故障时，超前故障相的元件要发生超越，等值电源阻抗与

线路阻抗之比越大时，超越越严重；极化回路的记忆作用和超前相辅助极化电压作用更使超越增大。而滞后故障相的元件要缩短保护范围。因此，如果要利用这种继电器作距离测量元件，需要在发生两相短路接地时将超前故障相元件退出工作。

（6）正方向两相短路时，保护范围缩短。等值电源阻抗与整定阻抗之比越大时，缩短的情况越严重。

（7）全相运行和非全相运行时发生振荡，当两侧等值电源电动势夹角摆开较大时，都可能动作。

62. 常用的接地距离继电器有哪几种构成方式？

答：常用的接地距离继电器有以下几种构成方式：

（1）相阻抗继电器。这种继电器按$\frac{\dot{U}_{ph}}{\dot{I}_{ph}+K\dot{I}_0}$接线，是第Ⅰ类距离继电器。

（2）以零序电抗继电器为基础构成的各种接地距离继电器。零序电抗继电器以零序电流为极化量，测量相补偿电压$\dot{U}'=\dot{U}-Z_{ph}(\dot{I}_{ph}+K\dot{I}_0)$的相位变化，是第Ⅱ类距离继电器。

（3）电压补偿型零序电抗继电器。这种继电器以$\dot{U}_{sen}=\dot{U}_{ph}-(\dot{I}_{ph}-\dot{I}_0)Z_{ph}$为制动量，以$\dot{U}_{op}=\dot{U}_{ph}-2\dot{I}_0X_{oy}$为动作量，式中$X_{oy}$是保护区线路的零序电抗。这种继电器也是第Ⅱ类距离继电器。

（4）相序分量比较式接地距离继电器。这种继电器以零序补偿后电压U_0'为动作量，以正序和负序补偿后电压之和$U_{12}'=U_1'+U_2'$为制动量，是第Ⅱ类距离继电器。

63. 为什么110kV及以上的电网要装设接地保护？零序电流保护有何优越性？

答：在110kV及以上的中性点直接接地的电力网中，单相接地故障约占总故障的70%～90%，且相间故障也往往是由单相故障发展而来的。因此有必要设置接地保护，以切除接地故障，由于接地时会出现零序分量，因此利用接地故障特有的零序分量构成接地保护具有较大的优越性。

（1）整定值小，因此零序电流保护有较高的灵敏度。

（2）动作时限较小，构成简单。

（3）零序电流的大小受电源影响较小，系统运行方式的变化对保护的影响小。

（4）线路的零序阻抗比正序阻抗大得多，因此零序电流变化较正序电流大，零序速断保护范围大。

64. 什么是零序保护？大短路电流接地系统中为什么要单独装设零序保护？

答：在大短路电流接地系统中发生接地故障后，就有零序电流、零序电压和零序功率出现，利用这些电量构成保护接地短路故障的继电保护装置统称为零序保护。三相星形接线的过电流保护虽然也能保护接地短路故障，但其灵敏度较低，保护时限较长。采用零序保护可

克服此不足。这是因为：

（1）系统正常运行和发生相间短路时，不会出现零序电流和零序电压，因此零序保护的动作电流可以整定的较小，这有利于提高其灵敏度。

（2）Yd 接线的降压变压器，三角形绕组侧以后的故障不会在星形绕组侧反应出零序电流，所以零序保护的动作时限可以不必与该种变压器以后的线路保护相配合，可取较短的动作时限。

65. 零序电流保护由哪几部分组成？

答： 零序电流保护主要由零序电流（电压）滤过器、电流继电器和零序方向继电器三部分组成。

66. 零序电流保护在运行中需注意哪些问题？

答：（1）当电流回路断线时，可能造成保护误动作。这是一般较灵敏的保护的共同弱点，需在运行中注意防止。就断线概率而言，它比距离保护电压回路断线的概率要小得多。如果确有必要，还可以利用相邻电流互感器零序电流闭锁的方法防止这种误动作。

（2）当电力系统出现不对称运行时，也会出现零序电流，例如变压器三相参数不同所引起的不对称运行，单相重合闸过程中的两相运行，三相重合闸和手动合闸时的三相断路器不同期，母线倒闸操作时断路器与隔离开关并联过程或断路器正常环网运行情况下，由于隔离开关或断路器接触电阻三相不一致而出现零序环流，以及空载投入变压器时产生的不平衡励磁涌流，特别是在空载投入变压器所在母线有中性点接地变压器在运行中的情况下，可能出现较长时间的不平衡励磁涌流和直流分量等，都可能使零序电流保护启动。

（3）地理位置靠近的平行线路，当其中一条线路故障时，可能引起另一条线路出现感应零序电流，造成反方向侧零序方向继电器误动作。如确有此可能时，可以改用负序方向继电器，来防止上述零序方向继电器误判断。

（4）由于零序方向继电器交流回路平时没有零序电流和零序电压，回路断线不易被发现，当继电器零序电压取自电压互感器开口三角绕组时，也不易用较直观的模拟方法检查其方向的正确性，因此较容易因交流回路有问题而使得在电网故障时造成保护拒绝动作和误动作。

67. 110kV 零序保护为什么有的带方向性，有的不带方向性？

答： 在复杂电网中，为了使零序电流保护装置满足灵敏度及动作上的选择性和快速性要求，在大多数情况下，可以附加装设方向继电器而构成零序方向保护装置，其原则如下：

（1）假设流经保护装置的零序电流在保护安装处母线上发生接地短路时比被保护末端发生接地短路时大，并且当零序电流速断装置的动作电流按躲过安装处母线上短路整定量，根本没有保护区或保护区太小，在这种情况下应装设方向元件。

（2）外部接地短路时，短路功率流向母线的有时限零序保护装置，如果可能在线路首、

末端的保护装置之前动作，这种情况下应装设方向元件。如果适当地提高保护装置的动作电流后，保护装置的灵敏度仍能满足要求，则可不必装设方向元件。在复杂网路中，一般都装设方向元件。

68. 接地距离继电器中怎样实现零序补偿？

答：在接地距离继电器中为了补偿线路零序阻抗上的压降，可以在电流或电压回路中进行补偿。在电流回路内补偿的最简单方法，是在继电器的电流线圈或辅助互感器中增加一个线圈通入补偿电流 $K\dot{I}_0$，如图 17-16(a)所示。

零序补偿自耦变流器 TA0 是为了对补偿电流的大小即 K 值进行调节。由 TA0 变换产生的 $K\dot{I}_0$ 供三相继电器使用。这种方法简单，但 K 值作为实数处理，因而存在误差。

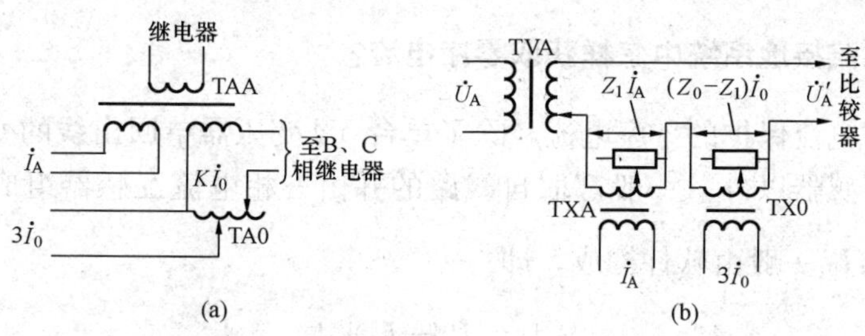

图 17-16 接地距离继电器中的零序电流补偿回路

(a) 近似补偿；(b) 精确补偿

要实现准确补偿需由相电流和零序电流分别产生补偿电压，以准确地模拟相应阻抗的角度。图 17-16(b)示出零序电抗继电器中相补偿电压的形成回路。图中相电抗互感器 TXA 和零序电抗互感器 TX0 分别产生补偿电压$Z_1\dot{I}_A$ 和（Z_0-Z_1）$\dot{I}_0$，这样就可以把 Z_1和 Z_0的不同相角模拟出来。

实际上线路零序阻抗中的有效电阻随大地导电率而变化，这就使采用准确模拟的收效不大。电压补偿式零序电抗继电器在原理上只反应零序电抗，在继电器中只需模拟正序阻抗，因此测量最准确。

69. 在大短路电流接地系统中，采用专门的零序电流保护与利用三相星形接线的电流保护来保护单相接地短路相比，有什么优点？

答：相比之下，专门的零序电流保护具有以下优点：

（1）相间短路的过电流保护，其动作电流按躲过最大负荷电流来整定，一般为 5～7A，而零序电流保护则按躲过最大不平衡电流整定，其动作电流一般为 2～4A，因此，零序过电流保护有较高的灵敏度。

（2）零序过电流保护的动作时限，不必与 Yd 接线的降压变压器后的线路保护的动作时限相配合，故动作时限比相间保护的动作时限小。

（3）由于线路始端和末端的零序短路电流相差较大，系统运行方式改变时，零序电流的变化较小，因此零序速断保护的保护范围长而稳定。

（4）保护安装处附近发生短路时，相间短路保护的感应型功率方向继电器有死区，而零序功率方向继电器不但没有死区，而且在靠近保护安装地点短路时，反而灵敏度更高。

（5）相间短路的电流保护受系统振荡和短路过负荷影响，零序电流保护不受它们的影响。

70. 大短路电流接地系统的零序电流保护的时限特性和相间短路电流保护的时限特性有何异同？

答：接地故障和相间故障电流保护的时限特性都按阶梯原则整定，所不同的是接地故障零序电流保护的动作时限不需要像相间故障的电流保护那样从离电源最远处的保护开始逐级增大。

71. 在大短路电流接地系统中怎样获取零序电流？

答：线路零序电流保护的零序电流，除了单台 Yd 变压器单回出线的变电站可以取自变压器中性点电流互感器以外，一般都取自线路的并由三相电流互感器组成的零序电流滤过器，微机保护用的$\dot{I}_0$一般由软件构成，即

$$3\dot{I}_0=\dot{I}_A+\dot{I}_B+\dot{I}_C$$

一般变压器的零序电流保护，可以自变压器中性点电流互感器取得零序电流，但对自耦变压器，由于不是所有的接地故障都能在变压器中性点产生一定方向的、并且幅值足够的零序电流，所以它的零序电流保护，一般不是从变压器中性点取得零序电流，而是从变压器出口零序电流滤过器取得零序电流。

72. 在零序电流保护的整定中，对故障类型和故障方式的选择有什么考虑？

答：零序电流保护的整定，应以常见的故障类型和故障方式为依据。

（1）只考虑单一设备故障。对两个或两个以上设备的重叠故障，可视为稀有故障，不作为整定保护的依据。

（2）只考虑常见的、在同一点发生单相接地或两相短路接地的简单故障，不考虑多点同时短路的复杂故障。

（3）要考虑相邻线路故障对侧断路器先跳闸或单侧重合于故障线路的情况，但不考虑相邻母线故障中性点接地变压器先跳闸的情况（母线故障时，应按规定，保证母线联络断路器或分段断路器先跳闸）。因为中性点接地变压器先断开，会引起相邻线路的零序故障电流突然增大，如果靠大幅度提高线路零序电流保护瞬时段定值来防止其越级跳闸，显然会严重损害整个电网保护的工作性能，所以必须靠母线保护本身来防止接地变压器先跳闸。

（4）对单相重合闸线路，应考虑两相运行的情况（分相操作断路器的三相重合闸线路，原则上靠断路器非全相保护防止出现两相运行情况）。

（5）对三相重合闸线路，应考虑断路器合闸三相不同期的情况。

73. 多段式零序电流保护逐级配合的原则是什么？

答： 相邻保护逐级配合的原则是要求相邻保护在灵敏度和动作时间上均能相互配合，在上、下两级保护的动作特性之间，不允许出现任何交错点，并应留有一定裕度。

74. 继电保护为什么要遵守逐级配合的原则？

答： 实践证明，逐级配合的原则是保证电网保护有选择性动作的重要原则，不遵守这一原则就难免会出现保护越级跳闸。对零序电流保护也同样如此。

例如：假定图 17-17 中三段式零序电流保护 A 没有按上述原则严格地与相邻线路三段式零序电流保护 B 相配合。尽管保护 B 的第二段对线路 LB 末端故障有足够灵敏度，保护 A 的第三段在动作时间上大于保护 B 的第二段动作时间，但是保护 A 第三段在灵敏度上与保护 B 的二、三段不配合，其动作特性如图 17-17 所示，不遵守这条出现相互交错的情况，如图中打叉部分。此时，虽然对路线 LB 上发生的金属性接地故障，仍可以由保护 B 的第一段或第二段动作，有选择地切除故障，但在下述许多情况下，如果保护 B 第二段不能可靠动作，则可能导致保护 A 越级跳闸。

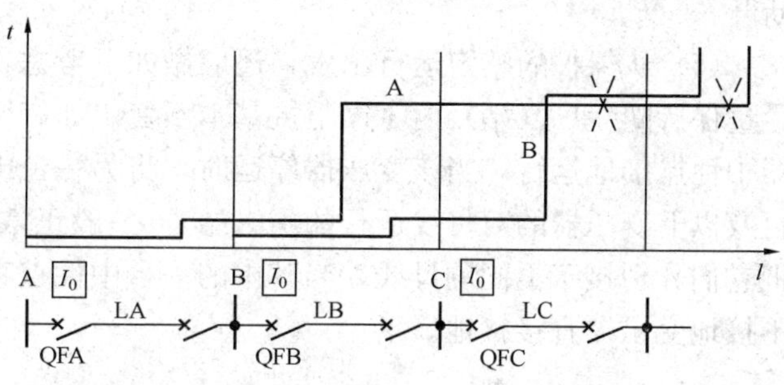

图 17-17 零序电流保护上、下级未严格配合

（1）在线路 LB 末端发生经大过渡电阻的接地故障（如对树放电等）时，保护 B 第二段不一定能动作，但第三段可以动作。然而保护 A 第三段因为其动作特性与保护 B 第三段重叠，也可能同时动作，后果是造成线路 LA 不必要地被切断。

（2）线路 LB 的始端断路器因故断开一相，但负荷较轻，其两相运行零序电流较小，不足以启动保护 B 第三段。这本来完全可以由运行人员手动处理，或依靠断路器非全相保护动作，跳开三相断路器，但由于保护 A 第三段的灵敏度与保护 B 第三段不配合，它反而可能动作而越级跳开断路器 QFA。

（3）在线路 LC 发生金属性接地故障而其断路器因故拒绝动作时，本来可以靠保护 B 作为后备，跳开断路器 QFB，但由于保护 A 与保护 B 动作特性重叠，因而可能导致断路器 QFA 越级跳闸。

上述配合原则，不仅适用于第一次故障的情况，还应该同样适用于重合闸过程中又发生故障（单相重合过程中健全相又发生故障）和重合于永久性故障的情况。

75. 在大短路电流接地系统中，为什么有时要加装方向继电器组成零序电流方向保护？

答： 在大短路电流接地系统中，如线路两端的变压器中性点都接地，当线路上发生接地短路时，在故障点与各变压器中性点之间都有零序电流流过，其情况与两侧电源供电的辐射形电网中的相间故障电流保护一样。为了保证各零序电流保护有选择性动作和降低定值，就必须加装方向继电器，使其动作带有方向性，使得零序方向电流保护在母线向线路输送功率时投入，线路向母线输送功率时退出。

76. 在中性点直接接地系统中，变压器中性点接地的选择原则是什么？

答：（1）发电厂及变电站低压侧有电源的变压器，若变电站中只有单台变压器运行，其中性点应接地运行，以防止出现不接地系统的工频过电压状态。如事前确定不能接地运行，则应采取其他防止工频过电压的措施。

（2）自耦型和有绝缘要求的其他型变压器，其中性点必须接地运行。

（3）T 接于线路上的变压器，以不接地运行为宜。当 T 接变压器低压侧有电源时，则应采取防止工频过电压的措施。

（4）为防止操作过电压，在操作时应临时将变压器中性点接地，操作完毕后再将其断开。

（5）从保护的整定运行出发，还应做如下考虑：变压器中性点接地运行方式的安排，应尽量保持同一厂（站）内零序阻抗基本不变。如有两台及以上变压器时，一般只将一台变压器中性点接地运行，当该变压器停运时，将另一台中性点不接地变压器改为直接接地；有三台及以上变压器的双母线运行的厂（站），一般正常按两台变压器中性点直接接地运行，并把它们分别接于不同的母线，当其中的一台中性点直接接地变压器停运时，将另一台中性点不接地变压器直接接地。

怎样实现中性点非直接接地电力网的零序电流保护？

答：在线路较多的辐射式电网中，通常装设零序电流保护来实现有选择性的接地保护。零序电流保护由零序电流滤过器和电流继电器组成。零序电流滤过器可由两种方法实现：一种方法是用三个变比相同的电流互感器接成星形，再将电流继电器串接到中性线回路。这种方法的缺点是由于三个电流互感器励磁电流不同及制造误差等因素，可能会造成中性线上不平衡电流较大，而使接地保护灵敏度不够。因此这种方式除用于架空线路外，一般尽量不用。另一种方法是用环形或矩形的零序电流互感器，其励磁阻抗和电流继电器线圈阻抗相匹配，从而获得最大的功率输出，使保护的灵敏度得以提高。零序电流互感器套在被保护的电缆线路或经电缆引出的架空线路上。

正常运行，三相或两相短路时，由于三相电流相量和为零，故穿过零序电流互感器铁芯的磁通等于零。这时零序电流互感器二次侧无感应电动势，故继电器中无电流通过，不会动作。当中性点不接地电力网发生单相接地时，非故障线路流过的零序电流为本线路的对地电容电流；而故障线路流过的零序电流为所有非故障线路对地电容电流之和或等于全系统的对地电容电流减去故障线路的对地电容电流。

零序电流保护动作时，除有特殊要求者（如单相接地对人身和设备的安全有危险的地方）外，一般作用于信号。这是因为中性点不接地电力网发生单相接地故障时，故障电流很小，且三相之间的线电压保持对称，对用户供电没有影响，一般情况下允许继续运行 1～2h，以便运行人员根据保护所发信号，采取措施进行处理。

78. 为什么在大短路电流接地系统中零序电流的幅值和分布与变压器中性点是否接地有很大关系？

答：在接地点处零序电压的数值最大。在零序电压作用下，零序电流沿线路、变压器中性点、大地、接地点所形成的零序回路流通，因此零序电流的数值和分布与变压器中性点是否接地有很大关系，而与电源的数目无关（因为电源无零序电压）。如图 17-18（a）所示的系统中，只有变压器 T1 的中性点直接接地，当 k 点发生单相接地短路时，由于变压器 T2 的中性点不接地，所以零序电流只流经 T1 而不流向 T2。T1 的三角形接线绕组中虽感应有零序电流，但它只在三角形接线绕组中环流而不能流向三角形侧的引出线。在图 17-18（b）中，变压器 T1、T2 的中性点都直接接地，所以在 k 点发生单相接地时，零序电流经由 T1、T2 两条路径形成回路。在图 17-18（c）中，变压器 T1 和 T2 的三个中性点都直接接地，当 T2 的低压侧 k 点发生单相接地时，不仅 T2 低压侧线路有零序电流，而且 T1 与 T2 之间的线路上也有零序电流。

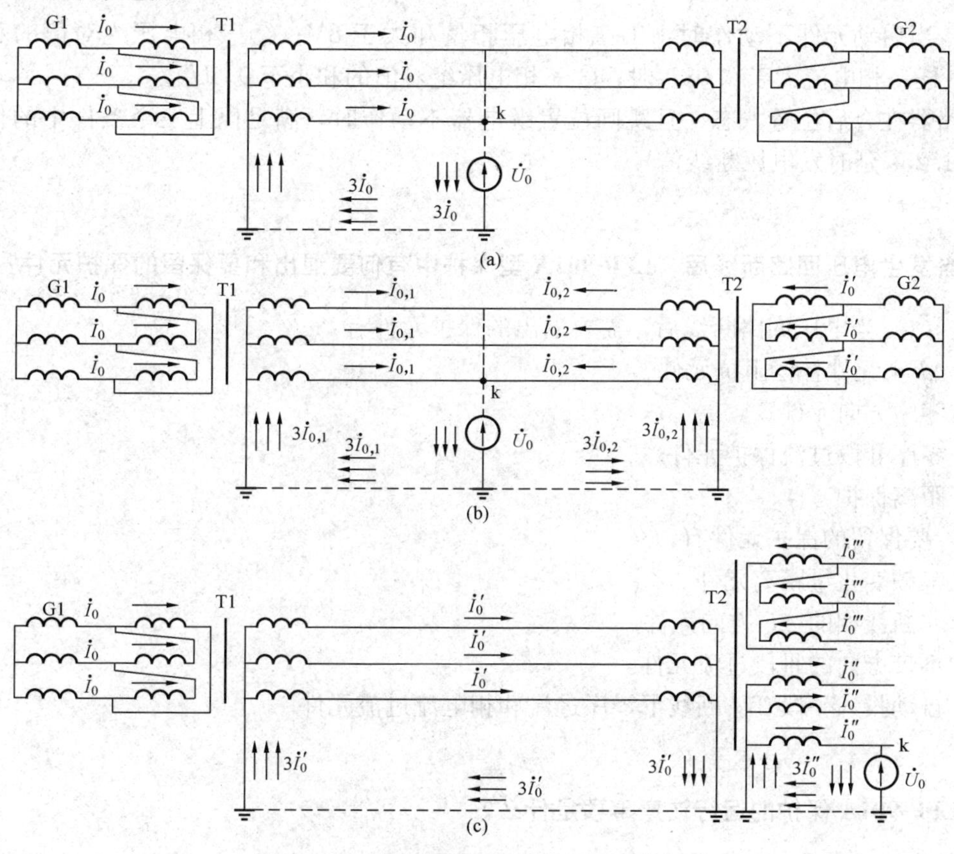

图 17-18　单相接地短路时零序电流分布图

（a）一台变压器中性点接地；（b）两台变压器中性点接地；

（c）不同电压通过 YNyn 变压器连接的网络单相接地

79. 采用单相重合闸的线路零序电流保护最末一段的时间为什么要躲过重合闸周期？

答：零序电流保护最末一段的时间要躲过重合闸周期，其原因如下：

（1）零序电流保护最末一段通常都要求作相邻线路的远后备保护以及保证本线路经较大的过渡电阻（220kV 为 100Ω）接地仍有足够的灵敏度，其定值一般整定得较小。线路重合闸过程中非全相运行时，在较大负荷电流的影响下，非全相零序电流有可能超过其整定值而引起保护动作。

（2）为了保证本线路重合闸过程中健全相发生接地故障能有保护可靠动作切除故障，零序电流保护最末一段在重合闸启动后不能被闭锁而退出运行。

综合上述两点，零序电流保护最末一段只有靠延长时间来躲过重合闸周期，在重合闸过程中既可以不退出运行，又可以避免误动。当其定值躲不过相邻线路非全相运行时，其整定时间还应躲过相邻线路的重合闸周期。

80. LFP-901A 型保护装置主保护中的电压回路断线闭锁判据是什么？

答：当启动元件不动作时：①三相电压相量和大于 8V；②三相电压绝对值的和小于 $0.5U_N$，任一相电流大于 $0.08I_N$时；③三相电压绝对值的和小于 $0.5U_N$。

断路器在合后位置状态，且跳闸位置继电器不动作时，满足以上三个条件中的任一个时，经 1.25s 延时发电压断线信号。

81. 当发生电压回路断线后，LFP-901A 型保护中有何要退出和要保留的保护元件？

答：（1）当电压回路断线后，需要退出的保护元件有：

1）ΔF+元件补偿阻抗元件。

2）零序方向元件。

3）零序Ⅱ段过流保护元件。

4）距离保护。

（2）要保留的保护元件有：

1）工频变化量距离元件 ΔZ。

2）非断线相的 ΔF 方向元件。

3）不带方向的Ⅲ段过流元件。

4）自动投入一段 TV 断线下零序过流和相电流过流元件。

82. LFP-901A 保护的运行注意事项是什么？

答：（1）检查直流电源、CPU 插件、信号插件上的 OP 灯应亮。

（2）检查 CPU1 插件上的 TV 断线灯应不亮。

（3）当重合闸投入时，检查 CPU2 插件上的重合闸充电灯应亮，检查管理板液晶上的 CD，应为 1。

（4）管理板上的定值“运行/修改”开关应置“运行”位置。

（5）管理板上的定值区应拨到定值单上制定的定值区。

（6）检查管理板上液晶显示的电压、电流、相角及时间应与实际一致。

83. 在 LFP-901A 保护管理板液晶上显示的跳闸报告，其每行代表的意思是什么？

答：当保护动作时，在管理板液晶上显示跳闸报告：

第一行显示的系统故障保护启动元件动作的时刻。

第二行左边显示本保护最快动作元件的动作时间；右边显示本保护累计的动作报告的次数，从 00～99 循环显示。

第三行显示本保护所有的动作元件。

第四行左边显示故障相别；右边显示故障点到保护安装处的距离。

84. LFP-901A（902A）保护屏面板信号及液晶显示有何意义？

答：(1)“DC”灯。为装置直流逆变电源监视灯，当装置给上直流电源时，该灯点亮。

“OP”灯。为运行正常监视灯，位于保护装置 5、6、8 号插件，分别对 CPU1（方向保护）、CPU2（距离保护）及 SIG（信号及转换模件）进行监视，正常时亮，插件有故障时灭。

“DX”灯。为 TV 断线信号，保护回路交流电压异常时该灯点亮，正常时灭。

“CD”灯。重合闸充电指示灯，完成“充电”时点亮，表示重合闸投入，可以进行重合；“CD”灯不亮时闭锁重合，重合闸投入正常运行时该灯亮。

“TA、TB、TC”灯。为保护跳闸信号，保护跳闸时相应灯亮，正常时灭。

“CH”灯。为重合闸信号，重合闸动作后亮，正常时灭。

(2) CZX—11 操作箱。

“OP”灯。共三个，运行时监视跳闸回路的完好性，正常亮。

“TA、TB、TC”灯。开关跳闸信号监视灯，正常灭。

“CH”灯。重合闸信号，正常灭。

(3) CSQ—1 失灵保护起动装置。

电源指示灯。逆变电源监视灯，装置给上直流电源时，该灯点亮。

运行灯。为正常运行监视灯，正常亮。

“IA、IB、IC”灯。相电流元件监视灯，电流元件动作后，该信号灯（黄灯）点亮。

(4) 901A（902A）装置带电正常运行时，液晶屏幕显示如图 17-19 所示。

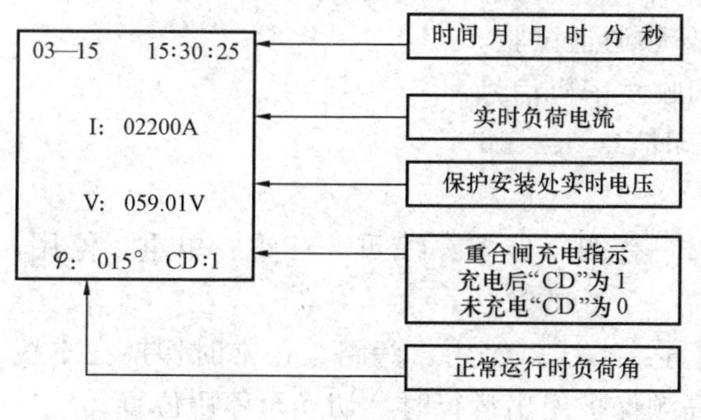

图 17-19 液晶显示信息

85. LFP-900 保护的保护连接片的功能是什么？

答：(1) 出口连接片：①A 相跳闸出口（1XB1）；②B 相跳闸出口（1XB2）；③C 相跳闸出口（1XB3）。

当断开这三个连接片时，LFP-900 保护功能全部退出。

(2) 重合闸连接片 1XB4，断开此连接片时，本屏重合闸退出。

（3）跳闸备用连接片：①A 相跳闸出口备用（1XB5）；②B 相跳闸出口备用（1XB6）；③C 相跳闸出口备用（1XB7）。

（4）重合闸出口备用连接片（1XB8），当一条线路上有两套重合闸装置时，此连接片常设置为“闭锁另一套重合闸装置”连接片。

（5）线路保护启动失灵连接片：①A 相失灵启动（1XB9）；②B 相失灵启动（1XB10）；③C 相失灵启动（1XB11）。当断开这三个连接片时，该线路保护将不启动失灵保护。

（6）线路启动失灵保护备用连接片：①A 相失灵启动备用（1XB12）；②B 相失灵启动备用（1XB13）；③C 相失灵启动备用（1XB14）。

（7）本屏保护启动及闭锁外部重合闸连接片（1XB15、1XB16），当本装置内重合闸不用时投入。

（8）投零序连接片（1XB17）。连通该连接片时，零序后备保护投入；反之，则将零序后备保护退出。

（9）投主保护连接片（1XB18）。该连接片连通，高频保护投入；反之，则退出高频保护。

（10）投距离连接片（1XB19）。该连接片连通，距离保护投入；反之，则将距离保护退出。

（11）沟通三相跳闸连接片（1XB21）。此连接片连通，任何故障保护直接三相跳闸不重合。

（12）失灵启动总连接片。本线路保护启动失灵保护总连接片，连通时，投入失灵保护，反之，退出失灵保护。

86. LFP-900 保护屏按钮开关有何功能？

答：（1）按钮。

保护复归按钮（1FA）：用于复归 LFP-901A（902A）保护信号。

收发信机通道试验按钮（1SA）：用于进行高频通道试验。

收发信机信号复归按钮（11FA）：用于复归收发信机信号。

打印按钮（1YA）：用于保护装置动作后打印信息。

（2）把手。

1）屏正面把手重合闸方式把手（11QK1.2）有四个位置：综重、三重、单重、停用，根据调度命令选择重合闸方式。

2）收发信切换把手（11QK1.2）有三个位置：本线、停用、旁路。正常时切换在本线位置，当需要旁代时，切换至旁路位置，本侧高频保护退出运行时，切换至停用位置。

（3）屏背面开关。

1）交流电压快速开关：为保护用 TV 二次电压开关，装置运行时合上此开关，否则装置将失去交流电压，当装置出现“TV”断线信号时，先检查此开关。

2）直流快速开关：为 LFP-901A（902A）保护直流电源开关，装置运行时应投入此开关。

（4）LFP-901A（902A）定值整定开关及“运行/修改”定值允许开关。

1）定值整定开关：为保护定值换挡拨轮开关，共 0～8 九组定值。正常运行时，该拨轮开关应在指定位置。

2）“运行/修改”定值允许开关：为一个二投切换开关，运行人员正常应检查其在“运行”位置，严禁将其拨动至“修改”位置。

LFP-900保护装置投运时应检查哪些项目？

答：（1）检查盘后直流快速开关、交流电压快速开关在合位。

（2）检查装置电源开关在“ON”位，电源指示“DC”灯亮，“OP”灯亮，“TA、TB、TC”灯灭。

（3）定值允许开关在“运行”位置，定值拨轮开关在所需位置，液晶屏幕显示运行信息（日期、时间、电流、电压、相角等）。

（4）按运行要求投入各保护及重合闸连接片，检查收发信机开关在“本线”位置，重合闸方式选择开关在所需位置，当开关合闸且重合闸在投入位置，应检查液晶屏幕显示“CD”为“1”，且CD灯亮。

LFP-900保护装置保护退出时应如何操作？

答：（1）整套保护退出只需将A相跳闸出口，B相跳闸出口，C相跳闸出口，失灵启动总投入连接片断开即可。

（2）部分保护退出运行时，根据调度命令断开相应的保护连接片。

LFP-900保护装置高频保护旁切如何操作？

答：（1）在旁路断路器合上之前，根据调度命令退出被旁代断路器及对侧断路器的高频保护。

（2）将高频旁切把手从“本线”切至“旁路”。

（3）检查旁路高频保护连接片在“退出”位置。

（4）合旁路断路器。

（5）断线路断路器。

（6）对试通道。

（7）根据调度命令，投入旁路断路器及对侧断路器的高频保护。

90. LFP-900保护装置重合闸投退应如何操作？

答：（1）当一条线路只有一套重合闸时，根据调度命令投退合闸连接片及改变重合闸方式选择开关。

（2）一条线路如有两套重合闸时，投入其中一套或两套合闸连接片，在任何情况下，两套重合闸方式选择开关位置必须一致。

（3）一条线路的重合闸短时退出运行时，只需将把手置“停用”位置，若长期停用（3天以上），除把手置“停用”位置外，还要将“合闸出口”连接片断开。

（4）LFP-901 保护与 WXB-11 保护配合构成双高频保护时，重合闸投停操作为：

1）投入：将两把手置于所需位置且一致，两出口连接片投一个。

2）退出：将两把手都置于“停用”位置，将 LFP-901 装置所在屏上“沟通三跳”连接片投入。

（5）LFP-901 与 LFP-902 保护配合构成双高频保护时，重合闸投停操作为：

1）投入：将两把手置于所需位置且一致，两面屏“相互闭锁重合闸”连接片投入，两重合闸出口连接片投入。

2）退出：两把手置“停用”位置，两“沟通三跳”连接片投入。

91. LFP-900 保护装置定值区变更如何操作？

答：（1）在运行状态下，按“↑”键可进入主菜单。然后选中“SETTING”定值整定功能，光标指向“SETTING”，按“确认”键，再用“+”、“−”、“↑”、“↓”对额定电流进行修改。将定值修改允许开关打在“修改”位置，按“确认”键，进入子菜单，对 CPU1 进行定值修改。等 CPU1 定值全部修改完毕后，按确认键回到主菜单。用同样的方法分别对 CPU2、管理板、故障测距的定值进行修改、确认。当所有定值修改结束后，将定值修改允许开关打在“运行”位置，然后按复位键。

（2）打印定值清单时，需操作键盘中“↑”键进入主菜单，选择“PRINT REPORT”（打印报告），按“确认”键进入第二级菜单，选择第一项“SETTING”（定值）按“确认”键，打印机将打出全部定值清单。

（3）将此定值清单与原定值单认真核对。无误后，该项操作即告完成。

92. LFP-900 保护装置保护动作及装置异常时应如何处理？

答：（1）当线路发生故障保护跳闸后，必须有两人同时在场按屏上打印按扭，打印有关的报告，包括定值、跳闸报告、自检报告、开关量状态等。记录故障信息及屏幕显示、信号灯，并及时将故障信息汇报调度，根据调度命令做出相应处理。

（2）当装置出现异常时，“DX”灯亮、OP 灯灭、“CD”指示与实际不符，详细记录异常信息后按屏上“复归”按钮，将异常信息及复归结果报告当值调度，根据调度命令做出相应处理。

93. LFP-941A（B）型微机保护装置的信号及显示有何意义？

答：（1）指示灯。

直流电源指示灯“DC”：正常运行时亮，表示装置直流电源正常。

运行指示灯“OP”：正常运行时亮，表示装置运行正常。

TV 断线指示灯“DX”：正常运行时灭，当 TV 断线时亮。

跳闸指示灯“TJ”：正常运行时灭，当保护发出跳闸命令时亮。

合闸指示灯“HJ”：正常运行时灭，当重合闸动作时亮。

断路器位置指示灯“HW”“TW”：当断路器处于跳闸或合闸位置时，相应指示灯亮。

母线电压切换指示灯“L1”“L2”当Ⅰ母或Ⅱ母隔离开关合上时，相应指示灯亮，表示保护装置接入该母线TV的二次电压。

（2）液晶屏幕。

1）当装置正常运行时，液晶屏幕显示如下运行信息：

第一行：时间（月、日、时、分、秒）。

第二行：实时负荷电流。

第三行：保护安装处实时电压。

第四行：保护安装处电压超前于电流的角度，以及重合闸充电指示“CD”，当充好电时CD为“1”，未充电时CD为“0”。

2）当保护动作后，显示最新一次跳闸报告：

第一行：保护动作时刻（月、日、时、分、秒）。

第二行：保护启动至发出跳闸命令的时间以及启动事件序号（No：0～99次循环）。

第三行：故障相别及故障测距值。

3）保护装置运行中，自检出硬件出错或二次回路异常时，显示故障报告：

第一行：出错插件名称及出错序号。

第二行：硬件故障时刻。

第三行：出错内容。

94. LFP-900保护装置的保护配置是什么？

答：LFP-900装置为数字式超高压线路成套快速保护装置。

LFP-901A保护包括以工频变化量方向元件和零序方向元件为主体并与高频通道配合构成全线速动的纵联方向保护、由工频变化量距离元件构成的快速Ⅰ段保护、有三段式相间和接地距离及两个延时段零序方向过流作为后备的全套后备保护。

LFP-902A保护包括以复合距离元件及零序方向元件为主体并与高频通道配合构成全线速动的纵联方向保护、由工频变化量距离元件构成的快速Ⅰ段保护、有三段式相间和接地距离及两个延时段零序方向过流作为后备的全套后备保护。

保护有分相出口。并设有重合闸出口，可实现单相重合闸，三相重合闸和综合重合闸。

95. WXB-11保护装置投运如何操作？

答：（1）检查盘后直流电源快速开关、交流电压快速开关在合位，收发信机切换开关置于本线路、重合闸切换开关在要求位置。

（2）电压切换箱Ⅰ、Ⅱ灯亮应与所在一次母线相对应，操作箱灯全部不亮，失灵装置信号正常。

（3）WXB-11型保护装置电源开关在“ON”位，电源指示四个灯全部亮。四个CPU调试开关在“运行”位置，固化开关在“禁止”位置；MONTOR调试开关在“运行”位置，四个巡检开关在“投入”位置，如某个CPU插件不用，则与其相对应的巡检开关应在“退

出”位置。四个CPU定值拨轮开关区号应在所给定值的正确位置。

(4) 按运行要求投入各保护及重合闸连接片：

1) 在投入“高频投入连接片”后，CPU1件运行灯亮，并打印“51：1→0”；投入时应根据调度命令两侧同时投入。

2) 在投入“距离投入连接片”后，CPU2件运行灯亮，并打印“52：1→0”。

3) 在投入“零序三四段连接片”后，CPU3件运行灯亮，并打印“55：1→0”。

4) 在投入“零序一段连接片”后，打印“53：1→0”。

5) 在投入“零序二段连接片”后，打印“54：1→0”。

6) 在投入重合闸时，应根据调度命令投入一套或两套，在投入两套时两套重合闸把手位置必须一致。投入切换把手，并且开关合后大约15s，CPU4运行灯亮。打印机信息应与实际相符。

96. WXB-11保护装置停运如何操作？

答：(1) 一般情况下，整套保护退出运行只需将装置“A相跳闸、B相跳闸、C相跳闸、三相跳闸及永跳”连接片退出即可；部分保护退出运行时，根据调度命令断开相应的保护连接片，同时打印机应有正确信息。

(2) 重合闸投退原则：

1) 任何时候，两套重合闸把手位置必须一致。

2) 重合闸短时停用，只需将把手置“停用”位；若长期停用（3天以上），除把手置“停用”位置外，还应断开重合闸出口连接片。

(3) 重合闸投退具体操作注意事项：

1) 双套WXB-11保护配置。投入：使两把手在所需位置且一致，两合闸连接片投一个；退出：两把手都置“停用”位置。

2) WXB-11+WXB-15保护配置。投入：使两把手在所需位置且一致，两合闸连接片投一个；退出：两把手都置“停用”位置。

3) WXB-11+LFP-901的保护配置。投入：使两把手在所需位置且一致，两合闸连接片投一个；退出：两把手都置“停用”位置，并将LFP-901装置所在屏上“沟通三跳”连接片投入。

4) WXB-11+CKF集成电路保护的保护配置。投入：将WXB-11装置所在屏的把手置所需位置，并将WXB-11保护重合闸出口连接片投入；退出：将WXB-11装置所在屏的把手置“停用”位置，将CKF保护所在屏上“沟通三跳”连接片投入。

(4) 高频保护旁切的操作。

1) 在旁路断路器合上之前，根据调度命令退出被旁代断路器及对侧断路器的高频保护。

2) 将高频旁切把手从“本线”切至“旁路”。

3) 检查旁路高频保护连接片在“退出”位置。

4) 合旁路断路器。

5) 断线路断路器。

6）对试通道。

7）根据调度命令，投入旁路断路器及对侧断路器的高频保护。

解旁路时程序应与旁代时相反。

97. WXB-11 保护装置保护动作及装置异常应如何处理？

答：（1）保护动作后，运行人员（至少两人）应详细记录保护动作信号，保存打印机打印报告，确认无误后方可复归信号。如要断开直流控制电源，断电前必须复制一份完整的总报告和分报告。

（2）装置异常发呼唤、“总告警”以及其他告警时，运行人员应立刻报告有关调度部门申请断开跳闸连接片，及时通知有关继电保护专业人员，并记录打印信息和信号灯名称，方可用复归按钮复归信号。

（3）“信号复归”键与“整组复位”键不能混用。“信号复归”键用于复归面板上信号灯和中央信号光字灯；“整组复位”键是程序从头开始执行的命令，4s 后装置方能正常工作。系统故障记录完信号后应按“信号复归”键复归信号，严禁现场值班人员按“整组复位”键。

98. WXB-11 保护装置的保护配置情况是什么？

答：（1）高频保护插件。与高频收发信机配合，可实现全线故障速动的纵联保护。当线路上发生相间故障时（含两相接地短路）按纵联距离保护工作；当线路上发生单相接地故障时，按纵联方向保护工作。

（2）距离保护插件。该插件的功能为三段相间距离保护及三段接地距离保护。具有故障类型判别、故障相别判断及测距功能。接地距离保护具有耐受较大过渡电阻的能力，具有在振荡过程中又发生Ⅰ段范围内故障时快速切除故障的能力。同时，还具有与常规保护相同的各种后加速方式。

（3）零序电流方向保护插件。在线路全相运行时，设有四段零序电流保护，其中Ⅱ、Ⅲ、Ⅳ段可经延时跳闸；当线路运行时，设有不灵敏Ⅰ段和不灵敏Ⅱ段保护，不灵敏Ⅱ段可经延时跳闸。零序保护的各段均可经或不经过方向元件控制。零序功率方向元件的 $3U_0$ 既可由 $U_A+U_B+U_C$ 获得（称为自产 $3U_0$），又可从电压互感器开口三角绕组获得，由软件根据电压互感器二次是否发生断线自动切换。

（4）综合重合闸插件。本插件的软件具有常规综合重合闸装置的功能。通过屏上切换开关，可实现综合重合闸、三相重合闸、单相重合闸、停用重合闸四种方式。当线路上同时装有另一套无选相能力的保护装置时，其保护装置的出口跳闸触点可经开关量插件引入微机保护装置，保护装置跳闸可由综合重合闸插件中的选相元件控制。

99. WXB-11 微机保护的特点是什么？

答：（1）具有事故录波、故障测距、故障类型判别功能，为事故处理和分析提供

方便。

（2）四个相同硬件 CPU 插件组成四种独立的保护（高频闭锁、距离、零序、重合闸），当任何一种保护所在插件损坏退出时，其余保护可继续运行。

（3）装置采用电压-频率变换原理构成模数变换器，具有工作稳定、精度高、CPU 接口简单及调试方便等优点。

WXB-11 微机保护的启动继电器的出口为什么接成三取二方式？

答：这是为了防止微机保护中的距离、高频、零序保护误动。接成三取二方式以后，只有当距离、高频、零序保护中有二套以上保护同时启动，才开放跳闸回路。

WXB-11 微机保护中各套保护的启动元件为什么取相同的定值？

答：该装置的高频、距离、零序分别有独立的相电流突变量启动元件，原则上由于其保护所完成的功能及保护范围不同，每套保护应有不同的整定值，为防止某套保护误动，采取了三取二的启动方式，如本线单相接地、高频启动元件动作，同时零序或距离保护的启动元件也动作，高频保护才投跳。因此必须使每个保护的启动元件取相同的定值，而且必须取最小值才能避免拒动。

WXB-11 微机保护如何修改定值？

答：在人机对话插件上接“S”键和定值项序号（二位十进制），将打印当前此项定值；接着按“W”键输入修改值，再按“Q”键修改完毕。定值中除了控制符 KG 和 ROM 这两项用四个十六进制数输入外，其他都用十进制数表示，最后以 Q 结尾。打印一份该定值区的定值清单，只有当该清单与调度定值单核对正确后，方可根据调度命令投入保护。

WXB-11 微机保护如何校正时钟？

答：运行状态中按“T”键，打印机将打印当前时间，然后用两位数按“年年月月日日时时分分秒秒”顺序输入当前时间，再按大于“9”的键，退出“T”键服务程序。

WXB-11 微机保护正常运行检查哪些项目？

答：（1）CPUl、CPU2、CPU3、CPU4 插件上运行灯亮，有报告灯不亮，方式开关在运行位置，定值在选定位置，定值固化开关在禁止位置。

（2）人机对话插件上待打印灯不亮，运行灯亮，方式开关在运行位置，CPU1～CPU4 的巡检小开关在投入位置。

（3）信号插件上“跳 A”“跳 B”“跳 C”“永跳”重合”“启动”“呼唤”“CPU1”“CPU2”“CPU3”“CPU4”灯不亮，“总告警”和巡检“中断”灯不亮。

（4）电源插件上5、24V和±15V电源灯亮，电源开关在ON位置。

（5）各保护投入连接片和跳闸出口连接片在投入位置。

（6）重合闸长延时连接片不投，重合闸方式切换开关在“单重”位置，高频保护电源切换开关和信号切换开关在“本线”位置。

（7）装置屏后交流电压小开关和直流电源小开关在合位。

（8）装置在正常运行时，按外部“P”键，打印机将打印各插件的采样值、有效值和时间。如发现采样值、有效值与一次不符或时间与实际时间相差超过5min时应报告有关人员。

105. WXB-11保护中各套保护改信号位置如何操作？

答： WXB-11中的高频、距离、零序改信号只要退出各自的投入连接片即可。重合闸停用时退出重合闸出口连接片，同时把重合闸方式开关切至停用位置。

106. WXB-11C微机保护运行中应注意哪些事项？

答：（1）定值改变后，呼唤灯亮，液晶显示出请按SET键，打印定值。定值打印后，装置进入新的定值区，否则定值不变。

（2）连接片状态改变后，打印机将打印出信息，否则，说明有问题（如连接片接触不良等）。

（3）连接片退出后，相应保护运行灯应灭，打印机打印开关量由“0”变“1”。

（4）重合闸灯亮要经15s时间，投入时若不亮，则CPU4有问题，巡检应报警。

（5）报告灯亮说明线路有故障或开关量有变化，此时打印机要打印信息，若线路故障时不打印，则报告灯始终点亮；开关量有变化时，灯亮一下即灭。因此，在开关量发生变化时，应先给打印机接上电源，以便打印信息。此外，当装置插件故障时，报告灯也亮。

（6）告警插件中，若CPU1～CPU4中某一灯亮，反映某一CPU有故障，则应退出相应保护连接片；若总告警灯亮，说明人机对话插件已坏，但保护仍可正常运行；若巡检灯亮，说明人机与CPU1～CPU4的对话出错，应通知检修处理。

（7）故障总报告与分报告由于计时方法不同（总报告按采样值计时，分报告按时钟计时），所以两个报告打印出的时间是不对应的。

107. CSL-160系列微机保护装置保护信号及显示有何意义？

答：（1）CSL-160保护箱。

运行监视：正常运行时发稳定绿光，表示装置正常；当保护启动后，该灯闪光，直至启动继电器复归。

保护动作：正常灭，保护动作时点亮发红光。

重合闸动作：正常灭，重合闸动作时点亮发红光。

告警：正常灭。该灯亮，说明装置发生异常（TV断线或开入量变位后30s内未复位等）。

正常运行状态 LCD 液晶显示（软件为 2.0 版本）见表 17-2。

表 17-2　CSL-160 保护箱正常运行状态 LCD 液晶显示

显　示	说　明
U=×××× ×××× ××××	A、B、C 相电压有效值（一次值）
I=×××× ×××× ××××	A、B、C 相电流有效值（一次值）
P=××.×× Q=××.××	线路有功功率和无功功率（一次值）
S：×× GP JL LX CH	当前定值区号、高频、距离、零序、重合闸投入

注 1. S 后面出现“CH”时，表明重合闸在投入位置，且充电满。
2. 显示时，电压以 kV 为单位，电流以 kA 为单位，P、Q 以 MW、Mvar 为单位。

（2）YQCZ-1 型电压切换箱。

运行：正常运行监视灯。

合位：开关在合闸位置时亮，分闸位置时灭。

Ⅰ母电压：Ⅰ母隔离开关合上时亮。

Ⅱ母电压：Ⅱ母隔离开关合上时亮。

跳闸：正常灭，保护跳闸并作用于开关时亮。

合闸：正常灭，重合闸动作并作用于开关时亮。

（3）SCX-11B 操作箱。

电源指示灯：装置正常运行时亮。

重合闸动作：正常灭，重合闸动作并作用于开关时亮。

保护跳闸：正常灭，保护跳闸并作用于开关时亮。

108. CSL-160 保护装置压板有何功能？

答：跳闸出口：所有保护动作后都经该连接片作用于开关。

合闸出口：重合闸出口连接片。

距离投入：距离保护功能投入。

零序投入：零序保护功能投入。

备用：低频保护功能投入。

注意：当操作“距离投入”“零序投入”“备用”三连接片后，应立即按一下 CSL 面板上的“信号复归”按钮，然后再按一下左面的“QUIT”键。

109. CSL-160 保护装置小把手及小开关有何功能？

答：（1）重合闸方式切换开关。控制重合闸的投停方式，重合闸投入时，把手上端红色指示灯亮。当操作上述把手及连接片后，应立即按 CSL 面板上的“信号复归”按钮．然后再按左面的“QUIT”键。如开关是在运行状态，应在把手操作 15s 后，检查液晶显示是否正确。

（2）屏后直流电压快速开关，控制整组保护电源屏。交流电压快速开关，控制切换后的交流电压。打印机电源开关，控制打印机电源，正常运行时通过该开关关掉打印机电源。屏上拨轮开关，指示定值区号，正常时拨轮数应与液晶屏幕显示一致。

（3）当操作控制把手开关后，由于开关量跳闸位置变位，应按 CSL 面板上的“信号复归”按钮．然后再按左面的“QUIT”键。

110. CSL-160 保护装置投运前检查项目有哪些？

答：（1）屏后交流、直流快速开关在合位。

（2）各箱体“运行”灯亮。

（3）重合闸把手在规定位置。

（4）按规定投入各保护及重合闸连接片。

（5）检查定值拨轮在规定区，并与显示一致。

（6）无告警信号。

111. CSL-160 保护装置退出应如何操作？

答：（1）保护全部退出：只需将“跳闸出口”连接片断开即可。

（2）保护部分退出：断开相应保护的投入连接片。

（3）重合闸退出：短时退出，断开重合闸出口连接片；长时退出（3 天以上），断开重合闸出口连接片，同时将重合闸把手置于停用位置。

112. CSL-160 保护装置定值变更应如何操作？

答：（1）将定值拨轮开关拨至所需位置，然后按“信号复归按钮”，即可调入相应定值。

（2）打印定值清单。

第一步：按 SET 键进入一级菜单。

第二步：在一级菜单中操作四方健移动光标至选择“SET”项进入二级菜单，同时，打开打印机电源开关。

第三步：操作四方健移动光标至“PNT”，按 SET 键。

第四步：操作四方键，使液晶显示“..”，按 SET 键，即可打印出当前定值内容。

（3）核对定值单。

113. CSL-160 保护装置保护动作及异常时应如何处理？

答：（1）保护动作时应记录 CSL 液晶显示屏故障信息、保护屏上各箱体信号灯、控制屏光字牌，然后按“QUIT”键时显示正常，并复归信号。

（2）当装置出现异常“告警”灯点亮时，应立即将屏幕显示信息报告当值调度及保护主管部门。当重合闸在投入状态而液晶显示“S:”后无 CH 字样时，说明重合闸未充满电，

应立即报告保护主管部门。

114. “四统一”操作箱一般由哪些继电器组成？

答：（1）监视断路器合闸回路的合闸位置继电器及监视断路器跳闸位置继电器。

（2）防止断路器跳跃继电器。

（3）手动合闸继电器。

（4）压力监察或闭锁继电器。

（5）手动跳闸继电器及保护三相跳闸继电器。

（6）一次重合闸脉冲回路（重合闸继电器）。

（7）辅助中间继电器。

（8）跳闸信号继电器及备用信号继电器。

115. 在双母线系统中电压切换的作用是什么？

答：对于双母线系统上所连接的电气元件，在两组母线分开运行时（例如母线联络断路器断开），为了保证其一次系统和二次系统的电压保持对应，以免发生保护或自动装置误动、拒动，要求保护及自动装置的二次电压回路随同主接线一起进行切换。用隔离开关两个辅助触点并联后去启动电压切换中间继电器，利用其触点实现电压回路的自动切换。

116. 电压切换回路在安全方面应注意哪些问题？手动和自动切换方式各有什么优缺点？

答：在设计手动和自动电压切换回路时，都应有效地防止在切换过程中对一次侧停电的电压互感器进行反充电。电压互感器的二次反充电，可能会造成严重的人身和设备事故。为此，切换回路应采用先断开后接通的接线。在断开电压回路的同时，有关保护的正电源也应同时断开。

电压回路切换采用手动方式和自动方式，各有其优缺点。手动切换，切换开关装在户内，运行条件好，切换回路的可靠性较高。但手动切换增加了运行人员的操作工作量，容易发生误切换或忘记切换，造成事故。为提高手动切换的可靠性，应制定专用的运行规程，对操作程序做出明确规定，由运行人员执行。自动切换可以减轻运行人员的操作工作量，也不容易发生误切换和忘记切换的事故。但隔离开关的辅助触点，因运行环境差，可靠性不高，经常出现故障，影响了切换回路的可靠性。为了提高自动切换的可靠性，应选用质量好的隔离开关辅助触点，并加强经常性的维护。

117. “四统一”设计的分相操作箱，除了完成跳、合闸操作功能外，其输出触点还应完成哪些功能？

答：其输出触点还应完成以下功能：

（1）用于发出断路器位置不一致或非全相运行状态信号。

（2）用于发出控制回路断线信号。

(3) 用于发出气（液）压力降低不允许跳闸信号。

(4) 用于发出气（液）压力降低不允许重合闸信号。

(5) 用于发出断路器位置的远动信号。

(6) 由断路器位置继电器控制高频闭锁停信。

(7) 由断路器位置继电器控制高频相差三相跳闸停信。

(8) 用于发出事故音响信号。

(9) 手动合闸时加速相间距离保护。

(10) 手动合闸时加速零序电流方向保护。

(11) 手动合闸时控制高频闭锁保护。

(12) 手动合闸及低气（液）压异常时接通三相跳闸回路。

(13) 启动断路器失灵保护。

(14) 用于发出断路器位置信号。

(15) 备用继电器及其输出触点。

118. 跳闸位置继电器与合闸位置继电器有什么作用？

答：(1) 可以表示断路器的跳、合闸位置。如果是分相操作，还可以表示分相的跳、合闸。

(2) 可以表示断路器位置的不对应或表示该断路器是否在非全相运行状态。

(3) 可以由跳闸位置继电器某相的触点去启动重合闸回路。

(4) 在三相跳闸时去高频保护停信。

(5) 在单相重合闸方式时，闭锁三相重合闸。

(6) 发出控制回路断线信号和事故音响信号。

119. 微机保护装置有哪几种工作状态？

答：有三种工作状态。

(1) 调试状态。运行方式开关置于“调试”位置，按 RST 键，此状态为调试状态。此状态主要用于传动出口回路、检验键盘和拨轮开关等，此时数据采集系统不工作。

(2) 运行状态。运行方式开关置于“运行”位置，此状态为运行状态，即保护投运时的状态。在此状态下，数据采集系统正常工作。

(3) 不对应状态。运行方式开关由“运行”位置打到“调试”位置，不按 RST 键，此状态为不对应状态。在此状态下，数据采集系统能正常工作，但不能跳闸。

120. 为什么装设联锁切机保护？

答：装设联锁切机保护是提高系统动态稳定的一项措施。所谓联锁切机就是在输电线路发生故障跳闸时或重合不成功时，联锁切除线路送电端发电厂的部分发电机组，从而提高系统的动态稳定性。也有联锁切机保护动作后，作用于发电厂部分机组的主汽门，使其自动关闭，这样可以防止线路过负荷，并可减少机组并列、启机的复杂操作，待系统恢复正常后，机组可快速地带上负荷，避免系统频率大幅度波动。

121. 切机保护投切有何规定？

答：切机保护的投切必须有调度命令，经值长下达才能执行。投入切机保护时，必须测量切机出口连接片两端无电压；停用切机保护时，应停用所有切机保护连接片，使整套装置不带电。

122. 切机保护投入运行时，应注意哪些事项？

答：当切机保护投入运行时，禁止在投切机保护所对应线路断路器综合重合闸回路上作业，以防误切机。

第六节　自　动　装　置

1. 备用电源自动投入装置一般应满足哪些要求？

答：(1) 工作母线电压消失时应动作。

(2) 备用电源应在工作电源确已断开后才投入。

(3) 备用电源只能自投一次。

(4) 备用电源确有电压时才自动投入。

(5) 备用电源投入的时间应尽可能短。

(6) 电压互感器二次回路断线时，备用电源自动投入装置不应误动作。

2. 备用电源自动投入装置在什么情况下动作？

答：当备用电源有电压时，在以下情况下动作：

(1) 工作电源失去电压。

(2) 工作变压器或线路发生故障，继电保护动作将断路器跳开。

(3) 工作电源断路器由于操作回路或保护回路出现故障以及误碰而跳闸。

(4) 工作母线电压互感器的一次或二次熔断器全部熔断引起的误动作。

3. 发电厂在哪些地方安装备用电源自动投入装置？

答：发电厂一般在以下地方安装备用电源自动投入装置：

(1) 高低压厂用母线的工作电源与备用电源之间。

(2) 给粉交流电源、直流电源与备用电源之间。

(3) 同一种厂用辅机工作与备用设备之间。

（4）交流事故照明电源与备用电源之间。

4. 为什么自动投入装置的启动回路要串备用电源的电压触点？

答：在自动投入装置的启动回路中串入备用电源电压继电器触点的目的，是用以检查备用电源是否正常。只有在备用电源正常的情况下，进行自动投入，对于恢复供电才有意义。

5. 线路自投的无压启动回路用的两个电压互感器电源，停其中一个时应注意什么？

答：若停用无压启动回路两个电压互感器电源中的一组电压互感器时，应先将自动投入装置退出运行，以防在另一组电压互感器发生熔断器熔断时使自动投入误动。

6. 线路自动投入在停用时为什么要先停直流后停交流？

答：线路自动投入一般都是用接在交流回路中的电压继电器的无压触点启动的。如果在直流电源未停之前就将交流电源断开，就会造成自动投入装置的误动作，因此，在线路自动投入停用时，必须先断开直流电源后再停交流电源。

7. 什么是自动重合闸（ARC）装置？电力系统中为什么要采用自动重合闸装置？

答：自动重合闸装置是将因故跳开后的断路器按需要自动投入的一种自动装置。

电力系统运行经验表明，架空线路绝大多数的故障都是瞬时性的，永久性故障一般不到10%。因此，在由继电保护动作切除短路故障之后，电弧将自动熄灭，绝大多数情况下短路处的绝缘可以自动恢复。因此，自动将断路器重合，不仅提高了供电的可靠性，减少了停电损失，而且还提高了电力系统的暂态稳定水平，增大了高压线路的送电容量，所以架空线路要采用自动重合闸装置。

8. 对自动重合闸装置有哪些基本要求？

答：（1）在下列情况下，重合闸不应动作：

1）由值班人员手动跳闸或通过遥控装置跳闸时。

2）手动合闸，由于线路上有故障，而随即被保护跳闸时。

（2）除上述重合闸不应动作的两种情况外，当断路器有继电保护动作或其他原因跳闸后，重合闸均应动作，使断路器重新合上。

（3）自动重合闸装置的动作次数应符合预先的规定，如一次重合闸就只应实现重合一次，不允许第二次重合。

（4）自动重合闸在动作以后，一般应能自动复归，准备好下一次故障跳闸的再重合。

（5）应能和继电保护配合实现前加速或后加速故障的切除。

（6）在双侧电源的线路上实现重合闸时，应考虑合闸时两侧电源间的同期问题，即能实

现无压检定和同期检定。

（7）当断路器处于不正常状态（如气压或液压过低等）而不允许实现重合闸时，应自动将自动重合闸闭锁。

（8）自动重合闸宜采用控制开关位置与断路器位置不对应的原则来启动重合闸。

9. 重合闸装置应符合哪些要求？

答：（1）动作迅速，且自动选相。

（2）不允许任意多次重合。

（3）动作后能自动复归。

（4）手动跳闸或手动合闸于故障线路时不应重合。

10. 选用重合闸装置方式的一般原则是什么？

答：（1）重合闸方式必须根据具体的系统结构及运行条件，经过分析后选定。

（2）凡是选用简单的三相重合闸方式能满足具体系统实际需要的线路，都应选用三相重合闸方式。特别对于那些处于集中供电地区的密集环网中，线路跳闸后不进行重合闸也能稳定运行的线路，更宜采用整定时间适当的三相重合闸。对于这样的环网线路，快速切除故障是第一位重要的问题。

（3）当发生单相接地故障时，如果使用三相重合闸不能保证系统稳定，或者地区系统会出现大面积停电，或者影响重要负荷停电的线路上，应当选用单相或综合重合闸。

（4）在大机组出口一般不使用三相重合闸。

11. 自动重合闸的启动方式有哪几种？各有什么特点？

答：自动重合闸有两种启动方式：断路器控制开关位置与断路器位置不对应启动方式、保护启动方式。

（1）断路器控制开关位置与断路器位置不对应启动方式的优点是简单可靠，还可以纠正断路器误碰或偷跳，可提高供电可靠性和系统运行的稳定性，在各级电网中具有良好运行效果，是所有重合闸的基本启动方式。其缺点是当断路器辅助触点接触不良时，该不对应启动方式将失效。

（2）保护启动方式是不对应启动方式的补充。同时，在单相重合闸过程中需要进行一些保护的闭锁，逻辑回路中需要对故障相实现选相固定等，也需要一个由保护启动的重合闸启动元件。其缺点是不能纠正断路器误动。

12. 在检定同期和检定无压重合闸装置中，为什么两侧都要装检定同期和检定无压继电器？

答：如果采用一侧投无压检定，另一侧投同期检定这种接线方法，那么，在使用无电压检定的那一侧，当其断路器在正常运行情况下由于某种原因（如误碰、保护误动等）而跳闸时，由于对侧并未动作，因此线路上有电压，因而就不能实现重合闸，这是一个很大的缺陷。为了解决这个问题，通常都是在检定无压的一侧也同时投入同期检定继电器，两者的触点并联工作，这样就可以将误跳的断路器重新投入。为了保证两侧断路器的工作条件一样，在检定同期侧也装设无压检定继电器，通过切换后，根据具体情况使用。

但应注意，一侧投入无压检定和同期检定继电器时，另一侧则只能投入同期检定继电器，否则，两侧同时实现无电压检定重合闸，将导致出现非同期合闸。在同期检定继电器触点回路中要串接检定线路有电压的触点。

13. 同期重合闸和无压重合闸运行方式能否任意改变？为什么？

答：如果是单端供电的线路，重合闸启动回路一般无需检定。当线路有故障，保护动作跳开断路器，重合闸进行一次重合。若是双端供电的线路，则需采用同期和无压的检定方式，防止非同期重合。

同期重合闸和无压重合闸不能任意改变检定方式，在线路的一端用同期重合闸，则在另一端必须用无压重合闸。只有调度根据系统运行方式通知变电站改变重合闸检定方式时，才可将两端重合闸方式互换。

不能互换是因为：假如将一端同期重合改为无压重合，当线路故障时，断路器断开后两端均为无压重合，无压重合闸均将断路器重合上，造成重合闸误动，两端电源非同期并列。假如将一端无压改为同期，当线路发生故障，断路器断开后，两端因均为同期重合，都需要一定频率后才能重合，结果造成两端均等待而重合不上，引起重合闸拒动。

14. 电容式重合闸为什么只能重合一次？

答：电容式重合闸是利用电容器的瞬时放电和长时充电来实现一次重合的。如果断路器是由于永久性短路而保护动作所跳开的，则在自动重合闸一次重合后断路器作第二次跳闸，此时跳闸位置继电器重新启动，但由于重合闸整组复归前使时间继电器触点长期闭合，电容器则被中间继电器的线圈所分接不能继续充电，中间继电器不可能再启动，整组复归后电容器还需 20～25s 的充电时间，这样保证重合闸只能发出一次合闸脉冲。

15. 电容式重合闸不动作的原因是什么？

答：（1）重合闸失去电源。

（2）断路器合闸回路接触不良。

（3）位置继电器的线圈断电或触点接触不良。

（4）重合闸内部的时间或中间线圈断线和触点接触不良。

（5）重合闸内部电容器或充电回路故障。

（6）重合闸信号线圈或重合闸连接片开路。

（7）防跳继电器的动断触点接触不良。

（8）合闸熔断器熔断，合闸接触器损坏。

16. 什么是重合闸后加速？为什么采用检定同期重合闸时不用后加速？

答：当线路发生故障后，保护有选择性地动作切除故障，重合闸进行一次重合以恢复供电。若重合于永久性故障时，保护装置即不带时限无选择性的动作断开断路器，这种方式称为重合闸后加速。

检定同期重合闸是当线路一侧无压重合后，另一侧在两端的频率差不超过一定允许值的情况下才进行重合的。若线路属于永久性故障，无压侧重合后再次断开，此时检定同期重合闸不重合，因此采用检定同期重合闸再装后加速也就没有意义了。若属于瞬时性故障，无压重合后，即线路已重合成功，不存在故障，故采用检定同期重合闸时，不采用后加速，以免合闸冲击电流引起误动。

17. 什么是重合闸前加速？它有何优缺点？

答：重合闸前加速保护方式一般用于具有几段串联的辐射形线路中，重合闸装置仅装在靠近电源的一段线路上。当线路上（包括相邻线路及以后的线路）发生故障时，靠近电源侧的保护首先无选择性地瞬时动作于跳闸，而后再靠重合闸来纠正这种非选择性动作。

如图 17-20 所示，线路 L1、L2、L3 上各装有一套过电流保护，其时限按阶梯原则选择；L1 上另装有一套可以保护到 L3 线路的电流速断保护。这样，无论哪条线路发生故障，速断保护都可以无选择地动作，将 QF1 断开，然后利用 ARC 将其合闸。如遇永久性故障，则速断保护被 ARC 闭锁，不再瞬时跳闸，而通过过电流保护按时限配合，有选择性将故障切除。这种先用速断保护无选择性地将故障切除，然后利用 ARC 进行重合闸的方式，叫 ARC 前加速保护方式。它既能加速切除瞬时性故障，又能在 ARC 动作后有选择性地断开永久性故障。

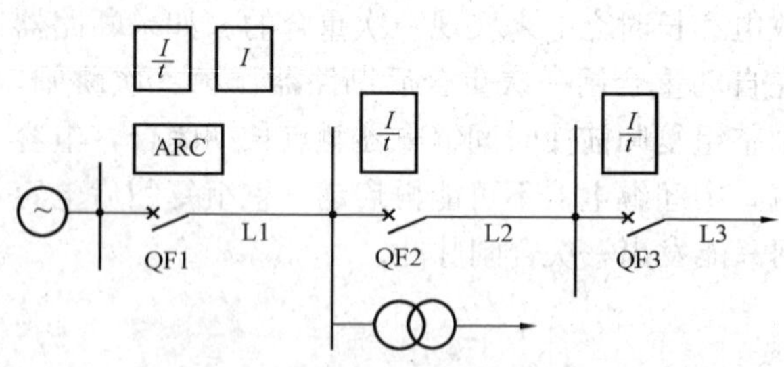

图 17-20　ARC 前加速保护方式原理图

ARC 前加速保护方式的优点是能快速切除瞬时性故障，且只需装一套 ARC 装置，接线简单，易于实现。其缺点是切除永久性故障时间较长，装有 ARC 装置的断路器动作次数较多，且一旦断路器或 ARC 拒动，将使停电范围扩大。ARC 前加速保护方式主要适用于 35kV 以下由发电厂或主要变电站引出的直配线上。

18. 综合重合闸一般有哪几种工作方式？

答：综合重合闸有下列四种工作方式。

（1）综合重合闸工作方式。单相故障，跳单相重合单相，重合于永久性故障跳三相；相间故障跳三相，重合三相（检定同期或无压），重合于永久性故障跳三相。

（2）三相重合闸方式。任何类型故障跳三相，重合三相（检定同期或无压），永久性故障再跳三相。

（3）单相重合闸方式。单相故障，跳单相重合单相，重合于永久性故障跳三相；相间故障，三相跳开后不重合。

（4）停用重合闸方式。任何故障跳三相，不重合。

19. 装有重合闸的线路、变压器，当它们的断路器跳闸后，在哪些情况下不允许或不能重合闸？

答：在以下几种情况下不允许或不能重合闸：

（1）手动跳闸。

（2）断路器失灵保护动作跳闸。

（3）远方跳闸。

（4）断路器操作压力下降到允许值以下时。

（5）重合闸停用时跳闸。

（6）重合闸在投运单相重合闸位置，三相跳闸时。

（7）重合于永久性故障又跳闸。

（8）母线保护动作跳闸不允许适用母线重合闸时。

（9）变压器差动、气体保护动作跳闸时。

20. 在重合闸装置中有哪些闭锁重合闸的措施？

答：各种闭锁重合闸的措施为：

（1）停用重合闸方式时，直接闭锁重合闸。

（2）手动跳闸时，直接闭锁重合闸。

（3）不经重合闸的保护跳闸时，闭锁重合闸。

（4）在使用单相重合闸方式时，断路器三相跳闸，用位置继电器触点闭锁重合闸；保护经综合重合闸三相跳闸时，闭锁重合闸。

（5）断路器气压或液压降低到不允许重合闸时，闭锁重合闸。

21. 使用重合闸有什么不利的影响？

答：自动重合闸有其优点，但也有其缺点。当重合于永久性故障上时，它将带来以下不利影响：

（1）使电力系统又一次受到故障的冲击。

（2）使断路器的工作条件变得更加严重，因为它要在很短的时间内，连续切断两次短路电流，这种情况对于油断路器必须加以考虑。因为第一次跳闸时，由于电弧的作用，已使油的绝缘强度降低，在重合后第二次跳闸时，是在绝缘已经降低的不利条件下进行的，因此油断路器在采用重合闸以后，其遮断容量也要不同程度地降低，因而在短路容量比较大的电力系统中，上述不利因素往往限制了重合闸的使用。

（3）三相快速重合闸对大容量发电机轴承等处的潜在危险很大，因此，与发电厂相连的线路禁止使用这种重合闸。

22. 两路共用一个重合闸，当一路停电时应注意什么？

答：当一路停电，一路运行共用一套重合闸时，应将停电的一路断路器重合闸连接片解除，防止运行线路跳闸，重合闸启动后将停电线路同时合上。

23. 用于同一线路的两套微机保护装置中的重合闸为什么可以同时投入？

答：两套保护中的重合闸在断路器跳开、电流为零时开始启动，加上时间元件精确，因此发合闸脉冲基本是同时的。任何一套重合闸动作合闸，不但本身重合闸放电，未动作的那套重合闸在跳开相有电流（说明断路器已合闸）时已放电，因此不会发生二次重合闸。

24. 带重合闸的10kV线路进行保护传动试验时，为什么人为短接的时间不能过长？

答：带重合闸的10kV线路进行保护传动试验时，人为短接保护的时间不得过长，也不能过短。因为人为短接时间过长，在接线不够完善的情况下，往往使断路器发生跳跃现象，致使合闸线圈烧毁；若时间过短，往往在断路器辅助触点断开前保护返回，烧毁时间继电器触点，所以，传动保护时应在断路器跳闸后马上打开短接。

25. 重合闸装置整组检验应做哪些项目？

答：（1）模拟瞬时故障情况，重合闸装置应动作，断路器重合成功。

（2）模拟永久故障情况，重合闸装置应动作，断路器应重合一次，但不成功。

（3）当用控制开关断开断路器时，重合装置应不动作。

（4）模拟重合闸继电器触点粘住或控制开关长时间发生合闸脉冲时，断路器不应多次重合。

（5）检验重合闸装置，检查无电压、同期回路及保护加速回路的正确性。

26. 综合重合闸与继电保护配合时，N、M、R、Q端子如何使用？

答：N端子接非全相运行不会误动作的保护，如相差高频、零序电流保护Ⅰ段（定值较大时）。

M端子接非全相运行可能误动作的保护，如阻抗保护、零序电流保护Ⅱ段。

R端子接不启动重合闸的保护，如母线保护、低频率减负荷装置等。

Q端子接保护动作切断断路器后需要进行重合闸的保护，如零序电流保护Ⅳ段等。

27. 重合闸装置在何时应停用或改直接跳闸？

答：重合闸装置在下列情况下应停用或改直接跳闸：

（1）当线路电压互感器的二次熔断器熔断时，应将检查同期和无压鉴定的重合闸停用。

（2）当输电线路带电作业时。

（3）线路断路器的遮断容量不够时。

（4）运行中发现装置异常，如充电监视灯熄灭时。

（5）系统运行方式不允许时。

28. 在综合重合闸装置中，通常采用两种重合闸时间，即“短延时”和“长延时”，这是为什么？

答： 这是为了使三相重合和单相重合的重合时间可以分别进行整定。由于潜供电流的影响，一般单相重合的时间要比三相重合的时间长。另外，可以在高频保护投入或退出运行时，采用不同的重合闸时间。当高频保护投入时，重合闸时间投“短延时”；当高频保护退出运行时，重合闸时间投“长延时”。

29. 什么是电力系统安全自动装置？

答： 电力系统安全自动装置，是指防止电力系统失去稳定性和避免电力系统发生大面积停电的自动保护装置，如自动重合闸、备用电源和备用设备自动投入、自动切负荷、自动按频率（电压）减负荷、发电厂事故减出力、发电厂事故切机、电气制动、水轮发电机自动启动和调相改发电、抽水蓄能机组由抽水改发电、自动解列及自动快速调节励磁等装置。

30. 维持系统稳定和系统频率及预防过负荷措施的安全自动装置有哪些？

答：（1）维持系统稳定的装置有快速励磁、电力系统稳定器、电气制动、快关汽门及切机、自动解列、自动切负荷、串联电容补偿、静止补偿器及稳定控制装置等。

（2）维持频率的装置有按频率（电压）自动减负荷、低频自启动、低频抽水改发电、低频调相转发电、高频切机、高频减出力装置等。

（3）预防过负荷的装置有过负荷切电源、减出力、过负荷切负荷等装置。

31. 备用电源自动投入装置应符合什么要求？

答：（1）应保证在工作电源或设备断开后，才投入备用电源或设备。

（2）工作电源消失，备用电源有压时，自动投入装置均应动作。

（3）自动投入装置应保证只动作一次。

（4）备用电源投入的时间应尽可能短。

（5）当电压互感器二次回路断线时，备用电源自动投入装置不应误动作。

（6）当满足预先设定的闭锁条件（如预先设定的特定保护动作、手动跳闸等）时，装置应可靠不动作。

发电厂用备用电源自动投入装置，除第（1）条的规定外，还应符合下列要求：

（1）当一个备用电源同时作为几个工作电源的备用时，如备用电源已代替一个工作电源后，另一工作电源又被断开，必要时，自动投入装置应仍能动作。

（2）有两个备用电源的情况下，当两个备用电源为两个彼此独立的备用系统时，应各装设独立的自动投入装置，当任一备用电源都能作为全厂各工作电源的备用时，自动投入装置应使任一备用电源都能对全厂各工作电源实行自动投入。

（3）自动投入装置，在条件可能时，可采用带有检定同期的快速切换方式，也可采用带有母线残压闭锁的慢速切换方式及长延时切换方式。

通常应校验备用电源和备用设备自动投入时过负荷的情况，以及电动机自启动的情况，如过负荷超过允许限度或不能保证自启动时，应有自动投入装置动作于自动减负荷。

当自动投入装置动作时，如备用电源或设备投于故障，应使其保护加速动作。

32. 系统安全自动控制常采取哪些措施？

答：在电力系统中，除应按照 GB/T 14285《继电保护和安全自动装置技术规程》规定装设继电保护和安全自动装置之外，还可根据具体情况和一次设备的条件，采取下列自动控制措施，以防止扩大事故，保证系统稳定。

（1）对功率过剩与频率上升的一侧：

1）对发电机快速减出力。

2）切除部分发电机。

3）短时投入电气制动。

（2）对功率缺额或频率下降的一侧：

1）切除部分负荷（含抽水运行的蓄能机组）。

2）对发电机组快速加出力。

3）将发电机快速由调相改发电运行，快速启动备用机组等。

（3）在预定地点将系统解列。

（4）断开线路串联补偿的部分电容器。

（5）快速控制静止无功补偿。

（6）直流输电系统输送容量的快速调制。

安全自动装置可在电力系统发生扰动时（反应保护联锁、功率突变、频率或电压变化及两侧电动势相角差等）启动，并根据系统初始运行状态和故障严重程度，进行综合判断，发出操作命令。

当安全自动装置的启动部分和执行部分不在同一地点时，可采用远方的信号传送至装置。

33. 什么是按频率自动减负荷装置？其作用是什么？

答：为了提高供电质量，保证重要用户供电的可靠性，当系统中出现有功功率缺额引起频率下降时，根据频率下降的程度，自动断开一部分不重要的用户，阻止频率下降，以便使频率迅速恢复到正常值，这种装置叫按频率自动减负荷装置。其作用是保证重要用户的供电，避免频率下降引起系统瓦解事故。

34. 电力系统因功率缺额引起的频率变化与负荷反馈电压的频率变化有何不同？

答：通常系统发生有功缺额时，系统频率按系统动态特性下降，其频率下降速率一般较慢，当功率缺额在40%以内时一般小于3Hz/s。而接有大容量电动机负载的母线一旦失去电源，由于其转子的惯性功能，电枢尚有电动势发生，使母线尚存有电压反馈，但由于它是由转子动能发电的，故其频率下降速率很大，下降速率大于3Hz/s。

35. 低频减负荷装置电流闭锁起什么作用？在运行中如何操作？

答：当线路发生故障，系统电源断开或变压器退出运行时，低压侧用户的同步电动机或感应电动机向故障点反馈，反馈频率很低，低频减负荷装置有可能造成误动作。装设电流闭锁元件后，因电流元件按最小负荷整定，正常运行时，电流元件处于动作状态，低频减负荷装置接入；如断路器断开或故障时电动机反馈，因反馈电流很小，电流元件失励，将低频减负荷装置闭锁。在运行中由于电流元件时常带电，负荷电流又大，造成触点抖动，可能使触点系统发生问题，降低低频减负荷装置的可靠性。在实际运行中将辅助的动断触点并联在电流线圈两端，平时电流被旁路，只有当低频率减负荷装置启动之后辅助中间动断触点打开，电流继电器通电闭合，准备保护跳闸。另一种情况是并列运行的变压器，当一台停用时应将其闭锁元件的触点用专用连接片短接，变压器投入时，应打开相应闭锁元件短接连接片，这样也能提高闭锁元件的可靠性。

36. 倒换电压互感器时，怎样操作低频减负荷装置的电源？

答：倒换电压互感器时，应保证不断开低频减负荷装置的电源。一般两台互感器可并列运行，或用专用低压并列操作把手先将两台电压互感器并列后，再断开停用的电压互感器，保证低频减负荷装置不失去电源。当两台电压互感器不能并列时，倒换电压互感器前，应先停低频减负荷装置的直流电源。

37. 对按频率自动减负荷装置的基本要求是什么？

答：当电力系统在实际可能的各种运行情况下，因故发生突然的有功功率缺额后，必须能及时切除相应容量的部分负荷，使保留运行的系统部分能迅速恢复到额定频率附近继续运行，不发生频率崩溃，也不使事件后的系统频率长期悬浮于某一过高或过低数值。

(1) 在任何情况下的频率下降过程中，应保证系统低频值及所经历的时间，能与运行中机组的自动低频保护和联合电网间联络线的低频解列保护相配合，频率下降的最低值还必须大于核电厂冷却介质泵低频保护的整定值，并留有不小于0.3～0.5Hz的裕度，以保证这些机组继续联网运行。在其他一般情况下，为了保证火电厂的继续安全运行，应限制频率低于47.0Hz的时间不超过0.5s，以避免事故进一步恶化。

(2) 自动低频减负荷装置动作减负荷数量，应使运行系统稳态频率恢复到不低于49.5Hz水平；为了考虑某些难以预计的可能情况，应增设长延时的特殊动作装置，使系统

运行频率不致长期悬浮在低于 49.0Hz 的水平。

（3）因负荷过切引起恢复期系统频率过调，其最大值不应超过 51Hz，并必须与运行中机组的过（高）频率保护相协调，且留有一定裕度，以避免高度自动控制的大型汽轮发电机在过频率过程中可能误断开而进一步扩大事故。

（4）自动低频减负荷的先后顺序，应按负荷的重要性进行安排。宜充分利用系统的旋转备用容量，当发生使系统稳态频率只下降到不低于 49.5Hz 的有功功率缺额时，自动减负荷装置不应动作；应避免因发生短路故障以及失去供电电源后的负荷反馈引起自动减负荷装置的误动作，但不考虑在系统失步振荡时的动作行为。

38. 系统发生有功功率缺额、频率下降，如要频率上升到恢复频率值，应切除多少负荷功率（假设各发电机的出力不变）？

答：可按下式计算应切除负荷的功率 P_L，即

$$P_L = \frac{P_u - K\Delta f_* P_{L\sum N}}{1 - K\Delta f_*}$$

$$\Delta f_* = \frac{f_N - f_{re}}{f_N}$$

式中：P_u 为缺额有功功率；K 为系统有功负荷调节效应系数；$P_{L\Sigma N}$ 为额定频率时的系统总有功负荷；Δf_* 为恢复频率偏差的标幺值；f_N 为额定频率；f_{re} 为恢复频率。

39. 什么叫负荷调节效应？负荷调节效应在系统出现有功功率缺额时有什么作用？

答：当频率下降时，负荷吸取的有功功率随着下降；当频率升高时，负荷吸取的有功功率随着升高。这种负荷随频率变化的现象叫负荷调节效应。

由于负荷调节效应的存在，当电力系统中因功率平衡破坏而引起频率变化时，负荷功率随之减小的变化起着补偿作用。如系统中因有功功率缺额引起频率下降时，相应的负荷功率也随之减小，能补偿一些有功功率缺额，有可能使系统稳定在一个较低的频率上运行。如果没有负荷调节效应，当出现有功功率缺额，系统频率下降时，功率缺额无法得到补偿，就不会达到新的有功功率平衡，频率会一直下降，直到系统瓦解为止。

40. 按频率自动减负荷装置误动的原因有哪些？有哪些防止误动的措施？

答：（1）按频率自动减负荷装置误动作的原因有：

1）电压突变时，因低频率继电器触点抖动而发生误动作。

2）系统短路故障引起有功功率不足，造成频率下降而引起误动作。

3）系统中如果旋转备用容量足够且以汽轮发电机为主，当突然切除机组或增加负荷时，不会造成按频率自动减负荷装置误动作。若旋转备用容量不足或以水轮发电机为主，则在上述情况下可能会造成按频率自动减负荷装置误动作。

4）供电电源中断时，具有大型电动机的负荷反馈可能使按频率自动减负荷装置误动作。

（2）防止按频率自动减负荷误动作的措施如下：

1）加速自动重合闸或备用电源自动投入装置的动作，缩短供电中断时间，从而可使频率降低得少一些。

2）使按频率自动减负荷装置动作带延时，来防止系统旋转备用容量起作用前发生的误动作。在有大型同步电动机的情况下，需要1.5s以上的时间才能防止其误动。在只有小容量感应电动机的情况下，也需要0.5～1s的时间才能防止其误动。

3）采用电压闭锁。电压继电器应保证在短路故障切除后，电动机自启动过程中出现最低电压时可靠动作，闭合触点解除闭锁。一般整定为额定电压的65％～70％。时间继电器的动作时间，应大于低频率继电器开始动作至综合电压下降到电压闭锁继电器的返回电压时所经过的时间，一般整定为0.5s。

4）采用按频率自动重合闸来纠正系统短路故障引起的有功功率增加，造成频率下降而导致按频率自动减负荷装置的误动作。由于故障引起的频率下降，故障切除后频率上升快；而真正出现功率缺额使按频率自动减负荷装置动作后，频率上升较慢。因此，按频率自动重合闸是根据频率上升的速度来决定其是否动作的，即频率上升快时动作，上升慢时不动作。

41. 在什么情况下应设置解列点？

答：在下列情况下应设置解列点：

（1）当系统中非同期运行的各部分可能实现再同期，且对负荷影响不大时，应采取措施，以促使将其拉入同期。如果发生持续性的非同期过程，则经过规定的振荡周期数后，在预定地点将系统解列。

（2）当故障后，难以实现再同期或者对负荷影响较大时，应立即在预定地点将系统解列。

（3）并列运行的重负荷线路中一部分线路断开后，或并列运行的不同电压等级线路中主要高压送电线路断开后，可能导致继续运行的线路或设备严重过负荷时，应在预定地点解列或自动减负荷。

（4）与主系统相连的带有地区电源的地区系统，当主系统发生事故、与主系统相连的线路发生故障，或地区系统与主系统发生振荡时，为保证地区系统重要负荷的供电，应在地区系统设置解列点。

（5）大型企业的自备电厂，为保证在主系统电源中断或发生振荡时，不影响企业重要用户供电，应在适当地点设置解列点。

42. 在系统中什么地点可考虑设置低频率解列装置？

答：在系统中的如下地点，可考虑设置低频率解列装置：

（1）系统间联络线上的适当地点。

（2）地区系统中由主系统受电的终端变电站母线联络断路器。

（3）地区电厂的高压侧母线联络断路器。

（4）专门划作系统事故紧急启动电源专带厂用电的发电机组母线联络断路器。

43. 低频率低电压解列装置有何作用？

答：在功率缺额的受端小电源系统中，当大电源切除后发供功率严重不平衡时，将造成频率或电压降低。如用低频减负荷不能满足安全运行要求时，需在某些地点装设低频率或低电压解列装置。在功率缺额的小电源系统中，一般表现为频率下降，但当功率缺额过大而无功不足时，可能因电压低有功负荷下降，频率不降低。但电压不断降低，造成电压崩溃，此时应用低电压解列装置。低频低电压相互配合可取得良好效果。

44. 何谓振荡解列装置？

答：当电力系统受到较大干扰而发生非同步振荡时，为了防止整个系统的稳定性被破坏，经过一段时间或超过规定的振荡周期数后，在预定地点将系统进行解列。该执行振荡解列的自动装置称为振荡解列装置。

45. 110～220kV 系统重合闸的运行规定有哪些？

答：（1）110～220kV 线路，一般情况下均应适应运行方式投入相应的重合闸。220kV 联络线一般均采用单相重合闸方式，双套纵联保护退出时则单相重合闸停运（重合闸把手置于“停用”位置）。

（2）当 220kV 线路作直配线运行时（负荷侧无电源），电源侧重合闸改为三相普通重合闸方式。负荷侧重合闸停用，且该侧所有线路保护仅打开其出口跳闸连接片，但高频收发信机仍维持正常运行，远方启动停用（72h 以内，短时做直配线运行的线路保护可不做处理）。当负荷侧有小电源时或有 120MVA 及以上非自耦变压器接地运行时，该 220kV 线路仍按联络线对待，两侧保护及重合闸方式不变。

（3）110kV 双侧电源线路的重合闸方式，一般情况下电厂侧（或主电源侧）投检同期方式，对侧投检无压和检同期方式。为了减轻两侧断路器的负担，两侧重合闸方式可根据具体情况进行交换。改变重合闸方式的要求由有关单位提出，经所属调度下令执行。

（4）110kV 直配线或双电源线路运行在单侧电源方式时，电源侧采用三相普通重合闸方式，受电侧重合闸及所有保护均停运（打开跳闸连接片）。

（5）220kV 线路具有两套重合闸且有相互闭锁功能时，正常情况下两套重合闸均可投入运行（如 LFP-901 和 LFP-902，CSL-101B 和 CSL-102B，LFP-901 和 WXB-11，CSL-101B＋LFP-901，PSL-602＋LFP-901）。如没有相互闭锁功能，只投入一套，则另一套重合闸出口连接片退出（如 WXB-11 和 WXB-15）。在任何情况下，两套装置重合闸方式把手位置必须一致。